普通高等教育"十四五"规划教材

冶金工业出版社

冶金工程实验技术

（第 2 版）

主　编　陈伟庆　宋　波　郭　敏
副主编　韩丽辉　闫　威

扫码获得数字资源

U0315568

北　京
冶金工业出版社
2023

内 容 提 要

本书在钢铁冶金实验技术和研究方法的基础上，增加了冶金物理化学、冶金电化学、有色金属冶金、冶金燃烧、冶金环保等方面的内容，对冶金工程领域所涉及的实验技术和研究方法进行了较系统的介绍，同时列举了76项实验实例。

全书共分11章，主要内容包括实验设计与实验安全，高温冶金实验，有色金属冶金和电化学实验，冶金模拟实验，冶金物相分析，冶金熔体和散状原料的物性检测，化学成分和钢中气体分析，试样的采集和制备，连铸坯检测，燃烧实验和环保实验。

本书可作为高等院校冶金工程专业的教学用书，也可供从事相关专业的工程技术人员学习参考。

图书在版编目（CIP）数据

冶金工程实验技术/陈伟庆，宋波，郭敏主编. —2版. —北京：冶金工业出版社，2023.3

普通高等教育"十四五"规划教材

ISBN 978-7-5024-9440-7

Ⅰ.①冶…　Ⅱ.①陈…　②宋…　③郭…　Ⅲ.①冶金—实验—高等学校—教材　Ⅳ.①TF-33

中国国家版本馆 CIP 数据核字（2023）第 045330 号

冶金工程实验技术（第 2 版）

出版发行	冶金工业出版社	电　话	(010)64027926
地　址	北京市东城区嵩祝院北巷 39 号	邮　编	100009
网　址	www.mip1953.com	电子信箱	service@ mip1953.com

责任编辑　郭冬艳　美术编辑　吕欣童　版式设计　郑小利
责任校对　王永欣　责任印制　禹　蕊

三河市双峰印刷装订有限公司印刷

2004 年 8 月第 1 版，2023 年 3 月第 2 版，2023 年 3 月第 1 次印刷

787mm×1092mm　1/16；30.25 印张；735 千字；470 页

定价 79.00 元

投稿电话　(010)64027932　投稿信箱　tougao@cnmip.com.cn
营销中心电话　(010)64044283

冶金工业出版社天猫旗舰店　yjgycbs.tmall.com

（本书如有印装质量问题，本社营销中心负责退换）

第 2 版前言

《冶金工程实验技术》一书于 2004 年出版，该书作为北京科技大学冶金工程专业本科生教材和冶金研究人员的科研参考书，得到了专业教师、学生和科研技术人员的广泛认可，经历了多次印刷，并于 2006 年被评为"北京市高等教育精品教材"。

随着冶金工程实验技术和实验方法的发展，以及仪器设备的更新换代，本书中一些过时的实验技术、实验方法和实验设备需要淘汰，一些新兴的实验技术和现行使用的分析仪器需要纳入，一些有应用前景的高端科研装备需要介绍。因此，为使书中内容与时俱进，编写组对本书进行了修订再版工作。

根据教学和科研的需要，本次修订增加了实验安全、高温实验、虚拟仿真实验、冶金固废处理等内容，以及物相分析、成分分析、铸坯检测等实验检测新技术。本次修订重点更新了每章的实验实例部分，新增实验案例 26 个，并附加了 14 个实验案例的操作视频。为使内容更为连贯，本书对部分章节结构略作调整，整体结构保持不变。

参加本书修订编写工作的有：第 1 章由闫威、冯婷修订编写，第 2 章由宋波、冯根生、何涛、闫威、冯婷、高原、魏光升修订编写，第 3 章由冯婷、隋娜、葛建邦、张家靓修订编写，第 4 章由韩丽辉、高原、闫威、王汝栋修订编写，第 5 章由郭敏、杨占兵、赵婧鑫、杜申、程锦、闫威、冯婷、刘强、左晓剑、王玲修订编写，第 6 章由何涛、于春梅修订编写，第 7 章由何涛、冯婷、韩丽辉、杜申修订编写，第 8 章由韩丽辉修订编写，第 9 章由张炯明、高原修订编写，第 10 章由魏光升修订编写，第 11 章由刘晓明、李宇、魏光升修订编写。参加本书修订统稿工作的有冯婷、高原、何涛、闫威、韩丽辉。在本书修订过程中，陈伟庆、宋波、郭敏、杨占兵进行了反复审阅和修改。

参加本书实验视频录制工作的有：何涛、冯婷、高原、韩丽辉、杜申、左晓剑、刘强、于春梅、张颖、刘奕杰。

东北大学朱苗勇教授、北京科技大学李京社教授与张红霞教授对本书的内容进行了审核并提出了宝贵意见，本书修订再版受到了北京科技大学教材建设经费资助，得到了北京科技大学教务处、冶金与生态工程学院以及钢铁冶金新技术国家重点实验室的大力支持，另外，在"5.1.5 高温激光共聚焦显微镜"章节编写过程中得到了陕西午禾科技有限责任公司的支持，在此对以上专家及单位一并表示衷心的感谢！

　　由于作者水平所限，书中不妥之处，敬请读者批评指正。

编　者

2023 年 1 月

第1版前言

根据冶金学科的发展和教学改革的需要，为拓宽"冶金工程专业"本科生的专业知识面，提高学生将来在不同岗位上工作的适应能力，本教材在钢铁冶金实验技术教学内容（主要有高温冶金实验、冶金模拟实验、冶金物相分析、冶金熔体和散状原料的物性检测、化学成分和钢中气体分析、连铸坯检测等）的基础上，增加了冶金物理化学、有色金属冶金、冶金电化学、冶金热能利用和燃烧、冶金环境保护方面的实验内容。

教材中对冶金工程领域所涉及的实验技术和研究方法进行了较系统的介绍，同时列举了52项实验实例。使用本教材时可根据具体实验条件安排教学。

本教材编写人员均为北京科技大学从事钢铁冶金、冶金物理化学、有色金属冶金、冶金环保等不同研究方向的骨干教师和实验技术人员，对各自承担的编写内容均有长期的教学实践和在科研工作中积累了丰富的经验，编写中尽可能多地采用了自己的和本研究方向的一些研究成果。因此，本教材既可作为冶金工程专业本科学生的教科书，也可作为研究生或冶金研究人员的科研参考书。

本教材由陈伟庆任主编，参加编写的有：项长祥（第1章2、4节，第2章7节）、陈伟庆（第1章1节，第2章1、2、3、5、6节，第4章1、2节，第7章1、2节，第8章）、宋波（第1章3节，第2章7节）、林勤（第2章4、7节、第5章1、2、3节）、卢慧民（第3章1、3节，第6章2节）、杜春荣、冯根生（第2章7节，第6章2节）、张永超（第2章2节）、李建玲（第3章2、3节）、刘桂荣（第3章3节，第5章4节）、包燕平、程树森、于会香、孙彦辉、佟福生（第4章3节）、梁德兰、韩传基（第5章4节）、李景捷（第5章4节，第7章3节）、郭兴敏（第6章1、2节）、李联生、宋忠平、张梅（第6章2节）、张炯明（第9章1、2、3、4节）、成国光（第9章5节）、朱荣（第10章）、苍大强（第11章）。

　　全书完稿后，承蒙北京科技大学毛裕文教授和东北大学施月循教授审阅，并提出许多宝贵意见，在此表示衷心的感谢。

　　本教材涉及专业面较广，限于水平，难免有不妥之处，敬请读者批评指正。

编　者

2004 年 7 月

目　　录

1 实验设计与实验安全

进行科学研究工作时，如何选题和查阅文献，如何做实验设计，如何分析和处理实验数据，如何撰写科研论文，对于科研人员来说，尤为重要。掌握和熟练运用这些方法，是科研人员必须具备的基本功。

1.1 冶金实验研究工作的程序和步骤

1.1.1 实验研究工作程序

1.1.1.1 选定研究课题

科研课题按研究内容可分为以下几类：

(1) 基础研究：以认识自然现象、探索自然规律为目的，不直接考虑应用目标的研究。

(2) 应用基础研究：有应用前景，以较新原理、新技术、新方法为主要目的的研究。

(3) 应用研究：其成果能在生产中应用，能产生经济效益的研究。

如按经费来源可分为以下几类：

(1) 国家课题：国家攻关项目、科技发展项目、技术创新和重大基础研究项目。

(2) 科学基金：国家自然科学基金，省市科学基金。

(3) 企业课题：科研院所和高校与企业合作的研究开发项目。

(4) 自选课题：自筹科技发展和研究经费，以及研究生教育经费资助的课题。

选题报告（或称为项目建议书）一般应包括以下内容：

(1) 课题名称；(2) 选题依据（目的意义、国内外研究现状分析）；(3) 研究内容和方法以及预期目标；(4) 创新点和关键技术；(5) 研究基础；(6) 研究计划和进度；(7) 研究经费预算；(8) 课题负责人和主要参加人员情况；(9) 协作单位。

1.1.1.2 文献资料查阅

选定研究课题前后，或在研究过程中都需要查阅大量文献。

文献资料一般可分为：专业书；专业会议文集；专业期刊；专利文献；科研报告。

查阅文献的方法有：

(1) 追溯法。先查阅一篇最近发表的有关文献，根据其后所附的参考文献向前追溯出一些相关文献。

(2) 检索工具书。查阅有关文摘期刊，如 *Chemical Abstracts*（化学文摘），再根据索引查阅有关原文。

(3) 专利文献查阅。专利文献主要指专利说明书，可到国家专利局查阅德温特公司（Derwent Publications Ltd. 英国一家专门收集专利文献的出版公司）出版的 *World*

Patents Index（世界专利索引），再根据索引和专利号查阅专利说明书。

（4）计算机检索。利用科技情报部门或图书馆的计算机联网系统查阅文献摘要或全文数据库。

常用的数据库有：

（1）国内数据库：中国知网数据库（CNKI）、万方数据库、维普数据库等；

（2）国外数据库：Web of Science 数据库、Engineering Village Compendex 数据库、Elsevier ScienceDirect 数据库、SpringerLink 数据库、Wiley Online Library 数据库、Taylor & Francis 数据库、Derwent Innovations Index（DII）专利数据库、ProQuest 数据库等。

以上数据库可满足冶金领域主要期刊文献、电子书、专利、标准、学位论文摘要和全文的查阅。

1.1.1.3　制订实验方案和进行实验准备

参考前人的经验选择实验方法，并根据研究内容制订实验方案、准备实验设备仪器和实验原材料。

1.1.1.4　实验工作

先做预备实验，根据预备实验结果调整试验参数，进行正式实验。实验时做好原始记录，将实验样品和数据编号保存。

1.1.1.5　实验结果的分析处理

在实验过程中，随时将实验结果进行整理、分析和处理，并制成图表，从中找出规律和发现新问题。

1.1.1.6　科研论文编写

科研论文一般应包括以下内容：

（1）题目。论文题目应做到简练、醒目、确切。

（2）作者及工作单位。署名时可根据研究人员在本项工作中起实质作用的贡献大小排列名次，另需注明工作单位，以便读者咨询和联系。

（3）摘要。论文的简要总结，摘要通常用中英文写出。

（4）前言。主要论述本项研究工作的目的和意义，以及与本题有关的前人所做工作和知识空白。

（5）实验方法。列出实验设备、仪器、材料和实验条件以及操作方法，必要时画出实验装置图。

（6）实验结果。通常用图、表、照片和公式表示实验结果，并做必要的论述。论文所用物理和化学量应采用国际单位制，各种符号应按国际惯例书写。

（7）分析与讨论。对实验结果的理论解释，可根据自己的或参考别人的文献提出自己的见解。如引用别人的文献，应注明出处，以示对前人工作的尊重，并使读者便于查找。

（8）结论。根据实验结果归纳出的明确论点和规律。

（9）致谢。对参加本项研究的部分工作或对本项研究有帮助的人，应给予提名致谢。

（10）参考文献。论文在最后列出参考的文献，表示作者的严谨工作作风和对前人所做工作的尊重，也便于读者查找。

1.1.2 冶金工艺试验工作的步骤

冶金工艺试验研究的最终目的是将试验成果用于生产实践，为避免重大经济损失，一些新工艺的研究开发通常由小到大分为若干阶段。

（1）实验室试验阶段：冶金工艺研究的实验室试验多在高温实验炉的坩埚中进行，以探索技术的可行性，找出对工艺参数有影响的各种因素。

（2）扩大实验室试验：它是介于实验室小型试验与半工业试验之间的一种中间试验。在研究内容比较简单的情况下，可省去小型试验而直接进行扩大试验。在某种情况下，还可代替半工业试验，其研究结果可直接用于工业试验。

（3）半工业试验：在开发新工艺、新技术或缺乏经验的生产方法时，一般采用半工业试验，其规模大小由具体情况决定。通过半工业试验，应能解决将来生产上可能遇到的一切问题，对该项新工艺作出正确评价，并为工业设计积累必要数据。

（4）工业试验：工业试验通常是在扩大实验室试验或半工业试验的基础上进行的。对于可供借鉴的经验知识较多的工艺，也可直接进行工业试验，例如新钢种的冶炼。工业试验是为了将研究成果应用于工业化生产的重要环节。

工业试验成功后，一般要由上级有关部门组织专家进行技术鉴定，一方面正式肯定该项成果，作出评价；另一方面是对该项成果能否正式转入工业生产提出权威性意见。

1.2 实验设计程序

实际生产总是很复杂，同时受许多因素的影响，其中有的因素起决定性作用，有的只起次要作用。析因实验就是通过正确的实验设计和相应的方差分析方法，分离出主要的和次要的影响因素及作用范围，为理论研究和生产控制或工艺制度的制定提供依据。科学的设计实验往往可以用较少的人力和物力消耗而获得较多的信息。反之，一个缺乏周密设计的，甚至是不合理的实验设计，除了浪费人力和物力外，还可能导致错误的结论。析因实验的设计可以采用多种方法。对于具体的实验系统，各种方法的效率也不尽相同。目前应用最广泛的方法是正交设计，故以下介绍正交设计。

正交设计是利用正交表来安排实验的。正交表最初是从正交拉丁方设计引申而来，它吸收了正交拉丁方设计的优点，即各因素的各水平之间搭配均匀。但避免了实验次数必须等于正整数的平方限制。正交表还可以给出交互作用大小的估计。

各类正交表通常用符号 $L_x(y^z)$ 表示。这里 L 表示正交表，下标 x 表示实验次数；括号内 y 表示因素的水平数；z 表示最多允许安排的因素数。如 $L_9(3^4)$，表示这是 9 次实验的正交表，最多可以研究四个因素，每个因素三个水平。

以下结合一个实例介绍正交设计实施步骤和数据处理方法。

实例：要求通过实验确定，添加剂氟化稀土对降低 16Mn 钢中残硫及提高机械性能的作用，最佳加入量和脱硫剂最佳配方。

1.2.1 实验设计

（1）确定考察指标。根据实验的目的与要求，在本例中考察指标可以是钢中残硫

[S] 或对钢中残硫比较敏感的机械性能，如冲击实验的平台能。本例在预实验时，采用残 [S] 为指标。正式实验时采用平台能为指标。

（2）确定考察的因素。根据理论和工艺知识可知，在一定温度范围内钢液脱硫率与钢液脱氧程度、炉渣碱度和添加剂种类和加入量有关。本例中，脱氧剂选用 Si-Ca 和 Mg，脱硫剂选用 CaO，添加剂为 REF$_3$。故需要考察的因素有（以下式中：w 表示质量分数；$m(A)/m(B)$ 表示 A 和 B 的质量比）：

$$w(\text{REF}_3),\ \frac{m(\text{Si-Ca})}{m(\text{REF}_3)},\ \frac{m(\text{Mg})}{m(\text{REF}_3)},\ \frac{m(\text{CaO})}{m(\text{REF}_3)}.$$ 实际预实验表明，$\dfrac{m(\text{Mg})}{m(\text{REF}_3)}$ 对钢中残硫影响不显著。故正式实验中删去此因素。

（3）确定各因素的水平。根据理论计算、前人的相近的研究工作或其他类似的过程来确定预实验时各因素水平。一般预实验时因素水平宜取宽些。然后再用预实验结果进行调整。本例预实验时选用：$w(\text{REF}_3) = 0.20\%$，0.35%，0.50%；$\dfrac{m(\text{CaO})}{m(\text{REF}_3)} = 0.4$，$0.8$，$1.2$；$\dfrac{m(\text{Si-Ca})}{m(\text{REF}_3)} = 0.4$，$0.7$，$1.0$；$\dfrac{m(\text{Mg})}{m(\text{REF}_3)} = 0.3$，$0.6$，$0.9$。预实验表明：REF$_3$ 加入量对钢中残硫影响最显著，较佳加入量为 0.5%，但已经达到所选水平的边缘值。故正式实验时略加扩大，选为 0.2%，0.4%，0.6%，0.8%；因素 $\dfrac{m(\text{CaO})}{m(\text{REF}_3)}$ 也有影响，残硫随 $\dfrac{m(\text{CaO})}{m(\text{REF}_3)}$ 增大而降低。但不如 REF$_3$ 影响显著。考虑到炉渣其他性能要求，故正式实验水平选为 0.6，0.8；因素 $\dfrac{m(\text{Si-Ca})}{m(\text{REF}_3)}$ 也是次要因素，故正式实验时缩小搜索范围，选为 0.6，0.8；因素 $\dfrac{m(\text{Mg})}{m(\text{REF}_3)}$ 影响不显著，故正式实验时删去。

（4）确定实验次数，选取正交表。选取正交表时必须综合考虑实验费用、需要考察的因素个数、各因素的水平数、交互作用大小和要求的精度等。如本例预实验是四因素三水平，可供选择的正交表有 $L_9(3^4)$，$L_{18}(2 \times 3^7)$，$L_{27}(3^{13})$ 等。如果只考察三因素，不需考察交互作用，则选 $L_9(3^4)$ 表。如需考察四因素，可不计交互作用，则也可选 $L_9(3^4)$ 表，但实验精度较差，故在实验费用不大且条件允许情况下，应选 $L_{18}(2 \times 3^7)$ 表。如果需考察四因素（或三因素）及其交互作用时，$L_9(3^4)$ 和 $L_{18}(2 \times 3^7)$ 表都不能满足要求，而应改选 $L_{27}(3^{13})$ 表。本例预实验选 $L_9(3^4)$ 表。由于预实验已证明 REF$_3$ 加入量影响残硫很显著，需要详细搜索最佳值，故取了四个水平。而其他两个因素影响不很显著，取了两个水平。因此正式实验选用 $L_8(4 \times 2^4)$ 正交表。

1.2.2　实验安排

选定正交表以后，就可以按正交表计划、安排和实施实验。此时还需注意两点：

（1）为了避免其他一些尚未考虑的次要因素的影响，如不同的原料来源、不同的设备、不同的班组操作人员等。可以把这些因素放在正交表中尚未安排的那些列中，使之也能够均匀搭配。

（2）为了避免某次实验中所有极端的水平碰在一起，因此各因素的水平也不能都是由小到大或由大到小安排，应该随机化。如果实验条件允许，实验的顺序也应随机化。

表 1-1 是本例正式实验的计划安排及实验结果。

表 1-1　脱硫剂试验计划表

实验号	因素 1		因素 2		因素 3		测定值 $Y/\text{kg} \cdot \text{m} \cdot \text{cm}^{-2}$
	水平	$w(\text{REF}_3)$ /%	水平	$\dfrac{m(\text{CaO})}{m(\text{REF}_3)}$	水平	$\dfrac{m(\text{Si-Ca})}{m(\text{REF}_3)}$	
1	1	0.6	1	0.6	1	0.6	19.0
2	1	0.6	2	0.8	2	0.8	17.7
3	2	0.8	1	0.6	1	0.6	15.8
4	2	0.8	2	0.8	2	0.8	16.5
5	3	0.2	1	0.6	2	0.6	13.8
6	3	0.2	2	0.8	1	0.6	10.1
7	4	0.4	1	0.6	2	0.6	15.5
8	4	0.4	2	0.8	1	0.6	11.9
	$K_{11}=36.7$ $K_{12}=32.3$ $K_{13}=23.9$ $K_{14}=27.4$		$K_{21}=64.1$ $K_{22}=56.2$		$K_{31}=56.8$ $K_{32}=63.5$		

注：K_{ij} 为 i 因素 j 水平测定值之和。

1.2.3　方差分析及显著性实验

按照上述正交表的安排共进行了 n 次试验。获得考察指标的测定值 Y_1，Y_2，…，Y_k，…，Y_n。如果考察指标不止一个，则第 k 次实验可得多个考察指标 Y_{k1}，Y_{k2}，…。本例只有一个考察指标，其值见表 1-1。由表可以看出，随着脱硫剂配方不同，冲击能平台值之间也出现差异。测定值 Y_i 与其平均值 $\overline{Y}$ 之间离差的平方和反映了实验的变差，其中大部分变差是由于各种因素的影响所造成，另一部分变差来自偶然误差等。由于离差平方和的可加性，故可以将总的离差平方和分解为各个因素的离差平方和以及剩余的（包括误差等）离差平方和，即总的离差平方和为：

$$S_{\text{总}} = \sum_{k=1}^{n}(Y_k - \overline{Y})^2 = \sum_{k=1}^{n} Y_k^2 - \frac{1}{n}\Big(\sum_{k=1}^{n} Y_k\Big)^2$$

令

$$p = \frac{1}{n}\Big(\sum_{k=1}^{n} Y_k\Big)^2$$

第 i 个因素（指各个主因素及其交互作用，即正交表第 i 列），若共有 m_i 个水平。其中第 j 个水平共进行了 R_{ij} 次测定。令其测定值之和为：

$$K_{ij} = \sum_{k=1}^{R_{ij}} Y_{ijk}$$

则第 i 个因素引起的离差平方和为：

$$S_i = \frac{1}{R_{ij}} \sum_{j=1}^{m_i} K_{ij}^2 - P$$

此因素的自由度 f_i 为：

$$f_i = m_i - 1$$

剩余的离差平方和 $S_{余}$ 为：

$$S_{余} = S_{总} - \sum_{i=1}^{i} S_i$$

自由度为：

$$f_{余} = (n-1) - \sum_{i=1}^{i} f_i$$

然后就可以作出方差分析表，用 F 分布进行显著性检验。

例如本例中：$S_{总} = 1870.5 - 1809.0 = 61.5$ $f_{总} = 8 - 1 = 7$

$$P = 1809$$

$$K_{11} = 19.0 + 17.7 = 36.7$$

$$S_1 = \frac{1}{2}(36.7^2 + 32.3^2 + 23.9^2 + 27.4^2) - P = 47.1 \qquad f_1 = 4 - 1 = 3$$

$$S_2 = \frac{1}{4}(64.1^2 + 56.2^2) - P = 7.8 \qquad f_2 = 2 - 1 = 1$$

$$S_3 = \frac{1}{4}(56.8^2 + 63.5^2) - P = 5.6 \qquad f_3 = 2 - 1 = 1$$

$$S_{余} = S_{总} - S_1 - S_2 - S_3 = 1.0 \qquad f_{余} = 7 - 5 = 2$$

方差分析表见表 1-2。

表 1-2   方差分析

变差来源	离差平方和 S	自由度 f	均方差 $S' = \dfrac{S}{f}$	$F = \dfrac{S_i'}{S_{余}'}$	显著性水准
$w(REF_3)$	47.1	3	15.7	32	95%
$m(CaO)/m(REF_3)$	7.8	1	7.8	15.9	90%
$m(Si\text{-}Ca)/m(REF_3)$	5.6	1	5.6	11.4	90%
剩余	1.0	2	0.5		
总和	61.5	7			

1.2.4 选择最优条件

经显著性检验后，就可在影响显著的因素中选取最优条件，如最佳配方，最佳工艺制度等。选择原则是选取考察指标值最优时对应的因素和水平。在本例中，因素 1（即 REF_3 加入量）影响最显著，以一水平最佳，$K_{11} = 36.7$ 大于 K_{12}，K_{13}，K_{14}。故取一水平。因素 2 和 3 都各有两个水平，经过组合后所得指标值如下：

$$Y(2_1 3_1) = 19 + 15.8 = 34.8; \ Y(2_1 3_2) = 29.3; \ Y(2_2 3_1) = 22; \ Y(2_2 3_2) = 34.22$$

也是以一水平最佳。所以本例脱硫剂最佳配方是 $1_1 2_1 3_1$，即 $w(\mathrm{REF_3}) = 0.6\%$，$m(\mathrm{CaO})/m(\mathrm{REF_3}) = 0.6$，$m(\mathrm{Si\text{-}Ca})/m(\mathrm{REF_3}) = 0.6$。

1.3 实验安全综述

近年来高等学校实验室安全事故频发，通过对事故原因进行分析，可将事故大致分为火灾事故、爆炸事故、化学事故、电气事故、机械事故、生物安全事故、辐射事故和信息安全事故等。据统计，高校实验室安全事故经常不是单一发生，频率最高的火灾事故和爆炸事故往往相互伴生，而导致安全事故发生的主要原因是人的不安全行为和物的不安全状态，基本原因是个人因素和工作条件，本质原因则是管理缺陷。实验室工作要始终坚持"安全第一，预防为主"的基本原则，采取切实有效的措施，健全实验室安全管理制度和操作规章制度，完善管理队伍建设，提升实验室安全管理水平，改善硬件设施条件，消除实验室环境中物的不安全因素。最为关键的则是加强实验人员的安全教育工作，消除人的不安全行为。

1.3.1 实验室安全标准

为保证人身及财产安全，保护校园、社会环境，国家出台了一系列安全环保政策法规，以及与实验室安全相关的国家标准、法律、法规、规章条例，见表1-3。

表1-3 冶金专业实验室安全相关法律法规一览表

危险化学品类	
常用危险化学品贮存通则（GB 15603—1995）	危险化学品目录（2015 版）
危险化学品目录（2015 版）实施指南（试行）	危险化学品安全管理条例（中华人民共和国国务院 591 号令）
实验室危险化学品安全管理规范（T/LZZLXH 036—2020）	化学品分类和标签规范（GB 30000.2—30000.29）
化学品分类和危险性公示通则（GB 13690—2009）	化学品安全技术说明书内容和项目顺序（GB 16483—2008）
易制毒化学品管理条例 445 号令	易制爆危险化学品名录（2017 年版）
易制爆危险化学品储存场所治安防范要求（GA 1511—2018）	剧毒化学品、放射源存放场所治安防范要求（GA 1002—2012）
安全标志及其使用导则（GB 2894—2008）	化学品安全标签编写规定（GB 15258—2009）
爆炸危险环境电力装置设计规范（GB 50058—2014）	
压缩气体类	
气瓶安全技术监察规程（TSG 23—2021）	气瓶附件安全技术监察规程（TSG RF001—2009）
压缩空气站设计规范（GB 50029—2014）	石油化工可燃和有毒气体检测报警设计标准（GB/T 50493—2019）
氧气站设计规范（GB 50030—2013）	

危险废物类	
中华人民共和国固体废物污染环境防治法（2020 年修订）	实验室危险废物污染防治技术规范（DB11 T 1368—2016）
特种设备	
特种设备安全监察条例（中华人民共和国国务院 373 号令，2003 年）	国务院关于修改《特种设备安全监察条例》的决定（中华人民共和国国务院 549 号令，2009）
固定式压力容器安全技术监察规程（TSG 21—2016）	压力容器定期检验规则（TSG R7001—2004）
消防类	
中华人民共和国消防法（1998 年通过，2008 年修订）	高等学校消防安全管理规定（中华人民共和国教育部、公安部第 28 号令，2010）
建筑设计防火规范（GB 50016—2014）	
辐射安全类	
中华人民共和国放射性污染防治法（2003 年）	电离辐射防护与辐射安全基本标准（GB 18871—2002）
放射工作人员健康标准（GBZ 98—2002）	放射工作人员职业健康管理办法（2007）
放射性同位素与射线装置安全和防护条例（2005）	放射性同位素与射线装置安全许可管理办法（2005）
应急预案	
应急预案编制导则（GB/T 29639—2013）	

1.3.2　冶金工程实验安全注意事项

1.3.2.1　冶金工程实验室常见安全事故类型

冶金学科实验由于涉及广泛，在实验过程中常常伴随着高温、高压、易燃易爆有毒物品的使用，有毒气体、液体的排放，以及辐射污染等，这些都使冶金工程实验室成为具有安全隐患的场所。因此在实验教学过程中，提高师生的安全意识，对确保实验室的正常运转，保障师生的安全具有重要实际意义。冶金工程实验室常见的安全事故类型及注意事项如下所述。

（1）火灾、爆炸事故隐患。根据近几年新闻媒体报道以及相关学者研究，实验室安全事故中火灾事故和爆炸事故占比近 90%，属于高校实验室中的高发事故。冶金工程实验室是引发火灾、爆炸等事故的安全隐患的场所，主要包括以下三个方面：

1）危险化学品。冶金工程学科教学实验过程需要用到多种化学药品，包括硫酸、盐酸、硝酸等危险化学品，氩气、氮气、氧气等大量压缩气体，以及少量易制爆的危险化学品，如果对这些危险化学品的使用与存储缺乏规范管理，则容易成为引发火灾、爆炸事故的主要原因。根据冯建跃、杜奕等学者对高校实验室安全三年督查结果总结，化学安全类隐患问题数量超过 1/3，化学试剂存放不规范和气体钢瓶管理不规范为高校实验室普遍存在的问题。在近 20 年所发生的高校实验室事故中，直接原因绝大多数是实验过程中操作不当或违反操作规程，人员安全防范意识淡薄成为事故发生的重要主观因素。

2）设备电路老化。冶金工程专业教学实验离不开大型仪器设备，随着高校"双一流"建设进程加快,大量新设备陆续引入实验教学。新老设备同时使用,一方面对实验室原有电路容量提出考验,大功率设备的电负荷若超过电路容量会造成电路过载,容易引发火灾;另一方面,老设备电路老化,以及插线板串联等,也容易发生短路现象,成为火灾隐患。

3)高温高压设备使用不当。爆炸性事故多发生在具有易燃易爆化学品或存有压力容器的实验室,高压装置操作不当或使用不合格产品容易引发物理爆炸;在密闭或狭小容器中进行,产生的热量或大量气体难以释放容易导致爆炸。冶金工程专业实验涉及真空感应炉、电阻炉、烧结炉、高压釜等多种高温高压设备,实验操作过程中如对这类仪器设备使用不当,容易增加实验室火灾、爆炸的安全风险。

近年来,不少实验室由于上述原因,引发了各种爆炸事故。例如,北京某高校实验室在进行垃圾渗滤液污水处理实验过程中,发生实验室爆炸事故,造成 3 名参与实验的学生死亡。经勘察,事故直接原因为:在使用搅拌机对镁粉和磷酸搅拌、反应过程中,料斗内产生的氢气与搅拌机转轴处金属摩擦、碰撞产生的火花点燃爆炸,继而引发镁粉粉尘云爆炸,爆炸进一步引起周边镁粉和其他可燃物燃烧。导致事故发生的间接原因为违规购买、违法储存大量危险化学品,且在进行危险操作过程中没有采取有效的安全防护措施。北京某研究所实验室在使用高压反应釜过程中,因操作不当导致反应釜高温高压爆炸。

(2)高温烫伤、喷溅事故隐患。感应炉、管式炉、烧结炉、电渣炉等高温设备是冶金工程专业的常用设备,所开展的实验工作亦是在高温环境下进行的,如果学生在操作高温实验炉的过程中处理不当,并且防护措施不到位,则很容易发生高温烫伤事故。例如,在钢铁冶炼过程中,钢水和铁水是高温熔融液体,往炉内加入氧化剂的过程中若没有严格按照操作规程进行,则易发生喷溅、烫伤甚至爆炸事故。2007 年某钢厂曾发生一起严重的钢包意外脱落事故,钢水倾泻而出导致多人烫伤死亡。

(3)辐射事故隐患。为更好地发挥高精尖科研仪器在本科教学中的前沿科技优势,大型精密仪器已被广泛应用于冶金学科的教学实验与科研实验,其中包括多种放射性仪器设备,例如,工业 CT 型 X 射线计算机断层扫描系统、高温 X 射线衍射仪(XRD)、X 射线荧光光谱仪(XRF)、X 射线光电子能谱仪(XPS)等。由于放射性事故具有危害性大、影响深远的特点,放射性物质无色、无味、无形,不易被察觉,射线装置若因操作失误发生射线泄露、缺乏有效的安全防护,则会对师生、环境发生严重损伤事故。

实验室发生的典型辐射事故包括,实验室存放的射线源被盗取;操作人员违反操作规程,安全装置失灵,辐射源未放置到位,导致操作人员误照射。

(4)机械伤害事故隐患。冶金工程专业实验涉及到钢铁材料的加工、制备,经常使用球磨机、搅拌机、压片机、抛光机、切割机等机械设备。机械伤人事故多发生在有高速旋转或冲击运动的机械实验室,如:操作不当或缺失防护造成的挤压、甩抛及碰撞伤人;没有严格遵守操作规程使用机械设备,或设备发生故障、非正常的碰撞、切割、设备老化等突发情况。

近年来高校实验室发生的典型机械事故包括,未按照指导教师要求进行铣床操作,戴着手套拨抹切屑,导致手套连带手掌一同被绞入机器;做加工实验的女生未按要求将长发束起并佩戴工作帽，致使头发被木材加工机器绞住；实验室违规改造实验设备，未按要求进行备案和安全测评，导致事故发生。

（5）环境污染事故隐患。冶金工程专业实验室在开展实验过程中会产生大量的酸、碱、重金属等废液，煤粉、钢渣等固体废弃物，以及有害气体等"三废"污染物，如果不按要求对污染物进行回收处理，而是随意排放至外部环境，则会给周边环境造成污染。

1.3.2.2　冶金工程实验室安全事故预防

根据现代事故因果连锁理论，实验室安全事故的发生可以从人的不安全因素、物的不安全因素（实验室的不安全环境）、管理问题及缺陷三方面分析，基于此，为有效预防冶金工程专业实验室安全事故，需采取切实有效的措施，健全管理制度和操作规程，完善管理队伍建设，提升管理水平，实现奖惩分明；改善硬件设施条件，消除实验室环境中物的不安全因素；而最为重要和关键的措施则是加强实验人员的安全教育工作，提高安全意识，消除人的不安全行为。

（1）加强实验室安全教育，提高师生安全意识。对于即将进入冶金实验室的师生，须进行精准培训，根据实验室安全需求实施严格的实验室准入制度，确保实验室的每个人都通过安全培训考核，特殊设备依规持证上岗。实验实施过程中定期进行安全培训，加强宣传力度，充分利用安全培训讲座、实验室安全文化月、新媒体实验室安全文化宣传等多种活动加强安全文化建设，提高师生安全意识。

（2）加强实验室安全专项建设与管理，减少安全隐患。结合专业特点，根据实验室所涉及的危险源种类进行"分区分类"管理，开展专项整治，做到明确类别、有的放矢、规范管理，降低实验室的安全隐患，提高安全管理水平。危险化学品（包括压缩气体）的购买、存储与使用管理须严格遵守国家相应法律法规及高校危险化学品相关管理规定；实验产生的危险废弃物应按照国标、地标规范存储并定期处置；放射源与射线装置应按照国家法规、标准建设实验室并进行辐射防护评价，根据辐射设备特点细化辐射防护管理制度，加强师生辐射防护宣传，严格执行专人专管，取得辐射安全与防护培训合格证和放射工作人员证后方可持证上岗；高温设备、机械设备要求严格遵守设备操作规程，加强个人防护装置的配备与使用；加强应急演练，落实精准防控，根据各实验室安全特点，制定分类明确、科学完善的应急预案是应对实验室突发事故的重要依据。

（3）加强实验室管理制度规范化，做到有章可循。实验室安全制度的建设除了要遵循国家相关政策法规外，还要用发展的眼光，根据实验室软硬件条件、专业特点、实验者安全素质等情况，结合当前的实验室安全形势及未来规划，根据实验室的特殊性制定符合实际、具有可操作性的规章制度；同时，不断对安全管理规章制度进行整合、完善，健全适应时代发展的安全目标、行为规范和规章制度，健全日常安全检查机制，建立为师生员工所主动接受、自觉遵循的安全管理机制与行为规范。

参 考 文 献

［1］王常珍. 冶金物理化学研究方法［M］. 北京：冶金工业出版社，1982.

［2］张圣弼. 冶金物理化学实验［M］. 北京：冶金工业出版社，1994.

［3］朱莉娜，孙晓志，弓保津，等. 高校实验室安全基础［M］. 天津：天津大学出版社，2014.

［4］敖天其，廖林川. 实验室安全与环境保护［M］. 成都：四川大学出版社，2014.

［5］黄凯，张志强，李恩敬. 大学实验室安全基础［M］. 北京：北京大学出版社，2012.

［6］冯建跃．高校实验室化学安全与防护［M］．杭州：浙江大学出版社，2012．

［7］冯婷，韩丽辉，赵婧鑫．冶金学科教学实验室"分区分类　精准防控"安全管理模式探讨［J］．实验技术与管理，2021，38（1）：264~267．

［8］武建红，赵俭，王松涛．非标准化高温热电偶测量准确度影响因素分析［J］．计测技术，2012，32（6）：57~59，69．

［9］杨有涛，战守义．超声波气体流量计［J］．中国计量，2003（4）：41~42．

［10］Hondoh M，Wada M，et al．A vortex flowmeter with spectral analysis signal processing．Proceedings of the First ISA/IEEE Conference，2001［C］．Rosemont，IL，IEEE，2001．

［11］徐科军，汪枫．涡街流量计信号处理的软件方法［J］．仪表技术与传感器，1995（4）：22~25．

［12］魏寿昆．固体电解质定氧电池的近况应用及展望［J］．钢铁，1980（8）：54~64．

［13］魏寿昆，张圣弼，佟亭，等．电化学法测定 Fe-Nb 熔体中 Nb 的活度［J］．钢铁，1984（7）：1~8．

［14］陈伟庆，周荣章，林宗彩．含铌铁水-铌渣的平衡和渣中 αNb_2O_5 的测定［J］．金属学报，1987（6）：560~567．

［15］陈伟庆，周荣章，林宗彩．含铌铁水预脱硅的熔池反应及渣-铁平衡［J］．钢铁，1987（5）：7~11．

［16］陈伟庆，董履仁．白云石质材料在含钒钛转炉渣中的损毁机理［J］．钢铁，1982（10）：7~15．

［17］Weiqing Chen，Dongyan Wang，et al．Kinetics of Evaporation of Zn and Pb from Carbon-bearing Pellets Made of Dust Containing Zn-Pb-Fe Oxides［J］．Journal of University of Science and Technology Beijing（English Edition），2000（3）：178~183．

［18］王常珍．冶金物理化学研究方法［M］．北京：冶金工业出版社，1992．

［19］冯仰婕，等．应用物理化学实验［M］．北京：高等教育出版社，1990．

［20］Kubaschewski O．冶金热化学［M］．邱竹贤，等译．北京：冶金工业出版社，1985．

［21］邹文樵，等．物理化学实验技术［M］．马鞍山：华东化工学院出版社，1990．

［22］罗澄源，等．物理化学实验［M］．北京：高等教育出版社，1984．

［23］徐南平．钢铁冶金实验技术和研究方法［M］．北京：冶金工业出版社，1995．

［24］杨有涛，等．气体流量计［M］．北京：中国计量出版社，2007．

［25］李大公．鞍钢炼钢的发展［J］．钢铁，1984（7）：23~28．

［26］后藤和弘，唐仲和，朱果灵．固体电解质氧测头在日本炼钢中的应用［J］．钢铁，1980（3）：69~74．

［27］后藤和弘，韩其勇．氧浓差电池在日本炼钢中的应用［J］．钢铁，1982（2）：47~53．

［28］王舒黎，等．第六届全国炼钢学术会议论文集［C］．中国金属学会，1990：858．

［29］MIwase，et al．Proceedings of the Sixth International Iron and Steel［C］．ISIJ，1990，1：537．

［30］林切夫斯基．冶金实验研究方法［M］．刘冀琼，等译．北京：冶金工业出版社，1986．

［31］曹定，等．$CaO-MgO-Fe_tO-SiO_2$ 系スラグと溶鉄間のりんの分配［J］．鉄と鋼，1986（2）：225~232．

［32］水渡英昭．MgO 飽和 $CaO-MgO-FeO_x-SiO_2$ 系スラグ-溶鉄間のりん分配［J］．鉄と鋼，1981（16）：2645~2654．

［33］浓载东，等．MgO 飽和 $Fe_tO-SiO_2-CaO-MgO$ 系スラグと溶鉄間の硫黄の平衡［J］．鉄と鋼，1982（2）：251~260．

［34］曹定，片山博．MgO 飽和 $CaO-MgO-Al_2O_3-SiO_2$ 系スラグと溶鉄間の硫黄の分配平衡［J］．鉄と鋼，1986（9）：1293~1300．

［35］万谷志郎，等．溶鉄の純酸素による酸化速度［J］．鉄と鋼，1980（12）：1631~1639．

［36］张圣．冶金物理化学实验［M］．北京：冶金工业出版社，1994．

2 高温冶金实验

冶金实验大多数是在高温下进行的，本章将介绍高温冶金实验技术和研究方法以及高温冶金实验的实例。

2.1 高温实验炉

2.1.1 电阻炉

电阻炉设备简单，易于制作，温度和气氛容易控制，在实验室使用最多。电阻炉是将电能转换成热能的装置，当电流 I 通过具有电阻 R 的导体时，经过 t 时间便可产生热量（焦耳热）Q：$Q = I^2Rt$。当电热体产生的热量与炉体散热达到平衡时，炉内即可达到恒温。

2.1.1.1 电阻炉结构

根据用途不同，实验室用的电阻炉，有竖式或卧式管状炉、箱式炉等，其基本结构大致相同。图 2-1 为竖式电阻炉的结构，主要由以下 3 部分组成：

（1）电热体（发热电阻）：根据加热温度要求不同，采用不同的电热体作为加热元件。

（2）测温和控温：常用热电偶接触式测温，连接数显温度表和控温设备。

（3）耐火材料：主要起到支撑作用（如炉管、坩埚等）和保温功能（如硅酸铝纤维等）。

2.1.1.2 电热体

电热体分为金属和非金属两类，实验室高温炉常用的电热材料的化学成分和主要性能如表 2-1 所示。

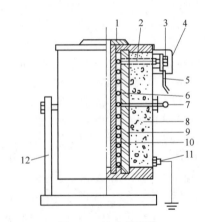

图 2-1　竖式电阻炉

1—炉盖；2—绝缘瓷珠；3—接线柱；
4—接线保护罩；5—电源导线；6—电热体；
7—控温热电偶；8—绝热保温材料；9—耐火管；
10—炉管；11—接地螺丝；12—炉架

A　金属电热体

金属电热体通常制成丝状，缠绕在炉管上作为加热元件，常用的电热丝有以下几种：

（1）铬镍合金丝。铬镍丝电热体塑性好、绕丝容易，可在 1000℃ 以下的空气环境条件下长期使用。

（2）铁铬铝合金丝。铁铬铝合金丝耐热性能好，可以在氧化气氛下使用，使用温度在 1200℃ 以下，但其塑性较差，绕制比较困难。

表 2-1　电热材料化学成分和主要性能

序号	材料代号	化学成分（质量分数）/%				电阻系数（20℃）/Ω·mm²·m⁻¹	电阻温度系数/℃⁻¹	导热系数/kJ·(m·h·℃)⁻¹	密度/g·cm⁻³	线膨胀系数/℃⁻¹	比热容/kJ·(kg·℃)⁻¹	熔点/℃	允许使用温度/℃	特性及使用条件
		Cr	Ni	Al	Fe									
1	Cr15Ni60	15~18	55~61	≤0.2	余量	1.10	14×10^{-5}	45.19	8.15	13×10^{-6}	0.46	1390	1000	高温强度高，冷后无脆性，价格高
2	Cr20Ni80	20~23	75~78	≤0.2	余量	1.11	8.5×10^{-5}	60.25	8.40	14×10^{-6}	0.44	1400	1100	
3	0Cr25Al5	23~27		4.5~4.6	余量	1.45	$(3\sim4)\times10^{-5}$	60.25	7.10	15×10^{-6}	0.63	1500	1200	价低，高温强度低，冷后发脆，常温加工时易开裂
4	Cr17Al5	16~19		4~6	余量	1.30	6×10^{-5}	60.25	7.20	15.5×10^{-6}	0.63	1500	1000	
5	Cr13Al4	13~15		3.5~5.5	余量	1.26	15×10^{-5}	60.25	7.40	16.5×10^{-6}	0.63	1450	850	
6	0Cr27Al7Mo2	26.4~27.5		6~7	余量	1.5±0.1	-0.77×10^{-5}		7.10	1.6×10^{-5}			1400	电阻温度系数为负值
7	0Cr13Al6Mo2	13.5~15		6~7	余量	1.4±0.1	5.7×10^{-5}		7.20				1300	
8	1Cr18Ni9Ti	17~19	8~11		余量	0.75		52.30	7.90	16.5×10^{-5}	0.50	1400~1425	850~900	加工性能好，适用于引出端端材料
9	康太尔铝合金	23		5.7	69	1.4	4.8×10^{-5}	46.02	7.20	14.5×10^{-5}	0.47	1520	1350	
10	Ni		Ni			0.09~0.12	$(5\sim5.5)\times10^{-3}$	209.2	8.90	12.8×10^{-6}	0.46	1455	1000	在真空或保护气中使用
11	W		W			0.05	5.5×10^{-3}	368.2 (1723℃)	19.3	4.3×10^{-6}	0.176 (900℃)	3390	2300~2500	
12	Mo		Mo			0.045	5.5×10^{-3}	246.9~506.3 (0~1600℃)	10.2	5.1×10^{-6}	0.272 (1400℃)	2520	1600~2000	
13	Ta		Ta			0.15	4.1×10^{-3}	297.1 (1800℃)	16.5	6.5×10^{-6}	0.188	2996±50	2500	
14	Nb		Nb			0.132	3.95×10^{-3}		8.6	7.0×10^{-6}	0.272	2415	2230	可在氧化气氛中使用
15	Pt		Pt			0.10	4×10^{-3}	251.0	21.46	9.0×10^{-6}	0.192 (1230℃)	1770	1400	
16	SiC	SiC>94，余为 SiO₂、Fe、C				1000~2000	<890℃为负 >850℃为正	83.7 (1000~1400℃)	3.18	5.0×10^{-6}	0.711		1450	化学性能较稳定，但易老化
17	MoSi₂			MoSi₂		0.302~0.45			5.40			2000	1700	可在氧化气氛和多种腐蚀性气氛中使用
18	石墨			C		8~13		$(4.2\sim6.3)\times10^2$	2.20		1.84 (827℃)	3500	3000	在真空或保护气中使用
19	碳			C		40~60		84~209	1.60		0.07~1.00	3500	3000	

（3）铂丝和铂铑丝。铂多用于小型电阻炉，如炉渣熔点测定炉等，使用温度在1400℃以下，铂铑则可用到1600℃。其优点是升温快，能在氧化气氛中使用。缺点是不能经受还原气氛及碳等元素的侵蚀。

（4）钼丝。Mo 的熔点高，长期使用温度可达1700℃，但 Mo 在高温氧化气氛中可生成氧化钼升华，因而仅能在高纯氢、氨分解气或真空中使用。

B　非金属电热体

非金属电热体通常做成棒状或管状，作为较高温度的加热元件，常用的非金属电热体有如下三种：

（1）硅碳电热体。SiC 电热元件在氧化气氛下能在1400℃以下长期工作，图2-2是不同形状的 SiC 电热元件，棒状 SiC 常用于箱式电阻炉（也称为马弗炉），管状 SiC 用于管式电阻炉。

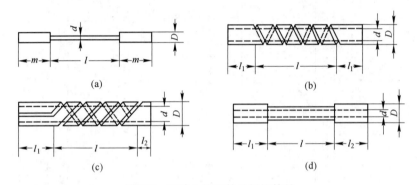

图 2-2　硅碳电热元件及规格符号

（a）硅碳棒；（b）单螺旋硅碳管；（c）双螺旋硅碳管；（d）硅碳管

（2）硅钼电热体。$MoSi_2$ 电热元件一般做成 I 形或 U 形，如图 2-3 所示。这种电热体可在氧化气氛中1700℃以下使用。$MoSi_2$ 在不同气氛下允许最高使用温度如表2-2所示。

（3）石墨电热体。石墨通常加工成管状，用于炭管炉（也称为汤曼炉）电热元件，也可做成板状或其他形状。石墨电热体在真空或惰性气氛中使用温度可达2200℃，炭管炉一般在1800℃以下使用。石墨耐急冷急热，配用低压大电

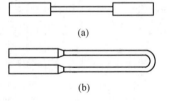

图 2-3　二硅化钼加热元件

（a）I 形；（b）U 形

流电源，能快速升温。但石墨在高温容易氧化，需在真空或保护气氛（Ar、N_2）中使用。

表 2-2　不同气氛下 $MoSi_2$ 电热体允许最高使用温度

炉内气氛	最高使用温度/℃	炉内气氛	最高使用温度/℃
He、Ne、Ar	1650	CO_2	1700
O_2	1700	H_2（湿 H_2，露点10℃）	1400
N_2	1500	干 H_2	1350
NO_2	1700	SO_2	1600
CO	1500		

2.1.2 感应炉

无芯感应炉是利用电磁感应在被加热的金属内部形成感应电流来加热和熔化金属的，感应炉的基本电路如图 2-4 所示。

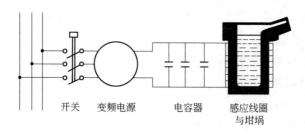

图 2-4 感应炉的基本电路

感应线圈是用铜管绕成的螺旋形线圈，铜管通水进行冷却。交变电流通过感应线圈时使坩埚中的金属料因电磁感应而产生电流。感应电流通过坩埚内的金属料时，产生热量，可将金属熔化。在电磁力的作用下，坩埚内已熔化的钢液将产生运动。钢液的运动可带来一些有益和有害的作用。

有益作用有：（1）均匀钢液温度。（2）均匀钢液成分。（3）改善反应动力条件。有害作用有：（1）冲刷炉衬。（2）增加空气中氧对钢液的氧化。（3）将炉渣推向坩埚壁，使壁厚增加，降低了电效率。

使钢液产生电磁搅拌的电磁力大小可由式（2-1）计算

$$F = KP/\sqrt{f} \tag{2-1}$$

式中　P——炉料吸收的功率，W；

　　　f——电流频率，Hz；

　　　K——常数。

2.1.2.1 工频感应炉

工频感应炉是以工业频率的电流（50Hz 或 60Hz）作为电源的感应电炉。国内工频感应炉的容量为 0.5~20t。它是一种用途比较广泛的冶炼设备。小容量的工频炉（1t 以下）可直接接工业用电线路供电，大容量的炉子必须由专用电源变压器供电。工频感应炉的容量较大，在冶金实验室中一般用来进行中间扩大试验或半工业试验。

2.1.2.2 中频感应炉

所用电源在 150~10000Hz 范围内的感应炉称为中频感应炉。中频炉电源频率为 500~2500Hz。中频炉的容量可以从几千克到几吨。中频炉的电源设备有中频发电机和可控硅变频器。中频炉与工频炉相比，有如下优点：

（1）中频炉的功率密度大，熔化速度快。

（2）适应性强，使用灵活，启动操作方便。

（3）中频炉的电磁搅拌力较工频炉弱，使得钢液对炉衬冲刷减轻。

中频炉的应用非常广泛，大部分冶金实验室都配备有 5~150kg 的中频炉。

2.1.2.3　高频感应炉

高频感应炉使用的电源频率在 10~300kHz，所用电源为高频电子管振荡器、可控硅变频器或高频发电机，以产生高压高频率交流电供高频炉使用。高频炉受电源功率限制，一般在 100kg 以下，主要用于实验室。作为科研试验用的高频炉容量通常仅有几百克。高频感应炉的电源设备复杂，工作电压高，安全性差，这种炉子逐步被中频感应炉所代替。

2.1.2.4　真空感应炉

真空感应炉是用来进行真空冶金的设备。真空炉的电源设备与中频感应炉基本相同。真空炉的感应圈和坩埚部分被放在能够密封的炉壳内（如图 2-5 所示），由真空泵抽气后，真空度可达到 1.34~0.134Pa。国产真空感应炉容量为 10~1500kg。真空炉的设备和操作都比较复杂，可以在真空下加料、取样和铸锭，一般仅在进行特殊要求的钢种试验时才使用。

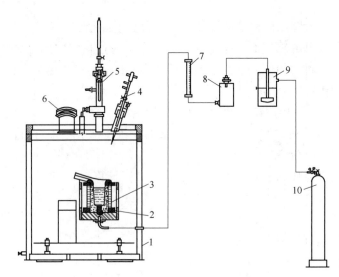

图 2-5　容量 10kg 的实验室真空感应炉

1—炉壳；2—坩埚；3—多孔塞；4—水冷管；5—金属取样和温度测量装置；
6—观察孔；7—转子流量计；8，9—气体净化器；10—Ar 气瓶

2.1.3　电渣重熔炉

2.1.3.1　电渣重熔的基本原理

电渣重熔（Electroslag Remelting，ESR）是利用电流通过熔渣时产生的电阻热作为热源将电极熔化，熔化的金属汇聚成滴，穿过渣层进入金属熔池，在水冷结晶器内凝固成铸件的方法。电渣重熔原理如图 2-6 所示，在铜制水冷结晶器内盛有熔融的炉渣，电极一端插入熔渣内。自上而下，电极、渣池、金属熔池、钢锭、底水箱通过短网导线和变压器形成回路。在通电过程中，渣池由于自身电阻放出焦耳热，将电极端头逐渐熔化，熔融金属汇聚成液滴，穿过渣池，落入结晶器，形成金属熔池，受水冷作用，金属熔池迅速凝固形成钢锭。在电极端头液滴形成以及穿过渣池滴落阶段，钢-渣充分接触，钢中非金属夹杂物为炉渣所吸收。钢中有害元素（硫、铅、锑、铋、锡等）通过钢-渣反应和高温气化得

到比较有效的去除。液态金属在渣池覆盖下，基本上避免了再氧化。电极材料为经传统熔炼方法生产的材料，由于重熔过程中电极材料逐渐熔化，因而也称为自耗电极。所用重熔渣一般为由氟化钙、氧化铝、氧化钙组成的高电阻渣系，有时根据需要还会添加部分的氧化镁、二氧化硅等。

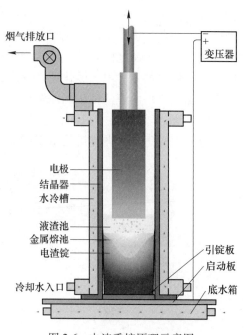

图 2-6 电渣重熔原理示意图

电渣重熔具有以下优越性：

（1）性能的优越性：电渣产品金属纯净、组织致密、成分均匀、表面光洁。产品使用性能优异。如 GCr15 电渣钢制成轴承寿命是电炉钢轴承的 3 倍。

（2）生产的灵活性：电渣重熔可生产圆锭、方锭、扁锭及空心锭等异形件，以及几克到上百吨重的材料。

（3）工艺的稳定性：质量与性能的重现性高。

（4）经济上的合理性：设备简单、操作方便、生产费用低于真空电弧重熔金属成材率高，对超级合金、高合金及大钢锭而言，提高成材率的效益足以抵消生产成本。

（5）过程的可控性：过程控制参数较少，目标参数易达到，便于自动化控制。

同时电渣冶金也存在着以下局限性：

（1）电耗较高：电渣重熔电耗一般为 $1300 \sim 1600 \mathrm{kW \cdot h/t}$，电渣重熔空心管件电耗更高。需采用大填充比、选用高比电阻渣系以降低电耗。

（2）氟的污染：电渣重熔渣含有高达 70% 的 CaF_2。在重熔过程中逸出 HF、SiF_4、AlF_3 等有害气体危害健康，造成环境污染。需要开发低氟渣与无氟渣。

（3）批量小管理不便：电渣重熔一炉一个钢锭，批量小，检验量增加，管理不便。

在上述常规电渣重熔的基础上，为了实现更高的重熔效率或更好的铸锭质量，相继开发了一些新的电渣重熔装置。

2.1.3.2　旋转电极电渣重熔炉

旋转电极电渣重熔炉即将传统电渣重熔过程中固定的自耗电极通过电极驱动装置使其旋转的电渣重熔炉,在重熔过程中,电极在向下移动的同时做绕其轴线方向的旋转运动,其结构图如图2-7所示。与传统电渣重熔相比,旋转电极所形成的高温区靠近电极底端面,而传统电渣重熔形成的高温区位于电极锥头下方、渣池的中部位置。旋转电极重熔使得电极底端呈一个平面,金属熔滴在离心力的作用下飞离电极底端,使金属熔池底面接近水平,更好地保证铸锭的轴向结晶。与传统电渣重熔相比,旋转电极电渣重熔时,电极端头与熔渣产生相对运动,两者间的传热增强,电极熔化速率提高,可有效减少热损失和渣量。此外由于电极的旋转还增加了金属熔滴在渣池中的停留时间,加大了精炼效果,重熔出的铸锭的低倍组织和化学均匀性更好。同时,与其他电渣炉通过调整渣量来调节渣阻的变化不同,此电渣炉依靠改变电极旋转速度来调整渣池电阻的变化。

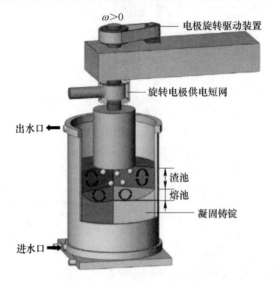

图 2-7　旋转电极电渣重熔炉

2.1.3.3　旋转结晶器电渣重熔炉

旋转结晶器电渣重熔炉即将传统电渣重熔炉固定的结晶器通过由调速电机和皮带传动装置组成的旋转机构驱动,从而带动底水箱和结晶器本体的旋转,其结构图如图2-8所示。结晶器旋转带动渣池运动,渣池温度更为均匀,同时渣池的运动也会带动金属液滴在渣池中的运动,使金属液滴随机落在金属熔池中,而非集中落在金属熔池中心部位,因而金属熔池温度分布更为均匀,熔池形状更为浅平,有利于重熔钢锭质量的改善。

2.1.3.4　可控气氛电渣重熔炉

电渣重熔大多在大气或干燥空气气氛中进行。当渣池熔渣具有轻微氧化作用时,就会给 Al、Ti 等活泼元素的控制带来困难。渣池上方气相中氧分压越大,越容易导致渣池的氧化。为了避免活泼元素的氧化,通常采用往渣池中加脱氧剂的方法对熔渣连续脱氧,这会导致熔渣组分改变,从而使重熔锭中的易氧化元素含量与原锭不一致。若改用惰性气体保护或真空气氛,则电渣重熔工艺在防止增氢的同时,也可有效地防止增氧。氮在钢中的固溶可显著提高钢的综合力学性能，但氮在钢液中的溶解度通常很小，要向钢水中输入超过溶解度限值的足量氮，最方便的方法是高压下的电渣重熔工艺。惰性气体保护电渣重熔炉、真空电渣重熔炉和加压电渣重熔炉的设备结构相似，即在常规电压重熔炉上加一个保护罩，对于惰性气体保护或加压电渣炉，充入惰性气体或者加压气体即可；对于真空电渣重熔炉，需要通过真空泵对熔炼室进行抽真空处理形成负压，真空电渣重熔炉结构如图 2-9 所示。

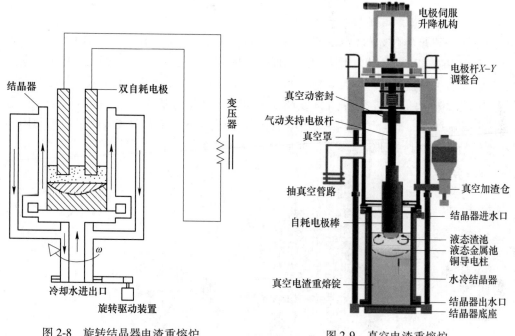

图 2-8 旋转结晶器电渣重熔炉

图 2-9 真空电渣重熔炉

2.1.3.5 快速电渣重熔炉

与图 2-6 所示的标准电渣重熔炉不同，如图 2-10 所示，快速电渣重熔炉（ESRR）专门配备了一个载流 T 形结晶器和一个嵌入在结晶器上部的石墨环，快速电渣重熔装置中的

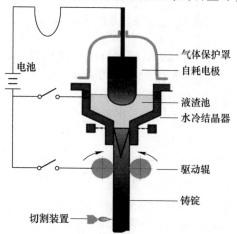

图 2-10 快速电渣重熔装置示意图

大部分外加电流通过石墨环，这将电流路径由变压器-短网-电极-渣池-金属熔池-底水箱-短网-变压器变为变压器-短网-电极-渣池-短网-变压器，结晶器内热分配改变，热效率提高，熔速增加。由于导向器和传动滚的作用，可以进行连续抽锭，将连铸技术的高生产效率与标准电渣重熔的高质量铸锭结合起来。在重熔类似尺寸的钢锭时，电渣重熔的熔化速度通常是其他电渣重熔技术的三倍或更多。

2.1.4　放电等离子烧结炉

2.1.4.1　放电等离子烧结技术的基本原理

放电等离子烧结技术（Spark Plasma Sintering，SPS）是一种粉末快速固结的新型技术。SPS 利用强电流的脉冲电源来激发和促进材料的固结和反应烧结过程。相较于传统技术，SPS 在加工过程中，对各类导体、非导体以及复合材料的密度值均可调节至任意需求值。SPS 最大限度的缩短了实验时间及能耗，同时又完美的保持了材料的微纳结构。由于 SPS 技术具有快速、低温、高效率等优点，近几年国内外许多大学和科研机构都利用 SPS 进行钢铁冶金新材料的研究和开发。实验室用放电等离子烧结炉，见图 2-11。

图 2-11　实验室用放电等离子烧结炉

SPS 技术除了利用通常放电加工所引起的烧结促进作用（放电冲击压力和焦耳加热）外，还有效地利用了脉冲放电初期粉体间产生的火花放电现象（瞬间产生高温等离子体）所引起的烧结促进作用，具有许多通常放电加工无法实现的效果，并且其消耗的电能仅为传统烧结工艺（无压烧结、热压烧结 HP、热等静压 HIP）的 1/5~1/3。因此，SPS 技术具有热压、热等静压技术无法比拟的优点：

（1）烧结温度低（比 HP 和 HIP 低 200~300℃）、烧结时间短（只需 3~10min，而 HP 和 HIP 需要 120~300min）、单件能耗低。

（2）烧结机理特殊，赋予材料新的结构与性能。

（3）烧结体密度高，晶粒细小，是一种近净成形技术。

（4）操作简单，不像热等静压那样需要十分熟练的操作人员和特别的包套技术。

SPS 装置主要包括：由上、下柱塞组成的垂直压力施加装置；特殊设计的水冷上、下冲头电极；水冷真空室；真空/空气/氩气气氛控制系统；特殊设计的脉冲电流发生器；水冷控制单元；位置测量单元；温度测量单元以及各种安全装置。SPS 烧结系统结构如图 2-12 所示。

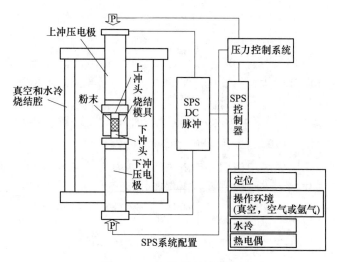

图 2-12　SPS 烧结系统结构

2.1.4.2 放电等离子烧结工艺

SPS 烧结的主要工艺流程共分以下四个阶段：

第一阶段：向粉末样品施加初始压力，使粉末颗粒之间充分接触，以便随后能够在粉末样品内产生均匀且充分的放电等离子。

第二阶段：施加脉冲电流，在脉冲电流的作用下，粉末颗粒接触点产生放电等离子，颗粒表面由于活化产生微放热现象。

第三阶段：关闭脉冲电源，对样品进行电阻加热，直至达到预定的烧结温度并且样品收缩完全为止。

第四阶段：卸压。

合理控制初始压力、烧结时间、成形压力、加压持续时间、烧结温度、升温速率等主要工艺参数可获得综合性能良好的材料。

目前 SPS 的基础理论尚不完全清楚，需要进行大量实践与理论研究来完善。对实际生产来说，SPS 需要增加设备的多功能性和脉冲电流的容量，以便制作尺寸更大的产品，特别需要发展全自动化的 SPS 生产系统，以满足复杂形状、高性能的产品和三维梯度功能材料的生产需要。同时需要发展适合 SPS 技术的粉末材料，也需要研制比目前使用的模具材料（石墨）强度更高、重复使用率更好的新型模具材料，以提高模具的承载能力和降低模具费用。在工艺方面，需要建立模具温度和工件实际温度的温差关系，以便更好地控制产品质量。在 SPS 产品的性能测试方面，需要建立与之相适应的标准和方法。

2.1.5　其他高温炉

2.1.5.1　等离子电弧炉

等离子电弧炉是用电弧放电加热气体以形成高温等离子体作为热源进行熔炼或加热的电炉。当气态原子获得一定能量时,其最外层电子会脱离原子核的吸引成为自由电子。而原子则成为正离子。这种现象叫做气体的电离。自由电子、正离子以及气体的原子和分子等组成的混合体叫做等离子体。用于产生等离子体的装置称为等离子发生器,也叫等离子枪。当气体(常用 Ar 气)通过等离子枪内电弧区时,被电离成等离子体,从喷口高速喷出,气体又极快复合成分子状态而放出能量。氩弧等离子流的温度能达 2 万摄氏度以上。

等离子电弧炉由等离子枪、炉体及直流电源三部分组成,如图 2-13 所示。等离子体发生器有两种(见图 2-14),一种是发生器本身就具有正负两极,极间产生电弧,这种电弧又被等离子气体带出形成等离子体火炬,这种方式称为非转移弧;另一种是等离子枪中只有一个负电极,而正电极是用被加热和熔化的金属充当,这种方式称为转移弧。负电极用掺入少量钍或铈氧化物的钨电极或者石墨制成。转移弧等离子炉可用于金属熔炼,非转移弧炬亦称为等离子体气体加热器,可用于加热气体或加热金属和钢液。

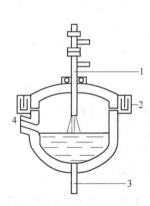

图 2-13　等离子电弧炉

1—等离子发生器;2—炉顶密封部分;
3—底部电极;4—倾出口

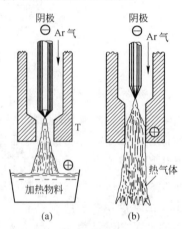

图 2-14　两类等离子弧发生器

(a)转移弧;(b)非转移弧

2.1.5.2　电子束炉

电子束加热的原理是高速电子流轰击被加热金属表面,将它的动能转化为热能,从而金属被加热、熔化并流入水冷铜模内。图 2-15 是电子束熔炼原理示意图。在高真空条件下,阴极由于高压电场的作用被加热而发射出电子,电子汇集成束,电子束在加速电压的作用下(在两极之间的加速电压为 10~30kV),以极高的速度向阳极运动,穿过阳极后,在聚焦线圈和偏转线圈的作用下,准确地轰击到结晶器内的底锭和物料上,使底锭被熔化形成熔池,物料也不断地被熔化滴落到熔池内,从而实现熔炼过程。熔炼是在 10^{-1} ~ 10^{-3} Pa 的高真空下的水冷铜坩埚(结晶器)内进行的,可以有效地避免金属液被耐火材料污染,因此电子束熔炼为一些金属材料,特别是难熔金属提供了一种有效的精炼手段。在实验室里,电子束加热已成功的用于区域精炼金属和生产单晶。

2.1.5.3 悬浮熔炼炉

悬浮熔炼炉又称为无坩埚熔炼炉，其装置如图2-16所示。当悬浮线圈通入交流电后就会产生一个磁场，如果有一个导体（金属试样）在这个高频磁场中，由于感应作用在金属内部产生感应电流，同时也产生一个磁场，其方向与悬浮线圈产生的磁场相反，从而产生一个斥力使导体悬浮于空间。悬浮炉的加热温度主要取决于磁场强度。悬浮熔炼可以避免坩埚材料产生的污染，主要用于实验室的小型纯金属熔炼研究，也可用于冶金反应平衡研究。

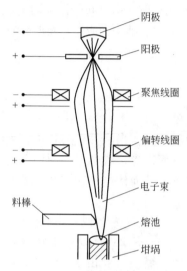

图2-15 电子束熔炼原理示意图

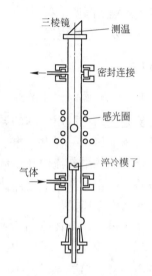

图2-16 悬浮熔炼炉

2.1.5.4 冷坩埚熔炼炉

冷坩埚熔炼是一种采用水冷分瓣铜坩埚对物料进行真空感应熔炼的方法。铜坩埚分瓣的目的是避免导电的坩埚对电磁场产生屏蔽作用；水冷的目的是使坩埚壁温度保持在冷态，避免熔池中熔料与坩埚发生物理和化学反应。典型的冷坩埚熔炼炉结构如图2-17所示。冷坩埚熔炼的主要特点有：

（1）熔体与坩埚壁不接触，能够在无坩埚材料污染的环境下对材料进行熔炼；采用感应加热，熔体被搅拌，可获得均匀的温度和化学成分。

（2）由于铜坩埚不与熔体接触，因此坩埚可与高熔点或活泼性元素金属共存。

（3）可用于真空或任何气氛下，因此特别适用于熔炼活泼金属、高纯金属、难熔金属和放射性材料等。

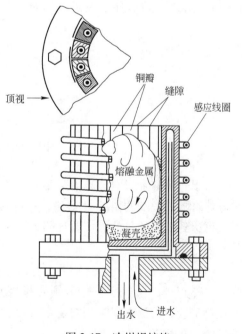

图2-17 冷坩埚熔炼

此外，冷坩埚熔炼炉还可用于"软接触结晶器"的研究。

2.2　温度的测量和控制

在冶金高温实验中，准确的温度测量和控制是必不可少的。在许多情况下，温度测量的精度决定了整个实验的误差大小。测量温度的方法分为接触式（如水银温度计、热电偶）和非接触式（如光学高温计）两种。在接触式测温时，传感元件要紧靠被测物体或直接置于温度场中；而非接触式测温是利用被测物体的热辐射或辐射光谱分布随温度的变化来测量物体温度的。本节主要介绍热电偶和辐射测温计的工作原理、结构和应用以及温度的控制方法。

2.2.1　热电偶

2.2.1.1　热电偶的工作原理

接触电势是指两种材质不同的导体在接触点处形成的电动势。由于两种不同金属导体的外层电子费米能级不一样高，电子的化学势也就不同；当两种金属发生接触时，电子就会倾向从化学势高的材料流向化学势低的材料，从而产生接触电势。两种金属导体依靠产生的接触电势差补偿原来它们之间费米能级的差别，从而使电子达到统计平衡的状态。接触电势的大小和温度有关。

在一个由不同金属导体 A 和 B 组成的闭合回路中（见图 2-18），当此回路的两个接点保持在不同温度 t_1 和 t_0 时，只要两个接点有温差，两个接点的接触电势就不同，即回路中存在一个电动势，这就是"赛贝克温差电动势"，简称"热电势"，记为 E_{AB}。导体 A、B 称为热电偶的热电极。接点 1 工作时将它置于被测温的场所，故称为工作端（热端）。接点 2 要求恒定在一定温度下，称为自由端（冷端）。

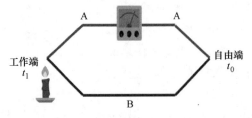

图 2-18　塞贝克效应示意图

对于一定的金属对，总电势是温度的函数。如果热电偶的一端保持恒温 t_0，热电偶的热电势将随另一端的温度 t_1 变化，一定的热电势对应一定的温度，所以用测量热电势的办法，可达到测温的目的。实验证明，当热电偶材料选定后，热电势仅与两个接点的温度有关，即

$$E_{AB}(t_1, t_0) = e_{AB}(t_1) - e_{AB}(t_0)$$

式中　$e_{AB}(t_1)$，$e_{AB}(t_0)$——分别为两个接点的分热电势。

对于选定的热电偶，当自由端温度恒定时，$e_{AB}(t_0)$ 为常数，此时热电势就成为工作端温度 t_1 的单值函数，即

$$E_{AB}(t_1, t_0) = f(t_1)$$

故通过测量热电势即可达到测温目的。通常 t_0 保持在 0℃，$E_{AB}(t_1, 0)$ 的数值可由数字电压表读出，所对应的温度值可从"热电偶毫伏对照表"查出；所测的温度也可用温度显示仪直接显示。若冷端温度不为 0℃，则需对其进行修正。

2.2.1.2　热电偶材料

理想的热电偶材料应具有如下条件：

（1）热电势与温度呈稳定的函数对应关系，电导率高，电阻温度系数小。

（2）热电势数值高且稳定，具有重现性；热电势率大，灵敏度高。

（3）具有抗腐蚀性和有一定的机械强度，宜于加工并可长期使用。

在常用热电偶中又分标准化热电偶和非标准化热电偶。

标准化热电偶是指制造工艺较成熟、应用广泛、能批量生产、性能优良而稳定并已列入专业或国家工业标准化文件中的热电偶。标准化文件对同一型号的标准化热电偶规定了统一的热电极材料及其化学成分、热电性质和允许偏差，也就是说，标准化热电偶具有统一的分度表。分度表是以表格的形式反映电势温度之间的关系，需注意的是：该电势温度关系是在冷端温度为 0℃时得出的，使用应特别注意。同一型号的标准化热电偶具有互换性，使用十分方便。国内常用标准化热电偶的特性如表 2-3 所示。

表 2-3　国内常用的标准化热电偶的特性

分度号	热电偶材料	测温范围/℃	使　用　特　点
S	铂铑$_{10}$-铂	0~1600	贵金属热电偶，物理化学性能稳定，铂容易提纯，因此复现性好、热电特性稳定、测温准确可靠。热电偶的熔点高，故测温上限也较高，长期使用最高温度为 1300℃，短期使用最高温度为 1600℃，可在氧化性、中性介质及真空中使用。但是价格较贵，机械强度稍差，热电势较小，需配用灵敏度较高的测量仪表
R	铂铑$_{13}$-铂	0~1600	热电偶的热电势和热电势率都比铂铑$_{10}$-铂热电偶高，热电偶复现的稳定性也优于 S 型热电偶，其他特性基本上与铂铑$_{10}$-铂热电偶一致
B	铂铑$_{30}$-铂铑$_6$	0~1800	热电偶的熔点高，因此测温上限也高，可长期工作在 600~1600℃温度下，短期最高使用温度为 1800℃，高温下热电特性更为稳定。热电势较 S 型分度号热电偶小
K	镍铬-镍硅	0~1300	使用温度较高，价格相对便宜。可在 1200℃的高温下长期使用。热电势率比 S 型分度号热电偶大 4~5 倍，且温度电势关系接近线性
N	镍铬硅-镍硅	0~1300	具有与镍铬-镍硅（K 型）热电偶相近的特点和热电特性，但却具有比 K 型热电偶便优良的抗氧化性和高温稳定性
E	镍铬-铜镍合金（康铜）	−200~900	热电势和热电势率高，可配用灵敏度低的测量仪器，并具有良好的稳定性、均匀性和适宜的导热系数；价格便宜，适合于氧化气氛中使用
J	铁-铜镍合金（康铜）	−40~750	适合于氧化、还原性气氛，也可在真空、中性气氛中使用，不能在含硫的高温气氛中使用。稳定性好、灵敏度高、价格低廉。正极铁易锈蚀
T	铜-铜镍合金（康铜）	−200~400	热电性能好，电势与温度关系近似线性，热电势值大、灵敏度高、复制性好，准确度高，价格便宜，可以在还原性、氧化性、惰性气氛及真空中使用

表 2-3 中电极材料的前者为正极，后者为负极，紧跟的数字为该材料的百分含量。温度测量范围是热电偶在良好的使用环境下测温的极限值，实际使用时，特别是长时间使用，一般允许的测温上限是极限值的 60%~80%。

非标准化热电偶无论在使用范围或数量上都不及标准化热电偶，它们没有统一的分度表，也没有与其配套的显示仪表。但在某些特殊场合，如高温、低温、超低温、高真空和有核辐射的被测对象中，这些热电偶具有某些特别良好的性能。目前，常见的非标准化高温热电偶有以下几类：

（1）铂铑系列：铂铑$_{40}$-铂铑$_{20}$热电偶（可以达到1850℃温度范围，在特殊情况下甚至可以达到1880℃）。

（2）铱铑系列：铱铑$_{60}$-铱热电偶（最高使用温度可达2100℃）。可用于真空、惰性气体或稍有氧化性的气氛中，多用于宇航火箭技术中的测温工作。

（3）钨铼系列：钨的熔点为3387℃，铼的熔点为3180℃，钨铼$_5$-钨铼$_{20}$热电偶可以测到2400~2800℃的高温，短时达3000℃，但它在高温下易氧化，只能用于真空或还原性、惰性气氛中。

在某些发动机设计单位，铂铑$_{40}$-铂铑$_{20}$热电偶以及铱铑热电偶已经在气流高温传感器的研制中开始应用。

2.2.1.3 热电偶的制作与校正

A 使用方法

（1）热电偶使用前，工作端（热端）要焊接在一起，常用的焊接方法有：

1）直流电弧焊（见图2-19）。

2）盐水焊接（见图2-20）。适用于铂铑热电偶。

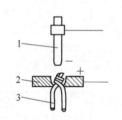
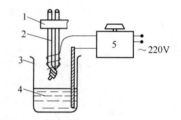

图2-19 直流电弧焊
1—石墨电极；2—紫铜板座；
3—热电偶丝

图2-20 盐水电弧焊
1—夹持工具；2—热电偶丝；3—烧杯；
4—NaCl溶液；5—自耦变压器

3）氩弧焊。适用于钨铼热电偶。

（2）热电偶测温时，通常使用绝缘管和保护管，以使两极分开并避免热电极与被测介质接触。在冶金高温实验时，通常用双孔细刚玉管作为绝缘管将两根热电极分开，用一端封闭的刚玉管作为热电偶的保护套管。

（3）热电偶使用一段时间后，其热电特性会发生变化，因此需送热电偶检定部门进行校正，以保证测温精度。在实际测温中，热电偶的基本测温线路如图2-21所示。所测得的热电势可在分度表上查出相应的温度值。例如，铂铑$_{10}$-铂热电偶0~30℃的分度表如表2-4所示。

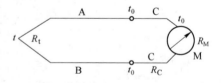

图2-21 热电偶测温的基本线路
A，B—热电偶；C—连接导线；
M—动圈毫伏计；
t，t_0—热电偶工作端和自由端温度；
R_t，R_C—热电偶与导线的电阻；
R_M—毫伏计的内阻

表 2-4 铂铑$_{10}$-铂热电偶分度表（分度号：LB-3）（自由端温度为0℃）

工作端温度/℃	0	1	2	3	4	5	6	7	8	9
	mV（绝对伏）									
0	0.000	0.005	0.011	0.016	0.022	0.028	0.033	0.039	0.044	0.050
10	0.056	0.061	0.067	0.073	0.078	0.084	0.090	0.096	0.102	0.107
20	0.113	0.119	0.125	0.131	0.137	0.143	0.149	0.155	0.161	0.167
30	0.173	0.179	0.185	0.191	0.198	0.204	0.210	0.216	0.222	0.229

B 修正方法

标准的热电偶分度表是指自由端为0℃时的热电势，实际测温条件下自由端不一定处于0℃，由此会带来误差，应加以消除或修正。以下介绍几种自由端温度恒定或修正办法：

（1）自由端温度修正法。当自由端温度 $t_1 \neq 0$℃，但恒定不变或变化很小时，可采用计算法进行修正。此时热电偶实际的热电势应为测量值与修正值之和，即

$$E_{AB}(t, t_0) = E_{AB}(t, t_1) + E_{AB}(t_1, t_0) \tag{2-2}$$

式中 $E_{AB}(t, t_1)$——当自由端温度为 t_1 时，测温仪表的读数；

$E_{AB}(t_1, t_0)$——当自由端温度为 t_1 时的修正值。

例： 用铂铑$_{10}$-铂热电偶测温时，自由端温度 $t_1 = 30$℃，在直流电位差计上测得的热电势 $E(t, 30) = 13.542$mV，试求炉温。

由 LB-3 分度表查得 $E(30, 0) = 0.173$mV。由式（2-2）可得

$$E_{AB}(t, t_0) = E_{AB}(t, t_1) + E_{AB}(t_1, t_0) = 13.542 + 0.173 = 13.715\text{mV}$$

再由 LB-3 分度表查得 13.715mV 为 1350℃。若自由端不作修正，则所测 13.542mV 对应 1336℃，与实际炉温 1350℃相差 14℃。

铂铑$_{10}$-铂热电偶（简称单铂铑）的热电势较大，自由端温度不是0℃时进行测温会产生较大误差，实际测温时应作修正。铂铑$_{30}$-铂铑$_6$ 热电偶（简称双铂铑）的热电势较小，0℃到室温的热电势很小，实际测温时一般不用修正。

（2）自由端温度恒定法。如实际测温时，环境温度波动较大，可采用自由端温度恒定法，即将热电偶自由端置于冰点瓶内（见图2-22），将冷端恒定在 0℃，这样能与分度表一致。

（3）补偿导线法。如测温仪表不易安装在被测对象附近，而用导线引到温度恒定或变化不大的地方。在一定温度范围内，补偿导线的热电性能与热电偶很相近，但它不能消除自由端温度不为 0℃ 的影响，仍需按上述方法进行修正。补偿导线一般使用温度为−20~100℃，常用的补偿导线见表2-5。补偿导线大体上可分为延长型和补偿型两种，前者采用与热电偶材质相同的导线，后者是采用在一定条件下与热电偶的热电特性基本一致的代用合金。

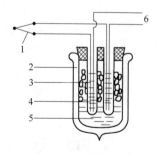

图 2-22 冰点瓶
1—热电偶；2—保温瓶；3—试管；
4—变压器油；5—冰水混合物；
6—接仪表导线

表 2-5　常用的补偿导线

补偿导线种类	配用热电偶	补偿导线材料		绝缘材料颜色		热端为 100℃，冷端为 0℃时的热电势/mV
		正极	负极	正极	负极	
LB	铂铑₁₀-铂	铜	铜镍（3%）	红	绿	0.643±0.023
EU	镍铬-镍硅	铜	康铜	红	蓝	4.10±0.15
LB	镍铬-考铜 钨铼₅-钨铼₂₀	镍铬 铜	考铜 铜镍（1.7%~1.8%）	红 红	黄 蓝	6.95±0.30 1.337±0.045

2.2.2　辐射温度计

用来测量热辐射体的辐射通量，并按温度单位分度输出信号的仪表，通称为辐射温度计。如红外温度计、光学高温计和比色高温计等。辐射温度计是非接触式测温，可以测量移动体，旋转体，或者和传感器接触会对温度产生影响的物体的温度，所以应用广泛。以下介绍几种辐射温度计。

2.2.2.1　红外温度计

红外测温技术具有非接触、快速并可成像等诸多优点，在工业、农业、国防领域有着广泛的应用，是其他测温技术所不可替代的。

自然界任何物体都有着热辐射，例如物体在 300℃时就有波长约 5μm 红外光辐射。物体热辐射本领可用普朗克公式和基尔霍夫定律表达：

$$M_{\lambda T} = \alpha_{\lambda T} M_b(\lambda, T) = \alpha_{\lambda T} \frac{c_1}{\lambda^5} \cdot \frac{1}{e^{\frac{c_2}{\lambda T}} - 1}$$

式中　　$M_{\lambda T}$——物体自身发出的辐射，W/m²；

$\alpha_{\lambda T}$——辐射率；

$M_b(\lambda, T)$——黑体辐射，W/m²；

c_1——第一辐射常数 3.74×10^{-16} W·m²；

c_2——第二辐射常数 1.44×10^{-2} m·K；

T——温度，K；

λ——波长，m。

实际应用中：

$$M_{反射} + M_{\lambda T} = \varepsilon \frac{c_1}{\lambda^5} \cdot \frac{1}{e^{\frac{c_2}{\lambda T}} - 1}$$

式中　ε——发射率。

确定发射率 ε 是红外测温技术中关键而又复杂细致的一步，它与被测材料的温度、表面状态密切相关。现场条件下，为确定发射率 ε 值，先用热电偶测出目标温度值，然后将红外测温仪对准目标调整 ε 值，让红外测温仪温度值等于热电偶的温度值，此时的 ε 即为所求的发射率。例如：钢坯拉出连铸机时，用热电偶测出铸坯表面温度为 790℃，调整红外测温仪的读数也为 790℃，于是可得到铸坯的发射率 $\varepsilon = 0.85$。确定铸坯的发射率 ε 之后，就可以用红外测温仪测定连铸坯的表面温度了。

红外测温仪由光学系统、红外传感器与微处理机组成，如图 2-23 所示。光学系统可由普通光学透镜、锗透镜甚至光导纤维组成，目的是把热辐射滤波（选择 λ）后聚焦到传感器上，如果要得到热像图的话还会有两组同步旋转的多面镜装在传感器前。红外传感器有许多种，常见的有 HgCdTe 探测器、PbSnTe 探测器、InSb、肖特基势垒探测器、热敏电阻探测器、测辐射热电偶等，目的都是把热辐射（$M_{反射} + M_{\lambda T}$）转化为电量。最后由微机把电量信号转为温度数值或热像图。

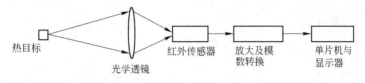

图 2-23　红外点测温度计

红外测温技术不仅广泛的应用在冶金炉设备、铸造设备，而且正在冶金机电设备的热故障检测方面发挥着特殊的作用。红外测温技术的主要用途有：

（1）耐火材料缺陷诊断：主要应用有高炉、平炉、电炉、转炉、热处理炉、钢水浇包等的绝热情况的检测。

（2）钢料加工过程的温度检测：主要应用有连铸坯测温、热轧板测温等。

（3）电器设备的故障检测：感应炉线圈、变压器、大电机等的局部过热检测。

2.2.2.2　光学高温计

光学高温计的基本原理是：当物体受热后，就有一部分热能转变成辐射能，随温度升高，单色辐射强度增加。当波长一定时，物体的单色辐射强度仅仅是温度的函数。根据物体的辐射能力和有关光学原理测定物体温度的仪器称为光学高温计。

光学高温计是由望远镜与测量仪表连在一起的整体型测温仪器。常用的灯丝隐灭式光学高温计的示意图见图 2-24。用这种高温计测温时，是基于比较被测物体的亮度和光学高温计灯丝的亮度。用光学系统把被测物体的象投射在白炽灯丝平面上，灯丝电流用可变电阻控制，直到灯丝的亮度等于被测物体的亮度，依据被测物体基底上灯丝隐灭时的电流，来确定温度。

实际测量时，在辐射热源的发光背景上，有弧形灯丝（见图 2-25）。当灯丝的亮度较被测物体低时，灯丝发黑如图 2-25 中（a）所示；当灯丝亮度高于被测物体时，灯丝发白如图 2-25 中（c）所示；当灯丝亮度恰好与被测物体相同时，灯丝隐灭在被测物体的背景中，如图 2-25 中（b）所示，此时可以从高温计刻度盘上读出被测物体的温度值。

2.2.2.3　光电高温计

光电高温计的测温原理与光学高温计相同，即采用光反馈原理测量物体辐射能量，进而确定温度。与光学高温计不同的是，光电高温计通过采用光敏元件代替人眼来识别辐射源的亮度，并将辐射源亮度转换为电信号来确定温度，因而具有更高的测量精度和灵敏度，尤其是对于亮度不稳定的辐射源更为适用。

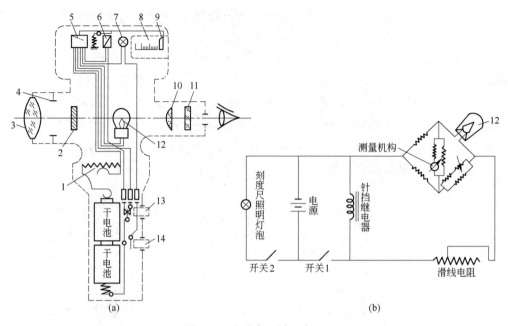

图 2-24　光学高温计示意图

（a）光学高温计结构图；（b）光学高温计电气原理线路图

1—滑线电阻；2—吸收玻璃；3—物镜；4—光阑；5—测量机构；6—针挡继电器；7—刻度尺照明灯；8—刻度尺；

9—指针；10—目镜；11—红滤镜；12—灯泡；13—开关1；14—开关2

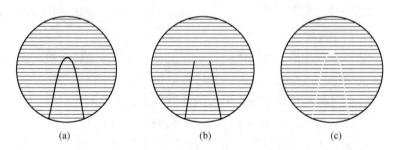

图 2-25　光学高温计灯泡灯丝亮度调整图

光电高温计测温系统由光学系统、光电探测器、微电流放大器和电测仪表四部分组成。如图 2-26 所示，其工作原理为：被测物体的辐射能由物镜聚焦，通过光阑和遮光板上的红色滤光片入射到光电器件上；从反馈灯发出的辐射能也通过遮光板上的红色滤光片投射到同一光电器件（一般为硅光电池）上。遮光板前的光调制器在励磁线圈和永磁体的作用下进行规律振动，交替打开遮光孔使来自被测物体和反馈灯的辐射能交替入射到光电器件上，转换成脉冲光电流输出。此脉冲光电流经前置放大器和主放大器放大并流经反馈灯控制反馈灯的亮度，当反馈灯的亮度与被测物体的亮度相同时，脉冲光电流为零，这时通过反馈灯的电流就代表被测物体的温度，通过电位差计便可自动记录并反馈电流大小，进而根据系统内置的高温计检定温度-电流对照表得到温度大小。被测物体的一部分光线还可反射进观察孔以便准确定位测量对象。

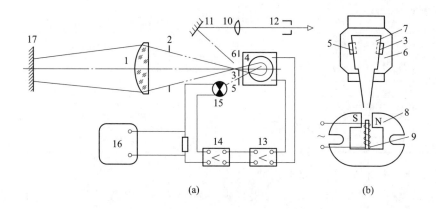

图 2-26　光电高温计工作原理图

（a）光电高温计工作原理图；（b）光调制器结构图

1—物镜；2—光阑；3—被测物体光线入射孔；4—光电器件；5—反馈灯光线入射孔；6—遮光板；
7—光调制器；8—永磁体；9—励磁线圈；10—透镜；11—反射镜；12—观察孔；13—前置放大器；
14—主放大器；15—反馈灯；16—电位差计；17—被测物体

2.2.3　电阻炉电源和炉温的控制

2.2.3.1　电阻炉电源

电阻炉与工业电网（220V 或 380V）之间配备相应的调压变压器，以调整电压。调压变压器由控温电路进行控制。

2.2.3.2　炉温控制

电阻炉的温度控制分恒温控制和温度程序控制两类。温度控制一般是通过调整供电功率来达到的。改变供电电压、电流，调整负载电阻，均可达到调整供电功率、控制炉温的目的。以下介绍几种控温方法：

（1）位式控温。当接通电源时温度上升，当接触器断离电源时温度下降，炉温只能稳定在一定波动范围内。这种控温方法炉温不稳定，常用于温控要求不高的情况。

（2）自耦变压器控温。通过手动调整电压来控温。

（3）连续控温。输送给加热元件的功率不断开，根据温度控制的要求平滑的调节供给电热体的电压。

（4）脉冲控温。输给加热元件的功率以脉冲形式断续供给，在较短的时间内输送给电炉许许多多脉冲功率。具有连续控温的效果。

2.3　高温实验用耐火材料

2.3.1　纯氧化物耐火材料

高温实验常用的纯氧化物耐火材料的特性和用途见表 2-6。

表 2-6　高温实验常用的纯氧化物耐火材料的特性和用途

名　称	熔点/℃	最高使用温度/℃	耐热冲击性能	用　　途
Al_2O_3	2030	1900	良	坩埚，炉管，热电偶保护管、套管，垫片等
MgO	2800	1900	较差	坩埚（可盛氧化铁含量高的炉渣）
ZrO_2	2550	2220	较好	坩埚，固体电解质定氧探头
SiO_2	1710	1110	优	坩埚，炉管，液态金属取样管，真空容器等

纯氧化物耐火材料主要有以下几种：

（1）Al_2O_3：为中性氧化物，高温烧成的熔融纯 Al_2O_3 称为刚玉，在高温实验中被广泛使用。做成坩埚时，可盛钢铁液、金属熔体和一般硅酸盐炉渣。加入 $w(TiO_2)$ 为 1% 的钛刚玉制品，可使 Al_2O_3 的烧结再结晶温度降至 1550℃，但其使用温度也有所下降。

（2）MgO：为碱性氧化物，常用来做坩埚，可盛钢铁液、金属熔体和炉渣。MgO 抗碱性氧化渣的能力强，适合盛转炉型熔渣。MgO 坩埚的熔点高，但耐激冷激热性能差、易裂，且价格较高。

（3）ZrO_2：系弱酸性氧化物，熔点比 Al_2O_3 高，在氧化性和弱还原性气氛中均稳定，高温使用性能比刚玉好，可用来做坩埚盛金属熔体，适合盛酸性或一般硅酸盐炉渣。ZrO_2 加入少量 CaO 或 MgO，称为稳定的 ZrO_2，可做固体电解质定氧探头。

（4）SiO_2：系酸性氧化物，纯 SiO_2 称为石英，易加工，耐激冷激热性极好，但在高温下易失透（不透明）并逐渐产生裂损，这是由于 SiO_2 由稳定的玻璃态转变为结晶态所致。石英做成坩埚时，可盛铁水、金属熔体和酸性炉渣。

2.3.2　炉衬耐火材料和结合剂

在较大容量的高温炉（感应炉）中进行冶金实验时，需用耐火材料做炉衬。制作感应炉炉衬时，常用耐火捣打料配加结合剂和外加剂在感应圈内捣打成坩埚，经自然养护、烘干后使用；也可先用散状耐火材料制成坩埚，经干燥或高温烧结后，再放入感应圈内使用。

2.3.2.1　耐火捣打料

散状耐火材料的品种很多，在表 2-7 中介绍几种普通耐火捣打料。

表 2-7　几种普通耐火捣打料

序　号	名　称	主要化学成分（质量分数）	耐火度/℃	荷重软化温度/℃	结合剂（质量分数）
1	高铝质	（Al_2O_3）80%，（Fe_2O_3）2.5%	1790	1360（4%）	硫酸铝 10%
2	铝镁质	（Al_2O_3）68%，（MgO）11%	1790	1370（4%）	水玻璃 10%
3	镁质	（MgO）90%，（SiO_2）4.8%		1600（4%）	氯化镁溶液 8%~12%
4	镁铬质	（MgO）59%，（Cr_2O_3）16%		1500（4%）	水玻璃 4%~5%

耐火捣打料是不定型耐火材料的一种，它是由耐火骨料、粉料和结合剂，外加剂组成的。一般骨料为 60%~65%，粉料 35%~40%。耐火骨料一般由 5~0.5mm 的颗粒组成；粉料细度小于 0.09mm 的大于 85%。

（1）高铝质普通耐火捣打料：用一级铝矾土做骨料（质量分数 65%）和粉料（质量分数 30%），添加质量分数 5% 软质黏土粉结合剂。

（2）铝镁质普通耐火捣打料：耐火骨料（质量分数 65%）和粉料（质量分数 23%）为一级铝矾土熟料，另添加质量分数 12% 的制砖镁砂粉。

（3）镁质水泥耐火浇注料：镁砂骨料质量分数 75%，方镁石水泥质量分数 25%。方镁石水泥由烧结镁砂磨细制成，其凝结硬化机理主要是氧化镁的水化反应和氢氧化镁的结晶作用，加入氯化镁溶液可促进其水化和结晶。

（4）镁铬质普通耐火捣打料：$w(MgO)$ 为 91% 的制砖镁砂骨料和粉料分别为质量分数 55% 和 15%，$w(Cr_2O_3)$ 为 47% 的铬铁矿骨料和粉料各为质量分数 15%。

2.3.2.2 结合剂

对散状耐火材料起结合作用的材料称为结合剂。在常温下，经粘结后的耐火材料要求有较高的常温强度。在高温下，有些结合剂能与耐火材料发生化学反应，对耐火材料起到烧结作用。以下介绍几种结合剂：

（1）水玻璃。由正硅酸钠（$2Na_2O \cdot SiO_2$）、偏硅酸钠（$Na_2O \cdot SiO_2$）、二硅酸钠（$Na_2O \cdot 2SiO_2$）和胶体二氧化硅组成，是一种极复杂的胶体溶液。水玻璃添加到散状耐火材料成型后，在自然条件下养护风干或加热使之脱水而形成凝胶化，也可添加促凝剂（Na_2SiF_6 等）使之中和而产生凝胶。均可使水玻璃结合的耐火浇注料凝结硬化获得强度。

（2）磷酸盐。磷酸（H_3PO_4）常用做 Al_2O_3 的结合剂。在不定形耐火材料中，应用最多的是三聚磷酸钠（$Na_2P_3O_{10}$）和六偏磷酸钠 $[(NaPO_3)_6]$，这两种聚合磷酸钠为白色粉末，均溶于水，是镁质耐火材料的良好结合剂。

（3）硫酸铝。$Al_2(SO_4)_3$ 为白色粉末，溶于水，可做高铝质耐火材料的结合剂。

（4）卤水。主要成分是 $MgCl_2$，主要用作镁砂的结合剂。由卤水结合的镁砂成型后，常温强度低，经高温煅烧后，$MgCl_2$ 放出氯气并生成 MgO。

（5）软质黏土。$w(Al_2O_3)$ 约为 30%、$w(SiO_2)$ 约为 55%，广泛应用于不定形耐火材料，可用做黏土质和高铝质耐火材料的结合剂。

2.3.3 石墨和非氧化物耐火材料

2.3.3.1 石墨

石墨在惰性气氛或还原性气氛下是稳定的，在真空中可以使用到 2200℃，但在氧化气氛中将被氧化生成 CO 和 CO_2。石墨的熔点大于 4700℃，热稳定性良好，易加工成型。在高温冶金实验时，常用石墨坩埚盛碳饱和铁水，以研究其熔体反应或渣-铁反应情况，石墨坩埚可在感应炉中作容器，以熔化非磁性金属材料或非氧化性炉渣；采用气相色谱法测定钢中氧，用脉冲炉加热时，石墨既是电热体又是容器。

石墨坩埚还常用做外层保护坩埚，其内层放入 MgO 或 Al_2O_3 坩埚，以使氧化物坩埚在升温速度较快时能均匀受热，或防止内层坩埚炸裂时熔体渗入炉内。

2.3.3.2 金属坩埚

金属坩埚有以下几种：

（1）纯铁坩埚。进行炉渣侵蚀耐火材料试验时，常使用纯铁坩埚。含氧化铁较高的炉渣能够侵蚀任何氧化物坩埚，并使炉渣成分显著改变。而纯铁坩埚可以作为高氧化铁炉渣的容器，一般使用温度在1400℃以下。

（2）钼坩埚。Mo的熔点为2600℃，易加工，可在较高温度下（如1600℃）作为氧化性炉渣的容器。但Mo易氧化，需在惰性保护气氛下或真空中使用。

（3）铂坩埚。Pt的熔点为1772℃，常用温度1400℃，短时间可用到1600℃，可在氧化性气氛下使用。Pt坩埚可盛氧化性炉渣，但价格昂贵，故很少使用。

2.3.3.3　金属陶瓷

金属陶瓷是将金属和陶瓷结合起来而构成的一种新型材料，它能综合这两种材料的优点。金属陶瓷中的金属组元可以是一种纯金属或合金，陶瓷组元包括氧化物、碳化物、氮化物、硼化物等。金属陶瓷一般是用粉末冶金方法制造，制作时可以使金属表面陶瓷化，也可以使陶瓷表面金属化。

金属陶瓷在实验室中有着不同的用途。例如：Al_2O_3/Mo 和 ZrO_2/Mo 可用做高温钢液直接定氧探头的电极引线。金属陶瓷也可做坩埚、热电偶保护套管等。

2.3.4　保温隔热耐火材料

在高温实验炉中，为减少热损失和保证炉温稳定，常需要在炉壳内填充保温材料。保温材料要求导热系数小，具有一定的耐火度，容重应小些。表2-8列出几种常用的保温材料。其中硅酸铝纤维填充方便、导热系数低、容重小、价格较便宜，因而使用较多。

表2-8　几种常用的保温材料

名　称	容重/kg·m⁻³	体积密度/g·cm⁻³	最高使用温度/℃	主要用途
硅酸铝纤维	130~250		1000~1200	保温层填料
空心氧化铝球	500~900		1800	保温层填料
轻质高铝砖		0.7~1	< 1300	高温炉保温层
轻质黏土砖		0.5~1	1200~1400	高温炉保温层

2.3.5　高温实验耐火材料的选用

在进行高温实验时，对耐火材料选用一般应考虑如下几点：

（1）使用温度。

（2）耐火材料和炉渣的酸碱性。例如，碱性渣要用碱性耐火材料。

（3）热稳定性，激冷激热性能。

（4）所盛金属的种类。例如，铁水可用石墨坩埚，钢水可用 Al_2O_3 或 MgO 坩埚。

（5）使用气氛。例如，石墨坩埚必须在惰性或还原性气氛中使用。

（6）所研究的渣系。例如，进行平衡实验，坩埚材料一般在渣中都要达到饱和，如研究渣中 MgO 的饱和溶解度，则要选用 MgO 坩埚。

2.4 气氛控制和真空的获得

进行冶金实验研究时，常用到气体作为反应剂或载气，这些气体或参与反应，或作为惰性保护气氛。某些冶金实验还要在真空条件下进行。因此，掌握气氛控制技术和获得真空的方法是很有必要的。

2.4.1 气体的来源

实验室常用的气体有下列十种：O_2、N_2、H_2、Ar、CO、CO_2、H_2S、SO_2、NH_3 和 Cl_2。其中大多数气体装在高压储气瓶中由工厂生产出售，高压气瓶存装压力一般是 12~15MPa，瓶容积 25~44L，相当于常压体积 4~7m^3。为了安全，不致误用，各种气体所用的钢瓶外都涂上不同的颜色，以便识别。各种气瓶的颜色见表 2-9。

表 2-9 各种气体的气瓶颜色

气体种类	O_2	N_2	H_2	CO_2	Ar	Cl_2	NH_3
气瓶颜色	天蓝	黑	深绿	黑	灰	草绿	黄

由于瓶装的是高压气体，使用时必须用减压器减压。瓶装高压气体有些在瓶内为液态，如 CO_2、Cl_2、NH_3 等。

在没有瓶装气体时，就需要自行制备。以下介绍几种气体的制造方法：

（1）H_2S：用 20%盐酸溶解硫化钠或硫化铁可产生 H_2S。H_2S 气体用 10%~20%盐酸、水和硫酸氢钾溶液洗涤，再用 $CaCl_2$ 和 P_2O_5 进行干燥。

（2）SO_2：用浓硫酸和铜屑加热可获得 SO_2，将该气体通过硫酸和五氧化二磷以分离出硫酐并使之干燥。气体 SO_2 在-70℃能液化，并可蒸馏净化。

（3）NH_3：可由氯化铵或硫酸铵与氧化钙一起加热而获得（氧化钙为化学计量值的两倍），也可以与质量分数为 50%的 KOH 或 NaOH 溶液一起加热获得。气体通过保持在 0℃的冷凝槽去除水分。气态氨通过 NaOH 并直接进入保持在-80℃的冷凝器中，然后，用分馏法使气体进一步净化，排除未冷凝的气体，仅用其最纯的中间馏分。

（4）CO：CO 可用瓶装 CO_2 通过加热到 1150~1200℃的木炭而制得。纯度在 99.9%的 CO 是由甲酸和磷酸或硫酸反应获得的，可将甲酸（HCOOH）滴入加热到 80℃的浓硫酸中而制得。CO 毒性大且易爆炸，所以制造时必须有专门的安全措施。当通过热铜屑时，能从 CO 中除氧。P_2O_5 可使气体干燥。

（5）CO_2：CO_2 也由碳酸氢钠和硫酸反应或在玻璃瓶中把碳酸氢钠加热到 110~120℃制得。气体通过用冰冷却的管子冷凝出水分，然后用 $CaCl_2$ 和 P_2O_5 进行干燥。

（6）Cl_2：氯气可以用浓盐酸和二氧化锰在一起加热获得，也可以在实验室用高锰酸钾处理浓盐酸得到。制得的 Cl_2 还需经净化处理。另外，还可以用电解法从浓盐酸溶液中获得氯气，或从饱和氯化氢的食盐溶液中获得 Cl_2。

2.4.2　气体的净化

2.4.2.1　气体净化的一般方法

大部分由工厂购入的气体含有杂质，在使用时需要进行净化处理。气体净化的方法一般有吸收、吸附、冷凝、过滤和化学催化等。

（1）吸收净化。吸收净化过程大都是一个化学过程。它是将杂质溶于吸收剂内，达到净化的目的。常用的吸收剂有固体和液体两种。根据吸收的气体种类不同，所使用的吸收剂如表2-10所示。

表 2-10　气体吸收剂及吸气反应

被吸气体	吸收剂	吸气反应
CO_2	KOH 或 NaOH 水溶液，质量分数 33%的碱石灰或碱石棉	$CO_2 + 2KOH = K_2CO_3 + H_2O$ $CO_2 + 2NaOH = Na_2CO_3 + H_2O$
SO_2	KOH 水溶液 含 KI 的碘溶液	$SO_2 + 2KOH = K_2SO_3 + H_2O$ $SO_2 + I_2 + 2H_2O = H_2SO_4 + 2HI$
CO	氯化亚铜的氨性溶液	$2CO + CuCl_2 = CuCl_2 \cdot 2CO$
O_2	碱性焦性没食子酸溶液（15℃以上效果较好）	$1/2O_2 + 2C_6H_6(OK)_3 = (OK)_3C_6H_2\text{-}C_6H_2(OK)_3 + H_2O$
H_2S	KOH 溶液 含 KI 的碘溶液	$H_2S + 2KOH = K_2S + 2H_2O$ $H_2S + I_2 = 2HI + S$
Cl_2	KOH 溶液 KI 溶液	$Cl_2 + 2KOH = KClO + KCl + H_2O$ $Cl_2 + 2KI = 2KCl + I_2$
N_2	Ca 或 Mg(500~600℃)	$N_2 + 3Ca = Ca_3N_2$

（2）吸附净化。气体的吸附净化是用多孔的固体吸附剂，将气体中的杂质吸附在其表面上，达到分离净化的目的。对固体吸附剂，要求其比表面大、多孔，并具有巨大的内表面。常用的吸附剂有：活性炭、分子筛、硅胶等。吸附净化对于杂质含量不高的气体更为合适。在吸附净化过程中，应根据具体情况选择最佳气体流速，才能收到预期效果。吸附剂使用一个时期后，因为达到饱和而失效，故需对其进行再生处理。

（3）冷凝净化。冷凝净化是使欲净化的气体通过低温介质（冷冻剂）使其中易冷凝的杂质凝结除去，以达到净化的目的。冷凝温度越低，净化效果越好。常用的冷凝剂是冰和盐类的化合物。目前冷凝净化法普遍用于除去气体中的水蒸气。

（4）过滤净化法。目前此法只适用于净化氢气。净化原理是氢气能大量溶于加热到600℃的金属钯中，并可以从钯中析出。当不纯的 H_2 通入钯管外壁时，其中的杂质如 O_2、N_2、H_2O 等均不溶于钯，只有 H_2 可以溶于钯中，并在钯管内壁不断析出 H_2。显然，钯管外侧的氢分压应大于内侧的氢分压，这就好像氢气透过钯管一样，而别的气体则不能透过，从而达到了净化氢气的目的。

（5）催化净化。该法是使欲净化气体中的杂质吸附在催化剂上，并与催化剂发生化学反应生成无害物质留在气体中或生成易于除去的物质而排除。例如用铂石棉（加热到400℃）可使氢气中的微量氧在铂的催化作用下与氢迅速化合为水而易于除去。

2.4.2.2　常用气体的净化方法

实验室中往往用几种方法结合起来净化气体，一般都可以获得满意的效果。以下是几种常用气体的净化方法：

（1）氮：高压瓶装氮气可能含有 O_2、CO_2、H_2O 等杂质。其净化方法是，先用 600℃ 铜屑脱氧，再通过 KOH 或碱石棉除 CO_2 最后再干燥脱水。脱水时可按照 $CaCl_2$→硅胶→P_2O_5 的次序进行脱水。

（2）氩：市售高压瓶装氩气的纯度较高，其主要杂质是空气。氩气的净化方法与氮相同。若需除去氩气中的杂质氮，可将已经除氧和干燥处理后的氩气再通过加热到 600℃ 的镁屑或钙屑（其反应见表 2-10）以脱去氮气。镁屑应放入不锈钢管内，并不宜超过 Mg 的熔点 630℃。镁屑还可更完全地脱氧。

（3）CO：用钢瓶装的高压 CO_2 通过加热到 1150~1200℃ 的木炭而制得的 CO 中，其主要杂质是 CO_2 和 N_2。其中 CO_2 杂质可以用质量分数为 50% 的 KOH 溶液来吸收。亦可用碱石棉除去 CO_2，然后再用硅胶和 P_2O_5 干燥。

（4）氢：用钢瓶装的氢气主要杂质是氧、氮和水。一般将它通过加热到 400℃ 的铂（或钯）石棉或经过活化后的 105 催化剂（一种含钯为 0.03% 的分子筛，呈颗粒状，它能使氢和氧在室温下迅速化合为水）后，再经过硅胶、P_2O_5 干燥即可满足大多数实验的要求。若氢气含水较多，则应先经过硅胶脱水再经过 105 催化剂。

2.4.3　高压气体减压阀

在冶金工程及其他领域的实验中，经常会用到不同的气体作为反应气或者保护气（如氩气、氮气、氦气、氢气或氧气等）。一般这些气体贮存在专用的高压气体钢瓶中，不同种类的高压气瓶采用不同的颜色区分。减压阀是高压气瓶使用时一个重要的必备配件，使用时通过减压阀连接高压气瓶和工作系统，其主要作用是将高压气瓶中的高压气体减压到实验所需的压力范围（见图 2-27）。

气体减压阀按结构形式可分为薄膜式、弹簧薄膜式、活塞式、杠杆式和波纹管式。氧气减压阀为典型的弹簧薄膜式减压阀，现以其为例，简单介绍弹簧薄膜式减压阀工作的原理。

减压阀的高压室通过接口与钢瓶连接，低压室连接气体的出口到达工作系统。高压表的示数为钢瓶内贮存气体的压力，低压表的示数显示的是气体的出口压力，低压表的出口压力可由减压阀上的调压旋钮调节控制。转动调压旋钮，改变弹簧的压缩程度，从而调节所需的出口压力值。

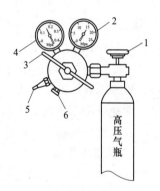

图 2-27　高压气瓶和减压阀
连接示意图
1—气瓶开关；2—高压表；
3—调压旋钮；4—低压表；
5—出气口（接工作系统）；
6—安全阀

在减压阀使用前，应先需要确认压力调压旋钮处于旋松状态（此时减压阀处于关闭状态）。打开高压气瓶的总开关，顺时针转动压力调压旋钮，使其压缩调压弹簧并将压力传导到橡皮薄膜和顶杆，此时减压阀的活门将会被打开。这样高压气瓶内的高压气体由高压室经节流减压后进入低压室，并经出口通往工作系统，弹簧薄膜式减压阀结构如图 2-28 所示。

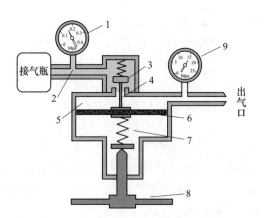

图 2-28 弹簧薄膜式减压阀结构示意图
1—高压表；2—高压室；3—活门；4—顶杆；5—低压室；
6—橡皮薄膜；7—调压弹簧；8—调压旋钮；9—低压表

当减压阀的出口压力低于设定的压力时，橡皮薄膜的低压室一侧气压小，受到弹簧的压力作用顶杆带动活门移动，活门开口加大，进入低压室的压缩气体的流量就会加大，低压室的压力也随之上升。当出口的压力达到设定值时，薄膜两侧所承受的力（低压室的气体压力和弹簧形变的压力）处于平衡状态，活门顶杆保持不动，活门的开口程度保持不变，低压室输出压缩气体的压力和流量保持稳定。当出口压力高于设定压力时，橡皮薄膜受到弹簧形变的压力小于压缩气体的压力，薄膜带动顶杆和活门移动，使活门的开口程度减小，进入低压室的气体流量减小，气体的压力下降。若此时低压室压力仍高于设定值，则活门顶杆仍继续向下移动，直至橡皮薄膜两侧受到的压力达到平衡。

减压阀一般都装有安全阀，它是保护减压阀安全使用的重要装置，如果由于活门损坏或其他原因导致出口压力自行上升并超过减压阀安全使用的阈值时，安全阀会自动打开排气，避免安全事故的发生。

减压阀使用过程中应该注意的事项：

（1）高压气瓶和减压阀有时需要承受的气体压力较高（气瓶最高使用压力一般为15MPa）使用时，应避免与高温源接触（如暖气片、高温炉、明火等），避免太阳直射，以免发生损坏或爆炸。

（2）不同的气体采用不同颜色的气瓶，应规范使用。气体减压阀也应根据不同的气体种类选用不同的减压阀，有些气体（如氮气、空气、氩气等）可以临时使用氧气或其他惰性气体减压阀。但某些特殊的体（如氨等腐蚀性气体、乙炔等可燃气体）则需要使用配套的专用减压阀。市面上常见的有氮气、氧气、氩气、氢气、氨、乙炔等减压阀。

（3）安装减压阀时应确定连接头规格是否与钢瓶的一致。为了防止误用，有些专用减压阀与钢瓶之间采用特殊的接口。例如氢气和丙烷均采用左牙螺纹（也称反向螺纹），安装时应特别注意。一般高压气体减压阀与钢瓶采用半球面连接，连接时旋紧接头的螺母即可。在使用时接口的两个半球面应保持清洁，必要时也可使用聚四氟乙烯等材料作为垫圈来保证良好的气密效果。

（4）减压阀的规格种类较多，气体的出口可接不同量程的压力表（低压表），也可使用气体流量计等。使用时可根据不同的需求选择合适的减压阀。

（5）减压阀在平时存放和使用时应避免剧烈撞击和振动，亦不可与腐蚀性的物质接触。氧气减压阀和钢瓶（尤其是接口处）应严禁接触油脂等易燃物，以免发生火警事故。还应避免和可燃物或可燃气体（如乙炔、氢气等）一起存放及使用。

（6）瓶内气体严禁用尽，必须保留一定的压力，避免发生气体倒灌。停止工作后，应将减压阀中的余气放空，然后再拧松调压旋钮，使减压阀的压力表都归零，以免弹性元件长久受压变形而减少减压阀的使用寿命。

（7）使用减压阀和高压气瓶时，必须经过专业培训，专人负责，张贴警示标识，瓶身固定牢固，标有气体信息，气瓶使用记录完善。气瓶需定期检查瓶身和瓶阀完好，减压阀如长期受压需定期检查调校。

2.4.4　气体流量的测定

要控制气相的组成，配制一定成分的混合气体，这就需要准确测定气体的流量，通过控制流量比来达到控制分压比的目的。实验室内常用的气体流量计有转子流量计、毛细管流量计、超声波流量计和热式气体流量计等。

2.4.4.1　转子流量计

转子流量计由一根垂直带有刻度的玻璃管和放入管中的一个转子所构成。玻璃管内径由下往上缓慢增大，转子在管内可以上下自由运动。使用时，气体从管的下口进入管中，使转子向上移动。流量越大，则转子上移的位置越高，根据转子位置高低即可由刻度上读出相应的流量。转子流量计的刻度用已知流量的空气来进行标定。转子流量计的精度不是很高，要更准确地测定流量，可用超声波流量计或气体质量流量计。

2.4.4.2　超声波流量计

超声波流量计由超声波换能器和变送器组成。换能器包括发射换能器和接收换能器。发射换能器将电能转换为超声波能量，并将其发射到被测气体中，接收换能器接收到超声波信号，传送到变送器，变送器将接收到的超声波信号经电子线路放大并转换为与被测流体体积流量成正比的电信号，进行显示和累计计算。

超声波流量计的基本原理是：在有气体流动的管道中，超声波传播速度受到气体流动的影响，顺流传播的速度要比逆流时快，流过管道的气体速度越快超声顺流和逆流传播的时间差越大。基于此时间差即可计算管道内气体的流速和流量。

如图 2-29 所示，气体轴向流速为 v_m，超声波声线与管道法线的夹角即声道角为 ϕ，超声波发射器到接收器的距离即声程为 L，管道直径为 D，被测气体静止时的超声波传播速度为 u，则有：

$$L = D/\sin\phi$$

一束超声脉冲经气流传播，其计时的声程为超声波发射器到接收器的距离 L，在顺流和逆流方向的传播时间分别为 t_{AB} 和 t_{BA}：

$$t_{AB} = L/(u + v_m\cos\phi)$$

$$t_{BA} = L/(u - v_m\cos\phi)$$

由此可得气体速度 v_m 与超声波顺流和逆流时传播时间的关系：

$$v_m = D(1/t_{AB} - 1/t_{BA})/\sin2\phi$$

进而根据管道截面积可得到通过管道的气体流量 v_s 为：

$$v_s = v_m \pi D^2 / 4 = \pi D^3 (1/t_{AB} - 1/t_{BA}) / (4\sin 2\phi)$$

超声波流量计主要通过时间和管道尺寸测量气体的流量，因而其量程比宽，且不受气体压力、温度和组分的影响，具有重复性好、准确度高、线性好的特点。除了应用于气体流量测量，还可应用于液体流量测量、多相流流量测量等。随着技术的发展，此类流量计已具备数显功能，通过显示屏可以直接读取流量。

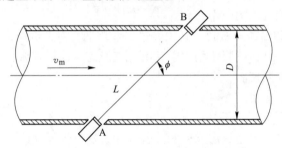

图 2-29　超声波流量计工作原理图

2.4.4.3　涡街流量计

涡街流量计的测量原理如图 2-30 所示。在水平放置的粗细均匀的圆管道中，流体介质以一定的速度流动，通过在管道中心位置放置一非流线型挡体，挡体的迎流面与介质的流动方向垂直，那么在挡体的两侧就会产生一排排的漩涡，这种漩涡就叫作"卡门涡街"。漩涡产生频率与流体流速成正比。通过在挡体的后方放置一压电敏感元件，漩涡经过压电敏感元件后会挤压应变片，将经过挡体后产生漩涡的一部分动能转变为电能，应变片产生感应电荷，信号处理电路再把电荷转换成电压信号，进行后续处理即可得到漩涡产生的频率，也就可以得到介质的流动速度，由于管道直径固定，所以易于计算得到介质的体积流量，如果知道介质的密度，还可以计算出流体介质的质量流量。

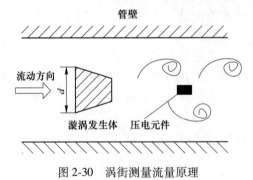

图 2-30　涡街测量流量原理

对于一个给定的涡街流量一次仪表，流体的瞬时体积流量 Q_V 与漩涡的脱落频率 f 成正比，可通过下式计算：

$$Q_V = \frac{\pi D^2}{4Sr} m d f$$

漩涡发生体两侧的流通面积之和与所用管道的截面积之比 m 可由下式计算：

$$m = 1 - \frac{2}{\pi} \left[\frac{d}{D} \sqrt{1 - \left(\frac{d}{D}\right)^2} + \arcsin \frac{d}{D} \right]$$

式中 D——管道直径，m；

d——挡体迎流面宽度，m；

f——涡街信号的产生的频率，Hz；

Sr——斯特劳哈尔系数，为常数。

涡街流量计的涡街产生频率与其流速成正比，其体积流量也仅与其涡街产生频率成正比，不受介质密度、压力和温度的影响，具有压损小、测量范围较大的特点，且结构简单，维护方便，使用寿命长，适用于气体、液体、蒸汽的测量。但由于涡街流量计属于流体振动式流量计，因而其测量精度易于受外界振动的影响。

2.4.4.4 热式气体质量流量计

目前大部分的流量计测得的是体积流量，由于气体的体积受温度、压力等因素的影响，测得的结果往往需要换算。对于温度、压力变化频繁的气体这种换算是难以完成甚至不可能完成的。为了提高测量的准确性，可以采用测量结果不因温度或压力的波动而失准的质量流量计来测量气体的流量。热式气体质量流量计的测量原理是，利用外热源对被测的流体进行加热，测量因气体流动造成的温度场变化来得到质量流量。温度场的变化通过加热器前后端的温差来表示。

旁通毛细管加热型气体质量流量计是利用上述原理开发的一种气体质量流量计。其工作原理如图 2-31 所示。全流路分为传感器流路和旁通节流部（主流路），传感器流路由周围装设高分子绝缘膜的不锈钢毛细管以及缠绕其上的兼作加热器和温度传感器的热电偶丝组成；旁通节流部结构与传感器流路相似，由包含特定数量不锈钢层流碟片的限流元件组成，每一个层流碟片上具有精细蚀刻的过流通道，这种气流结构决定了通过传感器的流量与总流量成比例换算。分别假设全流路流量、传感器流路流量和旁通节流部流量分别为 q、q_s、q_b，旁通节流部和传感器流路的流量比为 m，则全流量可表示为：

$$q = q_s + q_b = q_s(1 + m)$$

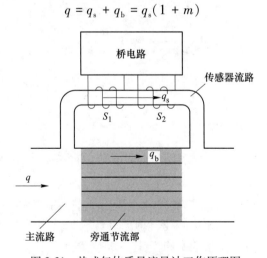

图 2-31 热式气体质量流量计工作原理图

测量过程中，调节通过上下游传感器 S_1 和 S_2 的电流使其温度比通过的气体的温度高，没有气体通过时，S_1 和 S_2 的温度相同；当气体通过时，上游 S_1 的热量被气体带到下游 S_2 处，因而 S_1 的温度下降 S_2 的温度上升，通过测量 S_1 和 S_2 的温差即可根据下式得到传感器流路的气体质量流量，继而结合上式得到全流路的气体质量流量。由于 S_1 和 S_2 的温差较小，这就需要 S_1 和 S_2 的桥电路获得更精确的测量结果。

$$\Delta T = kq_s c_p$$

式中，k 是仪器常数；c_p 是被测流体的定压比热；ΔT 是加热器前后端温差。

在此热式气体质量流量计的基础上，为了实现稳定的质量流量控制，开发了热式气体质量流量控制器。如图 2-32 所示，其在原有质量流量计的基础上增加了比较控制电路和比例控制电磁阀，将传感器测得的流量信号进行放大，然后与设定流量的信号进行比较，将所得的差值信号放大从而驱动电磁阀，通过实时的流量检测闭环回路，去控制流过通道的流量使之与设定的流量相等，从而实现对流量的稳定控制。无论是气体质量流量计还是质量流量控制器目前已具备适用于多种通信协议的接口，可以将流量测量值以标准电信号输出，易于实现流量的数字显示、流量的自动计量、数据的自动记录和计算机管理等功能。

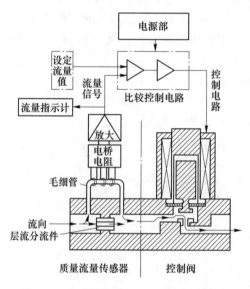

图 2-32　热式气体质量流量控制器原理图

2.4.5　一定组成混合气体的配制

配制一定组成的混合气体，一般有静态混合法、动态混合法和平衡法三种方法。

2.4.5.1　静态混合法

将气体按所需的比例先后充入贮气袋中，混匀后，使用时由贮气袋放出即可。贮气袋用橡皮制成（如医用氧气袋）。此法简便，但贮气袋容量有限，有时混合不均匀，气体压力不稳定。若气体用量较大，可用高压钢瓶代替贮气袋，混合气可由气体生产厂配制。

2.4.5.2　动态混合法

此法是将待混合的气体预先通过流量计准确地测出各自的流量，然后再汇合，流在一起。各气体的流量比就是混合后的分压比。例如，要配制一定比例的 CO-CO_2 混合气体，可以用图 2-33 所示的装置。用两支毛细管流量计 C_1 和 C_2 来分别测量 CO 和 CO_2 的流量。

CO_2 由高压钢瓶输出经过净化后，送入流量计 C_2。在另一条支路中，由钢瓶送来的 CO_2 通过加热到 $1150 \sim 1200℃$ 的活性炭，转化为 CO，再经过碱石棉吸收残余 CO_2 得到净化后的 CO，送入流量计 C_1。这两种气体最后都进入混合器 M 内混合。得到的混合气体中 CO 与 CO_2 的分压比就等于 C_1 和 C_2 读出的流量比。

要注意在此混合装置中，稳压瓶 A，B 是不可缺少的。没有它们就不能保证流量计 C_1 和 C_2 进气端的压力恒定，也就不能使 CO 与 CO_2 的混合比严格一定。要改变混合比时，也要相应改变稳压瓶 A、B 内的液面高度。例如，要增大 CO_2 与 CO 之比，即要增大 CO_2 的流量，也就要使稳压瓶 B 的液面升高，并维持有气泡从 B 瓶内的分流支管下口处不断放出。用上述动态混合法可以得到较精确的混合比，并且混合比可以调节，因此在实验室中得到更多的应用。

图 2-33 用的稳压瓶（或管）称为敞开式的稳压瓶。有少量气体由分流管下口鼓泡排入大气中（如稳压瓶 B）。对于有毒气体（如 CO）就必须将它收集处理（如稳压瓶 A）。

为了弥补敞开式稳压瓶的上述缺点，可以用封闭式稳压装置，如图 2-34 所示。其作用原理是：分流管路的气体流至稳压瓶后，体积扩大，压力减小而起缓冲作用，可自行调节毛细管两端的压差使流量稳定。如果气流突然变大，一部分气体由分流管流至稳压瓶，使稳压瓶内气体压力相应增大，此压力又通过稳压瓶内液面差增加而传到毛细管另一端而起稳压作用。

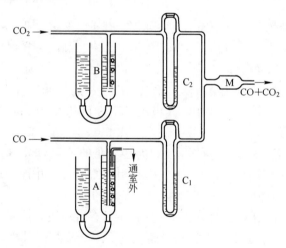

图 2-33　配制 CO-CO_2 混合气体的装置

图 2-34　封闭式稳压装置

2.4.5.3　平衡法

例如要配制一定比例的氢-水蒸气混合气体，可将 H_2 通过保持在恒定温度的水面或经过水鼓泡而出，使 H_2 中含水达到饱和，此时 H_2 中的水蒸气分压即为该温度下水的蒸气压。改变水的温度即可改变混合气体中的水蒸气分压。此法的关键在于使气相与水相达到平衡。

2.4.6　真空的获得和真空泵

所谓真空是指低于大气压力的气体空间。习惯上常把气压 $10^3 \sim 10^{-1}$ Pa 这一范围称为低真空，因为 $10^{-1}Pa$ 是一般转动真空泵所能达到的极限。气压为 $10^{-1} \sim 10^{-6}Pa$ 称为高真空。气压在 $10^{-6} \sim 10^{-10}Pa$ 以下称为超高真空。获得真空的过程称为抽真空。用来获得真空的器械称为真空泵。一些泵能使气压从一个大气压力下开始变小，另一些泵只能从较低的气压抽到更低的气压，前者称为前级泵，如机械泵，吸附泵。后者称为次级泵，如扩散泵，离子泵等。显然，预备真空内的气压必须低于次级泵的起始工作压力，次级泵才能开始抽气。

规定的气压下单位时间抽出的气体体积称为抽气速率，即抽速，单位是 m^3/s 或 L/s。泵或某一真空系统在排气足够长的时间后所能达到的最低气压称为极限真空度。

真空泵的种类很多，工作原理各不相同，其应用范围也各不相同。根据使用范围和抽气效能可将真空泵分为三类：（1）一般水泵，压强可达 $1 \sim 10^5Pa$ 为"粗"真空；（2）油泵，压强可达 $10^{-1} \sim 10^2Pa$ 为"次高"真空；（3）扩散泵，压强可达 $10^{-1}Pa$ 以下，为"高"真空。

（1）往复式真空泵。它是获得粗真空的设备，极限真空度为 $1kPa$。一般适用于真空蒸馏、真空蒸发和浓缩、真空结晶、真空干燥、真空过滤等工作。这种泵不适于抽除腐蚀性气体或含有颗粒状灰尘的气体。

（2）水蒸气喷射真空泵。这种泵用于真空蒸发、真空浓缩、真空干燥、真空制冷、真空蒸馏、真空冶炼等各项工作。它具有抽气量大、真空度较高（$0.1Pa$）、安装运行和维修简便等许多优点。

（3）滑阀式真空泵。一般用于真空冶炼、真空干燥、真空处理、真空蒸馏等作业，也可以做高真空泵的前级泵，其极限真空度可达 $0.07Pa$。它不适于抽除含氧过高的、有爆炸性的以及对黑色金属及真空泵油起化学作用的气体。

（4）机械增压泵。该泵具有抽速大、体积小、噪声低、驱动功率小、启动快等优点。目前已广泛的应用在冶金工业、化学工业、电子工业中。其极限真空度可达 $0.01Pa$，在 $100 \sim 1Pa$ 下有较大抽速。

（5）油真空增压泵。它在 $1 \sim 0.1Pa$ 下有较大的抽气能力，可弥补低真空泵和高真空泵在该压强范围内抽速较小的缺点。它对于惰性气体与其他气体有相同的抽力。并且具有结构简单、无机械转动部分、便于操作、维护、寿命长等特点。

（6）涡轮式分子真空泵。它是获得超高真空的设备之一。这种泵具有启动快，抽速平稳，在 $1 \sim 10^{-6}Pa$ 范围内具有恒定的抽速。泵在工作中突然暴露大气时不会损坏。其极限真空度可达 $10^{-6}Pa$ 以上。

（7）吸附泵。该泵吸气量大，无污染，无噪声，无振动。吸附泵能在大气压力下开始抽气，常作为无油蒸气污染的前级泵使用，在液氮温度下使用吸附剂时，其极限真空度可达 $1Pa$。连续使用较长时间后，吸附剂分子筛会逐渐粉化，应予以更换。

（8）升华泵和吸气剂泵。如钛升华泵在压力低于 $0.1Pa$ 下开始工作，其极限真空度可达 $10^{-9}Pa$。吸气剂泵采用非蒸散型如锆-铝合金吸气剂，其极限真空度可达 $10^{-9}Pa$。但这两种泵很难保证最大限度地激活和重复地控制抽速，不能作为超高真空的主泵。

（9）离子泵。常用的是溅射离子泵，它的启动压力为 $0.1Pa$，极限真空度可达 $10^{-8}Pa$ 以下。其前级泵可用吸附泵或机械泵，但后者须采用冷阱捕集机械泵产生的油蒸气。

除上述的几种真空泵以外，还有很多种真空泵。高真空机组是可以独立完成抽空工作的成套设备，它是以油扩散泵和机械泵为主体组合而成，使用它可以获得 $10^{-3} \sim 10^{-4} \mathrm{Pa}$ 真空度。机组本身设有高低真空测量规管接头，可以方便地测量各点真空度。

以 X 射线光电子能谱仪为例，表面分析工作要求分析室真空在 $10^{-8} \sim 10^{-9} \mathrm{Pa}$，因此 XPS 一般采用机械泵-分子泵-溅射离子泵-钛升华泵多级真空泵组合系统，逐步实现超高真空（见表 2-11）。

表 2-11　各类真空泵工作压力范围

真空泵种类	液环式真空泵	往复式真空泵	罗茨式真空泵	旋片式真空泵	水蒸气喷射泵	分子筛吸附泵	涡轮分子泵	油扩散泵	溅射离子泵	钛升华泵	低温泵
工作压强范围/Pa	$1 \times 10^5 \sim$ 2.7×10^3	$1 \times 10^5 \sim$ 1.3×10^2	$1.3 \times 10^3 \sim$ 1.3	$1 \times 10^5 \sim$ 6.7×10^{-1}	$1 \times 10^5 \sim$ 1.3×10^{-1}	$1 \times 10^5 \sim$ 1.3×10^{-1}	$1.3 \sim$ 1.3×10^{-5}	$1.3 \times$ $10^{-2} \sim$ 1.3×10^{-7}	$1.3 \times$ $10^{-3} \sim$ 1.3×10^{-9}	$1.3 \times$ $10^{-2} \sim$ 1.3×10^{-9}	$1.3 \sim$ $1.3 \times$ 10^{-11}
启动压强/Pa	1×10^5	1×10^5	1.3×10^3	1×10^5	1×10^5	1×10^5	1.3	1.3×10	6.7×10^{-1}	1.3×10^{-2}	$1.3 \sim$ 1.3×10^{-1}

2.4.7　真空的测量

测量真空度的仪器叫作真空计，也叫作真空规。通常应用的有热偶真空计、热阴极电离真空计等。

2.4.7.1　热偶真空计

热偶真空计是通过热丝温度的变化来反映真空度的高低。调节好热丝的加热电流并保持恒定时，在常压下，热丝会被加热到一定的温度。热电偶就会产生一个热电势反映在毫伏表上。当抽真空时，随着真空度的上升，热丝的温度也上升。因此热电势的数值就变大。热电势数值的大小间接地反映了真空度的高低。可以通过和绝对真空计的平行测量而作出其刻度曲线。它一般测量范围在 $100 \sim 0.1 \mathrm{Pa}$。热电偶真空计结构简单，使用方便，可远距离测量。在真空系统发生突然漏气时，真空计不会损坏。但是当压强变化很快时热丝温度变化常常滞后于压强的变化，影响测量的准确度。

2.4.7.2　热阴极电离真空计

电离真空计管类似于一只三极电子管。阴极用以通电加热发射电子。栅极带正电位，用以加速和捕捉电子。板极带负电位，用以排斥电子和捕获正离子。

将电离计接到被测系统，当系统抽至一定的真空度后通电加热阴极，阴极就发射出热电子，在带正电位的栅极作用下，电子被加速飞向栅极。被栅极捕捉的电子在线路中产生电子电流 I_-。电子在运动过程中与稀薄气体的分子碰撞，当电子具有的能量大于气体的电离能时，气体分子将发生电离，产生正离子和次级电子。正离子在带负电位的板极作用下飞向板极，在板极获得电子而复活成中性分子，因而在线路中又产生一种离子电流 I_+。在一定温度下，在低于 $0.1 \mathrm{Pa}$ 的气压下，I_+ 与 I_- 之比值正比于气体的压强 p，即

$$p \propto \frac{I_+}{I_-} \quad \text{或} \quad p = \frac{I_+}{K I_-}$$

比例系数 K 为电离真空计的灵敏度，单位是 Pa^{-1}。

当 I_- 恒定时，则

$$p = \frac{I_+}{C}$$

C 称为电离真空计的常数，$C=KI_-$取决于真空计的结构、连接线路、电子电流的大小以及栅极板极的电位，也取决于残余气体的种类。显然为了使真空计灵敏，常数 C 应尽可能大。

热阴极电离真空计的刻度也是通过与绝对真空计相比较而作出的，一般测量范围在 $10^{-1} \sim 10^{-6}$ Pa 之间，其 p 与 I_+ 呈线性关系。由于不同的气体有不同的电离电位，所以不同气体的刻度曲线也不一样。通常其刻度曲线是对氮气作出的。

可以将热偶真空计和电离真空计组装在一台仪器中而成为复合真空计。复合真空计可以从低真空一直测到高真空。

2.4.8　真空材料与真空检漏

2.4.8.1　真空材料

（1）结构材料金属管道一般采用普碳钢，要求高的地方可以采用不锈钢管和无氧铜管等。金属管道强度大而且耐温性好，适用于大的抽气系统。玻璃管道漏气量小，易于加工和连接，但它的强度小耐温性差，一般仅适用于小型抽气系统。实验室还常用聚四氟乙烯塑料管，可以任意弯曲，连接方便。

（2）密封材料。常用的密封材料有真空封油、真空封蜡、真空封泥、真空漆和环氧树脂等。真空封油用于活栓和磨口等处的密封。真空封蜡具有较高的软化温度，使用时要用微火或热风熔化后涂在被密封处，被密封的地方也应适当加热以利于蜡沿密封面铺展开，达到好的密封效果，它能较长期使用而无须更换。真空封泥在室温下具有一定的塑性，可以用于真空度低、温度也低而且要经常拆装的地方。真空漆涂在器具的表面上可以消除焊缝处和铸件中的小漏气孔和细缝而造成的漏气。环氧树脂是一种饱和蒸气压低、密封性好、机械强度高的胶合剂，而且具有一定的耐温性，可以用来填补玻璃零件上的小漏孔和胶合零件。

2.4.8.2　真空检漏

真空检漏的方法很多，常用的有气压检漏、氨敏纸检漏、荧光检漏、高频火花检漏、放电管检漏和氦质谱检漏等。

（1）气压检漏：将被检系统抽真空后密封，利用机械真空表或者电子真空计，检测一定时间内其腔室内真空度的变化，进而推导出该系统的真空泄漏情况。检漏时也可以在系统的可疑处喷吹示漏气体（如二氧化碳、乙烷）或用棉花涂抹易挥发的试剂（如乙醚、丙酮、甲醇等），示漏气体进入系统后会引起真空计读数的突然变化，进而找出漏孔位置。

（2）氨敏纸检漏：将被检系统内腔抽空后，充入一定压力的氨气，在可疑处表面处贴上显色试纸溴酚蓝，试纸上有显色反应（蓝斑点出现），即表明该处为漏孔位置。

（3）荧光检漏：将被检系统抽真空后，浸入含有荧光粉的有色溶液（如二氯乙烯或四氯化碳溶液）中，一定时间后取出烘干。此时荧光粉会顺着漏孔进入系统内部，用紫外灯照射内部，荧光粉发光处即为漏孔的位置。

（4）高频火花检漏：这种方法仅适用于玻璃真空系统。先将系统抽成真空，高频火花检漏仪的火花端沿着玻璃表面移动，火花集中成束形成亮点处即是漏孔位置。高频火花检漏仪又名真空枪，它是一高频电火花发生器。高频火花检漏仪还可以激发被抽系统内部的稀薄气体放电而发光，根据光的颜色可以粗略估计出系统的真空度。注意火花检漏器在使用时下不能长期停留在某一点，这样有击穿玻璃管的风险。在活栓和磨口附近使用时也应注意，不要让高频火花烧坏真空封油而影响系统的密封。

（5）放电管检漏：被检系统抽成中真空，将放电管接到系统上，在高频电场的作用下，系统中残存气体会产生辉光放电（一般残存空气放电为紫红色或玫瑰色）。若在系统可疑表面处涂上丙酮、汽油、酒精等易挥发的有机化合物，化合物通过漏孔进入到系统腔室，产生辉光放电的颜色为蓝色，便检查出漏孔所在位置。为了便于观察放电的颜色，放电管的外壳一般采用玻璃材质。

（6）氦质谱检漏方法：利用氦气作为示漏气体，简易的质谱仪（对氦气反应的工作状态）作为检测器的一种真空检漏方法。检漏时将氦气喷吹到系统的可疑部位，氦气分子量和黏滞系数较小，很容易穿过漏孔进入被检系统，根据质谱仪的氦气信号可以知道漏孔所在位置和漏气量大小。该方法操作简单、灵敏度高，在电阻炉检漏中应用广泛。

2.5　冶金热力学研究方法

2.5.1　冶金反应平衡及组元活度的测定

2.5.1.1　冶金反应平衡

在冶金热力学研究中，冶金反应平衡的研究是一个非常重要的方面。钢铁冶金过程一般存在以下几种反应：

（1）气相-液相。例如气相中氧与钢液中元素的反应，气体（H_2，N_2 等）在钢液中的溶解等。

（2）气相-固相。例如各种氧化物的分解，一氧化碳对铁矿石的还原等。

（3）液相-液相。例如炉渣对钢液或铁水的脱磷脱硫，熔渣中氧化铁对钢液中元素的氧化等。

（4）液相-固相。例如合金元素在钢液中的溶解，炉渣对耐火材料的侵蚀等。

另外，还有气相—熔渣—金属液反应和熔渣—金属液—炉衬反应等多相反应。

冶金反应虽然千差万别。但都遵守着一定的物理化学变化规律。冶金化学反应一般可用下列方程式表示

$$aA + bB \longrightarrow cC + dD$$

A、B、C、D 可为气相、液相和固相。在一定温度下反应达到平衡，平衡常数 K 可表示为

$$K = \frac{a_C^c \cdot a_D^d}{a_A^a \cdot a_B^b}$$

式中，a 表示反应物质的活度，如反应物为气相，则用分压 p 代替活度项。反应在一定温度下标准自由能变化为

$$\Delta G_T^\ominus = (c\Delta G_C^\ominus + d\Delta G_D^\ominus) - (a\Delta G_A^\ominus + b\Delta G_B^\ominus)$$

反应的自由能变化为

$$\Delta G_T = \Delta G_T^\ominus + RT\ln Q$$

如果 ΔG_T 为负值，则表示反应能自发进行。反应的标准自由能与平衡常数的关系为

$$\Delta G_T^{\ominus} = - RT\ln K$$

化学反应平衡研究的中心问题就是求反应的平衡常数或平衡时反应物质的活度（如为气相则为分压），从而计算其他有关热力学数据。有了基本热力学数据，就可以从理论上计算各种反应进行的可能性和程度。本节简介几种冶金反应平衡和有关组元活度的测定方法。

2.5.1.2　建立化学位和确定平衡时间

A　建立所需要的化学位

研究有气相参与反应的化学平衡时，需要建立所需要的化学位（氧位等），它可由适当的气体混合物来控制。例如，用 H_2 还原金属氧化物的反应

$$MO(s) + H_2(g) \Longrightarrow M(s) + H_2O(g)$$

气相中水蒸气和氢气的分压比 p_{H_2O}/p_{H_2} 控制反应的方向，也就是控制着下列反应的方向

$$MO(s) \Longrightarrow M(s) + \frac{1}{2}O_2(g)$$

如 p_{H_2O}/p_{H_2} 大于平衡值，金属被氧化；反之，金属氧化物被还原。
H_2-H_2O 气体混合物所以能控制反应的方向是由于气相中 H_2、H_2O 之间存在着下列平衡

$$H_2(g) + \frac{1}{2}O_2(g) \Longrightarrow H_2O(g)$$

$$\Delta G^{\ominus} = - 249868 + 57.11T \quad J/mol$$

$$K = \frac{p_{H_2O}}{p_{H_2}p_{O_2}^{1/2}}$$

所以

$$p_{O_2} = (p_{H_2O}/p_{H_2})^2 \cdot \frac{1}{K^2}$$

因此，用 H_2-H_2O 混合气体可建立一定的氧位 p_{O_2}。同样，用 CO 和 CO_2 混合气体也可建立一定的氧位

$$2CO_2(g) \Longrightarrow 2CO(g) + O_2(g) \qquad \Delta G^{\ominus} = 560613 - 169.15T \quad J/mol$$

$$K = \frac{p_{O_2}p_{CO}^2}{p_{CO_2}^2} \qquad p_{O_2} = K\left(\frac{p_{CO_2}}{p_{CO}}\right)^2 \tag{2-3}$$

类似氧位的建立，还可以用 H_2-H_2S 混合气体控制气相硫位，用 H_2-NH_3 混合气体控制气相的氮位，用 H_2-CH_4 混合气体控制气相的碳位等等。

B　平衡时间的确定

在进行冶金反应平衡研究时，首先要做预备试验确定平衡时间，以保证体系真正达到平衡。确定的方法，对大坩埚一般是相隔一定时间（从几十分钟到几小时）进行取样分析（或用定氧探头测定金属液中 $a_{[O]}$），至组成（或 $a_{[O]}$）不变表示已达平衡；对小坩埚可依次加热至不同时间，样品全部淬火分析组成。

在正式实验时，为了确保平衡真正达到，实验时间应比确定的时间长。如果反应达到平衡所需要的时间很长，可使原始配料尽量接近平衡组成（由热力学估算和预备实验确定），以缩短达到平衡的时间，对于炉渣和钢液之间的反应等一般皆采用此方法。

2.5.1.3 冶金反应平衡的测定

A 气相-固相反应平衡

某些冶金反应，例如各种氧化物的分解，铁矿石的间接还原等反应属于气-固反应。下面以 CO 还原 FeO 的反应为例说明气-固反应平衡的测定方法。

固体 FeO 被 CO 还原时，因为纯物质的活度为 1，所以平衡常数只取决于气相成分，反应式如下：

$$FeO(s) + CO(g) \Longrightarrow Fe(s) + CO_2(g)$$

$$\Delta G^{\ominus} = - RT\ln K, K = p_{CO_2}/p_{CO} \tag{2-4}$$

为研究以上反应的平衡，可以使一定组成的 CO-CO_2 混合气体（p_{CO_2}/p_{CO} 值一定）连续送入炉管内，在实验过程中用热天平称量 FeO 和 Fe 混合物质量的变化。在恒温下用不同组成的 p_{CO_2}/p_{CO} 气体进行试验，找出固相质量不改变时的气相组成，此时的气相组成即为此温度下的平衡气相的组成。此方法称为定组成气流法。

在实验时，也可以保持气相组成不变而逐渐改变温度，直至试样质量不变化时为止，此温度即为该气相组成对式（2-4）反应的 $\Delta G^{\ominus}$ 与温度的关系。

B 气相-液相反应平衡

在钢铁冶金中遇到的气相与液相的反应很多，例如：气体对铁液中元素的氧化，气体对熔渣中氧化物的还原，气体在铁液中的溶解等。以氢为例，它在铁液中的溶解反应为

$$H_2(g) \Longrightarrow 2[H] \tag{2-5}$$

如实验使用纯铁，又因为氢在铁液中溶解度很小，可忽略元素之间的相互作用，所以 $a_H = w[H]_\%$ 则反应式（2-5）的溶解平衡常数为

$$K = w[H]_\%^2/p_{H_2} \quad 或 \quad w[H]_\% = K' \sqrt{p_{H_2}}$$

测定 H_2 在铁液中的溶解度时，可将高纯铁在感应炉中一个事先抽成真空的密封系统的坩埚内熔化，然后将一定量的 H_2 气通入，铁液从气相中吸收 H_2，直到饱和为止，这可由气相的压力稳定不变来判断。

用等容法测定时，可维持系统的体积不变，测量气相压力的变化。根据测量的压力变化值，可算出铁液吸收的气体量。如铁液量已知，就可算出气体的溶解度。测定时，必须事先知道系统的"热体积"，即要知道一定温度下，在系统中建立 1atm（101kPa）时的 H_2 的体积。为测定"热体积"，先将系统充满 He（或 Ar）气，在一定温度下，进入炉内气体的体积 $V_b(cm^3)$ 为

$$V_b = V_0 \times 101/p$$

式中 V_0——气体充满炉管的标准体积；

p——所测得的压力，kPa。

用等容法测定时，铁液吸收的 H_2 体积（cm^3）可由下式求得

$$V = \frac{p_{初} - p_{终}}{101}V_b$$

式中，$p_初$ 和 $p_终$ 分别为通入一定量"热体积"的 H_2 气时的初始压力和平衡时的终压力。然后由下式计算 H_2 的溶解度

$$w[H]_\% = \frac{28V}{22400G}\sqrt{\frac{101}{p_{H_2}}}100$$

式中　G——铁液的质量，g；

　　　p_{H_2}——H_2 在平衡时的分压，kPa。

C　液相-液相反应平衡

渣金之间的反应，例如，钢液的脱 P 脱 S，元素在渣钢之间的分配等均属于液-液反应。以下举例说明液-液反应平衡的测定方法。

用分配定律方法测定炉渣中 FeO 的活度时，可利用如下反应

$$Fe_{(1)} + [O] \Longrightarrow (FeO) \qquad K = \frac{a_{FeO}}{a_{Fe} \cdot a_{[O]}}$$

习惯上用分配常数 $L = a_{FeO}/a_{[O]}$。

首先将纯 FeO 液体与铁液在一定温度下做平衡实验。因为 FeO 为纯物质，所以 $L = 1/a_{[O]}$。在纯铁液中，可以假定氧服从亨利定律，$f_O = 1$，即 $a_{[O]} = w[O]_\%$，所以 $L = 1/w[O]_\%$。然后在反应达平衡时取样分析其氧含量（此时为铁液中的饱和氧含量），可求得 $L = 1/w[O]_{饱和(\%)}$ 的值。

对任一含 FeO 的炉渣体系与铁液进行平衡实验时，根据以上结果

$$a_{FeO} = w[O]_\% \cdot L = w[O]_\%/w[O]_{饱和\%}$$

已知 $[O]_{饱和\%}$ 的值，测定该系统平衡时铁液中的氧含量，即可求得 a_{FeO}。

D　液相-固相反应平衡

液-固反应平衡的测定可用来研究碳在铁液中或氧化物在炉渣中的溶解度以及稀土元素对铁液的脱氧和脱硫反应等。下面以稀土元素铈的脱 S 反应平衡为例。铈脱 S 的反应物为固体，反应式如下

$$CeS(s) \Longrightarrow [Ce] + [S] \tag{2-6}$$

平衡常数　　　　　　$K = a_{Ce} \cdot a_S = f_{Ce}w[Ce]_\% \cdot f_S w[S]_\%$

表观平衡常数　　　　$K' = w[Ce]_\% \cdot w[S]_\%$

所以　　　　　　　　$K = K' \cdot f_{Ce} \cdot f_S$

$$\lg K = \lg K' + e_{Ce}^{Ce}w[Ce]_\% + e_S^{Ce}w[Ce]_\% + e_S^S w[S]_\% + e_{Ce}^S w[S]_\%$$

由于相互作用系数 e_{Ce}^{Ce} 和 e_S^S 的值很小，可忽略不计，上式变为

$$\lg K = \lg K' + e_S^{Ce}w[Ce]_\% + e_{Ce}^S w[S]_\% \tag{2-7}$$

由换算式 $e_{Ce}^S = \frac{1}{230}\left[(230e_S^{Ce}-1)\frac{M_{Ce}}{M_S}+1\right]$ 可得：$e_{Ce}^S = 4.36e_S^{Ce}-0.015$。略去后项可得 $e_{Ce}^S = 4.37e_S^{Ce}$，代入式（2-7）得到

$$\lg K = \lg K' + e_S^{Ce}(w[Ce]_\% + 4.37w[S]_\%)$$

即　　　　　　　　$-\lg K' = -\lg K + e_S^{Ce}(w[Ce]_\% + 4.37w[S]_\%)$

将 $-\lg K'$ 与 $(w[Ce]_\%+4.37w[S]_\%)$ 作图，如图 2-35 所示。其中 $w[Ce]_\%$ 和 $w[S]_\%$ 由平衡时

取样分析得到。将图 2-35 中 ($w[\mathrm{Ce}]_\%+4.37\,w[\mathrm{S}]_\%$) 外推到零时，根据式 (2-7) 得

$$-\lg K' = -\lg K \quad 即 \quad K' = K$$

由此可求得 K 值。将不同温度下实验得到的 K 值对温度作图，可得到 K 与温度的关系，进而可求得式 (2-6) 反应的 $\Delta G^\ominus$。

2.5.1.4　铁液中溶质活度和元素间相互作用系数的测定

进行冶金反应的自由能计算，必须知道铁液中溶质的活度。下面以铁液中 S 的活度测定为例，说明元素间相互作用系数的测定方法。

以 H_2-$\mathrm{H}_2\mathrm{S}$ 混合气体与 Fe 液在一定温度下做平衡实验，反应为

$$\mathrm{H}_2(\mathrm{g}) + [\mathrm{S}] =\!=\!= \mathrm{H}_2\mathrm{S}(\mathrm{g})$$

铁液中 S 以 1%（质量）作标准态，反应的表观平衡常数为

$$K' = \frac{p_{\mathrm{H}_2\mathrm{S}}}{p_{\mathrm{H}_2}w[\mathrm{S}]_\%}$$

反应的真实平衡常数为

$$K = \frac{p_{\mathrm{H}_2\mathrm{S}}}{p_{\mathrm{H}_2}\cdot a_{\mathrm{S}}} = \frac{p_{\mathrm{H}_2\mathrm{S}}}{p_{\mathrm{H}_2}\cdot f_{\mathrm{S}}w[\mathrm{S}]_\%} \tag{2-8}$$

将平衡实验结果得到的 K' 与 $w[\mathrm{S}]_\%$ 作图，如图 2-36 所示。因为 $\lg f_{\mathrm{S}} = e_{\mathrm{S}}^{\mathrm{S}}w[\mathrm{S}]_\%$，当图中 $w[\mathrm{S}]_\%\to 0$ 时（$f_{\mathrm{S}}=1$，$a_{\mathrm{S}}=w[\mathrm{S}]_\%$），可得 $K'=K$。

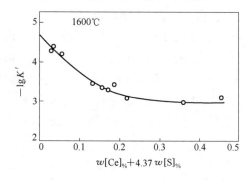

图 2-35　用图解法求铈的脱硫常数

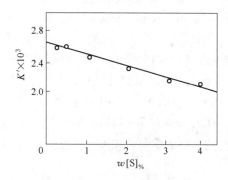

图 2-36　$w[\mathrm{S}]_\%$ 与 K' 的关系

求得 K 值后可根据式 (2-8) 的关系求得不同 $p_{\mathrm{H}_2\mathrm{S}}/p_{\mathrm{H}_2}$ 时的 a_{S} 值，然后按 $a_{\mathrm{S}}=f_{\mathrm{S}}w[\mathrm{S}]_\%$ 的关系求出不同 $w[\mathrm{S}]_\%$ 时的 f_{S}。将 $\lg f_{\mathrm{S}}$ 对 $w[\mathrm{S}]_\%$ 作图，因为 $\lg f_{\mathrm{S}} = e_{\mathrm{S}}^{\mathrm{S}}w[\mathrm{S}]_\%$，当 $w[\mathrm{S}]_\%\to 0$ 时，图中曲线的切线斜率即为 $e_{\mathrm{S}}^{\mathrm{S}}$，即：$e_{\mathrm{S}}^{\mathrm{S}} = (\partial\lg f_{\mathrm{S}}/\partial w[\mathrm{S}]_\%)_{[\mathrm{S}]\to 0}$。

对于 Fe-S-j 三元熔体，当加入第三种元素 j 后，将影响 f_{S} 和 K' 值变化，而 K 值不变。根据式 (2-8)，已知 $p_{\mathrm{H}_2\mathrm{S}}/p_{\mathrm{H}_2}$ 和 $w[\mathrm{S}]_\%$ 值时，加入 j 元素后，可求得 f_{S}。因为 $f_{\mathrm{S}}=f_{\mathrm{S}}^{\mathrm{S}}\cdot f_{\mathrm{S}}^{\mathrm{j}}$，所以

$$\lg f_{\mathrm{S}} = \lg f_{\mathrm{S}}^{\mathrm{S}} + \lg f_{\mathrm{S}}^{\mathrm{j}} \tag{2-9}$$

上式中 $\lg f_{\mathrm{S}}^{\mathrm{S}} = e_{\mathrm{S}}^{\mathrm{S}}w[\mathrm{S}]_\%$，以上已求得 $e_{\mathrm{S}}^{\mathrm{S}}$，当 $w[\mathrm{S}]_\%$ 由分析得知时，对于 Fe-S-j 三元系实验，可求得 $\lg f_{\mathrm{S}}^{\mathrm{S}}$。已求得 f_{S} 和 $f_{\mathrm{S}}^{\mathrm{S}}$ 之后，可由式 (2-9) 算得 $\lg f_{\mathrm{S}}^{\mathrm{j}}$。将 $\lg f_{\mathrm{S}}^{\mathrm{j}}$ 与第三元素 $w[\mathrm{j}]_\%$ 作图，如图 2-37 所示。求出图中曲线的切线斜率即可得到 $e_{\mathrm{S}}^{\mathrm{j}}$，即

$$e_{\mathrm{S}}^{\mathrm{j}} = \left(\frac{\partial\lg f_{\mathrm{S}}^{\mathrm{j}}}{\partial[\mathrm{j}]_\%}\right)_{w[\mathrm{S}]_\%\to 0,\,w[\mathrm{j}]_\%\to 0}$$

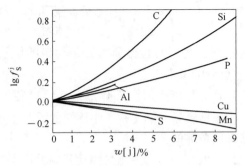

图 2-37 $\lg f_S^i$ 与 $w[j]_\%$ 的关系

2.5.1.5 炉渣-铁液间元素平衡分配的测定

直接测定元素在渣-铁间的平衡分配比，将更为方便和直观。其结果可直接说明钢铁冶金反应的平衡状态及其影响因素，因而具有较大的实用价值。以下分别举例说明分配平衡的测定方法及其在钢铁冶金工艺过程中的应用。

A   铌在渣-铁间的平衡分配

在含铌铁水提铌或铌渣代替铌铁进行直接合金化时，需要了解铌在渣-铁间的平衡分配比及其影响因素。研究铌在渣铁间分配平衡时，可采用实际铁水（或钢水）和铌渣，使实验条件尽量接近实际情况，以便平衡实验结果直接与工艺过程相对比，找出渣-铁反应实际状态与平衡状态的差距，以利于对反应进行控制和改进冶炼操作条件。

例如，进行铌渣直接合金化的平衡实验时，可将钢液和铌渣置于 Al_2O_3（或 MgO）坩埚中，在碳管炉内 1600℃下的 Ar 气气氛中使渣-钢反应。当钢中元素和 $a_{[O]}$ 不再变化时，即达到平衡。此时，取渣和钢样进行分析，并处理其结果，即可得到铌的平衡分配比 $w(Nb_2O_5)_\%/w[Nb]_\%$ 及其影响因素。图 2-38 和图 2-39 是实验得到的不同 $w(CaO)_\%/w(SiO_2)_\%$ 比条件下 $w[Si]_\%$ 和 $a_{[O]}$ 与铌的平衡分配比的关系。这些关系指明了用氧化铌直接合金化的热力学条件和影响因素。

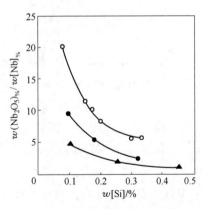

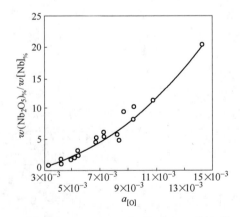

图 2-38 $w(Nb_2O_5)_\%/w[Nb]_\%$ 与 $w[Si]_\%$ 的关系

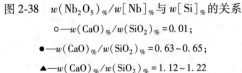

     ○—$w(CaO)_\%/w(SiO_2)_\% = 0.01$；

     ●—$w(CaO)_\%/w(SiO_2)_\% = 0.63 \sim 0.65$；

     ▲—$w(CaO)_\%/w(SiO_2)_\% = 1.12 \sim 1.22$

图 2-39 $w(Nb_2O_5)_\%/w[Nb]$ 与 $a_{[O]}$ 的关系

     （$w[Si]_\% = 0.55\% \sim 0.8\%$；

     $w(CaO)_\%/w(SiO_2)_\% = 0.01 \sim 1.48$）

渣-铁间元素平衡分配实验结果可直接与工艺试验结果相对比。例如，将铁水提铌条件下的渣-铁平衡实验结果与实际工艺试验结果相对比，如图 2-40 所示。该图表明，在相同 $w[\mathrm{Si}]\%$ 时，连续底吹炉试验的渣-铁间 $w(\mathrm{Nb_2O_5})\%/w[\mathrm{Nb}]\%$ 更接近平衡状态，即此时铌的分配比很小，说明用连续底吹炉进行含铌铁水预脱硅，可得到很好的硅铌选择性氧化分离效果。

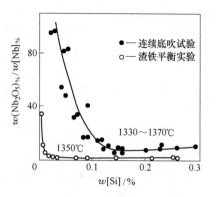

图 2-40　$w(\mathrm{Nb_2O_5})/w[\mathrm{Nb}]$ 与 $w[\mathrm{Si}]_\%$ 的关系

B　锰在渣-铁间的平衡分配

在顶底复吹少渣精炼或用锰矿直接合金化时，可加入锰的氧化物使其还原进入钢中，以节省用以钢的合金化的锰铁用量。如要得到尽可能高的锰收得率，需要了解 MnO 被还原进入钢中的热力学条件和锰在渣-钢间的平衡分配比。进行平衡实验时，可采用炉渣-钢液直接平衡法（与以上铌的实验方法相同），以测定锰在渣-钢间的平衡分配情况。图 2-41 和图 2-42 是实验得到的渣中 $w(\mathrm{CaO})_\%/w(\mathrm{SiO_2})_\%$ 和 $w(\Sigma\mathrm{FeO})_\%$ 与锰的平衡分配比的关系。

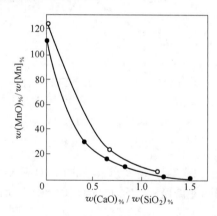

图 2-41　$w(\mathrm{MnO})_\%/w[\mathrm{Mn}]_\%$ 与 $w(\mathrm{CaO})_\%/w(\mathrm{SiO_2})_\%$ 的关系（1600℃）

○—$w[\mathrm{Si}]=0.08\%\sim0.11\%$；

●—$w[\mathrm{Si}]=0.17\%\sim0.25\%$

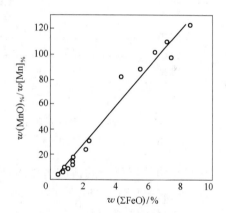

图 2-42　$w(\mathrm{MnO})_\%/w[\mathrm{Mn}]_\%$ 与渣中 $w(\Sigma\mathrm{FeO})_\%$ 的关系（1600℃）

$(w(\mathrm{CaO})/w(\mathrm{SiO_2})=0.01\%\sim1.48\%$；

$w[\mathrm{Si}]=0.08\%\sim0.55\%)$

由图 2-42 可知，提高渣中 $w(\mathrm{CaO})_\%/w(\mathrm{SiO_2})_\%$ 和减少渣中 $\Sigma\mathrm{FeO}$ 质量分数，可显著降低锰的平衡分配比。因此，在实际工艺中可控制较高的渣碱度和较低的 $\Sigma\mathrm{FeO}$ 质量分数，以获得较高的锰收得率。当然，还要创造较好的动力学条件，使渣-钢反应尽快接近平衡。

C　磷硫在渣-铁间的平衡分配

研究渣-铁间 P 和 S 的平衡分配时，常用的方法是将纯铁和炉渣一齐放入 MgO 坩埚（盛碳饱和铁水时用石墨坩埚），并配入一定量 P 或 S，在电阻炉内 Ar 气气氛中一定温度下作平衡实验。

确定平衡所需时间的预试验结果如图 2-43 所示。由图可知，当渣-钢间反应的时间超过 40min 时，$w(P_2O_5)/w[P]$ 和 $w[P]_\%$ 都已稳定，表明反应已达到平衡。为确保平衡，可将反应时间定为 60~80min。此后将坩埚取出激冷，分析渣和钢样的化学成分，以找出各种因素对 P 的平衡分配比的影响。根据渣中 FeO 与 [P] 的反应方程式

$$2[P] + 5(FeO) \Longrightarrow (P_2O_5) + 5[Fe]$$

表观平衡常数

$$K'_P = \frac{w(P_2O_5)_\%}{w[P]_\%^2 \cdot w(FeO)_\%^5}$$

图 2-44 是实验得出的 K'_P 与渣中 $w(CaO\% + 0.55MgO\%)$ 的关系，该图表明 P 的平衡分配比随渣中 CaO+MgO 的含量增加而增大。

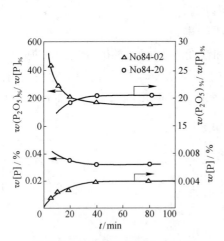

图 2-43　P 分配比和钢中 P 含量
随时间的变化（1600℃）

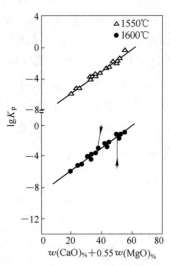

图 2-44　$\lg K_p$ 与 $w(CaO)_\%$ +
$0.55w(MgO)_\%$ 的关系

渣-铁间 S 的平衡分配的研究方法与 P 相同。图 2-45 是实验得出的 CaO-MgO-SiO$_2$-Fe$_x$O 渣系与钢液平衡时 S 的分配情况，该图表明随渣碱度 $w(CaO+MgO)/w(SiO_2)$ 增加和 $w(FeO)_\%$ 减少，S 的平衡分配比增大。

炉渣的脱硫能力常用硫容量 C_S 表示，根据方程式（2-10），硫容量 C_S 的定义由式（2-11）表明：

$$\frac{1}{2}S_2(g) + (O^{2-}) \Longrightarrow (S^{2-}) + \frac{1}{2}O_2 \tag{2-10}$$

$$K = \left(\frac{p_{O_2}}{p_{S_2}}\right)^{\frac{1}{2}} w(S)_\% \frac{f_S^{2-}}{a_O^{2-}} = C_S \frac{f_S^{2-}}{a_O^{2-}} $$

$$C_S = w(S)_\% \left(\frac{p_{O_2}}{p_{S_2}}\right)^{\frac{1}{2}} = K \cdot \frac{a_O^{2-}}{f_S^{2-}} \tag{2-11}$$

因为

$$\frac{1}{2}O_2 \Longrightarrow [O] \quad \lg K_O = \lg \frac{a_O}{p_{O_2}^{\frac{1}{2}}} = \frac{6120}{T} + 0.15 \tag{2-12}$$

$$\frac{1}{2}S_2 \Longrightarrow [S] \quad \lg K_S = \lg \frac{a_S}{p_{S_2}^{\frac{1}{2}}} = \frac{7056}{T} - 1.224 \tag{2-13}$$

所以，将式（2-12）和式（2-13）代入式（2-11）可得：

$$\lg C_S = \lg \frac{w(S)_\% \cdot p_{O_2}^{\frac{1}{2}}}{p_{S_2}^{\frac{1}{2}}} = \lg \frac{w(S)_\% \cdot a_O}{a_S} + \frac{936}{T} - 1.375 \tag{2-14}$$

式（2-14）中的 $w(S)_\%$ 和 a_O 可由平衡实验得到，$a_S = f_S w[S]_\%$ 由平衡时的 $w[S]_\%$ 并利用相互作用系数算得。图 2-46 是平衡实验得到的不同渣系中硫容量 C_S 与渣碱度 B 的关系。

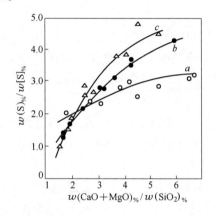 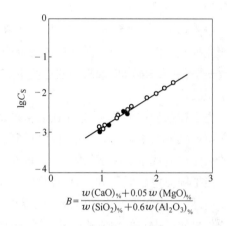

图 2-45 $w(S)_\%/w[S]_\%$ 与 $w(CaO+MgO)_\%/w(SiO_2)_\%$ 的关系（1600℃）
$x(FeO)_\%$：○—60~70；●—50~60；△—40~50

图 2-46 $\lg C_S$ 与渣碱度 B 的关系（1600℃）
○—CaO-MgO-Al_2O_3；●—CaO-MgO-Al_2O_3-SiO_2

2.5.2 固体电解质电池的原理和应用

在炼钢过程中，钢液中的 C、Si、Mn、P 等元素的氧化和脱 S 反应都与钢中氧有关；在炼钢的脱氧和合金化阶段，各种脱氧剂的脱氧情况、合金元素的收得率和钢的质量等问题都涉及到钢中氧含量；在冶金反应平衡的研究中，也常常需要知道钢中氧的活度和气相中的氧分压。利用固体电解质电池定氧，是测定钢中氧或气相中氧的一种有效方法。以下简介固体电解质电池定氧的原理和方法以及在钢铁冶金过程和实验研究中的应用。

2.5.2.1 氧化物固体电解质电池的工作原理

导电体通常可分为两大类。一类是金属导体，它们依靠自由电子导电，当电流通过导体时，导体本身不发生任何化学变化，其电导率一般是随温度升高而减少。另一类是电解质导体，它们导电是依靠离子的运动，因而导电时伴随有物质迁移，产生化学变化，其电导率随温度升高而增大。

我们所接触的电解质导体多为溶液或熔融状态的电解质，这是因为离子的运动比电子困难得多，通常要在液态物质中离子才可能具有较大的迁移速度。但是，在某些固体中有些特定的离子具有较大的迁移速度，因而称为固体电解质。对大多数固体电解质而言，只有在较高温度的条件下，才能具有较高的电导率。

有关研究表明，在高温下，具有低电阻的 ZrO_2 或 ThO_2 基的材料适合做固体电解质。ZrO_2 具有很好的耐高温性能和化学稳定性，但在 1150℃ 时将发生相变（由单斜晶变成正方晶体），体积缩小 9%，因此 ZrO_2 晶形随温度变化是不稳定的。当在 ZrO_2 中加入一定数量的 CaO 或 MgO 等阳离子半径与 Zr^{4+} 相近的氧化物时，经高温煅烧后，其固溶体为立方晶系，并且不再随温度变化而改变，因此称为稳定的 ZrO_2。ZrO_2-CaO 型固溶体在 2500℃ 以下是稳定的，而 ZrO_2-MgO 型固溶体则在 1300℃ 以下是不稳定的，会分解成四方晶型固溶体和氧化镁。但是 ZrO_2-MgO 型固体电解质的抗热震性优于 ZrO_2-CaO 型。

由于在 ZrO_2 中掺杂了 CaO 或 MgO 等氧化物，其阳离子与锆离子的化合价不同，因而形成置换式固溶体，为了保持晶体的电中性，晶体中将产生氧离子空位，如图 2-47 所示。氧离子空位的浓度由掺杂离子的浓度决定，即每加入 1mol 上述氧化物可造成 1mol 离子的氧空位数。

由于掺杂后的 ZrO_2 晶体存在大量的氧离子空位，在较高温度下，氧离子就有可能通过空位比较容易地移动。如果处在电场的作用下，氧离子将定向移动而成电流。因而，掺杂的氧化锆就成了氧离子的固体电解质。

当把固体电解质（如 ZrO_2-CaO）置于不同的氧分压之间，并连接金属电极时（如图 2-48 所示），电解质与金属电极的交界处将产生电极反应，并分别建立起不同的平衡电极电位。显然，由它们构成的电池，其电动势 E 的大小与电解质两侧的氧分压直接有关。因此，ZrO_2 固体电解质电池可用来测定气相中的氧分压或液态金属中的氧活度。

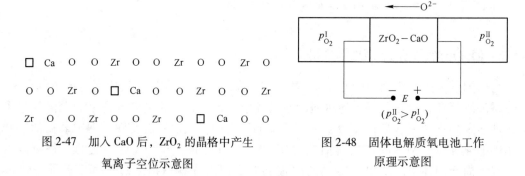

图 2-47　加入 CaO 后，ZrO_2 的晶格中产生

氧离子空位示意图

图 2-48　固体电解质氧电池工作

原理示意图

对于下述的可逆过程，在高氧分压端的电极反应为

$$O_2(p_{O_2}^{II}) + 4e = 2O^{2-} \qquad (2-15)$$

气相中的氧分子夺取电极上的四个电子成氧离子并进入晶体。该电极失去四个电子，因而带正电，是正极。氧离子在氧化学位差的推动下，克服电场力，能通过氧离子空位到达低氧分压端，并发生下述电极反应

$$2O^{2-} = O_2(p_{O_2}^{I}) + 4e \qquad (2-16)$$

晶格中的氧离子丢下四个电子变成氧分子并进入气相。此处电极得到四个电子，因而带负电，是负极。以上两式之和即为电池的总反应

$$O_2(p_{O_2}^{II}) \Longrightarrow O_2(p_{O_2}^I) \tag{2-17}$$

相当于氧从高氧分压端向低氧分压端迁移，反应的自由能变化为

$$\Delta G = G^{\ominus} + RT\ln p_{O_2}^I - G^{\ominus} - RT\ln p_{O_2}^{II}$$

即

$$\Delta G = -RT\ln\frac{p_{O_2}^{II}}{p_{O_2}^I} \tag{2-18}$$

由热力学得知，恒温恒压下体系自由能的减少等于体系对外界所做的最大有用功，即

$$-\Delta G = \delta W' \tag{2-19}$$

这里，体系对外所做的有用功为电功。电功等于所迁移的电量与电位差的乘积。当有 1mol 氧通过电解质时，所携带的电量为 $4F$（F 为法拉第常数），因此所做的电功为

$$\delta W' = 4FE \tag{2-20}$$

合并式（2-20）和式（2-19）得

$$\Delta G = -4FE \tag{2-21}$$

由式（2-18）和式（2-21）得

$$E = \frac{RT}{4F}\ln\frac{p_{O_2}^{II}}{p_{O_2}^I} \tag{2-22}$$

式（2-22）即为电动势与固体电解质两侧界面上氧分压的关系，称为 Nernst 公式。式中 T 为绝对温度；R 为理想气体常数（1.987cal/(mol·K) 或 8.314J/(mol·K)）；F 为法拉第常数（23060cal/(V·mol) 或 96500C/mol）。由式（2-22）可以看出，对一个氧浓差电池，如果测定了 E 和 T 之后，就可以根据 $p_{O_2}^I$ 和 $p_{O_2}^{II}$ 中的已知者求得未知者。其中氧分压已知的一侧称为参比电极。

在固体电解质电池中除了上述离子导电之外，各种氧化物电解质在高温下还具有一定的电子导电性。当存在一定的电子导电时，将会使原电池电动势下降，如用式（2-22）进行计算，就会产生较大的误差。因此，必须对电动势与电解质两侧氧分压的关系进行修正。对 ZrO_2 基固体电解质，在通常的使用条件下，可使用如下电子导电修正公式进行计算

$$E = \frac{RT}{F}\ln\frac{p_{e'}^{\frac{1}{4}} + p_{O_2}^{II\frac{1}{4}}}{p_{e'}^{\frac{1}{4}} + p_{O_2}^{I\frac{1}{4}}} \tag{2-23}$$

式中，$p_{e'}$ 为特征氧分压，其数值通常由实验进行测定。例如，我国某单位生产的 ZrO_2-$w(CaO)4\%$ 固体电解质的 $p_{e'}$ 测定结果为

$$\lg p_{e'} = 21.49 - 69336/T \tag{2-24}$$

北京钢铁研究总院对 ZrO_2-MgO 固体电解质的 $p_{e'}$ 测定结果是

$$\lg p_{e'} = -95.67 + 0.0435T \tag{2-25}$$

2.5.2.2 固体电解质定氧探头的结构和使用

A 探头类型

用固体电解质 ZrO_2 组装的钢液定氧探头有塞式、管式和针式三种类型（如图 2-49 所示）：

（1）塞式探头。使用固体电解质小片或小棒，高温封接在石英管上，但封烧技术不易掌握。当钢液含量较低（$a_{[O]} < (20 \sim 40) \times 10^{-6}$）时，钢中比 Si 脱氧能力强的元素，例如 Al 能与石英管反应，将 SiO_2 溶解，造成测定区域含氧量较高，影响测氧准确度。

（2）管式探头。用 MgO 半稳定的 ZrO_2 管组装，耐热震性好，被广泛采用。

（3）针状探头。是将参比极材料粉末和固体电解质粉末以薄膜状喷镀于 Mo 棒上，比管状测氧头小型化，达到热平衡时间短，耐热震性好，便于组装。但喷成率有待提高，成本有待降低。

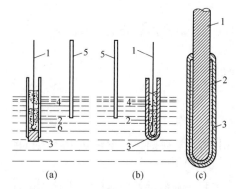

图 2-49　定氧测头示意图

（a）塞式；（b）管式；（c）针式

1—参比电极（Mo 丝）；

2—参比电极材料（Cr/Cr_2O_3，Mo/MoO_2）；

3—固体电解质（ZrO_2-CaO）；4—填充材料（Al_2O_3）；

5—回路电极（Mo 丝或其他金属）；6—石英管

用于工业上钢液定氧的探头中同时装有 PtRh30-PtRh6 微型快速测温热电偶，可同时测出氧电势和热电势。这种探头是一次性探头，由插件连接，以便更换。在探头顶部装有防渣铁皮帽，以防通过渣层时与炉渣接触。

B　性能与技术条件

定氧探头应具备的性能和技术条件有：

（1）测定值要准确可靠。

（2）耐热震性好。

（3）反应时间快。

（4）结构简单，更换容易。

上述性能和技术条件能否达到，关键在于固体电解质质量和组装工艺。组装时，参比极材料必须装填紧密，并保证参比极引线（Mo 丝）与 ZrO_2 管之间有紧密的接触，装成后必须充分烘干。参比极材料应有足够的纯度，并要经过混磨和过筛。

C　结构原理与使用

钢液定氧探头通常使用 Mo/MoO_2 或 Cr/Cr_2O_3 作为参比电极，通常 Mo 或 Cr 粉末的比例都在 90% 以上。参比电极引线可用 Mo 丝，与钢液接触的回路电极也采用 Mo 棒。当使用 ZrO_2-MgO 固体电解质时，电池表达式是：

$$(-)Mo|[O]_{Fe}||ZrO_2\text{-}MgO||Mo，MoO_2|Mo(+) \tag{2-26}$$

$$(+)Mo|[O]_{Fe}||ZrO_2\text{-}MgO||Cr，Cr_2O_3|Mo(-) \tag{2-27}$$

对于式（2-26）所示的电池，MoO_2 的分解压大于钢液的平衡氧分压，式（2-23）可写为：

$$E = \frac{RT}{F}\ln\frac{p_{e'}^{\frac{1}{4}} + p_{Mo}^{\frac{1}{4}}}{p_{e'}^{\frac{1}{4}} + p_{[O]}^{\frac{1}{4}}} \tag{2-28}$$

式（2-28）中 p_{Mo} 为 MoO_2 的平衡氧分压，由下式

$$MoO_2 \rightleftharpoons Mo + O_2 \quad \Delta G_1^{\ominus} = 490700 - 118.32T \quad J/mol$$

可得

$$p_{Mo} = e^{-\Delta G_1^{\ominus}/(RT)} \tag{2-29}$$

如已测得氧电势 $E(V)$ 和温度 T，可利用已知的 p_{Mo} 和 $p_{e'}$ 由式（2-28）计算出钢液中氧的平衡分压 $p_{[O]}$。

由于 $O_2 \rightleftharpoons 2[O] \quad \Delta G_2^{\ominus} = -274052 + 15.56T \quad J/mol$

则

$$a_{[O]}^2 = p_{[O]} \cdot e^{-\Delta G_2^{\ominus}/(RT)} \tag{2-30}$$

将 $p_{[O]}$ 代入式（2-30），即可算出钢液中氧活度 $a_{[O]}$。

如使用 Cr/Cr_2O_3 参比电极材料时，当 Cr/Cr_2O_3 分解压小于钢液的平衡氧分压时，对于电池式（2-27），式（2-28）可写为：

$$E = \frac{RT}{F} \ln \frac{p_{e'}^{\frac{1}{4}} + p_{[O]}^{\frac{1}{4}}}{p_{e'}^{\frac{1}{4}} + p_{Cr}^{\frac{1}{4}}} \tag{2-31}$$

式（2-31）中

$$\frac{2}{3}Cr_2O_3 \rightleftharpoons \frac{4}{3}Cr + O_2$$

$$\Delta G_3^{\ominus} = 754987 - 171.2T \quad J/mol$$

可得：

$$p_{Cr} = e^{-\Delta G_3^{\ominus}/(RT)} \tag{2-32}$$

当已知 E、T、p_{Cr} 和 $p_{e'}$ 时，同样可算出 $p_{[O]}$，再由式（2-18）计算 $a_{[O]}$。

在定氧探头使用时，可用毫伏仪记录测出的电动势曲线，如图 2-50 所示。为便于生产上使用，可用计算机预先计算好考虑了电子导电影响的氧电势与氧活度之间的对应值，制成图或表以备查用。如果使用专门设计的直读仪表则会更加方便。

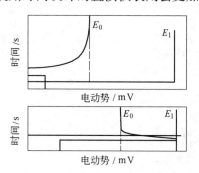

图 2-50　定氧探头电动势记录曲线

2.5.2.3　固体电解质定氧探头在炼钢上的应用

固体电解质定氧探头在控制炼钢操作提高钢的质量方面显示了较大的作用，一般在控制炼钢操作上取得了以下几个方面的效果：

（1）氧气转炉终点碳的控制。众所周知钢液含碳量与含氧量有一定的关系，但根据炼钢方法的不同，碳氧活度积并不处于平衡。因而可利用定氧探头直接测定钢液中 $a_{[O]}$，并根据同时取样分析的 [C] 含量，绘制出碳—氧关系曲线，以进行终点碳的控制。图 2-51

是某钢厂 150t 顶吹转炉中用定氧探头测得的氧活度与 $w[C]_\%$ 的关系。

（2）连铸半镇静钢及沸腾钢替代钢种的脱氧控制。用连铸生产低碳低硅软线或焊条钢时，钢水含氧量必须控制在较窄的范围内，通常用合适的加铝量来调节。如加入铝太少，则钢水含氧量太高，会在方坯坯壳下产生皮下气泡；如钢液含 Al 量较高，虽然钢水含氧量较低，但容易产生浇铸水口结瘤。最佳的含氧量应使方坯不产生皮下气泡，浇铸时又不发生水口结瘤。通常在精炼炉中直接定氧，然后喂 Al 线进行调节。

（3）镇静钢含 Al 量的控制。镇静钢一般要用 Al 脱氧，尤其是深冲钢要求钢中 Al 含量为 0.02% 以上。由于冶炼中影响 Al 收得率的因素很多而复杂、很难从加 Al 量确定钢液中余［Al］量。通过大量研究已证明，连铸钢水含 Al 量（即酸溶 Al）与定氧探头测定的毫伏值 E 有一直线关系

$$\lg Al(10^{-3}\%) = a - bE(mV) \quad (Cr/Cr_2O_3\ 参比极)$$

在不同条件下，上式中系数 a、b 确定后（与温度无关），即可用于调整钢中含 Al 量以达到要求的规格成分。

图 2-52 是钢中酸溶 Al 含量与顶吹转炉停吹时钢水含氧量和钢包加 Al 量的关系。钢水含 Si 量为 0.15% ~ 0.30%，如酸溶 Al 已定，则可根据定氧探头测出的含［O］量求出加入钢包所需的 Al 量。

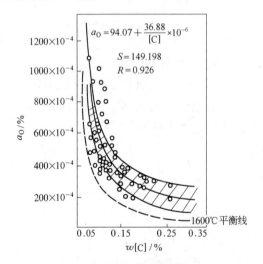
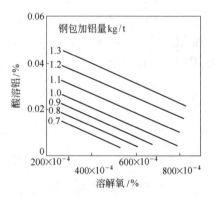

图 2-51　用定氧探头测得 150t 顶吹
转炉钢水氧含量的变化

图 2-52　酸溶铝与停吹含氧量和
钢包加铝量的关系

（4）易切削钢硫化夹杂物形态的控制。易切削钢的切削性与硫化夹杂物的形态有关。当钢液脱氧轻微时，钢中硫化物夹杂可形成较大的球状到扁豆状颗粒（MnS 并溶解少量 FeS 和 MnO），可使钢具有很好的切削性能。因此，可通过直接定氧控制最佳含氧量，既能使钢中生成球状硫化物颗粒，又可避免钢液凝固时产生气泡使表面质量降低。

（5）定氧探头和计算机联合在炼钢操作中"在线"控制。所谓"在线"控制是指定氧探头配合计算机循环地和经常地在炼钢操作过程中使用。图 2-53 是日本新日铁用转炉出钢前氧含量来控制钢中溶解铝含量和铝、硅加入量的计算机系统示意图。这个计算机系统是与铝丸射弹机和铝的二次微调系统相结合的。

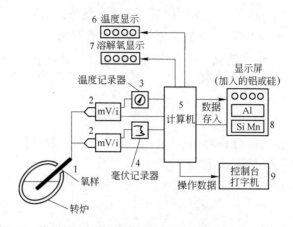

图 2-53 控制铝硅镇静钢和硅半镇静钢脱氧程度的计算机系统
1—氧样；2—毫伏计；3—温度记录仪；4—毫伏记录器；5—计算机；
6—温度显示；7—溶解氧显示；8—显示屏（加入的铝和硅）；9—控制台打印机

更先进的定氧探头"在线"控制是用氧气转炉副枪测定钢液氧含量，根据有关模型计算钢液 C、Mn、P 含量和渣中氧化铁含量，自动控制停吹终点，以实现直接出钢（终点不取样分析），然后根据出钢前定氧结果确定脱氧剂的加入量。

（6）测定转炉炉渣和气相的氧分压。及时掌握炉渣的氧化性和气相的氧分压变化，对炼钢操作会有很大帮助。图 2-54 是用于测定转炉炉渣氧压和炉气氧分压的定氧探头。图 2-55 所示在 230t Q-BOP 转炉中吹炼普碳钢时，用定氧探头测出的炉气、渣中和钢液中氧压的变化。从图中可以了解到，在吹炼初期和中期渣中氧压比钢中的低，但在终期渣中氧压比钢液中氧压大 10 倍，说明吹炼过程中渣钢反应未达平衡。

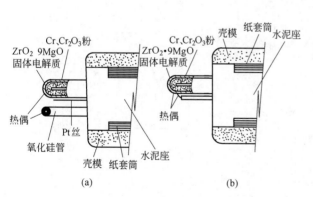

图 2-54 在 230t Q-BOP 转炉中用于
测气体和渣中氧压的探头的构造
（a）用于渣；（b）用于气体

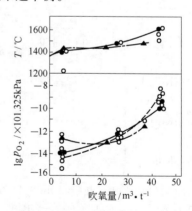

图 2-55 230t Q-BOP 转炉中金属炉渣和
气体的温度和氧压随吹氧量的变化
●—金属；○—炉渣；▲—气体

（7）定氧探头在钢铁冶金中其他方面的应用。定氧探头除了上述用途外，还可以应用于以下几个方面：

1）连铸中间包连续测 [O]，以调整中间包钢水氧化性。

2）控制 RH 处理中极低碳钢的 [Al] 和 [O]。

3）测定高炉炉气氧分压，以得出炉内氧分压分布规律，用于指导生产。

2.5.2.4　固体电解质电池在冶金热力学研究中的应用

固体电解质电池在冶金物理化学研究中的应用非常广泛，它可用于冶金反应热力学、动力学、电化学、相平衡等方面的研究。以下仅介绍应用固体电解质定氧方法进行钢铁冶金热力学研究的两个实例。

A　测定 Fe-Nb 熔体中 Nb 的活度

对含 Nb 铁水进行热力学分析时，须知铁液中 Nb 的活度及其他元素对 Nb 活度的相互作用系数。用固体电解质定氧方法测定 e_{Nb}^{Nb} 时，可利用以下反应：

$$2[O] + [Nb] \Longrightarrow NbO_2(s) \tag{2-33}$$

其平衡常数为

$$K = \frac{a_{NbO_2}}{a_{[O]}^2 \cdot a_{[Nb]}} = \frac{a_{NbO_2}}{a_{[O]}^2 \cdot f_{Nb} \cdot w[Nb]_\%}$$

当渣中 NbO_2 为固体纯氧化物时，$a_{NbO_2}=1$，上式取对数得

$$\lg \frac{1}{k} = \lg a_{[O]}^2 \cdot f_{Nb} \cdot w[Nb]_\% \tag{2-34}$$

因为 $\lg f_{Nb} = e_{Nb}^{Nb} w[Nb]_\%$，当 $w[Nb]_\% \to 0$ 时，$f_{Nb}=1$

所以 $w[Nb]_\% \to 0$ 时，$\lg \dfrac{1}{K} = \lg a_{[O]}^2 \cdot w[Nb]_\%$

在一定温度下做平衡实验，用定氧探头测出反应达平衡后的钢液中 $a_{[O]}$ 并取样分析 [Nb] 含量。将不同炉次的实验结果按 $\lg a_{[O]}^2 \cdot w[Nb]_\%$ 与 $w[Nb]_\%$ 的关系作图，如图 2-56 所示，将图中曲线外推到 $w[Nb]_\% \to 0$ 时，即可得到 $\lg \dfrac{1}{K}$ 的值。

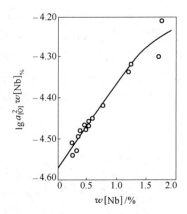

图 2-56　$\lg a_{[O]}^2 w[Nb]_\%$ 与 $w[Nb]_\%$ 的关系（1823K）

在不同温度下实验可得到如下 $\lg \dfrac{1}{K}$ 值：

1823K 时 $\lg \dfrac{1}{K} = -4.572$；

1853K 时 $\lg \dfrac{1}{K} = -4.400$；

1873K 时 $\lg \dfrac{1}{K} = -4.285$。

由回归分析得出：$\lg K = 19608/T - 6.18$。

因为 $\Delta G^\ominus = -RT\ln K$，所以可得到

$$[Nb] + 2[O] \Longrightarrow NbO_2(s)$$

$$\Delta G^\ominus = -375350 + 118.28T \quad J/mol$$

利用上式的 $\Delta G^\ominus$，可算出一定温度下的平衡常数 K 值。再根据式（2-34），已知 K、$a_{[O]}$ 和 $w[Nb]_\%$，可算出 f_{Nb}。对于 Fe-Nb-O 系统，

$$f_{Nb} = f_{Nb}^{Nb} \cdot f_{Nb}^O，\text{即} \lg f_{Nb} = e_{Nb}^{Nb} w[Nb]_\% + e_{Nb}^O w[O]_\%$$

因为 $w[O]_\%$ 很小，故 $e_{Nb}^O w[O]_\%$ 值可忽略不计。

所以 $\qquad f_{Nb} = f_{Nb}^{Nb}$

将不同炉次的实验得到的 $\lg f_{Nb}$ 对 $w[Nb]_\%$ 作图，如图 2-57 所示，求出图中曲线通过原点所作切线的斜率即为 e_{Nb}^{Nb} 值。不同温度下得到的 e_{Nb}^{Nb} 值如下：

1823K $\quad e_{Nb}^{Nb} = -0.19$；

1853K $\quad e_{Nb}^{Nb} = -0.21$；

1873K $\quad e_{Nb}^{Nb} = -0.22$。

回归处理后可得到 $e_{Nb}^{Nb} = 2274/T - 1.44$。

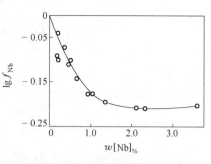

图 2-57 $\lg f_{Nb}$ 对 $w[Nb]_\%$ 作图（1853K）

B 测定炉渣中 Nb_2O_5 的活度

在分析含铌铁水提铌的热力学时，要知道渣中 Nb_2O_5 的活度。测定 $a_{Nb_2O_5}$ 时，可用含铌铁水与铌渣做平衡实验，利用以下反应

$$2[Nb] + 5[O] = Nb_2O_5 \quad \Delta G^\ominus = -1227795 + 473.89T \quad J/mol$$

在一定温度下（例如 1350℃），以上反应的平衡常数为

$$K = \frac{a_{Nb_2O_5}}{a_{[Nb]}^2 \cdot a_{[O]}^5} = \frac{a_{Nb_2O_5}}{f_{Nb}^2 \cdot w[Nb]_\%^2 \cdot a_{[O]}^5}$$

因此

$$a_{Nb_2O_5} = K \cdot f_{Nb}^2 \cdot w[Nb]_\%^2 \cdot a_{[O]}^5 \tag{2-35}$$

式中，$\lg f_{Nb} = e_{Nb}^{Nb} w[Nb]_\% + e_{Nb}^{C} w[C]_\% + e_{Nb}^{Si} w[Si]_\% + e_{Nb}^{Mn} w[Mn]_\% + e_{Nb}^{P} w[P]_\% + e_{Nb}^{S} w[S]_\%$。

由文献可查出 1600℃时的相互作用系数 e_{Nb}^j，再利用 $e_i^j(1350℃) = \dfrac{1873K}{1623K} e_i^j(1600℃)$ 计算得实验温度下 1350℃的 e_{Nb}^j。

根据实验中渣-铁反应达到平衡时取样分析铁水 C、Si、Mn、P、S 和 Nb 以及用定氧探头测定平衡时钢液中 $a_{[O]}$ 值，利用式（2-35）可算出渣中 $a_{Nb_2O_5}$ 值。改变炉渣成分进行实验，可得到不同炉渣成分时的 $a_{Nb_2O_5}$ 值。通过分析炉渣中的 Nb_2O_5 含量，得到 $N_{Nb_2O_5}$，再利用 $a = \gamma N$ 计算得到渣中 Nb_2O_5 的活度系数 $\gamma_{Nb_2O_5}$。图 2-58 是使用上述方法测得的 MnO'-SiO_2'-Al_2O_3' 渣系中的 $a_{Nb_2O_5}$ 和 $\gamma_{Nb_2O_5}$。

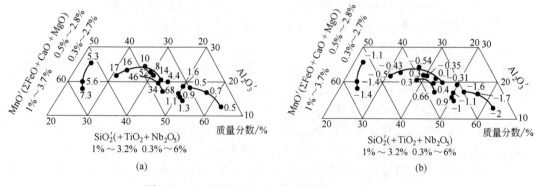

图 2-58 MnO'-SiO_2'-Al_2O_3' 渣系中的 $a_{Nb_2O_5}$ 和 $\gamma_{Nb_2O_5}$

(a) $a_{Nb_2O_5} \times 10^{-4}$；(b) $\lg\gamma_{Nb_2O_5}$

2.6　高温冶金反应动力学研究方法

冶金反应大都是在高温下进行的，因此在高温下研究冶金反应动力学，更接近实际情况。下面介绍高温下冶金反应动力学研究方法。

2.6.1　液-液反应动力学研究方法

高温下的液-液反应通常是指熔渣-钢液（或其他金属熔体）之间的反应，例如，炉渣对钢液的脱 P 脱 S，渣中 FeO 对钢中元素的氧化，渣中氧化物向金属液中还原等都属于液-液反应。这里以渣中氧化物向钢中还原为例，介绍液-液反应动力学的研究方法。

熔渣中氧化物向钢中还原的过程一般包括渣中组元传质，界面化学反应和钢中组元传质等几个环节。其中，最慢的环节限制了总过程的进行。所以渣钢间氧化物还原动力学研究的重点是搅拌条件、反应温度、渣和钢的成分对还原速度的影响，并利用数学模型分析确定总过程的限制性环节。

2.6.1.1　实验方法

实验可在炭管炉中进行，为避免气相中的氧参与反应，将 Ar 气通入炉内保护。实验过程中，间隔一定时间取钢样或渣样，以测得反应物（或产物）浓度随时间的变化。

A　反应初始时间的确定方法

在渣-钢反应动力学研究中，必须准确确定初始反应时间，常用的确定方法如下：

（1）预熔渣顶加法。先将金属料在坩埚中熔化，然后将渣料加入纯铁坩埚，吊在钢液面上方预熔。当渣熔化后，使纯铁坩埚底部与钢液面接触熔化，以熔渣铺向钢液表面的时刻为反应初始时间。

（2）混合渣投入法。易被还原的氧化物（如氧化钼）在纯铁坩埚中预熔时，能被 Fe 还原，所以可采用直接投入法。实验时，将渣料混合均匀，用纸包投入钢液表面，以渣料与钢液接触时作为反应初始时间。

B　搅拌方法

改变熔池动力学条件可采用两种搅拌方法：

（1）气体搅拌：将 Al_2O_3 双孔管插入钢液内，以合适的流量吹 Ar 搅拌。

（2）机械搅拌：用电机带动搅拌棒，以一定转速在钢液中搅拌。

C　限制性环节的判断方法

渣钢反应在高温下进行，一般反应速度的限制性环节为渣中或钢中组元的传质，但也有界面化学反应为限制性环节的情况。

（1）判断传质或界面反应为限制性环节的方法。

1）增强熔池搅拌，测其对反应总速度的影响。如增加搅拌，反应速度明显加快，可说明反应过程受传质条件影响，反之则说明反应过程受界面化学反应限制。

2）改变反应体系温度时，对表征传质特征的扩散系数 D 和表征化学反应特征的速率常数 k 均有影响，它们与温度 T 的关系分别为：

$$D = D_0 e^{-E_D/(RT)} \quad \text{和} \quad k = Z_0 e^{-E/(RT)}$$

由于化学反应活化能 E 比扩散活化能 E_D 的数值大得多，所以温度对 k 的影响也大得多。因此，当温度升高时，如果反应速度明显增加，说明反应的限制性环节为化学反应。当温度对反应速度影响较小时，则说明反应的限制性环节为扩散传质。

（2）判断钢中或渣中组元传质为限制性环节的方法。可假定某一环节为限制性环节，建立该环节的传质数学模型。然后运用数值法将实验结果代入模型进行计算分析，考察是否符合传质模型所表达的关系。

2.6.1.2 钢中 Si 还原渣中 Nb_2O_5 的动力学研究实例

氧化物代替铁合金进行钢的直接合金化，实质上是渣中氧化物被钢液中组元还原的过程，当热力学条件合适时，渣中合金元素的氧化物向钢液中还原的速度决定了该合金元素的收得率，因而需研究渣中氧化物的还原动力学。下面以渣中 Nb_2O_5 被钢中 Si 还原的动力学研究为例。

在实验时，用 Al_2O_3 坩埚盛钢液，采用预熔渣顶加法将含有 Nb_2O_5 的炉渣加入钢水中，用刚玉双孔管插入钢液吹 Ar 搅拌，熔渣与钢液之间将发生如下反应：

$$2(Nb_2O_5) + 5[Si] \Longrightarrow 5(SiO_2) + 4[Nb]$$

按一定时间间隔取钢样分析，将实验结果用 $w[Nb]_{t,\%}/w[Nb]_{s,\%}$（$t$ 时刻钢中 Nb 含量/钢中 Nb 达稳定时的 Nb 含量）表示钢中 Nb 的增加速度，亦即渣中 Nb_2O_5 的还原速度。将 $w[Nb]_{t,\%}/w[Nb]_{s,\%}$ 与时间 t 作图，可看出（Nb_2O_5）的还原速度随时间的变化规律。通过改变吹 Ar 搅拌的流量和反应温度，可得到图 2-59 和图 2-60。由两图可知，吹 Ar 流量对 Nb_2O_5 的还原速度有显著影响，而温度则影响不大。说明渣中 Nb_2O_5 还原速度的限制性环节是渣-钢间组元的传质而不是界面化学反应。

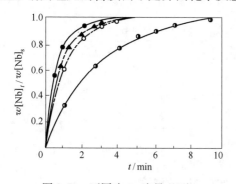

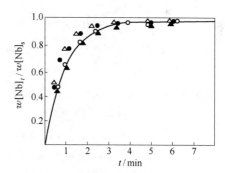

图 2-59 不同吹 Ar 流量 Q 下，$w[Nb]_t/w[Nb]_s$ 随时间的变化

●—$Q=0.5L/min$；▲—$Q=0.3L/min$；
○—$Q=0.12L/min$；◐—$Q=0.07L/min$

图 2-60 不同温度下，$w[Nb]_t/w[Nb]_s$ 随时间的变化

△—1680℃；●—1640℃；
○—1600℃；▲—1550℃

按液-液反应的双膜理论，渣-钢间的反应过程可分 5 个环节：

（1）Nb_2O_5 从渣中向渣钢界面传质。

（2）Si 从钢中向钢渣界面传质。

（3）在渣钢界面上（Nb_2O_5）与［Si］发生化学反应。

（4）在界面上生成的 Nb 向钢中传质。

（5）在界面上生成的 SiO_2 向渣中传质。

在有关传质的 4 个环节，究竟哪个环节是限制性环节，可首先假定某一步可能是速度最慢的限制性环节，并导出还原速度方程式，然后将这个公式用实验结果验证，如相符可

确定；如不符可排除。

分别假定环节（1）（2）（4）（5）为限制性环节时，其传质速度方程式可表示为：

渣中 Nb_2O_5 传质　　$dw(Nb_2O_5)_\% / dt = D_{Nb_2O_5} / \delta_{Nb_2O_5} h_s \cdot \{ w(Nb_2O_5)_\% - w(Nb_2O_5)_\%^* \}$

$$(2-36)$$

钢中 Si 传质　　$dw[Si]_\% / dt = D_{Si} / \delta_{Si} h_m \cdot (w[Si]_\% - w[Si]_\%^*)$　　$(2-37)$

钢中 Nb 传质　　$dw[Nb]_\% / dt = D_{Nb} / \delta_{Nb} h_m \cdot (w[Nb]_\%^* - w[Nb]_\%)$　　$(2-38)$

渣中 SiO_2 传质　　$dw(SiO_2)_\% / dt = D_{SiO_2} / \delta_{SiO_2} h_s \cdot \{ w(SiO_2)_\%^* - w(SiO_2)_\% \}$　　$(2-39)$

将界面反应平衡关系及渣钢间的 Nb 和 Si 质量平衡关系分别代入式（2-36）~式（2-39）中，可导出以下 4 个积分式：

$$\int_{w[Nb]_\%, t=0}^{w[Nb]_\%, t=t} \frac{5.72Q}{w(Nb_2O_5)_\%^0 - 1.43Qw[Nb]_\% - \{ w[Nb]_\%^2 / K'^{1/2} (w[Si]_\%^0 - 0.38w[Nb]_\%)^{5/2} \}} dw[Nb]_\%$$

$$= \frac{D_{Nb_2O_5}}{\delta_{Nb_2O_5} h_s} t \qquad (2-40)$$

$$\int_{w[Nb]_\%, t=0}^{w[Nb]_\%, t=t} \frac{0.24 \{ w(Nb_2O_5)_\%^0 - 1.43Qw[Nb]_\% \}^{2/5} K'^{1/5}}{w[Si]_\%^0 - 0.38w[Nb]_\% - w[Nb]_\%^{4/5}} dw[Nb]_\% = \frac{D_{Si}}{\delta_{Si} h_m} t \qquad (2-41)$$

$$\int_{w[Nb]_\%, t=0}^{w[Nb]_\%, t=t} \frac{1}{\{ w(Nb_2O_5)_\%^0 - 1.43Qw[Nb]_\% \}^{1/2} K'^{1/4} \{ w[Si]_\%^0 - 0.38w[Nb]_\% \}^{5/4} - w[Nb]_\%} dw[Nb]_\%$$

$$= \frac{D_{Nb}}{\delta_{Nb} h_m} t \qquad (2-42)$$

$$\int_{w[Nb]_\%, t=0}^{w[Nb]_\%, t=t} \frac{0.52Q \{ w[Nb]_\%^{4/5} - w(SiO_2)_\%^0 - 0.52Qw[Nb]_\% \}}{K'^{1/5} \{ w(Nb_2O_5)_\%^0 - 1.43Qw[Nb]_\% \}^{2/5} \{ w[Si]_\%^0 - 0.38w[Nb]_\% \}} dw[Nb]_\%$$

$$= \frac{D_{SiO_2}}{\delta_{SiO_2} h_s} t \qquad (2-43)$$

式中　　　　　　　　D_i——扩散系数，cm/s；

　　　　　　　　　　δ_i——有效边界层厚度，cm；

　　　　　h_m，h_s——分别为钢液和炉渣深度，cm；

　$w[Me]_\%$，$w[Me]_\%^*$——分别为钢液内部和界面处 Me 的浓度；

$w[MeO]_\%$，$w[MeO]_\%^*$——分别为渣中和界面处氧化物浓度；

$w[Me]_\%^0$，$w[Me]_{t,\%}$——分别为钢液中 Me 元素初始浓度和 t 时刻浓度；

$w[MeO]_\%^0$，$w[MeO]_{t,\%}$——分别为渣中氧化物初始浓度和 t 时刻浓度；

　　　　W_m，W_s——分别为钢液和炉渣质量，g，$Q = W_m / W_s$；

　　　M_{Me}，M_{MeO}——分别为元素的相对原子质量和氧化物的相对分子质量（在式（2-51）中）。

分析以上各积分式可知，在实验条件一定时，各式左边均为 $w[Nb]_\%$ 的函数，记为 $F(w[Nb]_\%)$。如果各假定条件成立，以上各式求得 $F(w[Nb]_\%)$ 与时间 t 的关系均应为直线关系，其斜率为 $D_i / \delta_i h_i$，将实验中得到的 t 时刻的 $w[Nb]_\%$ 和其他有关参数代入以上各式，并用计算机进行数值积分，可得到 $F(w[Nb]_\%)$ 与时间 t 的关系如图 2-61 所示。

由图 2-61 可看出，［Si］和（SiO_2）的传质不是直线关系，说明其假定条件是错误的，因此可以认为这两步不是限制性环节。而［Nb］和（Nb₂O₅）的传质都是直线关系，还需用其他实验确定二者哪一步是限制性环节。可改变初始（Nb₂O₅)⁰的含量进行实验，将结果代入式（2-40）和式（2-42）再进行数值积分，其结果如图 2-62 所示。

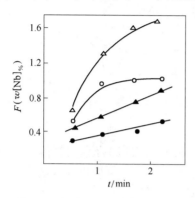

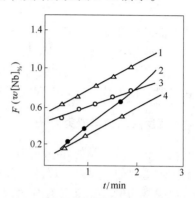

图 2-61　假定不同限制性环节时，$F(w[Nb]_\%)$ 与时间的关系

△—渣中 SiO₂ 的传质；○—钢中 Si 的传质；
●—渣中 Nb₂O₅ 的传质；▲—钢中 Nb 的传质

图 2-62　不同初始 $w(Nb_2O_5)_\%$ 时，$F(w[Nb]_\%)$ 与时间的关系

1，4—钢中 Nb 的传质；
2，3—渣中 Nb₂O₅ 的传质

如搅拌条件已定，改变初始（Nb₂O₅)⁰的含量不会影响 $F(w[Nb]_\%)$-t 直线的斜率。图 2-62 表明，Nb₂O₅ 在渣中传质的两条直线斜率相差很大，而 Nb 在钢中传质的两直线斜率基本不变，因而可确定 Nb 由渣钢界面向钢中传质是还原反应的限制性环节。

附：Nb 从界面向钢液传质为限制性环节时，其传质速度方程式推导如下：

$$dw[Nb]_\%/dt = A \cdot D_{Nb}/\delta_{Nb}(C_{Nb}^* - C_{Nb}) \tag{2-44}$$

将摩尔浓度转换为质量分数

$$C_{Nb} = w[Nb]_\% \cdot \rho_m/M_{Nb} \tag{2-45}$$

$$n_{Nb} = C_{Nb}V_m = w[Nb]_\% V_m \rho_m/M_{Nb} \tag{2-46}$$

将 $V_m = A \cdot h_m$ 代入式（2-46）有

$$n_{Nb} = C_{Nb}V_m = w[Nb]_\% A \cdot h_m \rho_m/M_{Nb} \tag{2-47}$$

式中　A，V_m——分别为反应界面积和熔体体积，cm² 和 cm³。

将式（2-45）和式（2-47）代入式（2-44）得

$$dw[Nb]_\%/dt = D_{Nb}/\delta_{Nb}h_m(w[Nb]_\%^* - w[Nb]_\%) \tag{2-48}$$

界面反应的表观平衡常数为：$K = w[Nb]_\%^{*4}w(SiO_2)_\%^{*5}/w(Nb_2O_5)_\%^{*2}w[Si]_\%^{*5}$

当（SiO₂）含量变化不大时：$K' = K/w(SiO_2)_\%^{*5} = w[Nb]_\%^{*4}/w(Nb_2O_5)_\%^{*2}w[Si]_\%^{*5}$

所以　　　　　$w[Nb]_\%^* = K'^{1/4} \cdot w(Nb_2O_5)_\%^{*1/2}w[Si]_\%^{*5/4} \tag{2-49}$

式（2-49）中 $w(Nb_2O_5)_\%^*$ 和 $w[Si]_\%^*$ 分别为渣和钢液内浓度表示，并代入式（2-48）得

$$dw[Nb]_\%/dt = D_{Nb}/\delta_{Nb}h_m\{w(Nb_2O_5)_\%^{1/2}K'^{1/4}w[Si]_\%^{5/4} - w[Nb]_\%\} \tag{2-50}$$

由化学反应物质衡算可知，每生成 4mol 的 Nb，消耗 5mol 的 Si 和 2mol 的 Nb₂O₅。增加的 $w[Nb]_\%$ 相当于生成了 $W_m w[Nb]_\%/M_{Nb}$ mol 的 Nb，那么渣中减少了 $1/2 \cdot W_m w[Nb]_\% \cdot M_{Nb_2O_5}/M_{Nb}W_s$ 的 Nb₂O₅，如果渣中原始 Nb₂O₅ 为 $w(Nb_2O_5)_\%^0$，那么渣中 Nb₂O₅ 为：

$$w(\mathrm{Nb_2O_5})_\% = w(\mathrm{Nb_2O_5})_\%^0 - 1/2 \cdot W_{\mathrm{m}}/W_{\mathrm{s}} \cdot M_{\mathrm{Nb_2O_5}}/M_{\mathrm{Nb}} \cdot w[\mathrm{Nb}]_\%$$
$$= w(\mathrm{Nb_2O_5})_\%^0 - 1.43Qw[\mathrm{Nb}]_\% \tag{2-51}$$

上式中 $Q = W_{\mathrm{m}}/W_{\mathrm{s}}$，同时对于 Si 有

$$w[\mathrm{Si}]_\% = w[\mathrm{Si}]_\%^0 - 0.38w[\mathrm{Nb}]_\% \tag{2-52}$$

将式（2-51）和式（2-52）代入式（2-50）得

$$\mathrm{d}w[\mathrm{Nb}]_\%/\mathrm{d}t = D_{\mathrm{Nb}}/\delta_{\mathrm{Nb}}h_{\mathrm{m}}(\{w(\mathrm{Nb_2O_5})_\%^0 - 1.43Qw[\mathrm{Nb}]_\%\}^{1/2}K'^{1/4} \cdot$$
$$\{w[\mathrm{Si}]_\%^0 - 0.38w[\mathrm{Nb}]_\%\}^{5/4} - w[\mathrm{Nb}]_\%) \tag{2-53}$$

将式（2-53）积分可得到上述式（2-42）。

2.6.2　固-液反应动力学研究方法

在钢铁冶金中所涉及的固-液反应有铁的熔融还原、钢液和合金的凝固、废钢和铁合金的溶解、炉渣对耐火材料的侵蚀、石灰在炉渣中的溶解等。下面以碱性耐火材料在转炉渣中的溶解速度为例，介绍有关固-液反应动力学的研究方法。

研究耐火材料在熔渣中的溶解速度，通常采用旋转圆柱或圆盘法，其试验装置如图 2-63 所示。试验时，将耐火材料圆柱放入熔渣中旋转侵蚀一定时间后，取出圆柱测量其直径减少量。盛转炉渣的容器，在 1400℃ 以下时可用纯铁坩埚，在 1600℃ 时可用 MgO 坩埚。

固体耐火材料在熔渣中的溶解速度如果由传质步骤所控制，其溶解速度将随搅拌强度的增加而加快。用圆柱侵蚀后的半径随时间的减少（$-\mathrm{d}r/\mathrm{d}t$）表示溶速，用旋转圆柱的线速度（u）表示搅拌强度，则

$$u(\mathrm{cm/s}) = \pi dm/60$$

式中　　d——圆柱的平均直径，cm；

　　　　m——转速，r/min。

将 MgO，CaO 和白云石溶解试验得到的 $\lg V(\mathrm{d}r/\mathrm{d}t)$ 与 $\lg u$ 之间的关系用图 2-64 表示。由该图可知，圆柱的溶解速度与线速度的 n 次方成正比，即符合下式关系（A_0 为常数）：

$$-\mathrm{d}r/\mathrm{d}t = A_0 u^n \tag{2-54}$$

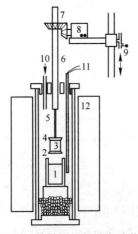

图 2-63　旋转圆柱侵蚀实验装置

1—渣；2—坩埚；3—耐火材料圆柱；4—盖（纯铁或石墨）
5—钼或铁棒；6—连杆；7—蜗轮；8—电机；9—提升手柄
10—Ar 气进口；11—热电偶；12—炭管炉

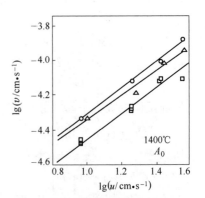

图 2-64　溶解速度 v 与圆柱
旋转线速度 u 的关系

○—白云石 $n = 0.74$；△—CaO $n = 0.69$；
□—MgO $n = 0.70$

式（2-54）中指数 n 与炉渣成分、耐火材料成分等因素有关。图 2-64 在渣 A[$w(CaO)=40\%$，$w(SiO_2)=40\%$，$w(\Sigma FeO)=20\%$]中试验得到：白云石圆柱 $n=0.74$，CaO 圆柱 $n=0.69$，MgO 圆柱 $n=0.70$。以上结果说明，三种材料在渣中的溶解速度的限制性环节均为固-液界面的传质。因此，三种材料的溶解速度可分别由以下方程式表示：

$$J_{MgO} = K_{MgO}(C_{SM} - C_{bM}) = K_{MgO}\Delta C_{MgO} \tag{2-55}$$

$$J_{CaO} = K_{CaO}(C_{SC} - C_{bC}) = K_{CaO}\Delta C_{CaO} \tag{2-56}$$

$$J_{白云石} = J_{MgO} + J_{CaO} = J_{CaO}(1 + J_{MgO}/J_{CaO}) = K_{CaO}(1 + J_{MgO}/J_{CaO})\Delta C_{CaO} \tag{2-57}$$

式（2-57）中

$$J_{MgO}/J_{CaO} = K_{MgO}\Delta C_{MgO}/K_{CaO}\Delta C_{CaO} = [Q \cdot w(MgO)_\%/A]/[Q \cdot w(CaO)_\%/A]$$
$$= w(MgO)_\%/w(CaO)_\% \tag{2-58}$$

将式（2-58）代入式（2-57）中得：

$$J_{白云石} = K_{CaO}[1 + w(MgO)_\%/w(CaO)_\%]\Delta C_{CaO} \quad w(CaO)_\% > w(MgO)_\% 时 \tag{2-59}$$

$$J_{白云石} = K_{MgO}[1 + w(CaO)_\%/w(MgO)_\%]\Delta C_{MgO} \quad w(MgO)_\% > w(CaO)_\% 时 \tag{2-60}$$

式中　　　　　　　　　J——传质通量，$g/(cm^2 \cdot s)$；

　　　　　　　　　　　K——传质系数；

　　　　　C_S，C_b——分别为耐火氧化物在渣中的饱和含量和实际含量；

$w(MgO)_\%$，$w(CaO)_\%$——分别为白云石中 MgO 和 CaO 的质量分数；

　　　　　　　　　　　Q——白云石总溶解量，g/s；

　　　　　　　　　　　A——圆柱表面积，cm^2；

　　　　　　　　　　ΔC——溶解驱动力，即 C_S 与 C_b 的浓度差。

以 dr/dt 表示溶解速度，式（2-55）~式（2-57）可变为

$$dr/dt = K(\rho_s/\rho_b \times 100)\Delta w(C)_\% \tag{2-61}$$

式中　ρ_s——炉渣密度，g/cm^3；

　　　ρ_b——圆柱试样密度，g/cm^3。

由试验可得到 dr/dt 和 $C_b\%$ 值，再由有关文献可查出 ρ_s、ρ_b、$C_S\%$ 值（如查不到可由试验测出），代入式（2-61）后可算出传质系数 K 值。K 值随温度升高和搅拌加强而变大。因而当温度升高时，圆柱的溶解速度加快（见图 2-65）；搅拌增加时，溶解速度也加快（见图 2-66）。这是由于 $K = D/\delta$，温度升高 D 增大，搅拌增强 δ 减小。

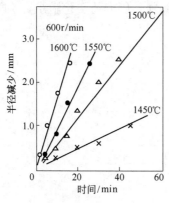

图 2-65　温度对 CaO 的溶解速度
的影响（在渣 A 中）

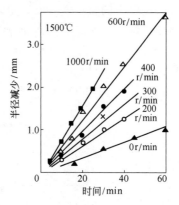

图 2-66　转速对 CaO 的溶解速度
的影响（在渣 A 中）

2.6.3　气-液反应动力学研究方法

钢铁冶金中的气-液反应，一般有钢液的吸氮、吸氢，氧气对钢中元素的氧化，碳氧反应，钢液与空气接触时的二次氧化和真空处理等。下面以测量液态铁被氧气氧化的速度为例，介绍高温下气-液反应动力学的研究方法。

研究液态铁的氧化速度时，可采用恒容法。恒容法的实验装置如图 2-67 所示。石英反应室的结构如图 2-68 所示。熔化设备为高频感应炉。用差压变送器测量系统总压力变化，电压信号送电子电位差计自动记录。用气相色谱仪分析气相成分。恒容法的特点是，实验系统的容积不变，但总压力改变，所测量的是某一压力下的瞬间溶解速度。

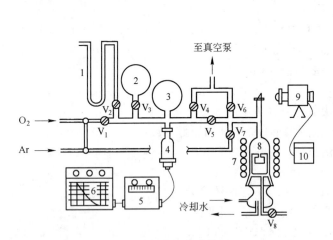

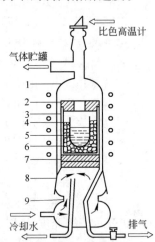

图 2-67　恒容法实验装置

1—水银压力计；2—参比气室；3—氧气储存室；4—薄膜压力计；
5—电桥控制器；6—记录仪；7—感应线圈；8—石英反应室；
9—高温计；10—温度记录仪；$V_1 \sim V_8$—真空阀

图 2-68　石英管反应室

1—石英反应室；2—氧化铝盖；3—石英坩埚；
4—MgO 坩埚；5—液态铁；6—泡沫氧化铝；
7—绝缘垫；8—锥形接头；9—耐热玻璃盖

实验时，将纯铁样品放入 MgO 坩埚内，然后向系统中通入纯氩，排除空气。试样在氩气气氛中熔化，当钢液达到预定温度时，将系统抽真空（60s 可达 0.13322Pa 真空度）。之后，即将恒压瓶中的氧气通入反应室内，并测定氧气总压力的变化。在实验时，纯铁液氧化过程中反应室内氧气压力的变化见图 2-69。

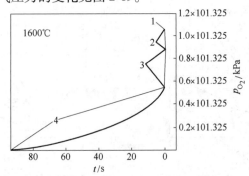

图 2-69　在氧化过程中反应室内氧气压力变化的一个例子

1—反应开始；2—氧气冲入真空室中压力降低；3—氧气与钢液迅速反应；4—表面产生氧化铁膜后的反应阶段

由图 2-69 可看出，液态铁的吸氧过程分两个明显不同的阶段。在液态铁与氧气接触阶段，发生 $2[Fe]+O_2 \rightleftharpoons 2(FeO)$ 的反应，并放出大量化学热，这个阶段时间极短，仅有零点几秒。当生成的 FeO 与液态铁中的溶解氧含量达到平衡时，FeO 不再溶解于铁液，而在液态铁表面生成氧化膜。如果氧气继续与铁液反应，则必须通过氧化膜，即进入 $O_2 \rightarrow$ 氧化膜 $\rightarrow$ 铁液的非均相反应阶段。对于铁液表面有氧化膜存在时，铁液吸收氧气的反应步骤如下：

（1）氧气在气相中扩散，吸附在氧化物表面，气体分子解离成原子，氧原子在靠气相侧迁移。

（2）氧原子在气-氧化物相界面附近进行界面反应。

（3）氧化物层内氧离子扩散，氧离子与金属在氧化物-铁液界面反应。

（4）氧原子在铁液相内扩散。

一般情况下，反应过程的总速率取决于其中最慢的一个环节的速率。当有氧化膜存在时，可认为氧原子在气-氧化物界面靠氧化物侧的扩散速率是反应的限制性环节，因而铁液吸氧速度方程为

$$- dn_0/dt = A \cdot K_L (C_0 - C_0') \tag{2-62}$$

式中　n_0——氧原子的摩尔数；

　　　K_L——传质系数，cm/s；

　　　A——反应界面积，cm^2；

C_0，C_0'——分别为氧化物相表面和氧化物相内的氧浓度，mol/cm^3。

假定在气-氧化物相界面上氧分子首先解离，氧气与氧化物之间处于平衡状态，则 $1/2O_2 = O$（氧化铁中）

$$K' = (C_0)/p_{O_2}^{1/2} \tag{2-63}$$

因为 $n_0 = 2n_{O_2}$，将式（2-62）和式（2-63）合并可得

$$- dn_0/dt = A \cdot K_L \cdot K' (1/2)(p_{O_2}^{1/2} - p_{O_2}'^{1/2}) \tag{2-64}$$

式中　p_{O_2}——实验中的氧分压（$10^{-1} \sim 10^{-3}$ MPa）；

　　　p_{O_2}'——与铁液平衡时液态氧化铁的氧分压（约 10^{-9} MPa），与 p_{O_2} 相比可忽略。

因为 $p_{O_2} \cdot V = n_{O_2} \cdot RT$，令 $K_m = (1/2)K_L \cdot K'$，式（2-64）可改写为

$$- dn_0/dt = K_m (ART/V) p_{O_2}^{1/2} \tag{2-65}$$

当 $t=0$ 时，$p_{O_2} = p_{O_2}^0$，将式（2-65）积分可得

$$2(p_{O_2}^{0 1/2} - p_{O_2}^{1/2}) = K_m (ART/V) \cdot t \tag{2-66}$$

将实验结果按式（2-66）的关系作图得到图 2-70 的结果。由该图可看出符合式（2-66）的关系，说明以上铁液吸氧的速率方程式符合实际情况，因而证明铁液通过氧化膜被氧化的速度限制性环节是氧原子在气-氧化物界面靠氧化物侧的扩散。图 2-70 中的斜率 K_m

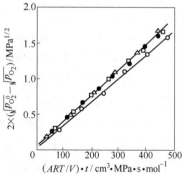

图 2-70　$2 \times (\sqrt{p_{O_2}^0} - \sqrt{p_{O_2}})$ 与 $(ART/V) \cdot t$ 的关系

No.	A/cm^2	$t/℃$
○ T-6	3.11	1553
△ T-12	3.23	1636
● P-1	4.05	1600
□ O-5	5.18	1600

代表了反应过程中铁液吸氧速率的大小。实验时，还可在铁液中添加不同的合金元素，以研究铁液中各种元素对铁液吸氧速度的影响。

2.6.4　气-固反应动力学研究方法

2.6.4.1　热天平法（减重法）

在钢铁冶金中所涉及的气-固反应中，人们研究最多的是铁矿石还原。研究气体还原铁矿石动力学的常用方法是热天平法。用该方法实验时，将矿球用铂丝悬挂在天平上，吊在高温炉内，在惰性气氛中升温至预定温度，通入恒压恒流量的还原气体进行还原。随着反应的进行，矿球的质量不断减少（因失氧），其值可从天平上读取。反应 t 时刻的矿球还原率 F 可由下式表示：

$$F = \frac{W_0 - W_t}{W_0[0.43w(\text{TFe}) - 0.112w(\text{FeO})]} = \frac{t \text{ 时刻矿球累计减重（失氧量，mg）}}{\text{矿球中总氧量（mg）}}$$

$$(2\text{-}67)$$

式中　W_0——试验前矿球的质量；

W_t——还原开始 t 分钟后矿球质量；

$w(\text{TFe})$——还原前矿球中总 Fe 质量分数；

$w(\text{FeO})$——还原前矿球中 FeO 质量分数。

根据矿球化学分析结果，矿球所含总氧量为 $W_0\Sigma w(\text{O})$，其中

$$\Sigma O = w(O_{Fe_2O_3}) + w(O_{FeO}) = [w(\text{TFe}) - 56/72 \cdot w(\text{FeO})] \times 48/112 + 16/72 \cdot w(\text{FeO})$$

$$= 0.43w(\text{TFe}) - 0.112w(\text{FeO})$$

2.6.4.2　气相成分分析法

除了热天平方法之外，还有气相分析法。气相分析法是使用红外线气体分析仪在线测量还原反应逸出的气体中组分（CO，CO_2）的浓度，并根据逸出气体的流量得到矿石样品的还原率 F。

$$F = (n_1 + n_2)/n_{\Sigma O} \tag{2-68}$$

式中　n_1——以 CO 形式逸出的氧摩尔数，$n_1 = \Sigma(1/22.4)f\{\varphi(\text{CO})_{\%}\}\Delta t$；

n_2——以 CO_2 形式逸出的氧摩尔数，$n_2 = \Sigma(1/22.4)f\{\varphi(\text{CO}_2)_{\%}\}\Delta t$；

f——逸出气体的流量。

2.6.4.3　固相化学分析法

固相分析法是在还原过程中取样做化学分析以确定还原率。热天平法测试简单、精度高，是研究气体（CO、H_2）还原铁矿石的动力学的常用方法，但对于还原反应外有失重的原料就不适用了，下面以含锌粉尘配碳球团中 Zn 的还原挥发动力学的研究为例，介绍固相分析法。

例：含锌粉尘配碳球团中氧化锌还原挥发动力学研究方法

（1）实验方法。将含锌粉尘（高炉尘或电炉尘）与转炉粉尘混匀，配入煤粉和结合剂，在圆盘造球机上造出直径 10mm 的球团，烘干后放入钼丝网袋中，吊在碳管炉内（炉内为氮气气氛，温度已升到预定值），达到预定时间后取出球团激冷，然后将球团粉碎进行化学分析。

以 H_{Zn} 表示锌挥发率，则

$$H_{Zn} = 1 - [w(Zn)_{\%} \cdot W]/[w(Zn)_{0\%} \cdot W_0]$$
$$= 1 - [还原球团中含 Zn 总量]/[生球团中含 Zn 总量] \qquad (2-69)$$

由于球团还原前后的（TFe）总质量不变，即

$$W_0 \cdot w(TFe)_{0\%} = W \cdot w(TFe)_{\%} \quad W/W_0 = w(TFe)_{0\%}/w(TFe)_{\%}$$

代入（2-69）式得

$$H_{Zn} = 1 - [w(Zn)_{\%} \cdot w(TFe)_{0\%}]/[w(Zn)_{0\%} \cdot w(TFe)_{\%}] \qquad (2-70)$$

式中 $w(Zn)_{0\%}$，$w(TFe)_{0\%}$——分别为生球团中 Zn 和 TFe 含量；

$\quad\quad\quad w(Zn)_{\%}$，$w(TFe)_{\%}$——分别为还原球团中 Zn 和 TFe 含量；

$\quad\quad\quad W_0$，W——分别为生球团和还原球团的质量，g。

因此通过分析球团还原前后的 $w(Zn)_{\%}$ 和 $w(TFe)_{\%}$，可计算出锌的挥发率 H_{Zn}。图 2-71 为实验得出的不同温度下 H_{Zn} 随时间的变化，可看出随温度升高，球团中锌的挥发速度明显加快。

（2）反应级数的确定。假定球团中氧化锌的还原速度为一级反应

$$- dZnO/dt = KC_{ZnO}$$

积分后得

$$- \ln(1 - f) = Kt$$

用 f（锌的还原率）代替 H_{Zn}（因 Zn 的沸点为 906℃，在实验温度下氧化锌还原后即挥发），可得到图 2-72，可看出球团中氧化锌的还原挥发速度符合一级反应的关系。

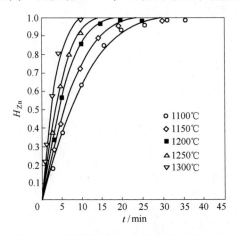

图 2-71 锌挥发率 H_{Zn} 与还原时间的关系

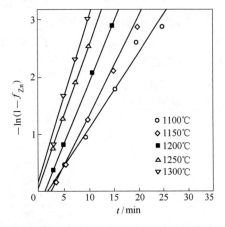

图 2-72 $-\ln(1-f_{Zn})$ 与还原时间的关系

（3）反应活化能。由图 2-72 中的直线斜率可求出不同温度下的反应速率常数 K，根据 Arrhenius 公式

$$K = K_0 \exp[- E/(RT)]$$
$$\ln K = \ln K_0 - (E/R)(1/T)$$

将 $\ln K$ 与 $1/T$ 作图，可得到图 2-73，由图中直线斜率可求出反应活化能 $E = 79.42$kJ/mol。

（4）氧化锌还原挥发的限制性环节的确定。

球团中氧化锌还原挥发的反应方程式为：

$$ZnO(s) + CO \Longrightarrow Zn(g) + CO_2 \quad (ZnO 的还原挥发反应)$$

$$C(s) + CO_2 \rule[0.5ex]{2em}{0.4pt} 2CO \qquad （碳的气化反应）$$

　　将不同碳含量的球团进行还原实验，结果如图 2-74 所示，可看出不同碳含量时球团中锌的挥发速度相同，因此可排除碳的气化反应为限制性环节的可能性。

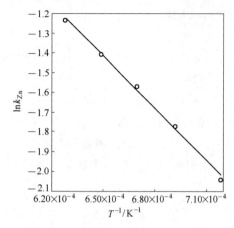

图 2-73　$\ln k_{Zn}$ 与 $1/T$ 的关系

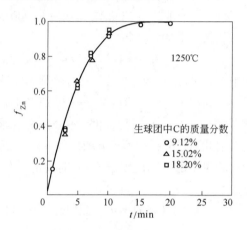

图 2-74　球团中不同 $w(C)_{\%}$ 时，
锌还原率 f_{Zn} 与还原时间的关系

　　颗粒气化收缩的气-固相反应模型如图 2-75 所示，由该模型可推导出：
气膜内气相扩散为限制性环节时：

$$t = K_1 [1 - (1 - f)^{2/3}] \tag{2-71}$$

界面化学反应为限制性环节：

$$t = K_2 [1 - (1 - f)^{1/3}] \tag{2-72}$$

式中　t——反应时间；
$\quad K_1$，K_2——常数；
$\quad\quad f$——锌还原率。

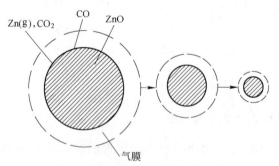

图 2-75　颗粒气化收缩的气-固相反应模型

　　将实验结果图 2-71（图中空心圆点）与式（2-72）表明的关系（图 2-71 中曲线）相比较，可看出二者符合得很好，说明球团中锌的还原挥发速度符合界面化学反应为限制性环节的关系。

　　根据上述实验分析：（1）温度对锌的还原挥发速度有显著影响；（2）实验结果与界面化学反应的关系式相符合；（3）实验得到的反应活化能 $E = 79.42 kJ/mol$，其数值较大，并与有关文献报道的 ZnO 还原反应活化能 83.60kJ/mol 相近。

因此可确定 ZnO 与 CO 的界面化学反应为球团中锌还原挥发速度的限制性环节。

2.7 高温冶金实验实例

在冶金、材料等领域的科学研究和技术开发应用中，常需要知道准确的温度参数，这就需要对温度进行测量。在众多的测温仪表中，使用最广泛的是热电高温计，而热电偶是热电高温计中最重要的敏感元件。利用热电偶进行测温具有结构简单、精度高、动态响应速度快、便于远距离操作及自动控制等优点。因此，热电偶是生产和科学研究中不可或缺的测温工具。

2.7.1 热电偶的检定

2.7.1.1 实验目的

热电偶（主要指铂铑热电偶）在使用一段时间后，其热电性能会发生变化，以致使热电偶指示失真，用这种热电偶测温所得的物理化学参数，缺之必要的准确性和可靠性。因此，当热电偶使用一段时间后，必须用标准热电偶对其进行检定，以确保其使用精度。

2.7.1.2 实验原理

对使用一段时间后的热电偶，在重新检定前，首先对其进行清洗和退火处理，以清除电极丝表面沾污的杂质，并清除电极丝内部的残余应力，从而确保热电偶的稳定性和准确性。

对热电偶的检定，通常采用比较法，即双极法。其原理是，将被分度的热电偶与标准热电偶的工作端捆扎在一起，置于检定炉内恒温区，冷端分别插入 0℃ 的恒温器中，在各检定点比较标准热电偶和被检定热电偶的热电势值（见图 2-76）。

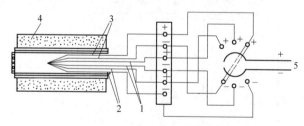

图 2-76 双极法分度线路示意图

1，2—被检定热电偶；3—标准热电偶；4—检定炉；5—接电位差计

被检定热电偶在各固定点上的热电势 $E_{t被}$ 可用下式表示：

$$E_{t被} = E_{t标} + \Delta E_t$$

式中　$E_{t标}$——标准热电偶在各固定点上的热电势；

　　　ΔE_t——各固定点上测得的被检定热电偶热电势算术平均值 $E_{t被,平}$ 与标准热电偶在各固定点上测得的热电势算术平均值 $E_{t标,平}$ 之差。

2.7.1.3　实验步骤

A　热电偶的焊接

热电偶的测量端通常采用焊接的方法形成，要求焊点要牢固，表面圆滑，具有金属光泽，无污染变质及裂纹，焊点要尽量小，约为热电极丝直径的两倍。焊接方法主要有以下两种：

（1）盐水焊接。焊接装置如图 2-77 所示。烧杯中盛有饱和氯化钠水溶液，热电偶作为电源的一极，用一段铂丝或其他导体放入盐水中作为另一极，焊接时将热电极与盐水稍接触起弧后迅速离开。焊接时，通过变压器调整输出电压，使电弧高温刚能将热电偶工作端熔化成小球。该方法设备极简单，操作方便，焊接端不易出现气孔和夹杂。

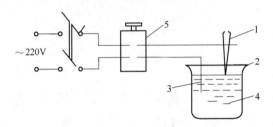

图 2-77　盐水焊接法

1—热电极；2—烧杯；3—铂丝；4—氯化钠水溶液；5—变压器

（2）直流氩弧焊。焊接装置如图 2-78 所示。直流氩弧焊机可用于焊接各种金属材料及不同规格的热电偶，尤其是一些怕氧化的金属材质热电偶，如钨铼热电偶。该焊机具有操作方便，焊接速度快，不沾污，没有任何气孔，焊点光亮美观等优点。

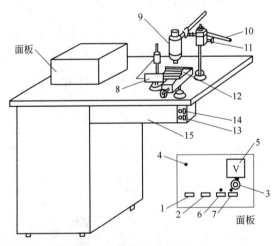

图 2-78　直流氩弧热电偶焊接机

1—AN$_1$-启动按键；2—AN$_2$-停止按键；3—RW$_1$ 点焊电压调节旋钮；4—电源指示灯；5—电压表；
6—长焊按键；7—短焊按键；8—防护架；9—焊枪；10—胶木手柄；11—升降手柄；
12—点焊热电偶卡具；13—AN$_3$-工作按键；14—预备按键；15—折斗扉

点焊机操作步骤如下：

1）将预备按键 14 置于"断"的位置。

2）将被焊热电偶卡在夹具上。

3）调好焊枪9与热电偶焊点之间距离。

4）将滤光镜放在电弧区前面，以保护眼睛。

5）按下启动按键1，此时指示灯4亮。

6）根据热电偶的粗细，调节电焊机电压旋钮3，一般细丝电压调到100V左右，按下长焊键6。

7）将预备按键14置于"通"的位置，将氩气流量计调至5L/min位置。

8）按下焊接控制键13，即可开始焊接，细丝焊接1s左右，粗丝5~7s，即可焊好。

9）焊接完后，按下停止键2。

B　热电偶的清洗

铂铑热电偶在检定前需进行清洗，以清除热电极表面沾污的杂质、有机物和部分氧化物。清洗分下面两步进行：

（1）酸洗。目的是除去热电偶表面的有机物。将热电偶丝绕成直径80mm左右的圆环，放入30%~50%化学纯的盐酸或硝酸溶液中浸渍1h或者煮沸15min，再放入纯水中煮沸数次消除酸性。

（2）硼砂洗。目的是去除热电偶表面的氧化物。将酸洗后的热电偶丝放在固定架上，调节变压器，将加热电流调至10.5~11.5A，温度为1100~1150℃。然后用硼砂块分别由热电偶丝上端慢慢接触丝，使硼砂熔化，沿丝流向下端，反复几次直到偶丝发亮，再缓冷至室温。清洗后的热电偶丝再放入纯水中煮沸数次，使丝上的硼砂彻底洗净。

C　热电偶的退火

适当的退火可消除热电偶丝中的应力，提高热电偶的稳定性，退火按以下两步进行：

（1）通电退火：将清洗后的热电偶丝悬挂在固定架上，通以10.5A的电流，在1100℃下退火1h。退火时要防止冷空气对流，电压的升降必须缓慢，否则失去退火意义。

（2）炉内退火：通电退火后，仍有少量残余应力，为此，将热电偶放在1m长的退火炉内进一步退火。退火炉均温区不小于500mm，温度在（1100±20）℃内，在炉内保温2h，以确保热电偶有良好的稳定性。

D　热电偶的检定（分度）

热电偶的检定（或分度），就是将热电偶置于若干给定温度下（一般为锌、锑、铜三个熔点温度附近），测定其热电势，并确定热电势与温度的关系。实验室常用的检定方法为双极法（比较法），检定步骤如下：

（1）将标准热电偶与被检定热电偶捆扎成束，置于炉子的恒温带中。

（2）将标准热电偶与被检定热电偶的冷端插在0℃的同一恒温器中，若冷端不能满足0℃，则需进行修正。

（3）检定温度在标准热电偶证书上所给定的三个固定点（锌、锑、铜三个熔点）温度附近进行，测量时炉内温度与固定点偏差不得超过±10℃。

（4）测量次序为：标准→被测1→被测2→被测3→被测3→被测2→被测1→标准。对每个温度测量次数不得少于4次，每测一次循环炉温波动不得大于1℃。

（5）测量完第一组数据后，再进行升温，待温度恒定后进行第二组数据测量。

（6）将数据一一记录，并按前面讲的公式进行处理，即 $E_{t被} = E_{t标} + \Delta E_t$。

2.7.1.4　实验报告要求

（1）阐明热电偶检定的目的及意义。

（2）简述热电偶检定的原理、方法及步骤。

（3）对被检定的热电偶进行数据处理，做出温度与毫伏值关系曲线，求出被检定热电偶与标准热电偶的偏差值 ΔE_t。

2.7.1.5　思考题

（1）分析实验过程中引起误差的各种因素。

（2）实验中应注意哪些问题？

（3）热电偶的测定原理是什么？

（4）实验室常用的热电偶有哪几种，各有什么优缺点，使用温度及气氛如何？

（5）如何检查单铂铑热电偶的老化，如何区分正负极？

2.7.2　电阻炉恒温带的测量

2.7.2.1　实验目的

（1）了解电阻炉的结构和加热原理，熟悉常见电热体、耐火材料等；

（2）掌握热电偶的测温原理、测温方法和常用热电偶材料；

（3）了解气体净化和真空获取的方法，学习高温炉内气氛的控制；

（4）了解电阻炉的制作，掌握电阻炉恒温带的测量。

2.7.2.2　实验设备

管式高温电阻炉、镍铬镍硅热电偶、数字毫伏表。

2.7.2.3　实验原理

一般称获得高温的设备统称为高温炉，现有冶金实验室中使用高温炉主要是用电加热，所以又称电炉。根据加热原理的不同，电炉又分为电阻炉、感应炉、电弧炉、电子束炉等，其中电阻炉在平时科研中用得比较多。电阻炉又分为管式炉、箱式炉（如马弗炉）等。实验室中多用的管式炉有着很多优点：温度分布规律，炉温容易控制和测量，炉体结构简单容易制作，炉膛容易密封，气氛容易调节控制。管式炉又可以分为立式管式炉和卧式管式炉，其结构基本一致，如图 2-79 所示。

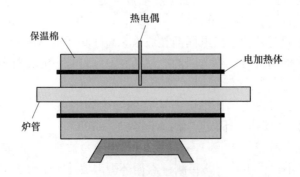

图 2-79　管式电阻炉基本结构

电阻炉是一个将电能转换成热能的装置，产生的热量可由焦耳热公式计算（焦耳热 $Q=I^2Rt$，I 为通入电热体的电流，R 为电热体的电阻，t 为通电时间）。它的结构主要由电热体、炉管、保温材料和热电偶等构成。

（1）电热体：电热体是具有一定电阻的导体，在通电的情况下用来将电能转换成热能。不同的电热体耐受的温度不同，为了可达到需要的实验温度就要合理地选用不同的电热体。电热体一般分为金属（如钼丝、铂铑丝、镍铬合金丝、铁铬铝合金丝等）和非金属（硅碳电热体、硅钼电热体、石墨等）两大类。

（2）炉管：在高温炉中，炉管主要用于放置试料，炉管（常用的有刚玉管、石墨制品和石英管等）是一种耐火材料，要求耐火度高、结构致密、高温条件下强度好、无明显挥发、不与炉内工作气体发生反应。

（3）保温材料：电炉的温度取决于炉子的供热和散热，因此炉体采用保温材料（如黏土砖、高铝砖、高铝纤维棉、石棉等）是减少热量损失是重要措施。它们需要导温系数小、气孔率大，并且具有一定的耐火度。

（4）热电偶：热电偶用来测量炉温，通过炉体控温系统控制设定的温度。在冶金高温实验中，准确的温度测量和控制是必不可少的。测量的温度主要有两种：一种是接触式测温，如热电偶（利用热电势值随着温度变化的定量关系）和指针温度计（利用气体、液体或固体受温度的影响而发生热胀冷缩的现象），接触式测温的温度传感元件要放置在待测的温度场中或者紧靠着需要测量的物体；另一种是非接触式测温，如光学高温计和红外测温仪，利用被测物体的热辐射或辐射光谱分布随温度的变化来测量物体的温度。

2.7.2.4　实验方法与步骤

为了确定炉子的轴向温度分布，在炉子制成后一定要测定炉子的温度分布情况。

（1）检查实验室水电安全，打开实验室通风设施，确保实验环境安全友好，无安全隐患，做好实验记录。

（2）打开管式高温电阻炉的冷却循环水，确保炉体安全工作；打开电阻炉电源开关，设定炉体工作温度为900℃，电阻炉自动恒温在设定温度附近。

（3）待炉体达到设定温度并稳定运行一段时间后，开始测量该电阻炉的温度分布。

（4）准备一根足够长的镍铬镍硅热电偶，在热电偶上做好刻度标识（5~10mm 做一个标记点）以备测量使用。将热电偶的两端与数字毫伏计连接，检查热电偶是否工作正常。

（5）将测量使用的热电偶从炉口一侧插入到电阻炉的炉膛中央处，等到数字毫伏表读数稳定后，记录下此时的插入深度 X 和热电偶的热电势数值。根据热电偶的分度表，查出此热电势值所对应的温度值 T。然后按照热电偶上的刻度标识往炉口移动测量，直至测量温度降低 10~20℃。将热电偶从炉口另一侧插入到电阻炉的炉膛中央处，按照上述方法测量另一边的炉温分布。

（6）把热电偶测量温度 T 与相应炉膛深度 X 数据绘制成 T-X 图，这就是温度分布曲线，从中找出恒温带的位置与大小。所谓炉子的恒温带是指具有一定恒温精度的加热带长度。因此在得出炉恒温带的同时，还要指出炉子的工作温度与恒温精度。

（7）整理实验台和实验设备，关闭电源，打扫实验室并锁好门窗。

2.7.2.5　实验数据记录与分析

热电偶测量温度 $T(℃)$ 与相应炉膛深度 $X(cm)$，见表 2-12。

表 2-12　热电偶测量温度 $T(℃)$ 与相应炉膛深度 $X(cm)$

设定温度 $SV/℃$					
炉膛温度 $PV/℃$					……
炉膛深度 X/cm					……
热电动势/mV					……
热电偶测量温度 $T/℃$					……

画出热电偶测量的炉膛温度 $T(℃)$ 与相应炉膛深度 $X(cm)$ 的分布曲线图，并指出该电阻炉的恒温带。实验中电阻炉的设定工作温度为：_____，恒温带的恒温精度与恒温带的长度有关，恒温带越短精度越高，恒温带要满足实验的具体要求。测试得到高温炉恒温带的位置为：_____，恒温带的温度范围为：_____，恒温带温度的平均值为：_____，温度偏差 Δt 为 _____。同理，还可以指出其他恒温精度的恒温带。

2.7.2.6　思考题

（1）常用的电热体和耐火材料有哪些？
（2）实验室中常用来获取高温的设备有哪些？
（3）简述热电偶的测温原理？

2.7.2.7　实验注意事项

（1）高温实验室注意用电和用水安全，注意避免高温烫伤。
（2）惰性气体使用时，注意室内通风，时刻关注室内氧分压的数值。
（3）高温高压实验，注意高压设备的检查，确保实验安全进行。

2.7.3　真空感应炼钢测温

2.7.3.1　实验目的

（1）了解真空感应炉的主体结构，熟悉感应炉的气路、水路和电路；学习真空感应炉的工作原理，了解设备各部分的主要用途。

（2）观察实验过程中钢的熔化过程和钢液的流动情况，掌握涡流、电磁搅拌产生的原理及对冶炼的影响。

（3）研究感应炉测温和控温方式，学习使用测温仪进行测温。

（4）学习感应炉所用耐火材料，学习并操作捣打实验所用坩埚，并使用感应炉熔炼金属材料。

（5）了解感应炉在工业生产中的应用，掌握炼钢过程中配料的计算方法，学习感应炉炼钢过程中的真空加料、真空取样和真空浇筑过程。

2.7.3.2　实验设备

设备：国产 2kg 真空感应炉、双光束比色红外测温枪、铂铑热电偶。
耗材和试剂：氩气若干、氧化镁坩埚、镁砂若干、玻璃丝布若干、钢块、精炼剂。

2.7.3.3 实验原理

感应加热是利用电磁感应产生电流进而加热的一种方法，可用来精炼金属（如脱除杂质或金属合金化）、热处理和锻造等。感应熔炼主要包括真空感应炉熔炼、悬浮熔炼和冷坩埚熔炼。

真空是熔炼过程中防止氧化和脱气的重要手段。例如在真空条件下炼钢，钢中的 O、N、H 等元素很容易被真空脱除，其在钢中的含量远低于常压熔炼，同时对于在熔炼温度下蒸气压相对较低的易挥发元素（如铜、锡、铅、砷、锑、铋、锌等）也可通过真空去除。而合金中需要加入的一些元素（如铝、钛、硼、锆等）在真空条件下更易于控制。因此真空熔炼可提高金属材料的性能（如韧性、抗疲劳强度和耐腐蚀性等）。

A 感应加热原理

如图 2-80 所示，当感应炉线圈中通入频率变化的交变电流时，在线圈中间会产生一个交变的磁场，导电的炉料在交变磁场的作用下产生感应电流（因呈漩涡状，又称涡流）。炉料本身具有一定的电阻，根据焦耳楞次定律，涡流发热（焦耳热）熔化金属。感应炉根据交变电流的频率又可以分为工频感应炉、中频感应炉和高频感应炉。

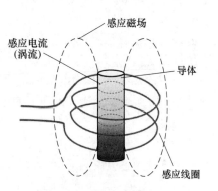

图 2-80 感应加热原理图

B 真空感应炉的结构

现以本高温实验室内国产 2kg 真空感应炉为例，简单介绍感应炉的主体结构（见图 2-81）。

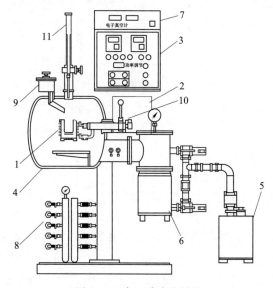

图 2-81 真空感应炉结构

1—线圈（坩埚）；2—中频发生器；3—电源控制柜；4—炉盖；5—前置机械泵；6—高真空分子泵；
7—电子真空计；8—冷却循环水分水器；9—加料接口；10—倾动装置（转动电极）；11—测温装置

（1）感应线圈：一般感应炉的线圈是由紫铜管（纯度较高的铜材质）制成的，线圈表面经过绝缘材料喷涂处理，防止线圈在工作过程中发生真空放电现象。一般大功率的线圈为中空管材，工作时通入冷却水防止线圈烧坏。

（2）中频发生器：主要作用是将工业用电的频率转换成熔炼需要的中频或高频电流。

（3）电源控制柜：主要通过控制熔炼时的电流功率而控制加热的快慢，同时可以监测水温和控制真空系统，甚至可以达到一定程度的智能化加热熔炼。

（4）炉盖：是为熔炼过程提供真空脱气和气氛保护的重要部分，同时也起到了一定的保温隔热，改善实验环境和提高实验安全的作用。实验用真空感应电炉的炉盖是双层不锈钢容器，中间通入冷却水保证炉盖的稳定运行，在炉盖上有加料和测温接口、转轴和转动电极等部件。

（5）真空机组和气氛调节：本实验所用设备配置了一台前置机械泵和一台高真空分子泵。另外炉体上还有一个充气阀，可以使惰性气体或反应气通入炉体内以调节所需的低真空度气氛，工作时最大充气压强不应超过 0.07MPa。

（6）真空测量：本实验设备使用皮拉尼电阻规、热阴极电离规两用数显真空计来测量炉内真空度。

（7）冷却循环水：用于冷却感应线圈、炉盖、真空机组、电源控制柜等部件的重要装置，是真空熔炼安全操作的重要手段，循环水机内应使用含有钙镁离子较少的软水。

（8）加料接口：在真空熔炼过程中添加各种脱除剂或合金化元素的加料器。

（9）转动电极：转动电极是一个可以转动并导电的同心密封装置，在真空熔炼和真空倾转浇筑时为感应线圈通电和通冷却水。

（10）坩埚：熔炼金属的容器，是由耐火材料制成，可以根据金属的性质去选择坩埚材料和确定制造坩埚的工艺。

（11）锭模：用来真空浇筑时的模具，锭模的材质和尺寸，一般都是根据不同的使用要求来确定的。在炉盖的底部有进出导管接头，可以接冷却循环水和通电，实现铸锭模加热和冷却。

（12）观察视窗：用来可以视察熔室内的熔炼情况，镜片为石英玻璃。

（13）测温装置：在炉盖上可连接一个测温热电偶。当需要测温时，装上热电偶和保护管（可以选用石英、Al_2O_3 等材质）。注意使用时热电偶保护管需离液面 10~20mm 时停止一段时间，烤热保护管到 700℃ 左右再向下开始测温，以免保护管炸裂。也可以使用红外辐射温度计通过视察窗测量温度。

C　真空感应熔炼过程的电磁搅拌作用

坩埚中的熔融金属在感应圈产生的交变磁场中，由于集肤效应在熔体表面产生涡流（感应电流），涡流的方向和感应线圈内的电流方向相反，产生相互的排斥作用。熔融金属受到的排斥力指向坩埚的轴线方向，熔融金属被排斥力推向坩埚的中心。由于感应线圈产生的磁场分布两头的强度低于中间的强度，产生涡流的大小也是两头的低于中间的，所以线圈中间的排斥力较大。在这种力的作用下，熔融的金属液首先从外向坩埚轴线运动，到中心后分别向上下运动，不断的循环下去，形成熔融金属的激烈运动，这就是电磁搅拌现象（见图 2-82）。实际实验时可以清除看到金属液在坩埚中心向上隆起，上下翻腾。电磁搅拌可以加速熔炼过程中的物理和化学反应速度，使被熔融金属液的成分更加均匀，让坩埚内的熔融金属液温度趋于一致，有利于坩埚深处的气泡翻到液面上，减少合金内的气体夹杂含量。但由于猛烈搅拌也增强了金属液对坩埚壁的机械冲刷，降低了坩埚寿命，加速坩埚耐火材料在高温下的分解，对熔融合金造成了一定的再次污染。

2.7.3.4 实验步骤

（1）开炉前应对设备进行全面详细的检查，如炉体、电器开关、机械、水冷、测温、气路、真空、锭模等，重点应检查感应圈绝缘情况，水冷系统是否正常。

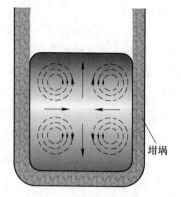

（2）准备镁砂，捣制并烘干坩埚。坩埚底部高度必须在感应线圈最底匝以上，坩埚底部和边缘与线圈接触处注意打结结实，防止产生空隙；应详细检查打结坩埚所用镁砂，减少镁砂杂质，严格杜绝镁砂中含金属颗粒、石墨碎块等能被感应加热的杂质。

线圈与坩埚之间靠线圈内壁要铺一层玻璃丝布或石棉纸板，可以起到保护线圈和防止填料漏出的作用。在线圈和坩埚之间还需要填入镁砂或其他耐火材料，一是避免线

图 2-82　感应炉电磁搅拌
钢液运动示意图

圈碰着导电性坩埚（如石墨坩埚等）造成短路，二是减少线圈受坩埚的热辐射造成线圈损坏，三是可以减少热量散失，起到保温隔热的作用。

（3）称量一定质量钢块和其他熔炼材料，加入坩埚中，关闭感应炉炉盖，熔炼材料在使用前应除锈并烘干去除水分，大小应合适均匀。装料的原则是：下紧上松，合理布料，防止架桥。

（4）打开冷却循环水，控制循环水流量和压力，监控水温巡检的温度。打开设备真空系统，将炉体抽到满足实验要求的真空度。

（5）打开中频发生电源，通电开始熔化钢块，逐步加大感应炉功率（每隔10min升高2kW），注意升温速率不要太快，保证炉料预热充分、避免局部过热，防止坩埚发生热裂。特别当炉料接近熔化时，应尽量保持一定的加热功率，缓慢升温，使炉料中的气体能够充分排出，可以有效地避免钢液飞溅。如果发生因加热速率过大而导致的钢液飞溅时，应及时降低功率，适当降温，必要时可关闭真空系统，充入适量的氩气等保护气体。

（6）使用红外枪（或热电偶）测量坩埚内钢的温度，记录感应炉不同功率下对应的坩埚内钢的温度，并作图。

（7）精炼过程主要完成脱气、去除有害杂质、调节温度、合金化等任务。当炉料熔化完全后。可向坩埚中加入适量的脱氧剂，并在真空条件下保温10min左右。

（8）脱氧后可进行合金化操作，转动炉体上的五格加料器，可以实现在真空熔炼过程中添加各种脱除剂或合金化材料，加料器是真空密封的，在炉体抽真空之前，把要添加的试剂预先放在加料器中，然后把料斗对准坩埚口，转动加料器手轮，试剂便从小孔顺着料斗滚落到坩埚口内，加料时注意避免发生钢液喷溅，然后将加料器手动复位。

金属 Ni、Cr、Mo、V 等可以在熔炼前或熔化过程中加入，活泼金属应在脱氧后加入，如 Al、Ti、Zr、Ce、Be 等。Al、Ti、Zr 等应在低温结膜后（温度一般在 1420～1450℃）加入，以防止喷溅和挥发损失。蒸汽压高且易挥发的金属如 Mn、Mg、Ca 等应在浇筑前在一定压力的氩气保护下加入，避免烧损严重。高温加料时注意实验安全，避免金属剧烈喷溅。合金料加入后应加大设备功率，保证合金熔化速率、成分均匀。

（9）锭模应放在感应线圈的前面，前后左右的位置和高度一定要合适，使得浇铸的钢

液正好流入锭模中心为宜。然后倾转把手，坩埚内的钢液倒入锭模中，完成浇铸出钢。在浇注前，先将功率调大，利用电磁搅拌现象使温度和成分更加均匀，并把钢液上面的浮渣推向坩埚壁，熔池中间部分此时呈镜面状。左右倾动坩埚几次，使坩埚壁附近的浮渣可以粘在坩埚壁上，然后降低到一定的功率保温。浇注时应一直保持线圈通电，带电浇注可以让浮渣一直推向坩埚后面，避免流入到锭模中，并且保持钢液浇筑温度稳定，减少钢液在坩埚口过早凝结。一般钢液的浇注温度比钢种的熔点高 40~80℃，对于流动性好的钢种可以选择下限，流动性差的钢种选择上限。

（10）熔炼完成后，将感应炉功率调到最低并关闭线圈电源。继续通入冷却循环水，至炉体冷却至室温，然后关闭冷却水开关。关闭设备总电源，检查设备和实验室，并打扫好卫生，锁好门窗。

2.7.3.5　数据记录及分析

数据记录在表 2-13 和表 2-14 中。

表 2-13　真空感应炼钢加料表

日期：　　　　炉号：　　　　原料装入量：　　　　浇筑温度：

加入原料	钢	Al	Ti	Mn	…
规格					
加入量					
原料主要成分含量					
钢					
Al					
Ti					
Mn					
⋮					

表 2-14　加热功率和温度

加热时间/min	0	5	10	15	20	25	30
感应炉功率/kW	0						
坩埚内温度/℃	室温						
原料状态	固态						

画出感应炉功率 $P(kW)$ 与加热温度 $T(℃)$ 图。

2.7.3.6　思考题

（1）感应炉的加热原理是什么？

（2）电磁搅拌作用的原理及优缺点？

（3）真空浇筑钢锭缩孔是怎样产生的？

（4）装料的原则是什么、合金化加料时应注意什么问题？

2.7.4 铁矿石间接还原实验

2.7.4.1 实验目的

高炉炼铁是钢铁冶炼工艺过程的重要环节，铁矿石是炼铁生产工序过程使用的含铁原料，主要包括烧结矿、球团矿和块矿等三种类型，其中烧结矿和球团矿为人造块矿，块矿为天然矿。铁矿石中的含铁矿物主要是铁氧化物。在高炉炼铁生产中，铁矿石的还原即铁氧化物还原成金属铁的过程，是高炉冶炼要完成的最基本任务。

铁矿石在高炉内的还原包括两个还原过程，分别为间接还原和直接还原。其中间接还原是指是以气体即 CO 或 H_2 为还原剂，还原产物为 CO_2 或 H_2O 的还原过程；而直接还原是指以固体 C 为还原剂，还原产物为 CO 的还原过程。铁矿石的还原即铁氧化物的还原，是由高价氧化物还原到低价氧化物，最终还原到金属铁的化学反应。铁氧化物间接还原反应的化学热力学方程式：

$$3Fe_2O_3 + CO(H_2) \Longrightarrow 2Fe_3O_4 + CO_2(H_2O)$$
$$Fe_3O_4 + CO(H_2) \Longrightarrow 3FeO + CO_2(H_2O)$$
$$FeO + CO(H_2) \Longrightarrow Fe + CO_2(H_2O)$$

间接还原是高炉中上部最主要的化学反应，发展间接还原，既可以使得铁氧化物还原，又可以充分利用高炉下部燃料燃烧产生的上升的煤气流中的 CO，是能量的再利用过程，对于改善高炉冶炼过程的能量利用，降低焦比及燃料消耗，对于节能降耗具有重要的意义。

所谓铁矿石的还原度，是指铁矿石中的氧化铁被 $CO(H_2)$ 还原的难易程度的一个量度。高炉工作者力求铁矿石具有良好的还原性，间接还原度高，其既是铁矿石的质量指标，也是铁矿石的冶金性能指标。因此需要通过实验鉴定铁矿石的还原性。还原性是评价铁矿石冶炼价值的重要指标。

本实验的目的在于使学生进一步理解铁矿石还原性是评价铁矿石冶炼价值的重要指标，掌握实验的检测原理和设备的操作方法，并通过实验动手操作对铁矿石的还原性能验证，巩固所学冶金过程热力学、动力学、传输原理、矿物学等专业基础知识，并运用所学知识，对影响铁矿石还原性能的相关因素进行分析讨论，提高动手能力及理论联系实践的水平。

2.7.4.2 实验检测原理和设备

铁矿石的还原过程即铁氧化物的失氧过程，因此本实验采用热天平减重法检测，其检测原理为：在 900℃ 条件下，将放置 500g 铁矿石反应管悬挂于电子天平下，通入还原气体 CO 或 H_2，铁氧化物中的氧与还原气体发生反应，生成 CO_2 或 H_2O 而排出反应管外，铁矿石因失氧而重量逐渐减轻；这样便可计算出各时刻的相对还原度；从而画出还原度随时间变化的还原曲线。

本实验目前国际采用 ISO 7215、ISO 4695 标准的实验方法，国内参照国际标准，制定了国家标准，标准方法为 GB/T 13241。实验装置见图 2-83。

2.7.4.3 实验步骤

铁矿石（烧结矿或球团矿或天然块矿）样品在 105℃烘干 120min，以除去水分，矿样

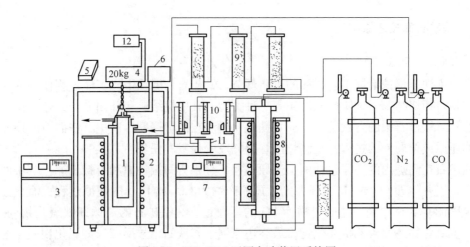

图 2-83 ISO 7215 还原实验装置系统图

1—反应管；2—还原炉；3—温控仪；4—电子天平；5—记录仪；6—数显温度计；

7—温控仪；8—转化炉；9—清洗塔；10—流量计；11—混气缸；12—计算机

质量为 500g，粒度为 10~12.5mm，为保证粒度，需用 10~12.5mm 的筛子过筛。

还原反应管用耐热钢制造，内径 75mm，中部有带孔隔板，隔板上放式样，隔板下放高铝球，用于预热还原气体。

装好试样的反应管吊在天平下面，置于电炉中，电炉内径 130mm，用铁铬铝电炉丝绕在高铝螺纹炉管上。电炉靠可控硅温控电源供电，可自动升温、恒温。

升温时，开始向反应管内通入 5L/min 的干燥的氮气，以保护样品。2h 之内由室温升至 900℃，保温 30min，然后再通入还原气。标准实验还原气体由 CO 体积分数 30% 加上 N_2 体积分数 70%组成，流量为 15L/min。非标准实验或创新还原实验，也可通入一定数量的氢气 H_2。实验通气前，验证电子天平的灵敏度并归零，通气后要调整好气体的流量，通过计算机与电子天平数据连线，记录试样重量的变化。还原 180min 以后，停止通还原气体，将试样在 N_2 保护下冷却至室温，作为以后的软化和融滴实验的样品。

还原度用下式计算：

$$RI = \left(\frac{0.111B}{0.430A} + \frac{m_1 - m_t}{m_0 \times 0.430A} \right) \times 100\%$$

式中 RI——还原度；

m_0——装入反应管内的试样重量，g；

m_1——装入放应管后升温至 900℃保温 30min 时（还原前）试样的重量，g；

m_t——还原到 t min 时试样重量，g；

A——还原前试样全铁含量，$w(Fe)$,%；

B——还原前试样中 FeO 含量，$w(FeO)$,%。

实验应做两次，最终得到的数据，对于烧结矿，两次相差不应超过 5%，对于球团矿不应超过 3%，如超过需要再做两次，如仍超过允许误差，则将四次平均。

2.7.4.4 实验报告

学生做完实验，需要整理数据计算还原度，并画出还原度与还原时间关系的还原曲线图（见图 2-84），并分析影响还原的因素。

实验报告要求：

（1）实验目的。

（2）实验原理及设备。

（3）实验步骤。

（4）实验结果及绘制还原度与还原时间关系的还原曲线图。

（5）分析影响还原过程的因素。

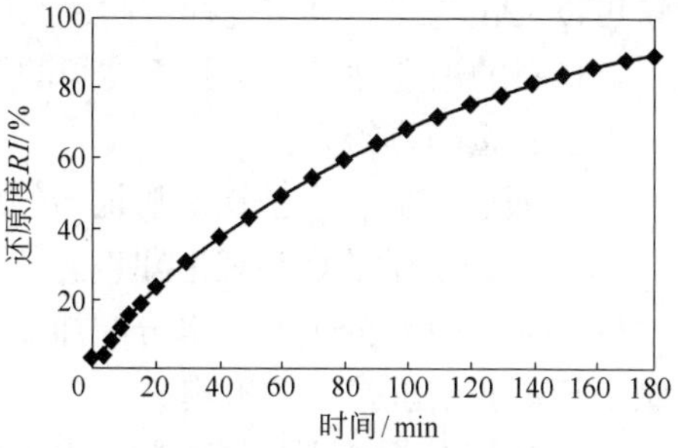

图 2-84　还原度曲线

2.7.4.5　附录

气体的制备与净化：

铁矿石还原实验涉及使用气体有：CO、H_2 和 N_2。

CO、H_2 和 N_2 均有气体厂家生产灌装的高压瓶装气，可购买并配置减压阀使用。高压瓶装气规格为 40L，充装压力 15MPa，可压缩储存气量 $6m^3$。

氮气按纯度有普通纯度氮气，高纯度氮气之分，实验常用普氮，普氮含氮体积分数为 99.9%，高纯氮体积分数为 99.999%。氮气经过脱水就可使用。脱水处理一般用硅胶或用 $Ca(OH)_2$ 作吸水剂。有时也用浓硫酸脱水。

一氧化碳 CO 气体也可使用自制煤气发生装置生成气体用于实验。

CO 的制备方法有两种：一种方法是用硫酸作用于甲酸，反应式如下：

$$HCOOH + H_2SO_4 =\!=\!= CO + H_2SO_4 + H_2O$$

另一种方法是用二氧化碳与炽热的碳元素发生的碳素熔损反应，反应式如下：

$$CO_2 + C =\!=\!= 2CO$$

碳素可选用木炭或焦炭，将块状木炭装入管式电炉内，升温到 1000℃，或将焦炭装入高温管式炉内的高温反应管，升温到 1250℃，通入 CO_2，即按上式进行反应，通入的 CO_2 气体与相应的碳素发生化学反应，转化生成 CO 气体。

比较这两种方法。第一种方法得到纯 CO，但成本较高；第二种方法价廉，但 CO 纯度不足，可能混有未反应完全的 CO_2 和挥发分中残存的 H_2。CO 气体一般要经过净化处理，采用氢氧化钾溶液或钠石灰，吸收其中的 CO_2，用浓硫酸或氢氧化钙等脱水。

2.7.5　铁矿粉烧结实验

2.7.5.1　实验目的

高炉炼铁对含铁原料的要求是：品位高、有害杂质少、还原性好、高温性能优良、强度高、粒度适宜、化学成分稳定均匀。铁矿粉烧结是目前铁矿粉造块的主要方法，它不仅可以将粉矿进行造块供高炉炼铁使用，而且通过造块改善铁矿石的冶炼性能，使高炉冶炼获得良好的效果。我国铁矿石多为贫矿和复合矿，必须进行矿石的细磨选矿，细磨后铁矿粉必须进行造块才可以被高炉使用。铁矿石烧结技术是目前世界上产量最大、应用最广、效率最高的成熟铁矿粉造块方法之一。

同时，铁矿粉烧结可以利用大量的含铁废弃物，如硫酸渣、轧钢皮、高炉尘、转炉尘、金属加工切屑等，可将这些含铁废物加工成炼铁的优质原料，做到废物的循环利用。

烧结过程中可以去除大量的钢铁中的有害元素，如 S、As、Zn、K、Na 等，同时有益元素可以回收利用。烧结过程是制造新的矿物的过程，新的矿物组成和矿物结构，还可以改善铁矿石的冶金性能，有利于高炉的炼铁生产。

本项实验的目的为：

（1）通过实验，掌握铁矿粉烧结的原理和方法，了解烧结矿在冶金生产中的作用。

（2）巩固所学的烧结理论知识。

（3）观察燃料配加量、水分配加量、烧结矿碱度、烧结负压、料层高度等工艺参数对烧结矿产量和质量指标的影响。

（4）培养分析整理数据、撰写报告的能力。

2.7.5.2　烧结原理

现代烧结生产是抽风烧结过程，即将铁矿粉、熔剂、燃料、代用品及返矿按一定比例配成烧结混合料，添加适量的水分，经过混合和制粒后铺到烧结机台车上，在一定负压下点火，在强制抽风的作用下，料层内的燃料自上至下燃烧，产生热量，混合料在高温作用下发生一系列的物理、化学变化，部分散料熔化生成液相，冷却后粘结周围物料，最终固结生成烧结矿。烧结是液相黏结的固结过程。

本实验同样采用抽风法进行烧结，在烧结过程中，烧结料层从上到下可分为烧结矿带、燃烧带、预热带、干燥带和湿料带五个带。正在烧结的那一层称为燃烧带，其次为预热带，其下部为干燥带，在这里水分蒸发，又在下层冷凝，形成过湿带。燃烧带上面是烧好的烧结矿带，或称为冷却带。各带的温度有显著区别，见图2-85。烧结过程是一个复杂的物理化学反应过程，存在着气-固-液三相反应，包括水分的蒸发与凝结、燃料的燃烧、碳酸盐的分解、铁氧化物的还原及氧化、硫的氧化等反应。从矿物学来看，包括固相反应—液相生成—冷凝固结的过程。烧结的特点是这些反应都是在短时间内完成的。

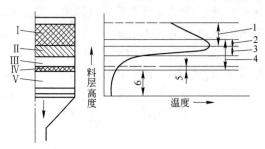

图 2-85　烧结过程示意图

Ⅰ—烧结矿层；Ⅱ—燃烧带；Ⅲ—预热层；Ⅳ—干燥带层；Ⅴ—湿料带；

1—冷却，再氧化；2—冷却，再结晶；3—固体碳燃烧液相形式；

4—固相反应氧化，还原分解；5—干燥升温，水分蒸发；6—水分冷凝

因此，烧结过程是一个复杂的成矿过程，其基本过程原理是以物理化学、传输原理、结晶矿物学为理论基础。运用物理化学（热力学、动力学）研究烧结过程中固体燃料的燃烧、结晶水及碳酸盐分解、铁矿物的氧化还原、水分的蒸发和冷凝等基本反应规律；运用传输原理（流体力学、传热学）研究烧结过程的气体运动规律、料层透气性和影响因素，分析料层的温度分布规律、蓄热现象等热量传输规律；运用结晶矿物学和物理化学研究烧结过程的固相反应、液相生成、冷凝固结的成矿过程规律。

在烧结过程中，炉箅条下废气温度和抽风负压（真空度）的变化情况见图2-86，该曲线表明了烧结过程中，废气温度和抽风负压的变化规律。

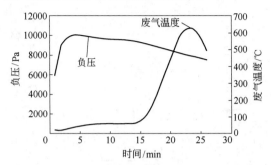

图 2-86　烧结废气温度与负压随时间变化图

2.7.5.3　实验设备

烧结实验一般采用间歇式烧结杯来完成，烧结方法为抽风烧结。国内外的烧结实验设备形状、大小没有统一的规格，我国的烧结实验烧结杯为圆形。一般有 $\phi150mm$、$\phi200mm$、$\phi300mm$ 等几种规格。本次实验使用的烧结杯为 $\phi200mm$，高700mm，原料用量为40kg。烧结实验装置见图2-87。

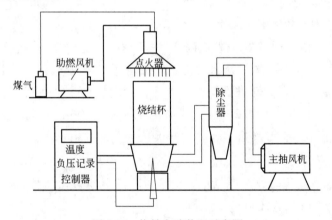

图 2-87　烧结实验装置示意图

烧结实验的其他主要设备还包括 $\phi600mm×1000mm$ 圆筒混料机一台，用于烧结混合料的混匀和制粒；烧结矿性能检验装置主要包括落下筛分装置及转鼓。

2.7.5.4　实验方法及实验步骤

烧结实验方法框图见图2-88。

具体实验步骤如下：

（1）配料：根据已知的原料化学成分、烧结矿碱度、燃料配加量等数据，进行配料计算，根据配料计算结果，准确称取相应的原料。

（2）混料：各种原料称量完毕后，装入圆筒混料机，盖好端板，进行混料。混料分两步进行。首先是一次混料，一次混料的目的是混匀及加水润湿。通过调整变频调速器的频率，设定圆筒混料机转速为19r/min进行混料，时间为（2+2）min。首先进行不加水的干

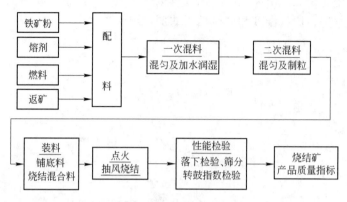

图 2-88　烧结实验方法框图

混 2min，然后加入适量的水，再进行 2min 的混匀。然后进行二次混料，二次混料的目的是制粒造球，设定圆筒混料机转速为 17r/min 进行混料，时间为 3r/min。混料完毕，取 100g 混合料进行水分测定。

（3）装料：在烧结杯下部首先加入 3kg 10～15mm 的烧结矿作为铺底料，以保护烧结杯炉箅子，测量料面高度记做 H_1。将经过二次混料机制粒的烧结混合料进行称重，然后采用多点加入法加到烧结杯中，无压实，记录装入的混合料重量，记做 G_0。装好后，测定料面到烧结杯口的高度，记做 H_2。料层高度 $H = H_1 - H_2$。

（4）点火烧结：检查煤气，开启助燃空气控制器，准备计时。开启煤气，点火，调整温度为 1050℃后，将点火器推到烧结杯上面，同时启动主抽风机、计时，烧结开始。调整点火抽风负压到 6000～8000Pa，点火时间 1.5min。点火完毕，移开点火器，关闭点火控制器。将抽风负压调整到 10000～14000Pa，每隔 1min 记录一次废气温度和抽风负压变化。

废气温度达到最高值时，烧结结束，记录时间为 T 即为烧结时间。开始冷却，到废气温度冷却到 200℃时，关闭风机。

（5）烧结矿性能检验：烧结完毕后，将烧结饼倒出、称重，记做 G_1。

落下强度检验是检验烧结矿成品率、利用系数、成品矿粒度组成的指标。它是将烧结饼放到落下装置中，两米高落下四次，然后进行筛分，筛孔尺寸分别为 25mm、10mm、5mm，得到的 >25mm、25～10mm、10～5mm、<5mm 烧结矿重量分别记做 G_2、G_3、G_4、G_5。

烧结矿转鼓指数检验是检验烧结矿强度的指标。将 >10mm 的烧结矿按比例取 3kg，加入到标准的 1/5 转鼓中。转鼓直径为 1m，宽度为 100mm，内置两块挡板，转速为 25r/min，时间为 8min。转鼓后将烧结矿筛分，筛孔为 6.3mm 方孔筛。筛上物重量记做 G_6，筛上物重量占入鼓量的百分比为烧结矿转鼓指数。

（6）实验数据处理。实验中，记录烧结实验过程及结果，计算烧结产量和质量指标。同时绘制废气温度、烧结负压随时间变化图（见表 2-15）。

表 2-15　烧结实验记录表

烧结混合料配比						
原料名称	精矿粉	富矿粉 1	富矿粉 2	熔剂	燃料	返矿	其他料
原料配比							

烧结工艺参数							
碱度 CaO/SiO_2	燃料比 /%	点火温度 /℃	点火负压 /Pa	烧结负压 /Pa	料层高度 H/mm		
					H_1	H_2	H_1-H_2

烧结废气温度及抽风负压							
时间/min	1	2	3	4	5	6	7
废气温度							
负压/Pa							
时间/min	8	9	10	11	12	13	14
废气温度							
负压/Pa							
时间/min	15	16	17	18	19	20	21
废气温度							
负压/Pa							

烧结实验结果							
烧结时间 T	装入量 G_0	烧结饼 G_1	>25mm G_2	25~10mm G_3	10~5mm G_4	<5mm G_5	鼓后重 G_6

烧结指标							
垂直烧结速度	烧损率 /%	成品率 /%	利用系数 /t·(m²·h)⁻¹	转鼓指数 /%	成品矿粒度组成/%		
					>25mm	25~10mm	10~5mm

烧结产量和质量指标计算公式如下：

$$垂直烧结速度 = 料层高度 / 烧结时间 = H/T(mm/min)$$

$$烧损率 = [装料量 - (烧结饼重量 - 铺底料重量)] / 装料量 = (G_0 - G_{1-3})/G_0 \times 100\%$$

$$成品率 = (成品烧结矿重量 - 铺底料重量)/(烧结饼重量 - 铺底料重量) \times 100\%$$
$$= (G_2 + G_3 + G_{4-3})/(G_{1-3}) \times 100\%$$

$$利用系数 = (成品烧结矿重量 - 铺底料重量)/ 烧结时间 \times 烧结面积 (t/(m^2 \cdot h))$$
$$= (G_2 + G_3 + G_{4-3})/(T \times A)(t/(m^2 \cdot h))$$

$$转鼓指数 = 转鼓后 > 6.3mm 的重量 / 入鼓烧结矿重量 = (G_{6/3}) \times 100\%$$

2.7.5.5　实验注意事项

（1）烧结实验为动手实验，操作过程中严格遵守操作规程，不乱动各种开关、电器。

（2）注意用电安全，正确使用液化石油气。

（3）穿好劳动保护用品。

（4）保持实验室整洁，实验完毕后，工具码放整齐。

2.7.5.6　思考题

（1）铁矿石烧结的原理是什么，烧结过程中有哪些主要的物理化学反应？

（2）烧结矿产量和质量指标有哪些，影响烧结矿产量和质量指标的因素有哪些？

（3）烧结矿转鼓指数的物理意义是什么，影响因素有哪些？

（4）影响烧结过程的因素有哪些，它们对烧结过程将产生什么影响？

2.7.6　铁矿石荷重还原软化温度测定

2.7.6.1　实验目的及意义

铁矿石（包括烧结矿、球团矿及天然富矿）加入到高炉后，在炉内下降过程中被逐渐加热，其体积有所膨胀。在铁矿石被还原、分解并达到一定温度后，开始软化，变为半熔化状的黏稠物，随着温度的继续增加，最后变为液体。铁矿石软化后，其气孔度显著减小，一方面影响还原气体的扩散，不利于铁矿石的还原，未还原铁矿石的进一步还原将需要大量的热量，消耗更多的焦炭；另一方面将恶化高炉料柱的透气性，对高炉冶炼产生不利的影响。

同时，铁矿石开始软化温度及软化温度区间在相当大的程度上决定着初渣的性质和成渣带的大小。因此，铁矿石软化温度及软化温度区间的测定结果，对高炉配料及铁矿石评价具有重要意义。

在非高炉炼铁生产的直接还原工艺过程中，还原反应必须在固态进行。因此，其使用的铁矿石的软化温度越高越好，特别是使用回转窑工艺进行生产的情况下，其结圈问题与球团矿的软化温度直接相关。在加热和还原过程中，铁矿石的膨胀一般不大，对高炉冶炼的影响较小。但某些球团矿在还原过程中膨胀率超过 20%，甚至存在着恶性膨胀，将会对高炉冶炼产生严重影响。

本实验以实验样品在还原条件下由热膨胀到开始收缩 4% 时的温度，定义为开始软化温度；样品剧烈收缩 40% 时的温度，定义为软化终了温度；开始软化点及软化终了点之间的温度，定义为软化温度区间。不同种类的铁矿石在氧化条件下的软化温度要比在还原条件下高 100~300℃。

2.7.6.2　实验内容

（1）不同类型铁矿石软化温度区间的测定和比较；

（2）还原对软化温度区间的影响（测定在氧化与还原气氛条件下的软化温度区间）。

2.7.6.3　实验设备及实验步骤

A　实验设备

本实验主要实验设备包括：软化炉一台；可控硅温控电源一台及氮气瓶一个。实验装置示意图见图 2-89。

B　实验步骤

铁矿石荷重还原软化性能测定实验具体操作步骤如下：

（1）接通电源，按照操作规程打开温控电源和程序温度给定仪，根据自控曲线设定的升温制度（0~600℃，10℃/min；600~1000℃，5℃/min；1000℃ 以上，3℃/min）开始升温。

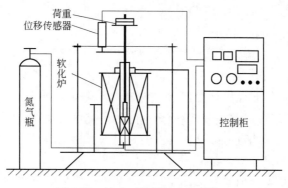

图 2-89　铁矿石荷重软化实验装置

（2）称取粒度 2~3mm 的试样，装入反应管中并加以振动，使得试样在反应管内达到一定的高度，将带孔压盖放在试样上。

（3）当软化炉温度达到 500℃时，将反应管放入软化炉，并插入刚玉压杆。刚玉压杆与带孔压盖连为一体，刚玉压杆上端与钢制压杆连接，反应管处于中心，压杆垂直作用在试样上。从软化炉下部通入 N_2（流量为 1L/min）。

（4）在压杆上放置荷重，使得试样处于 $0.5kg/cm^2$ 的荷重下，将位移传感器与压杆连接。

（5）当温度达到 600℃时，位移传感器校正零点，同时通入体积分数 30%CO+体积分数 70%N_2 的还原气体。或者使用预还原的试样，在 N_2 气氛条件下进行实验。

（6）从 600℃开始，每 50℃记录一次温度和位移传感器的指示数值。一般情况下，试样在 1000℃以下为膨胀阶段；1000℃以上开始收缩（即开始软化）；当收缩剧烈时，要及时记录温度。

（7）实验完毕，关闭温控电源和程序温度给定仪，切断电源。软化炉温度达到室温时，取出反应管，整理实验环境。

2.7.6.4　实验数据整理

根据实验结果记录的数据，扣除空白膨胀软化实验结果，绘制铁矿石荷重软化曲线，并结合其他数据进行简要分析，得出恰当的结论。

铁矿石荷重软化曲线参考图见图 2-90。

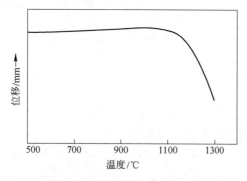

图 2-90　铁矿石荷重软化曲线

2.7.6.5　思考题

（1）铁矿石软化温度区间的意义？

（2）影响铁矿石软化温度区间的因素有哪些？

（3）本实验方法有何优缺点？

2.7.6.6　铁矿石荷重软化性能实验方法及铁矿石的荷重软化性能

随着科学技术的发展，铁矿石荷重软化性能的研究方法也得到不断的改进，反应管的尺寸、试样量、实验气氛均有所改进，其目的是进一步模拟高炉的实际生产条件，为高炉炼铁生产提供更大的帮助。

国外常见的几种铁矿石荷重软化性能实验方法及我国标准草案见表2-16。

影响铁矿石荷重软化性能的因素是多方面的，一般来说，主要因素有铁矿石的化学成分、FeO含量、碱度、还原性、矿物组成及矿物结构及微量元素等，它们都对铁矿石的软化温度有一定的影响。部分铁矿石的软化性能见表2-16。

表 2-16　铁矿石荷重软化性能实验方法

方法参数	德国	日本	瑞典	比利时	中国
实验设备 反应管直径 反应管高度	热天平 ϕ123mm 800mm	高铝管 ϕ110mm	石墨坩埚 石墨压杆	ϕ30mm 硅碳棒压杆	耐热钢管 ϕ70~75mm
试样准备 重量 粒度	105℃烘干 120g 10~12.5mm	105℃烘干 500g （10±1）mm	1000℃预还原 1000g	105℃烘干 10~14目	105℃烘干 （500±1）g 10~16mm
还原气体流量	体积分数40%CO 体积分数60%N_2 8L/min	体积分数30%CO 体积分数70%N_2 3L/min	体积分数30%CO 体积分数70%N_2		体积分数30%CO 体积分数70%N_2 待定
升温速度	375℃/h	20~1000℃ 90min 1000℃ 恒温90min 1000~1500℃ 90min	2000℃/h	0~800℃ 9℃/min 800℃以上 1.5℃/min	待定
荷重 还原测定	0.5kg/cm² 天平	0.25kg/cm² 气体分析	0.5kg/cm² 气体分析	2kg/cm²	0.5、0.8、1 待定
试验指标	料柱压降 试样收缩 还原度 还原速度	料柱压降 试样收缩 10%为软化开始 100%为熔点	料柱压降 试样收缩 3%为软化开始 30%为终点	料柱压降 试样收缩 25%为终点	软化曲线 试样收缩 10%为软化开始 40%为终点

2.7.7　铁矿石——块矿高温热爆裂性能实验

2.7.7.1　实验目的

高炉炼铁是钢铁冶金工艺过程的重要环节，炼铁含铁炉料包括烧结矿、球团矿和铁矿块矿，其冶金性能对于高炉炼铁优质、高产、低耗、环保以及钢铁工业的绿色可持续发展具有重要影响；铁矿块矿是天然生矿，含有结晶水或碳酸盐，在高炉冶炼升温过程中，将发生分解及爆裂现象，产生粉末，影响高炉料柱透气性，妨碍高炉稳定顺行，严重影响高炉持续、稳定、高效生产。

块矿的高温热爆裂性能是天然块矿所具有的特殊的冶金性能。

2.7.7.2　实验内容

（1）天然块矿的高温热爆裂性能的国家标准方法的测定和比较。天然块矿的高温热爆裂性能测定方法为国家标准 GB/T 10322.6—2004，本国标参照了 ISO 8371 进行。

（2）天然块矿的高温热爆裂性能的北京科技大学标准的测定和比较。北京科技大学冶金与生态工程学院在经过多年的实验检测研究、实际应用冶炼生产数据的比较分析，认为天然块矿的高温热爆裂性能检测所执行的国家标准 GB/T 10322.6—2004，虽然参照 ISO8371，但检测结果与生产实际工况条件下，天然块矿所表现出的在高炉冶炼时的理化行为及影响有较大差距，并存在以下几方面的缺陷：

1）检测为静态恒温固定单一温度条件检测，检测温度为 700℃；

2）试样置于密闭的试样盒中，缺少气流速度及气氛的作用与影响；

3）缺乏检测块矿热分解后强度变化规律及影响的装置与手段。

因此，北京科技大学设计开发并形成制定了全新的、全面考虑多因素并模拟块矿在实际冶炼工况条件下的铁矿块矿高温热裂行为装备及检测的标准方法。

1）将 500g 烘干的粒度为 20~25mm 试样放到反应管，以可调升温速度升温进行检测，检测温度从室温连续升温到 900℃；可控连续升温检测，更宽的温度区间，涵盖天然铁矿中不同类型矿物的分解范围。

2）检测升温过程，可通入惰性及还原性气体，增加了气流速度及气氛条件的影响因素。使得块矿置于带通气的试样反应管内，接受冶炼模拟气氛，更符合反应的热力学和动力学条件。

3）增加了强度的检测装置——转鼓设备。试样在冷却后，经筛分后，增加转鼓检测，再次进行筛分。检测实验试样经反应后，在受到碰撞、摩擦后强度变化规律及行为，考虑物料之间相互作用及影响。

2.7.7.3　实验设备及实验步骤

A　实验设备

本实验主要实验设备包括：高温箱式电炉、高温管式电炉；不锈钢试样盒、耐热合金反应管；氮气、氢气、一氧化碳、二氧化碳瓶装气；温度控制系统；流量控制系统；热天平系统；强度检测转鼓装置；40mm、25mm、20mm、16mm、12.5mm、10mm、6.3mm、3.15mm 和 0.5mm 套筛。

B　实验步骤

（1）天然块矿的高温热爆裂性能的国家标准方法的测定。

实验操作步骤：取 10 份粒度为 20~25mm 的块矿试样，每份 500g。前期预处理：在 105℃烘箱中烘干 2h。将箱式高温炉升温至 700℃，将样品装入试样盒，将试样盒放入箱式高温炉中，恒温反应 30min，从箱式高温炉中取出试样盒并使其冷却到室温。从试样盒中轻轻倒出试样，测定其质量，并以 6.3mm、3.15mm 和 0.5mm 套筛进行筛分，以 <6.3mm 的所占比例作为热爆裂指数，并以 DI 表示。实验结果取 10 组数据平均值。

（2）天然块矿高温热爆裂性能北京科技大学标准方法的测定。

实验操作步骤：实验试样 500g，粒度为 20~25mm，经过 105℃，2h 烘干。将试样放入高温反应管，置于高温管式炉，开始加热升温，升温速度设定为 20℃/min（可 5~30℃/min 可控升温），升到 900℃，气流介质及速度：氮气，5L/min，（或根据研究需要，增加一氧化碳、二氧化碳、氢气，流量为 5~15L/min 可调）。实验结束后，氮气保护使其冷却到室温。倒出试样，测定其质量，并以 6.3mm、3.15mm 和 0.5mm 套筛进行筛分，计算热爆裂指数 $DI_{-6.3mm}$、$DI_{-3.15mm}$、$DI_{-0.5mm}$。以 <6.3mm 的所占比例作为热爆裂指数，以 DI 表示。然后将筛分后试样全部置于 $\phi130mm \times 200mm$ 的转鼓内以 30r/min 的速度转 10min，倒出后，再次使用 6.3mm、3.15mm 和 0.5mm 的方孔标准筛过筛称重，计算转鼓后热爆裂指数 $DI_{-6.3mm}$、$DI_{-3.15mm}$、$DI_{-0.5mm}$。实验结果取 2~5 组数据平均值。

天然块矿的高温热爆裂性能的国家标准检测结果与北京科技大学标准检测结果对比见图 2-91。

图 2-91　混合块矿（a）和褐铁矿块矿（b）

2.7.7.4　思考题

（1）铁矿块矿发生热爆裂的原因是什么，对高炉炼铁有何影响？

（2）模拟高炉冶炼工况，增加气流速度条件及影响，对铁矿块矿的热爆裂现象有何影响？

2.7.8　固体电解质浓差电池铜液定氧

氧化锆固体电解质是一种功能陶瓷材料。当氧化锆中掺入低价氧化物（如 MgO、CaO、Y_2O_3 等）并形成置换式固溶体后，在固溶体晶体中便形成大量的氧离子空位，使得氧离子在其中的迁移能力大大增强，成为氧离子导电的固体电解质。由于氧离子的迁移率比其他阳离子大几个数量级，因此，这种电解质对导电离子有很强的选择性。有这种电解质连接两个具有不同氧位的电极时，便构成一个氧浓差电池。利用浓差电池原理，可以直接测定气相、液态金属和炉渣中的氧活度，还可测定复杂氧化物的标准生成吉布斯自由能。固体电解质浓差电池定氧技术被誉为20世纪70年代冶金领域的三项重大成果之一。除定氧外，目前正利用固体电解质材料继续开发钢液定硅、定碳、定铝、定氮以及铝液定氢、熔锍定铁等多种新型的质量传感器（探头）。

2.7.8.1 实验目的

（1）了解固体电解质定氧电池的工作原理。

（2）掌握电池组装工艺及铜液定氧方法。

2.7.8.2 实验原理

氧化锆固体电解质定氧电池由待测极和参比极两部分组成。由于两个电极的氧分压不同，组合在一起就构成了氧浓差电池，如图2-92所示。

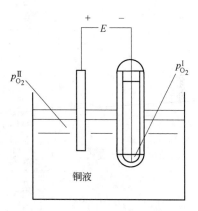

图 2-92　氧浓差电池示意图

参比电极是浓差电池的关键部件，是氧分压为已知（$p_{O_2}^{I}$）的一极。所用的参比电极材料有 Cr/Cr_2O_3，Mo/MoO_2，Ni/NiO 及 Co/CoO 等金属与其氧化物的混合粉末。将参比电极材料装入氧化锆管内，密封好后，在恒温条件下参比电极就可产生一个恒定的氧分压。

以铜测头为例：它用（$Co+CoO$）为参比电极体系，被测铜液在固体电解质外表面构成待测电极。

参比电极的反应为：
$$CoO(s) = Co(s) + \frac{1}{2}O_2(g)$$

$$\frac{1}{2}O_2(g) + 2e = O^{2-}$$

待测电极的反应为：
$$O^{2-} = [O]_{Cu} + 2e$$

电池的总反应为：
$$CoO(s) = Co(s) + [O]_{Cu}$$

通常，铜液氧含量的平衡氧分压大于 CoO 的分解压，即 $p_{O_2}^{II} > p_{O_2}^{I}$，电池的极性如图2-92所示。根据 Nernst 方程，电池的电动势为：

$$E = \frac{RT}{2F}\ln\frac{p_{O_2}^{II}}{p_{O_2}^{I}}$$

式中　E——浓差电池电动势，V；

F——法拉第常数，96487J/(mol·V)；

R——理想气体常数，8.314J/(mol·K)；

T——热力学温度，K；

$p_{O_2}^{I}$——参比电极氧分压；

$p_{O_2}^{II}$——铜液的平衡氧分压。

从 Nernst 公式可知，电动势 E 与温度 T 及电解质两侧的氧分压有关。当 $p_{O_2}^{I}$ 已知，测定 E 和 T 后即可计算 $p_{O_2}^{II}$。

根据 CoO 的分解反应　　　$CoO(s) \rightleftharpoons Co(s) + \dfrac{1}{2}O_2(g)$ （2-73）

$$K_1 = \frac{a_{Co}\,(p_{O_2}^{I})^{1/2}}{a_{CoO}} = (p_{O_2}^{I})^{1/2}　　　（Co\ 和\ CoO\ 为固态，它们的活度均为\ 1）$$

而　　　$\Delta G_1^{\ominus} = -RT\ln K_1$　　　（$\Delta G_1^{\ominus}$ 可查热力学数据表得到，T 为实验温度）
因此 $p_{O_2}^{I}$ 可知。

由氧在铜液中的溶解反应　　　$\dfrac{1}{2}O_2(g) \rightleftharpoons [O]_{Cu}$ （2-74）

$$K_2 = \frac{a_{[O]_{Cu}}}{(p_{O_2}^{II})^{1/2}}$$

$$\Delta G_2^{\ominus} = -RT\ln K_2 = -RT\ln\frac{a_{[O]_{Cu}}}{(p_{O_2}^{II})^{1/2}}$$

$$a_{[O]_{Cu}} = (p_{O_2}^{II})^{1/2}\exp\left(-\frac{\Delta G_2^{\ominus}}{RT}\right)$$

（$\Delta G_2^{\ominus}$ 可查表得知，T 为实验温度，$p_{O_2}^{II}$ 则可通过电池电动势的 Nernst 方程计算得知）
使用 Co/CoO（常温下的形态为 Co_2O_3）作参比电极时，铜液中氧活度的计算公式为：

$$\lg a_{[O]_{Cu}} = \frac{-8022 + 10.08E}{T} + 3.523$$ （2-75）

根据 $a_{[O]Cu} = f_0[\%O]_{Cu}$，取 $f_0 = 1$，所得即为铜液中的溶解氧百分浓度。

2.7.8.3　实验步骤

（1）氧化锆管不能漏气，使用前需在 0.3MPa（3 个大气压）下试漏。

（2）参比电极用的钴粉需在 1000℃ 的氢气氛下还原 2~3h，以去除其表面的氧化膜。然后将还原后的 Co 粉与 Co_2O_3 粉以 95∶5 的比例，在玛瑙研钵中充分混合均匀。粒度要求小于 300 目。

（3）填充料 Al_2O_3 粉需经 1300℃ 焙烧，以去除结晶水。

（4）将直径 $\phi = 0.5mm$ 的 Mo 丝擦去表面的氧化膜，一端绕成 2~3 圈的螺旋后，紧紧插至氧化锆管的底部，使之与氧化锆管紧密接触，不能松动。

（5）参比电极混合粉料一般填至 3~5mm 高，要求敦实。

（6）用 Al_2O_3 粉填充时也要求敦实。在其上面填入少许耐火纤维棉，并压紧。

（7）用高温水泥（小于 200 目的石英砂加水玻璃溶液）将氧化锆管的上口封牢。

（8）组装好的半电池在室温下干燥一天后再放入烘箱内，在 100~150℃ 下烘烤 4~6h。

（9）将氧化锆半电池与 $\phi 3mm$ 的 Mo 棒联接制成铜液定氧测头。

（10）将装有纯铜的 Al_2O_3 坩埚放入高温炉内，升温至 1200℃ 使铜熔化，然后恒温。铜液面上放入适量的石墨粉或石墨块，以保护铜液不被大气充分氧化。

（11）将组装好的定氧测头插入铜液，同时用钢液/铜液测温定氧仪或函数记录仪记录电池电动势与时间关系曲线（定氧曲线），待定氧曲线电动势出现平台值后，取出定氧测头，测试完毕。

（12）将实验测得的电池电动势值（平台值）和温度值代入式（2-15），计算得到铜液的溶解氧活度。

2.7.8.4 实验报告要求

（1）简述定氧电池的工作原理。

（2）画出定氧测头的组装图。

2.7.8.5 思考题

（1）不同参比电极的选择根据是什么？

（2）为什么制作参比电极时要求 Mo 丝与氧化锆管内壁紧密接触，为什么参比电极材料粉末必须压实？

2.7.9 化学平衡法测定平衡常数及组元活度

2.7.9.1 实验目的

（1）掌握化学平衡法测定平衡常数、反应标准吉布斯自由能改变和组元活度的原理。

（2）了解化学平衡法实验设计方法和常用设备。

2.7.9.2 实验原理

本实验是研究 CO_2/CO 混合气与铁液中 ［C］、［O］之间化学平衡。在此体系中可能进行的反应有

$$CO_2(g) + [C] = 2CO(g) \tag{2-76}$$

$$CO(g) + [O] = CO_2(g) \tag{2-77}$$

$$[C] + [O] = CO(g) \tag{2-78}$$

$$[C] + 2[O] = CO_2(g) \tag{2-79}$$

这些反应都影响到铁液中碳位 $\mu_{[C]}$ 和氧位 $\mu_{[O]}$。这四个反应中只有两个是独立的，现选反应式（2-76）和反应式（2-77）为独立反应。再控制系统的氧位，使铁液不氧化，即避免氧化铁渣相出现，使系统可以略为简单些，这样系统的独立组元数 $K=3$，相数 $\Phi=2$，压力恒定在 0.1MPa（一个标准大气压），于是体系的自由度 f 为

$$f = K - \Phi + 1 = 2$$

即恒温下达到平衡后，铁液中碳和氧的含量只决定于气相中 $\dfrac{p_{CO}}{p_{CO_2}}$ 的比值。

设 CO 和 CO_2 可看作理想气体，恒温下对反应式（2-76）可写出平衡常数

$$K_1 = \frac{p_{CO}^2}{p_{CO_2} \cdot a_{[C]}} \tag{2-80}$$

再取无限稀溶液为参考态，1%浓度为标准态，铁液中碳的活度 $a_{[C]}$（均指相对活度，下同）：

$$a_{[C]} = f_C w[C]_\% \tag{2-81}$$

把式（2-81）代入式（2-80），并且令 $K_1' = \dfrac{p_{CO}^2}{p_{CO_2} w[C]_\%}$，得：

$$K_1 = \frac{K_1'}{f_C} \tag{2-82}$$

由式可知，只要改变气相中的 $\dfrac{p_{CO}^2}{p_{CO_2}}$ 比值，待达到平衡后，测定铁液中碳的平衡浓度，算出 K_1'。再以 $\lg K_1' - w[C]_\%$ 作图，外推到 $w[C]_\% \to 0$（这时 $f_C = 1$）所得到的截距 $K_{1w[C]_\% \to 0}' = K_1$，由此可得反应式（2-76）的平衡常数 K_1 及

$$\Delta G_{1,\,m}^{\ominus} = -RT\ln K_1$$

由已知的 K_1 值，就可以求出不同气相成分下，铁液中碳的活度

$$a_{[C]} = \frac{p_{CO}^2}{p_{CO_2} \cdot K_1}$$

活度系数

$$f_C = \frac{a_{[C]}}{w[C]_\%}$$

式中，$w[C]_\%$ 化学分析得到。

同理对反应式（2-77）也可以写出平衡常数

$$K_2 = \frac{p_{CO_2}}{p_{CO} a_{[O]}} \tag{2-83}$$

也取无限稀溶液为参考态，1%浓度为标准态

$$K_2 = \frac{p_{CO_2}}{p_{CO} f_{[O]} w[O]_\%}$$

从理论上讲，在 $w[O]_\% \to 0$ 时也可以测得平衡常数 K_2。由 K_2 就可进一步计算其他气相成分下铁液中 $a_{[O]}$。但是由于溶解氧的分析比较困难，因此目前铁液中氧活度都采用固体电解质浓差电池的办法直接测定。本实验不测定 K_2 和 $a_{[O]}$。但是在选择气相成分 $\dfrac{p_{CO}^2}{p_{CO_2}}$ 时，必须充分考虑反应式（2-77）的影响，以免铁液中的氧位过高出现其他副反应的干扰。

2.7.9.3　实验设计

本实验的原理并不很复杂，但是实验涉及的影响因素较多。要达到较高的精度，必须周密设计。

（1）原料。为避免铁液中其他元素的干扰，宜用高纯铁作为原料。市售的高纯铁含氧高，使用前需预熔预脱氧。高碳试样的预脱氧可与配碳同时进行。低碳试样可以用少量铝或钙等强脱氧剂。

（2）温度。由铁-碳相图可以查出，低碳试样（即低 $\dfrac{p_{CO}^2}{p_{CO_2}}$ 比值）实验温度需在1550℃以上。随着含碳量的增加，实验温度可以降到1450℃。由于实验温度较高，因此坩埚等耐火材料宜用刚玉质或氧化钙质。又由于平衡常数与温度是指数关系，因此测温和控温系统精度宜在1%左右。

（3）气相。气相成分的选择、控制和分析是本实验的关键。必须综合考虑以下因素：

1）实验目的。如果实验目的侧重在反应式（2-76）的平衡常数，则实验重点应该放

在低碳部分,即比值$\dfrac{p_{CO}^2}{p_{CO_2}}$较低部分。反之欲测定铁液中的碳的活度$a_{[C]}$,实验重点应放在

高碳部分,即比值$\dfrac{p_{CO}^2}{p_{CO_2}}$较高部分。

2)比值$\dfrac{p_{CO}^2}{p_{CO_2}}$的下限受氧位和铁液中碳浓度分析的限制。

由反应

$$FeO(l) + CO(g) = Fe(l) + CO_2(g) \quad \Delta G^{\ominus} = -40400 + 34.98T \quad J/mol$$

取1560℃反应达到平衡时

$$\Delta G = \Delta G^{\ominus} + RT\ln\dfrac{p_{CO_2}}{p_{CO}} = 23718 + RT\ln\dfrac{p_{CO_2}}{p_{CO}} = 0$$

由此算出$\dfrac{p_{CO_2}}{p_{CO}} = 0.21$

相应

$$\dfrac{p_{CO}^2}{p_{CO_2}} = 3.9 \approx 4$$

这说明比值$\dfrac{p_{CO}^2}{p_{CO_2}}$过低(<4)氧位过高,此反应向左进行,就有可能出现FeO液态渣

相。为避免FeO渣相出现,本实验气相成分应控制比值$\dfrac{p_{CO}^2}{p_{CO_2}}>4$。

又由下式

$$w[C]_\% = \dfrac{p_{CO}^2/p_{CO_2}}{f_c \cdot K_1}$$

稀溶液中$f_c \approx 1$。反应式(2-76)的平衡常数K_1波动在$10^2 \sim 10^3$之间,这样当选择气

相$\dfrac{p_{CO}^2}{p_{CO_2}} = 4$时,则$w[C] = 0.04\% \sim 0.004\%$。由此可见,$\dfrac{p_{CO}^2}{p_{CO_2}}$的下限还受铁液中碳化学分析

精度的限制。

3)随着比值$\dfrac{p_{CO}^2}{p_{CO_2}}$增大,$w[C]_\%$也增大,碳的分析变得容易。但是对气相的控制和气相

成分分析却变得很困难。计算指出,例如:

当$\dfrac{p_{CO}^2}{p_{CO_2}} = 5$时,相应气相中$\varphi(CO) = 85.4\%$,$\varphi(CO_2) = 14.6\%$;

当$\dfrac{p_{CO}^2}{p_{CO_2}} = 50$时,相应气相中$\varphi(CO) = 98\%$,$\varphi(CO_2) = 2\%$;

当$\dfrac{p_{CO}^2}{p_{CO_2}} = 100$,相应气相中$\varphi(CO) = 99\%$,$\varphi(CO_2) = 1\%$。

由此可见，当比值 $\dfrac{p_{CO}^2}{p_{CO_2}}$ 由 50 增加到 100，$w[C]_\%$ 增加一倍，而气相成分仅变化 1%。这就是说，在配制 CO/CO_2 混合气体时，微小的成分波动或分析误差，都会引起实验结果 $w[C]_\%$ 的较大变化。因此比值 $\dfrac{p_{CO}^2}{p_{CO_2}}$ 超过 100 以后对控制仪器和分析仪器的灵敏度及精度要求，都大大提高，即实验难度显著增大。因此考虑到可能性，本实验的 $\dfrac{p_{CO}^2}{p_{CO_2}}$ 比值取小于 100 的值。

4）必须注意炉管内恒温带以外的区域，由于温度梯度可引起气体热偏析和 CO 的分解，并且在炉管上部沉积出碳，为此尽可能缩短反应管的长度，缩小反应空间。用绝热耐火材料填充恒温带以外的空间。必要时在炉管上部碳沉积区加石墨环，来抑制 CO 的分解。

2.7.9.4　平衡时间的确定

这需要由预实验来测定，应注意高碳部分的平衡时间应比低碳部分长。判断化学反应是否达到平衡的标准是，在平衡时间内正反应和逆反应都能达到相同的平衡值。由于实验时数所限，不做此预实验。由于本实验重点在低碳部分 $\left(\text{即} \dfrac{p_{CO}^2}{p_{CO_2}} = 5\sim100\right)$，故取平衡时间 3.5~4h。

实验结束后，为防止降温过程中平衡移动，故试样应淬冷。

2.7.9.5　试验装置

试验装置见图 2-93。

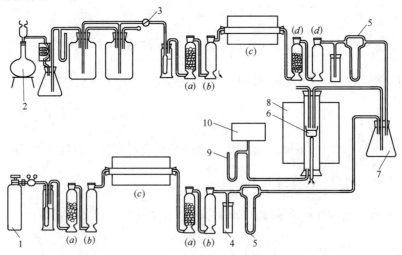

图 2-93　化学平衡实验装置

1—CO_2 气瓶；2—CO 发生器；3—针形阀；4—泄放器；5—毛细管流量计；

6—坩埚及试样；7—混合器；8—高温电炉；9—压力计；10—CO/CO_2 分析仪；

(a) $CaCl_2$ 吸收瓶；(b) P_2O_5 干燥瓶；(c) 金属铜脱氧炉；(d) 钠石灰

由以下三部分组成：

（1）混合气的净化、配制和分析。CO_2 气由气瓶供给，经过 $CaCl_2$（或分子筛）和 P_2O_5 二次脱水，$450\sim500℃$ Cu 丝脱氧后，通过毛细管流量计控制流量，再与 CO 混合。CO 气可用化学方法（蚁酸+浓硫酸）或高温下 CO_2 用碳还原法产生。CO 气同样经过 $CaCl_2$（或分子筛）和 P_2O_5 二次脱水，$700\sim800℃$ 下用金属铜丝脱氧，再用钠石灰吸收残余 CO_2，再通过毛细管流量计与 CO_2 混合。CO 流量固定控制在 $200mL/min$，而 CO_2 流量根据所需气相成分控制，波动在 $0.05\sim30mL/min$ 范围内。调节泄放器中液柱高低，使得出反应区后的混合气保持在 10^5Pa，且成分合乎要求。混合气的总压由出口处压力计测出，成分由 CO/CO_2 气体分析仪分析。

（2）高温炉和试样。由于平衡常数与温度是指数函数，因此高温炉的温度应该精细可调，并且有足够尺寸的径向和纵向恒温带，确保整个试样温度均匀一致。通常选用钼丝炉或铂铑丝炉等电阻丝炉。

用高纯铁做试样。高纯铁需经预熔和预脱氧，而且根据实验的气相成分 $\left(\text{即比值}\dfrac{p_{CO}^2}{p_{CO_2}}\right)$ 预先把试样中碳配到平衡浓度附近。高于平衡浓度和低于平衡浓度各配一个，以检查平衡是否确定达到。

（3）控温及测温设备。控温和测温应有足够高精度，测温一般选用铂-铑热电偶。控温设备可选国产 DWT-702 控温仪，精度为 1%。也可选用欧陆 $815\sim818$ 系列程序控温仪或日本岛电 FP21 控温仪，精度为 0.1%。

2.7.9.6 实验步骤

将配好碳的试样，经过仔细清洗、除锈及除油污后，称取 $40\sim50g$，放在 $\phi20mm\times50mm$ 刚玉坩埚内，然后置于电阻丝炉的恒温带处。密封反应空间，用真空泵抽取系统中空气，再通入所需成分的 CO/CO_2 混合气。此后高温炉就可给电升温。当炉温升到 $500\sim600℃$ 时，这时反应空间中吸附水已经全部放出，故暂停通入混合气。用真空泵再次抽去系统中的气体，然后再通入所需成分的 CO/CO_2 混合气。再继续升温，直到实验温度，自动恒温。同时检查和调整混合气压力及成分，符合要求后保持 $3.5\sim4h$，让反应充分达到平衡。最后用刚玉管抽取试样，立即取出炉外淬冷。试样分析碳。取样后，高温炉就可程序降温，最后关气、停电和结束实验。

2.7.9.7 实验报告要求

（1）简述实验原理及各种参数确定方法及依据。

（2）考虑到实验学时有限，在 $\dfrac{p_{CO}^2}{p_{CO_2}}=5\sim100$ 范围内各小组只做其中一个气相成分，然后汇总其他各组结果进行数据处理。计算平衡常数，反应的标准吉布斯自由能改变 $\Delta G^{\ominus}$ 和碳的活度。

（3）分析讨论实验误差及对各种测量仪表的精度要求。

2.7.9.8 思考题

（1）用计算机计算比值 $\dfrac{p_{CO}^2}{p_{CO_2}}=100\sim1000$ 时，气相成分，铁液中碳的活度，并且指出对测量和控制仪表的精度要求。

（2）为什么测定平衡常数时，低碳部分实验点应该多些，测定碳活度时，高碳部分实验点应该多些？

2.7.10　冶金反应级数和活化能的测定

2.7.10.1　实验目的

（1）掌握热重（TG）法研究气固相反应（碳酸钙热分解）动力学的原理和方法。

（2）掌握非等温法测定反应级数和反应活化能的方法。

2.7.10.2　实验原理和设备

对于级数反应，根据动力学质量作用定律和阿累尼乌斯公式，可以导出动力学的基本方程：

$$d\alpha/dt = A \cdot \exp[-E/(RT)] \cdot (1-\alpha)^n \quad （等温） \tag{2-84}$$

$$d\alpha/dT = (A/\phi) \cdot \exp[-E/(RT)] \cdot (1-\alpha)^n \quad （非等温） \tag{2-85}$$

式中　α——反应分数；

A——前因子；

E——反应活化能；

n——反应级数；

ϕ——升温速率；

T——热力学温度；

t——时间；

R——气体常数。

为了求出上述动力学方程解，有微分法如二元线性回归法、微分差减法、多个升温速率法等。还有积分法，如 T. 奥赞瓦（Ozawa）、A. W. 科茨（Coats）的指数积分法等。下面各介绍一种微分法和积分法：

（1）二元线性回归法。

对式（2-84）和式（2-85）两边取对数，得到下列公式

$$\ln(d\alpha/dt) = \ln A - E/(RT) + n\ln(1-\alpha) \tag{2-86}$$

$$\ln(d\alpha/dT) = \ln(A/\phi) - E/(RT) + n\ln(1-\alpha) \tag{2-87}$$

只要实验测定一条反应分数 α 和温度 T（或时间 t）的关系曲线，就可得到一系列不同温度 T（或时间 t）的 α 和 $d\alpha/dt$ 值。应用二元线性回归，即可将各项系数求出，从而求得 A、E 和 n 值。

（2）指数积分法。

将式（2-85）分离变量积分，得到

$$\int_0^\alpha \frac{d\alpha}{(1-\alpha)^n} = \frac{A}{\phi} \int_{T_0}^T e^{-E/RT} dT \tag{2-88}$$

左边积分得：

$$g(\alpha) = \int_0^\alpha \frac{\mathrm{d}\alpha}{(1-\alpha)^n} = \begin{cases} -\ln(1-\alpha) & (n=1) \\ \dfrac{(1-\alpha)^{1-n}-1}{n-1} & (n \neq 1) \end{cases} \qquad (2\text{-}89)$$

右边积分为一指数积分，其结果不能用解析式精确地直接表示出，常用各种近似处理方法。如采用近似表达式可得下式

$$\ln g(\alpha) = \ln(AE/R\phi) - 5.3305 - 1.052(E/RT) \qquad (2\text{-}90)$$

结合式（2-89），设定 n 值，通过线性回归，由截距求出指前因子 A，由斜率求出活化能 E。

实验设备采用热重分析仪。热重法是在程序控温条件下，测量物质质量与温度或时间关系的一种技术。热重法有等温热重法和非等温热重法两类，前者是在恒温下测定物质质量变化与时间的关系；后者是在程序升温下测定物质质量变化与温度的关系。热重曲线常用两种方式表示：TG 曲线和 DTG 曲线（图 2-94）。前者表示过程的失重累积量，属积分型；后者是 TG 曲线对时间或温度一阶微商，即质量变化率与时间或温度的关系曲线。DTG 曲线上出现的各种峰对应着 TG 曲线上的各个质量变化阶段，峰下的面积与失重成正比。TG 或 DTG 曲线上出现的水平线段，即"平台"，表明此阶段试样的质量不随时间而变化。因此只要物质受热发生物理或化学变化，伴随有质量变化，就可以用热重法来研究其变化过程。

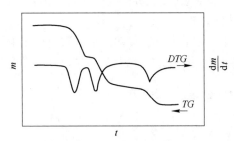

图 2-94　TG 曲线和 DTG 曲线

2.7.10.3　实验步骤

（1）依次接通热重分析仪、接口及计算机电源、预热 30min 以上。

（2）天平室和样品室分别通入流量为 40mL/min 和 30mL/min 的高纯氮气和空气。

（3）将氧化铝坩埚用铂丝吊架挂入天平铂丝吊钩上。气动提升加热炉至工作位置，待天平读数稳定后，读零。

（4）降下加热炉，装入 10mg 分析纯碳酸钙粉末，并使其均匀平铺在坩埚底部。提升加热炉至工作位置，待读数稳定后，读出样品的质量。

（5）用直接控制键操作使加热炉以 40℃/min 快速升至 500℃。升温过程中，通过计算机键盘输入实验条件，包括实验温度范围 500~850℃，加热速率如 10℃/min 及纵坐标量程等。

（6）待加热炉温度稳定在 500℃后，按下开始运用键，开始实验测定碳酸钙热分解 TG 曲线。

（7）实验结束后，加热炉自动下降并转至冷却位置。用样品托架将坩埚缓缓托起，用

镊子取出吊架及装有样品的坩埚。

（8）将实验结果存入计算机硬盘，优化曲线和处理数据并获得 DTG 曲线。由 TG，DTG 曲线读取 20 组温度 T、质量 W 和质量变化率 dW/dt，并读取碳酸钙分解总失重量（$W_0 - W_\infty$）和碳酸钙分解开始和结束温度。

（9）应用下列公式计算反应分数 α 和 $d\alpha/dt$：

$$\alpha = (W_0 - W)/(W_0 - W_\infty) \tag{2-91}$$

$$d\alpha/dt = (dW/dt)/(W_0 - W_\infty) \tag{2-92}$$

根据方程式（2-86）和方程式（2-90）及 20 组（T，α，$d\alpha/dt$）试验数据，应用最小二乘法即可计算出反应级数和活化能。

2.7.10.4 实验报告

（1）简要介绍非等温动力学的原理及方法，并列表给出实验条件及全部实验数据。

（2）编写非等温动力学微分法和积分法微机计算程序，包括计算回归方程截距和斜率误差。

（3）计算碳酸钙分解的反应级数、表观活化能及它们的误差。

（4）讨论实验结果，并比较微分法和积分法。

2.7.10.5 思考题

（1）如何获得碳酸钙分解反应的最快反应速度时的温度？本次实验最快反应速度时的温度是多少？

（2）升温速度对非等温法研究动力学及动力学参数有何影响？

（3）试设计等温法研究碳酸钙热分解动力学实验及计算动力学参数的方法。

2.7.11 Fe-C 金属熔体 CO_2 脱碳反应实验

2.7.11.1 实验目的

（1）掌握 Fe-C 金属熔体碳含量和温度对 CO_2 脱碳反应的影响。

（2）了解 Fe-C 金属熔体 CO_2 脱碳反应实验的实验方法和常用设备。

2.7.11.2 实验设备及原料

（1）高温管式炉。实验采用管式炉，加热元件材质选用 Si-Mo 合金，可升温至1650℃，炉衬采用多晶莫来石纤维制品，同时采用氧化铝聚轻砖为炉底板，保证炉膛内温度均匀；测温元件使用 B 型双铂铑热电偶，炉内温度采用 PID 调节，热电偶测得炉膛内温度后，将温度信号传输至程控表，程控表对比实测温度与设定温度后，输出脉冲信号控制可控硅输出功率至加热元件，恒温度内温度变化小于±1℃。

（2）气体流量控制系统及吹气设备。气瓶中气体经过减压阀后压力降低至 0.2MPa，通过聚四氟乙烯管输送至流量计，实验所用流量计为质量流量控制器，采用毛细管传热温差量热法原理测量气体的质量流量，无须温度压力补偿，具有精度高、重复性好、响应速度快、软启动、稳定可靠、工作压力范围宽等特点；选用外径 6mm 的高纯氧化铝质刚玉管作为吹气管，插入深度距炉底约 1cm。

（3）在线气体分析仪。采用在线气体分析仪同时测定 $CO/CO_2/O_2$ 气体浓度，其中CO/CO_2 采用 NDIR 非分光红外测量方法，O_2 采用电化学测量方法，其分辨率为 0.01%，精度为±1%FS，重复性误差≤1%，将管式炉炉气中粉尘过滤后接入在线气体分析仪。

（4）取样设备。使用内径 6mm 石英管接移液器抽取冶炼过程中钢液，钢棒取出后立即放入水中冷却。实验装置示意图见图 2-95。

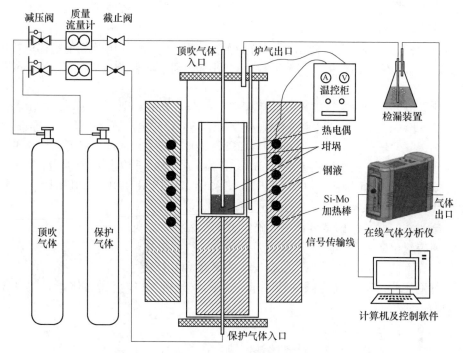

图 2-95　实验装置示意图

（5）实验原料。铁基原料使用电解纯铁；碳质材料使用化学纯级石墨粉，碳含量（质量分数）不小于 99.85%；所用气体为高纯氩气（体积分数不小于 99.999%），高纯二氧化碳（体积分数不小于 99.999%），工业级一氧化碳（体积分数不小于 99.9%）；坩埚材质为高纯氧化铝，纯度不小于 99%，外径 70mm、内径 50mm、高 195mm。

2.7.11.3　实验方法及实验步骤

A　Fe-C 金属熔体熔体制备

称取共 600g 的电解纯铁和化学纯级石墨粉配成实验要求的 Fe-C 合金。将配制好的 Fe-C 合金置于外径 70mm、内径 50mm、高 195mm 的 MgO 坩埚中，并将装好样品的坩埚放入管式炉的恒温区。

制备 Fe-C 合金的实验步骤为：

（1）将样品放入坩埚，并放置于管式炉的恒温区。

（2）从管式炉的炉底向刚玉炉管内通入高纯氩气，排空 5min 后，开始升温。

（3）升温熔化过程中保持底部氩气的流量为 200mL/min，管式炉升至反应温度后，保持反应温度 30min，使 Fe、C 混合均匀，完成 Fe-C 合金的制备。

B　吹炼阶段

在 Fe-C 合金制备完成后，管式炉底部 Ar 流量为 500mL/min，并利用注射器接外径 8mm、内径 6mm 的石英管抽取金属液样品，在吹炼开始前取初始样。在底部 Ar 排空 5min

后，将石英管插入钢液底部吹气 10min。10min 后到达吹炼终点时，停止吹入 CO_2，底吹 Ar 1min，用石英管取一个过程样。实验每隔 10min 取一个钢样，每炉共吹炼 30min。重复 10min 时的步骤取吹炼时间分别为 20min 和 30min 时的样品。实验过程炉气使用在线气体分析仪连续在线测量。

2.7.11.4　元素成分检测方法

（1）检测样品制备。首先使用车床去除钢棒表面的氧化层，继续切削钢棒取铁屑用以检测碳、硅、锰、酸溶铝含量，剩余钢棒经过切削得到表面粗糙度∇7，直径 5mm 钢棒用以检测氮、氧含量。

（2）化学成分检测方法。碳含量使用碳硫分析仪（EMIA-820V）测定，检测标准选用 GB/T 20213—2006；氮、氧含量使用 ONH 仪（TCH-600）测定，氮含量检测标准选用 GB/T 20214—2006，氧含量检测标准选用 GB/T 11261—2006；酸溶铝、硅、锰元素含量使用电感耦合等离子体原子发射光谱法测定（ICP-AES，Plasma 3000）所用标准分别为 Al：NACIS/C H 011：2013R1，Si：NACIS/C H 009：2013R1，Mn：NACIS/C H 011：2013R1。

2.7.11.5　实验报告

（1）简要介绍实验原理及各种参数确定方法及依据。

（2）列表给出实验条件及全部实验数据（实验数据表）。

（3）计算不同实验条件下 CO_2 脱碳反应速率及 CO_2 反应率。

（4）讨论实验结果，确定限制性环节，并比较分析 Fe-C 金属熔体碳含量和温度对 CO_2 脱碳反应的影响。

2.7.11.6　实验注意事项

（1）实验开始前测试气体管路密闭性，防止管道泄漏。

（2）实验开始前对热电偶温度校正，保证实验温度控制准确。

2.7.11.7　思考题

（1）如何通过实验数据确定分析反应限制性环节？

（2）如何使用阿伦尼乌兹公式拟合不同冶炼温度与脱碳速率的关系，确定 CO_2 脱碳反应活化能？

参 考 文 献

[1] 李正邦. 21 世纪电渣冶金的展望 [J]. 炼钢，2003 (2)：6~12.
[2] 李孟臻，李宝宽，黄雪驰. 旋转电极电渣重熔过程熔滴滴落及熔池形状的模拟 [J]. 钢铁研究学报，2021，33 (2)：110~118.
[3] 董艳伍，姜周华，李正邦. 具有发展潜力的电渣冶金技术 [J]. 中国冶金，2009，19 (4)：1~7.
[4] Shi X, Chang L, Wang J. Effect of mold rotation on the bifilar electroslag remelting process [J]. International Journal of Minerals Metallurgy and Materials，2015，22 (10)：1033~1042.
[5] 刘景远，徐成海，李广田，等. 工业化 2t 真空电渣炉的研发 [J]. 铸造，2016，65 (1)：52~55.
[6] Chengbin Shi, Xin Zheng, Zhanbing Yang, et al. Effect of Melting Rate of Electroslag Rapid Remelting on the Microstructure and Carbides in a Hot Work Tool Steel [J]. Metals and Materials International，2020，27.
[7] 曲选辉. 粉末冶金原理与工艺 [M]. 北京：冶金工业出版社，2013.
[8] 张久兴，刘科高，周美玲. 放电等离子烧结技术的发展和应用 [J]. 粉末冶金技术，2002 (3)：128~133.
[9] 周建军. 对标准化热电偶适用温度范围及特性的分析 [J]. 天津科技，2014，41 (4)：72~73.

3 有色金属冶金和电化学实验

3.1 有色金属冶金实验技术

现代冶金工业通常把金属分为黑色金属和有色金属两大类。铁、铬、锰三种金属称为黑色金属，其余各种金属例如铝、镁、钛、铜、铅、锌、钨、钼、稀土、金、银等数十种金属，称为有色金属。按照金属密度、化学特性、在自然界中的分布情况以及习惯称呼，有色金属又分为轻金属、重金属、稀有金属和贵金属。轻金属包括铝、镁、铍、钛、钾、钠、钙、锶、钡等十余种金属，一般用熔盐电解或真空冶金方法来提取。重金属包括铜、镍、钴、铅、锌、锡、锑、汞等十余种金属，一般用火法冶金或湿法冶金来提取。稀有金属包括钨、钼、锆、铪、铌、钽、稀土等数十种金属，可以用火法冶金、湿法冶金、熔盐电解、真空冶金等方法来提取。贵金属包括金、银、铂族八种金属，可以用火法或湿法冶金来提取。种类多、提取方法各异是有色金属的一大特点。这也决定了有色金属冶金实验技术内容多而复杂。有色金属冶金实验是有色金属冶金教学的重要组成部分。

有色金属的范围很广，包括火法冶金、湿法冶金、电化学冶金、真空冶金、生物冶金及冶金反应工程学的内容。通过有色冶金实验，使学生对有色冶金的原料、工艺、设备及过程的物理化学变化规律有一定的认识，从而掌握有色冶金实验的基本方法和基本操作技能，为将来从事有色冶金研究奠定基础。

有色金属冶金实验分为实验基本技术和专题实验技术两部分。实验基本技术包括试料的取样及其基本性质，如粒度、水分、真密度、假密度、摩擦角和安息角、化学成分及矿物成分等项，本书其他部分或一些专业书籍已对这些内容做了详细介绍，本节只对专题实验技术作简要介绍，并选编专题实验四例。

3.1.1 火法冶金实验技术

火法冶金是在高温下从冶金原料提取或精炼有色金属的科学和技术，为温度在 700K 以上的有色金属冶金的总称。有色金属火法冶金过程一般包括原料准备、焙烧、熔炼吹炼和精炼四大过程。因此，火法冶金实验也围绕这四个过程进行。

3.1.1.1 试料准备

试料准备是将精矿或矿石、熔剂和烟尘等按冶炼要求配制成具有一定化学组成和物理性质的炉料过程。试料准备一般包括贮存、配料、混合、干燥、制粒、制团、焙烧和煅烧等过程。除焙烧和煅烧使炉料发生化学变化外，其他过程一般只发生物理变化。有的火法工艺并不要求制粒（制团）或焙烧，精矿可以直接进行冶炼研究。

配料是根据冶炼研究要求将所需的各种物料按一定数量比进行配合和混合的过程，有干式配料和湿式配料两种。干式配料是将炉料通过称量，按质量比例配合在一起。湿式配料是将各种料以矿浆形式配合，根据冶炼工艺研究要求，混合浆可直接或经干燥后为下一步研究用。为使配合料的成分均匀，配好的料在圆筒混合机内进行充分混合。

干燥是脱去试料中物理水分的过程。在实验室一般有各种干燥设备。根据试料不同，温度控制在 100~300℃，时间持续 1~4h，达到重量恒定为止。

制粒是将松散试料配入适当胶粘剂和水分，在制粒机中通过转动逐渐成为坚固球体的过程。

制团是将松散粉状试料在加或不加胶粘剂的情况下压制成有一定几何形状团块的过程。制团方法分热压制团和冷压制团两种。热压制团是将常温粉煤等直接与高温的焙烧矿混合，将煤加热到充分软化，并析出一定数量的胶质体后加压成形。冷压制团是在常温下将试料、煤粉、胶粘剂等经混合、碾磨、压密，最后制成团。

3.1.1.2 焙烧

焙烧是指在低于试料熔化温度下完成的某种化学反应过程。焙烧是为下一步的熔炼或浸出等主要冶炼工艺研究做准备。

根据工艺和目的，焙烧分为氧化焙烧、盐化焙烧和还原焙烧。

（1）氧化焙烧。氧化焙烧是用氧化剂使试料中的金属化合物转变为氧化物的工艺过程。目的是为了获得氧化物以利于下一步熔炼制取粗金属。氧化焙烧多用于硫化矿冶炼。有时也为了挥发除去硫化矿中的砷和锑等有害杂质，最后生成氧化物。

（2）盐化焙烧。盐化焙烧包括硫酸化焙烧和氯化焙烧，目的是在严格条件控制下使试料中的某些金属硫化物或氧化物尽可能多地转变为溶于水或稀酸的可溶盐。硫酸化焙烧控制条件主要有温度和送风量。氯化焙烧使用氯化剂。常用的氯化剂有 Cl_2、HCl、CCl_4、$CaCl_2$、$NaCl$、$MgCl_2$、$FeCl_3$ 等。

（3）还原焙烧。还原焙烧是指在还原气氛下将金属氧化物还原成金属或低价化合物的焙烧过程。还原剂可以用固体、液体或气体等碳质还原剂。

3.1.1.3 熔炼

熔炼是指试料在高温（1300~1600K）炉内发生一定的物理化学变化，产出粗金属或金属富集物和炉渣的冶金过程。试料除精矿、焙砂、烧结矿等外，有时还需添加为使试料易于熔融的熔剂，以及为进行某种反应而加入还原剂。此外，为提供必要的温度，往往需加入燃料燃烧，并送入空气或富氧空气。

熔炼分为氧化熔炼和还原熔炼。

（1）氧化熔炼

氧化熔炼是以氧化反应为主的熔炼过程，如硫化铜造锍熔炼，锍的吹炼等。这部分的典型实验有硫化铜精矿的造锍熔炼。实验一般在箱式高温电阻炉中进行。通过实验了解造锍熔炼的实质和合理选择渣型的重要意义，熟悉造锍熔炼的配料冶金计算和编制物料平衡图表。

（2）还原熔炼

还原熔炼是一种金属氧化物在高温熔炼炉还原气氛下被还原成熔体金属的熔炼方法。还原熔炼采用碳质还原剂，如煤、焦炭。

3.1.1.4 精炼

精炼是粗金属去除杂质的提纯过程。分化学精炼和物理精炼。

A 化学精炼

化学精炼是利用杂质和主金属某些化学性质的不同而实现其分离。化学精炼有氧化精炼、硫化精炼、氯化精炼和碱性精炼：

（1）氧化精炼。利用氧化剂将粗金属中的杂质氧化造渣或氧化挥发除去的精炼方法。

（2）硫化精炼。加入硫或硫化剂以除去粗金属中的杂质的精炼方法。

（3）氯化精炼。通入氯气或氯化物使杂质形成氯化物而与主金属分离的精炼方法。

（4）碱性精炼。向粗金属熔体加入碱，使杂质氧化物与碱结合成渣而被除去的精炼方法。

在有色冶金实验中，根据不同粗金属中主金属与杂质化学性质的不同情况，设计实验，掌握精炼规律。

B 物理精炼

物理精炼是以物理变化为主，利用金属的物理性质不同除去杂质的方法。物理精炼主要有精馏精炼、真空精炼和熔析精炼：

（1）精馏精炼。利用物质沸点的不同，交替进行多次蒸发和冷凝除去杂质的精炼方法。

（2）真空精炼。在低于或远低于常压下脱除粗金属中杂质的精炼方法。

（3）熔析精炼。利用杂质或其化合物在主金属中的溶解度变化的性质，通过改变精炼温度将其脱除的精炼方法，熔析精炼利用了熔化-结晶相变规律，在相变温度下开始凝固时，会变成两个或几个组成不同的平衡共存相，杂质将富集在其中的某些固相或液相中，从而达到金属提纯的目的，如粗铅除铜。

3.1.2 湿法冶金实验技术

湿法冶金是利用浸出剂将矿石、精矿、焙砂及其他物料中有价金属组分溶解在溶液中或以新的固相析出，进行金属分离、富集和提取的技术。湿法冶金主要包括浸出、液固分离、溶液净化、溶液中金属提取及废水处理等单元操作过程。所以，湿法冶金实验围绕这些单元操作过程进行。

3.1.2.1 浸出

浸出是借助于溶剂选择性地从矿石、精矿、焙砂等固体物料中提取某些可溶性组分的湿法冶金单元过程。根据浸出剂的不同可分为酸浸出、碱浸出和盐浸出；根据浸出化学过程分为氧化浸出和还原浸出；根据浸出压力分为常压浸出和加压浸出。

酸浸出是用酸作溶剂浸出有价金属的方法。常用的酸有无机酸和有机酸，实验室采用硫酸、盐酸、硝酸、亚硫酸、氢氟酸和王水等。碱浸出是用碱性溶液作溶剂的浸出方法。常用的碱有氢氧化钠、碳酸钠和硫化钠。盐浸出是以盐作溶剂浸出有价金属的方法。如用硫酸铁浸出硫化矿，氯化钠浸出铅，氰化钠浸出矿石中的金和银。

氧化浸出是加入氧化剂使矿石、精矿或其他固体物料中的有价组分在浸出过程中发生以氧化反应为特征的浸出方法。实验室常用的氧化剂有空气、氧、Fe^{3+}、MnO_2 和 Cl_2 等。还原浸出是加入还原剂使被浸出固体物料中的有价组分在浸出过程中发生以还原反应为特征的浸出方法，实验室常用的还原剂有 SO_2 和 $FeSO_4$ 等。

在实验室中，加压浸出是在高压釜中进行的。

3.1.2.2　固液分离

固液分离是将浸出液分离成液相和固相的过程，实验室常用沉降分离和过滤两种方法。

（1）沉降分离。沉降分离是借助于重力作用将浸出矿浆分离为含固体量多的底流和清亮的澄清液的液固分离方法，其先决条件是在固相与澄清液之间存在密度差。当处理含极细物料的矿浆时可利用离心力代替重力加速颗粒沉降，或借助化学试剂如凝聚剂和絮凝剂促进矿浆中分散的、不凝聚的颗粒转化成澄清液和浓密的底流。

（2）过滤分离。过滤分离是利用多孔介质拦截浸出矿浆中的固体粒子，用压强差或其他外力为推动力，使液体通过微孔的液固分离方法。实验室常用的过滤设备有真空过滤机。

3.1.2.3　溶液净化

在浸出液中，除含有欲提取金属外往往还含有其他金属和非金属杂质，必须先分离出其他金属和杂质才能最终提取目的金属。溶液净化的方法很多，实验室常用的有结晶、蒸馏、沉淀、置换、溶液萃取、离子交换、电渗析和膜分离等。为获得纯净溶液，往往多种方法综合使用。

（1）结晶。结晶是从溶液、熔融物或蒸气中以结晶状态析出物质的过程。在湿法冶金中，结晶操作主要是从溶液中析出晶体，以制取纯净的固体产品。结晶分降温结晶、蒸发结晶、真空结晶和盐析结晶。

（2）蒸馏。蒸馏是使物料的某成分蒸发并冷凝，以提取或纯化物质的过程。蒸馏方法包括简单蒸馏、真空蒸馏和分子蒸馏。

（3）沉淀。沉淀是使水溶液中金属离子生成难溶固体化合物从溶液中析出的过程。沉淀分水解沉淀、中和沉淀、硫化沉淀、成盐沉淀、离子浮选和共沉淀。

（4）溶液萃取。溶液萃取是利用水溶液中某些金属在有机溶剂和水溶液中分配比例的不同，当有机相和水相充分接触时，水相中某些金属会选择性地转移到有机相的过程。实验室常用的萃取剂有中性萃取剂、碱性萃取剂和酸性萃取剂三类。萃取工艺流程由萃取、洗涤和反萃取三个基本步骤组成。根据水相和有机相接触方式，萃取流程可分为并流萃取、错流萃取和逆流萃取。实验室萃取设备常用萃取塔、离心萃取器和混合澄清萃取箱。

（5）离子交换法。此法是离子交换剂中的阳离子或阴离子与溶液中的同性离子进行可逆交换的过程。该过程包括交换、淋洗、反洗和正洗。影响离子交换反应速度的因素有交换树脂的种类、交换离子、离子浓度、搅拌和作业温度等，而真正影响交换速度的是扩散。

（6）电渗析。电渗析是一种以电位差为推动力，利用离子交换膜的选择透过性，从溶液中脱除或富集电解质的膜分离技术。实验室进行电渗析的设备为电渗析器，它由离子交换膜、隔板和电极组成。

（7）膜分离技术。它是在外加推动力下，使溶液中的溶剂或溶质选择性地通过隔膜的分离过程。膜分离包括反渗透、超滤、微孔过滤、扩散渗析和液膜分离等。

3.1.2.4　从溶液中提取金属

从溶液中提取金属就是把水溶液中所含的金属物料经过金属状态的转化从溶液中回收

的单元操作过程，分电解法和化学法。

（1）电解法。电解提取是向含金属盐的水溶液或悬浮液中通入直流电而使其中的某些金属沉积在阴极的过程。

（2）化学法。化学提取是用一种还原剂把水溶液中的金属离子还原成金属的过程。实验室常用的还原剂有氢气、二氧化硫气体、亚铁离子、铁、锌、铝、铜等金属以及草酸和联胺等。

3.1.3 电化学冶金

电化学冶金又称电解，是使直流电能通过电解池转化为化学能将金属离子还原成金属的过程，是利用电极反应而进行的一种冶炼方法。电化学冶金分为水溶液电解和熔盐电解。按照阳极的不同分为电解提取和电解精炼。

电解精炼是利用阳极中各组分在阳极氧化和阴极析出时的难易或析出速度差异，以及使杂质在电解液中形成难溶盐等而达到提纯金属的过程，分水溶液电解精炼和熔盐电解精炼两种。水溶液电解精炼主要适用于电极电位较正的金属，如铜、镍、钴、金、银等，电解液多为酸液；熔盐电解精炼主要适用于电极电位较负的金属，如铝、镁、钛、铍、锂、钽、铌等。电解质一般用氯化物、氟化物或氟氯化物体系。水溶液电解是以金属的浸出液作为电解液进行电解还原，使目的金属在阴极表面上析出的冶金过程。熔盐电解是以熔融盐类为电解质进行金属提取或金属提纯的电化学冶金过程。对于那些电位比氢负得多而不能从水溶液中电解析出金属和用氢或碳难以还原的金属，常用熔盐电解法制取。例如，全部碱金属和铝、部分金属镁以及各种稀有金属。在熔盐电解中有特异现象，如金属雾的形成和阳极效应。

在电化学冶金实验中，要熟悉电化学冶金原理，考察工艺条件，如电极情况、电解液、电流密度，学会技术指标如电流效率、电耗和电能效率的计算，分析影响电化学冶金过程的因素等，学会电化学冶金设备的使用。

3.1.4 微生物冶金

生物湿法冶金是微生物学与湿法冶金的交叉学科。根据微生物在回收金属过程中所起的作用，可将微生物湿法冶金进一步分为三类：生物吸附、生物积累和生物浸出。

生物吸附是指溶液中的金属离子，依靠物理化学作用被结合在细胞膜或细胞壁上。生物积累是依靠生物体的代谢作用而在体内累计金属离子。生物浸出就是利用微生物自身的氧化或还原特性，使矿物的某些组分以可溶态或沉淀的形式与原物质分离的过程，此即生物浸出过程的直接作用；或是靠微生物的代谢产物与矿物进行反应，而得到有用组分的过程，此即浸出过程中微生物的间接作用。

到目前为止，生物冶金中的生物浸出技术已在工业上用来从废石、低品位原料中回收铜、金和铀，也适用于高品位的硫化矿与精矿，还可以用于煤的脱硫等。大多数的硫化矿如黄铜矿、辉铜矿、黄铁矿以及某些氧化矿如铀矿、软锰矿等，难溶于稀硫酸等一般工业浸出剂，但在溶液中有某些特殊微生物，在合适条件下这些矿物中的金属便能被稀硫酸浸出。这些微生物可以分为两大类，一类能在无有机物的条件下存活，称为"自养微生物"；另一类生长时需要某些有机物作为营养物质，称为"异养微生物"。比较重要的浸矿微生物有六种：氧化铁硫杆菌、氧化硫硫杆菌、氧化铁铁杆菌、微螺球菌属、硫化芽孢杆菌属和高温嗜酸古细菌。生物浸出实验包括细菌的培养与驯化、浸出实验。细菌的培养与驯化涉及五个方面的内容：细菌菌株的采集和鉴别；细菌的分离和培养；细菌的驯化；细菌数量的测定；细菌活性的测定。这些内容和微生物学实验研究采用的方法及技术大体一致，在有关微生物学的教科书中均有系统的阐述。浸出用设备主要有气升渗滤器、柱浸，浸出技术主要有静置浸出技术和搅拌浸出技术。影响生物浸出效果的主要因素有细菌和矿物性质，浸出环境条件（包括浸出温度、浸出介质性质），浸出操作参数与浸出方式等。

3.2   冶金电化学实验技术

电极过程是一种复杂的过程，电极反应包含有许多步骤。要研究复杂的电极过程，就必须首先分析各过程及相互之间的关系，以求抓住主要矛盾。一般来说，对于一个体系的电化学研究，主要有以下三个步骤，即实验条件的选择和控制，实验结果的测量以及实验数据的分析。实验条件的选择和控制必须在具体分析电化学体系的基础上根据研究的目的加以确定，通常是在电化学理论的指导下选择并控制实验条件，以抓住电极过程的主要矛盾，突出某一基本过程。在选择和控制实验条件的基础上，可以运用电化学测试技术测量电势、电流或电量变量随时间的变化，并加以记录，然后用于数据解析和处理，以确定电极过程和一些热力学、动力学参数等。

3.2.1   稳态和暂态

电化学研究方法笼统地讲可以分为稳态和暂态两种。稳态指在指定的时间范围内，电化学系统的参量（如电位、电流、浓度分布、电极表面状态等）变化甚微，基本上可认为不变，这种状态称为电化学稳态，可按稳态方法来处理。需要指出的是：稳态不等于平衡态，平衡态是稳态的一个特例，稳态时电极反应仍以一定的速度进行，只不过是各变量（电流、电势）不随时间变化而已；而电极体系处于平衡态时，净的反应速度为零。从开始对电极极化到电极过程达到稳定状态需要一定时间，其间存在着一个非稳定的过渡过程，这个过程称为暂态过程。暂态和稳态是相对而言的，它们的划分是以参量变化显著与否为标准的。和稳态过程相对应，电极处于暂态时，或电极/溶液界面附近的反应物、产物的浓度发生了变化，或电极/溶液界面的状态发生了变化，或二者同时变了，这些变化都会引起电极电位、电流二者的变化，或引起二者之一的变化。所以只要电流、电位发生变化，或二者之一发生变化，电极就处于暂态。与稳态过程比较，暂态过程有两个特点：

（1）暂态过程具有暂态电流 i_c，即双层充电电流

$$i = i_c + i_r \tag{3-1}$$

式中 i_c——双层充电电流密度；

     i_r——电化学反应电流密度。

（2）电极/溶液界面附近的扩散层内反应物和产物粒子的浓度，不仅是空间位置的函数，还是时间的函数，即

$$C = C(x, t) \tag{3-2}$$

稳态和暂态的研究方法是各种具体的电化学研究方法的概述，下面介绍几种常见的电化学研究方法。

3.2.2 稳态极化曲线的测量

表示电流 i 与过电位 η 的关系的曲线和 $\lg i$ 与 η 的关系的曲线都称为极化曲线。测量极化曲线常采用三电极体系，即研究电极（或称工作电极）、辅助电极（或称对电极）及参比电极，如图 3-1 和图 3-2 所示。

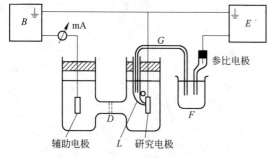

图 3-1　三电极体系的基本电路图

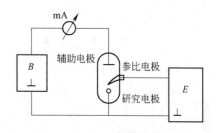

图 3-2　三电极体系示意图

参比电极是用来测量研究电极的电位，辅助电极是用来通电使研究电极极化的，如此测得的是单个电极的极化曲线。测定极化曲线有恒电流法和恒电位法两种。

（1）恒电流法：控制电流密度使其依次恒定在不同数值，测定每一恒定电流密度下的稳定电位，作 i-E 曲线。经典恒电流法是将高压直流电源与高电阻串联起来，使电流保持不变。但现在使用恒电位仪，既可恒电位也可恒电流。

（2）恒电位法：控制电极电位使其依次恒定在不同数值，测定每一恒定电位下的稳定电流。现在普遍使用恒电位仪，测定恒电位下的 E-i 曲线。对于单调函数的极化曲线，即对应一个电流密度只有一个电位的情况，可以用恒电流法或恒电位法来测量。但若有极大值的极化曲线（例如阳极极化曲线），则只能用恒电位法测量。

上述两种方法的自变量，可以逐点手动调节也可以自动调节。自动测定极化曲线最常用的方法是慢电位扫描法。

消除研究电极与参比电极之间的欧姆电位降，这是测定极化曲线时必须尽量做到的。消除欧姆电位降可采用鲁金毛细管，或在恒电位仪中加进欧姆电阻补偿线路。但在溶液电阻较大时，这些措施效果不大，可用间接法测定极化曲线。间接法的原理就是先用恒电流使电极极化，达到稳态后，断掉电流，欧姆电位降随即消失。断电时间越短，测量的电极电位越可靠。一般来说，在 10^{-6} s 内进行测量，引起误差不超过 0.01V。

3.2.3 线性电位扫描技术——循环伏安法

在电化学的各种研究方法中，电位扫描技术应用得最为普遍，而且这些技术的数学解析亦有了充分的发展，已广泛用于测定各种电极过程的动力学参数和鉴别复杂电极反应的过程。可以说，当人们首次研究有关体系时，几乎总是选择电位扫描技术中的循环伏安法，进行定性的、定量的实验，推断反应机理和计算动力学参数。

循环伏安法（cyclic voltammetry）是指加在工作电极上的电势从原始电位 E_0 开始，以一定的速度 v 扫描到一定的电势 E_1 后，再将扫描方向反向进行扫描到原始电势 E_0（或再进一步扫描到另一电势值 E_2），然后在 E_0 和 E_1 或 E_2 和 E_1 之间进行循环扫描。其施加电势和时间的关系为：

$$E = E_0 - vt \tag{3-3}$$

式中　v——扫描速度；

　　　t——扫描时间。

电势和时间关系曲线如图 3-3（a）所示。循环伏安法实验得到的电流-电位曲线如图 3-3（b）所示。

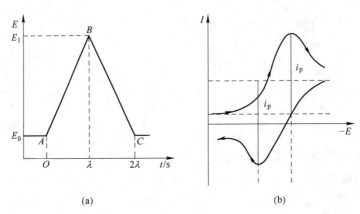

图 3-3　曲线图

（a）循环伏安实验的电位-时间曲线；（b）电位-电流曲线

从图 3-3（b）可见，在反向扫描方向出现了一个阴极还原峰，对应于电极表面氧化态物种的还原，在正向扫描方向出现了一个氧化峰，对应于还原态物种的氧化。值得注意的是，由于氧化-还原过程中双电层的存在，峰电流不是从零电流线测量，而是应扣除背景电流。循环伏安图上峰电位、峰电流的比值以及阴阳极峰电位差是研究电极过程和反应机理、测定电极反应动力学参数最重要的参数。

对于反应产物（R）稳定的可逆体系，其阳极和阴极峰电位差在 25℃时为：

$$\Delta E_p = E_{pa} - E_{pc} = \frac{57 \sim 63}{n} \quad \text{mV} \tag{3-4}$$

25℃时氧化还原峰电流 i_p 可表示为：

$$i_p = -(2.69 \times 10^5) n^{3/2} c'_{Ox} D_{Ox}^{1/2} v^{1/2} \tag{3-5}$$

式中　c'_{Ox}——溶液中物种的浓度；

　　　D_{Ox}——扩散系数；

　　　v——扫描速度。

依据方程式（3-5）不难发现，对于扩散控制的电极反应（可逆反应），其氧化-还原峰电流密度正比于电活性物种的浓度，正比于扫描速率和扩散系数的平方根。

循环伏安法是研究电化学体系很方便的一种定性方法，对于一个新的体系，很快可以检测到反应物（包括中间体）的稳定性，判断电极反应的可逆性，同时还可以用于研究活性物质的吸附以及电化学-化学偶联反应机理。

3.2.4 交流阻抗法

3.2.4.1 电解池体系的等效电路

电解池是一个相当复杂的体系，其中进行着电子的转移、化学变化和组分浓度的变化等。由于暂态系统的复杂性，常常把电极过程用等效电路予以描述，以便分析问题。具有四个步骤（双层充电、电子得失、扩散传质、离子导电）的简单电极过程的暂态等效电路如图 3-4 所示。图中 R_L 为鲁金毛细管口到电极表面，单位面积液柱的溶液电阻。在通电的情况下，C_d 的状态代表了双层充电过程；R_r 对应着电化学反应过程；Z_w 对应着扩散过程；R_L 则代表了离子导电过程。

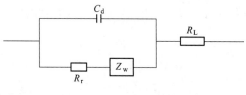

图 3-4　电极等效电路

3.2.4.2 交流阻抗法

控制电极的电流（或电位）在小幅度（一般使电位不超过 10mV）的条件下，随时间按正弦规律变化，并测量相应的正弦交流电位（或电流），或者测量它们的交流阻抗（或导纳）的方法称为交流阻抗法。

使用小幅度对称交流电对电极进行极化，并且频率足够高时，每半周期的持续时间很短，不致引起严重的浓差极化和表面状态变化，而且在电极上交替地出现阳极过程和阴极过程，所以即使测量信号长时间作用于电解池，也不会导致极化现象的积累性发展。

在图 3-4 所示的等效电路中，R_r 和 Z_w 支路的阻抗是电化学体系的核心部分，通常把它统称为法拉第阻抗

$$Z_f = R_r + Z_w \tag{3-6}$$

式中　R_r——反映电化学极化的反应电阻，在不同的极化区域其数值是不同的。它与极化电流（或极化过电位）有关。

在小幅度正弦交流信号作用下，法拉第阻抗中由浓度极化引起的阻抗 Z_w 可简化为一个电阻和一个电容相串联的等效电路，其电阻部分为 R_w，容抗部分为 $1/\omega C_w$。Z_w 有如下关系式

$$Z_w = R_w - \frac{j}{\omega C_w} \tag{3-7}$$

$$R_w = \frac{RT}{n^2 F^2 C_0 (2\omega D_0)^{0.5}} = \sigma \omega^{-0.5} \tag{3-8}$$

$$C_w = \frac{1}{\sigma \omega^{0.5}} \tag{3-9}$$

式中，σ 称为 Warburg 系数。

电化学极化与浓差极化同时存在时，电极的等效电路如图 3-4 所示。法拉第阻抗中的

串联电阻和电容分别为

$$R_s = R_r + R_w = R_r + \sigma\omega^{-0.5} \tag{3-10}$$

$$C_s = C_w = \frac{1}{\sigma\omega^{0.5}} \tag{3-11}$$

式中，R_w 随频率而变化；R_r 与频率无关。

阻抗是向量，可表示为复数形式。把复数阻抗的实数部分 Z' 作横轴，虚数部分 Z''（单位为 "–j"）作纵轴，作出的图形称为阻抗的复数平面图（见图3-5）。从图3-5的形状可以计算电极等效电路中各元件的数值，进而求得电极反应的动力学参数，也可从图形识别电极过程的特征。

由图3-4的等效电路及式（3-10）、式（3-11），可推导出

$$Z' = R_L + \frac{R_r + \sigma\omega^{-0.5}}{(C_d\sigma\omega^{0.5} + 1)^2 + \omega^2 C_d^2 (R_r + \sigma\omega^{-0.5})^2} \tag{3-12}$$

$$Z'' = \frac{\omega C_d (R_r + \sigma\omega^{-0.5})^2 + \sigma\omega^{-0.5}(C_d\sigma\omega^{0.5} + 1)}{(C_d\sigma\omega^{0.5} + 1)^2 + \omega^2 C_d^2 (R_r + \sigma\omega^{-0.5})^2} \tag{3-13}$$

（1）低频率极限：当 $\omega\to0$ 时，上两式近似为

$$Z' = R_L + R_r + \sigma\omega^{-0.5} \tag{3-14}$$

$$Z'' = 2\sigma^2 C_d + \sigma\omega^{-0.5} \tag{3-15}$$

由式（3-14）与式（3-15）消去 ω，可得

$$Z'' = Z' - R_L - R_r + 2\sigma^2 C_d \tag{3-16}$$

可见把 Z'' 对 Z' 作图，得到斜率为1的直线，如图3-5中右方的直线 FG。此直线延长至横坐标的截距 OE，其长度等于 $R_L+R_r-2\sigma^2 C_d$。这时电极过程动力学处于扩散控制区。直线 EFG 适用于仅有浓差极化而电荷传递反应很快的电极系统。

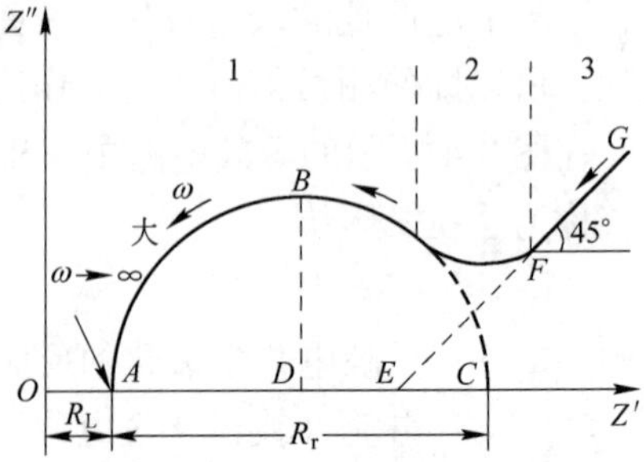

（2）高频率极限：在高频率下，Warburg 阻抗明显减小，电极的法拉第阻抗主要是 R_r。此时的 Z'、Z'' 分别为

图 3-5 电极阻抗的复数平面图
1—动力学控制区；2—混合控制区；
3—扩散控制区

$$Z' = R_L + \frac{R_r}{1 + \omega^2 C_d^2 R_r^2} \tag{3-17}$$

$$Z'' = \frac{\omega C_d R_r^2}{1 + \omega^2 C_d^2 R_r^2} \tag{3-18}$$

由式（3-17）、式（3-18）可推出

$$[Z' - (R_L + R_r/2)]^2 + Z''^2 = (R_r/2)^2 \tag{3-19}$$

可见 Z'' 与 Z' 的关系为圆的曲线方程式。圆半径为 $R_r/2$，圆心在坐标为（$Z'=R_L+R_r/2$，$Z''=0$）处，如图3-5中的 D 点。$\overset{\frown}{ABC}$ 为半圆，OA 距离等于 R_L，AC 距离等于 R_r。B 点的频率 ω_B 满足 $\omega_B C_d R_r = 1$，故

$$C_{\mathrm{d}} = 1/\omega_{\mathrm{B}} R_{\mathrm{r}} \qquad (3\text{-}20)$$

因此对于仅有电化学极化的电极，用这种方法，可在一次实验数据处理中同时求得 R_{L}、R_{r} 和 C_{d}。实验用频率高端要大于 $5\omega_{\mathrm{B}}$，低端要小于 $\omega_{\mathrm{B}}/5$。

对于电化学极化和浓差极化同时存在的电极，当频率减小时得不到图 3-5 中右方半圆的虚线。代替它的是弯曲的实线 BF，向扩散控制区的直线 FG 过渡，也就是动力学和扩散的混合控制区。

3.2.5 方波伏安法

方波伏安法（Square Wave Voltammetry，SWV）这一电化学技术源于极谱法，并在极谱法上进行了创新改进。与传统极谱法相比，它具备极高的灵敏度、极强的背景噪音抑制，可对产物进行直接分析，使用的时间范围也更宽。

该技术一般在静止电极上使用，在电极上进行一系列测量循环，施加的电势波形和采样程序如图 3-6 所示。方波伏安法扫描从初始电势 E_{i} 开始，测试时电流在每个脉冲结束前采样，每个循环有两次脉冲，共采样两次。方波伏安法的基本参数主要有阶梯电势的脉冲高度 ΔE_{p}，每个循环的阶梯波步进变化 ΔE_{s} 和脉冲宽度 T_{p}。脉冲宽度也可表示为方波频率 $f = 1/2T_{\mathrm{p}}$，电势扫描速度可表示为 $v = \Delta E_{\mathrm{s}}/2T_{\mathrm{p}}$。其中正向电流 i_{f} 采自每个循环的第一次脉冲，反向电流 i_{r} 采自第二个脉冲，电流差 $\Delta i = i_{\mathrm{f}} - i_{\mathrm{r}}$。正、反向电流分别保存，用于定性判断。这样，每次 SWV 实验结果有三个伏安图，它们分别是正向电流、反向电流、示差电流对阶梯电势的曲线。

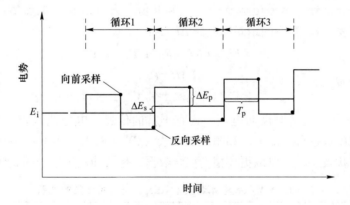

图 3-6　方波伏安的波形和测量程序

T_{p} 决定了实验的时间尺度，在较宽的范围内变化，典型值为 $1\sim500\mathrm{ms}$。ΔE_{s} 决定沿电势坐标的数据点间隔，它们共同决定了整个电势的扫描时间。在实际工作中，ΔE_{s} 一般远小于 ΔE_{p}，ΔE_{p} 决定了每步循环涉及的电势范围和分辨率。一般而言，$\Delta E_{\mathrm{s}} = 10/n\ \mathrm{mV}$，$\Delta E_{\mathrm{p}} = 50/n\ \mathrm{mV}$，对应扫描速度为 $5\sim10\mathrm{mV/s}$，与典型的循环伏安方法相当。

图 3-7 给出了 SWV 方法的无量纲电流行为。在初期的循环中，阶梯电势远正于 $E'(E' = 0)$，正向脉冲逐渐进入电解区，电流较小。进入电解区后，阶梯电势靠近 E'，电解速度是电势的强函数，正向脉冲显著增强 O 的还原速度，反向脉冲使还原过程反向，出现阳极电流，这时总体示差电流逐步增强，在接近 E' 的电位处达到峰值。随着反应进行，

扩散层中 O 消耗殆尽，示差电流下降。而对于图的最右部（对应于阶梯电势远负于 E' 时的那些循环），这时无论正向或反向脉冲的电位大小是多少，电解都以极限扩散速度发生，两次脉冲下的电流几乎一致，示差电流趋于 0。

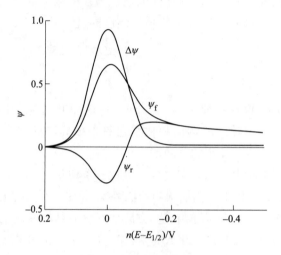

图 3-7　无量纲循环伏安图

（正向电流（ψ_f），反向电流（ψ_r）和示差电流（$\Delta\psi$））

方波伏安法数学模型处理较为复杂，对于可逆反应 $O+ne \rightleftharpoons R$ 且初始溶液中没有 R，那么在半波电势 $E_{1/2}$ 处，示差电流伏安图达到峰值，无量纲峰值电流 $\Delta\varphi_p$ 和 n、ΔE_p 和 ΔE_s 的关系列于表 3-1。实际的示差峰电流 Δi_p 为：

$$E_{1/2} = E' + (RT/nF)\ln(D_O/D_R)^{1/2} \tag{3-21}$$

$$\Delta i_p = \frac{nFAD_O^{1/2} C_O^*}{\pi^{1/2} T_p^{1/2}} \Delta\varphi_p \tag{3-22}$$

SWV 既有正向电流又有反向电流，含有丰富的信息，电势范围宽，时间尺度合适，具备很强的研究电极过程的能力。和循环伏安法（CV）相比，SWV 一般可检测更低的浓度，而且背景干扰较小，可以以更高精度拟合数据，是脉冲伏安法中的最佳选择。

表 3-1　SWV 无量纲峰电流（$\Delta\varphi_p$）与实验参数的关系

$n\Delta E_p$/mV	$n\Delta E_s$/mV			
	1	5	10	20
0	0.0053	0.0238	0.0437	0.0774
10	0.2376	0.2549	0.2726	0.2998
20	0.4531	0.4686	0.4845	0.5077
50	0.9098	0.9186	0.9281	0.9432
100	1.1619	1.1634	1.1675	1.1745

3.3 有色金属冶金和电化学实验实例

3.3.1 硫脲法浸金实验

3.3.1.1 实验目的

（1）学会硫脲法浸金的基本原理。

（2）掌握硫脲法浸金的工艺过程。

3.3.1.2 实验原理和设备

硫脲浸金，是从溶液中无毒提金重要方法之一，具有很大的发展前途，与氰化法比较，显著的优点除减少对环境的污染外，还大大提高浸金的反应速度。

在酸性硫脲溶液中，硫脲会分解产生二硫甲脒，在有 Fe^{3+} 存在的情况下，会加速这种分解。Fe^{3+} 和二硫甲脒都可作为氧化剂，产生两个重要的溶金电化学反应

$$Au + 2N_2H_4CS + Fe^{3+} \rightleftharpoons Au[N_2H_4CS]_2^+ + Fe^{2+}$$

$$E^{\ominus} = 0.39V \tag{3-23}$$

$$Au + 1/2(N_2H_3CS)_2 + CSN_2H_4 + H^+ \rightleftharpoons Au[N_2H_4CS]_2^-$$

$$E^{\ominus} = 0.07V \tag{3-24}$$

生成含金的络合物进入溶液，进一步富集回收就可得到纯金。矿石中的 FeO、Fe_2O_3、Al_2O_3、CaO 等也会溶解而进入溶液，其他脉石等留在渣中。浸出后渣率高则被浸出的黄金量少，渣率低则被浸出的量较多。

实验用仪器设备主要有：恒温水浴锅、药物天平、各种容积的烧杯、500mL 量筒、机械搅拌机。

3.3.1.3 实验步骤

（1）恒温水浴锅内盛水后待升温。

（2）准确称取硫脲的量，配制成含硫脲质量分数为 1.25% 的硫脲溶液 1200mL。

（3）分别配制含 Fe^{3+} 质量分数为 0.3% 的 $Fe_2(SO_4)_3$ 溶液和 0.5mol/L 的硫酸溶液各 1200mL，并分成四等份。

（4）称取烘干的细粒金矿石 4×100g 分别放进 500mL 的烧杯中。

（5）第一个烧杯中加入质量分数为 1.25% 的硫脲溶液 300mL，再加入一份 $Fe_2(SO_4)_3$，一份硫酸。

（6）将上述矿浆放进水浴锅内，达到温度后开机搅拌。

（7）30min 后取出矿浆，记下编号。

（8）矿浆进行过滤，上清液放在一起，渣子烘干、称量，计算出浸出率。

（9）待第一个烧杯从水浴锅取出后，第二个烧杯按步骤（5）配制，待达到实验温度后，重复（6）（7）（8）步骤。

（10）第一个烧杯温度控制在室温，第二、第三、第四个烧杯依次控制温度为 20℃、30℃ 和 40℃。

3.3.1.4   实验报告

（1）简述硫脲浸金的基本原理。

（2）计算出 30min 内的平均浸出速度。

（3）$\lg V$ 对 $1/T\times10^{-3}$ 作图。

（4）据 Arrhenius 方程式：$\lg V=a/T+C$，测量并计算出 a 和 C 的值。

（5）推理出可能的反应控制步骤。

3.3.1.5   思考题

为什么用硫脲浸金过程中要添加三价铁离子？

3.3.2   稀土的萃取分离实验

3.3.2.1   实验目的

通过酸性萃取剂二（2-乙基己基）磷酸酯；双（2-乙基己基）磷酸酯（P204）萃取分离硝酸溶液体系中稀土镨的实验。

（1）理解萃取率、分配比的定义、计算方法及其之间的关联。

（2）学会结合酸性络合萃取原理，掌握影响萃取率、分配比的因素。

（3）了解串级萃取的一般操作方法。

3.3.2.2   实验原理

本实验所用原料是含有一定量镨的硝酸溶液，所用的萃取剂是酸性萃取剂 P204，稀释剂为磺化煤油。

二（2-乙基己基）磷酸酯；双（2-乙基己基）磷酸酯（P204），其结构式如图 3-8 所示。

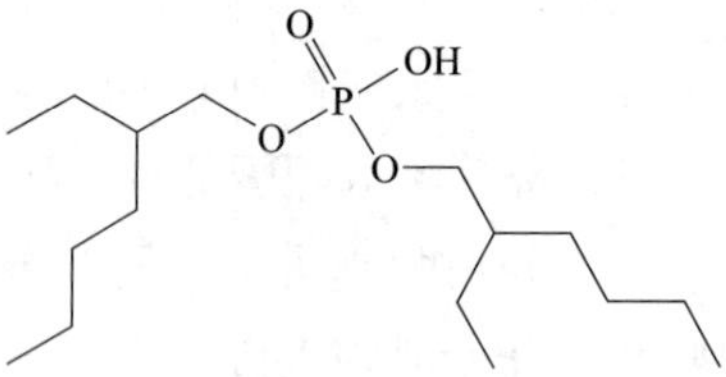

P204 是一种酸性萃取剂，用 P204 萃取金属阳离子时，萃取剂分子中的 H^+ 与金属阳离子 M^{n+} 发生阳离子交换反应，反应式为：

$$M^{n+}_{(Aq)} + nHL_{(O)} \rightleftharpoons ML_{(O)} + nH^+_{(Aq)} \qquad (3\text{-}25)$$

$$K = \frac{\left[ML_{(O)}\right] \cdot \left[H^+_{(Aq)}\right]^n}{\left[HL_0\right]^n \cdot \left[M^{n+}_{(Aq)}\right]} \qquad (3\text{-}26)$$

图 3-8   P204 结构式

金属阳离子的萃取率：

$$E = \frac{C_O V_O}{C_{Aq} V_{Aq} + C_O V_O} = \frac{\left[ML_{(O)}\right]V_O}{\left[M^{n+}_{(Aq)}\right]V_{Aq} + \left[ML_{(O)}\right]V_O} \qquad (3\text{-}27)$$

待萃金属阳离子在有机相和水相之间的分配比：

$$D = \frac{C_O}{C_{Aq}} = \frac{\left[ML_{(O)}\right]}{\left[M^{n+}_{(Aq)}\right]} \qquad (3\text{-}28)$$

所以

$$D = K \cdot \frac{\left[HL_0\right]^n}{\left[H^+_{(Aq)}\right]^n} \qquad (3\text{-}29)$$

从上式可知分配比随萃取剂的浓度［HL_O］增加和溶液中的酸浓度［$H^+_{(Aq)}$］降低而增大。

3.3.2.3 实验设备与试剂

（1）实验仪器设备。烧杯、量筒、容量瓶、移液管、锥形分液漏斗、康氏振荡器、恒温搅拌器、漏斗架等。

（2）试剂与化学品。硝酸镨固体 $Pr(NO_3)_3$、萃取剂 P204（相对分子质量为 322）、磺化煤油、硝酸溶液、六亚甲基四胺、二甲酚橙、1∶1 氨水、EDTA、甲基红次甲基蓝、0.1mol/L NaOH 溶液。

3.3.2.4 实验方法、步骤和实验数据分析

A 萃取率、分配比的测定

（1）溶液配制。配制一定浓度的硝酸镨溶液，浓度为 1g/L。具体方法如下：取 0.1g 硝酸镨固体于烧杯中，加去离子水搅拌溶解，转移至 100mL 容量瓶中，定容，摇匀静置，加入适量的硝酸，调节溶液的 pH 值为 2，装入试剂瓶中。

配制一定浓度的有机相，由萃取剂 P204（相对分子质量为 322）和磺化煤油组成，萃取剂浓度分别为 0.01mol/L，0.1mol/L，0.5mol/L。具体方法如下：分别取萃取剂 0.161g，1.61g，8.05g 于 50mL 容量瓶中，用磺化煤油稀释至刻度线，摇匀静置。

（2）萃取平衡实验。取一个 125mL 锥形分液漏斗，分别用 50mL 量筒准确取萃取剂浓度为 0.01mol/L，0.1mol/L，0.5mol/L 的有机相和待萃溶液各 30mL，即有机相和水相体积比是 1∶1，加入至分液漏斗中，置于康氏振荡器上，振荡一定时间（10min），然后，取下来放在漏斗架上澄清 10min，立即将水相放入一清洁干燥的 100mL 烧杯中，有机相倒入指定的回收瓶中，从水相中用移液管取样分析稀土的浓度。

（3）水相中的稀土浓度标定分析。取 2mL 萃余液于锥形瓶中，加入适量的去离子水，加入六亚甲基四胺并调 pH 值至 4.5~6.0，加入二甲酚橙，滴加 1∶1 氨水或 1mol/L 硝酸溶液，溶液呈紫红色，用 EDTA 滴定分析，溶液变黄色即为滴定终点，记录 EDTA 的消耗量。计算相关数据并填入表 3-2 中。

B 溶液 pH 值对分配比的影响

按照上面的实验方法，固定振荡和澄清时间（此时间由上述实验选定）、室温、有机相组成、相比、待萃溶液浓度等，只改变待萃取溶液的酸浓度，溶液酸浓度分别为 1mol/L，0.01mol/L（pH=2），0.0001mol/L（pH=4）。将相关实验数据填入表 3-3 中。

C 反萃条件实验

实验方法与上述基本相同，取负载稀土镨的有机相（原萃取体系溶液 pH=2）作为反萃体系的上相。下相（水相）分别用 1mol/L，2mol/L，4mol/L 硝酸。其他条件为：相比（有机相∶水相）=1∶1，振荡时间为 10min，澄清时间为 10min，并计算反萃率，将相关实验数据填入表 3-4 中。

D 串级萃取实验

串级萃取实验操作方法现在用三级萃取的例子具体说明：

开始先将三个分液漏斗贴上标号，然后把它们分两排放在漏斗架上，如图 3-9 所示。每个分液漏斗代表萃取槽上的一级。

（1）首先将②号按规定分别加入定量的有机相和料液。放到振荡器上按规定的时间振荡，然后静止分层，同时将①号加入有机相，③号加入料液。当②号静止到规定时间后将水相放入①号内，有机相放入③号内，如图3-9所示。

（2）将①、③号振荡、静止分层，然后将①号水相放到一干燥清洁的烧杯内待分析，将有机相放到②号内，再将③号水相放入②号内，而有机相放到规定的瓶内收集起来，待最后集中反萃。完成上述两步后为一排，这样照图一排一排摇下去。①号始终加有机相出萃余液；③号始终加料液出有机相。串级实验一直进行到几次出来的萃余液稀土镨含量基本恒定为止，一般摇到排数等于级数的2倍，在本实验条件下，一般摇到4排即可，分析每一排水相出口萃余液稀土镨的浓度及酸度并填入表3-2至表3-5中。

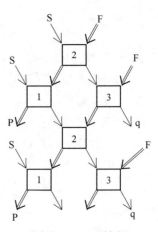

S——有机相　　　F——料液
P——萃余液　　　q——萃取后的有机相
⟶ 有机相方向　　⟹ 水相方向

图 3-9　三级萃取示意图

表 3-2　不同萃取剂浓度条件下稀土 Pr^{3+} 的分配行为

序号	萃取剂浓度 /mol·L^{-1}	V_{EDTA} /mL	萃余液中 [Pr^{3+}]/g·L^{-1}	有机相 [Pr^{3+}]/g·L^{-1}	萃取率 $E/\%$	分配比 D
1	0.01					
2	0.1					
3	0.5					

表 3-3　不同溶液酸浓度条件下稀土 Pr^{3+} 的分配行为

序号	溶液酸浓度 /mol·L^{-1}	V_{EDTA} /mL	萃余液中 [Pr^{3+}]/g·L^{-1}	有机相 [Pr^{3+}]/g·L^{-1}	萃取率 $E/\%$	分配比 D
1	1					
2	0.01					
3	0.0001					

表 3-4　不同水相酸浓度条件下稀土 Pr^{3+} 的反萃行为

序号	溶液酸浓度 /mol·L^{-1}	V_{EDTA} /mL	萃余液中 [Pr^{3+}]/g·L^{-1}	有机相 [Pr^{3+}]/g·L^{-1}	反萃取率 $E/\%$
1	1				
2	2				
3	4				

表 3-5　串级萃取实验结果

排数	V_{EDTA} /mL	萃余液中 $[Pr^{3+}]/g \cdot L^{-1}$	有机相 $[Pr^{3+}]/g \cdot L^{-1}$	萃取率 $E/\%$	分配比 D
1					
2					
3					
4					

3.3.2.5　实验报告思考题

（1）在反萃实验中，若酸溶液的浓度越大，反萃率如何变化？

（2）根据实验，叙述分配比与萃取率的关系。

3.3.2.6　实验注意事项

（1）结束时要写出实验报告上交，并在其中就所得结果进行讨论，最后得出结论；

（2）实验结束时应将使用过的器皿洗涮干净，清点后全部交给实验室人员验收，实验中如有损坏及时登记；

（3）分液漏斗在使用之前一定要认真检查是否漏液，否则会造成串级中断。放在振荡器的架子上时，必须塞紧玻璃盖、并使颈上的小孔与玻璃塞上的孔隙错开然后在架上卡牢；

（4）在进行串级萃取实验时，各次操作条件要一致，按照图中顺序进行，千万不可错乱，否则造成串级失败；

（5）收集水相的小烧杯一定要干燥清洁并贴好标签，每次分析铁浓度和酸度取量要准确；

（6）在实验过程中要严格做好记录，并观察实验现象，遇到特殊情况应记录，两人交接时要把情况交代清楚；

3.3.2.7　实验分析与数据处理方法

（1）待萃取溶液或萃余液中镨浓度的计算方法：

$$[Pr_{Aq}^{3+}] = \frac{C_{EDTA} \cdot V_{EDTA}}{V_{Pr}} \tag{3-30}$$

式中　V_{EDTA}——滴定时所消耗的标准 EDTA 溶液体积，mL；

　　　V_{Pr}——取含 Pr 萃余液体积，mL；

　　C_{EDTA}——标定后的 EDTA 溶液浓度。

EDTA 标准溶液的标定（锌标准溶液标定）：

用移液管准确移取 20mL 锌标准溶液，至于 300mL 锥形瓶中，加入 50mL 水摇匀，用氨水调至弱碱性（pH 为 7~8），加入 10mL 醋酸-醋酸钠缓冲液，滴加 2~3 滴铬黑 T 指示剂，用 EDTA 标准溶液滴定至溶液由紫红色变为亮蓝色即为终点，记录 EDTA 溶液滴定体积 V_{EDTA}。滴定 3 次，取 3 次平均值为消耗 EDTA 的体积。

$$C_{EDTA} = \frac{C_{Zn} \cdot V_{Zn}}{V_{EDTA}} \tag{3-31}$$

式中　V_{Zn}——移取的锌标准溶液体积，mL；

C_{Zn}—— 锌标准溶液的浓度，mol/L；

C_{EDTA}——标准溶液的滴定浓度，mol/L。

（2）分析水溶液酸度的方法。用移液管吸取 1mL 料液或萃余液，加入约 5mL 掩蔽剂（EDTA-Zn），再加入甲基红次甲基蓝指示剂 2 滴，然后用 0.1mol/L 的 NaOH 标准溶液滴定至溶液由紫红色变为绿色，即为终点。

$$C_{H^+} = \frac{C_{NaOH} \cdot V_{NaOH}}{V_{H^+}} \qquad (3\text{-}32)$$

计算：

$$[H^+] = C_{H^+} = \frac{C_{NaOH} \cdot V_{NaOH}}{V_{H^+}} \qquad (3\text{-}33)$$

式中　V_{NaOH}——滴定时消耗的 NaOH 标准溶液的体积，mL；

C_{NaOH}——NaOH 标准溶液的浓度，mol/L；

V_{H^+}——移取的酸溶液体积，mL。

3.3.3　硅热法炼镁实验

3.3.3.1　实验目的
（1）学会硅热法炼镁的基本原理。
（2）掌握硅热法炼镁的工艺过程。
（3）学会硅热法炼镁的配料计算。

3.3.3.2　实验原理和设备

煅烧后的白云石（称为煅白）的主要组成为 MgO、CaO、SiO_2 和 Al_2O_3 等。为了获得金属镁，应选择在反应温度下氧化物的标准生成自由焓变化比氧化镁的标准生成自由焓变化小的元素作为还原剂，还原剂的选择可参照艾林汉图，如图 3-10 所示。

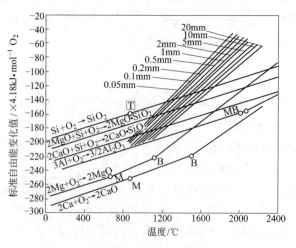

图 3-10　艾林汉图

从图可以看出硅可以做 MgO 的还原剂，还原起始温度为 2375℃。当用硅（铁）还原煅白时，生成了稳定的化合物二钙硅酸盐，此时还原起始温度降低约 600℃；用硅还原煅

白的平衡温度随压力减小而降低。用硅还原煅烧白云石的反应可用下式表示

$$2MgO + 2CaO + Si \Longrightarrow 2CaO \cdot SiO_2 + 2Mg$$

在一定的高温和一定的真空条件下，反应迅速向右进行，还原出的镁呈气态，在结晶器中结晶。在用硅还原煅白的热法炼镁中，温度控制在1150～1200℃，真空度保持在133.32～13.33Pa。实验流程见图3-11。

实验所用原料为白云石，其分子式为$CaCO_3 \cdot MgCO_3$，实验前将其煅烧，煅烧温度为1150℃，煅烧时间为40min。煅烧白云石的分子式为$CaO \cdot MgO$。将其置于干燥处，封存备用。实验所用还原剂硅铁粉、添加剂萤石粉需烘干备用。

实验设备包括：高温还原炉及温度控制装置；真空机组及真空检测装置；制团设备；还原罐；天平。设备联系见图3-12。

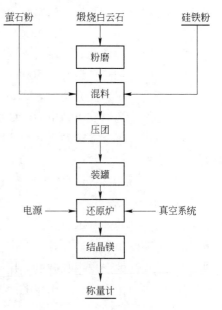

图3-11 实验流程图

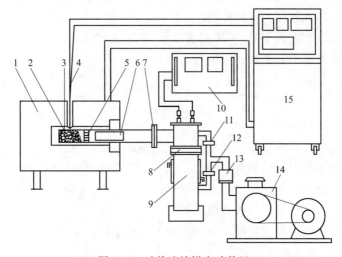

图3-12 硅热法炼镁实验装置

1—加热电炉；2—反应罐；3—炉料；4—热电偶；5—隔热挡板；6—镁结晶器；
7—盖板法兰；8，11，12—真空蝶阀；9—油扩散泵；10—复合真空计；
13—电磁真空截止阀；14—机械真空泵；15—精密温度控制仪

实验条件：制团压力：30MPa，还原温度1200℃，真空度13Pa，还原时间3h。

3.3.3.3 实验步骤

（1）配料计算。根据实验室提供的煅白和硅铁的分析单，按反应式$2MgO+2CaO+Si \Longrightarrow 2CaO \cdot SiO_2+2Mg$计算，其中$Si/2MgO$的摩尔比等于1.2，萤石配入量的质量分数为2%。试样总质量为100g，使用工业天平称量。

（2）磨料。将煅白粉磨、过筛，粒度小于80目。硅铁粉也需过筛，粒度为80目。

（3）混料。将配制好的试料充分混匀。

（4）制团。

（5）装罐。称取 80g 团料装入反应罐底部，再装入结晶套，拉入真空系统。

（6）装炉。加热炉温升至 800℃ 时将反应罐装入炉内。

（7）还原。待炉温升至 1180℃ 时，真空度达到 13Pa 时，开始记录还原时间。

（8）停炉。还原反应结束后，断电，将反应罐从炉中取出，自然冷却。

（9）取镁。待反应罐温度降至 300℃ 以下时，停止抽真空，系统与大气连通，打开反应罐，结晶套。

（10）称量镁重，进行计算。

3.3.3.4　实验报告

（1）简述实验的基本原理。

（2）记明实验数据与条件。

（3）计算镁的产出率和硅的利用率。

（4）详细讨论影响镁产出率的因素及在配料中添加萤石粉的作用。

3.3.3.5　思考题

（1）为什么用 75 号硅铁作为还原剂？

（2）为什么用白云石作为炼镁原料？

（3）为什么要真空度为 13Pa 下进行实验？

（4）为什么在配料中要添加适量的萤石粉？

3.3.4　铝电解实验

3.3.4.1　实验目的

（1）学会铝电解过程电流效率和电能效率的测定方法。

（2）熟悉熔盐电解的试验研究方法。

（3）掌握铝电解过程试验研究的基本操作。

（4）观察铝电解过程某些特殊现象。

（5）学会计算铝电解电流效率、电能效率和阳极单耗。

3.3.4.2　实验原理和设备

铝电解槽，工业采用炭阳极，在电解过程中阳极不断消耗，阳极上产生 CO_2 和 CO，阴极上析出铝，电解过程总反应可表达为

$$Al_2O_3 + \frac{3}{1+N}C \Longrightarrow 2Al + \frac{3N}{1+N}CO_2 + \frac{3(1-N)}{1+N}CO \tag{3-34}$$

式中　N——CO_2 占 CO_2 与 CO 总和的体积分数。

从理论上说，电解过程的一次气体为 CO_2，CO 由副反应生成。所以电流效率可由阳极气体分析法得到，但由于试验上的多种因素，实际中通常用阴极铝的实际产量在理论产量中占的质量分数来计算电解过程电流效率。

根据法拉第定律，通过 1 法拉第电量，理论上应析出 1mol 铝，即相当于 1A 电流通过 1h 产生 0.3356g 金属铝。当电流强度为 I，电解时间为 t，实际产铝量为 m 时，电流效率为

$$\eta_{电流} = \frac{m}{0.3356It} \times 100\% \tag{3-35}$$

式中，t 的单位为 h；I 的单位为 A；m 的单位为 g。

电能效率为生产一定铝量时，理论耗电量与实际耗电量之比。

理论耗电量取 $\qquad W_{理} = 6320 \quad kW \cdot h/t_{铝} \tag{3-36}$

每吨铝实际耗电能量用下式计算

$$W_{实} = \frac{V}{0.3356\eta} \times 10^3 \quad kW \cdot h/t_{铝} \tag{3-37}$$

式中 V——电解槽电压，V。

而电能效率为

$$\eta_{电能} = \frac{W_{理}}{W_{实}} \times 100\% \tag{3-38}$$

阳极消耗是指单位铝产量消耗的阳极炭。计算式为

$$M_A = \frac{\omega_0 - \omega_t}{m} \tag{3-39}$$

式中 M_A——阳极单耗；

ω_0，ω_t——电解前后阳极炭块质量；

m——实际铝产量。

本实验用电压表测槽电压，直流电流表测电流强度，并记录下电压电流随时间的变化，同时也用直流安培小时计记录累计电量，用 X-Y 函数记录仪记录理论电压和电流变化曲线。实验电解槽采用内衬刚玉的石墨坩埚，用刚玉套管套住石墨棒作阳极，直流电流由可控硅整流器供给，由于电解质发热量不能满足需要，电解槽置于坩埚电阻炉，供热电阻炉由温度控制器控制温度，电解槽周围通入惰性气体，保护坩埚免遭氧化。实验中要用直流分流器与直流安培小时计配合接入电路中，还要用到可调电阻和信号源。

配电解质用药物天平称量，金属铝用电光天平称量。

实验中所用原料有工业级 Al_2O_3，工业级冰晶石，工业级氟化铝，工业级氟化钠，工业级氟化钙，工业纯铝，氮气。电解过程控制条件是，电解温度 940~950℃，极距 4~5cm，电流强度 10~30A。

电解质分子比 2.2~2.4，$w(CaF_2) = 4\%$，$w(Al_2O_3) = 5\%$。每次装电解质 200~500g，金属铝 30~100g，电解时间 1~2h。

3.3.4.3 实验步骤

（1）按要求备好石墨坩埚、阳极石墨棒。

（2）连接设备，选择量程，检查各部连接是否正确。

（3）坩埚电阻炉通电升温，升温时在 500℃ 恒温 30min。

（4）配电解质，先计算好各物质加入量，调整电解质分直比到指定值。用药物天平准确称取各试剂，混合均匀。

（5）通氮气于炉内，把装有电解质的坩埚放入炉中，升温至要电解温度，恒温 30min。

（6）把称量好的铝（准确至 10^{-3}g）放入溶化了的电解质中。

（7）检查系统导通情况，并确定好阳极插入深度。

（8）把阳极插入电解质，装好炉子。

（9）接通电解电源，开始记录，X-Y 函数仪开始工作。

（10）记录电压、电流随时间的变化情况。

（11）电解过程中可适当调整阳极位置，并在电解中途加入 Al_2O_3。

（12）到指定时间停止电解，停止作业顺序为：

停止电解电源—停 X-Y 函数仪—停加热电源—开炉—取出阳极—取出石墨坩埚—取出金属铝。

（13）待冷却后准确称量金属铝质量和阳极炭棒质量。

（14）检查整个实验记录情况，并把实验设备和仪器恢复原样。

3.3.4.4　实验报告

（1）简述整个实验过程。

（2）整理实验数据并分析数据的可靠性。

（3）计算出电流效率、电能效率、阳极单耗。

（4）结果分析和讨论。

3.3.4.5　思考题

（1）电解温度确定的依据是什么？

（2）测量过程中影响实验结果的主要因素有哪些，如何影响？

（3）试估算你所得到的金属铝的成本是多少，与实际生产相比如何？

3.3.5　恒电位法测定阳极极化曲线实验

3.3.5.1　实验目的

（1）掌握恒电位法测阳极极化曲线的基本原理和方法。

（2）掌握恒电位仪的基本使用方法。

（3）测定镍电极在不含 Cl^- 及含 Cl^- 的电解液中的阳极极化曲线。

（4）通过实验加深对电极钝化与活化过程的理解。

3.3.5.2　实验原理和设备

恒电位法也叫作控制电位法，就是控制电位使其依次恒定在不同的电位下，同时测量相应的稳态电流密度。然后把测得的一系列不同电位下的稳态电流密度画成曲线，就是恒电位稳态极化曲线。在这种情况下，电位是自变量，电流是因变量，极化曲线表示稳态电流密度（即反应速度）与电位之间的函数关系：$i=f(\varphi)$。

维持电位恒定的方法有两种，一是用经典恒电位器，一是用恒电位仪。现在一般都使用国际上先进的恒电位仪。用恒电位仪控制电位，不但精度高，频响快，输入阻抗高，输出电流大，而且可实现自动测试，因此得到了广泛应用。恒电位仪实质上是利用运算放大器经过运算使得参比电极与研究电极之间的电位差严格等于输入的指令信号电压。恒电位仪按工作原理可分为两类，一是差分输入式，另一是反向串联式。用运算放大器构成的恒电位仪在电解池、电流取样电阻及指令信号的连接方式上有很大灵活性，可以根据电化学测量的要求选择或设计各种类型恒电位仪电路。

恒电位法既可测定阴极极化曲线，也可测定阳极极化曲线。特别适用于测定电极表面状态有特殊变化的极化曲线，如测定具有阳极钝化行为的阳极极化曲线。

用恒电位法测得的阳极极化曲线如图 3-13 的曲线 *ABCDE* 所示。整个曲线可分为四个区域：*AB* 段为活性溶解区，此时金属进行正常的阳极溶解，阳极电流随电位改变服从 Tafel 公式的半对数关系；*BC* 段为过渡钝化区，此时由于金属开始发生钝化，随电位的正移，金属的溶解速度反而减小了；*CD* 段为稳定钝化区，在该区域中金属的溶解速度基本上不随电位而改变；*DE* 段为过渡钝化区，此时金属溶解速度重新随电位的正移而增大，为氧的析出或高价金属离子的产生。

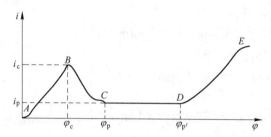

图 3-13　Ni 在 1mol/L H_2SO_4 溶液中的阳极极化曲线

从这种阳极极化曲线上可得到下列一些参数：临界钝化电位 φ_c；临界钝化电流 i_c；稳定钝态的电位区 $\varphi_p \sim \varphi_{p'}$ 以及稳定钝态下金属的溶解电流 i_p。这些参数用恒电流法是测不出来的。可见，恒电位极化对金属与溶液相互作用过程的描述是相当详尽的。

从上述极化曲线可以看出，具有钝化行为的阳极极化曲线的一个重要特点是存在着所谓"负坡度"区域，即曲线的 *BCD* 段。由于这种极化曲线上每一个电流值对应着几个不同的电位值，故具有这样特性的极化曲线是无法用恒电流法测得的。因而恒电位是研究金属钝化的重要手段，用恒电位阳极极化曲线可以研究影响金属钝化的各种因素。

影响金属钝化的因素很多，主要有：

（1）溶液的组成。溶液中存在的 H^+、卤素离子以及某些具有氧化性的阴离子，对金属的钝化行为起着显著的影响。在酸性和中性溶液中随着 H^+ 浓度的降低，临界钝化电流减小，临界钝化电位也向负移。卤素离子，尤其是 Cl^- 则妨碍金属的钝化过程，并能破坏金属的钝态，使溶解速度大大增加。某些具有氧化性的阴离子（如 CrO_4^- 等）则可促进金属的钝化。

（2）金属的组成和结构。各种纯金属的钝化能力不同。以铁族金属为例，其钝化能的顺序为 Cr>Ni>Fe。在金属中加入其他组分可以改变金属的钝化行为。如在铁中加入镍和铬可以大大提高铁的钝化倾向及钝态的稳定性。

（3）外界条件。温度、搅拌对钝化有影响。一般来说，提高温度和加强搅拌都不利于钝化过程的发生。

3.3.5.3　实验步骤

（1）阳极极化曲线的测量。研究电极表面为 $1.0cm^2$（单面），另一面用石蜡封住，将待测的一面用金相砂纸打磨，除去氧化膜，用丙酮洗涤除油，再用酒精擦洗，用蒸馏水冲洗干净，再用滤纸吸干，放入电解池中。电解池中的辅助电极为铂金电极，参比电极为硫酸亚汞电极，电解池中注入 1mol/L 的 H_2SO_4 溶液。

（2）打开电脑及电化学工作站 CHI660。

（3）使用三电极体系，按图 3-14 连接好实验线路（要求无挥发性和腐蚀性气体产生）。

（4）选择 Setup 菜单中电极"Technique"选项，在弹出菜单中选择"Linear Sweep Voltammentry"技术，设置实验参数和条件。

（5）点击"Run"开始实验测试，在实验过程中严格禁止触摸电解池接线。

（6）作镍电极在浓度 0.005mol/L KCl＋1mol/L H_2SO_4 溶液中的阳极极化曲线，条件同上。

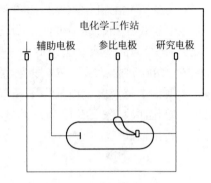

图 3-14　实验线路图

（7）作镍电极在浓度 0.05mol/L KCl＋1mol/L H_2SO_4 溶液中的阳极极化曲线，条件同上。

（8）实验完毕，轻轻拆下实验线路，关闭电化学工作站及电脑；清洗电极、电解池，将仪器恢复原位，桌面擦拭干净。

3.3.5.4　实验报告

（1）恒电位法测阳极极化曲线的实验原理。

（2）作 ϕ-I 曲线。

（3）比较三条曲线，并讨论所得实验结果及曲线的意义。

（4）分析 Cl^- 浓度对阳极钝化曲线的影响。

3.3.5.5　思考题

为什么金属的阳极钝化曲线不能用恒电流法测得？

3.3.6　Tafel 曲线测定金属的腐蚀速率

3.3.6.1　实验目的

（1）掌握 Tafel 测定金属腐蚀速度的原理和方法。

（2）掌握电化学工作站测定 Tafel 曲线的基本使用方法。

（3）测定不同成分的耐候钢在 0.05mol/L $NaHSO_4$ 电解液中的腐蚀电流密度。

（4）了解阳极塔菲尔斜率和阴极塔菲尔斜率的计算方法。

（5）通过实验加深对活化极化控制的电化学腐蚀体系在强极化区的塔菲尔关系，分析不同成分的耐候钢的耐腐蚀性能。

3.3.6.2　实验原理和设备

当金属在电解质溶液中发生腐蚀时，一般同时进行两个或多个电化学反应，例如，铁在酸性介质中发生腐蚀，Fe 上同时发生反应：

$$Fe \longrightarrow Fe^{2+} + 2e \tag{3-40}$$

$$2H^+ + 2e \longrightarrow H_2 \tag{3-41}$$

在没有外加电流通过时，电极上没有净电荷积累，因此氧化反应速度 i_a 等于还原反应速度 i_c，并且等于自腐蚀电流 I_{corr}，与此对应的电位是自腐蚀电位 E_{corr}。当有外加电流通过，阳极发生极化时，电极电位向正向移动，其结果会加速氧化反应速度 i_a，同时抑制还原反应速度 i_c，此时，金属 Fe 上通过的阳极性电流应是：

$$I_a = i_a - |i_c| = i_a + i_c \tag{3-42}$$

同理，阴极极化时，金属 Fe 上通过的阴极性电流 I_c 也有类似关系。

$$I_c = -|i_c| + i_a = i_c + i_a \tag{3-43}$$

从电化学反应速度理论可知，当局部阴、阳极反应均受活化极化控制时，过电位（极化电位）η 与电流密度的关系为：

$$i_a = i_{corr} \exp\left(\frac{2.3\eta}{b_a}\right) \tag{3-44}$$

$$i_c = -i_{corr} \exp\left(\frac{-2.3\eta}{b_c}\right) \tag{3-45}$$

因此：

$$I_a = i_{corr} \exp\left(\frac{2.3\eta}{b_a}\right) - \exp\left(\frac{-2.3\eta}{b_c}\right) \tag{3-46}$$

$$I_c = -i_{corr} \exp\left(\frac{-2.3\eta}{b_c}\right) - \exp\left(\frac{2.3\eta}{b_a}\right) \tag{3-47}$$

当金属的极化处于强极化区时，阳极电流中的反应速度 i_a 和阴极电流中的反应速度 i_c 均可忽略，可以计算得到：

$$\eta = -b_a \lg i_{corr} + b_a \lg i_a \tag{3-48}$$

$$\eta = -b_c \lg i_{corr} + b_c \lg i_c \tag{3-49}$$

实验中确定极化曲线时，如果不考虑浓差极化和电阻的影响，通常在极化电位偏离腐蚀电位约 50mV 以上，即外加电流较大时，在极化曲线上会有服从塔菲尔方程的直线段。将实测的阴、阳极极化曲线的直线部分延长到交点，或者当阳极极化曲线不易测量时，可以把阴极极化曲线的直线部分外延与稳定电位的水平线相交，此交点所对应的电流即是金属的腐蚀电流对数值 $\lg i_{corr}$，由此可以计算出腐蚀电流密度 i_{corr}。将两条塔菲尔直线外延后相交，交点表明金属阳极溶解速度 i_a 与阴极反应（析 H_2）速度 i_c 相等，金属腐蚀速度达到相对稳定，所对应的电流密度就是金属的腐蚀电流密度。

3.3.6.3 实验步骤

（1）Tafel 曲线的测量（见图 3-15）。研究电极表面为 $1.0cm^2$（单面），另一面用石蜡封住，将待测的一面用金相砂纸打磨，除去氧化膜，放入电解池中。电解池中的辅助电极为铂金电极，参比电极为饱和 KCl 溶液的甘汞电极，电解池中注入 0.05mol/L 的 $NaHSO_4$ 溶液。

（2）打开电脑及电化学工作站 CHI660。

（3）使用三电极体系连接好实验线路（见图 3-14），在实验过程中严格禁止触摸电解池接线。

（4）试样需在电解液中静置一段时间，待开路电位稳定后选择 Open Circuit Potential-Time 测试开路电压，并记录开路电压值。

（5）测试极化曲线。选择 Tafel Plot 模式，以开路电压为原点测试 $-0.3 \sim 1.0V$ 范围，点击"Run"开始实验。

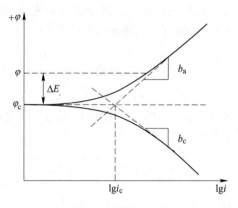

图 3-15　塔菲尔曲线

（6）测试三种不同耐候钢的开路电压和极化曲线，记录开路电压值并保存极化曲线。

（7）实验完毕，轻轻拆下电极和实验线路，关闭电化学工作站及电脑；清洗电极、电解池，将仪器恢复原位，桌面擦拭干净。

3.3.6.4　思考题

（1）比较测试曲线，讨论实验结果，分析说明三种耐候钢的腐蚀速率如何。

（2）计算腐蚀电流密度、阴极塔菲尔斜率、阳极塔菲尔斜率。

3.3.7　熔盐电解精炼钛实验

3.3.7.1　实验目的

（1）学会熔盐电解精炼的基本原理。

（2）掌握钛电解精炼过程的基本操作。

（3）熟悉电解精炼过程的电流效率测定方法。

3.3.7.2　实验原理

电解精炼是制备高纯金属的一种普遍方法，通常包括水溶液电解精炼和熔盐电解精炼。由于钛离子还原电位负，在水溶液电解质中，受析氢反应限制，钛离子难以被电化学还原为金属钛。因此，钛的电解精炼只能在高温熔盐中进行。

高温熔盐电解精炼法以粗金属钛为阳极，以碱金属氯化物为熔盐电解质，在高于熔盐熔点的温度下，通过控制电解电压或电流密度进行电解。精炼过程中，可溶性钛阳极在电流作用下以 Ti^{3+} 或 Ti^{2+} 形式存在，电化学溶解进入熔盐电解质，并迁移到阴极表面电化学还原为金属钛，其过程见图 3-16。其精炼过程总反应式为：

$$Ti（粗钛，阳极）\longrightarrow Ti（高纯钛，阴极）\tag{3-50}$$

根据法拉第定律，以 Ti^{2+} 为活性电解质计算，通过 1 法拉第电量，理论应析出 0.5mol 金属钛，此时钛的电化学当量为 0.893。当电流为 I，电解时间为 t，实际产钛量为 m 时，电流效率为：

$$\eta = \frac{m}{0.893 \times It} \times 100\%\tag{3-51}$$

式中　　t——电解时间，h；

　　　　I——电流，A；

　　　　m——实际产钛量，g。

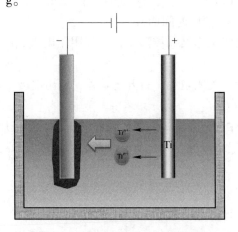

图 3-16　电解精炼高纯钛示意图

　　电解精炼的基本原理是利用钛和杂质的电位差，导致其在阳极、熔盐和阴极产物中发生不同的转化迁移行为，达到钛精炼提纯的目的，从而制备获得高纯金属钛。电解时，电位比钛正的杂质难以电化学溶解，留在阳极泥中，而电位比钛负的杂质则同钛一起进入熔盐电解质中，但不能在阴极电化学还原，而是趋于在熔盐中富集，因此精炼效果较好。溶出电位和钛十分接近的杂质元素如 Mn、Al、V、Zr、Zn、Cr 等，在阳极会发生溶出现象，该类杂质元素在熔盐中不断富集达到一定浓度时会在阴极析出，从而降低金属钛纯度。此外，在阳极溶解过程中，低价钛离子（Ti^{3+} 或 Ti^{2+}）进入熔盐。由于溶解的低价钛离子之间存在的歧化反应以及阴极严重的浓差极化，会造成电流空耗，导致阳极溶解效率和阴极沉积效率的降低。因此，需配制含 Ti^{2+} 的熔盐电解质，同时控制电解过程中的电流密度，以尽可能避免该问题。

　　本实验中采用恒电流电解法，使用电化学工作站记录电解槽压，同时记录下电压随时间变化曲线。实验电解槽采用刚玉坩埚，以粗钛板为可溶阳极，高纯钛板为阴极。由于电解质发热量不能满足需要，电解槽置于坩埚电阻炉中，供热电阻炉由温度控制器调节温度，电解槽周围通入惰性气体，保护电极产物免遭氧化。配电解质用药物天平称量。

　　实验中电解质采用 NaCl-KCl（摩尔比 1∶1），同时添加 3mol% $TiCl_2$，每次装电解质约 200～300g。工作温度为 800℃，阳极电流密度控制在 0.1A/cm^2，阴极电流密度控制在 1A/cm^2，电解时间设为 1.5h。

3.3.7.3　实验步骤

（1）按要求备好刚玉坩埚、阳极粗钛板及阴极高纯钛板。

（2）称量并记录阴阳极质量。

（3）配电解质，先计算好各物质加入量，调整电解质分直比到指定值。用药物天平准确称取各试剂，混合均匀。

（4）把装有电解质的坩埚放入炉中，升温至 200℃，真空脱水并保温 8h。

（5）将真空换为高纯氩气气氛，将电阻炉通电升温至 800℃并在该温度保温。

（6）下伸阴阳电极，控制阴阳极面积比例为 1∶10，连接至电化学工作站，将阳极设为工作电极，电流密度为 0.1A/cm^2，进行恒流电解 1.5h。

（7）记录电解过程中的电压-时间曲线。

（8）实验结束后，关闭工作站和控温仪，上提阴阳电极 30cm 甚至更高，保持氩气气氛降温。

（9）炉温降至室温后，关闭氩气，打开上炉盖，取出电极坩埚，清洗炉盖，电极，坩埚等。

（10）待冷却后准确称量金属阴极钛沉积质量和电解后阳极质量。

（11）检查整个实验记录情况，并把实验设备和仪器恢复原样。

3.3.7.4　实验报告

（1）简述实验过程。

（2）整理实验数据并计算电流效率。

（3）结果分析和讨论。

3.3.7.5　思考题

（1）电解过程中影响钛精炼电流效率的因素有哪些？

（2）氯化物熔盐为何需真空脱水？

3.3.8　离子交换实验

3.3.8.1　实验目的

（1）学习采用离子交换树脂处理钨酸钠溶液的基本原理。

（2）掌握离子交换法的基本操作技术。

（3）掌握离子交换法穿透曲线的测定方法

3.3.8.2　实验原理

粗钨酸钠溶液中含有磷、砷、硅等杂质，利用 201×7 树脂对不同阴离子亲和力的差异（顺序大体如下：$WO_4^{2-} > OH^- > AsO_4^{3-} > PO_4^{3-} > SiO_3^{2-} > F^-$），可以实现钨在树脂上的优先吸附和分离磷、砷、硅等杂质。

将溶液通过离子交换柱，使溶液中能够起交换作用的离子或交换能力强的离子吸附到树脂上（此过程称为吸附或者交换），而其他不起交换作用（或交换能力弱）的离子则随溶液流出，接着用水洗去柱中的残留溶液，再用适当的解吸剂（也称淋洗剂）将树脂上的离子解脱下来（解吸过程）。

阴离子树脂在吸附开始前，一般先用盐酸溶液将其转化为 Cl^- 型树脂。当稀钨酸钠溶液流经 Cl^- 型强碱性阴离子树脂层时，会发生下列离子交换反应：

$$2\,\overline{R_4NCl} + WO_4^{2-} \Longrightarrow \overline{(R_4N)_2\,WO_4} + 2Cl^- \tag{3-52}$$

$$3\,\overline{R_4NCl} + AsO_4^{3-} \Longrightarrow \overline{(R_4N)_3\,AsO_4} + 3Cl^- \tag{3-53}$$

$$3\,\overline{R_4NCl} + PO_4^{3-} \Longrightarrow \overline{(R_4N)_3\,PO_4} + 3Cl^- \tag{3-54}$$

$$2\,\overline{R_4NCl} + SiO_3^{2-} \Longrightarrow \overline{(R_4N)_2\,SiO_3} + 2Cl^- \tag{3-55}$$

　　当吸附不断进行，钨酸钠溶液不断流入交换柱时，某些已吸附到树脂上的杂质阴离子，会被浓度较高的 WO_4^{2-} 置换下来逐渐转移到交换柱的下层树脂层上，最终逐渐从树脂层上被置换下来，进入交换液从而实现钨与杂质的分离。这种置换反应可表示为：

$$2\overline{(R_4N)_3AsO_4} + 3WO_4^{2-} \Longleftrightarrow 3\overline{(R_4N)_3WO_4^-} + 2AsO_4^{3-} \tag{3-56}$$

$$2\overline{(R_4N)_3PO_4} + 3WO_4^{2-} \Longleftrightarrow 3\overline{(R_4N)_3WO_4} + 2PO_4^{3-} \tag{3-57}$$

$$\overline{(R_4N)_3SiO_3} + WO_4^{2-} \Longleftrightarrow \overline{(R_4N)_3WO_4} + SiO_3^{2-} \tag{3-58}$$

　　离子交换柱操作过程，可用流出曲线表征，称为穿透曲线，如图3-17所示。横坐标为流出液体的体积，纵坐标为流出液中离子浓度。流出曲线反映了恒定流速时，不同时刻流出液中离子浓度的变化规律。流出曲线中的 a 和 b 段，离子交换树脂未饱和，流出液中不含被交换离子，随着离子交换树脂开始饱和，流出液中开始出现被交换离子，流出液浓度为 0.05 倍料液钨浓度时，称为穿透点 c。流出曲线中的 d 段，离子交换树脂进一步被饱和，流出液中被交换离子继续增加；流出曲线到达 e 点时，树脂被完全饱和，流出液中离子浓度达到进料液中水平 0.95 倍料液钨浓度时，称为饱和点。此时流出的体积为饱和体积。

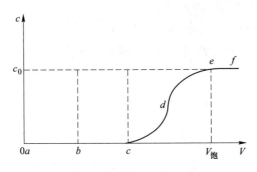

图 3-17　离子交换穿透曲线

3.3.8.3　试剂与材料

　　强碱凝胶型树脂 201×7，1mol/L 盐酸溶液，1mol/L 氢氧化钠溶液，20g/L 钨酸钠溶液。50cm×1cm 交换柱，量筒，烧杯，高位瓶。

3.3.8.4　实验步骤

　　（1）树脂的处理。将新购树脂用水浸泡 12h 至充分溶胀，水洗去除其中的有机或无机夹杂物；溶胀后的树脂首先在 1mol/L NaOH 溶液中缓慢搅拌 12h，将树脂完全转至 OH^-型，用蒸馏水洗至中性；之后再在 1mol/L 的 HCl 溶液中缓慢搅拌 12h 将树脂转为 Cl^-型；最后将树脂用蒸馏水洗至中性留存备用。

　　（2）装柱。用量筒准确称量所需体积的经预处理后的 Cl^- 型 201×7 湿树脂，在玻璃棒的搅拌下，将树脂和水均匀倒入离子交换柱中，振荡、轻拍交换柱，放出气泡，使树脂压实。将蒸馏水通入交换柱中对树脂进行洗涤，用 pH 试纸对洗液进行检测，待测得洗液为中性时停止洗涤。

　　（3）吸附实验与流出曲线的绘制。将高位瓶中的钨酸钠溶液以恒定的速度流过离子交换柱，定体积收集流出液，采用 ICP 分析流出液中钨离子的浓度，待钨离子在离子树脂吸附柱上吸附饱和后，平衡吸附量 Q_e(mg/g) 可用式（3-32）计算得出，并绘制出相应的流出曲线。

$$Q_e = \frac{C_0}{M}\left[1 \times V_b - \int_{V_a}^{V_b}\frac{C(V)}{C_0}dV\right] \tag{3-59}$$

式中，V_a 为穿透点的溶液体积（流出液 WO_4^{2-} 浓度为 $0.05C_0$ 时称为穿透点），L；V_b 为吸附饱和点的溶液体积（流出液 WO_4^{2-} 浓度达到 $0.95C_0$ 时称为饱和点），L；$C(V)$ 为 $V_a \sim V_b$ 任一体积对应出口溶液中钨离子的浓度，mg/L。

3.3.8.5 思考题

（1）当钨酸钠溶液的浓度发生变化时，离子交换穿透曲线会发生如何的变化？

（2）在离子交换过程中，溶液的流速对离子交换过程是否会产生影响？流速过大或过小会产生怎样的结果？

3.3.8.6 离子交换相关重要参数介绍

A 离子吸附过程示意

当溶液流过装有离子交换树脂的交换柱时，树脂上的可交换离子与溶液中的待交换的离子进行交换（吸附）（见图 3-18）。交换过程的示意图如图 3-19 所示，第①段的树脂已达到吸附饱和，第②段中部分树脂已负载，而另一部分树脂尚空载，此层树脂称为交换层。第③段则为空载树脂层。

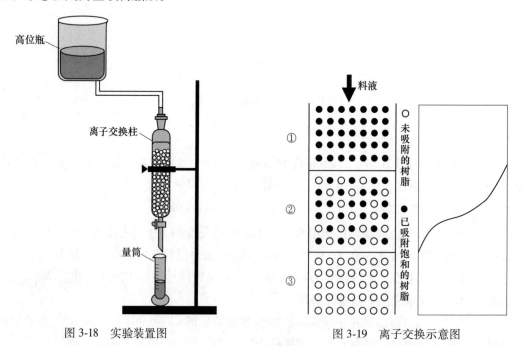

图 3-18   实验装置图   图 3-19   离子交换示意图

B 选择系数

离子交换树脂交换对离子选择性的大小，常用离子交换选择系数来表示。

如果以氢型树脂与电解质溶液接触，电解质溶液中的金属离子 Me^{n+} 和树脂上的 H^+ 进行交换，其反应式为：

$$n\overline{R-H} + Me^{n+} \Longrightarrow \overline{R_n - Me} + nH^+ \tag{3-60}$$

平衡时：

$$K_a = \frac{[\overline{R_n - Me}][H^+]^n}{[Me^{n+}][\overline{R-H}]^n} = \frac{[\overline{Me}][H]^n}{[Me][\overline{H}]^n} \tag{3-61}$$

式中　$[\overline{R_n-Me}]$——平衡时 Me^{n+} 在树脂相的浓度，简化为 $[\overline{Me}]$；

　　　$[\overline{R-H}]$——平衡时 H^+ 在树脂相的浓度，简化为 $[\overline{H}]$；

$[Me^{n+}]$，$[H^+]$——分别表示平衡时 Me^{n+}、H^+ 在溶液中的浓度，省去其电荷，简化为 $[Me]$、$[H]$。

K_a 在离子交换中，成为该离子交换反应的选择系数，并以符号 K_{Me-H} 表示。为了比较不同电荷的离子对树脂相对亲和力的大小，上述反应式改写为：

$$\overline{R-H} + \frac{1}{n}Me^{n+} = \frac{1}{n}\overline{R_n - Me} + H^+ \tag{3-62}$$

其选择系数为：

$$K_{\frac{Me}{n}-H} = \frac{[\overline{Me}]^{\frac{1}{n}}[H]}{[Me]^{\frac{1}{n}}[\overline{H}]} \tag{3-63}$$

它与 K_{Me-H} 的关系为：

$$K_{Me-H} = (K_{\frac{Me}{n}-H})^a \tag{3-64}$$

选择系数的大小反映了 Me^{n+} 对这一树脂的交换能力的大小，也就是树脂相对亲和力的大小。

C　分配比

离子在树脂相和溶液相的分配情况，常用分配比来表示。分配比 D 的定义是：交换反应达到平衡时离子 Me^{n+} 在树脂相浓度 $[\overline{Me}]$ 与水相浓度 $[Me]$ 的比值，即：

$$D = \frac{[\overline{Me}]}{[Me]} = \frac{\overline{Me}(毫克分子数／克干树脂)}{Me(毫克分子数／毫升溶液)} \tag{3-65}$$

D　分离系数

为了表示溶液中两种离子的分离程度，引入分离系数（β）的概念，分离系数 β 在数值上等于该条件下两离子的分配比的比值。如果溶液中同时存在 A、B 两种离子时，则：

$$\beta_{A/B} = \frac{D_A}{D_B} = \frac{[\overline{A}]/[A]}{[\overline{B}]/[B]} = \frac{[\overline{A}]/[\overline{B}]}{[A]/[B]} \tag{3-66}$$

这样，$\beta_{A/B}$ 也可以看作 A、B 两种离子在交换树脂上的浓度比与两种离子在溶液中的浓度比的比值，它反映了 A、B 两种离子通过树脂后被分离的程度。

参 考 文 献

[1] 杨显万，邱定蕃. 湿法冶金 [M]. 北京：冶金工业出版社，1998.

[2] 屠海令，赵国权，郭青蔚. 有色金属冶金、材料再生与环保 [M]. 北京：化学工业出版社材料科学

　　　与工程出版中心，2003.

［3］杨绮琴，方北龙，童叶翔. 应用电化学［M］. 广州：中山大学出版社，2000.

［4］杨辉，卢文庆. 应用电化学［M］. 北京：科学出版社，2001.

［5］张翠芬. 电化学测量［M］. 哈尔滨：哈尔滨工业大学出版社，2000.

［6］巴德，福克纳. 电化学方法：原理和应用［M］.2 版. 邵元华，朱果逸，董献堆，等译. 北京：化学工业出版社，2005.

［7］谢学军，龚洵洁，许崇武，等. 热力设备的腐蚀与防护［M］. 北京：中国电力出版社，2012.

［8］张宝宏，丛文博，杨萍. 金属电化学腐蚀与防护［M］. 北京：化学工业出版社，2005.

4 冶金模拟实验

4.1 冶金水模型实验

4.1.1 模拟原理

冶金过程非常复杂，把冶金过程的现象完全加以模拟是非常困难的。因此，在冷态模拟实验时，通常使用物理相似的原理。相似理论是模型实验的基础，在做模拟实验时，需要根据相似原理，将实际条件下的一些物理量相似模拟到模型实验中。在实验前通常要做物理相似的计算，即按模型和实际两系统中决定性的相似准数（也称为无量纲准数）的关系、确定模型实验的参数。有关的相似准数可出实验中涉及的诸变量通过因次分析的方法导出。

冶金问题所涉及的相似准数很多，研究不同的问题，使用不同的相似准数。在水模型实验中，常用水来模拟金属液，水模型中流动和实际钢液流动相似的条件为 Fr 数和 Re 数相等，即

$$Fr_水 = Fr_钢; \qquad Re_水 = Re_钢$$

如果取反应器尺寸作为特征长度 L，液面流速作为特征速度 u，当 Fr 数相等时

$$u_水^2/gL_水 = u_钢^2/gL_钢$$

所以

$$u_水/u_钢 = (L_水/L_钢)^{1/2}$$

当 Re 相等时

$$\rho_水 u_水 L_水/\mu_水 = \rho_钢 u_钢 L_钢/\mu_钢$$

水和钢液具有相似的物理性质，即 $\rho_水/\mu_水 \approx \rho_钢/\mu_钢$，所以 $u_水/u_钢 = L_钢/L_水$。

如能应用尺寸 $1:1$ 的模型，即 $L_水/L_钢$；则 $u_水 = u_钢$，可做到 Fr 数和 Re 数均相等，相似是理想的。如不采用 $1:1$ 模型（例如等比例缩小），仅仅保证 $Fr_水$ 和 $Fr_钢$ 相等，而检验 Re 数是否属于同一自模化区，即不必保证模型和实型的 Re 数相等，而保证二者处于同一自模化区，也可做到流动相似。在水模型实验中，常常采用保证决定性准数相等的近似模化法，即采用模型和实型两系统的 Fr 准数相等的方法，来确定水模型的实验参数。

对于气-液两相流，取模型和实型修正的 $Fr'(= u^2\rho_g/gd\rho_1)$ 准数相等。例如，底吹气水模型（如模拟钢包底吹 Ar）修正的 Fr' 准数为

$$Fr' = \frac{\rho_g(\pi/4)d^2u^2}{g\rho_1(\pi/4)D^2H}$$

换用底吹气体流量 Q 表示

$$Fr' = \frac{\rho_g Q^2}{g\rho_1(d\pi/4)^2 D^2 H}$$

由 $Fr'_水 = Fr'_实$ 相等得出

$$(Q_{水}/Q_{实})^2 = (d_{水}/d_{实})^2(D_{水}/D_{实})^2(H_{水}/H_{实})(\rho_{l水}/\rho_{l实})(\rho_{g实}/\rho_{g水})$$

气体换算成标准态，并且引用几何相似条件（$H_{水}/H_{实}$）＝（$D_{水}/D_{实}$）：

$$(Q_{N水}/Q_{N实})^2 = (T_{实}/T_{水})(p_{水}/p_{实})(d_{水}/d_{实})^2(D_{水}/D_{实})^3(\rho_{l水}/\rho_{l实})(\rho_{gN实}/\rho_{gN水})$$

$$(4-1)$$

式中　d——喷嘴直径，mm；

　　　u——气体流速，m/s；

　　　g——重力加速度；

　　　D——熔池直径，m；

　　　H——熔池深度，m；

　　　ρ_l——液体密度，kg/m^3；

　　　ρ_g——气体密度，kg/m^3；

　　　T——气体出口温度，K；

　　　p——气体出口压力，MPa。

将有关参数代入式（4-1），即可得到模型和实型的底吹气流量换算关系。

4.1.2　水模型模拟实验方法

4.1.2.1　熔池混匀时间的测定

冶金容器中的混匀时间具有重要的实际意义。在冶金容器内钢液（或与熔渣）的混合程度，直接影响到冶金反应的速度，故研究冶金容器中的流动、混合等宏观动力学因素的影响，已日益受到冶金工作者的重视。混匀时间的研究分为冷态和热态两类，冷态研究通常在水模型中进行，热态研究是在冶金容器内的钢液中加入示踪剂（如 Cu）来测量混匀情况，这里仅介绍水模型中测定混匀时间的方法。

A　电导法

电导法测定混匀时间是将 KCl（质量浓度 200g/L）溶液瞬时注入水模型容器内（容器用有机玻璃制作）的水中，然后连续测量水中的电导率变化，直至电导率稳定时为完全混匀时间。图 4-1 是测定顶底复吹转炉水模型内混匀时间的装置。

实验时，电导测头测出的水溶液的电导率变化可由记录仪连续记下的电导仪输出电压变化来表示。如将电导仪输出电压通过 A/D 转换器输入微机，可将测量结果存入磁盘，同时按照预定关系进行处理，并打印出实验结果和图形。这种方法称为"在线"测量和实时处理。

B　pH 值法

冶金容器水模型内的混匀时间还可采用 pH 值测定法。实验时在水中加入 H_2SO_4（或 HCl）做示踪剂，用离子计或 pH 计测量水中 pH 值的变化，以确定混匀时间。图 4-2 是测出的钢包内吹气量与混匀时间的关系。

4.1.2.2　气-液反应模拟

使用 $NaOH$-CO_2 系模型实验可以模拟气-液反应过程的传质现象。例如对钢液吸气速度的模拟研究和复吹转炉过程的传质模拟研究等都可以采用 $NaOH$-CO_2 体系实验。实验时可将一定浓度（例如 0.01mol/L）的 $NaOH$ 水溶液注入水模型容器中，用喷枪将 CO_2 气体

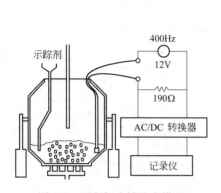

图 4-1 顶底复吹转炉水模型

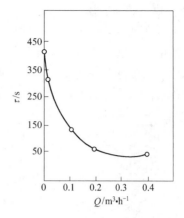

图 4-2 吹入气体的流量与混匀时间的关系

吹入溶液中。由于 CO_2 被 NaOH 溶液吸收，溶液的 pH 值将发生变化。用电极控头测定容器中溶液的 pH 值，并可将 pH 计的输出信号通过 A/D 转换器输入微机进行在线测量和实时处理。

对 NaOH-CO_2 体系，当 CO_2 吹入 NaOH 溶液时，溶液的 pH 值发生变化。稻田爽一导出了它们之间的转化关系如下

$$c_{CO_2} = \{c[H^+] + c_{NaOH} - K_{H_2O}/c[H^+]\} \cdot \{K_1 \cdot K_2 + K_1 c[H^+] + c[H^+]^2\} /$$
$$\{2K_1 \cdot K_2 + K_1 c[H^+]\} \tag{4-2}$$

$$\text{pH 值} = -\lg c[H^+] \tag{4-3}$$

式中　　　c_{CO_2}——溶液中吸收的 CO_2 浓度，mol/L；

c_{NaOH}——溶液中 NaOH 的初始浓度，mol/L；

K_{H_2O}，K_1，K_2——平衡常数（在 25℃时，$K_{H_2O}=10^{-14}$，$K_1=10^{-6.352}$，$K_2=10^{-10.329}$）。

实验时，由已测得的 pH 值代入式（4-3）及式（4-2）计算出已知 NaOH 浓度的溶液中所吸收的 CO_2 浓度值。

实验表明，NaOH-CO_2 吸收反应为一级反应，其吸收速度可表示为

$$-dc/dt = (AK/V)(c_e - c_t)$$

将上式积分可得　　$\ln[(c_e - c_t)/(c_e - c_0)] = -(AK/V)t$

式中　　A——反应表面积，cm^2；

V——NaOH 溶液的体积，cm^3；

t——反应时间，s；

K——CO_2 的传质系数，cm/s；

c_e，c_t，c_0——分别为 CO_2 的平衡浓度、t 秒后的 CO_2 吸收浓度和 CO_2 的初始浓度，mol/L。

由实验得出的 $\lg[(c_e-c_t)/c_e]$-t 曲线如图 4-3 所示，利用上式的关系可求出容量传质系数 AK/V。当反应界面积 A 和溶液体积 V 已知时，即可求得传质系数 K。

4.1.2.3 液-液反应模拟

为模拟渣-钢反应，研究液-液之间的传质速度，可在水模型容器中用纯水模拟钢液，

10号机油模拟熔渣，用苯甲酸（C_6H_5COOH）作示踪剂。实验时，先将苯甲酸溶于机油中，然后放在纯水表面上，吹气搅拌。苯甲酸逐渐向水中传递，通过电导率的变化测定水中苯甲酸浓度的变化过程。电导曲线表示油和水两相间的传质速率。图4-4是实验得出的水中苯甲酸浓度随时间的变化，各个曲线对应不同的吹气流量。该图表明，随吹气流量增加，苯甲酸向水中传递的速度加快。

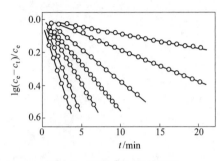

图4-3　不同 CO_2 流量下的
$\lg[(c_e-c_t)/c_e]$-t 关系

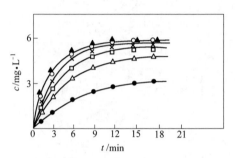

图4-4　不同气体流量下，两相传质
过程的示踪剂浓度曲线

●—0.4m³/h；△—0.8m³/h；□—1.2m³/h；
×—1.8m³/h；○—2.2m³/h；▲—2.6m³/h

4.1.2.4　喷射粉粒的模拟

模拟喷射冶金的喷粉过程的水模型如图4-5所示。该实验所用粉粒通常要用聚苯乙烯粒子（密度1g/cm³，直径0.7mm）或发泡聚苯乙烯粒子（密度0.2~0.5g/cm³，直径0.7~1.3mm），也可采用丙烯、玻璃珠、砂糖、聚四氟乙烯等料模拟粉粒。实验时，由载气将粉粒通过浸入式弯头喷枪喷入容器内水中。然后进行以下三方面的研究：

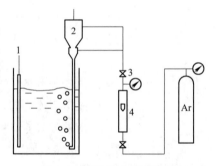

图4-5　喷粉的水模型装置
1—电导计；2—喷粉罐；3—阀门；4—流量计

（1）拍照粉粒突破气泡界面的现象，以研究粉粒突破气泡的条件。测定粉粒突破气泡后射入水中的长度。

（2）连续拍照粉喷入水中后，在容器内分散的情况，以判定粉粒在水中均匀分散所需的时间。

（3）同时用电导法测定喷粉时容器内的混匀时间。

图4-6是喷粉过程中观察拍摄到的粉粒喷入水中后的分散现象，该图表明，粉粒喷入后即随循环流而浮沉运动；4.5s时已均匀分散；15s时，由于水的浮力作用，粉粒密度小于水时又再次向水面聚集。

4.1.2.5　连续反应器停留时间分布的测定

连续反应器内物质的停留时间分布通常采用"刺激—响应"实验进行测定。图4-7是底吹连续提铌炉的水模型示意图。

实验时在某一瞬间一次将示踪物（KCl溶液）由入口处投入以稳定状态流入底吹炉内的流体（水）中，即输入脉冲信号。然后连续测定出口流的响应即电导率变化，这种实验

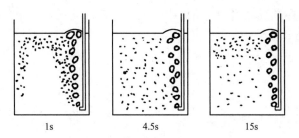

图 4-6　聚苯乙烯粒子喷入水中后的分散现象

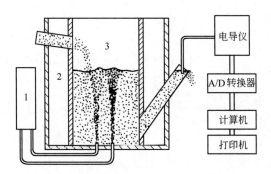

图 4-7　底吹连续提铌炉水模型示意图
1—供气装置；2—有机玻璃方箱；3—圆柱形容器

方法叫脉冲响应法。

由于 KCl 浓度在一定范围内与电导率呈线性关系，因此由电导信号可以得到浓度数据。我们定义无量纲浓度 $c_{(\theta)}$ 为：

$$c_{(\theta)} = c/c_0$$

式中　c——流体出口处 t 时刻的浓度，g/L；

　　　c_0——一次投入数量为 Q 的示踪剂后，瞬时均匀分散在容积 V 的反应器内的浓度，g/L，$c_0 = Q/V$。

定义无量纲时间为

$$\theta = t/\tau$$

式中　τ——表观停留时间，$\tau = V/q_v$；

　　　V——反应器体积；

　　　q_v——入口流体体积流量。

将 $c_{(\theta)}$ 与 θ 作图，可得到停留时间分布的 C 曲线图。C 曲线记录了示踪剂分子在反应器内的寿命分布，也就是停留时间分布。图 4-8 是连续反应器内不同流动类型的 C 曲线，图中活塞流表示所有流体微元不相混；全混流表示所有流体微元完全混合，即出口成分与反应器内成分相同；非全混流表示流体微元部分混合。图 4-9 是由上述实验得到的底吹连续提铌炉水模型中流体的停留时间分布 C 曲线，它表明这种类型的炉子内的流体流动混合情况很好，已接近完全混合流。

4.1.2.6　熔池流场的研究方法

测定熔池混匀时间或流体停留时间分布可得到熔池内流动混合的宏观结果，但不能说明熔池内液体流动的实际情况。例如，熔池内有死区存在，但死区在什么部位，以上实验方法不能得知。为了解冶金容器内确切的流动情况，需要在水模型中对熔池流场进行研究。

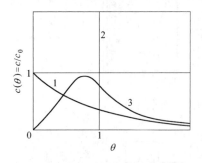

图 4-8　停留时间分布 C 曲线图

1—完全混合流；2—活塞流；3—非完全混合流

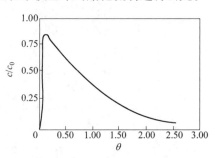

图 4-9　底吹连续提铌炉水模型中

流体停留时间分布 C 曲线

研究熔池流场的水模型实验方法有：

（1）用测速仪对流场的速度分布进行定量测定。

（2）流场的示踪显示。

A　熔池流场速度分布的测定方法

常用热线测速仪或激光多普勒测速仪测量水模型熔池内流场速度分布。

（1）热线测速仪测定流场。热线测速仪是一种接触式测速仪器，它能够测量液体的流速。热线测速仪的探头由一根极细的金属丝（0.5~10μm）制成，通常用电阻温度系数大的钨丝或铂丝，也叫热敏电阻。测量时将金属丝探头置于流场中，通电流加热，因此称为热线。当流体流过金属丝时，由于对流散热，金属丝的温度发生变化而引起电阻变化，利用电阻变化可以推算出流速的大小。实际上测定流速时，由电子仪器调整通过热线的电流，而使其温度保持恒定。

热线测速仪的电路原理由图 4-10 所示。装在支架上的热线由导线和惠斯登电桥相连，成为电桥的一臂。当电桥平衡时，伺服放大器两个输入端没有电压差。当作用于热线上的流速变化时，热线温度以及其电阻相应发生变化，以致电桥失去平衡，产生误差电压，此电压差经过伺服放大器放大并按一定关系反馈给电桥，使电桥电压受到调整，以此使通过热线的电流受到调整，让电桥恢复平衡。伺服放大器输出端提供的电桥电压就反映出所测点流速。流速的方向由热线探头的形状和方向所决定。热线仅对垂直于线的速度敏感。为了使探头等同地感受两个或三个方向的速度，可以使用 V 形、X 形等多根热线的传感器。

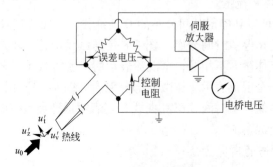

图 4-10　热线流速测定仪

图 4-11 是用热线测速仪测量底吹炉水模型中流场速度的装置示意图，测量时将能够三维（垂直、左、右）移动的热线传感器插入水模型内液体中定位测量点上。传感器与测速仪相连接，测速仪可输出一个与流体速度相对应的电压信号给数据收集系统。通过校准曲线，由测速仪电压值算出速度值。

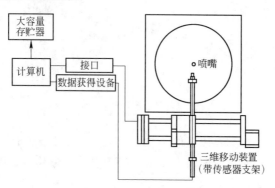

图 4-11　热线测速装置示意图

测量面多为熔池中心的垂直面，为了解一个液体垂直截面上的流场，必须测量很多点上的速度。例如，在测量面上相隔 1~2cm 为一个格点，这样在高度 58cm、直径 63cm 的容器中，需测量 500~1500 个点的速度。每个点上，以 60s 的时间读出两个速度分量的 100 个数值。为了收集如此多的数据，将测速仪与微机连接进行在线测量和实时处理，将测量结果存入大容量储存系统中，并作出流场图，在图中画出每个点的速度向量。

图 4-12 是热线测速仪测出的底吹水模型内流场速度分布情况。由图可看出，由底吹射流造成的气液两相区附近，液流上升，速度很大。流体在熔池表面转向水平方向，碰到池壁又向下，形成循环流动。在熔池内左下部和循环流中心的流体速度很小，形成死区。当增加底吹气体流量（图 4-12 (b)）时，死区缩小。

热线测速仪适用于测定气液两相区外面的速度，该方法在有气泡存在时有明显的测量误差，并且由于传感器插入水中，对流场有轻微的干扰作用。

（2）激光多普勒测速仪测定流场。多普勒效应是一种声学效应，它是指当声源与接收器之间存在相对运动时，接收器收到的声音频率与声源发出的声音频率不同。这个频率差叫作多普勒频

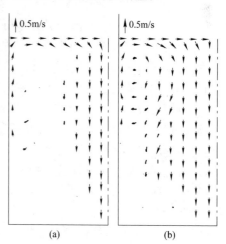

图 4-12　两种底吹流量的中心
喷吹流动的测量结果

（a）300cm³/s；（b）1200cm³/s

差或频移，其大小和声源与接收器之间的相对速度大小、方向有关。光是一种电磁波，和声波相似，具有一定的频率，光学现象也有类似的多普勒效应。当具有单一频率的光源和接受者处于相对运动状态时，接收到的频率是变化的，频率的变化与相对速度有关，光源接受点频率的差为多普勒频移 f_D。当两束光以夹角 θ 相交时，在交点附近的小区域内将产

生一组干涉条纹（图4-13），干涉条纹的间隔 d 为

$$d = \lambda / \left[2\sin(\theta/2) \right]$$

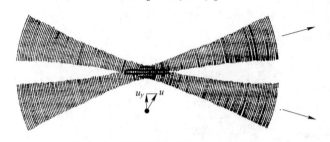

图 4-13   多普勒测速的干涉条纹模型

当流体中有微小粒子沿垂直于条纹方向以速度 u_y 穿过条纹时，可发出明暗交替的散射光，单位时间散射亮光的次数即闪光频率，等于多普勒频移。该频率正比于穿越条纹的速度，与条纹间隔成反比：

$$f_D = u_y / d$$

由此可得

$$u_y = d \cdot f_D = \lambda f_D / \left[2\sin(\theta/2) \right]$$

夹角 θ 和波长 λ 一定时，d 是常量。应用光电效应把多普勒频移 f_D 转换成电讯号频率，经过讯号鉴别和处理系统，就可由 f_D 测出 u_y。

应用激光的多普勒频移原理测定流体速度的仪器称为激光多普勒测速仪，简称 LDV。现在用于 LDV 的激光有氦氖激光（红光，波长 632.8nm）和氩离子激光（绿光 514.5nm 和蓝光 488nm）两种。氩离子激光管可发出绿光和蓝光两束激光，两光相混又可得第三束光，三个光束在空间相交于一点时，利用光束位置的排列使之形成两组相互垂直的干涉条，就可以同时测出两个速度分量。这就是三光束二维 LDV。激光测速的最大优点是非接触测量，不扰动流场。这样，为研究某些特殊流动，如湍流、带腐蚀性流体的流动等，提供了有力的手段。

激光多普勒测速仪是以光和电的频率作为输出量，由计算机处理，适合测量随时间迅速变化的速度，这为研究水模型熔池内湍流流场的速度分布提供了一种较好的工具。这种技术是通过测量流体里悬浮粒子的速度，间接地确定流体速度的。这样，在流体里要有一定数量的合适粒子提供散射光。在测定水模型熔池流场时，通常将水本身含有的微粒作为激光的散射粒子。

图 4-14 是激光多普勒测速仪测定水模型中熔池流场的示意图。测定时，激光光源能够在滑架上三维（上下、左右、前后）移动进行调整，然后定位在测量点上。利用二维 LDV 可以在熔池流场的垂直面（通常在熔池中心）上测出两个方向的速度分量。散射光的接收有前向和后向接收两种（多为前向），接收器将光频差信号通过处理系统连接微机计算出速度值，并储存起来。

图 4-15 是底吹水模型熔池内流场速度分布的测定结果。因采用中心底吹，流场是轴对称的，故只取右半边。由图可以看出，在气液两相区（图中左边），液体在上升气泡的推动下得到能量不断加速，当脱离气泡柱向外并转向水平流动时速度最大；当液体流到熔池底部并返回气泡柱外围处及循环涡心处的流动速度最小。

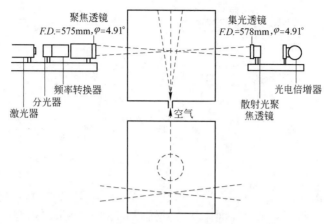

图 4-14 LDV 测量水模型中液体流动速度的实验装置

（3）粒子图像测速测定流场。粒子图像测速 PIV（Particle Image Velocimetry）是一种全新的非接触式、瞬态、全场速度测量方法。PIV 系统由高速 CMOS 相机、计算机硬件、高频激光器、同步器、导光臂等组成。在大多数研究中，必须向流动中添加示踪粒子，这些粒子将在极短的时间至少被照亮两次，并使用单帧或多帧图像来记录粒子产生的光散射。通过 PIV 图像的后处理，可确定两次激光脉冲间的粒子图像位移。

PIV 的基本原理是，在被测流场中布撒示踪粒子，在激光片光源照射下，利用图像记录设备连续获得时间序列图像。应用图像处理算法，得到粒子在图像上的位移。当已知曝光间隔时间 $\Delta t=t_2-t_1$ 时，获得粒子在图像上的平均速度 Δv，原理如图 4-16 所示。考虑系统光学放大倍率后，就能计算出粒子实际速度。如果 Δt 很小，可用该速度近似粒子在 1 时刻位置的瞬时速度。因此，PIV 测量以平均速度代替瞬时速度，示踪粒子速度代替所在位置的流场速度。

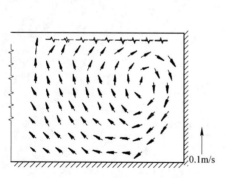

图 4-15 测量得到的底吹水模型
流场速度分布

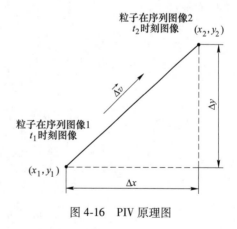

图 4-16 PIV 原理图

PIV 系统框图如图 4-17 所示，其实现过程一般分为三步：通过硬件设备采集流场图像，应用图像处理算法提取速度信息，显示流场的速度矢量分布。

当前的许多研究以三维流动为对象，使用三维 PIV 技术，可以更好的揭示流场内的三

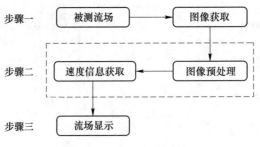

图 4-17　PIV 系统框图

维结构，更深刻的反映流场的流动机理。按照光源对流场的照明方式，现有的三维 PIV 技术可分为两大类：一类是对某个切面内三维速度的测量（2D-3cPIV，片光照明），目的是在提取切面二维速度分量的同时获得第三个空间速度分量；另一类是测量某个容积内体流动的三维速度（3D-3cPIV，体积光照明），实现真正意义上的全场三维 PIV。可以根据相邻切面的二维速度场，运用三维流动的连续性方程计算出切面法线方向的第三个速度分量，这种方式本质上仍属于二维 PIV 方法。此处使用 2D-3cPIV 并简述其原理。

　　理论上讲，从不少于两部相机的粒子图像中才能提取第三个速度分量。多数采用两部相机两光轴的构成形式，模仿人眼双目测距原理，根据成像几何关系，计算粒子的空间坐标如图 4-18 所示，O_1、O_r 分别表示左右相机的光学中心，f 为焦距。P 点代表被照明的真实粒子，在三维空间坐标系 $O_w X_w Y_w Z_w$ 下的坐标为 (X_w, Y_w, Z_w)，在像平面像素坐标系中的坐标为 (u, v)，见图 4-19。

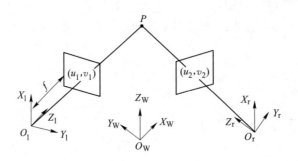

图 4-18　2D-3cPIV 原理图

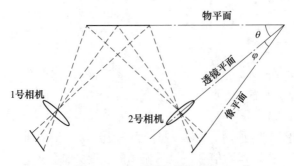

图 4-19　2D-3cPIV 相机布局

几何共线方程（粒子中心、相机光学中心和粒子像中心在一条直线上）是其理论基础，反映了相机像平面坐标与三维空间坐标的映射关系，矩阵表达式为：

$$S\begin{bmatrix} u \\ v \\ 1 \end{bmatrix} = \begin{bmatrix} f_x & 0 & u_0 & 0 \\ 0 & f_y & v_0 & 0 \\ 0 & 0 & 1 & 0 \end{bmatrix} \begin{bmatrix} R & T \\ O^T & 1 \end{bmatrix} \begin{bmatrix} X_W \\ Y_W \\ Z_W \\ 1 \end{bmatrix} \tag{4-4}$$

简记为 $K = M_i M_e X_W = M X_W$。其中，K 为像平面坐标向量，X_W 是被照明粒子的空间坐标向量。M_i、M_e 分别由相机的内外部参数决定。首先标定相机，确定出相机的内外参数。在式（4-4）中，若知道粒子的空间坐标和图像坐标，即已知 K 和 X_W，求 M，这是相机的标定过程。左右相机的标定是分别进行的，所有相机具有和式（4-4）相类似的表达式。测量时，K 和 M 已知，求解 X_W。获得粒子的空间坐标。设粒子在不同时刻的空间坐标为（$X_W^{t_1}$，$Y_W^{t_1}$，$Z_W^{t_1}$）和（$X_W^{t_2}$，$Y_W^{t_2}$，$Z_W^{t_2}$），则它的三维速度是：

$$\begin{aligned} |U| &= |X_W^{t_2} - X_W^{t_1}| / (t_2 - t_1) \\ |V| &= |Y_W^{t_2} - Y_W^{t_1}| / (t_2 - t_1) \\ |W| &= |Z_W^{t_2} - Z_W^{t_1}| / (t_2 - t_1) \end{aligned} \tag{4-5}$$

方向由 t_1 时刻位置指向 t_2 时刻位置。

图 4-20 是使用 PIV 系统测定钢包水模型中熔池流场的示意图。测定时，先选取好研究平面，对研究平面使用合适的标定设置进行标定。然后在钢包中装满水，加入密度适当且跟随性好的示踪粒子，待熔池流场温度后开展激光测速实验。实验过程中，双腔激光器照射所测的流场区域，通过连续曝光，粒子的图像被 CCD 相机记录并传输到图像采集系统，同时记录了该区域粒子图像的帧序列，相邻两帧图像的时间间隔。再由图像处理系统对粒子图像进行识别和处理，即可得到待测区域内的钢包熔池流场。

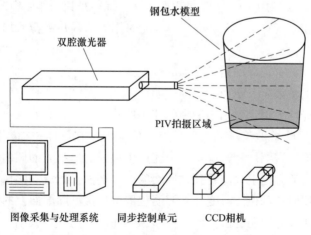

图 4-20 钢包 PIV 测速系统示意图

图 4-21 为底吹流量 7L/min 时，某钢包在单孔底吹下的流场示意图。从测量结果图看，钢包在底吹位置上形成明显的上升流股，在底吹气体的带动作用下，气泡柱的右侧形成一个较大区域的环流，气泡柱的左侧流动大部分区域向上流动，在左上部分形成一个环流，带动了熔池内钢水的循环。

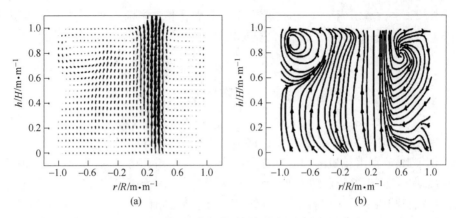

图 4-21　单孔底吹下钢包流场示意图
(a) 速度矢量图；(b) 流线图

B　熔池流场的显法方法

除了用测速仪对流场进行测定之外，还可采用流动显示技术直接观察流场和拍摄流谱图。最常用的流场显示方法是示踪法，对一些比较复杂的流动体系，可用示踪法显示出一个定性的流场，虽然比较粗略，但其反映出的流场却是直接的图像。

进行流场显示实验时，需在水模型中加入一定的示踪粒子，以观察流场的流谱。加入的示踪粒子第一要跟随性好，粒子要能和流体同步流动，为此，示踪粒子的密度与流体应尽量接近，或者粒子的粒度非常细小；第二要有强的反光性能，便于拍摄和观察。水模型实验中常用的示踪粒子是聚苯乙烯塑料粒子和铝粉两种，塑料粒子是生产泡沫塑料的原料，密度近于 $(1.0\pm0.03)g/cm^3$（粒度约为 1mm），可以较清晰地显示流动。但塑料粒子粒度较大，当流速低（约为 1cm/s）时跟随性较差。铝粉是指用作颜料的"银粉"，它是磨得很细的鳞片状铝粉末（密度 $2.7g/cm^3$）。实验时用酒精调开铝粉后加入水中。铝粉示踪法具有如下特点：

（1）粒度很细，具有很好的跟随流动的性能。

（2）需要加入的量很少，不影响水的透明度。

（3）铝粉的反光性很强，可拍摄清晰的流谱照片。

图 4-22 是显示底吹熔池流场的实验装置。实验时，在流体中加入铝粉，用铟灯片光源照明以显示和拍摄流谱图。片光源是一个能产生很强的缝状光的照明装置。用片光源照明后，在与片光垂直的方向上只能看到被照明的那个剖面上的流动图像，别的地方由于没有光照就不会干扰照明的部位。改变片光照明位置可拍摄不同剖面上的流谱照片。图 4-23 是片光源示意图和用片光照明的圆筒形水模型纵剖面示意图（顶视图）。

水模型通常是圆筒形的，由于光的折射作用，通过弧形容器壁所观察或拍摄到的模型内的流动图像会变形失真。为了减少这一影响，在圆形容器外面附加一个方形透明水箱。

图 4-24 是根据拍摄的底吹转炉水模型内流场的流谱照片绘制的流线图。由于流场是轴对称的，流线图只取其右边一半，图中左侧是底吹射流的气液两相区。将该图片与前述激光测速结果图 4-15 相对比。可看出其流动情况十分相似。

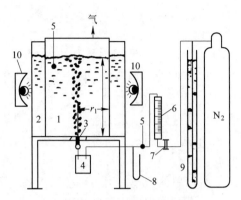

图 4-22　显示流场的实验装置

1—圆柱形容器；2—方形水箱；3—喷嘴；4—气室；5—温度计；6—流量计；

7—针阀；8—压力计；9—过滤装置；10—铟灯片光源

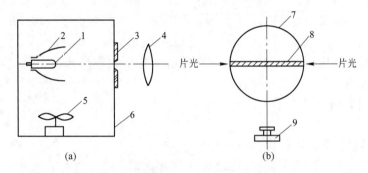

图 4-23　片光源箱（a）和转炉水模型纵剖面照相方法（b）示意图

1—灯泡；2—深椭球冷反光镜；3—可调光阑；4—透镜；5—风扇；

6—箱壳；7—水模型；8—片光照明部位；9—照相机

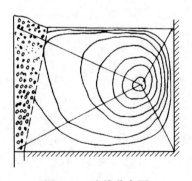

图 4-24　流线分布图

4.2　数　学　模　拟

在冶金过程动力学中所研究的化学反应速度、反应器内流体的流动与传质等现象，原则上都能够用数学方法正确描述，这样得到的数学方程称为数学模型。由于电子计算机的日益广泛应用，既对冶金过程的数学模拟提出了需要，又对数学方程的求解提供了有力手段，因此冶金过程的数学模拟技术得到了迅速发展。

进行冶金过程的数学模拟一般分为四个步骤：

（1）数学模型的建立。针对所要研究的冶金过程中某一具体问题，根据已知的化学反应、流体流动和传质等原理导出相应的数学模型。由于冶金过程非常复杂，为了简化，建立数模时常常要做出某些假定。这种假定不是随意的，而是依据冶金过程的实际规律，抓住主要矛盾，忽略某些相对影响很小的因素，对数学模型进行简化，以便能够在给定条件下和利用已知的物质物性数据，对数模进行计算求解。

（2）数学模型的求解。某些简单的数模，可用解析法求解，但大多数冶金数模需用数值计算方法求解。例如解代数方程用迭代法，解常微分方程用龙格-库塔法，解偏微分方程用差分方法或有限元法，解积分方程用数值积分法。数值法求解的优点是可以利用计算机完成大量的计算工作。

（3）数学模型的识别。建立的数模是否可信，需用实际冶金过程或通过实验对数模加以检验。如果实际结果与数模的计算结果完全不相符，则该假定条件和导出的数模是错误的。如果模型预测的结果与实际相符，则该模型及假定条件是正确的。

（4）数学模型的应用。经过检验证实的数学模型，可以用来预报冶金过程的化学反应、传质的发展情况以及冶金反应器内的流体流动状况，为冶金过程操作确定有利参数。为了使数学模型发挥更大的作用，还可编制成计算机程序，用于冶金过程操作的自动控制。

下面通过熔池流场的数学模型说明数学模拟方法。

研究冶金反应器内流体循环流动状态时，可用前述水模型中的测速方法和流场显示方法。但是，直接测量高温下冶金熔池的流速分布是困难的。因此，可建立熔池流场的数学模型，在给定条件下用计算机求出数值解，以获得流场速度分布的情况。为检验数模的正确性，常将数模计算结果与水模型实测结果相对比，看其是否相符。以下简介熔池中流体循环流动的数学模型。

描述流动现象的基本方程是：

连续方程
$$\nabla u = 0 \tag{4-6}$$

运动方程
$$\rho \partial u / \partial t + \rho u \ \nabla u = \mu_e \ \nabla^2 u - \nabla p + \rho F_b \tag{4-7}$$

应用数值法求解上述方程，就可得到反应器内的流速分布。但式（4-7）的求解非常复杂，因为：1）速度 u 和体积力 F_b 均为矢量，在空间中有三个分量，因而方程数目增多；2）方程右边增多了压力梯度 ∇p 和 ρF_b 两项，特别是 ∇p 的求解是很困难的。

研究轴对称圆柱形水模型容器中的流体流动时，可以把坐标轴选在对称中心线上，从而使三维问题转化为二维问题。计算二维流动时，可以把运动方程中的压力项消去，使计算简化。引用涡量 ζ 和流函数 ϕ 的定义式

$$u_r = -\frac{1}{\rho r} \frac{\partial \phi}{\partial z}, \ u_z = \frac{1}{\rho r} \frac{\partial \phi}{\partial r} \tag{4-8}$$

$$\zeta = \frac{\partial u_r}{\partial z} - \frac{\partial u_z}{\partial r} \tag{4-9}$$

当流动达到稳定态，而体积力 F_b 又忽略不计时，二维运动方程经进一步处理可转化

为涡量传输方程

$$\frac{\partial}{\partial z}\left(\frac{\zeta}{r}\frac{\partial \phi}{\partial r}\right) - \frac{\partial}{\partial r}\left(\frac{\zeta}{r}\frac{\partial \phi}{\partial z}\right) - \frac{\partial}{\partial r}\left[\frac{\mu_e}{r}\frac{\partial}{\partial r}(r\zeta)\right] - \frac{\partial}{\partial z}\left[\frac{\mu_e}{r}\frac{\partial}{\partial z}(r\zeta)\right] = 0 \qquad (4\text{-}10)$$

要解出 ζ 和 ϕ，还需要另一个方程。从式（4-8）和式（4-9）可导出

$$\frac{\partial}{\partial z}\left(\frac{1}{\rho r}\frac{\partial \phi}{\partial z}\right) + \frac{\partial}{\partial r}\left(\frac{1}{\rho r}\frac{\partial \phi}{\partial r}\right) + \zeta = 0 \qquad (4\text{-}11)$$

由方程式（4-10）和式（4-11）解出 ζ 和 ϕ，从而可求得 u_r 和 u_z 的值，合并后可得各点速度矢量的方向和大小。求解方程时，需确定方程系数。关于方程中的系数，密度 ρ 和分子黏度 μ 是物理性质，可以应用测定值。而系数 μ_e 是流体的有效黏度，即

$$\mu_e = \mu + \mu_t$$

式中，μ_t 为湍流黏度，因熔池中的流动多为湍流运动，因而必须解出 μ_t。μ_t 有不同的表示方法，可通过求解与 μ_t 有关的传输方程得出。此外，为简化计算，有效黏度 μ_e 还可用经验方程式求得。

这样，在给定边界条件下，通过计算机求出上述偏微分方程的数值解，可以得到熔池中流场的速度矢量分布。计算所得到的结果常绘制成流场速度分布图，并与实测结果进行对比，以检验数模的正确性。图 4-25 是底吹水模型流场（轴对称的右半边）速度分布的计算结果，通过与激光多普勒测速仪的实测结果（见图 4-15）对比，可看出两者符合较好。

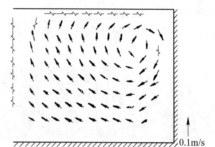

图 4-25　计算得到的底吹水模型
的流场速度分布

冶金过程数学模型的种类很多，一般有：

（1）传热数模。例如：连铸坯凝固传热数模，铁熔池反应器内二次燃烧传热数模，炉衬冷却及导热数模等。

（2）流场数模。例如：连铸中间包内流场数模，连铸结晶器内流场数模，钢包吹氩流场数模，转炉熔池流场数模，高炉散料层中气体流动数模等。

（3）传质与化学反应数模。例如：钢包喷吹条件下脱硫过程数模，电渣重熔过程界面反应数模，转炉内脱碳反应数模，铁矿石还原数模等。

由于冶金过程非常复杂，往往同时发生流动，传质和传热现象，用一种数模解决所有问题是不可能的。用于冶金过程控制的数模，往往包括多种数模，并且要用实际经验参数进行修正。

4.3　虚拟仿真实验

4.3.1　虚拟仿真实验介绍

随着信息化技术的普及和推广，利用计算机进行冶金工程虚拟仿真实验是对实验室实际操作的一种有益补充和完善。虚拟仿真技术是计算机技术、计算机图形学、计算机视觉、视觉生理学、视觉心理学、仿真技术、微电子技术、多媒体技术、信息技术、立体显

示技术、传感与测量技术、软件工程、语音识别与合成技术、人机接口技术、网络技术及人工智能技术等多种高新技术集成之结晶。其逼真性和实时交互性为系统仿真技术提供了有力的支撑。

　　冶金工程虚拟实验平台根据专业教师在冶金工程相关领域的研究成果，聚焦实验室实验教学，基于 Unity 进行开发设计，依托虚拟现实、多媒体、人机交互、数据库和网络通信等技术，对现有的教学手段进行补充与完善，有效实现虚实结合，帮助学生全方面深入理解掌握课堂理论知识，加强理论与工艺的结合，进一步巩固了理论知识，提高了理论联系实际的能力和创新能力，体现出实验教学的高阶性、创新性和挑战度。下面以北京科技大学虚拟仿真实验为例，介绍虚拟仿真实验界面和软件的操作要点及操作规则。

4.3.2　系统的功能设计

4.3.2.1　登录与退出

　　从用户的角度来说，本平台共设教师和学生两类用户。用户选择自己的角色输入分别登入系统。登录界面如图 4-26 所示。

图 4-26　虚拟实验平台登录界面

　　在用户中心，点击"退出系统"按钮，即可退出界面。退出系统界面见图 4-27 和图 4-28。

　　学生的登录账号即学生的学号，具有唯一性，从管理员处获取初始密码。学生可进入的功能模块有：(1) 安全教育；(2) 虚拟实验；(3) 查看个人成绩。

4.3.2.2　安全教育

　　实验平台设有安全教育模块，可上传实验室安全题库随机出题进行考核。学生登录后，先进行安全教育（安全考核）后方可进入虚拟实验室进行实验。每个学生可以参加两次安全教育考试，并且保存两次考试成绩，取最高成绩作为考试成绩。安全教育考试通过后方可进行虚拟实验考试。学生两次安全考试均不合格时，由教师设置补考，补考设置一次，学生有两次补考机会。安全教育考试为计时考试，到达规定时间平台自动提交试卷。

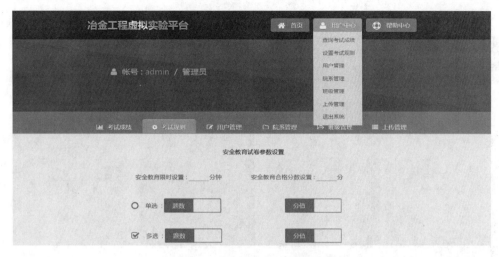

图 4-27 虚拟实验平台退出界面

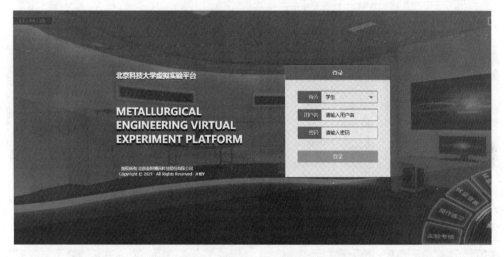

图 4-28 虚拟实验平台退出界面

安全考核题型分为单选题、多选题和判断题。试卷题量、单道题目分数以及合格分数由教师在"考试规则"中进行设定。考试成绩以及卷面可保存于数据库中。

4.3.2.3 虚拟实验操作

安全考核合格后学生进入虚拟实验平台，选择相应实验后可进行对应实验的操作，进入界面见图 4-29。

单个虚拟实验分为实验目的、实验原理、实验设备、操作练习、实验考核五大模块，实验目的、实验原理以及实验设备属于实验前的预习。主界面如图 4-30 所示。

A 界面介绍

进入虚拟实验界面键盘鼠标的说明：手动漫游时，可使用键盘键 A、D、W、S，其中 A 为左移自由行走，D 为右移自由行走，W 表示前进，S 表示后退，或者使用键盘键上的方向键前进、后退、左移、右移自由行走。手动漫游时按住鼠标左键为选择确定键，按住鼠标右键可以各个方向旋转，不同视角观看实验室场景，按住鼠标滑轮可以实现镜头缩放。

北京科技大学虚拟实验平台

 首页　　用户中心　　帮助中心

粉体的粒度分析

球团矿的制备

铁矿石900℃间接还原性能RI检测

准备区域

煤粉的爆炸性测定

铁矿石500℃低温还原粉化性能RDI检测

中间包水模型

炉渣熔化温度的测定

钢中非金属夹杂物的全相鉴定

TG-DTA测量物质在加热过程中质量变化及其热分解温度

铁矿粉烧结实验

着火点的测定

锌常温电解工艺实验及分析

图 4-29　实验列表

图 4-30　实验主界面

点击"菜单"，弹出菜单选项，再次点击菜单，菜单选项收回。如图 4-31 所示。

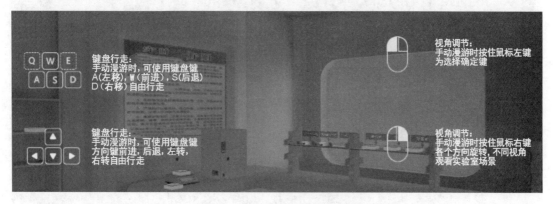

图 4-31　键盘鼠标使用说明界面

B　实验目的

实验目的采用文字形式描述实验与实际生产现场的关系，使学生初步了解本实验涉及的背景知识，如图 4-32 所示。

C　实验原理

实验原理采用文字及原理动画等，详细展示实验机理和过程。

D　实验设备

实验设备包含实验中涉及到的所有实验设备。各设备可旋转缩放，重要设备采用剖视图和拆装图等方式显示设备结构，实验设备的功能及重要参数采用文字进行描述，如图 4-33 所示。

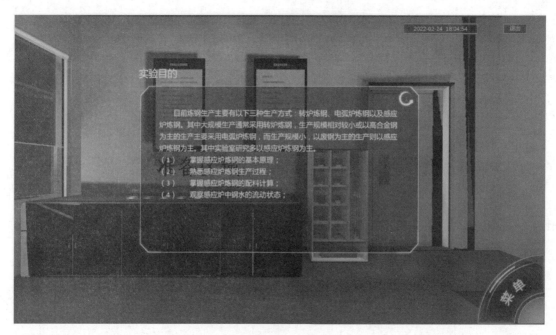

图 4-32 实验目的

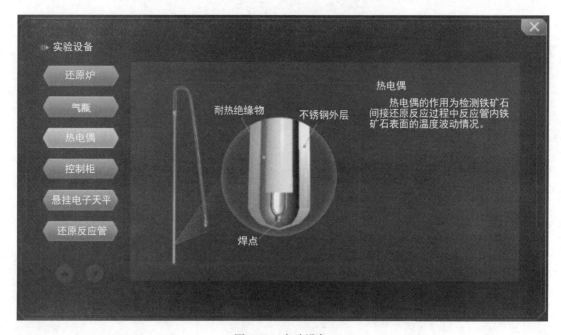

图 4-33 实验设备

E 操作练习

操作练习通过操作提示文字和设备"高亮"的形式对相应的动作进行人机界面操作，提示学生完成整个实验，操作练习模块学生的实验操作记录可以保存于数据库中供查询和书写实验报告。操作练习界面如图 4-34 和图 4-35 所示。

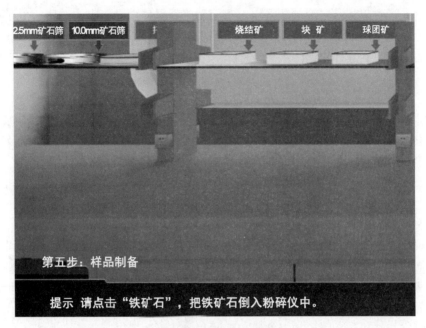

2.5mm矿石筛
10.0mm矿石筛
烧结矿
块 矿
球团矿
第五步：样品制备
提示 请点击“铁矿石”，把铁矿石倒入粉碎仪中。

图 4-34 操作练习界面

操作记录
日期
时间
描述
2016/09/08 09: 08 选择的矿石是：烧结矿。
2016/09/08 09: 08 选择烘干箱并将样品放入烘干箱。
2016/09/08 09: 08 将烘干箱烘干温度设定为105度，时间
2016/09/08 09: 09 从烘干箱中取出样品。
2016/09/08 09: 09 选择粉碎仪。
2016/09/08 09: 09 将粉碎仪调节至11.0的粒度。
2016/09/08 09: 10 从粉碎仪中取出粒度为11.0mm的样品
保存
关闭

图 4-35 操作练习——操作记录

F 实验考核

在实验考核模块，对操作的设备没有“高亮”和文字提示，学生可以在虚拟实验场景中自由进行实验，系统设置有关参数设置、实验流程以及实验分析与计算等考核点，通过实验考核了解学生对实验的掌握程度。界面会出现剩余时间的提示，操作结束后，会弹出

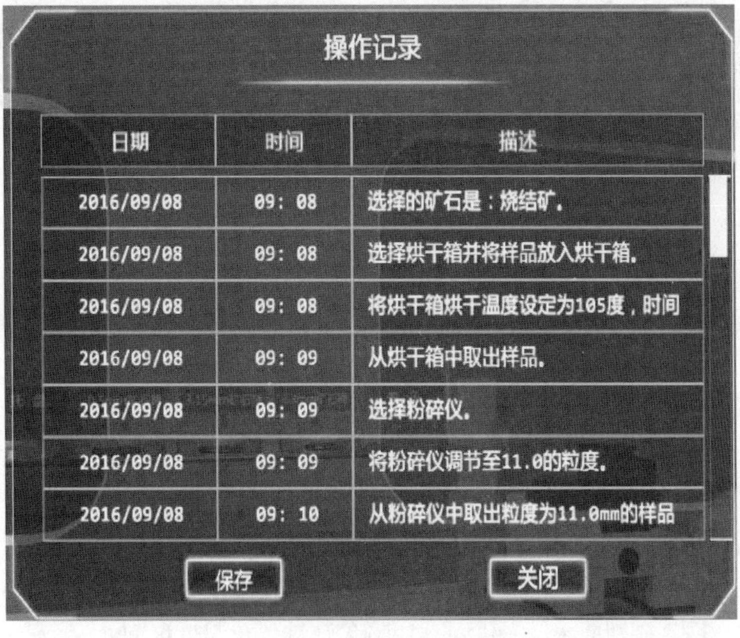

操作记录框，通过鼠标点击滚动条可以上下滚动查看操作记录，点击关闭，红色描述文字部分为扣分项，最下面显示得分。实验考核模块的操作记录、实验结果、考核扣分项、考核分数均可保存于数据库中。

4.3.3　虚拟实验内容及技术参数

北京科技大学冶金工程虚拟仿真平台已开发的实验共有 18 个，其中粉体综合实验包含 5 个粉体实验。实验主要以冶金专业实验为主，也包含材料类（轧钢）以及有色（电解铝和锌电解）实验。各实验的详细内容及技术参数如下：

（1）铁矿石还原性能虚拟仿真实验。实验方法为《铁矿石的还原性测定方法》GB/T 13241—91 标准方法，虚拟操作可以执行实验步骤中的每一步；

采用文字及动画形式表现实验原理；

实验设备介绍包含还原炉、反应管、烘干箱、破碎仪、矿石标准筛等实验设备的三维模型及功能描述；

进行实验的铁矿石包括烧结矿、球团矿和天然块矿，同一铁矿石进行实验时，实验结果有所差异；

可以测定烧结矿、球团矿和天然块矿随时间的减重数据以及还原度曲线；

可以实现多参数耦合影响还原度因素考核。

（2）500℃铁矿石低温粉化性能测定。

实验方法采用《铁矿石低温粉化试验静态还原后使用冷转鼓方 GB/T 13242—91 标准方法，虚拟操作可以执行实验步骤中的每一步；

实验设备介绍包含还原炉、反应管、转鼓装置、烘干箱、矿石标准筛等实验设备的三维模型及功能描述；

进行实验的铁矿石包括烧结矿、球团矿和天然块矿，同一铁矿石进行实验时，实验结果有所差异；

可以测定烧结矿、球团矿和天然块矿的低温还原粉化指数；

低温还原粉化指数包括 $RDI_{+6.3}$、$RDI_{+3.15}$、$RDI_{-0.5}$。

（3）铁矿石荷重软化性能测定。

进行实验的铁矿石包括烧结矿、球团矿和天然块矿，同一铁矿石进行实验时，实验结果有所差异；

实验设备介绍包含颚式破碎机、软化炉、温控仪、位移传感器等实验设备的三维模型及功能描述；

实验可测定和记录开始软化温度（还原条件下由热膨胀到开始收缩 4% 时的温度）及软化终了温度（样品剧烈收缩 40% 时的温度），计算软化温度区间；

可得出铁矿石荷重软化曲线。

（4）粉体综合性能实验。

粉体综合实验包含煤粉的爆炸性测定、煤粉着火点测定、煤的可磨性指数测定、粉体的粒度分析以及粉体的堆角测定五个实验。

煤粉的爆炸性和着火点测定可进行单一煤种及混合煤种的虚拟实验。通过虚拟效果展现煤粉火焰及着火效果，可进行火焰长度及着火点温度的测定。可模拟煤粉综合性能测定仪中软件部分的操作。

煤的可磨性指数测定采用哈德格罗夫法。能执行实验步骤中的每一步。可进行数据处理，通过计算得出哈德格罗夫可磨性系数。

粉体的粒度分析实验样品包括富矿粉、精矿粉、煤粉、焦粉、石灰石、白云石、生石灰、蛇纹石、菱镁石、膨润土等烧结矿和球团矿制备原料。采用干筛法进行粒度分析。要求不同原料选择不同孔径的标准套筛。筛分过程在标准振筛机中进行。实验后得到不同原料的粒度分布数据表及柱状图。

粉体的堆角测定在堆角测定仪中进行，通过旋转角度测量装置测定煤粉及精矿粉的堆角（自然坡度角）。

（5）高温综合实验。

采用文字的形式表现电阻丝炉的加热原理和热电偶测温原理；

实验设备介绍包括管式电阻炉、热电偶、测温控制柜等试验设备的结构动画以及 3D 模型；

可以充分了解电阻丝炉具体的设计步骤和制作方法；

通过虚拟实验可以掌握高温炉恒温带的测量方法；

恒温带温度和恒温带精度的计算。

（6）铁矿粉烧结实验。

实验包含配料计算、配料、一次混料、二次混料、装料、点火、抽风烧结、性能检验及烧结产质量指标计算全过程。虚拟操作可以执行铁矿粉烧结实验步骤中的每一步；

实验设备介绍包含一次混料机、二次混料机、烧结焙烧系统（含间歇式烧结杯、点火器、主抽风机、助燃风机、除尘器等）、煤气、温度与负压记录控制器等实验设备的三维模型及功能描述；烧结焙烧系统采用 3D 拆分形式，展现各设备之间的装配与连接。

烧结矿性能检验包括落下强度检验和转鼓指数检验。

实验可记录烧结实验过程，过程数据包括配料表、烧结实验参数、烧结矿粒度组成、废气温度和负压随时间变化图。

通过实验计算可得出的烧结产质量指标包括：垂直烧结速度、烧损率、成品率、利用系数、转鼓指数。

（7）球团矿制备实验。

实验设备介绍包含圆盘造球机、球团焙烧装置、湿球落下强度测定装置、弹簧压力机、湿球爆裂温度测量装置、流量温度记录控制器等实验设备的三维模型及功能描述；

按照配比，称量相应的精矿及膨润土，进行混匀，完成该实验配料的所有操作；

模拟将混匀的原料在圆盘造球机中造球的过程，包含母球的形成及球团矿长大阶段的不同操作和实验表现；

生球性能检验：包括湿球落下强度、湿球抗压强度、干球抗压强度及湿球爆裂温度等，模拟操作并给出实验结果；

球团矿焙烧：球团矿的焙烧试验焙烧杯中模拟竖炉焙烧过程，一次虚拟完成球团矿干燥、预热、焙烧、均热及冷却等几个阶段，实验过程数据记录于焙烧参数表中。

（8）钢中非金属夹杂物的鉴定。

主要实验装置为金相显微镜和扫描电子显微镜。

通过实验使学生初步掌握金相显微镜和扫描电子显微镜的正确操作方法；

包含金相试样的制备过程；

采用金相显微镜观察铸坯或轧材钢样中非金属夹杂物的形貌、尺寸、分布；

可模拟明场像、暗场像及偏振光操作，不同类型夹杂物在不同成像模式下反应不同的光学特性；

实验能够按照国家标准检验钢中非金属夹杂物的含量并进行评级。

可模拟扫描电镜观测实验中样品制备、装样、光镜模式与电镜模式的切换、移动样品台、聚焦、缩放等操作；

可在扫描在二次电子模式下观察钢中非金属夹杂物的形貌及分布；

进行能谱分析，确定钢中非金属夹杂物的化学组成及成分分布。

（9）炉渣熔点测定。

实验装置为炉渣熔化温度特性测定仪；

通过实验使学生掌握用半球点法的定炉渣熔化温度的原理，了解测定炉渣熔化温度设备的构造，了解不同炉渣的熔化温度；

通过摄像仪可以观察熔渣样品在高温炉中的熔化过程；

升温时间、温度以及收缩率之间的关系通过曲线表现；

实验结果包括试样升温速度，开始熔化温度，熔化温度，流动温度。

（10）氧化物在炉渣中的熔解动力学实验。

实验装置为二硅化钼高温炉，温度可达 1600℃；

将装在钼杆下端的 Al_2O_3 试样全部浸入石墨坩埚内的熔渣中，有直流电动机带动旋转，以测定不同转速下试样半径随时间的变化率；

实验包含氧化物在炉渣中溶解数学模型；

通过实验使学生掌握测定耐火材料抗熔渣的侵蚀能力、Al_2O_3 在熔渣中的溶解速度以及铸锭保护渣吸收 Al_2O_3 夹杂的速度和能力的方法。使学生了解氧化物在熔渣中的溶解动力学实验的基本原理，掌握实验的基本方法。

（11）连铸中间包水模型。

实验装置为八流中间包水模型；

通过实验使学生借助流场显示技术和刺激-响应试验技术，找到最佳的中间包控流装置设计；

在中间包流场显示实验中，用红墨水作为显示示踪剂，从中间包入口加入，采用摄影机记录中间包流场的流动状态，以供分析；

在刺激-响应实验中，选择 KCl 作为示踪剂，在中间包入口一次性快速注入一定量的饱和 KCl 溶液，同时在中间包出口用电导率仪测定电导率变化，由计算机采集数据，作出 RTD 曲线；

分析停留时间、死区体积等，最后综合分析得出最佳控流装置设计。

（12）感应炉炼钢。

通过动画与图形虚拟仿真称量定量的废钢、根据要冶炼的钢种虚拟计算得出脱碳用烧结矿、脱氧用铝粉、铁合金等；

虚拟操作将脱碳用的辅料分批加入炉内进行脱碳，待脱碳完成后，利用真空取样器和定氧仪，取样并测温定氧；

取样、测温完成后，虚拟通电加入铝粉进行脱氧，完成后取样定氧；

称量好的铁合金加入炉内进行合金化虚拟技术得出测温取样结果，并显示出来；

通过可视化技术显示冶炼完毕后钢液成分含量，虚拟计算给出钢水温度；

虚拟操作感应炉出钢和钢包导入钢锭模内，虚拟显示钢锭的变化。

（13）凝固过程模拟实验。

通过动画与图形虚拟仿真 NH_4Cl-H_2O 溶液模拟钢锭凝固过程；

模拟枝晶从形核到长大再到形成多晶体的过程；

通过改变冷却水的温度观察凝固过程的形貌及分布变化；

通过固相分数分析在不同冷却水温度条件下固相的生成速率。

（14）差热分析实验。

通过实验可以了解 TG-DTA 联用热分析仪的原理和试样化学反应过程中热分解温度以及质量变化的测量方法；

实验设备主要为微机差热天平、控制器和电子分析天平，实验设备介绍包括三维模型和功能介绍；

实验中可以测定含不同结晶水的草酸钙样品在加热过程中质量变化及热分解温度，并给出含结晶水和在热分解温度下生成哪种气体的相应计算；

实验记录包括气体出口压力和流量、样品质量，设定 DTA 和 TG 的取值范围、初始温度、终止温度和升温速率，采样速率等。

（15）最大咬入角和摩擦系数测定。

实验利用抬辊法测定轧制最大咬入角和摩擦系数；

实验在不同条件下进行，包括不同润滑条件和有无推力，保证实验的完整性和准确性；

实验通过探索轧件的咬入临界状态，通过测量轧件轧制前后的厚度，即可计算出最大咬入角和摩擦系数；

可实现对真实咬入角测定实验的全流程高度仿真，包括轧件测量、辊缝调整、轧制过程以及数据处理等全部实验步骤；

可实现自动数据处理，获得符合合理趋势的咬入角、摩擦角、摩擦系数等实验结果；

主要虚拟实验设备和材料包括二辊实验轧机、游标卡尺、矩形铅样、粉笔、润滑油等。

（16）轧制前滑系数的测定。

实验利用刻痕法测定轧制前滑值和摩擦系数；

实验再润滑轧制和无润滑轧制两种条件下进行，不同条件下的铅样连续轧制 5 个道次。通过测量每道次轧制前后轧件的厚度和刻痕间距，即可计算出实验前滑值和摩擦系数；

可实现对真实前滑测定实验的全流程高度仿真，包括轧件测量、辊缝调整、轧制过程以及数据处理等全部实验步骤；

可实现自动数据处理，获得符合合理趋势的实验前滑值、理论前滑值、咬入角、摩擦系数等实验结果和曲线；

主要虚拟实验设备和材料包括二辊实验轧机、游标卡尺、钢尺、矩形铅样、润滑油等。

（17）铝高温电解工艺实验及分析。

实验装置为二硅化钼高温炉，温度可达1600℃。实验电解槽装置为石墨坩埚。

将电解质和铝锭加入石墨坩埚中，将坩埚放入电阻炉内进行加热，电解质和铝锭溶化后，通以直流电进行电解，观察电解反应。

通过实验使学生了解电解过程中槽电压、电流效率、电压效率、电能效率、电能单耗等主要指标的概念及计算方法，分析影响这些指标的主要工艺因素。使学生了解熔盐电解的实验研究方法实验的基本原理，掌握实验的基本方法。

（18）硫酸锌电沉积虚拟实验。

通过实验可以直观地了解配制电解液的方法，了解从硫酸锌的酸溶液中提取金属锌的方法。

实验设备主要为直流电源、电压表、电解杯和电子分析天平，实验设备介绍包括三维模型和功能介绍。

实验记录包括槽电压，阴极与参比电极之间的电压和阳极与参比电极之间的电压等。

实验中通过记录不同时间对应的槽电压以及阴、阳极与参比电极之间的电压之后按照理论公式计算出电流效率、电压效率、电能效率和电能单耗等参数。

4.4　冶金模拟实验实例

4.4.1　连铸中间包水模型实验

中间包是连铸生产流程的中间环节，是连接钢包和结晶器之间的过渡容器，是由间歇操作转向连续操作的衔接点。它不仅具有存储、分流、连浇、减压等作用，而且还是去除夹杂物、实现稳定浇铸的重要场所。中间包冶金效果和其内部控流结构有关，挡墙挡坝、导流孔、湍流抑制器、过滤装置等都会影响钢液的流动状态。通常通过水模型实验来研究中间包内钢液的流动特性，以此优化中间包内控流装置，调整钢液流动状态，延长钢液在中间包内的停留时间，从而达到均匀钢液温度、成分和促进非金属夹杂物上浮的效果。

4.4.1.1　实验目的

（1）理解相似原理在冶金工程实验中的应用。

（2）掌握中间包水模型实验方法。

（3）学会对不同方案的实验结果进行综合对比分析。

4.4.1.2　实验原理及参数确定

本实验以相似原理为理论基础，用水模拟钢液，用有机玻璃模型模拟中间包。要保证模型与原型的流场相似，必须满足几何相似和动力相似。几何相似即是几何模型上的相似，模型尺寸和原型尺寸的比值称为比例因子，通常用 λ 表示。中间包内钢液的流动，是液体在重力作用下从大包水口流入中间包内，然后从中间包水口流出。在这种情况下，可视为黏性不可压缩稳态等温流动。中间包中的钢液流动主要受黏滞力、重力和惯性力的作用，惯性力与黏性力之比得到无量纲准数雷诺数（Re），与重力之比得到弗鲁德数（Fr）。为了满足动力相似，模型和原型的相关准数要相等。

当雷诺数小于某一数值（第一临界值）时，流体处于层流状态。在层流状态范围内，流体的流速分布彼此相似，与雷诺数不再有关，这种现象便称为自模性。常将 $Re<2000$ 的范围称为第一自模化区。随着雷诺数的增大，流体处于由层流向湍流的过渡状态，这时流速分布随雷诺数变化较大，但当雷诺数大于第二临界值时，流动再次进入自模化状态，流体的紊乱程度和速度分布几乎不再变化，雷诺数准则已失去判别相似的作用，称为第二自模化区。一般雷诺数的第二自模化区临界值为 $10^4 \sim 10^5$。所以，通过选取合适的比例因子只要保证模型设备与原型的流动处于同一自模化区内，雷诺数就不必相等，此时只考虑弗鲁德数相等即可。

本实验针对国内某钢厂双流板坯中间包进行水模型实验，中间包原型工艺参数见表4-1，模型与原型几何相似比 λ 为 1：2.5。通过雷诺数计算可知，本实验的原型和模型雷诺数都大于 10^4，故只考虑弗鲁德数相等。

弗鲁德数表示为：

$$Fr = \frac{u^2}{gL} \tag{4-12}$$

式中　L——特征长度，m；
　　　u——流体速度，m/s；
　　　g——重力加速度，m/s²。

表 4-1　中间包工艺参数

参数名称	值
铸坯规格/mm	1400×230
铸坯拉速/m·min⁻¹	1.0
钢包水口直径/mm	110
中间包液面深度/mm	1100
铸坯密度/kg·m⁻³	7400
钢液密度/kg·m⁻³	7000
钢液的动力黏度/kg·(m·s)⁻¹	0.005
水的密度/kg·m⁻³	1000
水的动力黏度/kg·(m·s)⁻¹	0.001
中间包模型内水的体积/m³	0.496

（1）模型流量的确定。

根据弗鲁德准数相等，可以由原型流量确定模型流量，如式（4-13）。其中 p 代表原型，m 代表模型。原型中间包工艺参数见表4-1中参数代入式（4-13），得到模型出水口流量为 2.066m³/h。

$$Fr_p = Fr_m$$

$$\frac{u_m^2}{gL_m} = \frac{u_p^2}{gL_p}$$

$$\frac{u_m}{u_p} = \frac{L_m^{1/2}}{L_p^{1/2}} = \lambda^{1/2} \qquad\qquad (4\text{-}13)$$

$$\frac{Q_m}{Q_p} = \frac{u_m L_m^2}{u_p L_p^2} = \lambda^{5/2}$$

$$Q_m = Q_p \times \lambda^{5/2}$$

$$Q_p = \frac{A_s v_s \rho_s}{\rho_1}$$

式中 Q——流量，m^3/h；

A_s——铸坯断面面积，m^2；

v_s——铸坯拉速，m/min；

ρ_s——铸坯密度，kg/m^3；

ρ_1——钢液密度，kg/m^3。

（2）实验液位的确定。

根据工厂实际生产中中间包的钢水液位和比例因子来确定实验所需水的液位。本实验中原型中间包出水口至钢液位高度为 1100mm，则实验中水的液位高度为 440mm。

（3）采集时间的确定。

以饱和氯化钾水溶液作为示踪剂，加入示踪剂的瞬间在中间包出水口处开始采集氯化钾浓度数据，采集时间需在信号加入前进行设定。数据采集时间大于 2 倍的理论停留时间。理论停留时间的计算如下：

$$\overline{t_t} = \frac{V_m}{nQ_m} \qquad\qquad (4\text{-}14)$$

式中 $\overline{t_t}$——理论停留时间；

V_m——中间包模型内水的体积，本实验为 $0.496m^3$；

n——中间包出水口数量，本实验是两流中间包，故 $n=2$。

由式（4-14）计算得到理论停留时间为 432s，实验采集时间应大于 2 倍理论停留时间 864s，故本实验采集时间设为 960s。

4.4.1.3 实验方法

（1）测量停留时间分布（RTD）。

当钢液流过中间包时，虽然总体上流量稳定在某一值不变，但钢液的各个分子（或微元）沿不同路径通过中间包。路线长短不同，分子在中间包内的寿命也不相同。由于中间包中钢液分子数目众多，其在中间包内的寿命分布应服从统计规律。图 4-36 为各个分子在反应器中停留时

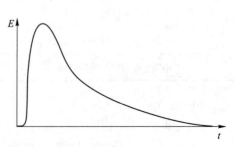

图 4-36 停留时间分布函数

间的分布规律，用 RTD（Residence Time Distribution）曲线表示。大多数分子的停留时间在中等范围波动，寿命极短及极长的分子都不多，可用停留时间分布函数 $E(t)$ 进行描述，其定义为：Edt 是进入中间包的钢液中在系统内的寿命属于 t 和 $t+dt$ 之间的那部分分子。当系统的流速恒定时，无论出口还是入口所定义的 $E(t)$ 都完全一样。通过反应器的流体分子的全部可看作 1，所以

$$\int_0^\infty Edt \equiv 1 \tag{4-15}$$

寿命低于 t_1 的流体所占分率为

$$\int_0^{t_1} Edt \tag{4-16}$$

寿命高于 t_1 的流体所占分率为

$$\int_{t_1}^\infty Edt = 1 - \int_0^{t_1} Edt \tag{4-17}$$

停留时间分布函数 $E(t)$ 实际上是一种概率分布函数，可以用其数学期望（均值）、方差等数值特征来确定。$E(t)$ 的均值：

$$\bar{t} = \int_0^\infty tE(t)\,dt / \int_0^\infty E(t)\,dt = \int_0^\infty tE(t)\,dt \tag{4-18}$$

$\bar{t}$ 可称为平均停留时间。$E(t)$ 的方差（离散度）：

$$\sigma^2 = \int_0^\infty (t - \bar{t})^2 E(t)\,dt / \int_0^\infty E(t)\,dt = \int_0^\infty t^2 E(t)\,dt - \bar{t}^2 \tag{4-19}$$

实验中我们将式（4-18）离散化进行计算，计算公式为：

$$\bar{t} = \sum_{i=1,n} t(i)c(i)\Delta t(i) / \sum_{i=1,n} c(i)\Delta t(i) \tag{4-20}$$

　　通常应用"刺激-响应"实验来测量停留时间分布。其方法是：在中间包注流处输入一个刺激信号，然后在中间包出口处测量该输入信号的输出，即所谓响应，从响应曲线得到流体在中间包内的停留时间分布。本实验采用脉冲法加入示踪剂，即瞬间把所有的示踪剂都注入到进口处的流体中，在保持流量不变的条件下，测定出口流中示踪剂浓度 c 随时间 t 的变化即 RTD 曲线。

　　本实验采用饱和的氯化钾溶液作示踪剂，在大包水口支管处加入 150mL，采用脉冲式加入，时间大约 2s，用电导率仪同时测量中间包出水口处流体的电导率。

　　（2）流场显示（墨汁实验）。

　　通过有色示踪剂来观察透明的有机玻璃模型内液体的流动状态，记录流动过程，观察钢液流动轨迹，死区的大概位置以及钢液是否会直接冲击塞棒等。通常使用墨汁作为有色试剂，相机需放置在中间包前方和上方，以便进行全方位录像观察。

4.4.1.4　实验装置

　　本模拟系统由上水系统、示踪剂加入系统、数据采集系统和排水系统四部分组成，具体包括水泵、上水箱、中间包有机玻璃模型、中间包内控流装置（湍流抑制器，挡墙，挡坝，塞棒等）、示踪剂加入漏斗、电导率仪和数据采集仪等。实验装置示意图见图 4-37。本实验装置中流量为 PLC 自动控制，进水阀根据设定的水位高度自动控制进水量，出水阀根据设定的模型流量自动调节出水量到达设定值，实验操作界面见图 4-38。

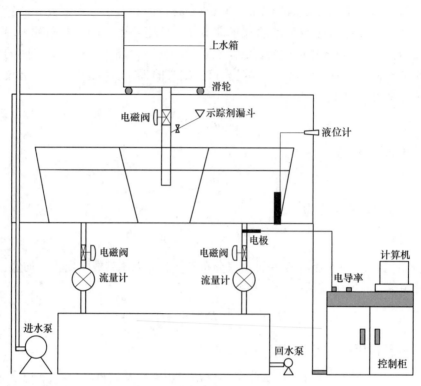

图 4-37　中间包水模型实验装置

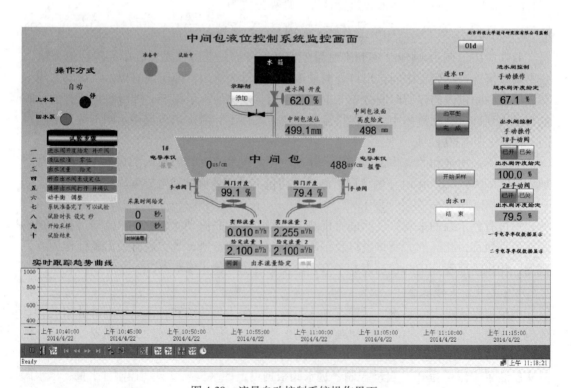

图 4-38　流量自动控制系统操作界面

4.4.1.5 实验方案

通过改变中间包内挡墙高度设定两个方案，通过实验数据对比分析哪种工况有较好的冶金效果。

4.4.1.6 实验步骤

实验前准备工作：储备水箱中储满水、配制饱和 KCl 溶液（刺激信号）、配制墨水 40mL（30mL 墨汁+10mL 水）、连接电极、流量计、水泵等，并启动操作软件。

（1）设定中间包液位高度：在"中间包液面高度给定"处输入液位高度。

（2）启动上水泵：点击屏幕"上水泵"按钮，上水泵将储备水箱中的水抽到上水箱内。

（3）向中间包内注水：点击"进水"按钮，进水阀自动打开。中间包内液面高度上升，进水阀根据液位计实时测得的液位高度和设定高度差自动调整阀门开度，直到液位达到设定值自动关闭。

（4）设定模型流量：即设定中间包出水口的流量，在"给定流量1"和"给定流量2"处输入流量值，中间包出水阀自动打开，直到流量达到设定值。

（5）调节动态平衡：点击"动平衡"按钮，出水阀根据设定值和流量计测定值自动调整阀门开度，同时进水阀根据液面高度设定值和液位计测定值自动调整进水流量，直到中间包液位保持不动。

（6）设定数据采集时间：在"采集时间给定"下面输入采集时间。

（7）开始采样：将准备好的 150mL 饱和氯化钾溶液倒入到示踪剂漏斗中，点击"开始采样"按钮，漏斗阀门自动打开氯化钾溶液瞬间流下，3s 后漏斗阀门自动关闭，同时自动显示采样时间，进入采样状态，后台自动记录不同时刻中间包出水口处液体的电导率值，完成全部时刻的采集后进行下一步。

（8）流场显示实验（墨汁实验）：将准备好的墨水倒入到示踪剂漏斗内，同时调整好相机准备拍摄录像。点击"添加"按钮，漏斗阀门打开，墨汁流下，同时开始拍摄录像，记录中间包内的流动状态，直到中间包内流场无颜色变化后停止录像。

（9）实验结束：关闭上水泵，点击"时钟清零"按钮，上水阀自动关闭，排水阀开到最大，排空中间包内所有水。

更换方案，重复（2）~（9）步骤（注意：也可将步骤（7）（8）同时进行，即加入 KCl 溶液和墨汁的混合液，同时采集电导率和录像）。

4.4.1.7 数据处理

（1）实际平均停留时间 $\bar{t}_a$：指活动区体积与活动区流量之比，用式（4-21）描述。根据活动区流量的定义，在 2 倍理论停留时间之前的流量认为是活动区流量，所以实际平均停留时间在计算时积分到 2 倍理论停留时间。$\bar{t}_a$ 越大越有利于夹杂物上浮。式（4-21）中 c_i 为 t_i 时刻 KCl 的电导率，$\bar{t}_t$ 为理论停留时间；n 为中间包出水口数。

$$\bar{t}_a = \frac{\int_0^{2\bar{t}_t} t c(t)\,\mathrm{d}t}{\int_0^{2\bar{t}_t} c(t)\,\mathrm{d}t} = \frac{\sum_1^n \left[\sum_0^{2\bar{t}_t} (t_i c_i \Delta t) \right]}{\sum_1^n \left[\sum_0^{2\bar{t}_t} (c_i \Delta t) \right]} = \frac{\sum_1^n \left[\sum_0^{2\bar{t}_t} (t_i c_i) \right]}{\sum_1^n \left(\sum_0^{2\bar{t}_t} c_i \right)} \tag{4-21}$$

（2）滞止时间 t_{min}：从加入脉冲信号开始到出水口测到信号的最短时间。滞止时间延长，说明进入中间包的钢液到达出口的最短时间延长，这有利于夹杂物上浮。对有多个水口的中间包来说，应使实际平均停留时间尽可能长，并且使各个水口的"滞止时间"尽量接近和延长。这样可使不同水口进入结晶器的钢液温度接近，同时可增加夹杂物的上浮时间，提高铸坯质量。滞止时间可从 RTD 曲线上读出。

（3）峰值时间 t_{peak}：获得最大电导率值的时间。峰值时间越长、峰值越小，曲线就越平缓，说明中间包新注入的钢液与原有钢液混合充分，且在中间包内流动充分，有利于钢液成分和温度的均匀以及夹杂物上浮。峰值时间可从 RTD 曲线上读出。

（4）活塞区比例：若同一时刻进入容器的流团均在同一时刻离开容器，它们不会和先或后于它们进入容器的流团相混合，即所有的流体分子均以相同的速度从进口流向出口，就像一个活塞一样有序向前移动，称之为活塞流，所流过区域为活塞区，活塞区比例计算见式（4-22）。活塞区的流动有利于夹杂物的上浮，应尽可能地发展活塞流，并注意其流动路线的控制。

$$\frac{V_p}{V} = \frac{t_{min} + t_{peak}}{2\bar{t}_t} \tag{4-22}$$

式中　　V_p——活塞区体积；

　　　　V——中间包内液体总体积。

（5）死区比例：死区内流体流动和扩散速度很小，死区比例计算见式（4-23）。死区的存在对大颗粒夹杂的上浮影响不是很大，但对于中小夹杂，由于流体的流动很慢，也就使中小夹杂没有机会碰撞聚集长大而较迅速地上浮；死区的存在相当于缩小了中间包的有效容积，使钢液在中间包内的停留时间变短；另外，死区附近的钢液温度降低，会使整个中间包内钢液温度不均匀。

$$\frac{V_d}{V} = \frac{V - V_a}{V} = 1 - \frac{V_a}{V} = 1 - \frac{Q_a}{Q} \cdot \bar{\theta}_a = 1 - \frac{Q_a}{Q} \cdot \frac{\bar{t}_a}{\bar{t}_t} = 1 - k \cdot \frac{\bar{t}_a}{\bar{t}_t} \tag{4-23}$$

式中　　V_d——死区体积；

　　　　V_a——活动区体积；

$$k = \frac{\sum\limits_1^n \left(\sum\limits_0^{2\bar{t}_t} c_i \right)}{\sum\limits_1^n \left(\sum\limits_0^{\infty} c_i \right)}，其中 \infty 表示数据采集时间。$$

（6）全混区比例：全混区位于钢包长水口注流附近，在此进入中间包的新鲜钢液与原有钢液进行混合，全混区比例计算见式（4-24）。在此区内，流体充分混合，有利于钢液成分和温度的均匀，并且促进夹杂物的碰撞长大，但必须防止卷渣。

$$\frac{V_m}{V} = 1 - \frac{V_p}{V} - \frac{V_d}{V} \tag{4-24}$$

式中　　V_m——全混区体积。

4.4.1.8　实验报告要求

用电导率仪测量中间包出水口处的电导率值绘制停留时间分布曲线 RTD，并根据该曲线计算实际平均停留时间、滞止时间和死区比例、活塞区比例、全混区比例，同时结合 RTD 曲线形状及流场显示情况分析、评价不同控流装置对中间包内钢液流动的影响。

4.4.1.9 思考题

（1）分析中间包内夹杂物来源。

（2）中间包内特征流速若为钢包出水口流速的 1/20，试计算本实验中间包原型与模型的雷诺数？

（3）尝试分析其他类型中间包（如单流）内合理的结构及钢水流动轨迹。

4.4.2 粒子图像测速实验

4.4.2.1 实验目的

（1）了解激光粒子图像测速的基本原理、仪器构造。

（2）掌握用粒子图像测速测量流场速度的方法和数据处理方法。

4.4.2.2 实验原理

粒子图像测速 PIV（Particle Image Velocimetry）技术是一种基于流场图像互相关分析的非接触式二维流场分析技术。在粒子图像测速中，示踪粒子被添加到流体中，激光束形成一个光片，以短时间间隔 Δt 照射示踪粒子两次。在 2D-PIV 中，散射光记录在高分辨率数码相机的两个连续帧上。在 3D-PIV 中，使用两个不同观察角度的摄像机测量检测区域中的第三个（平面外）分量。通过 PIV 图像的后处理，可确定两次激光脉冲间的粒子图像位移。

粒子图像测速的主要优点：

（1）非接触式速度测量。PIV 技术为非接触式的光学技术，通过测量实验放入流动中的示踪粒子速度来间接测量流体微元的速度，对高速流动或壁面附近的流动，仍然可以使用 PIV 进行测量。

（2）测量体积的扩展。通过全息技术（3D-PIV）拓展观测体积。使用平面镜组，可以拓宽照亮区域。

（3）时间分辨率。高速激光和高速相机的发展可以实现大多数液体的高时间分辨率测量。

（4）空间分辨率。PIV 图像处理的问询窗口尺寸需要足够小，从而不会对速度梯度的测量结果产生较大影响。

（5）评估的可重复性。任何有关流速的信息，已经完全存在于 PIV 的记录中，可以在不重复实验的条件下挖掘流速的信息。

4.4.2.3 三维 PIV 测速系统简介和实验装置

实验装置由两部分组成，三维 PIV 测速系统和中间包水模型。

A 三维 PIV 测速系统

本实验使用的仪器为德国 LaVision 公司三维 PIV 测速系统，配置为 Nd：YAG 腔激光器，激光脉冲能量为 2×400mJ，波长为 532nm（绿激光）；14bit 动态范围的 CCD 相机，最小跨帧时间间隔为 115ns，CCD-分辨率 4008×2672 像素，测量面积不小于 800mm×600mm；

DaVis 处理系统。该三维 PIV 系统可满足水模实验测量尺寸要求，同时可以得到清晰、细腻的照片以便后序软件处理，具有较高的可靠性。三维 PIV 系统如图 4-39 所示。

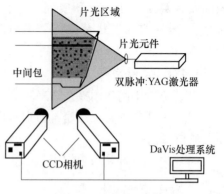

图 4-39　PIV 测速系统示意图

B　中间包水模型

实验中采用的水力学模型为中间包模型，根据相似理论建立的模型，按 3∶1 的比例缩小，模型用有机玻璃制成。主要用于研究中间包内钢液的速度场分布，用于改进中间包的结构，有利于钢液中的夹杂物上浮分离。实验装置如图 4-40 所示。

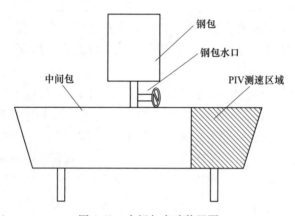

图 4-40　中间包实验装置图

4.4.2.4　实验步骤

（1）实验前准备：检查三维 PIV 系统的硬件连接。水模型按照和实际生产的相似关系，计算模型的水流量，检查水模型装置，确保管路连接到位、实验顺行。

（2）打开 PIV 系统冷却水，依次开启相机、激光器、计算机 PIV 软件系统。关闭水模型出水口，向其中注满水。

（3）选择中间包水口的中心断面为研究平面，使用导光臂将光片源投射到研究平面，对研究平面进行标定。对有较强反射光的区域要做适当遮挡，以防损坏相机感光元件。

（4）打开水模型进水口、出水口，调节水流量，使中间包处于合适的液面高度下。保持流量的稳定，向中间包中加入示踪粒子。加入示踪粒子后，水模型应处于内循环状况。

（5）将相机盖上滤波片，调节激光器能量，调节两束激光时间间隔，使两次曝光下的粒子移动距离在合适范围内。

（6）检查调整水模型流动状况，记录图像。

（7）实验结果后处理：对记录的包含流场流动信息粒子的照片通过商业 PIV 软件进行处理，获得该平面的流场信息。

注意：粒子图像测速设备所用的激光器对人眼和相机感光元件存在一定的危害，光路搭建过程中要尽可能减少反射区域，并对反光区域做一定的遮挡，给相机镜头加装滤光片，必要时实验人员要佩戴激光护目镜。对于标定好的测量，不要移动相机和片光源。

4.4.2.5 实验报告要求

（1）简述实验原理和主要步骤。

（2）画出所测量截面的流场速度分布图。

（3）分析中间包中流场速度分布对中间包冶金效果的影响。

4.4.3 中间包流场和温度场数值模拟

冶金过程多是在高温状态下完成的，很难对冶金过程进行直接的观察与测试，因此通常采用模拟实验的方法对冶金传输过程加以研究。随着商用软件和计算机硬件的不断发展，数值模拟法也应用得越来越普遍。目前的一些流体计算（CFD）商用软件为数值模拟提供了方便手段，ANSYS 商业软件包中包含 CFD 软件 FLUENT 和 CFX，可用于流场、温度场、多相流、燃烧和化学反应等方面的模拟计算。

4.4.3.1 实验目的

（1）本实验通过使用 CFX 软件进行中间包温度场和流场的数值模拟，初步认识数值模拟方法。

（2）加深对流体传输控制方程及数值求解的理解。

4.4.3.2 实验原理

由冶金传输原理课程的学习可以看出，控制微分方程的分析解法过程严格，解的结果是一个物理量随时间和空间变化的函数关系式 $t(x, y, z, \tau)$。例如利用分析解可以求得任一时刻物体内任一点的温度，即可求得一连续温度场。但是分析解法求解过程复杂，只能用于一些简单的问题。对于几何条件不规则、物性参数随温度或其他等因素变化的物体，以及辐射换热边界条件等问题，应用分析解法几乎是不可能的。在这种情况下，建立在有限差分和有限体积基础上的数值解法对于求解流体力学问题十分有效。在本实验中将使用有限体积法进行流场和温度场的数值求解。

首先建立描述物理问题的控制方程组。假设中间包内钢液为不可压缩的流体，其流动状态为湍流，整个中间包内钢液温度均匀，不考虑钢液上面的渣层和空气，整个计算域为单相流动，钢液顶部为自由面。以三大守恒方程即质量守恒方程、动量守恒方程、能量守恒方程为基础。对于湍流流动，可采用 κ-ε 双方程模型描述湍流运动，求得流体空间的速度场；利用所得的速度场和能量守恒方程求得流体空间的温度场。在计算迭代过程中，将二者耦合起来计算，最终得到流体的速度和温度分布。相关方程如下：

（1）质量守恒方程。

$$\frac{\partial \rho}{\partial t} + \frac{\partial (\rho v_j)}{\partial x_j} = 0 \tag{4-25}$$

（2）动量守恒方程。

$$\rho \left(\frac{\partial v_i}{\partial t} + v_j \frac{\partial v_i}{\partial x_j} \right) = -\frac{\partial p}{\partial x_i} + \mu_e \left(\frac{\partial^2 v_i}{\partial x_j \partial x_j} \right) + \rho g_i \tag{4-26}$$

（3）能量守恒方程。

$$\rho c_p \left(\frac{\partial T}{\partial t} + v_i \frac{\partial T}{\partial x_i} \right) = T\beta \frac{\partial p}{\partial t} + \frac{\partial}{\partial x_i} \left(\lambda \frac{\partial T}{\partial x_i} \right) + \mu\phi + q \tag{4-27}$$

（4）κ-ε 方程。

湍动能方程

$$\rho\left(\frac{\partial K}{\partial t} + v_i\frac{\partial K}{\partial x_i}\right) = \frac{\partial}{\partial x_i}\left(\frac{\mu_e}{\sigma_k}\frac{\partial K}{\partial x_i}\right) + G - \rho\varepsilon \tag{4-28}$$

湍动能耗散方程

$$\rho\left(\frac{\partial \varepsilon}{\partial t} + v_j\frac{\partial \varepsilon}{\partial x_j}\right) = \frac{\partial}{\partial x_j}\left(\frac{\mu_e}{\sigma_\varepsilon}\frac{\partial \varepsilon}{\partial x_j}\right) + \frac{\varepsilon}{K}(C_{\varepsilon 1}G - C_{\varepsilon 2}\rho\varepsilon) \tag{4-29}$$

其中

$$G = \mu_t\frac{\partial u_j}{\partial x_i}\left(\frac{\partial u_i}{\partial x_j} + \frac{\partial u_j}{\partial x_i}\right)$$

式中　$C_{\varepsilon 1}$，$C_{\varepsilon 2}$，σ_k，σ_ε——冯·卡门系数：$C_{\varepsilon 1}=1.43$，$C_{\varepsilon 2}=1.93$，$\sigma_k=1$，$\sigma_\varepsilon=1.3$；

v_i，v_j——流体的流动速度，m/s；

ρ——流体的密度，kg/m^3；

p——压力，Pa；

T——流体的温度，K；

β——体积膨胀系数；

K—— 湍流动能，W；

ε——湍流动能耗散率，W/s。

4.4.3.3　实验设备

装有 ANSYS ICEM CFD 和 ANSYS CFX 的商业软件的计算机，ANSYS ICEM CFD 可建立流体流动的几何模型并划分网格，ANSYS CFX 用来进行流场和温度场的数值计算。

4.4.3.4　实验内容及边界条件

本实验选取两流连铸中间包为研究对象，对其流场及温度场进行数值模拟。计算所取钢液参数为：摩尔质量（molar mass）= 55.85kg/mol；密度（density）ρ = 7000kg/m^3 比热（specific heat capacity）= 787W/（kg·K）；参考温度（Ref Temperature）= 1550℃；黏度（viscosity）μ=0.005kg/（m·s）；传热系数（thermal conductivity）λ=41W/（m·K）。

中间包参数及边界条件见表4-2，根据铸坯规格、拉速及铸坯密度来确定中间包入口质量流量，出口为压力出口，壁面为 wall 类型边界，壁面散热为热流边界。

表 4-2　中间包参数及边界条件

参数及边界条件	值
铸坯规格/mm×mm	1400×230
铸坯拉速/m·min^{-1}	1.0
入口质量流量/kg·s^{-1}	58.78
入口温度/℃	1550
出口压力/Pa	75460
顶部热流密度/kW·m^{-2}	15
底部热流密度/kW·m^{-2}	1.4
侧面热流密度/kW·m^{-2}	3.5

4.4.3.5　实验步骤

通过前处理软件 ICEM 建立几何模型并进行网格划分，然后预处理模块选择物理模型并设置边界条件和初始条件，再通过求解模块对所研究的问题进行求解，最后通过后处理模块对计算结果进行可视化的图形显示。

（1）建立流体流动的空间域-几何模型。启动 ANSYS ICEM CFD 软件建立中间包几何模型，点击 geometry 标签页，首先根据坐标建立点，再由点生成线，由线生成面，几何模型由所有面包围而成；标记各个边界面，并建立体；保存文件。

（2）划分网格，并输出网格文件。ICEM 有两种网格形式，一种是六面体（Hextra）网格，另一种是四面体（Textra）网格，本实验采用六面体核（Hex Core）形式，即在中间包内部使用六面体网格，在接近壁面使用四面体网格。点击 mesh 标签页，设置总体最大网格尺寸 100mm，最小网格尺寸 1mm；预览网格；检查网格质量，如果有的网格质量在 0.25 以下，则进行网格光顺；点击 output 标签页，选择求解器 ANSYS CFX，输出网格文件 ∗.cfx5。

（3）启动 CFD 软件 ANSYS CFX。

1）软件前处理（CFX-Pre）。启动组件 CFX-Pre，新建模拟义件，调入网格文件；新建物料钢液，输入物性参数；建立流体域，选择流体和物理模型，即传热模型和 $\kappa\text{-}\varepsilon$ 湍流模型；建立边界条件：入口边界（inlet）速度和温度、出口边界（outlet）压力、对称面（symetry）、壁面边界（wall）热流；选择差分格式、输入时间步长和收敛标准；输出定义文件 ∗.def。

2）求解（CFX-Solver）。启动组件 CFX-Solver，调出定义文件，点击 Start Run 按钮开始求解计算。并可通过求解器监视求解的全过程，了解每个变量的收敛情况。计算时间与网格的多少有关，网格越多求解时间就越长；收敛后将结果保存在 ∗.res 文件中。

3）后处理（CFX-Post）。启动组件 CFX-Post，调出结果文件 ∗.res，观察不同剖面上流体计算结果的图形显示，观察温度场、速度场的变化情况，并保存图形。

（4）退出 CFX 软件，关闭计算机。

4.4.3.6　实验报告

简述实验原理及实验步骤，根据本次实验的模拟结果，对中间包流场和温度场进行分析。

4.4.3.7　思考题

（1）使用 CFX 商业软件进行数值模拟时，如何判断计算已经达到了收敛？

（2）使用数值模拟解决实际问题时，网格是否划分得越细越好？

（3）求解湍流问题时，为何要加入 $\kappa\text{-}\varepsilon$ 方程？

4.4.4　电力线路监测

电弧炉炼钢合理供电技术主要是指在电弧炉炼钢过程中采用合理的供电制度，达到降低冶炼电耗和缩短通电时间的效果。其基本工艺过程：测量电弧炉供电主回路的基本电气运行参数，进行分析处理后得到电弧炉供电主回路的短路电抗和操作电抗，应用这些电气参数制定合理的电弧炉供电制度。对于电弧炉炼钢而言，选择合适的供电制度极为重要。

因为电能占电弧炉炼钢总能量输入的 60%~70%，合理使用这部分能量将有助于实现电弧炉炼钢的高效化。在这方面，特别是近年来广泛应用的 50t 以上的大型电弧炉炼钢方面，国内只有北京科技大学进行了实用研究。采用电力参数线路监控仪现场采集电力参数，研究电弧炉用电规范。在实验室主要模拟电弧炉的供电主回路，研究其电气运行特性。

4.4.4.1　实验目的

（1）在实验室模拟交流电弧炉供电主回路。

（2）采用实测手段模拟研究交流电弧炉炼钢过程中电气运行特性。

（3）计算操作电抗、短路电抗等电气运行参数。

4.4.4.2　实验原理和设备

A　实验原理

交流电弧炉炼钢合理供电研究的电工学理论基础，即三相交流电弧炉的单相等值电路图，有关合理供电的研究都是基于该单相等值电路图，如图 4-41 所示。

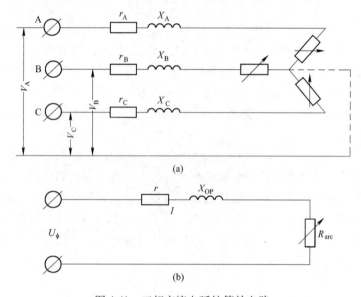

图 4-41　三相交流电弧炉等效电路

（a）三相等效电路图；（b）单线等效电路图

r_A，r_B，r_C，r—相电阻；X_A，X_B，X_C，X_{OP}—相电抗；V_A，V_B，V_C，U_ϕ—相电压；R_{arc}—电弧电阻

B　实验设备

电弧炉电气参数测量设备采用美国施耐德公司的 Power Logic 2000 电力参数线路监控仪，这种仪表集成了电网中全部智能仪表的功能，具有标准的通信功能和丰富的软件支撑，是电源质量和电力监控的一种必备工具。Power Logic 2000 电力参数线路监控仪是一种多功能数字仪表，集数据采集、控制设备于一体，能替代多种仪表、继电器、传感器及其他元件。Power Logic 2000 电力参数线路监控仪型号有多种，实验室内配备 CM-2250 和 CM-2350 两种。

（1）设备特点：

1）高精度的电流及电压值（0.2%）；

2）真实有效值测量（至 31 次谐波）；

3）实时谐波的幅度及相位；

4）电源质量显示：THD，K-系数，峰值系数；

5）标准通信接口 RS-485；

6）数据最大值和最小值显示；

7）接收标准的 CT 和 PT 输入信号；

8）记录数据和事件；

9）提供 1ms 的时标用于分析波形；

10）很宽的工作温度范围（-25~70℃）；

11）可直接编程；

12）对于每 1ms 状态输入，可按顺序输入；

13）50 多个测量数据显示；

14）高速触发捕捉事件；

15）捕捉瞬态波形和事件，用户可选择 4，12，36，48 或 60 周期循环监测；

16）可与 PC 机直接通信；

17）测量频率为 50~400Hz。

（2）设备功能：

1）实时测量：

① 电流（每相，3 相，零序电流，接地电流）；

② 电压（线电压，相电压）；

③ 有功功率（每相，3 相）；

④ 无功功率（每相，3 相）；

⑤ 视在功率（每相，3 相）；

⑥ K-系数（每相）。

2）需量读数：

① 需量电流（每相瞬时峰值）；

② 平均功率因数（三相，总）；

③ 需量有功功率；

④ 需量无功功率；

⑤ 需量视在功率；

⑥ 重合读数；

⑦ 预测需量。

3）电量测量：

① 累计有功电量；

② 累计无功电量；

③ 累计视在电量；

④ 双向测量。

4）功率分析值：

① 峰值系数（每相）；

② 需量 K-系数（每相）；

③ 功率因数偏移（每相，3 相）；

④ 基波电压（每相）；

⑤ 基波电流（每相）；

⑥ 基波有功功率（每相）；

⑦ 基波无功功率（每相）；

⑧ 谐波功率；

⑨ 不平衡度（电流和电压）；

⑩ 相序。

（3）表盘正面示意图及典型接线图，如图 4-42 所示。

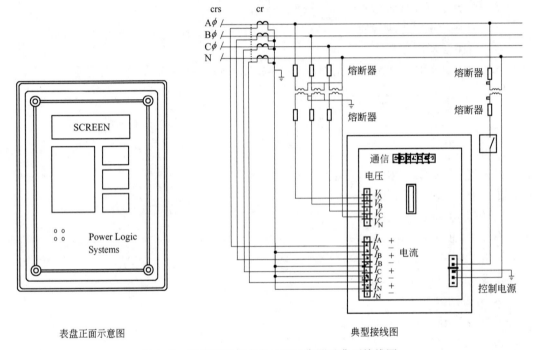

图 4-42   线路监控仪表盘正面示意图及典型接线图

C   软件介绍

SMS-1500 软件是 Power Logic 2000 电力参数线路监控仪的专用软件，它可实时采集电路上的电气参数，通过各种方式显示电路信息。SMS-1500 软件支持各种实时数据显示，包括表格、直方图和模拟表盘等。SMS-1500 软件面向客户，包括创建用户表格，增添电气参数等。

4.4.4.3   实验步骤

Power Logic 2000 电力参数线路监控仪可接收标准的 PT、CT 信号，并且可通过标准的通信接口 RS-485 或 RS-232 标准光端机通信接口与计算机进行通信。该设备可同时测量电路上的三相电压、三相电流、三相有用功率、三相无用功率、三相视在功率及三相功率因数，并且可对采集的数据进行处理。不足之处是该设备只能测量一点的多组数据，而不能同时测量多个点的多组数据。解决方法只有用三块仪表（在电弧炉供电回路上测量三点的数据）并实现串口通信。交流电弧炉同时测量三相电压、三相电流参数、三相有功功率、三相无功功率、三相视在功率及三相功率因数等，测量示意图如图 4-43 所示。

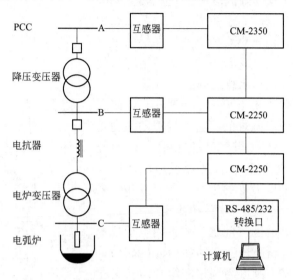

图 4-43　电弧炉供电回路测量示意图

具体的实验步骤如下：

（1）将电力线路监控仪及计算机接入模拟电路。

（2）将计算机与电力线路监控仪通过 RS-485/232 转换口相接。

（3）检查线路无误后，开启仪表电源，在各表盘上进行初始化设置。

（4）打开计算机，进入英文 WIN98 操作系统。

（5）运行设备支持软件 SMS-1500。

（6）进行软件设置。

（7）开始测量电力参数。

4.4.4.4　实验报告

实验报告要求写出实验目的、实验设备、实验结果，对实验结果进行分析讨论。

4.4.4.5　思考题

（1）操作电抗与短路电抗的定义及其差别是什么？

（2）实验中测量误差主要体现在哪些方面，都是什么类型的误差？

（3）在交流电弧炉电力参数实测过程中，为什么要同时测量几点的电气参数？

（4）根据实测数据是否可画出电气特性图？

4.4.5　高炉气体力学电模拟实验

4.4.5.1　实验目的

（1）了解高炉不同软融带对煤气流分布规律的影响。

（2）掌握高炉电模拟实验的原理、方法和设备。

4.4.5.2　实验原理及设备

A　电模拟研究的基本概念

一个日产数千吨生铁的炼铁高炉，炉体高达 30m，每日吞吐着上万吨原料（矿石、焦炭）和产品。在炉身下部鼓入高温热风，由于焦炭的燃烧，在炉内进行着高温物理化学反应，将铁矿石还原，最终冶炼出优质生铁和排出炉渣。其原理示意图见图 4-44。

高炉是一个密闭体，相当于一个黑匣子，欲研究高炉内的冶炼进程是相当困难的。这个进程的关键是炉料顺行下降以及热气流（煤气）上升时合理的分布，从而使能量利用最佳和加快还原反应。在这当中，煤气流的分布影响着冶炼的进行，所以近些年来对高炉气体力学的研究，成了一项新的课题。

这样一个复杂浩大的生产问题，能否用电子技术进行模拟研究，需要分析高炉生产具有的如下特征：

（1）高炉是一个多节圆锥与圆柱的组合体（见图4-44），在炉形上具有几何轴对称性。

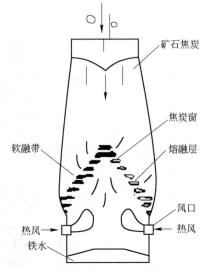

图 4-44　高炉内状况示意图

（2）当冶炼生产正常时，炉内煤气流分布及炉料软融状态，也具有轴对称特点。

（3）因此研究高炉冶炼状态可以采用圆柱坐标，即满足 $\frac{\partial}{\partial \theta} = 0$，将原来是三维状态简化成只有径向（$R$）和纵向（$Z$）二维的问题来研究。

（4）以中等高炉为例，炉料下降速度约为 $0.001\mathrm{m/s}$，而煤气流上升速度高达 $4.5\mathrm{m/s}$，两者相比非常悬殊。当取一小段时间来研究，可将炉内系统（场）近似地视为单流向反应过程。

可见，根据相似原理，应用二维电模拟技术，是可以对高炉气体力学加以研究的。

电模拟方法的正确性，是基于相似类比理论。一个是庞大复杂的生产系统，另一个是容易测试的模拟系统，尽管两者的内容实质不同，但只要他们动态过程的微分方程相似，即具有相同的数学描述形式（数学模型相似），就可以用后者来研究前者。所谓相似类比，是指这两个系统（场）各自的物理参数、边界条件等，虽然两场的量纲不同，但都存在严格的对应关系，有统一的数学表达式，如表 4-3 所示。

表 4-3　电流场与流体动力势场的类比

导电介质中的电流场	理想流体的动力势场
$E = -\mathrm{grad}u$	$w = -\mathrm{grad}P$
$\int_S \boldsymbol{\delta}\mathrm{d}S = i$	$\int_S \rho\, w\mathrm{d}S = G$
$\mathrm{div}\boldsymbol{\delta} = i$	$\mathrm{div}\rho w = 0$
$\mathrm{rot}E = 0$	$\mathrm{rot}w = 0$

注：u—电位；S—面积；E—电场强度向量；$\boldsymbol{\delta}$—电流密度向量；i—电流；P—流体动力速度势；w—速度向量；ρw—流体密度向量；ρ—流体密度；G—流量；grad—梯度；div—散度；rot—旋度。

上表所列举两个场的数学方程式，都是一一相对应，皆服从于同一物理规律，证明这两种场相似，这就在理论上阐明了用电流场来模拟高炉气体动力势场的正确性。

电模拟方法的优点在于模型制作简单、电路参数改变容易及各电量测试方便，并且准确度也较好。

B 试验原理

考虑到影响高炉内煤气流运动的主要因素是物料的阻力。适用于气体通过散料层的Ergun方程，其向量形式为

$$v = -\frac{1}{K}\mathrm{grad}P \tag{4-30}$$

式中 v——气体空炉速度；

K——炉料阻力系数。

为了模拟煤气流受到的阻力，在电模型中需突出电阻这个参数。同理可以推导出相对应的稳定电流场的向量方程

$$\delta = -\frac{1}{\rho}\mathrm{grad}u \tag{4-31}$$

式中 ρ——电阻率。

由于上述两个场的运动方程相似，只要根据炉内阻力状态（K值的大小）来改变电模型中的电阻率 r，就可以用电模型来研究具体的高炉了。

C 试验设备

电模型的材质是采用电阻纸，其电阻值为 $11\mathrm{k}\Omega/\mathrm{mm}^2$（方阻）。电模型结构如图 4-45所示。用电阻纸依高炉形状按比例缩小来制作模型。因炉形轴对称，为了简化只取半边来研究便可。在二维电模型中，将等势边界接上良导体（压上铜片），在变势边界造成绝缘状态（即不接铜片），R_1 及 R_2 为可调电阻，它们的电阻最大值为 $2\mathrm{k}\Omega$。可采用精密电阻箱来代替 R_1 及 R_2。电源部分为直流稳压电源。

4.4.5.3 实验步骤

电模型的结构原理（图 4-45）实质上是一个电桥电路，它的等效电路见图 4-46。图中

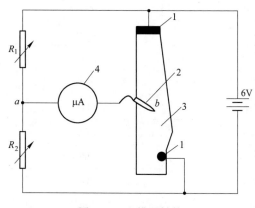

图 4-45 电模型结构

1—铂铜片（压紧）；2—可移动金属测针；
3—电阻纸；4—检流计（微安表）

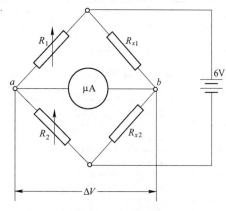

图 4-46 电模型电路

b 点是测针对电阻值的触点，它将电阻纸的电阻值分成两部分 R_{x1} 和 R_{x2}。在移动触点 b 时，将有不同的 R_{x1} 和 R_{x2} 产生。

A   等势线的测试

当 R_1 及 R_2 已确定后，只要移动测针使 R_{x1} 和 R_{x2} 同时改变，必能找到电桥的平衡点，即满足下列电桥平衡方程：

$$R_1 \cdot R_{x2} = R_2 \cdot R_{x1} \tag{4-32}$$

或

$$\frac{R_1}{R_2} = \frac{R_{x1}}{R_{x2}}$$

此时检流计（微安表）指示为零。由于电模型是二维平面，所以能满足图 4-46 的平衡点 b；不只是一个而是有无限多个点，将这些点连起来便是一条线。如果是研究炉内的气流压力，这就是等势线，将此结果应用到实际高炉中去就成了炉内的等势面。当改变 R_1 与 R_2 的比例，便能测试出一系列不同的等势线（面），如图 4-47 所示。图中各等势线分别为 $\phi = 0.1$，$\phi = 0.2$，…，$\phi = 0.9$，可记作 ϕ_x，称为势函数：

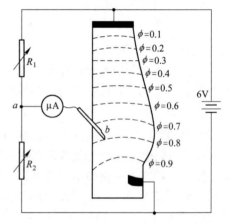

$$\phi_x = \frac{R_1}{R_1 + R_2} = \frac{R_{x1}}{R_{x1} + R_{x2}}$$

式中，R_1 和 R_2 为电桥两个桥臂，它们的电阻值是预先给定的。测针触点 b 使电阻值模型分成 R_{x1} 和 R_{x2}。当 R_2 为定值（1kΩ）时，适当改变 R_1 可得到势函数 $\phi_x = 0.1 \sim 0.5$ 的等势线；当固定 R_1（1.0kΩ）适当改变 R_2，测得 $\phi_x = 0.6 \sim 0.9$ 的等势线（见图 4-47）。ϕ_x 与 R_1、R_2 的数值如表 4-4 所示。

图 4-47   炉内气流等势线示意图

表 4-4   势函数 ϕ_x 与 R_1、R_2 的数值

ϕ_x	R_1/Ω	R_2/Ω
0.1	111.1	1000.0
0.2	250.0	1000.0
0.3	428.5	1000.0
0.4	666.6	1000.0
0.5	1000.0	1000.0
0.6	1000.0	666.6
0.7	1000.0	428.5
0.8	1000.0	250.0
0.9	1000.0	111.1

B　炉内气体流线的测试

流场中流体各质点的速度向量所形成的连线，称为流线。流线方向与速度方向一致，而速度方向又与上述等势线互相垂直。所以流线方向与等势线互相垂直，即这两种线处处相正交。因此当已测试有了等势线便可以求出流线，反之亦然。

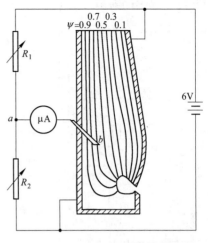

图 4-48　炉内气流流线分布

只要将上述电模型改装一下，就能测试出一系列流线：在用导体（铜片）和绝缘体（无铜片）所剪制的炉型电阻纸上，将其边界导体改变为绝缘体，再将边界绝缘体改变成导体。这便实现了正交变换。再按上述方法调整 R_1 或 R_2，移动测针触点 b，则有一束流线被测试出来，如图 4-48 所示。

图中各流线分别为 $\psi = 0.1$，$\psi = 0.2$，$\cdots$，$\psi = 0.9$，可记作 ψ_x，成为流函数。流函数 ψ_x 与 R_1、R_2 的关系可参照表 4-4 来应用。每一条流线都有一个 ψ 值，它表示通过流量的大小。如图 4-48 中 $\psi = 0.7$ 的流线，则表示在该流线右边通过 0.7（即 70%）的流量，在左边为 0.3（即 30%）的流量。在图 4-49 的流束中，流线密集的区域表示通过的流体多，流线稀疏则表示流体通过少。

随着对高炉生产过程的深入研究，发现在炉内（炉身下部）存在铁矿石软融带（见图 4-44）。在块状铁矿石的空隙中煤气流本来是能通过的，但在软融带这些空隙被熔融物堵塞了，气流便无法通过，只好流经焦炭部分，因焦炭不发生软融现象，透气性较好。

炉内软融带的形状有 V 形、Λ 形（倒 V 形）及 W 形。如图 4-49 所示。不同形状的软融带对高炉冶炼效果有着非常重要的影响，关键是要弄清楚各种软融带气体的流线及等势线。现用电模拟方法，对首都钢铁公司某号高炉不同形状软融带的等势线和流线进行测

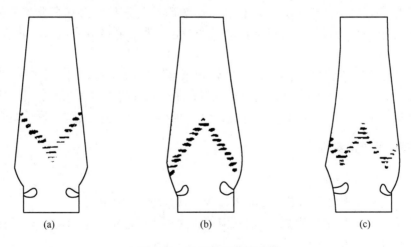

|　(a)　|　(b)　|　(c)　|

图 4-49　高炉内三种软融带

（a）V 形软融带；（b）Λ 形软融带；（c）W 形软融带

试，如图4-50和图4-51所示，它们由电阻纸模型制作。电模型的大小依据该高炉实际炉型及尺寸按比例缩小来制作。

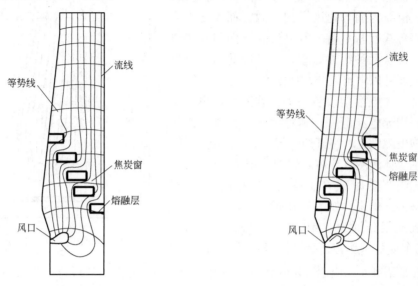

图 4-50　Ｖ形软融带等势线及流线　　　　　图 4-51　Λ形软融带等势线及流线

（1）Ｖ形软融带的气流分布。从图4-50测试结果可看出，从炉身下部至风口循环区，热气流从风口鼓入开始是涌向炉衬，在这段是高温气流向炉内边缘偏移，使高炉热损失增大，并且炉衬也较容易损坏。气流在上升过程通过焦炭窗（焦炭透气性好相当于能透气的窗口），流向高炉上部并逐渐趋于分布均匀。Ｖ形软融带下部中心高温气流不足，即热容量不够，将影响炉内冶炼反应的顺利进行。它的气流等势线在图4-50中也清楚地表现出来。

（2）Λ形（倒Ｖ形）软融带的气流分布。倒Ｖ形软融带流线分布见图4-51，从炉身下部至风口循环区高温气流向中心流去，经过软融带焦炭窗流向高炉上部件趋于分布均匀。由于中心气流活跃热量充足，有利于高炉冶炼的强化，而且高温气流偏离炉衬，能减小这一部位的热损失，同时对延长炉衬寿命也有利。它的等势线分布也在图中表现出来。

经过上述电模拟测试与分析，倒Ｖ形软融带对高炉冶炼最有利，生产效果最好。Ｗ形软融带介于Ｖ形与倒Ｖ形之间。所以钢铁工作者一直在追求倒Ｖ形软融带的冶炼条件。在装料过程中，采用正装（先装矿石后装焦炭）的方法，容易形成倒Ｖ形软融带。

4.4.6　钢液凝固模拟实验

4.4.6.1　实验目的

通过模拟实验了解实际高温钢液凝固过程，观察以下三种现象：

（1）直接观察自然对流现象，目测其流速，观察宏观偏析（Λ形偏析）形成的过程以及"沟槽"产生的方位。

（2）观察结晶雨现象导致钢锭底部的负偏析（沉积堆）。

（3）观察凝固过程中氯化铵形成的基本晶形。

4.4.6.2 实验原理

金属凝固过程是从液态转化为固态的过程，从微观来讲，凝固就是金属原子从无序状态到有序状态的排序过程。也就是液态中无规则的原子集团转变为原子按一定规则排列的固态结晶。从宏观来讲，是把液态金属所储藏的热和凝固潜热通过模壁转移到外界，使液态金属转变成为具有一定形状的固体金属。整个凝固过程将发生一系列的物理化学变化。

凝固过程的收缩，密度的差异以及温度场的变化而产生的自然对流现象对钢坯的质量影响是特别显著的。特别是在模铸生产中，大型镇静钢锭由于成分不均匀性而形成 Λ 形偏析（也就是冶金中常说的倒 V 形偏析，偏析部位表现在钢锭的柱状晶带上），以及钢锭底部的沉积锥偏析等内部缺陷。

A 倒"V"形偏析的形成

含有不同物质的熔体在凝固过程中，由于温度、密度、体积以及温度场的变化，液体中会产生对流现象。这种对流现象使流动的液体在通过柱状晶凝固前沿时不易凝固，随着柱状晶的生长延伸而夹入中间，形成带有一定角度的液体流。在选分结晶过程中，高熔点的物质首先结晶，低熔点物质向液体中扩散，形成液体流中低熔点的物质富集，我们称它为正偏析。在钢锭的表现形式称为"Λ"形偏析或称倒"V"形偏析。在钢坯的横断面上通过低倍腐蚀表现的形状又称为"方框形"偏析或称"锭形"偏析。

B 沉积锥偏析

熔体在凝固过程由于选分结晶，高熔点的物质首先形核结晶成为固体。密度小的物体上浮，密度大的物体会自然下落。根据形核机理，在一定温度下会形成大量的晶体，由于其密度大于熔体而下落，在下落过程逐渐长大，此现象称为结晶雨现象。柱状晶向中心生长阻碍了边沿晶体的下落，在底部形成一个锥体，称为沉积锥。由于高熔点的物质成分富集，所以称为负偏析。

C 减少偏析形成的措施

（1）提高熔体的纯洁度，减少钢中有害元素。

（2）改善熔体的凝固条件控制浇注过程的注温、注速。

（3）改善熔体凝固过程的动力学条件。

4.4.6.3 实验方法

本实验采用 $NH_4Cl\text{-}H_2O$ 溶液模拟钢锭凝固过程，$NH_4Cl\text{-}H_2O$ 系二元相图如图 4-52 所示。由于 $NH_4Cl\text{-}H_2O$ 溶液的透明性和 NH_4Cl 树枝晶体的半透明性，因而可以观察晶体及凝固结构形成的过程，更可形象地观察到晶体的结构。再者氯化铵溶液熔化熔低，便于模拟实验操作。由图 4-52 可知，氯化铵溶液的浓度超过 19.7% 以后为过共晶系，实验中可采用 35% 的浓度，则氯化铵视为溶剂；水视为溶质（模拟钢水中硫、磷，合金等杂质元素）。

4.4.6.4 实验装置

实验装置见图 4-53，模型为长方形，用有机玻璃制成。模型一侧有可注入着色液的小孔，另一侧无侧孔并刻有方格，以便观察凝固过程。模型的左右两边接冷却筒和保温桶，其接触面为导热良好的厚度为 1mm 的铝片。

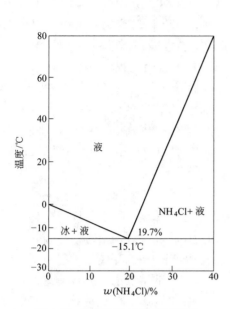

图4-52 NH_4Cl-H_2O系二元相图

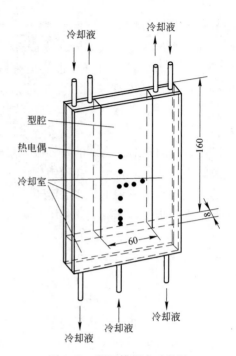

图4-53 凝固模拟实验装置

冷却剂是用液氮制冷的酒精（也可用干冰+酒精），实验时在一边加冷却剂，另一边加保温剂。示踪剂使用饱和的高锰酸钾溶液。该液体的密度较小，与氯化氨水溶液的比重极为相似，用医用注射器从侧面小孔注入。

天平和放大镜用以配置实验液体，测量和观察凝固厚度及流速。

4.4.6.5 实验操作程序

本实验采用35%的氯化铵水溶液，配备250mL，用烧杯在电炉上加热使其融化并保持在80℃。冷却剂采用600mL的无水乙醇，用液态氮使其温度降低到-80℃。保温剂采用600mL的自来水，放在电炉上加热到80℃。将三种溶液的温度调好后，同时倒入模型中。在导热的金属铝片上很快凝固成一层致密的等轴晶（称急冷带），随着导热速率降低，柱状晶开始生长。在柱状晶带会产生带有一定角度的半透明斜线，称它为沟槽（实际是还未凝固的熔融体）。从注射孔注入高锰酸钾，红色液体沿沟槽上升。在熔体温度逐渐下降的过程，可观察到结晶雨现象。

4.4.6.6 思考题

（1）什么是正偏析，什么是负偏析？

（2）冶金中倒"V"形偏析中主要富集什么化合物？

（3）冶金中结晶雨现象在什么钢中较为突出？

（4）冶金中减少偏析主要采取了哪些措施？

4.4.7 钢的高温力学性能测定实验

在新钢种的开发过程中，往往会添加不同比例不同类型的合金元素；而且，在连铸过程中，钢从高温以不同冷速冷却到低温，其组织会由奥氏体转变为铁素体、珠光体、贝氏体、马氏体等，这种合金元素、冷速和组织的变化均会造成钢的力学性能的改变。

连铸过程铸坯产生的裂纹是一种常见的质量缺陷，它的产生原因较为复杂，其中钢的高温力学性能对其有着重要的影响。钢的高温力学行为表征着凝固过程中铸坯受到应力时的抵抗变形和裂纹的能力，充分了解冷却过程中钢的力学性能的变化，对新钢种的开发、合理连铸冷却工艺的制定以及连铸坯裂纹缺陷的控制均具有重要意义。

4.4.7.1 实验目的

（1）了解钢在高温拉伸过程的变形与断裂行为。

（2）了解钢的高温力学性能的测定方法以及性能指标。

（3）认识钢的高温力学性能与铸坯裂纹的关系。

4.4.7.2 实验原理与设备

本实验采用应用广泛的 Gleeble 热模拟仪进行。如图 4-54 所示，Gleeble 热模拟仪是动态试验机，主要由加热系统、机械系统和计算机控制系统组成。加热系统通过试样两端的夹头对被测定试样通低频电流，进而通过试样本身的电阻热加热试样，使其按设定的加热速度加热到测试温度，从而实现试样稳态温度的调控。保温一定时间后，通过主机中的液压系统按一定的加载速率给试样施加载荷使其变形，直至试样断裂。计算机控制系统通过数字闭环加热伺服系统和闭环液压伺服系统执行测试要求，对热模拟仪进行热力控制，同时结合 LVDT 传感器、热电偶（或红外测温仪）和非接触激光膨胀仪等先进测量仪器测试并记录测试区中温度、力、应变、应力等参数的变化。

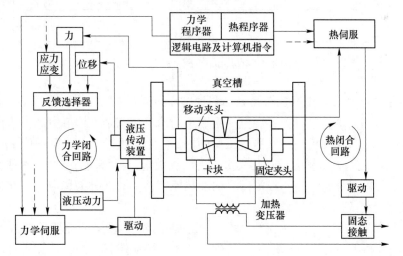

图 4-54　Gleeble 热模拟机系统结构

加热系统主要基于焦耳-楞次定律：

$$Q = I^2 R t$$

次级回路不是纯电阻电路，因而：

$$I = \frac{U}{Z}$$

$$Z = \sqrt{R^2 + X^2}$$

式中　Q——焦耳热，J；

I——通电电流，A；

R——试样电阻，Ω；

t——通电时间，s；

U——通电电压，V；

Z——次级回路阻抗，Ω；

X——回路感抗，Ω。

Gleeble 热模拟仪通过夹头给试样通电并通过试样本身的电阻加热，因而其可将试样以最高 10000℃/s 的加热速率加热到目标温度，然后通过高导热夹具控制不同的冷速进行冷却，配有淬火系统时冷速最高可达 10000℃/s，冷却过程中对样品进行拉伸或压缩，同时记录样品拉伸过程的力学参数变化，从而获得不同热履历下材料的力学性能变化。

4.4.7.3　实验步骤

以试样的高温拉伸实验为例：

（1）将试样加工成要求的尺寸。实验用典型的 Gleeble 试样一般是直径 10mm、长 120mm 的圆棒，其加工要求如图 4-55 所示。

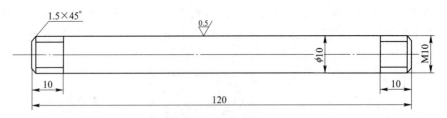

图 4-55　Gleeble 拉伸试样加工尺寸

（2）测量试样直径。用游标卡尺分别测量试样两端及中间三个位置的试样直径，每个位置沿互相垂直的两个直径方向各测量一次取平均值，用三个平均值中最小的直径 d_0 来计算试样的截面积；采用相似的方法测量试样的原始标距三次以上，求平均值 L_0。

（3）试样安装。将试样安装在热模拟机上的夹头内，再移动另一个夹头使其达到适宜的位置，把试样的另一端夹紧；根据试样的加热原理，中间部分为均温区，在试样中间焊接热电偶以测量测试过程中试样的实际温度。

（4）试样加热与拉伸。通入氩气保护，根据如图 4-56 设定的热履历曲线和应变速率通过 QuikSim 软件编写程序对试样进行加热、冷却和拉伸控制，同时计算机自动记录系统参数。

（5）实验结束，取下试样，从计算机导出参数进行结果分析。

（6）重复上述步骤，可以得到不同温度、不同拉伸应变条件下不同材料试样的拉伸性能。

4.4.7.4　实验结果分析

（1）将断裂试样断口的两端对比并靠紧，采用游标卡尺沿不同直径方向测量断口颈缩处的直径三次以上，求平均值为 d；同时测量断裂后试样的标距三次以上，求平均值为 L。据此可以根据式（4-33）和式（4-34）分别计算试样的断面收缩率 R_a 和伸长率 δ。

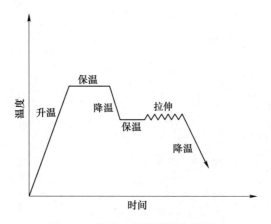

图 4-56　拉伸过程热履历曲线示例

$$R_a = \frac{d_0^2 - d^2}{d_0^2} \times 100\% \tag{4-33}$$

$$\delta = \frac{l_0' - L}{L_0} \times 100\% \tag{4-34}$$

式中，d_0 为实验前样品的直径；d 为实验后断口颈缩处的直径；L_0 为实验前样品的标距；L 为实验后样品的标距。

（2）由 Gleeble 测试系统导出如图 4-57 所示的拉伸过程记录的拉伸载荷-应变曲线，读取试样断裂时的拉伸载荷 F_t，基于式（4-35）计算设定温度下试样的抗拉强度 σ_b。

$$\sigma_b = \frac{4F_t}{\pi d_0^2} \tag{4-35}$$

式中，F_t 为试样断裂时的拉伸载荷。

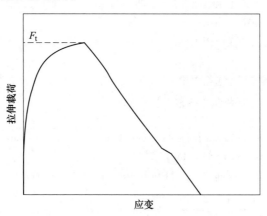

图 4-57　试样的拉伸载荷-应变曲线

4.4.7.5　实验报告

请根据实验过程及结果写出实验报告（见表 4-5）。

表 4-5　实验数据记录表

测试编号及温度	1 号/1450℃	2 号/1400℃	3 号/1350℃	4 号/1300℃	5 号/1250℃	6 号/1200℃	…
实验前样品直径 $d_{01}/d_{02}/d_{03}$							
实验前样品平均直径 d_0							
断口直径 $d_1/d_2/d_3$							
断口平均直径 d							
实验前试样标距 $L_{01}/L_{02}/L_{03}$							
实验前试样平均标距 L_0							
断后试样标距 $L_1/L_2/L_3$							
断后试样平均标距 L							
拉伸载荷 F_t							
断面收缩率 R_a							
拉伸伸长率 δ							
抗拉强度 σ_b							

4.4.7.6　思考题

（1）请结合文献和高温拉伸实验思考如何确定碳钢的第一、第二和第三脆性区。

（2）请结合试样高温拉伸断裂实验思考连铸过程中铸坯裂纹的产生过程。

参 考 文 献

[1] 曲英, 刘今. 冶金反应工程学导论 [M]. 北京: 冶金工业出版社, 1988.

[2] 中西恭二, 加藤嘉英, 野崎努, 等. コールド・モデルによる底吹き転炉内スラグ, メタルの混合速度 [J]. 鉄と鋼, 1980, 66 (12): 1307~1316.

[3] 稲田爽一, 渡辺哲弥. NaOH 水溶液への CO₂ 吸収の速度に及ぼすガスジェット特性の影響 [J]. 鉄と鋼, 1976, 60 (7): 807~816.

[4] 马恩详, 等. 第三届冶金过程动力学和反应工程学学术会议论文集 (上) [C]. 化工冶金, 1985, 4: 80.

[5] 曲英, 等. 第三次全国喷射冶金会议论文集 [C]. 特殊钢. 1982, No. 5: 71.

[6] 别所永康, 谷口尚司, 菊池淳. 通気攪拌槽内の流体の流れ [J]. 鉄と鋼, 1985, 71 (9): 1117~1124.

[7] Song L M, Chew W Q, et al. Proceedings of the Fifth China-Japan Symposium oun Science and Technology of Iron and Steel [C]. 1987, Shanghai, China: 253.

[8] KAWAKAMI M, et al. Proceedings of the Sixth International Iron and Steel Congress [C]. Nagoya. Japan, 1990, 1: 429.

[9] 周作元, 等. 温度与流体参数测量基础 [M]. 北京: 清华大学出版社, 1986: 404.

[10] J SEEKELY, et al. 第二次国际喷射冶金会议论文集 (下册) [C]. 上海冶金局科技情报室译. 1980: 38.

[11] 张家芸, 杜嗣琛, 李英, 等. 底吹熔池流体流动的数学物理模型 [J]. 北京钢铁学院学报, 1987 (4): 111~117.

[12] 成田贵一, 牧野武久, 松本洋, 等. 粉体吹き込み精錬法における粉体の侵入・分散挙動ならびに

混合攪拌挙動に関する基礎の検討 [J]. 鉄と鋼, 1983, 69 (3): 392~400.

[13] 王尚槐, 等. 第三届冶金过程动力学和反应工程学学术会议论文集（上）[C]. 化工冶金, 1985, No. 4: 139.

[14] 李士琦, 李伟立, 刘仁刚. 现代电弧炉炼钢 [M]. 北京: 原子能出版社, 1995: 206~210.

[15] 陶时澍. 电气测量技术 [M]. 北京: 中国计量出版社, 1989: 124~148.

[16] 沈颐身, 李保卫, 吴懋林. 冶金传输原理基础 [M]. 北京: 冶金工业出版社, 2000. 3.

[17] 刘钦圣, 张晓丹, 王兵团. 数值计算方法教程 [M]. 北京: 冶金工业出版社, 1998. 8.

[18] 杨永宜. 高炉内煤气流分布和炉料运动研究的新进展 [J]. 炼铁, 1983 (1): 9~16.

[19] 古金马赫. 电模型 [M]. 北京: 科学出版社, 1958.

[20] 陈守仁. 自动监测技术 [M]. 北京: 机械工业出版社, 1983. 5.

[21] 清华大学. 流体力学基础（上册）[M]. 北京: 机械工业出版社, 1982. 3.

[22] 张圣弼. 冶金物理化学实验 [M]. 北京: 冶金工业出版社, 1994.

[23] 包燕平, 王敏, 曲英. 中间包冶金学 [M]. 北京: 冶金工业出版社, 2019.

[24] 陈钊, 郭永彩, 高潮. 三维 PIV 原理及其实现方法 [J]. 实验流体力学, 2006 (4): 77~82.

[25] 崔衡, 刘洋, 李东侠, 等. PIV 技术在中间包和结晶器流场模拟中的应用 [J]. 连铸, 2015, 40 (3): 4~8.

[26] JARDÓN PÉREZ I. F., AMARO VILLEDA A, CONEJO A N, et al. Optimizing gas stirred ladles by physical modeling and PIV measurements [J]. Materials and manufacturing processes, 2018, 33 (8): 882~890.

[27] 朱苗勇, 萧泽强. 钢的精炼过程数学物理模拟 [M]. 北京: 冶金工业出版社, 1998.

[28] 蔡开科, 程士富. 连续铸钢原理与工艺 [M]. 北京: 冶金工业出版社, 2009.

[29] Yogeshwar Sahai, Toshihiko Emi. Melt flow characterization in continuous casting tundishes [J]. ISIJ International, 1996, 36 (6): 667~672.

[30] 刘逸波, 杨健. 中间包流场控制技术的进展 [J]. 连铸, 2021 (5): 12~33.

[31] 刘崇林, 崔衡, 李源源, 等. 双流板坯中间包流场优化的物理模拟研究 [J]. 冶金设备, 2021 (6): 9~15.

[32] 唐德池, 季晨曦, 张宏艳, 等. 控流装置对中间包流场影响的水模型研究 [J]. 连铸, 2017, 42 (5): 7~11.

[33] 刘崇林, 崔衡, 李源源, 等. 双流板坯中间包结构优化的数理模拟研究 [J]. 冶金设备, 2019 (4): 12~16.

[34] 胡克迈. Gleeble 3500 数控热机模拟试验系统 [J]. 物理测试, 2006, 24 (5): 34~36.

5 冶金物相分析

随着材料科学与工程相关理论和新工艺的不断深入发展，实验设备和技术也有了长足的进步。无论在冶金、材料的研究或者在工业生产中，都需要了解材料的化学成分、微观组织结构以及它们与性能之间的关系。对于材料而言，这些基本参数的实验测试分析已经成为研究的基本手段。本章将介绍光学显微镜、电子显微镜、X 射线衍射、拉曼光谱等分析手段的基本原理，并通过相关实例介绍具体分析方法。

5.1 光学显微镜

光学显微镜分析是利用可见光观察物体的表面形貌和组织，是材料分析中最常使用的方法。它是基于可见光在均匀的介质中作直线传播，并在两种不同介质的分界面上发生折射或反射等光学现象构成的。观察不透明样品使用反射式显微镜，称为金相显微镜；观察透明样品使用透射式显微镜，有岩相显微镜和生物显微镜。

5.1.1 显微镜的光学性能

显微镜的光学性能主要取决于物镜和目镜，其中尤其是物镜，它是显微镜中最重要的光学部件。

5.1.1.1 分辨率和物镜的数值孔径

显微镜的分辨率基本上就是物镜的分辨率，目镜的作用只是放大物镜形成的实像，不可能提高像的分辨率。分辨率是指物镜具有对两个物点清晰分辨的最大能力，用两个物点能清晰分辨的最小距离 δ 的倒数表示。

$$\delta = 0.61\lambda / (n\sin\alpha) = 0.61\lambda / N_A$$

式中　n——物镜与样品间介质的折射系数；

　　　α——物点（焦点附近）对物镜所张的孔径半角；

　　　N_A——数值孔径，表征物镜的聚光能力，N_A 值越大，物镜聚光能力越强，从试样上反射时进入物镜的光线越多，从而提高了物镜的鉴别能力，$N_A = n\sin\alpha$。

因此，入射光波长 λ 越短，物镜的数值孔径 N_A 越大，则物镜的分辨率越高。

当折射率 n 一定时，物镜焦距越短，孔径半角 α 越大，N_A 越大。当 α 一定时，n 越大，N_A 越大。在干燥空气中，N_A 可达 0.9 左右；在物镜与样品之间若充满松柏油，$n = 1.515$，N_A 最大可达 1.4 左右。如物镜外壳标注的字样"40×/0.65"，40×表示该物镜的放大倍数，0.65 表示数值孔径。

5.1.1.2 显微镜的总放大倍数和有效放大倍数

显微镜总放大倍数 M 等于物镜和目镜放大倍数的乘积。必须指出，如果镜筒中另有辅助透镜，其放大率还得考虑辅助透镜的放大率。在显微镜中保证物镜鉴别率充分利用时所对应的显微镜的放大倍数，称为显微镜的有效放大倍数，用 $M_{有效}$ 表示。

$$M_{有效} = (0.3 - 0.6) N_A / \lambda$$

由此可知，显微镜的有效放大倍数由物镜的数值孔径和入射光波长决定。已知有效放大倍数就可正确选择物镜与目镜的配合，以充分发挥物镜的鉴别能力而不至造成虚放大。

5.1.1.3 景深

景深 h 的意义就是透镜的垂直分辨率。景深可由下式计算

$$h = (0.15 - 0.30) n / N_A \cdot M$$

可见，透镜数值孔径越小，景深越大。反之，景深越小，对样品表面平整度的要求就越高。

5.1.2 金相显微镜结构和物相分析原理

金相显微镜它是由物镜、目镜、照明系统、光阑、样品台、滤色片及镜架组成。有台式、立式和卧式等类型。金相法是根据物相在明视场，暗视场和正交偏光光路下的物理光学和化学性质，对照已知物相性质表，达到鉴别分析物相的目的。

5.1.2.1 明视场

明视场是金相显微镜的主要观察方法。入射光线垂直或近似垂直地照射在试样表面，利用试样表面反射光线进入物镜成像，见图 5-1（a）。它用以观察材料的组织，析出相的形状、大小、分布及数量。借助各种化学试剂，显示材料中的组织和析出相的化学性质。还可与各种标准级别图对比，进行钢中晶粒度和显微组织缺陷评级。

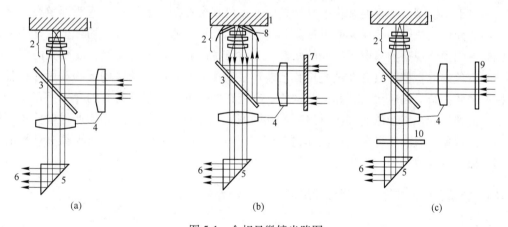

(a)   (b)   (c)

图 5-1　金相显微镜光路图

（a）明场光路；（b）暗场光路；（c）偏光光路

1—试样；2—物镜；3—垂直照明器；4—集光镜；5—棱镜；6—至目镜；7—环形光阑；

8—曲面反射镜；9—起偏镜；10—检偏镜

5.1.2.2 暗视场

暗视场是通过物镜的外周照明试样，并借助曲面反射镜以大的倾斜角照射到试样上。若试样是一个镜面，由试样上反射的光线仍以大的倾斜角反射，不可能进入物镜，故视场

内是漆黑一片。只有在试样凹洼之处或透过透明夹杂而改变反射角，光线才有可能进入物镜而被观察到，如图 5-1（b）所示。在暗场下能观察到夹杂物的透明度以及本身固有的颜色（体色）和组织，体色是白光透过夹杂时，各色光被选择吸收的结果。不透明夹杂通常比基体更黑，有时在夹杂周围可看到亮边，如 TiN，这是由于一部分光由金属基体与夹杂交界处反射出来的缘故。明场观察到的色彩是被金属抛光表面反射光混淆后的色彩，称为表色，不是夹杂物本身固有的颜色。如氧化亚铜夹杂在明场下呈淡蓝色，而在暗场下却呈宝石红。显然物镜放大倍数愈大，鉴别率越高，颜色越清楚真实。由于暗场中入射光倾斜角大，使物镜的有效数值孔径增加，从而提高了物镜的鉴别能力。而且光线又不像明场那样两次经过物镜，显著降低了光线因多次通过玻璃-空气界面而引起的反射与炫光，使之大大提高了成像的质量。研究透明夹杂的组织比明场更清晰，如含镍的硅酸盐夹杂就能看到在球状夹杂上有骨架状明亮闪光红色的 NiO 析出物。

5.1.2.3　正交偏光

偏光是在明场的光路中加入起偏镜和检偏镜构成的，如图 5-1（c）所示。起偏镜是将入射的自然光变为偏振光。当偏振光投射到各向同性，经过抛光的金属试样表面时，它的反射光仍为偏振光，振动方向不变，因而不能通过与起偏镜正交的检偏镜，视场呈现黑暗的消光现象。当偏振光照射到各向异性的夹杂物上，使反射光的振动方向发生改变，其中有一部分振动方向的光能够通过检偏镜进入目镜，因而在暗黑的基体中显示出来。旋转载物台 360°，各向同性夹杂亮度不会发生变化，而各向异性夹杂则出现四次暗黑和四次明亮现象。各向异性效应是区别夹杂物的重要标志。如在显微镜下锰尖晶石很容易误认为刚玉，但刚玉是各向异性夹杂，而尖晶石则是各向同性的，因此可以在偏光下加以区别。

偏光下不仅可以观察夹杂物的异性效应，还可观察夹杂物的颜色、透明度及黑十字现象。各向同性的透明夹杂在偏光下观察到的颜色和暗场下的颜色一致。如稀土硫化物夹杂在偏光下同样能观察到暗场下呈现的暗红色。对于各向异性透明的夹杂，观察到的颜色是体色和表色的混合色，只有在消光位置才能观察到夹杂的体色，即暗场下的颜色球状各向同性的透明夹杂，如球状石英和某些硅酸盐夹杂在偏光下可观察到特有的黑十字现象。它是由平面偏振光在夹杂球面多次反射变为椭圆偏振光，使一部分偏振光能通过检偏镜而形成的。该现象只取决于夹杂的形状和透明度，而与其结晶性质无关。若将这类夹杂稍锻轧变形，黑十字现象也即行消失。

5.1.3　岩相显微镜构造及物相分析原理

5.1.3.1　岩相显微镜

岩相法是借助岩相显微镜，在透射光下测定透明矿物的物理光学性质，以鉴定和研究物相的一种方法。它经常和 X 射线衍射分析配合，以确定物相的结构式。岩相显微镜是由目镜、勃氏镜、偏光镜、补偿器、物镜、样品台、聚光镜、光阑、光源反射镜、光源和机架等部分组成。补偿器有石膏试板、云母试板和石英楔子，用以在正交偏光下测定矿物干涉色和晶体延性符号。

显微镜插上不同部件，可构成单偏光、正交偏光和锥光三种光路视场：

（1）单偏光观察。在光路中仅插入下偏光镜（起偏镜），在偏光下观察物相的形状、大小、数量、分布、透明度、颜色、多色性及解理。透明矿物显示的颜色是由于矿物对白光选择吸收的结果，又称体色，如锰尖晶石呈棕红色、硫化锰呈绿色。刚玉应该是无色透明的，但由于常含有各种微量杂质而呈现各种颜色，如含铅为红色。含钛为蓝色，含铁或锰为玫瑰色。对于立方晶系或非晶质的均质体，光学性质各方向一致，故只有一种颜色。但对正方、三方、六方、斜方及单斜晶系等非均质体，光学性质具有各向异性，颜色随光在矿物中的传播方向及偏振方向而变化。在单偏光下旋转样品、矿物颜色及浓度都发生变化，前者称为多色性，后者称为吸收性。例如铬硅酸盐的多色性为黄—绿—深绿，锰橄榄石为棕红—淡红—蓝绿色。

单偏光下常用油浸法测定矿物的折光率。将矿物浸没在已知折光率的介质中。若两者折光率相差很大，矿物的边缘、糙面、突起和贝克线（由于相邻两介质的折光率不同，而产生沿矿物边部的细亮带）等现象很明显，矿物轮廓很清楚。提升镜筒时，贝克线向折光率高的方向移动；下降镜筒时，贝克线向折光率较小介质方向移动。根据贝克线移动方向就可知道矿物的折光率是大于还是小于浸油。不断更换浸油，直到浸油和矿物折光率相近或相等时，矿物的边缘、糙面、突起变得不明显甚至消失，此时浸油的折光率即为矿物的折光率值。

（2）正交偏光观察。在单偏光光路的基础上，加入上偏光镜（检偏镜），即构成正交偏光光路，可对矿物的消光性，干涉色级序等光学性质进行测定。偏光通过均质体矿物后，振动方向不发生变化，所以光不能通过上偏光镜，视场呈黑暗消光现象，转动物台出现全消光。非均质体矿物因光学性质各向异性，光射入矿物发生双折射，产生振动方向互相垂直的两条偏光。当其振动方向和上下偏光镜的振动方向一致时，从下偏光镜出来的偏光，经过矿物时不改变其振动方向，因而通不过上偏光镜，故出现消光现象。旋转载物台一周，由于出现四次这种情况，所以出现四次消光现象。而其他位置因产生双折射而改变从下偏光镜出来的偏光振动方向，产生一个与上偏光镜振动方向平行的分偏振光能通过上偏光镜而出现四次明亮现象。在正交偏光下观察到有四次消光现象的矿物，一定是非均质矿物。

非均质矿物在不发生消光的位置上发生另一种光学现象——干涉现象。因双折射产生振动方向和折光率都不相同的两条偏光，必然在矿物中具有不同的传播速度，因而透过矿物后，它们之间必有光程差，因此就会发生干涉现象。由于光程差与波长有关，所以以白光为光源时，白光中有些波长因双折射产生的两束光，通过上偏光镜后因相互干涉而加强。另一些波长的光通过检偏镜后因相干涉而抵消。所有未消失的各色光混合起来便构成了与该光程差相应的特殊混合色，它是由白光干涉而成，称为干涉色。

根据光程差的大小，出现五个级序的干涉色，第一级序里没有鲜蓝和绿色，由黑、灰、白、黄、橙、紫红色构成。其他级序依次出现蓝、绿、黄、橙、红等干涉色，级序越高、颜色越浅越不纯。灰白色是第一级序的特征，每个级序之末均为紫红色。五级以上由于近于白色，又称高级白。

（3）锥光观察。在正交偏光的基础上再加上聚光镜，换用高倍物镜（如63倍），转入勃氏镜于光路中，便构成锥光系统如图5-2所示，以便测定矿物的干涉图，轴性，光性正负等光学性质。其中聚光镜是由一组透镜组成，是把下偏光镜上来的平行偏光变成偏锥光。勃氏镜是一个凸透镜，与目镜一起放大锥光干涉图。

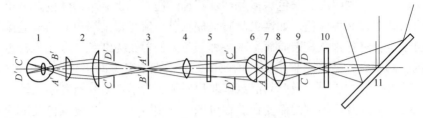

图 5-2　锥光光学系统光路图

1—眼睛；2—目镜；3—视场光阑；4—勃氏镜；5—上偏光镜；6—物镜；7—物平面；
8—聚光镜；9—孔径光阑；10—下偏光镜；11—反光镜

在偏锥光中除中央一条光线是垂直射入矿物外，其余均倾斜入射，越靠外倾角越大，产生的光程差一般也越大。非均质矿物光学性质是各向异性的，因此当许多不同方向入射光同时进入矿物后，到上偏光镜时所发生的消光和干涉现象也不同。所以在锥光镜下所观察到的应是偏锥光中各个入射光至上偏光镜所产生的消光和干涉现象的总和，结果产生了各式各样特殊的干涉图形。锥光下正是根据干涉图及其变化来确定非均质矿物的轴性（一轴晶或二轴晶）和光性正负等性质。均质矿物在正交偏光下呈全消光，因此锥光下不产生干涉图。

光轴是指矿物不发生双折射的特殊方向。一轴晶有一个光轴，二轴晶有两个光轴的晶体。光射入一轴晶矿物，由双折射产生的两条偏光，其一振动方向永远和光轴垂直，各方向折光率相等，称为常光折光率 N_o；另一偏光振动方向包含在光波传播方向及光轴所构成的平面上，其折光率随方向而异，称为非常光折光率 N_e，即一轴晶有两个主折光率 N_e 和 N_o，所以单偏光下有两个主要颜色。如果 $N_e > N_o$，称正光性晶体；若 $N_e < N_o$，称负光性晶体。对于二轴晶有三个主折光率 N_g、N_m 和 N_p，所以单偏光下矿物应该有三个主要颜色。其中 N_g 为最大折光率，N_p 为最小折光率，N_m 为中间折光率。当 $N_g - N_m > N_m - N_p$ 时，称为正光性晶体；当 $N_g - N_m < N_m - N_p$ 时，称为负光性晶体。

5.1.3.2　矿物样品切片方位

非均质矿物的光学性质都和矿物的方位有关，因此只有在特定方位下测定的物理光学性质才具有鉴定矿物的意义。其中最有用的方位有两个：

（1）入射光和矿物晶轴平行，即垂直光轴的切片。这时在单偏光下矿物不显多色性；正交偏光下全消光，通常是干涉色最低，呈现各种程度的灰色，转动物台无明显程度变化；锥光下一轴晶为一个黑十字与干涉色色圈组成的干涉图，二轴晶为一条黑带和干涉色色环组成的干涉图。具有这三种特征的矿物方位，可用来测定其轴性、光性正负、一轴晶 N_o，或二轴晶 N_m 的颜色及折光率。

（2）入射光与晶轴垂直，即平行光轴的切片。这时在单偏光下矿物多色性最显著；正交偏光下干涉色最高；锥光下为迅变干涉图，即略微转动载物台干涉图变化很快。具有这三种光学特征的矿物方位可用来测定其最高干涉色，一轴晶 N_e 和 N_o（或二轴晶 N_m）的颜色和折光率。

通过测定以上矿物的物理光学性质，对照已知矿物物理光学性质手册，达到鉴定样品中物相的目的。

5.1.4 阴极发光仪

（1）阴极发光仪。阴极发光显微镜技术是在普通显微镜技术基础上发展起来用于研究岩石矿物组分特征的一种快速简便的分析手段。该方法在快速准确判别石英碎屑的成因，方解石胶结物的生长组构、鉴定自生长石和自生石英，以及描述胶结过程等方面得到了广泛的应用。

（2）阴极发光辅助能谱（EDS）分析系统。EDS 分析是一种基于冷阴极的阴极发光（CL）仪器，像 RELIOTRON CL 仪器，能作为 EDS 分析应用的基础设备。在冷阴极系统中，可以观测很多典型的材料，例如金属、矿物、玻璃、陶瓷和一些塑料等。冷阴极放电时形成离子、电子、放射和辐射复杂环境。在这种环境中，样本不会形成静电，因此没必要在样品表面涂上一层导电物质。此外，对多数无机样品（陶、玻璃、矿物），能同时观察它们的阴极发光特性。与其他 EDS 电子束系统相比，在 RELIOTRON 中的电流更大，因而分析时间相对更短。基本的分析功能与其他 EDS 系统相同。

5.1.4.1 阴极发光原理

根据激发源不同，晶体发光的原因有多种。任何物质吸收了外加能量，都会处于不稳定状态，并有自然放出能量的趋势。如果这些能量以光的形式放出，是发光现象。发光时间仅限于激发时间的发光称荧光；在激发停止后还继续发光的称为磷光；用强大的交变电场激发的称为电致发光；用可见光、红外光、紫外光、X 光来激发的称为光致发光；由阴极射线管发出的加速高能电子束激发的称为阴极发光。

5.1.4.2 阴极射线致发光原因

并非所有种类的矿物受电子激发后都会辐射发光，有时甚至同一种矿物在不同条件下的发光也会不同。矿物是否产生发光取决于以下因素：激活剂与猝灭剂、电子在激发态停留时间-能级寿命的长短。对于大多数矿物来说，只有存在某些微量的杂质原子或结构缺陷时，才有显著地发光现象，即，这些矿物的发光，实际上是由于杂质原子和结构缺陷。

（1）杂质发光（激活剂）。矿物的基本成分引起发光。无机物质和有机物质都可产生荧光。不含杂质并且晶格规则的纯理想晶体的矿物一般不发光。无机物质的阴极发光是由于低浓度的化学物质杂质—激活剂引起的。当矿物中含有某种杂质时，会因为受激发辐射而发光。原子中价电子从激发态跃迁回基态的过程中伴随着光的辐射，那些使矿物发光的杂质元素或微量元素即叫激活剂，如方解石中的 Mn^{2+} 使方解石发橙红或橙黄色光；长石中 Fe^{2+} 使长石发绿色光，Ti^{4+} 使长石发天蓝色光，这些离子就是方解石和长石的激活剂。激活剂原子中电子层结构的共同特征是具有未填满的壳层，如 Mn 的外层价电子 3d5 等，或者有价电子层以及空位层等，如稀土元素。

（2）结构发光。由于矿物的晶体结构变化而引起的发光，这主要是矿物受应力作用之后，使晶格架发生变形而引起发光。主要指晶体结构缺陷，如晶体空间群的对称性被破坏、阴阳离子的空位、原子和分子填隙的空位、原子的无序分布、空位和杂质的聚集体等都可能导致阴极发光。

（3）敏化剂。发光物质中除激活剂外，尚有一些自身不发光，而是将其能量传输给激活剂使激活剂发生辐射（发光）的物质，称为敏化剂。如果没有敏化剂的作用，激活剂的发射就具有一定的限度，而敏化剂能使激活作用加强，从而使很低浓度激活剂或某些可能是"休眠的"激活剂被激发而发光。

（4）猝灭剂。原子中的价电子从激发态跃迁到基态时不发射光子，而是将能量传递给晶格，从而使晶格发热而消耗掉能量，这种能抑制矿物发光的杂质原子称为猝灭剂，如方解石中的 Fe^{2+}。

5.1.4.3　样品制备

阴极发光显微镜对样品无特殊要求，岩心、岩屑、地面标本、单矿物颗粒、化石、人体骨骼、人牙、宝石等固体样品均可制成抛光薄片或光片进行分析。制备阴极发光薄片前，需对样品进行洗油、滴胶固化、磨制和抛光等预处理。洗油是为了清除样品中的有机质，对含油样品极其必要。通常使用氯仿、四氧化碳或 4∶1 的酒精-苯等溶剂清洗样品，以确保样品室与电子枪清洁和发光操作的正常运行。洗涤后需对样品滴胶固化，方可制片。固化剂和黏合剂多采用同一原料，并需具备不发光、耐温 70~90℃、不潮解和黏合前黏度小，黏合后坚牢等特性，目前国内大多使用 502 黏合剂。

磨制阴极发光薄片的厚度为 0.05~0.06mm，双面抛光有利于增大矿物的发光强度。双抛光薄片不能使用盖片，并要求其透明度与普通岩石薄片相同。

5.1.4.4　仪器构成

阴极发光仪有两大类，一类是配有扫描电镜和电子探针附加功能的阴极发光仪；另一类是配有光学显微镜的阴极发光仪，也就是阴极发光显微镜。

阴极发光显微镜一般由真空系统、电子枪、控制系统（可用来调节电压、电流和电子束斑大小等）、样品室，显微镜和照相系统等部件组成。它具有换样快速方便、设计简单紧凑的特点。

（1）真空系统（抽真空）。由旋转机械泵、扩散泵、离子泵、真空阀门和真空检测器组成，功能是为电子系统提供真空条件，以增强束电压和束电流的强度，同时也可防止样品室污染。

（2）电子枪。多为冷阴极式电子枪，用于发射直径为 2~20mm 大小的电子束，然后在 1~25kV 加速电压作用下可形成 100~5000μA 的束电流。

（3）控制系统。由真空检测、高压调节、电流强度调节、束斑聚焦调节等部分组成。用来控制束电压、电流强度和束斑焦点的大小，其功能是维持整个系统的正常工作状态。

（4）样品室。用于放置样品，并可以前后左右调节样品位置。

（5）显微镜和照相系统。用于观察现象及自动照相。

5.1.4.5　应用范围

在传统的领域及岩石学领域，业已证明阴极发光仪在材料成分、二次结晶、共生、断裂填合、辐射环、化石和有机残留物中的骨骼结构、胶结过程的描述、自生长石和自生石英的鉴定、砂石等的胶结、矿物在分离过程中的辨认等研究中具有极高的价值。在宝石学中，阴极发光仪已用于宝石特性的识别（确定原产地或识别是否为人造宝石）以及人造宝石完美程度鉴定。

阴极发光技术的应用已经超越了传统的地球科学和行星学领域，大量的物理、化学研究和工业应用已经出现在玻璃、陶瓷、半导体、液晶和合成材料研究等领域。此外，阴极发光技术在法医学、考古学、材料科学等新的方向具有发展前途，阴极发光仪与 EDS 检测器的联机可用于相关样品的 X 射线光谱特征和元素分析。

5.1.4.6　操作步骤

（1）放置样品。打开样品室门，取出样品室内的样品托盘，放置样品，样品托盘进入样品室，关闭样品室，确保样品室密封。

（2）抽真空。打开电源，仪器预热 10~30min，打开真空阀，开始抽真空。

（3）调节电子束束斑。当样品室真空度达到测定范围时，一般用低倍物镜观察后，根据所测样品的发光强弱，调节电子束的束斑大小。

（4）调节电流和电压。

5.1.5 高温激光共聚焦显微镜

5.1.5.1 高温激光共聚焦显微镜及主要功能

材料的组织形貌观察主要依靠显微镜技术，普通光学显微镜的分辨率只能达到微米尺度，共聚焦显微镜则把观察的尺度推进到亚微米层次。

高温激光共焦显微镜（Ultra High-Temperature Confocal Laser Scanning Microscope，HT-CLSM）主要特点是可以进行高温原位动态观察，对整个过程实时录像。设备主要用于固体材料和高温熔体的表面观察，如材料的高温相变、矿物还原过程、材料在高温下的氧化过程、陶瓷烧结过程等，从而应用在矿物处理、金属冶炼、材料热处理、相变机理研究等领域。

主要具备以下功能模块：

（1）常温下可对材料进行二维、三维分析，具备高度测定、宽度测定、表面粗糙度测定等功能，可以用来测量材料表面性能。

（2）高温下（室温~1800℃）可实现对材料组织结构变化（熔融、凝固、结晶等）的实时、原位以及高清晰观察与分析。

（3）高温下（室温~1200℃）进行拉伸、压缩以及疲劳等试验，获得材料在相应温度下的力学参数和原位图像，研究高温拉伸和压缩塑性以及热轧工艺对组织和力学性能的影响。

（4）高温下（室温~1600℃）进行拉伸试验，获得材料在不同凝固条件下的拉伸性能和原位图像；不同拉伸速度对材料凝固组织的影响。动态模拟焊接过程中金属受热及变形的过程，进行高分辨率的高温焊接力学原位观察。

5.1.5.2 激光共聚焦显微镜成像原理

激光显微镜采用 405nm 半导体激光光源，高温下分辨率可达 $0.45\mu m$，扫描速度最高 120Hz。可以实现实时动态原位观察，如随温度而变化的金属材料组织相变过程、凝固过程等。

激光共聚焦显微镜成像原理如下：

（1）激光光源。激光的单色性好，光源波束集中，波长相同，从理论上消除了色差，且分辨率高。

（2）共聚焦原理。光源和探测器前各有一个针孔（照明针孔和探测针孔），且两者相对于焦平面上的光束是共轭的，即光束通过一系列的透镜，最终同时聚焦于照明针孔和探测针孔。因此，只有来自焦平面的光束可以会聚在探测孔范围之内，而来自焦平面上方或下方的散射光都被挡在探测孔之外而不能成像（见图 5-3）。

（3）采用线扫描技术。一般的扫描成像（点扫描），由于只能实现 3.5 帧/s 左右的扫

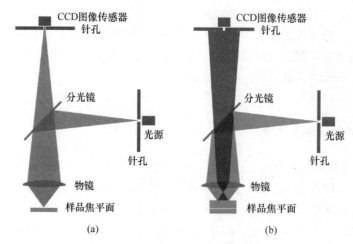

图 5-3　共聚焦光学系统的工作原理图
（a）聚焦状态；（b）非聚焦状态

描速度，因此只能观察静态对象，无法对动态过程进行扫描成像。

采用线性 CCD 以及特殊的扫描系统（声致光偏转），可实现高于 15 帧/s 的快速扫描，从而高清晰地实现动态画面的实时捕捉和记录。

（4）抗干扰技术。普通光学系统焦点周围的其他无用光同时被采集，从而形成相互干扰（晕光现象）。共聚焦光学系统除焦点外的光信息几乎全部被屏蔽掉，只有焦点的图像信息被采集（见图 5-4）。

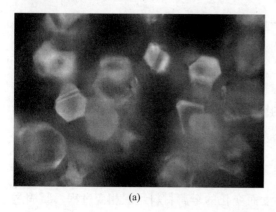

图 5-4　共聚焦与普通光学成像对比图
（a）光学显微镜图像；（b）共聚焦显微镜图像

5.1.5.3　高温激光共聚焦显微镜加热炉介绍及工作原理

高温加热单元采用红外成像加热原理，升温速率大于 1000℃/min，可实现真空、大气、惰性气体和还原性气体等多种氛围环境，满足实验的多种要求。

根据加热炉体类型可分为如下两种类型。

A　超高温观察加热炉

高温热台内部为椭球形，使用椭圆双焦点原理进行加热，内壁采用镀金膜反射面，加热光源位于椭球的一个焦点，试样位于另一个焦点。光源发出的光（包括红外光）从各个方向同时在试样位置聚焦（见图 5-5）。

B 带拉伸压缩功能加热炉

拉伸压缩功能加热炉采用双椭圆共焦构造，加热光源分别在两个椭圆焦点位置，试样在共用焦点区域内。试样通过两端夹具固定在炉内，可实现 ϕ10mm×50mm 的均温区域。最高温度 1200℃，拉压机构配有伺服驱动电机，可实现拉伸5kN，压缩2kN 的拉力（见图5-6）。

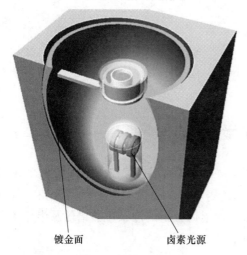

图 5-5 超高温观察加热炉炉体示意图

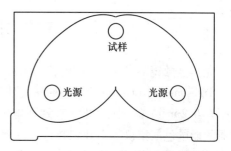

图 5-6 带拉伸压缩功能加热炉炉体示意图

5.1.5.4 样品制备

超高温观察加热炉根据样品类型，制备方法如下：

（1）金属试样。直径小于 7.6mm，高度小于 4.0mm，观察面磨平抛光。建议镶样后打磨抛光，以获得最佳成像效果。

（2）粉末试样。建议预熔后粉碎保证成分均匀，筛分到 200 目粉末。

带拉伸压缩功能加热炉根据样品类型，制备方法如下：

（1）拉伸试样。拉伸试样建议尺寸如图 5-7 所示，如样品尺寸有特殊要求可加工特殊夹具以满足实验需要，观察面磨平抛光。

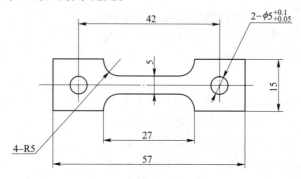

图 5-7 拉伸试样建议尺寸

（2）压缩试样。压缩试样建议尺寸如图 5-8 所示，如样品尺寸有特殊要求可加工特殊夹具以满足实验需要，观察面磨平抛光。

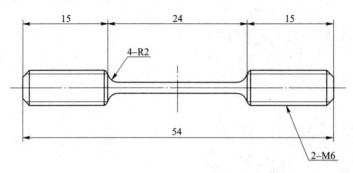

图 5-8　压缩试样建议尺寸

5.2　电子显微分析

光学显微镜的分辨率受限于光的波长，其分辨率在 $0.2\mu m$ 左右，而透射电子显微镜（Transmission Electron Microscope，TEM）简称透射电镜，是以电子束代替光束，其分辨率在 $0.2nm$ 左右。近年来，在透射电镜中配备了做显微分析的波长色散谱仪及半导体探测器的能量色散谱仪等附件和装置，这就使透射电镜变成一种能进行微观形貌观察、选区衍射结构分析和微区成分分析的多用途综合性仪器，这对材料科学的研究，弄清微观组织结构非常有效。

5.2.1　透射电镜及主要性能指标

透射电镜主要包括电子光学系统、真空系统和电器系统三部分。其中，电子光学系统，见图 5-9，可分为电子枪、电子照明系统、试样室、成像系统和观察记录系统几个部分。由电子枪发出的电子束经过会聚透镜会聚后，形成电子光源照射在试样上。试样放在照明系统和成像透镜之间。电子穿过试样后经物镜成像，再经中间镜和投影镜进一步放大，最后在荧光屏上得到电子显微像，也可以用照相底片将图像记录下来。

主要性能指标：

（1）分辨率。在电子图像上能分辨出对应物上分离的最近两点间的距离称为透射电镜的点分辨率。透射电镜的线分辨本领指观察晶面间距时最小可分辨的晶面间距。分辨率反映了能观察到微小的显微结构的能力，它是电镜水平的首要指标。分辨率 δ 计算公式为：

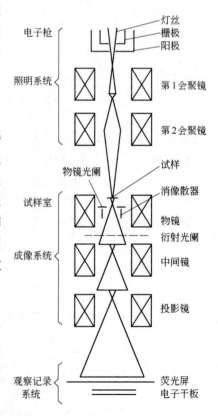

图 5-9　电子光学系统结构

$$\delta = 0.61\lambda/\sin\alpha$$

电镜显微像的点分辨率在 0.2nm 左右，线分辨率在 0.1nm 左右，约为光学显微镜的千分之一。

（2）放大倍数。放大倍数指图像相对于试样的线性尺寸的放大倍数。将仪器的最小可分辨距离放大到人眼可分辨距离所需的放大倍数称为有效放大倍数。一般仪器的最大放大倍数应稍大于有效放大倍数。放大倍率标注的方法，是在底片上画一线段，在其下标注相应的实物长度。如像的放大倍率为 10000，可在底片上画 10mm 长的线段，在其下标注 1μm。

（3）景深。景深 D_f 与透镜的分辨率 δ，孔径半角 α 之间有如下关系：

$$D_f = 2\delta/\tan\alpha$$

因为电磁透镜为减小像差而采用尽可能小的孔径半角，如 $\alpha = 10^{-2}$rad，分辨率又很小，如取 $\delta = 1$nm，根据上式可计算景深为 200nm。这意味着，对于几百纳米厚度的样品，样品各部位的细节都能得到清晰的像。

（4）加速电压。加速电压指电子枪中阳极对灯丝的电压，它决定了电子束的能量。一般在 50~300kV，加速电压越高，电子的穿透能力越强，可观察较厚的试样；加速电压越高，分辨率越高；加速电压越高，对试样的辐射损伤越大。1000kV 超高压电镜可观察超过 1μm 的样品。

5.2.2 透射电镜的图像衬度及电子衍射原理

在透射电镜中，电子的加速电压很高，采用的试样很薄，所接受的是透过的电子信号，而人的眼睛不能直接感受电子信号，需要将其转变成眼睛敏感的图像。图像上明暗的差异称为图像的衬度。在不同情况下，电子图像上衬度形成的原理不同，它所能说明的问题也就不同。透射电镜的图像衬度主要有散射（质量-厚度）衬度，衍射衬度和相位差衬度。

5.2.2.1 散射衬度

入射电子进入试样后，与试样中原子发生相互作用，使入射电子发生散射。由于试样上各部位散射能力不同所形成的衬度称为散射衬度。若试样上相邻两点的厚度相同，图像衬度与原子序数及密度有关。试样中不同的物质，其原子序数及密度不同，可形成图像反差。如相邻部位的原子序数相差越大，电子图像上的反差也越大。若试样上相邻两点的物质种类和结构完全相同，则在这种情况下，图像的衬度反映了试样上各部位的厚度差异，荧光屏上暗的部位对应的试样厚，亮的部位对应的试样薄，试样上相邻部位的厚度相差越大，得到的电子图像反差越大。从以上分析可知，散射衬度主要反映了试样的质量和厚度的差异，故也将散射衬度称为质量-厚度衬度。

5.2.2.2 衍射衬度

一束电子穿过晶体物质时与其作用产生衍射现象，与 X 射线的衍射类似，电子衍射也遵循布拉格定律，$2d\sin\theta = \lambda$。在电镜中，电子透镜使衍射束会聚成为衍射斑点，晶体试样的各衍射点构成了电子衍射花样。电子衍射的基本几何关系如图 5-10 所示，表示面间距

为 d 的晶面（hkl）处满足布拉格条件，在距离晶体试样为 L 的底片上照下了透射斑点 O' 和衍射斑点 G'，G' 与 O' 之间的距离为 R。由图可知

$$R/L = \tan 2\theta$$

由于在电子衍射中的衍射角非常小，一般只有 $1° \sim 2°$，所以

$$\tan 2\theta \approx 2\sin\theta = \lambda/d$$

可得 $$R/L = \lambda/d$$

$$Rd = L\lambda$$

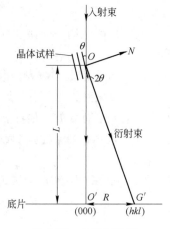

图 5-10　电子衍射的基本几何关系

式中　L——相机长度，是做电子衍射时的仪器常数，根据加速电压可计算出电子束的波长 λ；

　　　R——在衍射底片上测量的衍射斑点到透射斑点之间的距离；

　　　d——该衍射斑点对应的那一组晶面的晶面间距。

该式是电子衍射的基本公式。

与 X 射线衍射相比，电子衍射主要有以下几个特点：

（1）在电镜中作电子衍射时，电子的波长比 X 射线的波长短得多，因此电子衍射的衍射角很小，一般只有 $1° \sim 2°$，而 X 射线衍射角可以大到几十度。

（2）由于物质对电子的散射作用比 X 射线强，因此电子衍射比 X 射线衍射强得多，摄取电子衍射花样的时间只需几秒钟，而 X 射线衍射则需数小时，所以电子衍射有可能研究晶粒很小或者衍射作用相当弱的试样。正因为电子的散射作用强，电子束的穿透能力很小，所以电子衍射只适用于研究薄晶体。

（3）在调节电镜中作电子衍射时，可以将晶体试样的显微像与电子衍射花样结合起来研究，而且可以在很小的区域作选区电子衍射。然而，在结果的精确性和试验方法的成熟程度方面，电子衍射不如 X 射线衍射分析。

前面讲了电子衍射只适用于研究薄晶体。薄晶试样电镜图像的衬度，是由与试样内结晶学性质有关的电子衍射特征所决定的，这种衬度称为衍射衬度，其图像称为衍射图像。

5.2.2.3　相位衬度

相位衬度是透射电子束和各级衍射束之间相互干涉而形成的。随着电子显微分辨率的不断提高，人们对物质微观世界的观察更加深入，现在已能拍下原子的点阵结构像和原子像。这种高分辨电子显微像的形成原理是相位衬度原理。进行这种观察的试样厚度必须小于 10nm，甚至薄到 $3 \sim 5nm$。入射电子波穿过极薄的试样后，形成的散射波和直接透射波之间产生相位差，同时有透镜的失焦和球差对相位差的影响，经物镜的会聚作用，在像平面上会发生干涉。由于穿过试样各点后电子波的相位差不同，在像平面上电子波发生干涉形成的合成波也不同，由此形成了图像上的衬度。两个衍射波与透射波相互干涉的波峰都交在像面上，这里将出现亮区。亮区之间则是衍射波波峰与透射波的波谷相交的地方，那里将出现暗区。

5.2.3　样品的制备方法

透射电镜应用的深度和广度在一定程度上决定于试样的制备技术。一般透射电镜的试样置于 $\phi2\sim3mm$ 的铜网上，试样厚度在 100nm 左右。电镜只能研究固体试样，试样中如含有水分或易挥发物质，需预先处理。试样应有足够的强度和稳定性，在电子轰击下不致损坏或发生变化。

5.2.3.1　粉末试样的制备

先在铜网上制备一层支持膜，支持膜要有一定的强度，对电子透明性好，并且不显示自身的结构，常用的有火棉胶膜、碳增强火棉胶膜、碳膜等。然后，将粉末试样与蒸馏水混成悬浮液滴到支持膜上，再用滤纸把水吸干，静置干燥后即可。

5.2.3.2　直接薄膜试样

将试样制成电子束能穿透的薄膜试样，一般金属薄膜的厚度是 $100\sim200nm$，有机物或高分子材料的厚度在 $1\mu m$ 以内，直接在电镜下观察其形貌及结晶性质。制膜方法有真空蒸发法、溶液凝固（结晶）法、离子轰击减薄法、超薄切片法和金属薄片制备法，使用中应根据试样的性质和研究的要求，选用不同方法。

用离子束将试样逐层剥离，使其减薄，直到适于透射电镜观察。此法适用于金属和非金属试样，尤其是对高聚物、陶瓷、矿物等不能用电解抛光减薄的试样更显示出它的优越性。研究高分子材料及催化剂等试样时，经常采用超薄切片方法。金属材料先从大块材料上切割厚度为 0.5mm 的薄片，然后用机械研磨或化学抛光法，将薄片减薄至 0.1mm，再用电解抛光减薄法或离子减薄法制成厚度小于 500nm 的薄膜，这时薄膜厚度是不均匀的，从电镜中选择对电子束透明的区域进行形貌和结构分析。

5.2.3.3　复型技术

采用复型技术制作表面显微组织浮雕的复型膜，然后放在电镜中观察，此法只能研究表面形貌，不能研究试样内部结构及成分分布。常用复型制作方法有以下四种（见图 5-11）：

（1）塑料（火棉胶）膜一级复型。取一滴火棉胶醋酸戊酯溶液，滴在清洁的待研究试样表面上，干燥后用特殊方法将它剥下置于铜网上。塑料复型膜的上表面基本是平的，与试样接触的那一面形成与试样表面起伏相反的浮雕，即塑料一级复型是负复型如图 5-11（a）所示。在电镜观察中，凹陷的位置复型厚，图像显得暗，凸起部分则反之。

（2）碳膜一级复型。用真空镀膜机从垂直方向蒸上一层厚度约为 30nm 的碳膜，将碳膜剥离下来即为碳膜一级复型，它是正复型，因为复型膜的浮雕特征与试样是相同的。由于碳原子的迁移性，碳膜基本上是等厚如图 5-11（b）所示，因此碳膜复型在电镜中只能看到组织的轮廓线，分不出凹凸关系。为弥补这一不足，可在碳膜上进行重金属投影。碳膜复型的分辨率较高，但在剥离碳膜时容易损坏试样。

（3）塑料膜-碳膜二级复型。先用火棉胶制成第一次复型，然后在其与试样接触的表面用重金属投影并制作碳膜复型，最后把塑料膜溶掉如图 5-11（c）所示。这种方法的一级复型可以做得比较厚，减小剥离困难，且最后不影响分辨率，目前被广泛采用。

（4）萃取复型。当试样侵蚀较深或复型膜黏着力较大，在复型膜与试样分离时，试样

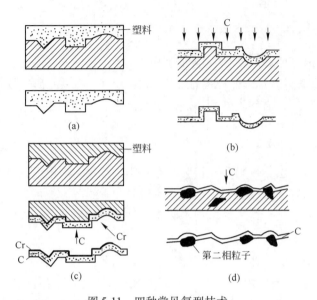

图 5-11　四种常见复型技术

（a）塑料膜一级复型；（b）碳膜一级复型；（c）塑料膜-碳膜二级复型；（d）萃取复型

表层有些物质随着复型膜离开试样，得到黏附着试样物质的复型膜如图 5-11（d）所示。萃取复型兼有直接试样和间接试样的特点，试样表面起伏特征被复印在复型上，又萃取了试样物质，可分析其形貌结构和成分，并且萃取物质保留了在原试样中的相对位置，又可了解析出相在样品中的分布。

5.2.4　扫描电镜及主要性能指标

显微组织和结构是决定材料性能的关键因素之一，扫描电子显微镜（Scanning Electron Microscope，SEM）具有高分辨率和图像直观等特点，核心功能就是实现材料微观形貌的观察与记录，因而广泛应用于冶金与材料等领域。

与光学显微镜以可见光作为光源不同，扫描电镜以电子束作为成像光源，极大提升了分辨率。新型扫描电子显微镜，还可加载多个附件——X 射线能谱仪（EDS）、背散射电子衍射仪（EBSD）、阴极荧光谱仪（CL）、微区荧光光谱仪（Micro-XRF）等，使得其检测分析能力得到多方面的扩展和提升，除获得样品的形貌信息外，还可对样品进行微区成分、晶体结构特征、阴极荧光谱和图像等分析。

5.2.4.1　扫描电镜的构造

扫描电镜主要由电子光学系统、信号收集和图像显示系统、真空系统和电源系统三部分组成。

A　电子光学系统

扫描电镜的电子光学系统包括电子枪、电磁透镜、扫描线圈和样品室，是扫描电镜的主体成像系统，如图 5-12 所示。与透射电镜不同的是，扫描电镜里只有起聚焦作用的会聚镜，而没有透射电镜里起成像放大作用的物镜、中间镜和投影镜；扫描电镜中这类作用通过信号收集和图像显示系统来完成。

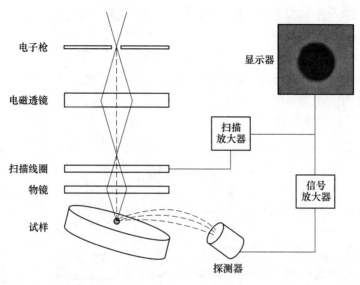

图 5-12　扫描电镜成像

B　信号的收集和图像显示系统

如图 5-13 所示，聚焦到很细的高能电子束与物质作用会产生各种不同信息（各种电子信息和电磁波信息），例如二次电子、背散射电子、特征 X 射线信号和其他信号，用相应的探测器检测并处理这些信息，转化成电信号，经视频放大器转换成调制信号，显示到荧光屏上，即可获得材料微区成分、微观组织形貌和结构信息。

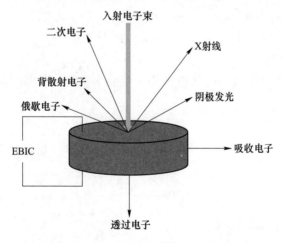

图 5-13　入射电子和样品的交互作用

二次电子、背散射电子信号可采用闪烁计数器检测。信号电子进入闪烁体后即引起电离，当离子和自由电子复合后产生可见光。可见光信号通过光导管送入光电倍增器将光信号放大，即又转化成电流信号输出，电流信号经视频放大器放大后就成为调制信号。由于镜筒中的电子束和显像管中电子束同步扫描，荧光屏上每个点的亮度根据样品上被激发出来的信号强度来调制。因为样品上各点的状态不同，所以接收到的信号也不相同，于是在显像管上呈现能够反映试样各点状态的扫描电子显微图像。

C 真空系统和电源系统

扫描电镜的镜筒和样品仓内需要保持真空或者高真空，以减少电子束行进过程中的空气阻力。一般由机械泵，分子泵，离子泵实现系统的真空。作为电子设备，电源供电是保证运行的必要条件，电源系统不可或缺。

5.2.4.2 电镜基础原理

根据阿贝成像原理，光学显微镜的分辨率（即最小分辨距离）Δr_0 可以表示为：

$$\Delta r_0 = \frac{0.61\lambda}{n \cdot \sin\alpha}$$

式中 λ——照明光的波长（可见光为 390~760nm）；

n——质折射率；

α——透镜孔径半角。

因此可见光的波长限制了光学显微镜的分辨率。要提高显微镜的分辨率，必须寻找波长短且能被聚焦成像的新型照明源。1924 年法国物理学家德布罗意提出波粒二相性理论，即一切接近于光速运动的粒子均具有波的性质。科学家们由此联想可利用波长更短的电子波代替可见光成像。

1926 年德国学者布什提出了电子在磁场中的运动理论，认为轴对称的磁场对电子束具有聚焦作用，这为电子显微镜的发明提供了重要理论依据。采用通电的短螺旋线圈产生磁场，使电磁波聚焦成像，产生这种磁场的磁极装置即为电磁透镜。

电镜以电子束作为光源。电子是带负电荷的粒子，$e = 1.6 \times 10^{-31}$ C，静止质量 $m_0 = 9.1 \times 10^{-31}$ kg 电子波的波长 λ 与粒子运动速度 v、粒子质量间存在以下关系：

$$\lambda = h/mv$$

式中 h——普朗克常数。

初速度为零的电子，在电场中从电位为零的点开始运动，加速电压 U，获得速度 v。根据能量守恒定律：

$$eU = \frac{1}{2}mv^2$$

由此可得：

$$\lambda = \frac{h}{\sqrt{2emU}}$$

根据爱因斯坦相对论电子质量为：

$$m = \frac{m_0}{\sqrt{1 - \left(\dfrac{v}{c}\right)^2}}$$

电子能量：

$$eU = mc^2 - m_0 c^2$$

当 U 较低时，$v \ll c$（光速），电子质量 $m \approx m_0$。在电镜中 U 高达几十千伏，电子速度接近光速，质量随之迅速增大。整理三个等式可得：

$$\lambda = \frac{h}{\sqrt{2em_0U\left(1 + \dfrac{eU}{2m_0c^2}\right)}} = \frac{1.225}{\sqrt{U(1 + 0.9788 \times 10^{-6}U)}}$$

显然，加速电压越高，电子束波长 λ 越小；用电子波长作照明源，电磁透镜取代光镜，可以显著提高显微镜的分辨率和放大倍率。

5.2.4.3 扫描电镜的电信号

高能电子束与样品作用，会产生二次电子、背散射电子、特征 X 射线等信号。入射电子束作用范围和不同电子信号产生深度如图 5-14 所示。其中，二次电子扩散程度最小、图像分辨率最高；背散射电子、特征 X 射线作用范围依次扩大，分辨率随之降低。扫描电镜的性能指标中，分辨率是指二次电子图像的分辨率。

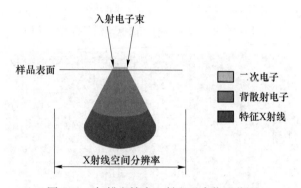

图 5-14 扫描电镜中入射电子束作用范围

A 二次电子

试样中原子的核外电子受入射电子的激发而获得大于临界电离激发能的能量而离开原子变成自由电子。如果入射电子的轰击作用发生在样品表面层处，那些能量大于材料逸出功的自由电子可能从表面逸出，成为真空中的自由电子，即二次电子。二次电子的能量比较低，在 50eV 以内。

二次电子对样品表面形貌敏感，如图 5-15 所示。二次电子产额（或发射效率）δ_{SE} 与电子束入射角 θ 之间存在下列关系：

$$\delta_{SE} = I_{SE}/I_p$$

式中　I_{SE}——二次电子电流强度；

　　　I_p——入射束电流强度。

对于表面有一定形貌的试样，其形貌可以被看作由许多与入射电子束构成不同倾斜角度的微小形貌构成，这些不同形貌的细节部位发出的二次电子数不同，从而产生亮暗不一的衬度。如果某一部位凸起，此部位产生的二次电子的数量就会增多且易于逸出，在二次电子像中就会显得比较亮；反之，对于凹陷部位，产生的二次电子较少且不易逸出，在二次电子像中就会显得比较暗。图 5-16 为 Q355 钢裂纹局部的二次电子像，由于裂纹区域凹凸不平，导致不同区域产生的二次电子数量和逃逸能力差异较大，所以二次电子像中裂纹呈现出了明显的或明或暗的形貌特征。

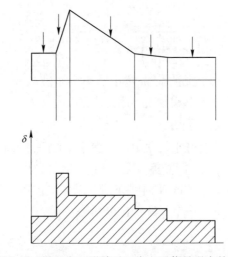

图 5-15　样品表面形貌对二次电子信号强度的影响

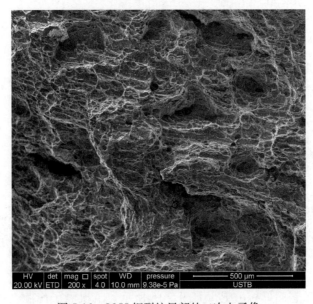

图 5-16　Q355 钢裂纹局部的二次电子像

B　背散射电子

背散射电子（Backscattered Electron）是入射电子在试样内经过一次或几次大角度弹性散射或非弹性散射后离开试样表面的电子，具有较高的能量，因此可以从试样较深部位射出，在试样内部已接近完全扩散，广度要较入射电子束直径大若干倍。因此其分别率比二次电子低很多。背散射电子的显著特点是对物质的原子序数敏感，即背散射电子产额 δ_{BE} 随原子序数 Z 增大而增大。背散射电子像的衬度与样品上各微区的成分（平均原子序数）密切相关；从而可以显示出试样中各种相的分布情况。图 5-17 为复相陶瓷样品中 MgO 和 $SrTiO_3$ 相的二次电子像与背散射电子像的对比。

C　特征 X 射线

当一束高能量的电子照射样品表面时，其中某些原子的内壳层，例如 K 层电子由于从

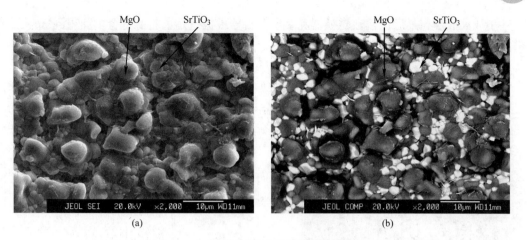

图 5-17　二次电子图像和背散射电子图像比较

（a）二次电子图像；（b）背散射电子图像

入射电子获得额外能量而逸出，在原子内层留下一个电子空位，使原子处于 K 激发状态，具有能量 E_K。此时能量较高的外壳层 L 层电子会自发地产生跃迁填补此低能级空位，如图 5-18 所示。跃迁电子的多余能量 E 为：$\Delta E=E_K-E_L\Delta E$ 以 X 射线形式辐射出来，并且只与元素的种类（原子序数 Z）有关，称为特征 X 射线。

不同外壳层电子向内跃迁损失能量不同，会形成不同的特征线系。

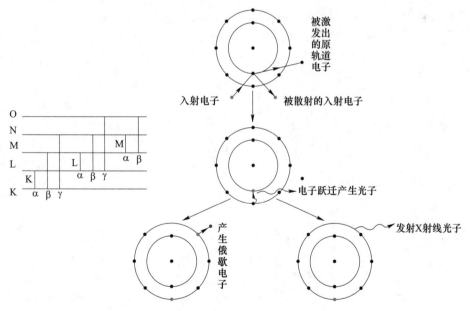

图 5-18　特征 X 射线的产生

5.2.4.4　能谱仪及其基本分析方法

能谱仪是扫描电镜的重要附件之一。样品在电子束的激发下，放射出的特征 X 射线信号进入低温下的 Si(Li) 探测器，X 射线光子的能量在硅晶体中形成电子空穴对，经偏压收集后形成电荷脉冲，再经电荷灵敏前置放大器将其转变为电压脉冲，然后由脉冲处理器进一步放大成形，最后由模数转换器和多道分析器根据电压值将脉冲分类而得到 X 射线的谱图数据。经计算机对谱图进行处理、谱峰识别和定量分析，形成样品表面的组成元素及其含量的分析结果。

　　利用能谱仪，可以对试样感兴趣的区域如点、线和面进行分分析，得到相应的能谱，反映该区域所含元素。图 5-19 为铝硅合金中初生硅相的扫描电镜图片与能谱分析，图 5-20 为转炉渣-炉衬界面的线扫描分析，图 5-21 为石灰在转炉渣中熔解的面扫描分析，点的疏密代表此区域该元素相对含量的高低。

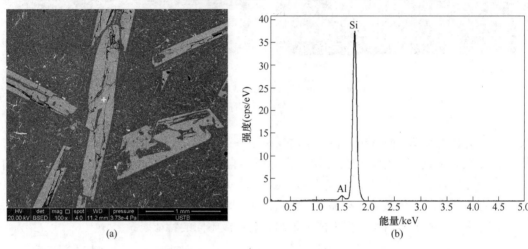

图 5-19　铝硅合金中初生硅相的能谱分析

（a）初生硅相的扫描电镜图；（b）初生硅相能谱图

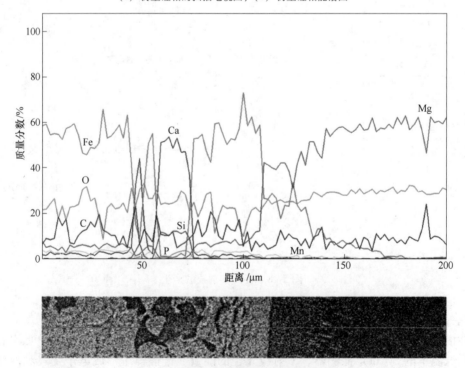

图 5-20　转炉渣-炉衬界面的线扫描分析

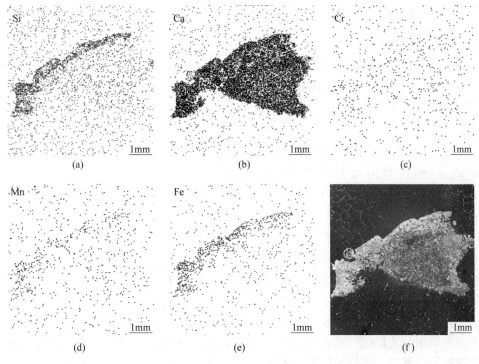

图 5-21　石灰在转炉渣中熔解的元素面分布分析
（a）Si；（b）Ca；（c）Cr；（d）Mn；（e）Fe；（f）SEM 图片

能谱分析具有以下特点：

（1）分析元素范围广、灵敏度高。检测范围为元素周期表 4~92 号元素，检测极限为质量分数 0.1%~0.5%。

（2）各元素同时分析，速度快、成本低。点分析的时间仅为 1~2s。

（3）不损耗试样。

（4）作为物理检测手段，无法准确定量，只能做定性或者半定量分析。

（5）对电镜的电压与束流的稳定无严格要求，外界电路电压电流变化，不影响能谱分析的准确性。

（6）几何收集效率高，可在较高图像分辨率时使用，可与场发射及透射电镜配接。

（7）对仪器的机械精度要求相对低。

5.2.4.5　扫描电镜样品制备基本要求

由于扫描电镜采用带负电的电子束做光源，所以对样品的基本要求是必须导电性好，避免荷电现象。不导电的样品需要喷镀层，如 C、Au、Pt 等。

其次，要求样品的热稳定性好。避免产生"热漂移、热损伤、热分解"等现象。高能电子束打到样品表面会产生一定的热效应，热稳定性差会导致图像不稳定，出现漂移。有的试样照射后会损伤或分解。

扫描电镜用样品需要无挥发性、无腐蚀性、无毒性。防止挥发出的物质损伤样品室和物镜，同时保证实验人员的人身安全。

5.2.5 微区成分分析

5.2.5.1 微区成分分析原理

当具有足够能量的细电子束轰击试样表面时，由于电子和物质的相互作用，试样中原子被电离。当外层电子向内层轨道跃迁时，原子能量降低，所降低的能量有可能以 X 射线的形式辐射出来，辐射的频率由下式决定

$$h\nu = E_{n1} - E_{n2}$$

式中　　ν——电子由主量子数为 n1 的层上跃迁到 n2 的层上时，辐射的 X 射线的频率；

　E_{n1}，E_{n2}——分别表示 n1 层和 n2 层电子的能量。

根据莫塞莱定律，该特征 X 射线频率 ν（或波长 λ）和物质原子序数 Z 之间有下列关系：

$$\nu = K(Z-C)^2 \quad 或 \quad \lambda = B(Z-C)^{-2}$$

式中　　K，B，C——均为常数。

由此看出，每一种元素都有它自己特定波长的 X 射线，叫特征 X 射线或标识 X 射线。根据特征 X 射线的波长和强度，就能得出微区化学成分定性及定量分析的结果。

谱仪是把不同波长（或能量）的 X 射线分开的装置。将 X 射线分开目前有两种方法，一种是通过衍射分光原理，测量 X 射线的波长分散（分布）及其强度，这种方法使用的装置称波长分散谱仪，简称波谱仪（WDS）；另一种是利用固态检测器测量每个 X 射线光子的能量，并按其能量分类，记下不同能量的光子的数目或数率（每秒多少数目），这种方法使用的装置称能量谱仪，简称能谱仪（EDS）。

5.2.5.2 波谱仪

当波长为 λ 的 X 射线照到晶体（单晶）上时，在散射角等于入射角的方向，如满足布拉格定律 $n\lambda = 2d\sin\theta$，则在该方向散射（衍射）的 X 射线强度有极大值。如 d、θ 已知，对 $n=1$ 的衍射，可从布拉格定律确定 λ。

平面晶体波谱仪主要由 X 射线源，样品室，测角器，平面分光晶体和光子检测器等组成。它和 X 射线衍射仪十分相似，只不过是用平面分光晶体替代平面粉末样品，而原来 X 射线管所在位置则由样品所取代。波谱仪中 X 射线检测器多使用正比计数器。分光晶体是将样品表面不同元素产生不同波长的特征 X 射线分开，以便进行成分定性定量分析。

图 5-22 给出了 WDS 原理图。当每个 X 射线光子照到检测器上时，将产生一个电压脉冲，这脉冲经放大后接至单通道分析器，筛选脉冲高度并转化为标准脉冲，然后用计数器计数存于计算机中，或用计数率表显示，并输出到记录仪。

5.2.5.3 能谱仪

能谱仪是同时接收样品中所有元素发出的特征射线，然后，根据其信号的能量大小，把它们分到各个通道进行计数，展示样品所发射的 X 射线信号谱组成，从而对样品成分进行定性定量分析。能谱仪的关键元件是锂漂移硅检测器，称 Si(Li) 检测器。在检测器接收不同能量（波长）的 X 射线照射时，将会给出 X 射线的能量和强度分布。

图 5-23 给出能谱仪的原理图。设 X 射线光子的能量为 E，形成每个电子—空穴对所需的能量为 ε，则吸收每个 X 射线光子将形成 $N = E/\varepsilon$ 个电子—空穴对。对于 Si，$\varepsilon = 2 \times 10^{-16} C$。

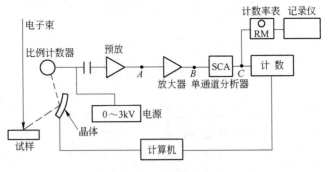

图 5-22 波谱仪原理图

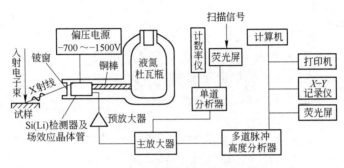

图 5-23 能谱仪的原理图

为把这样小的电量放大近 10^{10} 倍，必须先用液氮冷却低噪声场效应管（FET）把电荷转换为电压，然后经预放放大，再经放大器送到单通道分析器（SCA）或多通道分析器（MCA），前者配合电子束扫描显示试样的某种成分像，后者显示微区的 X 射线能谱。

5.2.5.4 波谱仪与能谱仪的比较

对波谱仪与能谱仪作如下比较：

（1）探测效率。由于锂漂移硅探测器对 X 射线发射源所张的立体角显著大于波谱仪所张的立体角；所以前者可以接收更多的 X 光，其次由于半导体探测器直接计数接收的 X 光量子，而波谱仪上的正比计数器只计数由分光晶体衍射过来的 X 光量子。因此能谱仪的探测效率远远大于波谱仪。

（2）分辨率。Si(Li) 探测器在入射 X 光量子能量为 $5894eV(MnK_\alpha$ 线）时的分辨率是 $160eV$，比波谱仪低一个数量级，这就使得 X 光能谱的谱峰宽，谱峰容易重叠，背底扣除困难，从而需要比较复杂的数据处理方法。

（3）分析速度。能谱仪可以在一次实验中同时测定试样中所有元素的 X 光量子，几分钟内就可以得到定性分析的结果。而波谱仪只能一个元素一个元素地测定波长，所以做一个全分析要几个小时。

（4）分析元素的范围。波谱仪和能谱仪均可以测量原子序数在 $_4Be \sim _{92}U$ 之间的所有元素。

综上所述，EDX 和 WDX 各有优缺点。目前的商品仪器上既有 X 光波谱仪又配备有能谱仪。由于能谱仪接收效率高，能在低束流下工作，因而经常与扫描电子显微镜和透射电子显微镜配合使用。波谱仪分辨率高，定量分析的精度可达质量分数 2% ~ 5%，多用于超轻元素的测量。

5.3　X 射线衍射分析

X 射线照射到晶体上，和晶体发生相互作用，产生一定的衍射花样，它可反映出晶体内部的原子分布规律。一个衍射花样的特征由两个方面组成，一方面是衍射线在空间的分布规律（称为衍射几何），它是由晶胞的大小、形状和位向决定的；另一方面是衍射线束的强度，它取决于原子在晶胞中的位置。因此，X 射线衍射分析是通过衍射现象来分析晶体内部的结构。

5.3.1　布拉格定律

用布拉格定律描述 X 射线在晶体中的衍射几何时，是把晶体看作是由许多平行的原子面堆积而成，把衍射线看作是原子面对入射线的反射，如图 5-24 所示。

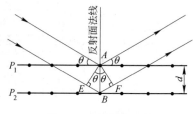

图 5-24　布拉格反射

一束波长为 λ 的 X 射线以 θ 角投射到面间距为 d 的一组平行原子面上，从中任选两个相邻原子面 P_1、P_2 作原子面的法线与两个原子面相交于 A 和 B，过 A，B 作代表 P_1 和 P_2 原子面的入射线和反射线。从图上可以看出，经 P_1 和 P_2 两个原子面反射的反射波光程差为

$$\delta = EB + BF = 2d\sin\theta$$

干涉加强的条件为

$$2d\sin\theta = n\lambda$$

式中　n——整数，称为反射级数；

　　　θ——入射线或反射线与反射面的夹角，将 2θ 称为衍射角。

该式称为布拉格方程，是 X 射线在晶体中产生衍射必须满足的基本条件，它反映了衍射线方向与晶体结构之间的关系。

5.3.2　粉末衍射仪

图 5-25 所示的是粉末衍射仪的工作原理图，粉末衍射仪由 X 射线源、测角器、X 射线检测器、电源设备及防护装置等组成。

（1）X 射线源和 X 射线谱。粉末衍射仪的 X 射线源通常采用热阴极式封闭型的 X 射线管，管内真空度 10^{-3} ~ 10^{-5} Pa。当灯丝通电加热时，产生大量的热电子，在极间电场作用下被加速。管中的阳极是高速电子轰击的目标，故叫做靶，或阳极靶。高能电子束在轰击阳极靶时，因速度损失而产生韧致辐射，以及因激发靶原子而产生特征辐射。管身在阳极附近开了窗口，用吸收系数很小的材料（通常是金属铍）封住窗口，让来自靶表面的 X 射线射出。靶面用各种纯金属（如铬、铁、钴、铜、钨、钼等）涂敷，以获得不同波长的特征 X 射线。

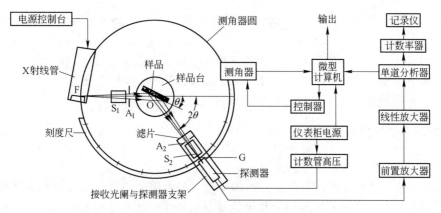

图 5-25　X 射线衍射仪工作原理图

X 射线管发出的 X 射线光谱是连续谱背景基础上叠加的线状谱，一个 X 射线管通常只产生简单的几个较强的特征谱线（图 5-26）。图 5-26 是钼靶 X 射线管所生辐射的光谱。当管压高于 L 激发电压（2kV）时，在波长 0.62nm 附近的连续谱的基础上产生一些钼 L 特征辐射，当管压超过 K 激发电压（20kV）时，又在波长 0.07nm 附近的连续谱上产生一些钼 K 特征辐射。X 射线管发射的 X 射线的波长和强度与管压、管流及靶材有关。当电压增加时，无论是连续谱或特征谱，强度都增加，连续谱的短波限波长减小，但特征谱线的波长不变。

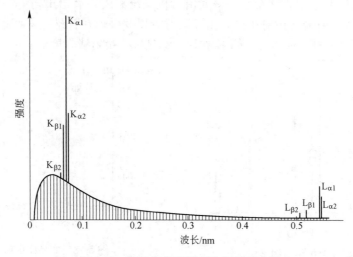

图 5-26　钼靶 X 射线管所生辐射的光谱

一般衍射分析中，最常选用的辐射是 CuK_α，其波长 0.1542nm。辐射选择有三个原则：其一，样品不应产生强烈的荧光，否则，将有大量的荧光辐射伴随衍射束，使衍射信号的信噪比下降；其二，衍射线的数量、位置、强度符合分析要求；其三 X 射线的入射深度符合分析要求。譬如说，对于 CuK_α 辐射，会强烈吸收这种辐射的元素有 Co、Fe、Mn、Cr、V、Ti。这意味着，如果样品中含有大量的这些元素，便应考虑更换 X 射线管靶。钢铁样品的衍射分析如果希望在 $2\theta > 150°$ 的位置出现一条有足够强度的衍射线，通过计算可知，选择 CoK_α 或 CrK_α 就可以满足要求。

（2）测角器。测角器是衍射仪的核心组成部分，为了精确地测得样品各晶面的衍射角度。

（3）滤波片、单色器与 X 射线检测器。粉末衍射仪中最常见的 X 射线检测器是正比计数器。粉末衍射要求单色 X 射线，通常是使用 X 射线管辐射中最强的 K_α（或 L_α）辐射。借助于滤波片或晶体单色器，以防止干扰 X 射线进入正比计数管。

5.3.3　样品制备与扫描测试

5.3.3.1　粉末平板样品的制备
粉末样品可压在玻璃制的浅框中，所加压力以粉末粘牢为宜；亦可用胶水或凡士林将之粘在平玻璃片上，亦可直接采用平面块状样品。粉末粒度在 $1 \sim 5\mu m$ 之间，太大或太小都会影响试验结果和衍射强度的重现性。如果粒度小于 $1\mu m$，会引起衍射线宽化，粒度太大将使衍射谱不连续。

5.3.3.2　测试参数
扫描测试的参数较多，譬如管电压、管电流、计数管电压、检测器脉冲高度分析的上下阈值、发散狭缝、防散射狭缝、接收狭缝的大小、扫描范围、扫描速度（或步进角度和步进时间）等等。这些参数影响到测试结果。进行系列样品对比试验测试时，注意应固定测试参数条件。

5.3.3.3　衍射图谱
衍射仪的采样数据在平滑处理（一般由微机系统完成）后给出衍射图谱（图 5-27 和图 5-28）。X 射线衍射谱（衍射花样）由连续背景以及叠加在背景上一些谱线所组成。谱线亦称衍射线或衍射峰。横坐标为衍射角 2θ，纵坐标为衍射线强度。

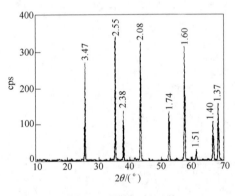

图 5-27　晶体衍射图谱

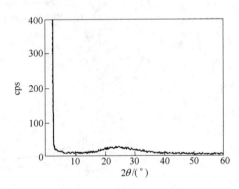

图 5-28　非晶体衍射图谱

5.3.4　X 射线物相分析

X 射线物相分析的任务是，利用 X 射线衍射方法，对试样中由各种元素形成的具有固定结构的化合物进行定性和定量分析，其结果不是试样的化学成分，而是由各种元素形成的具有固定结构的化合物的组成和含量。

5.3.4.1　原理
任何一种晶体物质（包括单质元素、固溶体和化合物）都有其确定的点阵类型和晶胞尺寸，晶胞中各原子的性质和空间位置也是一定的，因而对应有特定的衍射花样，即使该物质存在于混合物中也不会改变，所以可以像根据指纹来鉴别人一样，根据衍射花样来鉴别晶体物质。因为由衍射花样上各线条的角度位置所确定的晶面间距 d，以及它们的相对强度 I/I_1；是物质的固有特性，所以一旦未知物质衍射花样的 d 值和 I/I_1，与已知物质 PDF 卡片相符，便可确定被测物的相组成。

5.3.4.2 PDF 卡片

自 1942 年，"美国材料试验协会"出版了衍射数据卡片，称为 ASTM 卡片。1969 年成立了"粉末衍射标准联合会"，由它负责编辑出版了粉末衍射卡片，简称 PDF 卡片。用这些卡片，作为被测试样 d-I 数据组的对比依据，从而鉴定出试样中存在的物相。

PDF 卡片如图 5-29 所示，为了便于说明，将卡片分为 9 个部分来介绍它的内容。

d 4-0827	2.106	1.489	0.9419	2.431	MgO ★					
I/I_1 4-0829	100	52	17	10	MAONESIUM UXIDE PERKLASE					
Rad.Cu λ1.5405 FlIter Ni Dia. Cut off Coll. I/I_1 d corr.abs? Ref SWANSON AND TATGF,JCFPI,RFDORTS,NRS,1949					d/nm	I/I₁	hkl	d/nm	I/I₁	hkl
					0.2431	10	111			
					0.2106	100	200			
Sys.CUBIC(F.C.) S.G.O_M^S—FM3M					0.1489	52	220			
a_0 4.213 b_0 c_0 A C					0.1270	4	311			
α β γ Z 4					0.1216	12	222			
Rcf.IBID					0.10533	5	400			
					0.09665	2	331			
$ε_α$ nωβ1.732 $ε_γ$ Sign					0.09419	17	420			
2V Dx 3.581 mp Color					0.08600	15	422			
Ref. IBID					0.08109	3	511			
HIGN PURITY PIIOSPIIOR SAMPL FROM RCA DETED AT 1800℃ FOR 3 HRS. AT 26℃ TO REPLACE 1–1235,2–1207,3–0998										

图 5-29 PDF 卡片的格式和内容

（1）d 栏。含有四个晶面间距数项，前三项为从衍射图谱的 $2\theta<90°$ 中选出的三根最强衍射线所对应的面间距，第四项为该物质能产生衍射的最大面间距。

（2）I/I_1 栏。含有的四个数项，分别为上述各衍射线的相对强度，这是以最强线的强度作为 100 的相对强度。

（3）实验条件栏。其中：Rad.（辐射种类）；λ（波长）；Filter（滤波片）；Dia.（相机直径）；Cut off（相机或测角仪能测得的最大面间距）；Coll.（入射光阑尺寸）；I/I_1（衍射强度的测量方法）；dcorr. abs.？（d 值是否经过吸收校正）；Ref.（本栏目和第 8 栏目的资料来源）。

（4）晶体学数据栏。其中：Sys.（晶系）；S.G.（空间群）；a_0、b_0、c_0（晶轴长度）；A（轴比a_0/b_0）；C（轴比 c_0/b_0）；α，β，γ（晶轴夹角）；Z（晶胞中相当于化学式的原子或分子的数目）；Ref.（本栏目资料来源）。

（5）光学性质栏。其中：$ε_α$，nωβ，$ε_γ$（折射率）；Sign（光性正负）；2V（光轴夹角）；D（密度）；Dx（X 射线法测量的密度）；mp（熔点）；Color（颜色）；Ref.（本栏目资料来源）。

（6）备注栏。试样来源、制备方法、化学成分，有时也注明升华点（S.P.）、分解温度（D.T.）、转变点（T.P.）、衍射测试的温度等。

（7）名称栏。物相的化学式和英文名称，有机物则为结构式。在化学式之后常有一个数字和大写英文字母的组合说明。数字表示单胞中的原子数；英文字母表示布拉维点阵类型。右上角的符号标记表示：＊为数据高度可靠；i 为已指标化和估计强度，但可靠性不如前者；O 为可靠性较差；C 为衍射数据来自理论计算。

（8）数据栏。列出衍射线条的晶面间距 d，相对强度 I/I_1 和衍射晶面指数 hkl。

（9）卡片编号栏。

5.3.4.3　PDF 卡片索引

索引是一种能帮助实验者从数万张卡片中迅速查到所需卡片的工具书。目前常用的索引有以下两种：

（1）数字索引。当被测物质的化学成分和名称完全未知时，可利用此索引。在此索引中，每一张卡片占一行，其中列出八根强线的 d 值和相对强度，物质的化学式和卡片号。

（2）字母索引。当已知被测样品的主要化学成分时，可应用字母索引查找卡片。字母索引是按物质英文名称第一个字母的顺序编排的，在同一元素档中又以另一元素或化合物名称的字头为序，在名称后列出化学式、三强线的 d 值和相对强度，最后给出卡片号。对多元素物质，各主元素和化合物名称都分别列在条目之首，编入索引。

5.3.4.4　定性分析方法

（1）获得衍射花样。用照相法或衍射仪法测定其粉末衍射花样。

（2）计算各衍射线对应的面间距 d 值，记录各线条的相对强度，按 d 值顺序列成表格。

（3）当已知被测样品的主要化学成分时，利用字母索引查找卡片，在包含主元素的各物质中找出三强线符合的卡片号，取出卡片，核对全部衍射线，一旦符合，便可定性。

（4）在试样组成元素未知情况下，利用数字索引进行定性分析。首先在一系列衍射线条中选出强度排在前三名的 d_1、d_2、d_3，在索引中找出 d_1 所在的大组，然后按次强线 d_2 的数值在大组中查找各 d 值都符合的条目，若符合，则按编号取出卡片，最后对比被测物和卡片上的全部 d 值和 I/I_1，若 d 值在误差范围内符合，强度基本相当，则可认为定性分析完成。检索 PDF 卡片可以用人工检索，也可以用计算机自动检索。

5.3.5　点阵常数的精确测定

5.3.5.1　原理

由衍射仪法测得的多晶衍射花样均可用于精确测定晶体的点阵常数。点阵常数是晶体物质的基本结构参数，它与原子间的结合能有直接的关系；点阵常数的变化反映了晶体内部成分、受力状态等的变化。所以应用点阵常数的精确测定可鉴别固溶体类型、测量固溶度、求测膨胀系数及物质的真实密度等。

用 X 射线衍射仪法测定点阵常数的依据是衍射线的位置，即 2θ 角。在衍射花样已指数化的基础上，可通过布拉格方程和晶面间距公式计算点阵常数。以立方系为例，点阵常数的计算公式为

$$a = d(h^2 + k^2 + l^2)^{1/2}$$

可见，在衍射花样中，通过每一条衍射线都可以计算出一个点阵常数值。虽然从理论

上讲，每个晶体的点阵常数只能有一种固定值，但是通过每条衍射线的计算结果之间都会有微小的差别，这是由于测量误差所造成的。其中，偶然误差没有一定的规律，永远不可能完全消除，只能通过仔细地多次重复测量将其降到最小限度。系统误差是由实验条件决定的，它以某种函数关系作规律性的变化，因此可以选用适当的数学处理方法使其消除。

5.3.5.2 测定方法

为了达到精确测定的目的，除了采用精确的实验技术外，常用的方法有标准物质使用的内标法，试验结果的数学处理方法（外推法、最小二乘方法和线对法）。

（1）外推法。由布拉格方程全微分可得，$\Delta d/d = -\cot\theta\Delta\theta$，当 θ 趋近于 90°时，误差趋近于零，即 a 趋近于其真值 a_0。如对立方晶体的高角衍射线而言，如下关系成立：

$$a = a_0 + a_0 k\cos^2\theta$$

此式说明 a 是 $\cos^2\theta$ 的线性函数。于是，可以测量若干条高角衍射线，求出对应的 $\cos^2\theta$ 及 a 值。然后，以 $\cos^2\theta$ 为横坐标，a 为纵坐标，画出实验点，这些点应该在一条直线上（实际上是由这些点用最小二乘方法拟合直线），这条直线与纵坐标的交点 a_0 即为精确的点阵参数值。

（2）标准样校正法。该法是利用标样消除误差。有一些比较稳定的物质如 Ag，Si，SiO_2 等，其点阵参数已经由高一级的方法精心测定过。例如纯度为 99.999% 的 Ag 粉，$a = 0.408613nm$。这些物质称为标准物质，可以将它们的点阵参数值作为标准数据。将标准粉末掺入待测样粉末中，或者在待测块样的表面上撒上一薄层标准物。于是，在衍射图谱上。就出现了两种物质的衍射峰。标准物相的 a 已知，根据所用 λ，可算出某衍射峰的理论 θ 值。它与衍射图上所得相应的 θ 会有微小的差别，而这是未知的诸误差因素的综合影响所造成的。以这一差别对测试样品的数据进行校正就可得到比较准确的点阵参数。从原则上说，只有当两根衍射线相距极近时，才可以认为误差对它们的影响相同。标准样校正法的实验和计算都较简单，所得的点阵参数精确度将依赖于标样数据的精度。

除此，X 射线衍射分析还可进行物相定量分析，测定材料晶粒度，残余应力和金属织构等。

5.4 X 射线光电子能谱分析

表面组分分析包括表面元素组成、化学态及其在表层的分布测定等。目前常用的表面成分分析方法有：X 射线光电子能谱（X-ray Photoelectron Spectroscopy，XPS），俄歇电子能谱（Auger Electron Spectroscopy，AES），静态二次离子质谱（Secondary Ion Mass Spectroscopy，SIMS）和离子散射谱（Ion Scatter Spectroscopy，ISS）等。

X 射线光电子能谱作为当代谱学领域中最活跃的分支之一，在日常表面分析工作中的份额已占 50% 左右，是一种重要的表面分析技术。它不仅可以根据测得的电子结合能确定样品的化学成分，更重要的应用在于确定元素的化合状态。XPS 可以分析导体、半导体甚至绝缘体表面的价态，这也是 XPS 区别于其他表面分析方法的一大特点。此外，配合离子束剥离技术和变角 XPS 技术，还可以进行薄膜材料的深度分析和界面分析。XPS 表面分析具有以下特点：

（1）是一种无损检测技术，检测对样品表面不会造成损伤。

（2）对表面成分灵敏度高，一般信息采样深度小于10nm，检测极限可达约0.1%（原子分数）。

（3）检测范围广，可检测原子序数3~92的元素信息。

（4）可获得样品表面的元素组成、价态、半定量等成分信息。

（5）样品适用范围广（固态样品），制备过程简洁。

（6）适用于导体、半导体、绝缘体材料。

（7）可获得快速平行成像。

（8）结合角分辨XPS技术（ARXPS）、离子溅射等方法可探测不同深度的组分信息。

目前，XPS主要用于金属、无机材料、催化剂、聚合物、涂层材料、纳米材料、矿石等各种材料的研究，以及腐蚀、摩擦、润滑、黏结、催化、包覆、氧化等过程的研究，也可以用于机械零件及电子元器件的失效分析，材料表面污染物分析等。

在冶金领域中，金属材料的许多性质可以借助于XPS表面分析技术研究。例如，（1）钢铁材料耐腐蚀性能研究：不锈钢钝化膜的组成分析；（2）表面层的物质迁移：高温不锈钢表面杂质硫的析出、硅-金系统的低温迁移；（3）合金表面组分研究：不锈钢表面Cr的富集；（4）晶界偏析：钢的非金属夹杂物研究；（5）绿色冶金性能研究：回收钢渣的成分分析等。此外，XPS还可应用于产品工艺的质量控制（见表5-1）。

表 5-1　XPS 在冶金材料研究中的一些应用

XPS 分析方法	冶金材料应用领域
直接分析（表面）	分凝、扩散、吸附与解吸、腐蚀、氧化、摩擦与磨损、污染
断裂或深度剖析（界面）	扩散、脆化、局部腐蚀、烧结、粘结、偏聚、应力与疲劳
转角分析（薄膜）	层间扩散、化学反应层（钝化膜等）、保护涂层、离子注入

5.4.1　基本原理

用具有特征波长的软X射线辐照固体样品，并按动能收集从样品中发射的光电子，给出光电子能谱图。上述软X射线在固体中的穿透距离不小于$1\mu m$，在X射线路经途中，通过光电效应，使固体原子发射出光电子。这些光电子在穿越固体向真空发射过程中，要经历一系列弹性和非弹性碰撞，因而只有表面下一个很短距离（约2nm）的光电子才能逃逸出来，这一本质就决定了XPS是一种表面灵敏的分析技术。入射的软X射线能够电离电子或分子的内层电子，并且这些内层电子的能量具有特征，因此可用作元素定性分析；同时，由于内层电子能量会受到所处环境"化学位移"的影响，XPS也可以用于化学态分析；另外，从谱峰强度（峰高或峰面积，常用后者）还可以进行定量分析。

当具有足够能量的辐射（$h\nu$）与样品碰撞时，原则上均能引起电离或电子激发。但是，只有表面层内的具有一定能量和动量的电子，才能逃逸出样品，进入真空而被接收。依据物理学中的弹性散射和非弹性散射原理，有关系式：

$$N = N_0\, e^{-z/\lambda} \tag{5-1}$$

式中　N——从表面逃逸而被接收到的光电子数；

　　N_0——在样品中产生的所有可被接收的光电子数；

　　z——样品的取样（检测）深度；

　　λ——非弹性散射平均自由程（Inelastic Mean Free Path, IMFP）。

　　从式（5-1）可知，当 $z=3\lambda$ 时，从该处逃逸出而被接收到的电子数只有 N_0 的 5% 左右，即在 $z=3\lambda$ 深度范围内被接收到的电子数已占 N_0 的 95% 左右，因此常把 $z=3\lambda$ 称为取样深度。

5.4.1.1　光电离过程

　　在电子能谱学中，有两种电离过程，一种为光子电离（或光致电离），另一种为电子电离，X射线光电子能谱学属于光电离。当单色（$h\nu$）光子对样品进行辐射，样品原（分）子 M 发生电离，在此过程中，样品发射一个电子：

$$M + h\nu \longrightarrow M^+(E_{int}) + e \tag{5-2}$$

式中　M^+——具有能量 E_{int} 的离子，E_{int} 包括离子中的电子振动和转动的内在能量，$E_{int}=0$ 表示生成的离子处于基态；

　　　　e——产生的光电子。

　　为了发生电离，入射光子的能量必须大于样品原（分）子的最小电离能 I_p。电离后所获得的过剩能量（$h\nu-I_p-E_{int}$）则转换成离子和光电子的能量。根据动量和能量守恒原理，要求分配的剩余能量与离子或电子的质量成反比，这就意味着电子带有全部的剩余能量。若应用单色（$h\nu$）光子进行光电离，则光电子动能可简单确定为 $h\nu-I_p+E_{int}$。由此可测定样品中处于一定内在能态的离子的电离能。离子的最低内在能态即为基态，此时 $E_{int}=0$，根据上式测得的光电子动能 $KE=h\nu-I_p$。

　　由式（5-2）进行变换后可得：

$$M^+(终态) - M(初态) = h\nu - KE = BE \tag{5-3}$$

式中　M——样品原（分）子的电离状态；

　　　KE——光电子的动能；

　　　BE——电离体系（待分析样品）的某能级中的电子结合能，表示把电子从某能级或壳层中电离出所需的能量等于该电离体系在电离前（初态）和电离后（终态）总能量之差。

5.4.1.2　光电子能谱线

　　用一束单色光子辐照样品，并对电离发射出的光电子进行能量分析，就可以得到光电子能谱图。通常横坐标以光电子的结合能或动能表示，纵坐标以电子数/秒（cps）表示。对于固体导电样品，因与能谱仪有良好的电解触，故两者的费米能级（Fermi Level）相同，如图 5-30 所示。

　　由图 5-30 可知：

$$E_B = h\nu - E_K - \phi_{sp} \tag{5-4}$$

式中　E_B——芯层能级的结合能；

　　　E_K——从谱仪射出的光电子动能；

　　　ϕ_{sp}——谱仪功函数。

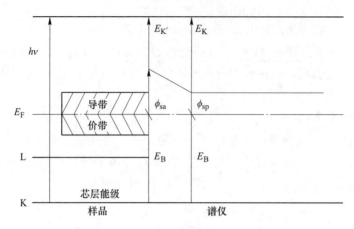

图 5-30   导电样品的能级图（费米能级 $E_F \equiv 0$）

对于非导体样品，其能级见图 5-31。非导体样品在导带和价带间存有带隙（1~4eV），当样品的能带结构已知，且在禁带中无杂质能级存在时，常取带隙的一半为费米能级。对于大多数样品，带结构未知，这时采用费米能级为参考点会有一定的不确定性。

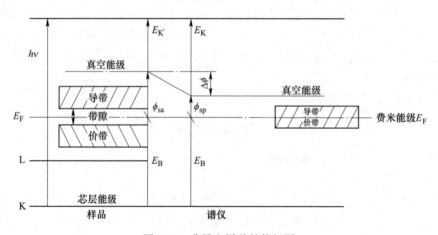

图 5-31   非导电样品的能级图

5.4.2   XPS 谱仪结构

X 射线光电子能谱仪主要由激发源、能量分析器、电（离）子检测器、进样系统、真空系统、计算机控制系统 6 部分组成（图 5-32）。

X 射线激发源一般常用单色化 X 射线源（Al K_α，1486.6eV）和非单色化 X 射线源（Mg K_α，1253.6eV），单色化 X 射线源可以去除不必要的 X 射线（包括伴线及"鬼"线），并可以减小 Mg、Al 靶的本征线宽，提高谱峰信噪比。表面分析技术中涉及到微观粒子的运动和检测，因此这类仪器必须具有高真空（$\leqslant 10^{-4}$Pa），为了防止样品表面被周围气氛污染，有时还必须有超高真空（UHV，$< 10^{-7}$Pa）。在 XPS 谱仪中，激发源、能量分析器、检测器、样品室、分析室等主要部件均需在超高真空系统中工作。

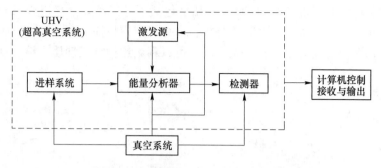

图 5-32 X射线光电子能谱仪结构简图

5.4.3 样品的制备与安装

X射线光电子能谱分析的均是样品表面层，因此在样品制备过程中，保持样品的"真实"表面（组成、结构）是样品制备的必要条件。一般情况下，尺寸适合（如直径 5 ~ 10mm，厚度不大于 3mm）的块状样品无须制备，下述内容适用于必须制备和安装条件。

5.4.3.1 粉末样品的制备

（1）常用双面胶带粘取粉末样品，并抖落多余粉末。胶带应选用适宜超高真空工作的材质，要求组分尽量简单、稳定，尽可能不在真空中产生放气现象。

（2）将粉末压在 In 箔上。

（3）以金属栅网（优选 Au、Ag、Cu 等材质）做骨架压片。

（4）将粉末直接压片（直径为 3 ~ 5mm 较为适宜）。

5.4.3.2 去除表面污染物

（1）用合适的溶剂（无水乙醇、正己烷等）清洗表面。

（2）打磨。用 600 目碳化硅砂纸打磨表面可去除样品表面明显污染物。但此过程中易使表面因局部发热而与周围气体发生反应，还容易造成样品表面粗糙，对于碱金属或碱土金属并不推荐。

（3）离子刻蚀。使用 XPS 仪器内部的 Ar^+ 刻蚀功能可有效去除表面污染物，但可能会改变样品表面化学性质（发生还原反应）、产生择优溅射效应等影响。

（4）研磨成粉。用氧化铝研钵把样品研磨成粉末可测得样品体相组分。研磨时会导致局部升温，因此需缓慢研磨，尽量减小样品产生的化学变化。

5.4.3.3 样品保存

样品的保存以不污染测试面为基本原则，可存放于培养皿、自吸附胶盒等容器中，保证测试面不接触样品袋；对于空气或水敏感的样品，应存放于真空干燥或惰性气体保护环境中。样品制备好后应尽快进行表面分析检测，不宜存放过久导致表面发生其他物理、化学等反应。

5.4.4 XPS 谱图分析

XPS 谱图包含极其丰富的信息，从中可以得到样品的化学组成，元素的化学状态及各元素的相对含量。XPS 谱图一般分为宽谱（wide）和高分辨窄谱（待测元素）两类

（图5-33）。宽谱扫描范围常在0~1400eV，几乎包括了除氢和氦元素以外所有元素的主要特征能量的光电子峰，可以进行全元素分析；高分辨窄谱扫描宽度一般为10~30eV，每个元素的主要光电子峰能量几乎是独一无二的，可以利用这种特征性质直接简便地鉴别样品的元素组成。

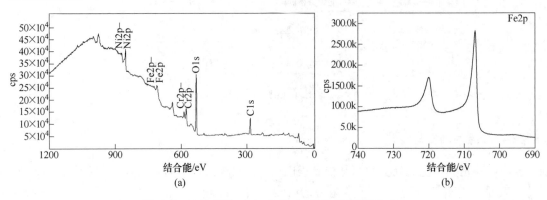

图5-33　XPS宽谱（a）与Fe 2p高分辨窄谱图（b）

5.4.4.1　定性分析

（1）元素组成鉴别。从样品发射的光电子，若没有经历能量损失，则会以峰的形式出现，因此检测未知样品时需要先收集其宽谱，用于对样品进行定性分析。定性分析过程中，首先要识别存在于任一谱图（接触空气的常规样品）中C1s、O1s、C俄歇（KLL）和O俄歇（KLL）的谱线；其次，识别谱图中的其他较强谱线及其次强谱线；最后，识别其他元素谱线。对于自旋裂分的双峰谱线，应检查其强度比以及裂分间距是否符合标准值。一般地，2p峰的双重裂分峰面积之比为1:2；3d峰的双重裂分峰面积之比为2:3；4f峰的双重裂分峰面积之比为3:4。谱图识别过程中要注意谱线间的相互干扰、X射线激发的俄歇峰和其他不同峰形（自旋轨道裂分、卫星峰、震激伴峰、能量损失峰、价带谱等）。

（2）元素化学态鉴别。在定性分析中，元素化学状态的鉴别是XPS的重要分析内容。一般测试中，通过收集目标元素的高分辨谱峰，经由化学位移、俄歇参数法、伴峰结构等方法，通过与标准谱图手册比对，或模拟标准样品测试等方式进行化学态的鉴别。对于绝缘样品，需要先进行正确的荷电校正。

5.4.4.2　半定量分析

XPS进行定量分析的基本原理是把收集的光电子谱峰强度（峰高或峰面积，常用峰面积以提高定量化的精度），通过一系列因子（与样品、仪器配置等因素有关）与样品组分关联起来，由XPS谱峰的强度转换为样品表面组分。若样品在分析范围内组成均匀，则特定谱峰中光电子计数

$$I(s^{-1}) = nf\sigma\theta y\lambda AT \tag{5-5}$$

式中　n——样品单位体积中所含被测元素的原子数，原子/cm^3；

　　　f——X射线在取样区的通量，光子/（$cm^2 \cdot s$）；

　　　σ——测定的原子轨道光电离截面，cm^2/原子；

　　　θ——与入射光子和检测光电子之间夹角有关的效率因子；

　　　y——光电离过程中产生所测定光电子能量的光电效率，电子数/光子；

λ——样品中光电子非弹性散射平均自由程，0.1nm；

A——取样面积，cm²；

T——检测从样品中发射的光电子的效率。

由上式可得：

$$n = \frac{I}{f\sigma\theta y\lambda AT} = \frac{I}{RSF} \tag{5-6}$$

式中，RSF 定义为相对原子灵敏度因子（relative atomic sensitivity factor）。因此，同一样品中两个元素的相对原子浓度比可用下式表示：

$$\frac{n_1}{n_2} = \frac{I_1 RSF_2}{I_2 RSF_1} \tag{5-7}$$

样品中任一组分的原子浓度 c_x，可由上式演变得到：

$$c_x = \frac{n_x}{\sum_i n_i} = \frac{\dfrac{I_x}{RSF_x}}{\sum_i \dfrac{I_i}{RSF_i}} \tag{5-8}$$

不同仪器的灵敏度因子（RSF）可参阅仪器相关资料，一般以 F1s 或 C1s 谱线强度为基准测得相对的 RSF 值。应用相对原子灵敏度因子法可以进行半定量分析，不确定度在 10%~20%。但需注意（1）该方法不能严格用于取样深度内不均匀的样品；（2）主峰谱线存在干扰时应使用次强峰谱线，此时半定量分析不确定度达±30%。

5.4.4.3 元素的深度分布

XPS 可以通过 Ar 离子溅射和变角分析实现元素组成在样品中的深度分布信息。

（1）变角 XPS 深度分析是一种非破坏性的深度分析技术，一般适用于表面层非常薄（1~5nm）的体系。其原理是通过改变样品表面和分析器入射缝之间的角度，获得元素浓度与深度的关系。当进入分析器方向的电子与样品表面夹角为 90°时，来自体相原子的光电子信号强于表面层的光电子信号；而在夹角变小时，来自表面层的光电子信号相对体相而言会大大增强。因此，在改变样品转动角度时，可以得到极表层样品元素的深度分布。在运用变角深度分析技术时需注意以下因素的影响：1）单晶表面的点阵衍射效应；2）表面粗糙度的影响；3）表面层厚度应小于 10nm。

（2）在获得大于 10nm 的深度信息时，需要用 Ar 离子轰击对样品进行剥离。Ar 离子溅射深度剖析是 XPS 中常用的深度分析方法，常被应用于表征界面反应以及在薄膜固体中鉴别界面反应产物。但该方法会引起样品表面晶格的损伤，导致样品的化学状态发生改变（常发生还原效应），以及择优溅射等影响。深度剖析时，样品表面一定厚度的元素被 Ar 离子溅射，然后再用 XPS 分析剥离后的新鲜表面的元素化学状态及半定量信息，从而获得元素沿样品深度方向的分布。

5.5　激光拉曼光谱分析

拉曼光谱由光子与样品中的分子键相互作用产生。当光进入到样品中时，存在透射、吸收、散射等不同的作用形式，其中，散射光中的大部分光子的波长与入射光相同，这种散射称为瑞利散射；而一小部分由于与样品中分子键产生相互作用，使光子的波长发生改变，这种散射就是拉曼散射（见图5-34）。

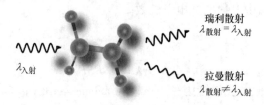

瑞利散射
$\lambda_{散射} = \lambda_{入射}$

$\lambda_{入射}$

拉曼散射
$\lambda_{散射} \neq \lambda_{入射}$

图 5-34　拉曼散射与瑞利散射

拉曼散射现象中，光子波长的改变量可用拉曼位移表示，拉曼位移的大小与分子键的能量有关。在拉曼光谱中常常会出现一些尖锐的峰，它是光子与样品中的特定分子键相互作用后在 CCD 探测器中累计而形成的，这些特征峰具有唯一性，能够表明分子内部相互作用的信息，并成为分子结构的指纹。

5.5.1　拉曼光谱的发现与研究进展

1928 年，印度物理学家 C. V. 拉曼使用水银灯在研究苯的光散射时发现，在散射光中除了有与入射光频率相同的谱线外，还存在一种亮度较低，但频率大于入射光的变散射线，这就是拉曼光谱，这是人类第一次发现拉曼散射现象。凭借对拉曼散射现象的研究，拉曼先生获得了 1930 年诺贝尔物理学奖，并用拉曼的名字来命名这一散射现象。

虽然拉曼散射是研究分子结构的有力工具，但由于拉曼散射本身强度较弱，容易受到瑞利散射和荧光效应的影响，因此拉曼散射在很长时间里并没有得到很好的发展，特别是 19 世纪 40 年代红外技术的蓬勃发展，逐渐取代了拉曼光谱的地位。直到 20 世纪 60 年代，具有高亮度、高方向性、高单色性、高相干性等突出特点的激光技术得到高速发展以后，大大提高了拉曼散射的信号强度，才使拉曼信号能够被容易的观测到，并逐步在物理、化学、医药、生物、矿物、半导体工业等各个领域得到广泛应用，成为一种常规的研究手段。

5.5.2　拉曼光谱基本原理

当一束频率为 ν_0 的激光照射到样品上与作为散射中心的分子发生相互作用时，大部分光子会与样品的分子发生弹性碰撞并以相同的频率散射开，但是光子的频率并没有改变，这种散射称为瑞利散射。在发生瑞利散射的同时，$10^{-10} \sim 10^{-6}$ 的光子与样品的分子发生非弹性碰撞，光子不仅改变了传播方向，也改变了频率，而频率的变化取决于散射物质的特性，这种散射称为拉曼散射，获得的光谱称为拉曼光谱。

拉曼效应也可以用能级图来表示，如图 5-35 所示，其中 E_0 为基态，E_1 为振动激发态，$E_0 + h\nu_0$、$E_1 + h\nu_0$ 为激发虚态。当频率 ν_0 为一束激光照射到样品上时，光子与样品分子相互作用，分子获得能量后，从基态跃迁到激发虚态。激发虚态上的分子会立即跃迁到下能级而发光，即为散射光。

当处在基态 E_0 分子吸收一个光子后跃迁到激发虚态 $E_0 + h\nu_0$，并立即回到原来所处的基态而重新发射频率为 ν_0 的光子，即射出的光子频率与入射光子频率相同，则这种类型

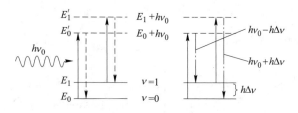

图 5-35　拉曼散射能级图

的散射为瑞利散射。

　　如果分子跃迁到激发虚态不回到原来所处的基态，而落到另一较高能级的 E_1 振动激发态并发射光子，这个发射的新光子能量 $h\nu'$ 显然小于入射光子能量 $h\nu$，即发射光子频率小于入射光子频率，两光子能量差 $\Delta E = h\Delta\nu = h(\nu_0 - \nu')$，则这种类型的散射为斯托克斯散射；反之，若分子返回至较低的能级，发射光子的频率将大于入射光子频率，则这种类型的散射称为反斯托克斯散射。

　　由于振动能级间距较大，由玻耳兹曼分布可得知：在常温下，分子大多数处于基态，因此斯托克斯散射远强于反斯托克斯散射，所以在研究拉曼光谱时通常是以斯托克斯散射为主。

　　$\Delta\nu$ 为拉曼频移，即散射光相对于激发光的波数偏移。同一种物质分子，随着激光激发波长的改变，拉曼谱线的频率也改变，但拉曼频移始终保持不变，因此拉曼位移与激光激发波长无关，而仅与物质分子的振动和转动能级有关。每一种物质有自己的特征拉曼光谱图，其中拉曼光谱"峰的数目""频移值的大小（即特征峰的位置）"以及"谱峰的强度"等都与物质分子振动和转动能级有关，而与入射光波长无关。

　　拉曼散射强度相对拉曼频移的函数图称为拉曼光谱图。图 5-36 为阿司匹林典型拉曼光谱，纵坐标表示拉曼光强，可以用任意单位；横坐标表示拉曼频移，通常用相对于瑞利线的位移表示其数值，单位为波数（cm^{-1}）。

5.5.3　拉曼光谱中的信息

　　分析拉曼光谱的目标是探测有关试样的某些信息，这些要探测的信息主要包括元素、成分、分子取向、结晶状态以及应力和应变状态，它们隐含在拉曼光谱各拉曼峰的高度、宽度、面积、位置（频移）和形状中。一条拉曼光谱包含有大量可分析的试样信息。

　　凝聚相试样拉曼光谱的峰通常有 $5\sim20cm^{-1}$ 宽，位于 $100cm^{-1}$ 和 $4000cm^{-1}$ 之间的范围内，在一个拉曼光谱中可能有多达几百个可以分辨的拉曼峰。气相拉曼峰比较窄，在气相拉曼光谱中有更多易于分辨的拉曼峰。试样信息不仅可以从峰频移，也可从峰形状和峰强度获得。

　　拉曼光谱主要包含峰位和峰强信息。谱峰所在的位置反映分子内原子核相对移动的力场情况；谱峰强度即谱峰的面积反映分子内核子电子的运动信息。分子的简正振动是分子整体的运动，包括分子键的伸缩、扭动等。分子运动一般包含伸缩振动（ν）和弯曲振动（δ），伸缩振动分为对称伸缩振动（ν_s）和不对称伸缩振动（ν_{as}）；弯曲振动分为面内变形振动（β）、面外变形振动（γ）、面内摇摆振动（ν）、面外摇摆振动（ω）、扭曲振动（t）和扭转振动（τ）。这些分子运动对应着拉曼光谱的峰位和峰强信息（见图 5-37），

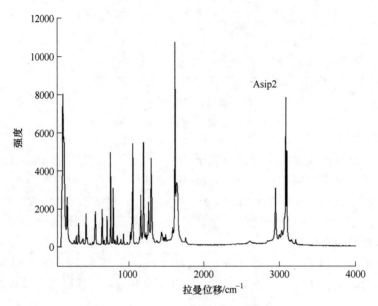

图 5-36　阿司匹林典型拉曼光谱

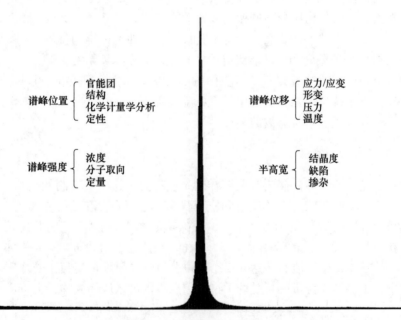

图 5-37　拉曼光谱中的信息

了解这些信息对分析拉曼谱图很有帮助。

　　表 5-2 是草酸的分子振动归属。从草酸的结构可以看出，草酸有一个 C—C 键和四个等同的 C—O 键，从表中可以看出，草酸确实有五个振动模是主要由 C—C 和 C—O 键的伸缩组成，其对称性分别为 $\nu_1(a_{1g})$、$\nu_3(a_{1g})$、$\nu_4(b_{1g})$、$\nu_9(b_{2u})$ 和 $\nu_{11}(b_{3u})$。

表 5-2　草酸的振动归属

D_{2h}之不可约表示	振动	分子键	归属	波数/cm^{-1}
a_{1g}	ν_1	C—O	伸缩	1488
	ν_2	COO	变形	904
	ν_3	C—O	伸缩	445
b_{1g}	ν_4	C—O	伸缩	1660
	ν_5	COO	面内摆动	300
b_{2g}	ν_6	COO	面外摆动	1305
a_{1u}	ν_7		扭曲	—
b_{1u}	ν_8	COO	面外摆动	500
b_{2u}	ν_9	C—O	伸缩	1555
	ν_{10}	COO	面内摆动	160
b_{3u}	ν_{11}	C—O	伸缩	1300
	ν_{12}	COO	变形	766

5.5.4 拉曼光谱的特点

拉曼光谱是一种完全无损检测技术。测试过程中无需与样品接触，不必对样品进行任何前处理，无论固体、液体或气体，都能在本征状态下直接进行测试；并且还是一种快速分析技术，通常一条光谱的获得只需数秒到数分钟。因此，它可以用于诸如考古中的文物无损检测，古建筑颜料分析等，也是刑侦领域重要的侦测手段。

拉曼光谱通常用于定性分析，在特定条件下也可进行定量分析。通常情况下，拉曼光谱（包括峰位、峰强等）提供了物质独一无二的结构指纹，可用于区分不同结构的物质，特别是对于相同元素组成的不同状态的物质，如鉴别 C 的金刚石、石墨等同素异形体。在采集得到拉曼光谱后，可通过光谱数据库进行检索寻找与之匹配的结果，完成对物质的定性分析。在样品其他条件不变的情况下，光谱的强度正比于样品的浓度。通过标准浓度的样品可以确定峰强与浓度之间的关系（标准曲线），即可进行定量分析。激光拉曼光谱定量分析一般步骤为：

（1）获得待测物质的标准光谱。

（2）利用拉曼光谱仪对已知物质浓度的样本拉曼光谱进行采集。

（3）由拉曼光谱及标准光谱确定光谱分析域。

（4）通过拉曼光谱与物质浓度的线性关系建立定量分析模型。

（5）通过模型对未知物质浓度进行预测。

拉曼光谱除了能进行常规测试外，还可进行一系列原位实验。目前，比较成熟的原位测试装置有高低温样品台、电化学原位台、催化转化台、金刚石对顶高压装置等。例如，借助于变温原位测试装置，能够对样品施加$-196 \sim 1500℃$的温度变化，激光透过高透石英窗口片到达样品表面，通过摄像头观察感兴趣区域，达到设定温度后即可采集拉曼信号。

表面增强拉曼散射（SERS）和针尖增强拉曼散射（TERS）能够显著增强拉曼信号。增强拉曼技术克服了拉曼与生俱来的弱点，可以使拉曼信号强度增加几个数量级。表面增强需要具有纳米尺度的粗糙度金属表面作为基底，吸附在这种表面上的分子将会产生拉曼增强信号。最常用的增强基底是金和银，但是具体材料还需要根据样品种类选择。针尖增强拉曼散射是把表面增强拉曼光谱和原子力显微镜分析结合起来，通过将原子力显微镜（AFM）的针尖包覆活性金属或金属纳米粒子使其具有 SERS 活性，从而实现更高的空间分辨率和更强拉曼信号的目标。

5.6　冶金物相分析实例

5.6.1　钢中非金属夹杂物的总量分析

5.6.1.1　实验目的

钢中夹杂物总量分析的对象是非金属夹杂物，这种夹杂物通常认为是有害的，主要对钢的强度、延性、韧性、疲劳等方面的影响，为了更好的了解夹杂物存在的量和冶炼工艺的关系，更好的调节钢中夹杂物的类型、含量、分布、形态，因此需要分析钢中夹杂物的总量。

5.6.1.2　实验原理和设备

钢中夹杂物总量的分析最重要的是夹杂物的提取，夹杂物的提取通常有化学法、电化学法两种，本节主要介绍电化学法，其原理是以钢样作为电解池的阳极，电解槽本身作阴极，通电后钢的基体呈离子状态进入溶液而溶解，各种夹杂物，包括化学性质很不稳定的硫化物则不被电解呈固相保留，为了保留和收集电解残渣，电解时试样须放在胶囊中。

以下为碳钢、低合金钢中氧化物夹杂的测定（不同的钢种使用的电解液不同，同种钢种提取不同种类的夹杂物使用的电解液也不同）。

A　方法提要

试样用硫酸亚铁水溶液电解，收集残渣，于硝酸酸性溶液中，加高锰酸钾溶液破坏碳化物，反应生成的二氧化锰沉淀，用草酸溶液或过氧化氢分解。破坏碳化物后的残渣经过滤、洗涤、灰化、灼烧恒重，即氧化物夹杂总量。

恒重后的残渣，用碳酸钠-硼酸钠混合熔剂熔融，浸取后并稀释到 100mL 的容量瓶中，测定试液中氧化物夹杂的组分元素，换算成相应的氧化物量。

B　主要试剂及仪器

主要试剂有：

（1）火棉胶（质量分数 6%）。

（2）电解液：质量浓度 30g/L 硫酸亚铁+10g/L 氯化钠+2g/L 柠檬酸钠。

（3）柠檬酸钠溶液：（质量浓度 30g/L，200g/L）。

（4）硝酸溶液（1:50）（1:6）。

（5）高锰酸钾饱和溶液（用前过滤）。

（6）过氧化氢（质量浓度 300g/L）。

（7）碳酸钠-硼酸钠混合熔剂（2:1）。

（8）硫酸溶液（1:4）。

（9）亚硝酸钠溶液（质量浓度 50g/L）。

（10）碳酸钠溶液（质量浓度 50g/L）。

实验用电解装置如图 5-38 所示。

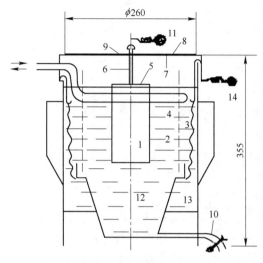

图 5-38　电解装置

1—试样；2—胶囊；3—阴极；4—流水管；5—绝缘带；6—铜螺钉；7—盖子；8—不锈钢板；9—橡皮塞；
10—残渣出口；11—阴极接头；12—阳极室；13—阴极室；14—阳极接头

5.6.1.3　分析步骤

（1）电解前的准备工作：

1）清洗电解槽，准备好导电和挂样用的铜棒（直径为 10~12mm，长为 800mm，挂样用的铜丝直径约 1mm。使用前须用砂纸打光，以保证接触良好）。

2）准备好收集电解残渣的胶囊（根据电解试样大小适当）。

3）配制好电解液。

（2）电解。将已称量过的试样，拴好铜丝放入装有电解液胶囊中，试样上部高出液面约 15mm，以防电解过程中液面上升熔断铜丝，然后把试样连同胶囊一起浸在预先装有电解液的电解槽里。把拴试样的铜丝拴在电解槽阳极铜棒上，调整好槽内试样间距，以试样为阳极，电解槽壁为阴极，连好导线，接通电源。调节电流 0.5~0.8A。电解温度，一般为室温，电解时间 40h 左右。在不切断电流条件下，将试样同胶囊取下，胶囊外部的附着物用水冲洗后放入装有 50mL 的柠檬酸钠溶液（质量浓度为 200g/L）的烧杯中，洗净囊内残渣，附在试样上的残渣用橡胶头的塑料棒擦洗到烧杯中，电解剩余的试样洗净，擦干，称重。

（3）碳化物处理。把上述烧杯中溶液用慢速滤纸过滤。用热的柠檬酸溶液（质量浓度为 30g/L）洗净沉淀和烧杯 7~8 次，然后用热水洗 5~6 次，用热的碳酸钠溶液（质量浓度为 50g/L）洗 8~10 次，最后，再用热水洗 5~6 次。将残渣连同滤纸转移到原烧杯中，用超声波细化残渣 3~5min，加 100mL 硝酸（1:6）在 70~80℃ 水浴中加热约 15min，然后加高锰酸钾饱和溶液至溶液呈紫色不消失，继续保温 60~80min 取下，在边搅拌下滴加过氧化氢（质量浓度为 300g/L）溶液，使二氧化锰沉淀全部溶解，再保温 10min。取下，用慢速滤纸过滤，先用热硝酸溶液（1∶50）洗至滤液中无锰离子，再用热水洗5~6次。

（4）氧化物夹杂总量的测定。将洗好的残渣同滤纸一起放在恒重的铂或瓷坩埚（经1100℃多次烘干后，质量不变的坩埚）中，在煤气灯上烘干水分，然后在高温炉中900~950℃灰化，灼烧30min以上。取出放在干燥器中至室温，重复灼烧至恒重。

从电解开始，与每批试样分析同时带一试剂空白平行操作，空白灼烧量不宜超过0.4mg。氧化物夹杂总量计算公式为：

$$w\left(\sum M_x O_y \right) = \frac{(m_2 - m_1) - (m_{02} - m_{01})}{m} \times 100\%$$

式中　m——电解试样量，即试样电解前后之差，g；

m_1——空坩埚质量，g；

m_2——载有夹杂物坩埚的质量，g；

m_{01}——作空白的坩埚的质量，g；

m_{02}——载空白的坩埚质量，g。

（5）氧化夹杂物试液的制备。在装有已恒重的夹杂物的坩埚中，加混合熔剂1g，先低温加热，然后提高温度，熔至熔融物透明，继续熔融3~5min。取下冷却后，将坩埚置于100mL烧杯中，加10mL硫酸（1∶4）浸取熔物，将坩埚洗净取出。如熔物呈绿色，溶液呈红色需滴加亚硝酸钠溶液（质量浓度为50g/L）使锰还原。加热分解剩余亚硝酸钠，冷却后移入100mL容量瓶中水稀至刻度，摇匀备用。

（6）氧化夹杂物试液中各分量的测定。

1）SiO_2的测定。准确移取上述试液5.0mL于100mL容量瓶中，加硝酸（0.2mol/L）调节溶液体积约40mL左右，准确加入钼酸铵溶液（质量浓度为50g/L），放置15min。加20mL草-硫混酸［草酸（体积分数为4%）与硫酸（1∶3.5）按3∶1的比例混合］，5mL硫酸亚铁铵溶液（质量浓度为40g/L）混合后，加水稀至刻度，摇匀。在分光光度计上660nm处，3cm比色皿，以试剂空白作参比，测量吸光度，从标准曲线上求得SiO_2的含量。

2）FeO的测定。准确移取上述试液10mL置于50mL容量瓶中，加10mL混合显色剂［盐酸羟胺（质量浓度为200g/L）、乙酸铵（质量浓度为100g/L）与邻菲罗啉（质量浓度为2g/L）按(2∶2∶3)比例混合］，用水稀至刻度，摇匀。于分光光度计510nm处，3cm比色皿，以试剂空白作参比测其吸光度，从标准曲线上求得FeO的含量。

FeO测定还可使用原子吸收光度法。

3）MnO的测定。准确移取上述试液20mL，置于125mL锥形瓶中，加水至体积约25mL，加硝酸银溶液（质量浓度为1.5g/L，1∶1HNO_3）10mL，加热煮沸后加过硫酸铵溶液（质量浓度为200g/L）5mL继续加热，至刚冒大气泡取下冷却，移入50mL容量瓶中，加水至刻度，摇匀，于分光光度计上530nm处，3cm比色皿，以试剂空白作参比测其吸光度，从标准曲线上求得MnO含量。

MnO的测定还可以用原子吸收光度法。

4）Al_2O_3的测定。准确从上述试液分取2mL（视含量高低而定），置于50mL容量瓶中，加抗坏血酸（质量浓度10g/L）1mL，2,4-二硝基酚指示剂2~3滴，加氨水（1∶5）调节酸度至溶液恰好呈黄色，再滴加硝酸（1∶40）至无色并过量2mL。加铬天青S溶液（质量浓度为 1g/L）2mL，乙酸铵溶液（质量浓度为 200g/L）3mL，以水稀至刻度，摇匀。

参比液的操作：取于上述比色液相等的溶液，只在加铬天青 S 显色液前加氟化氨（质量浓度为 5g/L）10 滴。于分光光度计 545nm 处，2cm 比色皿，以参比液为参比测量其吸光度，从标准曲线上求得 Al_2O_3 的含量。

5）Cr_2O_3 的测定。准确从上述试液中移取 10~20mL，置于 50mL 容量瓶中，调节体积至 25mL 左右，加酚酞指示剂 1 滴，用氨水（1:1）中和至红色，然后用硫酸（1:9）中和至无色并过量 9mL，加 2mL 二苯卡巴肼-乙醇溶液（体积分数 0.5%）以水稀至刻度摇匀。于分光光度计 540nm 处，3cm 比色皿，以试剂空白作参比测量其吸光度，从标准曲线上求得 Cr_2O_3 的含量。Cr_2O_3 还可以用原子吸收光度法测定。

6）MgO 的测定。准确移取上述试液 40mL，于 50mL 容量瓶中，加 5mL 盐酸（1:2），3mL 氯化锶溶液（质量浓度 100g/L），用水稀释至刻度，摇匀，在原子吸收光度计上测量。

7）TiO_2 的测定。准确移取上述试液 10mL，置于 50mL 容量瓶中，加抗坏血酸 0.5g，溶液后放置 5min，加 15mL 盐酸（1:2），15mL 二安替比林甲烷溶液（质量浓度 40g/L），放置 15min，用水稀至刻度，摇匀。于分光光度计 420nm 处，3cm 比色皿，以试剂空白为参比测量吸光度。从标准曲线上求得 TiO_2 的含量。

8）CaO 的测量。准确移取上述试液 10mL，置于 50mL 容量瓶中，加 5mL 氯化锶溶液（质量浓度为 100g/L），用水稀至刻度摇匀。在原子吸收光度计上测量。

5.6.1.4 附注

标准曲线制作操作同试液操作，加标液范围如下：

（1）标准曲线的制作：

SiO_2：0~300μg；FeO：0~100μg；MnO：0~200μg；Al_2O_3：0~75μg

Cr_2O_3：0~100μg；MgO：0~100μg；TiO：0~200μg；CaO：0~100μg

计算通式为：

$$w(M_xO_y) = \frac{(m_1 \cdot V) - (m_{02} - m_{01})}{m \cdot V_1} \times 100\%$$

式中　m_1——从曲线上查得试液中 M_xO_y 量；

　　　m——试样电解量；

　　　V_1——分取体积；

　　　V——试液总体积。

（2）电解试样的制作：可根据需要分离的夹杂物性质及其以后处理的方法来确定试样的尺寸大小，试样可加工成长 100mm 截面为 12mm×12mm 的方形柱，或长方形或圆柱。

（3）胶囊壁厚不宜超过 0.2mm，为了防止老化破裂，可在胶囊外套上塑料网袋。

（4）当天不能过滤，需用水稀至 400mL 后保存过夜，次日过滤前把上层澄清液虹吸除去，再过滤。

（5）碳钢和低合金钢中硫化物、稀土夹杂物的提取另有方法，也可用电解的手段，只是采用不同的电解液。

5.6.1.5 思考题

请你试述夹杂物提取电化学法的原理?

5.6.2 钢中大型夹杂物分析

5.6.2.1 实验目的

钢中非金属夹杂物破坏了钢的连续性,严重危害钢质量,降低了钢的使用寿命。为此,减少炼钢过程中钢水的玷污,提高钢的纯净度是十分重要的。

钢中非金属夹杂物有两种分布:一是细小或单相的(Al_2O_3)的显微夹杂,平均直径小于$20\mu m$,二是宏观夹杂物(大颗粒夹杂物),它们是Al_2O_3的群簇状夹杂或是复合氧化物夹杂,平均直径大于$50\mu m$,有的甚至达到$1000\mu m$以上,这种夹杂物的特点是颗粒大,多种组成,来源复杂,在钢中呈偶然性分布,对产品质量有决定性影响。

大样电解法,能较完全的把要电解的钢样中的氧化物夹杂分离出来,定出夹杂物总量。并可以按夹杂物的颗粒尺寸分级,然后可以用其他化学的或物理的方法测定夹杂物的组成。

本实验目的是了解钢中大型夹杂物的分离原理和分析方法。

5.6.2.2 大样电解法的特点

(1)试样大,电解时间长。大样电解法为了捕捉更多的大型夹杂物,试样尺寸较大,样重一般为$3\sim5kg$,电解时间约20天。

(2)使用物理的方法分离碳化物。由于电解后残留的阳极泥量大,若用小样电解,使用化学方法,破坏碳化物,不但耗费大量的化学药品,而且稍有不慎,如时间、温度掌握不当,很容易破坏夹杂物。大样电解法利用碳化物粒径比较细小的特点,用淘洗法把碳化物淘洗掉,将大颗粒夹杂和铁的氧化物留在槽底,最后用磁选还原,把夹杂物分离出来。

(3)按夹杂物的粒径进行分级。由于整个分离过程中,绝大部分夹杂物没受到溶损或破坏,所以最后能根据夹杂物的粒径进行分级。

(4)大样电解法的不足就是不能完全保留云雾状的αAl_2O_3团。由于αAl_2O_3团当量直径大,但它们是由钢的基体连接起来的,电解过程中基体被溶蚀,αAl_2O_3团即变为小颗粒夹杂,淘洗过程中会随水跑掉一部分。

5.6.2.3 实验原理

根据电化学原理,把两个电极插入电解质溶液中,通直流电时,两极分别发生电极反应(溶液中阴、阳离子在电场作用下分别向两极移动),阳极使金属以离子的形式转入溶液,而夹杂物将沉积于阳极泥中。

在阳极可能发生的电极反应:

$$Fe + H_2O \Longrightarrow FeO + 2H^+ + 2e$$

$$2H_2O \Longrightarrow O_2\uparrow + 4H^+ + 4e$$

在阴极可能发生的电极反应:

$$Fe^{2+} + 2e \Longrightarrow Fe\downarrow$$

$$2H^+ + 2e \Longrightarrow H_2\uparrow$$

由上述反应可知,若条件选择不当,氧化膜的形成和氧的析出会导致阳极溶解速度减慢，甚至不溶解。随着电解过程的进行，阳极、阴极周围溶液的酸度、电流密度、溶液的pH 值、电解液的温度，要控制在要求的范围之内，否则影响分析结果。

5.6.2.4　实验方法

A　电解

电解是利用钢基体和夹杂物的电化学性质不同，选择合适的电解液和外加电源，使试样受到适当程度的极化，钢基体处于活化或钝化状态而被电离。在电场作用下，铁跑到阴极沉积下来，夹杂物是非导体化合物，故不电离而以不溶性残留形式保留在阳极残渣中。

（1）电解设备。电解设备主要由两部分构成：整流设备及电解槽。电解必须用直流电源，整流设备的作用就是为试样的电解提供电源。电源的大小主要取决于需要同时电解试样数量的多少。根据实验情况，一个试样的电压降约 2V，电解电流是由电解时试样所允许的电流密度决定。一般碳钢合适的电流密度约 $0.5A/m^2$，如试样尺寸为 $\phi0.06m\times0.15m$，则其表面积约 $0.034m^2$，电解初期电流应为 16A。假若 10 个钢样串联在一起电解，则至少需选用 25V、20A 的整流器才能满足需要。电解槽是有机玻璃制成的，主要由两部分构成，见图 5-39，槽体和带冷却水的槽盖。槽体包括有机玻璃支架、阳极室、阴极室。有机玻璃支架上有缝制孔径 50μm 的尼龙布，把阳极室和阴极室隔开。电解时钢样做阳极；阴极是由铁丝

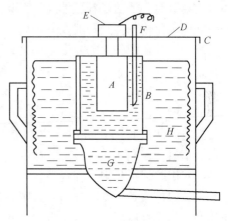

图 5-39　电解槽

A—试样；B—尼龙布；C—阴极铁丝网；
D—电解槽盖；E—铜制螺扣；F—温度计；
G—阳极区；H—阴极区

截面积为 $0.004m^2$ 的铁丝网做成，它紧贴在电解槽的槽壁上。阳极和阴极之间要有合适的距离，距离太大，阳离子传输路程长，影响电解速度；距离太小，阴极上附着的铁会穿过尼龙布污染夹杂物。根据实际经验，试样重 3~5kg 时，间距 0.045m 左右适宜。

（2）试样制作。一般将试样加工成直径为 50mm、高 150mm 左右的圆柱体，试样一端中心钻有深 10mm 的 M12 螺孔，以备装螺栓吊挂之用，试验表面光洁，且无锈斑。

（3）电解液。电解液应满足以下几点要求：对提取的夹杂物无侵蚀作用，并能得到高的夹杂物回收率；允许的电解电流密度大、电解效率高；对基体离子的络合能力强，可抑制副产物沉淀。电解液组成为：$\rho(FeSO_4) = 60g/L$，$\rho(FeCl) = 40g/L$，$\rho(ZnCl_2) = 50g/L$，HCl 的体积分数为 0.3%，柠檬酸质量浓度为 5g/L。

（4）电解过程注意以下几个问题：

1）注意电流、电压稳定，否则影响电解速度。

2）由于电解时间长，一周内应换一次铁丝网，以免长瘤子掉下来玷污夹杂物。

3）要控制电解液 pH 值的变化，最好阳极区和阴极区 pH 值能保持在 3~4，如果 pH 值过高，应立即加酸调节。

4）电解液温度不能超过 32℃，如温度高用通水来控制。

5）由于电解时间长，电解液要蒸发，因此要及时补充电解液或蒸馏水使其保持原来的刻度。

　　B　淘洗分离

　　用淘洗法分离阳极泥中的大型夹杂物和碳化物是大样电解法的重要环节，其效果将会影响这种方法的可用性。

　　（1）淘洗的基本原理。

　　简单地说，淘洗就是利用斯托克斯公式（Stock's），在层流的液体中不同粒径的物质由于运动速度的不同，从而将其分开。淘洗希望保留的是粒径大于 50×10^{-6} m 的大型夹杂物，需要分离去掉的是粒径小于 10×10^{-6} m 的碳化物。把混在一起的碳化物和夹杂物放在一种处于层流状态的水中，控制适当，小粒径的碳化物会随水流走，大粒径的夹杂物会留下来，淘洗就是为此目的而设计的一种容器。其结构见图5-40。

　　（2）淘洗。

　　把电解所获得的阳极泥（含有夹杂物、碳化物、碱性铁盐、金属微粒等）放入淘洗槽内，检查氮气是否畅通，先把氮气用胶管接起来，轻轻打开开关，看转子流量计是否浮起来，如果浮起来说明畅通，否则有阻塞的地方，立即停止使用，等修复后再使用，先将水打开，经过过滤后流出来的水（无沙子），水从环形管中导入呈旋涡状下降到淘洗设

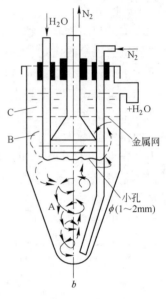

图 5-40　淘洗槽

备中间部位，在淘洗槽底部中心吹入的氮气泡一起上升，气泡会达到水所形成的漏斗状的脉管和漏斗形脉管区发生了极有力的搅拌，过到上边的金属网（500mm×500mm）形成平静区，电解的残渣分散于水中，部分进入到平静区，$50 \mu m$ 以下夹杂物和细小阳极泥同上升的水流一起流到槽外。水的流量 800mL/min，氮气流量 $250 \sim 300$ mL/min，约淘洗 30min 左右，要求流出来的水是透明的。

　　在淘洗过程中要求水流速度稳定，氮气流量稳定，做到这两点大型夹杂物就不会随水流跑掉，而会沉在淘洗槽底部。

　　C　还原

　　还原的目的是把在电解过程中生成的铁的氧化物还原成磁性铁或铁的氧化物，以用磁铁将其和钢中的氧化物夹杂分离。

　　（1）还原系统的组成。

　　氮气、氢气→单孔三通活塞→缓冲瓶→干燥剂→缓冲瓶→管式炉（内放高温石英玻璃舟，舟内盛待还原的氧化物和氧化物夹杂混合物）及控温显示温度仪器。

　　（2）还原步骤。

　　1）通 N_2 清洗气路系统中的氧气，并使管式炉加热 0.5h 后，切断 N_2，改通氢气，此时炉内温度应为 350℃。

　　2）通氢气炉温保持 350℃ 约 1.5h，炉温不得大于 500℃，否则危险。

　　3）切断电源，让电炉在通氢气情况下冷却至温度低于 100℃ 方可将玻璃舟取出，然后进行磁选出铁及磁性铁的氧化物。

　　4）通氢气时应将从管式炉出来的氢气点燃以免大气中氢气多，危害健康或引起爆炸。

D 夹杂物分级称重

用精度高的天平称夹杂物总量，然后用分级筛分级称重，当大型夹杂物含量少时，可以直接称重。

$$大型夹杂物总量 = [(G_1 - G_2)/G] \times 10 \quad (mg/10kg)$$

式中　G_1——夹杂物总质量；

　　　G_2——空筛子质量；

　　　G——试样溶解质量。

用标准筛子，筛后称出不同颗粒大小的夹杂，并算出各种粒径夹杂物质量占夹杂物总量的百分含量。

$$各种粒径夹杂物质量占夹杂物总重(\%) = (G_3/G_1) \times 100$$

式中　G_1——夹杂物总重；

　　　G_3——各种粒径夹杂物质量。

5.6.3 钢中非金属夹杂物的金相鉴定

5.6.3.1 实验目的

（1）初步掌握金相显微镜的正确操作。

（2）初步掌握钢中非金属夹杂物的定性鉴定。

5.6.3.2 金相法的优缺点

（1）优点。操作简便，迅速，直观。不仅能确定夹杂物的类型，是氧化物、硫化物、硅酸盐还是复杂的固溶体，而且能直观的看到夹杂物的大小、形状、分布等，夹杂物是球状还是有规则的外形，是弥散分布还是成群分布，是塑性夹杂还是脆性夹杂。这些将给改善工艺操作提供重要依据。

（2）缺点。只能定性的鉴定那些已知特性的夹杂物，就是表上列出的夹杂物。因此，当遇到新的物质或复杂的固溶体时，还要配合其他的方法综合运用。而且鉴定的准确度和熟练程度有关，即主要靠经验；不能确定夹杂物准确的化学组成，只能根据经验估计。

要想确定夹杂物准确的化学组成，还需要用电子探针，打出夹杂物的成分分布；用电子衍射或 X 射线衍射确定夹杂物的结构等。

鉴定钢中非金属夹杂物的方法很多，各有优缺点。例如：电子显微镜、X 射线衍射、电解-化学分析法等等。若要对夹杂物进行准确和全面的鉴定往往需要综合使用这些方法。

目前，常用的方法为：先用金相显微镜确定夹杂物有哪些类型，然后再测出不同规格夹杂物的数量，再用大样电解的方法将夹杂物分离出来，最后用电镜确定夹杂物的化学组成及成分分布。

5.6.3.3 钢中非金属夹杂物的来源

（1）外来夹杂物。

1）冶炼、出钢及浇注过程中被卷入的耐火材料或炉渣等。

2）与原材料同时进入炉中的杂物。

外来夹杂物一般较粗大，是可以减少和避免的。

（2）内生夹杂物。

1）冶炼过程中加的脱氧剂及合金添加剂和钢中元素化学反应的产物，一部分在钢液凝固前没有浮出而残留在钢中。

2）在出钢和浇注过程中钢水和大气接触，钢水中容易氧化和氮化的元素被氧化、氮化的产物。

3）从出钢到浇注过程中，随钢水温度下降，造成氧、硫、氮等元素及其化合物的溶解度降低，因而产生或析出各种夹杂物。

一般来说，内生夹杂物较为细小，合适的工艺措施可减少其含量，控制其大小和分布，但不可能完全消除。

5.6.3.4　钢中非金属夹杂物对钢质量的影响

钢中非金属夹杂物的数量一般极少，但对材料性能的影响却不可忽视。其影响程度与夹杂物的类型、大小、数量、分布及可塑性有关。因为夹杂物所在之处往往成为疲劳裂纹的发源地。夹杂物的危害主要是破坏了基体的均匀连续性，造成应力集中。其中不变形的夹杂物和塑性夹杂物相比对疲劳寿命影响更大。成群分布比弥散分布的危害也大得多。

不同的材料对非金属夹杂物的要求也不同，例如在轴承钢中即使存在微量夹杂（点状不变形的夹杂，如铝酸盐）就会产生很大影响；相反地，某些钢中少量细小夹杂物的存在却是有益的。如硫化物可改善易切削钢的切削加工性能。细小、弥散分布的 Al_2O_3、TiN、AlN 可细化晶粒。

因此，如何消除与控制有害夹杂，创造和利用有益夹杂，还需进一步研究，探索新的冶炼工艺来提高钢的质量。所以开设了这门实验课，让大家能初步掌握这一方法。

5.6.3.5　实验内容

（1）实验内容主要是观察三个试样。

1）明视场：观察夹杂物的外形、色彩、分布、塑性夹杂还是脆性夹杂。

2）暗视场：观察夹杂物的透明度、固有色彩。

3）偏振光：观察夹杂物为各向同性还是各向异性及色彩和特性。

（2）使用显微镜的注意事项。

1）不能随便移动显微镜的部件，不能随便摸镜头。

2）使用显微镜时，先将试样压好放在载物台上，用粗调旋钮将镜头下移到贴近试样表面，再用眼睛边观察边向上转动粗调旋钮，直到将视场调出为止。调视场时绝对不允许将镜头从上往下移动。

5.6.3.6　显微镜的照明方式

金相显微镜鉴定夹杂物主要用三种照明方法：即明视场照明、暗视场照明、偏振光照明。用这三种方法基本上可以对夹杂物进行鉴定。以前的科研人员已作了大量研究工作，对许多夹杂物进行了研究，并总结出几个表格。可以根据观察到的夹杂物在明场、暗场、偏振光照明时的各种现象对照这些表来确定夹杂物的类型。另外还有一些鉴定夹杂物的辅助方法，如测定夹杂物的显微硬度，根据夹杂物的化学性质用标准化学试剂腐蚀夹杂物来进一步判断夹杂物等。

A　明视场照明

来自光源的光，由垂直照明器垂直转向，经物镜垂直或近乎垂直照在试样表面，经试样表面反射至目镜，若试样为镜面，则为明亮的一片，而试样上的一些组织、夹杂物由于它们的反射能力比金属基体弱，所以将呈现一定暗色影像，映在明亮的视域中，故称明视场照明。

用明视场照明的方法鉴定钢中非金属夹杂物，主要是观察夹杂物的大小、形状、分布、变形行为、数量、反射本领及其色彩等项目来识别夹杂物的类型。

许多类型的夹杂物都具有其特定的外形和变形行为，虽然非金属夹杂物的外形种类很多，但仍可概括为以下具有代表性的几种特征：

（1）球形夹杂。在熔融状态中由于表面张力的作用形成的滴状夹杂物，凝固后一般呈球状存在。如二氧化硅、某些硅酸盐（硅含量大于 60% 时）等。

（2）具有较规则的结晶形状。方形、长方形、三角形、六角形及树枝状等。如三氧化二铝、氮化钛，铬铁矿等。

（3）当先生成相的尺寸具有一定大小时，后生成相则分布在先生成相的周围。如后生成相 FeS 分布在先生成相 FeO 的周围等。

（4）有的夹杂物常常呈连续或断续的形式沿着晶界分布。如硫化铁等。

（5）塑性夹杂物与脆性夹杂物的变形能力，当钢变形时，塑性夹杂物沿变形方向呈纺锤形或条带状分布。如硫化物和一些硅酸盐等。压缩比小时一般为纺锤形，压缩比大时一般为条带形。

脆性夹杂物经加工变形后，由于夹杂物与钢的基体相比较，变形很小，当加大变形量时，脆性夹杂物被破碎并沿着钢的流变方向呈串链状分布。如三氧化二铝。

（6）夹杂物的反射本领，从目镜中看到夹杂物和试样表面反射的光的强度，可以判断夹杂物的反射本领。如果夹杂物的光泽与试样基体表面接近，则认为这种夹杂物的反射本领较强；若夹杂物具有较低的反射本领，则表现得比基体暗。

（7）夹杂物的色彩，在明视场下观察不同的夹杂物具有不同的颜色。如硫化锰呈淡蓝灰色；氮化钛为亮黄色；氧化铝呈灰紫色等。在明视场所观察到的夹杂物的颜色由于受到基体反射光的影响，并不真实。

B 暗视场照明

暗视场照明和明视场照明有很大不同，来自光源的光线通过一个环形光阑，而光线只能从环形光阑的边缘通过，不能从中间通过，所以光通过环形光阑后产生一个环形光束，此环形光束只能沿物镜的外壳投在反射集光镜金属弧形反射面上，此反射集光镜把环形光束以极大的倾斜角反射到试样表面，如果试样是个理想的抛光面，它仍以极大的倾斜角向反方向反射，所以反射光不可能进入物镜，因此在物镜里只能见到漆黑的一片，这就是"暗场"名称的由来。

暗视场观察夹杂物的特征是金相识别夹杂物的一个重要方法。它可以确定夹杂物的透明度、本来色彩及在明场下难以发现的细小夹杂物。

任何夹杂物都具有固有的色彩。在暗场下，如果夹杂物是透明的，而且带有固有色彩，则光线由夹杂物折射到金属基体与夹杂物的交界处，被反射后再经夹杂物射至目镜，由于在暗场下，试样表面没有反射光射入物镜，所以能够准确地观察到夹杂物的固有色彩。必须强调的是：物镜的鉴别率越高，放大倍数越大时，夹杂物的颜色越清楚，色彩也就越真实。

在明视场下由于金属抛光表面反射光的混浊，使其无法判断夹杂物的透明度。在暗视场下，无金属表面反射光混浊现象存在，所以可以观察夹杂物的透明度。夹杂物一般分为：透明、半透明、不透明三种。例如透明无色的球状 SiO_2、透明的含硅量较高的硅酸铁；半透明的绿宝石色的方锰矿（MnO）、透明亮黄色的 Al_2O_3，不透明氧化亚铁 FeO，氧化亚铁在暗视场下不透明，但物相的周围有亮边，这是由于光照射到金属与夹杂物交界处以后，一部分光由交界处反射出来的缘故。

在暗视场中主要观察夹杂物的透明度、固有颜色。

C　偏振光照明

偏振光照明方法主要判断夹杂物为光学各向同性物质还是光学各向异性物质，观察夹杂物的本来色彩。

由于夹杂物的晶体结构不同，其光学性质也有所不同。在不同的方向上它们有不同的光学性质，这是许多结晶物质的一个特点，这种物质被称为光学各向异性物质。金属晶体的光学各向异性现象与原子分布的特性有关。结晶成立方晶系的夹杂物，基本上是光学各向同性的，而非立方晶系的夹杂物则具有明显的光学各向异性性质。夹杂物的这一光学性质是识别夹杂物的重要标志之一，而这种性质只有在偏振光下才能测定。

以上的照明方法是应用普通光，普通光在光传播方向的任意方向上振动，如阳光、灯光都是自然光。偏振光仅在垂直光传播方向的平面上一个固定方向发生振动，其振动是有规律的。在显微镜中有两个偏振片，一块叫起偏镜，作用是把普通光转变为偏振光。自然光经过偏振片后就变成了偏振光，它只有一个和光传播方向垂直的振动方向；另一块叫检偏镜，作用是检验光是否为偏振光。当普通光通过起偏镜变为偏振光，此偏振光照射到检偏镜上，当检偏镜与起偏镜平行时，就能从检偏镜的另一侧看到有光通过，这时光线最亮，随着检偏镜转动亮度逐渐减弱，当检偏镜与起偏镜垂直时（称为偏振光正交），此偏振光就不能通过检偏镜，在目镜中就看不到光。因此当把检偏镜转动360°时，就会看到有四次消光。

当光通过起偏镜照射到试样表面并反射回来，此反射光是否还是偏振光呢？这就要用检偏镜来检验。实验时先把偏振片调到偏振光正交位置，这时偏振光不能通过检偏镜进入目镜，从目镜中看到的是一片黑暗。但如果试样表面上的夹杂物是透明的，偏振光透过夹杂物并从夹杂物与金属基体交界处反射回来，则偏振光就发生了变化，也就是改变了偏振光正交的位置，就有一部分偏振光通过检偏镜进入目镜，所以就可以看到那些透明的夹杂物（包括试样上的划痕、水迹、透明的脏物等）、不透明的夹杂物由于偏振光在它与金属基体交界处反射回来后也发生了变化，也就是改变了偏振光正交的位置，就有一部分偏振光通过检偏镜进入目镜，所以也能隐约地看到。

当偏振光从试样的夹杂物表面反射回来后，如果夹杂物是光学各向同性物质，那么反射光仍为偏振光，没变化，那么转动试样（载物台）360°时夹杂物的亮度就没有变化。如果夹杂物是光学各向异性物质，转动试样（载物台）360°时夹杂物有明亮变化，产生了消光现象。因此可以通过用偏振光照明来判断夹杂物是光学各向同性物质，还是光学各向异性物质。

在偏振光中主要观察和判断夹杂物是光学各向同性物质还是光学各向异性物质及夹杂物的固有色彩。

5.6.3.7 实验报告要求

（1）实验目的。

（2）实验内容。

（3）金相法鉴定钢中非金属夹杂物主要有哪些方法。

（4）在明视场、暗视场、偏振光照明时分别观察哪些内容。

（5）画出夹杂物外形和分布图，并用文字说明夹杂物在明场、暗场偏振光下所观察到的现象。

（6）根据所观察到的现象确定夹杂物的类型。

5.6.4 熔体熔化和凝固过程组织及夹杂物的原位观察

在钢铁冶金领域，微观金相组织是评定钢铁材料质量的重要手段，同时钢中非金属夹杂物的存在破坏了钢基体的连续性，使钢的品质变坏。因此观察熔体熔化和凝固过程组织及夹杂物的原位观察对于探索、研究和改善材料性能具有十分重要的意义。

5.6.4.1 实验目的

（1）了解金相试样制备方法。

（2）初步掌握熔体熔化与凝固过程原位观察原理及实验过程。

5.6.4.2 实验原理及设备

A 实验原理

本实验主要应用激光共聚焦高温金相技术观测熔体熔化和凝固相变过程。高温激光共聚焦显微镜使用紫光二极管作为扫描光源，采用共聚焦光学系统，可以获得远超光学显微镜极限的分辨率和焦点深度。工作时，扫描光源的光线聚焦在被测物体表面，通过光线反射，再一次返回穿过显微镜中半反半透镜，二次聚焦到 CCD 上面，将光学影像转化为数字信号。其原理就是通过共聚焦光学系统，光源发出的光线逐点、逐行、逐面快速扫描成像，在监视画面上实现对被测物体的实时观察。

B 实验设备

本实验采用日本 Lasertech 和 Yonekura 公司研发的超高温共聚焦显微镜开展实验，仪器型号为 VL2000DX-SVF17SP（见图 5-41）。

激光显微镜采用 405nm 半导体激光光源，高温下分辨率可达 $0.45\mu m$，扫描速度最高 120Hz。可以实现实时动态原位观察，如随温度变化的金属材料组织相变过程、凝固过程等。

高温加热炉体部分采用卤素光源红外反射激光加热，最高温度 1700℃，最大升温速度 1000℃/min，最大降温速度 6000℃/min。真空度可达 $10^{-2}Pa$。

5.6.4.3 实验步骤

A 制样方法

（1）为保证实验有效，选取的试样要客观全面的代表所选材料，试样截取的部位、方向、数量应按照相关标准或实验双方的协定要求进行。

（2）金属试样以圆柱样品为宜，尺寸根据实验设备支持的坩埚大小自行选取，推荐尺寸规格为（φ3、φ4、φ5、φ7）×3mm。试样制备可用电火花线切割、机加工（车、铣、

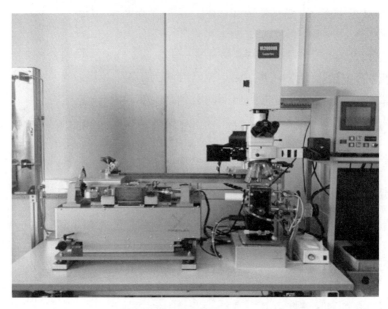

图 5-41　带拉伸压缩功能超高温共聚焦显微镜

刨、磨）等方法，试样切取过程中应尽量避免切取方法对组织的影响（如变形、过热等）。试样经过热镶或者冷镶后，可直接在不同粒度的砂纸上由粗到细依次磨制，砂纸需平铺在平板、玻璃或金属上。每换一次砂纸，试样需转 90°与原磨痕成垂直方向，并将旧磨痕磨至完全消失。试样抛光后应达到镜面光洁，且无磨制缺陷。抛光方法可采用机械抛光、电解抛光、化学抛光、振动抛光等。如选用机械抛光，由于试样体积较小，抛光过程中可使用夹具固定或双面胶粘于手指，避免试样抛飞。

（3）渣类试样以粉末状态为宜，实验室自配渣建议预熔保证成分均匀。试样研磨到 200 目以上熔化效果更好。

B　实验前准备工作

（1）金属试样一般选择氧化铝材质坩埚，炉渣试样一般选择铂金坩埚，将试样放入坩埚中，坩埚置于炉体内试样支架上。

（2）开启气体过滤单元，高纯氩气经除氧除水单元进入炉体内部。

（3）开启水冷单元，通冷却水。

（4）开启气冷单元，可实现炉体内部光源降温。

（5）打开激光控制器开关。

（6）打开控制软件，根据实验需要设置升温、保温、降温全过程，最多 16 个升降温阶段。

（7）将摄像头选择至最低倍数，反复调整样品放置角度，使成像效果最佳。

（8）打开温度控制器开关。

（9）反复三次抽真空，通氩气，保证炉体内气体纯净。

C　实验过程

（1）点击软件 Start 按钮，试样开始升温，由于热胀冷缩影响，样品尺寸和位置会略有变化，升温过程根据需要调整倍数和聚焦。

（2）样品熔化过程观察面会降低，导致失去焦点，可调整到最低倍数，快速得到最清晰图像后，根据需要放大倍数，该过程主要观察固态相变和熔化后夹杂物变化行为。

（3）样品凝固过程应固定视场观察，将图像中固定一点作为参考点，移动炉体位置，实现观察面固定，该过程主要用于观察样品凝固过程夹杂物析出行为和固态相变过程。

（4）如需要在当前温度或者附近指定温度保温，可点击 Hold 功能人工介入操作。

（5）实验结束后，点击 Save 保存实验结果到指定路径。

D　关机过程

（1）关闭软件。

（2）关闭温度控制器开关。

（3）关闭激光控制器开关。

（4）关闭气冷循环单元。

（5）关闭水冷单元。

（6）关闭气体过滤单元。

5.6.4.4　实验报告

实验报告应包括以下内容：

（1）所检测样品名称、试样编号及规格。

（2）实验目的。

（3）实验设置参数：加热和冷却工艺。

（4）熔化开始和全部熔化的视频截图。

（5）凝固过程相变开始和结束的视频截图，并判断相变类型，确定相变温度。

5.6.4.5　思考题

（1）激光共聚焦显微镜与普通光镜成像原理有何区别？

（2）金属试样和粉末试样制样过程有何区别？

（3）金属试样和粉末试样成像过程有何区别，从成像原理的角度分析具体原因？

5.6.5　夹杂物自动扫描电镜在钢铁研究中的应用

夹杂物是影响钢质量的重要因素，明确钢中夹杂物的数量、类型、尺寸、形貌和分布特征对夹杂物的控制至关重要。目前研究钢中非金属夹杂物的方法主要有金相显微镜观测法、扫描电镜观测法、电解法等。金相显微镜以及扫描电镜主要针对钢中的微小夹杂物，能观察夹杂物的形貌、尺寸和分布，扫描电镜若配有矿相解离仪或电子探针，还可以确定夹杂物的成分组成，但是两种方法需要人工操作移动样品台才可以增加夹杂物检测数量，费时费力，所得夹杂物的统计意义也有限。电解法主要针对钢中大型夹杂物，但电解法由于需要破坏钢基体结构，因此不能描述钢中夹杂物的原始分布情况；同时电解法检测周期长，且需经过多次过滤和清洗操作，每一步都会影响最终的结果。随着夹杂物研究的不断深入，快速获知某一断面内夹杂物的数量、类型、尺寸、形貌和分布特征越重要。近年，夹杂物自动扫描电镜因为具有清晰的单个夹杂物形貌图像、全面的夹杂物化学成分、较大的一次性扫描面积以及夹杂物数据全自动收集等优点而在夹杂物研究中得到了广泛的使用。

5.6.5.1 实验目的

了解夹杂物自动扫描电镜的工作原理和方法，通过夹杂物自动扫描电镜获知钢中夹杂物的成分、数量、尺寸、形貌等相关信息。

5.6.5.2 实验设备和原理

目前夹杂物自动扫描电镜主要有两种：由美国 ASPEX 公司制造的 ASPEX 自动扫描电镜以及英国牛津仪器公司制造的 INCA 夹杂物自动分析扫描电镜。本节以 INCA 夹杂物自动扫描电镜为例介绍。

INCA 夹杂物自动扫描电镜主要由硬件设备扫描电镜-能谱仪（SEM-EDS）以及软件 INCASteel 夹杂物分析系统组成。SEM-EDS 在前面章节已经介绍。INCASteel 系统由 INCAFeature 和 Inclusion Classifier 两部分组成。INCAFeature 用于检测、测量和分析钢中夹杂物的成分和形貌等信息，Inclusion Classifier 用于处理由 INCAFeature 检测得到的数据，并具有绘制三元相图的功能。

INCA 与 ASPEX 夹杂物自动分析扫描电镜工作原理相似，开始工作时，在电子束作用下，检测区域由于形貌、原子序数、晶体结构或位向等差异，导致检测样品表面产生不同强度的物理信号，呈现出不同亮度（即灰度）。钢中的夹杂物通常是氧化物、硫化物、碳化物和氮化物等，这些夹杂物在背散射图像模式下一般与钢基体的颜色有着明显的差异，夹杂物自动扫描电镜以此为原理对钢基体内夹杂物进行区分。为了检测样本，系统将样本划分为等面积的矩形区域逐个进行分析，图 5-42（a）中网格点覆盖区域即表示试样的检测区域，阴影区域表示夹杂物。较大的黑点表示搜索点，其包围区域为搜索网格；较小的黑点表示测量点，其包围区域为测量网格。

（1）扫描开始，电子射束采用较大步长即搜索网格进行移动扫描。

（2）当发现夹杂物后，改用较小步长，即测量网格，使用旋转弦算法寻找特征的中心并以 22.5°为间隔绘制 8 条通过中心的弦，如图 5-42（b）所示，从而得到夹杂物的计量参数，包括平均值、最大和最小直径、方位和质心。

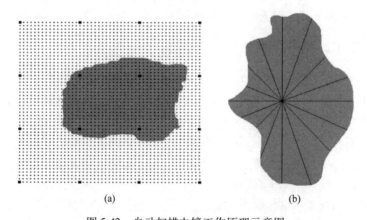

(a)   (b)

图 5-42 自动扫描电镜工作原理示意图

（3）如果所测夹杂物尺寸超过用户自定义的夹杂物最小尺寸（如要求被检测夹杂物尺寸 $\geqslant 1\mu m^2$），则以该夹杂物为中心采集 EDS 能谱并进行量化。

（4）在电子束完成全部检测区域扫描后，自动生成夹杂物的数量、尺寸、位置、成分组成等相关信息。

5.6.5.3 实验步骤

（1）试样准备。一般试样尺寸为 10mm×10mm×15mm（高度），经过镶样、磨样机粗磨、细磨、抛光等工序制成标准金相试样。

（2）试样装载。将标准金相试样放在样品台上，由于扫描电镜是靠电子束扫描样品表面成像，而空气的存在会使电子束变形，影响扫描效果，因此要对样品室抽真空，真空度一般为 $4×10^{-3}$Pa 以下。

（3）夹杂物数据库选择。自动扫描电镜内置钢铁材料数据库包括 3 种夹杂物模式：模式 1 是依据其试样表面夹杂物的形貌与其化学成分，其 A 类夹杂物的最小压缩比是 5；模式 2 是依据其夹杂物的更多的化学成分方面的信息，其夹杂物的最小压缩比为 3；模式 3 为自定义模式，可以根据钢种及夹杂物类型自定义编写检测信息。

（4）设置最小夹杂物尺寸及夹杂物自动扫描时间。自定义最小夹杂物尺寸（如要求被检测夹杂物尺寸 $\geq 1\mu m^2$）以及夹杂物自动扫描步长时间（如单个检测点扫描时间 30s）后，开始对检测区域进行自动扫描。

（5）夹杂物扫描结果。在完成自动扫描后，夹杂物原始数据将会以 Excel 文本的方式进行自动保存，夹杂物原始数据包括：

1）夹杂物二维形状：长度（μm）、宽度（μm）、周长（μm）、面积（μm^2）、等效截取半径（μm）；

2）夹杂物成分：除去 O、N、S、Al、Ca、Si、Mg、Ti、Mn 等常规夹杂物成分含量外，夹杂物中 Ce 等稀土元素含量也可以被检测出来；

3）夹杂物分布位置：样品 X 位置（mm）、样品 Y 位置（mm）、夹杂物方向（°）；

4）夹杂物数量：夹杂物计数（个）。

（6）结果分析。为了表征样品中夹杂物的特征，通常对自动扫描得到的夹杂物扫描结果进一步进行类型、尺寸分布、数密度等特征的分析。夹杂物类型分析基于 EDS 扫描得到的成分进行，如果扫描出来的夹杂物成分为 Al、O，则此夹杂为氧化铝夹杂；如果扫描出来的夹杂物成分为 Ca、Al、O，则此夹杂为钙铝酸盐夹杂。需要注意的是，自动扫描得到的夹杂物成分中存在一些异常数据，例如某些质点检测出 Si 含量很高但不含 O 的数据、C 含量较高的数据、含 Cl 的数据等，这些自动扫描得到的结果可能是试样表面黏附的磨料或脏东西以及钢中的析出物等，而非夹杂物，必须鉴别排除，否则可能会得出错误结论。夹杂物尺寸分布分析是根据夹杂物二维形状扫描结果将不同尺寸的夹杂物按长度分类，同时统计此长度范围内夹杂物的数量或者比例，从而反映出本样品中夹杂物的尺寸分布情况。夹杂物的数密度是指单位样品面积上的夹杂物数量，通过扫描样品统计的夹杂物数量与扫描面积之比计算。目前，如牛津仪器有限公司等已经开发了扫描电镜和能谱分析专用夹杂物分析软件（Inclusion Classifier），在软件中可以选用不同夹杂物评判标准进行分析，同时绘制由元素或氧化物构成的三元相图，极大地提高了分析的便捷性。

5.6.5.4 实验报告

请根据实验过程写出实验报告（见表 5-3）。

表 5-3 实验数据记录表

夹杂物类型					
夹杂物成分					
夹杂物数密度					
夹杂物面积					
夹杂物尺寸					

5.6.5.5 思考题

（1）金相显微镜、常规扫描电镜、电解法、自动扫描分析法在夹杂物分析上的区别是什么？

（2）简述钢中夹杂物自动分析的原理。

5.6.6 矿物参数自动定量分析

通常，如铁矿石等矿物的物相采用偏光显微镜或者扫描电子显微镜进行人工分析，在矿物颗粒较大、物相种类较少、含量较高、分析区域较小时，这种分析方法简单便捷，可以快速获得分析数据。但是，对于矿物颗粒较小、物相种类较多、含量较低或者光学特性复杂的矿物，传统人工操作的光学显微镜存在较大的局限性，尤其是在大区域范围内对矿物进行统计学定量分析时，更是耗时耗力，准确性也大大下降。X 射线衍射可以进行矿物物相组成的分析，但是对每个物相的定量分析较为困难，且无法同时获取物相的颗粒特性。

5.6.6.1 实验目的

矿物参数自动定量分析系统是现代化技术手段下计算机信息技术与传统工艺矿物学研究相结合的产物，它可以自动进行矿物的矿相组成、成分定量、嵌布特征、粒度分布和矿物解离度计算。本实验的目的即通过此系统了解矿物参数自动定量分析的原理和方法。

5.6.6.2 实验设备

目前世界上主流的矿物参数自动定量分析系统有澳大利亚联邦科学与工业研究组织（CRISO）开发的 QEMSCAN 系统（Quantitative Evaluation of Minerals by Scanning Electronic Microscopy）、捷克 TESCAN 公司开发的 TIMA 系统（TESCAN Integrated Mineral Analyzer）、澳大利亚昆士兰大学开发的 MLA 系统（Mineral Liberation Analyzer）和澳大利亚 Yingsheng 科技公司开发的 AMICS 系统（Advanced Mineral Identification and Characterization System），这些系统通常是以扫描电子显微镜和能谱分析仪为硬件平台，结合复杂的矿物解析软件组成。

本节以矿相解离分析仪 MLA 系统在矿物参数自动定量分析中的应用为例，通过本实验了解铁矿石等矿物参数自动定量分析系统的工作原理及分析方法。

5.6.6.3 实验原理

MLA 系统主要由扫描电子显微镜（SEM）、能谱分析仪（EDS）和相匹配的矿物参数自动定量分析软件组成。系统可实现扫描电子显微镜样品台的自动位移控制，通过背散射电子成像技术对样品进行成像并区分不同物相；能谱分析仪自动对由扫描电子显微镜区分出的物相进行快速而准确的成分分析；矿物参数自动定量分析软件则可以获取矿物内矿物类型、组成、含量、粒度分布、嵌布特征、矿物解离度、矿物连生程度、元素赋存状态、矿物品位等统计学信息。

MLA 系统具有多种测试模式，可以根据需求选择合适的测试模式。常用的测试模式有：

（1）BSE 模式。基于矿物中不同相对应的背散射电子的灰度不同，给出样品中的相组成，同时通过设置合适的参数并与标样库结合给出大致的矿物组成和分布情况。

（2）XBSE 模式。基于矿物中不同相对应的背散射电子像的灰度与不同相的 X 射线信息，共同确定矿物的相组成。相对于 BSE 模式，此测试模式可以对每一颗粒上每一足够大的相进行 X 射线分析。

（3）GXMAP 模式。对于感兴趣的特定相，通过灰度值或 X 射线的信息选择包含该种特定相的目标颗粒，对颗粒上的特定相区域，在背散射确定相界的基础上，对该相做 X 射线面扫分析。

（4）SPL 模式。针对感兴趣矿物含量很低的情况，确定感兴趣目标矿物的背散射电子像灰度值，设定测量灰度值的区间，只测量包含感兴趣的矿物的颗粒，节省时间。

（5）XMOD 模式。用少数的 X 射线点进行光学显微程度的分析，快速有效得到分析结果，结果主要包含矿物形态和元素分布。

（6）RPS 模式。RPS 模式的设计是为了确定大颗粒中某一细小相的位置并对其进行分析。RPS 模式可以找寻 BSE 图像中某一感兴趣的相，同时收集其特征的 X 射线信息。

其中，XBSE 模式与 GXMAP 模式是最常用的模式。

5.6.6.4　实验步骤

（1）样品制备。矿相解离分析仪不但可以对粉末或者块状的矿物样品进行检测，而且还可以对多组分金属进行分析。以块状矿物样品为例，由于其形状不规则，为了提高其在样品台上的稳定性，首先通过环氧树脂对样品进行冷镶嵌，通常模具直径为 25mm 或 30mm。如果样品粒度较小，为了阻止其聚集，将其与石墨粉混合后再采用环氧树脂进行镶嵌制样。镶嵌好的样品经过磨样机和抛光机进行充分磨抛处理，表面无划痕后，进行喷碳或喷金处理以增加样品表面的导电性。

（2）样品装载。将制备好的样品表面与底部通过导电胶相连，以使作用到样品表面的电子束通过。然后将样品放在样品台上，关闭样品室，打开真空泵抽真空至 10^{-4} Pa。

（3）扫描设置。选定扫描区域，选择测试模式，定义矿物样品自动扫描步长，开始对检测区域进行自动扫描。不同的样品形状，采用的自动分析方式不同。如图 5-43 所示，对于颗粒状样品，通常采用图 5-43（a）所示的方式从心部开始顺时针扫描；对于截面为矩形状的样品，通常采用图 5-43（b）所示的扫描从左下角开始阶梯向上扫描。

（4）图像获取与分析。通过 SEM 获取矿物的背散射图像，通过 MLA 软件基于选定的测试模式首先根据矿物的灰度值差别来分割颗粒内的所有矿物相并给出相边界，进而在区分出的单个相中进行 EDS 点分析（XBSE 模式）或将 EDS 分析逐个映射到密集的网格里（GXMAP 模式），综合以上分析确定出各分割出的相边界及成分并保存，再与样品矿物标准库里的数据进行比对，综合分类并确定矿物名称。需特别关注的矿物，可以重新选

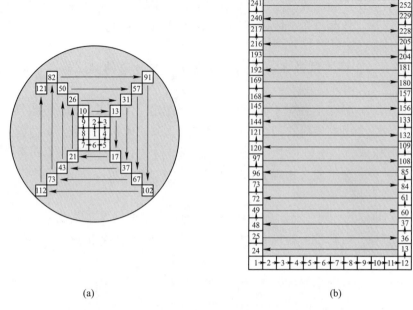

(a)　　　　　　　　　　　　　　(b)

图 5-43　常用的 MLA 分析方式

（a）颗粒样品分析；（b）矩形样品分析

择适宜的测试模式进行针对性分析。如图 5-44 所示颗粒化后的矿物相，不同颜色代表不同矿物相。

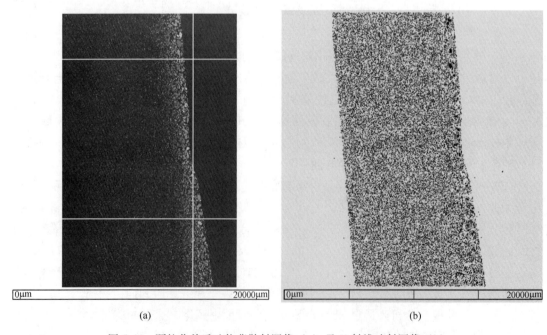

(a)　　　　　　　　　　　　　　(b)

图 5-44　颗粒化前后矿物背散射图像（a）及 X 射线映射图像（b）

（5）数据呈现。分析结果可以通过 MLA 软件的 DataView 模块呈现。主要包括：矿物的颗粒信息（形状、尺寸、粒度分布、矿物相组成、矿物相面积比、矿物相重量比、矿物元素组成及比例、比重分布），矿物相信息（矿物相形状、尺寸、数量、粒度分布、元素组成及比例、X射线图谱、分子式、密度、比表面积、连生关系等）、矿物或矿物元素回收率及回收的矿物或矿物元素的品位、矿物的共生关系与包裹关系、矿物解离度等。

5.6.6.5 实验报告

根据实验过程对获得的矿物参数进行分析作图，完成实验报告。

5.6.6.6 思考题

（1）思考矿物参数自动定量分析与光学显微镜、常规扫描电子显微镜分析的不同。

（2）思考矿物参数自动定量分析是否可以用于金属合金的分析，如Pb-Sn合金等。

5.6.7 电子探针显微分析仪

电子探针显微分析仪（简称"电子探针"，英文缩写EPMA，Electron Probe X-ray Micro-Analysis）是根据聚焦电子束与样品相互作用激发X射线的谱学原理，对微米尺度体积内的元素进行定性或定量分析的仪器设备。电子探针是目前微束分析领域定量准确度最高的仪器设备，在地质、冶金、材料、生物、空间科学、考古乃至刑事法庭等行业中用于各种材料的微米尺度成分和结构分析，是进行质量管理和质量检测不可缺少的技术手段（见图5-45）。

图 5-45　电子探针显微分析仪实物图

5.6.7.1 实验目的

（1）掌握电子探针分析所用样品的制备方法。

（2）掌握电子探针的基本原理、分析方法以及应用范围。

（3）了解和掌握波谱仪的分析特点。

5.6.7.2 实验原理

A 电子与固体样品的交互作用

散射过程是电子探针显微分析中所有物理现象的基础。

入射电子与样品的原子核或核外电子发生弹性散射或非弹性散射，并激发出二次电子、背散射电子、吸收电子、阴极发光和特征 X 射线等各种信号，见图 5-46。对这些信号进行采集和分析，就能得到样品的形貌、结构和成分等信息。

电子探针主要用二次电子和背散射电子观察样品的表面形貌和成分像，用特征 X 射线进行成分分析。

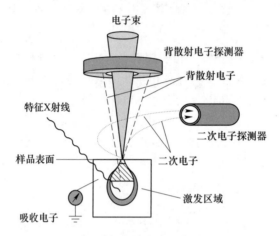

图 5-46 电子束与样品相互作用产生的信号

B 定性分析的原理

由莫塞莱定律（见 5.2.5.1）可知，样品所含元素的原子序数与其特征 X 射线的波长有对应关系，即每一种元素都有确定波长的特征 X 射线与之对应。用波谱仪测量特征 X 射线的波长，即可确定样品所含元素的种类，这就是定性分析的原理。

C 定量分析的原理

电子束与样品相互作用产生的特征 X 射线强度，近似正比于作用体积内所含元素的质量分数。通过测量特征 X 射线强度，即可测量样品中元素的质量分数。

根据样品定性分析确定的主要元素和次要元素，选择各元素相应的标准样品。在相同的实验条件下，对样品中各个元素以及对应的标准样品中元素的 X 射线强度逐个进行测量。将所有测得的 X 射线强度扣除背底，经死时间校正、入射电流校正后，样品中各元素 X 射线强度和标准样品 X 射线强度的比值为相对强度 K_A，将相对强度经各种物理校正模型计算后，可求得各元素的质量分数。

$$K_A = I_{A\text{-unk}}/I_{A\text{-std}} \times C_{A\text{-std}}$$
$$C_{A\text{-unk}} = K_A \times f(Z, V, \psi)$$

式中，$C_{A\text{-unk}}$ 和 $C_{A\text{-std}}$ 分别为样品和标准样品中元素 A 的质量分数；K_A 为 X 射线的相对强度；$I_{A\text{-unk}}$ 和 $I_{A\text{-std}}$ 分别为样品和标准样品中元素 A 经校正后的特征 X 射线净强度；$f(Z, V, \psi)$ 为样品中各元素的原子序数（Z）、分析时的加速电压（V）及 X 射线取出角（ψ）的函数，即校正系数。

校正系数根据电子与样品相互作用的物理效应导出。最常用的校正模型有 ZAF、Phi-Rho-Z 和 Bence-Albee（B-A）。一般情况下，现代校正模型的准确度优于 2%。这些校正模型适用于很宽的 X 射线能量范围（100eV～30keV）和电子束能量范围（1～50keV）。

（1）ZAF 校正法：电子探针定量分析中较为普遍使用的一种校正方法，适用于块状固体试样中除超轻元素以外元素（$11 < Z < 92$）的定量分析校正处理。它根据电子和物质相互作用的基本物理过程，用三个近似独立的系数 Z、A 和 F 的相乘积来代表样品中各元素的校正系数。

（2）Phi-Rho-Z 校正法：在 ϕ-ρ-Z 方法中，从试样产生的 X 射线强度，即 $\phi(\rho z)$ 函数，是由原子序数项（Z）和吸收项（A）确定的。自 20 世纪 80 年代开始，已发展了几种 ϕ-ρ-Z 模型，该方法考虑的物理过程比 ZAF 法更符合实际，特别适宜对轻元素的分析。

（3）α 系数校正法（B-A 法）：最初用于硅酸盐矿物中氧化物组分的分析。该方法假设在二元氧化物系统中 K 比值和质量分数之间有一个简单的双曲线关系，但该方法忽略了荧光效应，校正因子称 α-因子。对三元和多元复杂氧化物系统，K 比值和质量分数的关系能用线性组合的 α-因子确定。

（4）校正曲线法（检量线法）：通常用于样品基体中的微量元素或痕量元素的分析和 ZAF 校正方法遇到困难（如质量吸收系数不可靠）时的定量分析。

根据在低含量范围内，元素特征 X 射线的强度与质量分数成正比的关系。可选用五块以上基体与样品非常接近的标准样品，在这组标准样品中，被分析元素的质量分数范围应适合于样品的元素质量分数的测量范围。将每个标准样品中被分析元素的特征 X 射线强度与相应质量分数绘制成校正曲线，样品中元素的质量分数直接由该元素发射的 X 射线强度通过校正曲线求出。该方法既不要校正计算，也不需要扣除背底。

5.6.7.3　电子探针分析特点

（1）显微结构分析。相较于一般化学分析、X 射线荧光分析及光谱分析等，电子探针的电子束与样品的交互作用区域在微米尺度，即可分析几个平方微米范围内产生的特征 X 射线、二次电子、背散射电子及阴极荧光等信息，可将微区化学成分与显微结构对应起来，是一种显微结构分析。

（2）元素分析范围广。元素分析范围从硼（B）～铀（U）。

（3）定量分析准确度高。电子探针是目前微区元素定量分析最准确的仪器之一。其检测极限一般为（100～500）×10^{-6}。在进行基体修正后，大多数情况下定量结果的相对误差优于±2%。

（4）不损坏试样、分析速度快。电子探针分析一般不损坏试样，在分析贵重试样时最为适宜。随着计算机技术的发展，原来定量中复杂的修正计算问题得到解决，无论定性或定量分析速度都比较快。

5.6.7.4　电子探针分析仪基本结构

电子探针显微分析仪主要组成部分：电子光学系统、X 射线谱仪系统、样品室、光学及电子光学观察系统、电子计算机系统、真空系统等。图 5-47 为日本岛津公司电子探针 EPMA-1720 的基本构造图。

（1）电子光学系统。主要包括电子枪、电磁透镜、消像散器和扫描线圈等。该系统的

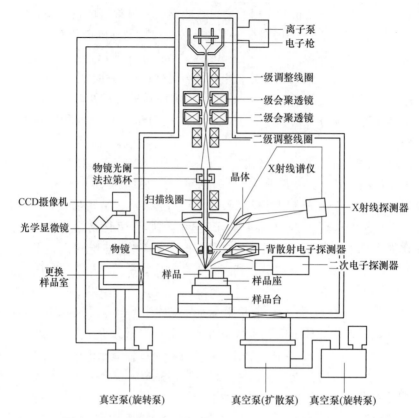

图 5-47   日本岛津公司电子探针 EPMA-1720 的基本构造图

主要作用是将电子枪产生的具有一定能量的电子束，经会聚透镜和物镜的聚焦以及控制束流、束斑后，通过扫描线圈实现电子束在样品表面和荧光屏上的同步扫描。

（2）X 射线谱仪系统。电子探针一般配置多道波谱仪，每道波谱仪配置两块衍射晶体，可根据其覆盖分析元素 X 射线波长的特定范围来选择晶体。X 射线谱仪的性能直接影响元素分析的灵敏度和分辨本领，它的作用是测量电子与样品相互作用产生的 X 射线波长和强度。

波谱仪的分析原理是根据布拉格定律（见 5.3.1），选用已知晶面间距 d 的晶体分光，只要测出不同特征 X 射线产生的衍射角 θ，就可以求出其波长 λ。再根据莫塞莱定律即可知道样品所含元素的种类。特征 X 射线经晶体分光聚焦后，强度被 X 射线探测器测得。

测量过程中，样品分析位置、衍射晶体和 X 射线探测器必须始终处在同一个罗兰圆上。现在的电子探针谱仪结构主要采用直进式，即衍射晶体沿着直线朝向或背向样品移动，这样可以保证探测到的特征 X 射线取出角的一致性，同时在移动过程中转动晶体来改变特征 X 射线的入射角，以便覆盖不同的波长。为满足布拉格衍射，检测器亦随衍射晶体作轨迹复杂的运行，见图 5-48。

（3）样品室：装载样品，并移动样品使所需分析部位处于电子束照射下。

（4）光学及电子光学观察系统：将二次电子、背散射电子以及特征 X 射线等信号，经过探测器及信号处理系统后，送到显示器生成图像。

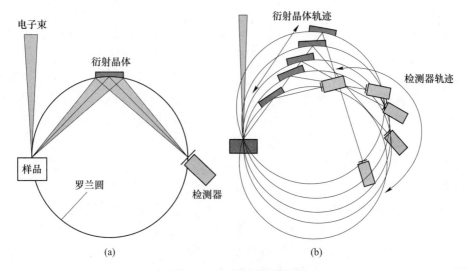

图 5-48   X 射线分光原理

（a）衍射晶体分光原理；（b）衍射晶体和检测器的运行轨迹

光学显微镜用于观察样品表面，选择电子束照射部位，其焦点处于 X 射线谱仪的罗兰圆上。

（5）电子计算机系统：控制仪器及系统对数据进行采集及处理。

（6）真空系统：保证电子枪（$10^{-7} \sim 10^{-8}$ Pa）和样品室（10^{-4} Pa）具备较高的真空度，减少电子束的能量损失，提高灯丝寿命，减少电子光路的污染。

5.6.7.5 样品要求及样品制备方法

A 样品的基本要求

（1）样品应为无磁性的固体，在真空环境中不挥发，被分析部位在电子束照射下稳定。

（2）样品分析表面需进行研磨、抛光，以使电子束垂直入射在平滑表面。镶嵌、研磨、抛光和组织显示方法按国家标准 GB/T 13298—2015 进行。

（3）样品应具备良好的导电性和导热性，对电子束照射下有荷电的样品，可蒸镀导电膜。

（4）样品尺寸根据样品座尺寸确定。

B 样品制备方法

（1）粉体样品。粉体可以直接撒在双面导电胶上，用载玻片压紧，然后用压缩空气吹去黏结不牢固的颗粒进行分析。也可以用导电的材料镶嵌后，进行研磨和抛光制备。对于小于 5μm 的颗粒，严格意义上，不符合定量分析条件，如确需进行分析，可对粉体用压片机压制成块体，此时标准样品也需要用粉体制备。

（2）块状样品。大块样品可将其切割成适合样品座的尺寸，小样品只能镶嵌成尺寸合适的样品。样品表面需进行研磨和抛光处理，一般不进行腐蚀。分析显微组织的样品，可以作轻度浸蚀，或浸蚀后在分析部位附近打上显微硬度压痕，然后抛光，去除腐蚀层，留下压痕作为分析标记。

5.6.7.6　标准样品的选择

电子探针显微分析是一种基于标准样品的微区成分相对比较的物理分析方法，标准样品对电子探针的定量分析准确度起着关键作用。

标准样品应在微米尺度范围内成分均匀、有准确的成分定值、物理和化学性能稳定、在真空中电子束轰击下稳定、颗粒直径不小于 $200\mu m$。标准样品的化学组成和结构要尽可能与待测样品相近。应尽量避免所选标样中有其他元素干扰被测元素谱线。此外，标准样品的均匀性、稳定性要符合国家标准 GB/T 4930—2021 的要求。

5.6.7.7　实验条件的选择

电子探针分析结果的准确性除取决于仪器性能外，还与实验条件、标准样品选择、样品制备方法以及定量修正方法等密切相关。仪器本身的性能一般无法改变，如 X 射线取出角、仪器稳定性、谱仪和探测器的性能等；但分析前必须使仪器处于最佳状态，如束流要稳定、电子束合轴良好、流气式谱仪的氩甲烷气体要通气一个小时以上等。各个测试参数的设置不是独立的，必须根据分析的样品情况综合考虑。

（1）加速电压。加速电压应为样品中被测量主要元素的特征 X 射线临界激发电压的 $2\sim3$ 倍。但应尽量减小对样品损伤和污染，避免 X 射线探测器饱和。推荐的加速电压值：金属及合金：$20\sim25kV$；硫化物、氧化物矿物：$15\sim20kV$；超轻元素：$5\sim10kV$。

（2）被检测 X 射线的选择。优先采用被分析元素的高强度和高峰背比谱线。若样品中含有其他元素对该特征 X 射线造成干扰，或在给定的电压、束流下计数率过高时，可按下列顺序选择其他线系：K_α，L_α，M_α，K_β，L_β，M_β。

推荐采用的线系：

原子序数 $Z < 32$ 时，采用 K 线系；

原子序数 $32 \leqslant Z \leqslant 72$ 时，选用 L 线系；

原子序数 $Z > 72$ 时，选用 M 线系。

（3）束流与计数时间。电子束流应调到使主元素（质量分数大于10%）分析线系的特征 X 射线计数率大于 10^3。对于含量近于 1% 的微量元素可适当加大束流，使其特征 X 射线在规定的计数时间内总计数不少于 3000。

根据元素的含量，峰位计数时间可在 $10\sim60s$ 范围内选择，背底测量时间可在 $6\sim10s$ 范围内选择。

推荐的电子束束流：一般在 $1\times10^{-8}\sim1\times10^{-7}A$ 范围内选用。

（4）束斑直径。通常应将束斑调至最小（$1\mu m$），如需获得较大区域的平均成分，可适当扩大束斑直径，但不宜超过 $50\mu m$。在分析含有 Na、K 等易发生离子迁移元素的样品时应适当扩大束斑直径到 $20\sim50\mu m$。

（5）衍射晶体的选择。分析不同元素要选用不同晶面间距的衍射晶体。对同一元素应选用检出更高强度的晶体。测量标样和样品时必须选择相同通道的相同晶体。尽量使用同一块衍射晶体检测样品中尽可能多的元素，以降低因为谱仪位置调整引起的误差。

5.6.7.8　实验分析方法

（1）点分析。电子束固定在样品的分析点上进行的定性或定量分析，称为点分析。

（2）线分析。电子束沿一条线进行扫描，能获得一维方向上元素含量变化的曲线。

（3）面分析。电子束在样品表面扫描时，元素在样品表面的分布能在屏幕上以不同计数分布的彩色图像显示出来，可以分析元素在感兴趣区域内的分布情况。

（4）状态分析。根据轻元素或第一过渡族元素的化合态对元素 X 射线谱线精细结构的影响，在仔细研究轻元素发射的 X 射线谱线精细结构后，可以判别轻元素的价态和晶格配位数。

5.6.7.9　钢中碳元素定量分析实例

碳作为钢中的重要元素，其在钢中的含量分布对组织和性能影响较大，准确进行碳元素的定量分析是研究钢中元素偏析、凝固组织转变、渗碳或脱碳工艺的基础。本节以钢中碳元素的定量分析为例，简要阐述电子探针定量分析的步骤。

A　定量分析方法

碳钢和低合金钢（其他合金元素质量分数小于 2%）中碳含量（质量分数小于 1%）的定量分析校正方法为校正曲线法。具体分析参考国家标准 GB/T 15247—2008。

B　样品制备

尤其要注意，样品制备的好坏对钢中碳含量的定量分析结果的准确性起到决定性作用。

由于碳、氮、氧都是构成有机物最常见的元素，所以在制备样品时必须防止这些有机物附着在样品表面。在样品磨抛时应选用不含碳的砂纸和抛光膏，且在抛光后用氩离子进行清洗，以去除样品制备中引入的碳污染。

此外，在样品受电子束照射时，由真空垫圈、真空泵油以及由于仪器内部污染所产生的碳氢化合物发生裂解，从而产生碳污染。由于这种污染会使碳的 X 射线强度增加，为防止这种污染，应该配置液氮冷却板或空气微漏喷吹装置。

C　实验条件选择

对包含碳元素在内的超轻元素，由于其特征 X 射线波长较长，极易被基体吸收，使其计数严重降低，所以加速电压一般选用 10kV 为宜。

相同的加速电压，随着束流的增加，工作曲线的斜率也增加，这样在含量稍微增加时即可使得到的计数实现大幅度的增加。计数器本身存在一个允许的标准偏差，在大计数率的情况下，同样的标准偏差，其相对误差小。考虑这两个因素，在可能的情况下，使用工作曲线法时尽可能采用大束流，但也要考虑大束流可能会对样品表面造成的损伤，特别是在测量碳的时候，大束流更易造成油气的裂解在测试表面形成碳积累。

相同的束流和照射时间，测试面积越小，产生的碳积累越多，测得的计数率越高，容易使定量结果大于其实际碳含量。

D　实验步骤

（1）通过电子图像或光学图像找到样品和标准样品的分析位置。

（2）在设定的实验条件下，对不同碳含量的标准样品分别进行多点（10 个点以上）测量。

（3）通过标准样品的碳含量和测量得到的碳计数绘制校正曲线，用于定量分析。

（4）在相同的实验条件下，对样品进行测量，之后通过校正曲线得到碳元素的含量。

5.6.7.10 实验报告要求

（1）实验目的。

（2）实验内容。

（3）样品制备的注意事项。

（4）钢中碳元素定量的校正曲线绘制方法。

5.6.7.11 思考题

（1）请简述电子探针的设备结构和基本原理？

（2）请思考能谱仪和波谱仪的分析特点及区别？

（3）请简述钢中碳含量定量测试的注意事项？

5.6.8 X 射线衍射分析

X 射线衍射分析方法是研究物质的物相和晶体结构的主要方法，在结构分析方面具有不损伤样品、无污染、快捷、测量精度高、能得到有关晶体完整性的大量信息等优点。在冶金行业的分析和研究中主要有物相定性与定量分析、残余奥氏体定量分析、残余应力测定等方面的广泛应用。

5.6.8.1 实验目的

（1）了解和掌握 X 射线衍射仪（XRD）的原理和各种实验方法。

（2）了解并掌握样品制备方法，掌握基本的物相鉴定方法。

（3）了解高温 X 射线实验方法及意义。

（4）熟悉 X 射线衍射仪的基本结构及实验条件参数设置。

5.6.8.2 实验原理

X 射线衍射仪利用 X 射线在晶体中产生的衍射现象来研究晶体结构中的各类问题，实质上是大量的原子散射波互相干涉的结果。而每种晶体中所产生的衍射花样都可反映晶体内部的原子分布规律。一个衍射花样的特征，可以认为由两部分组成，一方面是衍射在空间的分布规律，另一方面是衍射线束的强度。衍射线的分布规律由晶胞的大小、形状和位向决定，而衍射线的强度则取决于原子的品种和它们在晶胞中的位置。X 射线衍射理论所要解决的中心问题，即通过衍射现象建立晶体结构之间的定性和定量关系。因为在一定波长的 X 射线照射下，每种物质都给出了自己特有的衍射花样（衍射花样位置及强度），每种晶体物质和它的衍射花样都有一一对应的关系，不可能出现两种晶体物质有完全相同的衍射花样。如果在试样中存在两种以上不同结构的物质时，每种物质所特有的衍射花样不变，多相试样的衍射花样只是由它所含物质的衍射花样机械叠加而成。X 射线衍射主要作用是可以鉴定未知物质、分辨多晶化合物、鉴定物质的未知结构，是分辨非晶的唯一方法；其局限性主要有：样品必须是结晶态；难以测出混合物中的微量物质；没有录入卡片中的物质无法分析。

5.6.8.3 实验设备

Rigaku SmartLab 是日本理学公司最新型号的高分辨 X 射线衍射仪，采用 PhoneMax 旋转阳极 X 射线源，最大能够输出 9kW（45kV×200mA）功率，相比于光管型光源能够提供更高的测试强度。该设备采用 D/tex Ultra250 超速一维阵列探测器，并采用了理学独创的

CBO 交叉光学系统，自动识别所有光学组件，能提供聚焦光路及高强度、高分辨的平行光路。采用高精度立式测角仪，样品水平放置，可提供多种测试模式。

设备主要硬件包括：X 射线发生器、衍射测角仪、辐射探测器、测量电路、控制操作和运行软件的电子计算机系统、冷却循环水系统。测角仪工作方式为 $\theta/2\theta$，扫描范围 1°~168°，测角仪精度 0.0001°，准确度 ≤0.02°（见图 5-49）。

(a)   (b)

图 5-49　Rigaku SmartLab X 射线衍射仪（a）和 Anton Paar HTK1200 高温附件（b）

5.6.8.4　实验步骤

实验前的准备工作：

（1）启动水循环系统，通冷却水。

（2）打开衍射仪后侧开关，完成机器启动与自检程序。

（3）打开高压发生器按钮，并进行光管老化。

（4）打开计算机，开启仪器控制软件 SmartLab Studio Ⅱ，选择 HTK-Measurement 选项卡。

（5）对光路进行自动校正。

A　室温样品的检测

（1）首先把待测样品装在样品架里，用玻璃片把样品压平。

（2）点击 Door LOCK 安全锁，打开 X 衍射仪安全门，把样品架放在右侧样品室中待测，关闭 X 衍射仪安全门。

（3）对样品进行测量参数的设置：选择扫描模式为 $\theta/2\theta$，设置电压为 45kV、电流为 200mA；扫描角度 10°~90°，连续式；步长为 0.02°。

（4）选择文件存储路径，点击执行按钮，开始样品测定，扫描结束后自动保存数据。

（5）对扫描结果进行检索分析。

B　高温样品检测

（1）更换高温样品台，如图 5-50（a）所示，连接电源线、控制线、冷却水路、气路等，重新对样品台进行光路校准。

（2）将待测样品装入专用坩埚（粉末 200 目或 $\phi 15 \times 0.8$ mm 圆片），如图 5-50（b）所示。

（3）设置温度制度，包括目标温度、升温速率、保温时间等。

（4）设置谱图采集参数，包括起始角度、终止角度、扫描速率、模式、步长等。

（5）选择合适的实验气氛，一般选择真空或者惰性气氛。

（6）选择数据存储路径，设置文件名。

（7）开始运行。

以上设置完成后仪器按设定的温度开始升温，然后按设定的扫描速度进行扫描。扫描结束后，仪器自动降温，降至室温后实验结束。

 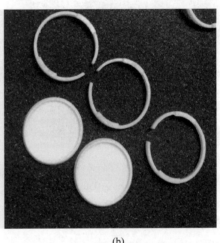

(a)　　　　　　　　　　　　　　　　(b)

图 5-50　Anton Paar HTK1200 高温附件（a）及样品坩埚（b）

C　关机步骤

（1）先将高压从工作电压降到 20kV、10mA，然后关闭高压发生器。

（2）等待光源彻底冷却后关闭真空，并退出测量软件。

（3）关闭系统中各种附件、探测器电源。

（4）关闭主机电源。

5.6.8.5　实验数据处理

PDXL2 软件是一款 XRD 数据处理软件，自带 ICCD 数据库，除了能够进行自动平滑、背景扣除、寻峰、谱图检索等基本功能外，还能够进行定量计算、晶粒尺寸和晶格畸变分析、结晶度分析、应力分析等。

5.6.8.6　实验报告与思考题

（1）了解 X 射线衍射全过程，扫描出样品衍射花样图，用计算机上的分析软件进行简单分析。

（2）根据 X 射线的作用原理，为什么一种物质只能有唯一的衍射花样？

（3）如何在 SiO_2、ZrO_2 混合样品中鉴别第三种未知物？

（4）高温 XRD 分析的优点及局限性？

5.6.9 钢铁样品的光电子能谱分析实验

表面的化学组成对钢铁材料的性能起着重要作用。诸如硬度、摩擦、疲劳、润滑和磨损特性、吸附、表面活性、催化作用、表面扩散、晶体生长等，均是冶金领域中易受表面化学变化影响的特性或现象。应用 X 射线表面分析技术能够满足苛刻的表面分析要求，检测信号绝大部分来自材料表面 $1 \sim 10$ 个原子层深度范围内，对冶金材料的损伤微小，可以得到真实表面的化学组成及含量、化合价等化学结构信息。

5.6.9.1 实验目的

（1）了解和掌握 X 射线光电子能谱（XPS）技术的基本原理和实验方法。

（2）了解和掌握 XPS 在未知物定性鉴定方面的应用。

（3）了解 XPS 的半定量分析及其元素化学价态测定。

（4）熟悉 X 射线光电子能谱仪的基本结构及实验条件参数设置。

5.6.9.2 实验原理

X 射线光电子能谱基于光致电离作用，当一束光子辐照到样品表面时，光子可以被样品中某一元素的原子轨道上的电子吸收，使得该电子脱离原子核的束缚，以一定的动能从原子内部发射出来，变成自由的光电子，而原子本身则变成一个激发态的原子。

在光电离过程中，固体物质的结合能可以用下式表示：

$$E_B = h\nu - E_K - W$$

式中，电子的动能 E_K 为能谱仪实际测出的实验值；电子的结合能 E_B 与电子的化学状态密切相关；W 为仪器功函数，由谱仪材料和状态决定，对同一台谱仪基本是一个常量，与样品无关，其平均值为 $3 \sim 4 eV$。固定 X 射线源的能量 $h\nu$ 时，通过测出的 E_K 即可得到 E_B。对于特定的激发源和原子轨道，E_B 具有特征性。

发射出的光电子的能量被电子能谱仪采集分析，得到数据，以强度对电子能量作图即可得到谱图。通过 XPS 分析技术扫描得到全元素的宽谱，测得各未知元素的结合能，从其结合能来鉴定未知元素的种类，进行定性分析。利用元素浓度和 XPS 信号强度的线性关系进行定量分析，然后根据所收集各元素的窄谱，测得各元素的结合能和化学位移，鉴定元素的化学价态（详细原理介绍参考 5.4.1）。

5.6.9.3 实验设备

XPS 是广泛应用于材料科学领域的高技术分析仪器，主要用于固体材料的表面元素成分和价态的定性和定量分析，与成像功能和离子溅射刻蚀相结合，也可以用于固体表面元素成分及价态的二维面分析和深度剖析，在纳米材料、高分子材料、材料的腐蚀与防护、各类功能薄膜的机理研究、催化剂研究与失效等方面具有不可替代的作用。

XPS 具有很高的表面灵敏度，实际探测的信息深度只有表面几个至十几个原子层，且入射的软 X 射线束对样品的破坏性非常小，是一种无损检测手段。该分析方法提供的是样品表面检测范围内的元素含量与形态，而非样品整体的成分，其表面采样深度（$d = 3\lambda$）

与材料性质、光电子的能量有关，也和样品表面与分析器的角度有关。通常，对于金属样品，取样深度约 0.5~2nm；氧化物样品取样深度约 1.5~4nm；有机物和高分子样品取样深度约 4~10nm。

本实验设备为岛津 Kratos 公司生产的 AXIS Ultra DLD 型号 X 射线光电子能谱仪（图5-51），包含激发源、能量分析器、检测器、真空系统、进样杆、控制柜、计算机数据分析系统等重要组成部分。

图 5-51　X 射线光电子能谱仪 Kratos AXIS Ultra DLD

5.6.9.4　实验步骤

（1）样品制备。XPS 要求样品为无磁性、无挥发的干燥固体，包括粉末、薄膜或者块状样品。薄膜和块状样品尺寸约 5mm×5mm，厚度不超过 2mm。本实验中，将待检测钢样切割成大小合适的片状，经过无水乙醇清洁、干燥，固定在洁净的样品台上。

（2）样品传输。将样品条装入样品预处理室（STC）中。在自动程序模式下点击"Vent STC"进行充气，把样品条装载至设备样品传送杆上，关闭阀门并点击"Pump"抽真空。

当 STC 真空度优于 $6.67×10^{-6}Pa$，将样品条装入分析室（SAC）中。打开 STC 和 SAC 中间阀门，缓慢旋动传输杆进入 SAC，之后将样品杆移出到 STC，关闭 STC 和 SAC 之间的阀门。

（3）检查设备状态。检查循环水机压力、电源、气源等是否处于正常工作状态；检查计算机软件中各操作界面中的指示灯是否正常；查看样品预处理室 STC 和样品分析室 SAC 的真空（应分别优于 $6.67×10^{-6}Pa$、$6.67×10^{-7}Pa$）。

（4）样品检测。

1）X 射线枪预热。在"X-ray Gun"模块，点击"standby"，等待灯丝电流值上升稳定后，点击"on"，将 X 射线枪打开，并缓慢增加电压、电流直至达到预定功率。

2）打开荷电中和枪，将待测样品调至最佳位置。

3）宽谱数据采集（wide）。在仪器管理"vision instrument manager"窗口下，创建文

件名和路径，新建数据文件，设置宽谱测试参数，点击 submit 进行采谱。

4）元素窄谱数据采集。根据样品具体情况，选择所需元素的区间进行高分辨窄谱扫描。region name 为各个元素及轨道名称，如 C 1s；设置参数 pass energy 为 40，点击 submit 开始数据检测与存储。

（5）关闭射线，取出样品。样品测试完成后，关闭 X 射线、中和枪，确认 SAC 和 STC 的压力，两者均应低于 $6.67×10^{-6}$ Pa。打开 STC 和 SAC 中间阀门，将承载样品的样品台缓慢退出到 STC。关闭 STC 与 SAC 之间的阀门，将样品从 STC 中取出。

5.6.9.5 实验数据处理

用设备分析软件 Processing 打开谱图，可以读取、分析并导出所采集的谱图，并对检测钢样进行元素定性、半定量及价态分析。

A 元素定性分析

用计算机采集宽谱图后，可根据软件数据库，自动识别并标注元素。原则上当存在一个元素时，其相应的强峰都应在宽谱图上出现，但在元素自动识别过程中，须认真鉴别错误峰的指认。最后通过对照标准谱图，检查并对应宽谱中元素的主峰，确定存在元素。

B 元素化学价态分析

在"processing window"窗口下，点击"quantify"中的"qualification region"，对关注元素的窄谱进行扣背底操作；在"components"界面可进行分峰拟合。基于该元素的结合能数据，根据 XPS 手册、元素结合能标准数据库，鉴别该元素的化学价态。如图 5-52 中 Fe 2p 结合能为 707eV，表明样品中 Fe 以还原态形式存在。

需注意，对于非良好导电性样品的测试，需先进行荷电校准后再进行元素化学态分析。通常样品表面污染层中会有碳氢化合物，常被用作参照峰进行荷电校准。污染 C 1s 的峰位在 284.6~285eV 之间（假设 C 以（—CH_2）$_n$ 或石墨形式存在）。分析所测样品中 C 1s 谱峰，将谱图中显示 C 1s 峰的结合能与基准值相比较，将比较差值应用于其他检测元素（同一次数据采集）。

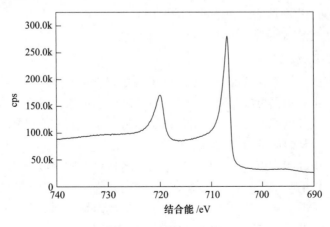

图 5-52 Fe 2p 的 XPS 高分辨窄谱

C 半定量分析

元素半定量分析可根据公式自行计算，也可在测试软件程序中计算。在定量分析程序中，根据已经进行扣背底的各元素谱峰的面积计算及相应的灵敏度因子（RSF），可计算出各元素的相对原子百分比和质量百分比，得出样品主要元素的半定量数据报告。

5.6.9.6　实验注意事项

（1）X射线光电子能谱仪属于Ⅲ类射线装置，操作过程中应严格遵守设备操作规程，禁止乱动各种开关、电器。

（2）严禁在实验室内打闹，注意高压气瓶、电器线路等安全。

（3）涉及使用化学药品过程中应做好自身防护。

（4）保持实验室干净整洁，实验完毕后应将实验用品收纳整齐。

5.6.9.7　实验报告与思考题

（1）实验报告要求。根据实验要求撰写实验报告书，了解并掌握X射线光电子能谱分析技术原理、实验装置及检测过程，扫描样品宽谱、窄谱图，打印并分析图谱数据，对测试样品进行元素定性分析以及荷电校准。

（2）思考题。

1）根据图谱分析不同钢样的元素组成。

2）对于导电性差的样品，在进行元素化学价态分析时，是否可以直接用结合能的数据进行化学价态的鉴别？应如何处理才能保证价态分析的准确性。

3）根据所学知识简述X射线光电子能谱技术在冶金和材料领域中的用途。

5.6.10　冶金熔渣拉曼光谱分析

拉曼光谱一直是研究物质微观结构极其重要的手段之一。利用激光与样品中的分子键相互作用，光子能量会发生改变，收集这些不同频率的光子就能得到拉曼光谱。在炼钢、连铸等冶金过程中，渣的熔点、黏度和表面张力等宏观性质与冶金熔渣的微观结构是密切相关的。所以硅酸盐熔渣结构的研究对于指导冶金生产过程有着重要的意义。

5.6.10.1　实验目的

（1）了解拉曼光谱在熔渣结构分析中的应用。

（2）了解拉曼光谱仪的使用方法及数据处理方法。

5.6.10.2　实验原理

冶金生产过程中，熔渣在高温下通常是以熔融状态参与渣金反应的。为了研究熔渣的高温熔体结构，通常利用铜板或者液氮淬冷，制备玻璃态熔渣，最大限度地保存熔渣在高温状态下的结构信息。然后使用拉曼光谱仪测定熔渣高温下的淬冷试样，获得拉曼位移与强度的谱图信息，分析熔渣的微观结构。

冶金熔体一般由硅酸盐组成，硅和氧通过共价键连接形成阴离子基团，作为网络形成子，形成硅氧四面体的网状结构，而阳离子作为网络修饰子通过离子键与硅氧四面体相连接。随着网络修饰子的引入，硅酸盐熔体中骨架结构逐渐解聚，桥氧结构（连接两个相邻硅氧四面体的氧为桥氧）逐渐向非桥氧结构转变。在解析非晶态硅酸盐熔体的拉曼光谱时，高波数区（$800\sim1200cm^{-1}$）的谱图通常被认为主要是四种谱峰组合而成的，分别在$1100\sim1050cm^{-1}$ Q_3、$1000\sim950cm^{-1}$ Q_2、$950cm^{-1}$ Q_1和$850cm^{-1}$ Q_0的非桥氧伸缩振动造成的。一般来说，桥氧结构越发达，其形成的网状结构越稳定，熔渣聚合度也越高（详细原理介绍参考 5.5.2)。

5.6.10.3　实验设备

　　HORIBA 公司生产的 LabRAM HR Evolution 拉曼光谱仪是一款共聚焦显微拉曼光谱仪,主要分为信号发生单元、显微放大单元、信号处理单元三大部分。激光经过干涉滤光片和功率衰减片到达共交针孔,经一对反光镜调整光路到达瑞利滤光片,经滤光片反射的激光经光学系统到达样品表面,光斑尺寸大约 1μm。激光与样品相互作用产生的拉曼散射再经物镜进入瑞利滤光片,经共焦针孔到达光栅,光栅将光束分光后进入 CCD 检测器得到拉曼光谱(见图 5-53)。

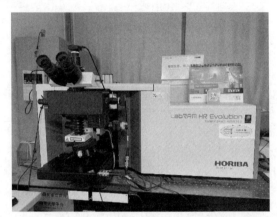

图 5-53　LabRAM HR Evolution 高分辨拉曼光谱仪

　　(1) 信号发生单元。HR Evolution 拉曼光谱仪使用激光作为光源,激光具有单色性好、亮度高、稳定性好等特点。常用的激光器激发波长涵盖紫外光、可见光、红外光三个波段,如 325nm、514nm、532nm、633nm、785nm 等。根据样品承受激光能力不同,配备 0.01%~100%功率衰减片,保证测试过程中样品不受激光热效应损伤。

　　(2) 显微放大单元。HR Evolution 拉曼光谱仪光学系统配备了奥林巴斯光学显微镜。该显微镜配备 10×、50×和 100×可见光物镜,其中 50×物镜为长焦物镜,焦距大于 10mm;同时为匹配 325nm 激光器还配备了 15×和 40×紫外物镜,能够实现微米级分辨率。

　　(3) 信号处理单元。HR Evolution 拉曼光谱仪配备了 $600 \sim 2400 mm^{-1}$ 的光栅。一般光栅刻线多光谱分辨率高,刻线少的光栅光谱覆盖范围宽,两者要根据实验灵活选择。CCD 探测器是一种硅基多通道阵列探测器,可以探测紫外、可见和近红外光。因为它是高感光度半导体器件,适合分析微弱的拉曼信号,再加之 CCD 探测器允许进行多通道操作(可以在一次采集中探测到整段光谱),所以很适合用来检测拉曼信号(见图 5-54)。

5.6.10.4　实验方法及实验步骤

A　开机准备

　　(1) 开启总电源开关及稳压器开关。

　　(2) 依次开启自动平台控制器、计算机等电源。

　　(3) 开启激光器开关,等待激光器稳定。

　　(4) 打开 LabSpec6 测试软件。

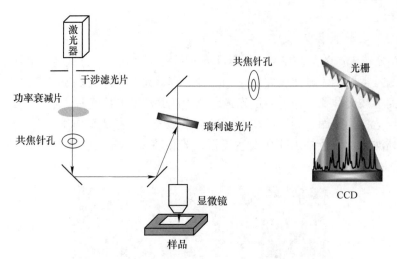

图 5-54　LabRAM HR Evolution 高分辨拉曼光谱仪原理图

（5）待 CCD 温度稳定后，利用硅片校准光谱仪。激发波长选择 532nm，功率衰减片 1%，100×物镜，积分时间 1s，测试范围 100～700cm^{-1}。锁定参数后自动寻峰（520.7cm^{-1}），自动校准。

B　样品制备

实验所用试剂（质量分数）为：CaF$_2$（99.0%）、CaCO$_3$（99.0%）、Al$_2$O$_3$（99.99%）、MgO（98.5%）、SiO$_2$（99.99%）和 H$_3$BO$_3$（99.5%），其中 CaO 是由 CaCO$_3$ 在 1323K（1050℃）的箱式电阻炉内煅烧 10h 制得，所用试剂均为分析纯试剂（见表 5-4）。将配置后的渣样粉末混匀置于铂金坩埚中，刚玉坩埚被套在铂金坩埚外面以保护铂金坩埚，放入 1773K（1500℃）的箱式电阻炉内，保温 5min 使样品充分熔融和混匀后取出投入冰水混合物中将渣样进行水淬。水淬后渣样经破碎、研磨成粉状备用。

表 5-4　预熔后熔渣的化学成分（质量分数）　　　　　　　　（%）

样品编号	CaF$_2$	CaO	Al$_2$O$_3$	MgO	SiO$_2$	B$_2$O$_3$
Z1	34.15	30.94	26.62	1.61	0.24	3.48
Z2	37.43	28.65	25.05	1.97	4.87	0
Z3	36.45	26.41	24.72	1.63	5.50	3.20
Z4	33.02	27.42	22.42	2.00	8.95	3.18

C　聚焦

共聚焦拉曼光谱仪常用的光路聚焦方法有三种：光学聚焦、激光聚焦和盲聚焦。

（1）光学聚焦是指将样品移动到感兴趣区域，在低倍数下调节 Z 轴位置，使图像清晰，再切换物镜，在更高的倍数下聚焦清晰，完成后锁定位置。

（2）激光聚焦是利用激光光斑聚焦。首先将样品移动到感兴趣区域，打开激光，调整 Z 轴位置，使激光汇聚成小而亮的光斑，关闭激光，锁定位置。

（3）盲聚焦是一种更高级的聚焦方式，通常需要测试者对测试物质的拉曼光谱具备一定的了解，知道测试材料的拉曼光谱的拉曼位移。首先将光栅定位到合适的位置，然后单点采集，采集时间为1s，调节Z轴位置，观察拉曼强度的变化，找到最高强度的位置停止采集，此位置作为采集拉曼光谱的最佳位置。

D 参数设置

（1）激发波长。常规一般选择532nm绿光作为激发光源，若样品荧光效应强烈，可以选择325nm紫外光源或者785nm红外光源避荧光。高温测试由于具有强烈的黑体辐射，一般选择325nm作为激发光源。

（2）光栅。光栅规格一般从600～2400mm^{-1}，为了获得较好的分辨率，通常选择更密的光栅，但越密集的光栅覆盖拉曼位移范围越窄，大范围测试时需要多次移动光栅，增加测试时间，一般532nm激光推荐使用1800gr/mm光栅，325nm激光推荐使用2400gr/mm光栅。

（3）激光功率。激光功率越高，拉曼强度越高，光谱的信噪比越高。激光功率的选择通常与样品的易受损程度有关，对于一些有机质或者对温度敏感的样品，通常采取低功率测试，需要选择更小的功率衰减片，以减少样品上的激光功率，保护样品不受损坏。激光功率的选择需要由低到高逐步测试，并随时观察样品状态，一旦出现烧蚀变质，应降低功率测试。

（4）波数范围。532nm激发光源拉曼位移范围可设置为100～4000cm^{-1}，325nm激发光源拉曼位移范围可设置为250～4000cm^{-1}，一般测试时为了节省时间，无机矿物拉曼位移范围一般选择100～2000cm^{-1}。

（5）采集积分时间。积分时间越长，信号强度越高，信噪比越好，但有时过长的采集时间会增加样品烧蚀的概率，同时背景强度会变高。

（6）循环次数。增加循环次数能够提高均一性，减少偶然误差，消除"鬼峰"干扰，一般推荐选择2次。

（7）采集光谱。确定好感兴趣区域和采集参数后，锁定图像和参数，开始采集，并根据需要调整参数并多次采集。

（8）保存数据。打开Video界面，保存图像，格式可选择tif或者jpg。打开光谱界面，保存谱图，一般保存.l6s和.txt格式数据。

5.6.10.5 实验数据处理

A 平滑

平滑主要方法包含移动平均滤波、多项式平滑滤波和中值滤波等。这几种平滑方法在实际应用时，滤波窗口沿信号数据点滑动进行。其具体执行过程为：设置宽度为h的数据窗口（滤波窗口），即窗口内包含h个按采集顺序排列的原始数据。对窗口中的数据用上面的方法求加权值或中值，作为一个滤波结果输出。然后移动此窗口，窗口内最前面的一个原始数据被移出，而最后移入一个新的原始数据。对此移动后的窗口中数据进行新的一轮平滑，输出另一个新的滤波结果。不断重复以上过程，这样就可得到原始数据的平滑系列。选用数字滤波器时，滤波（窗口）宽度是要考虑的最重要的参数。若宽度太宽，则会掩盖信号的结构或发生变形；若宽度太窄，则不能充分地去除噪声。

B 去基线

拉曼光谱在去背景时，首先要注意辨别宇宙射线带来的"鬼峰"和荧光背景带来的干扰。通常情况下，"鬼峰"的出现具有随机性，表现为高且尖的锐利峰，多次测量可能在不同位置出现，一般可通过设置多次循环或者多次测量区分。处理"鬼峰"时可使用"擦除"功能去掉。原始拉曼光谱数据，见图 5-55。

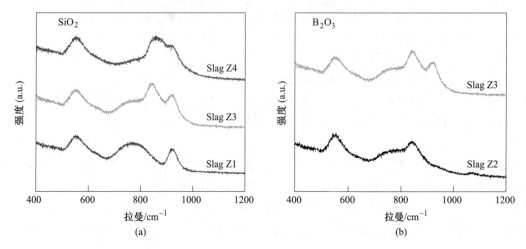

图 5-55　原始拉曼光谱数据

(a) SiO₂ 含量变化；(b) B₂O₃ 含量变化

$$(a)\ SiO_2\ 含量变化；(b)\ B_2O_3\ 含量变化$$

荧光干扰是拉曼测试中非常常见的问题。常见的荧光峰可能是上扬或者宽"馒头"峰。荧光产生的原因是分子受激发后的反射光，通常强度较高，将拉曼信号掩盖。避免荧光效应最常用的方法就是更换激发波长，不同类型的样品可能对不同种类的光源敏感，如果不能通过更换激发波长改善，可考虑荧光淬灭或者 SERS 来改善光谱质量。

现代光谱采集软件一般都配备一键去背景功能，或者可以手动设置点数和背景位置，手动添加背景后去除。

C　谱峰分析

拉曼光谱是物质信息的指纹，其中最重要的信息就是谱峰位置及强度。一张拉曼谱图通常由一定数量的拉曼峰构成，每个拉曼峰代表了相应的拉曼位移和强度。分析过程中往往需要对谱峰进行拟合分析。分峰拟合首先需要选择拟合方程。不同分布方程适用于拟合不同形态的谱峰，一般来讲非晶体拉曼峰适合 GaussAmp/Area 方程，对称的晶体拉曼峰适合 Gauss + Lor Amp/Area 或 Voigt Amp/Area 方程，不对称的晶体拉曼峰适合 Pearson IV 方程，外源荧光或单色光的谱峰适合 Beta Amp/Area 峰，然后设定峰位、峰宽等信息进行拟合。

图 5-56 为不同 SiO_2 和 B_2O_3 含量的渣样 Raman 谱的解谱结果。在低频区 $550cm^{-1}$ 左右解析为 2 个谱峰，Raman 位移在 $550cm^{-1}$ 左右的谱峰是 Al—O—Al 键连接的对称伸缩振动。在 $600cm^{-1}$ 左右的谱峰是 $[AlO_6]$ 结构单元中的 Al-O 伸缩振动。在中频区 $660\sim890cm^{-1}$ 解析为 6 个谱峰，分别是 $720cm^{-1}$、$740cm^{-1}$、$760cm^{-1}$、$780cm^{-1}$、$830cm^{-1}$ 和 $865cm^{-1}$ 左右的谱峰，这些谱峰分别对应 Q_{Al}^0、Q_{Al}^1、Q_{Al}^2、Q_{Al}^3、Q_{Al}^4 和 Si-O-Al 的伸缩振动。在 $920cm^{-1}$ 处的谱峰是 $[BO_4]$ 结构单元中对称伸缩的振动。由图 5-56 (a) (c) 和 (d) 可以看出，随着渣中 SiO_2 含量的增加，Si-O-Al 结构单元所对应的谱峰强度明显增强。这是由于随着

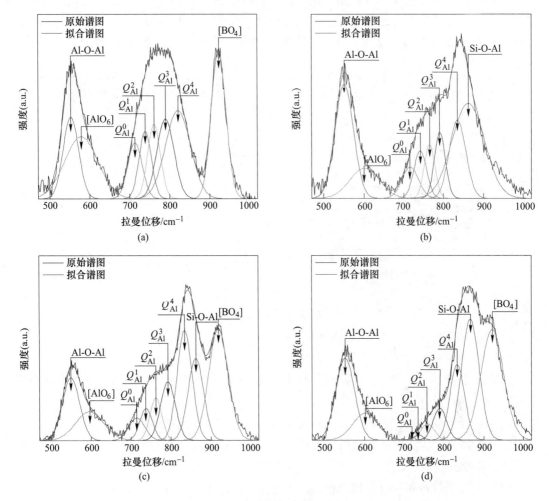

图 5-56　分峰拟合结果分析

(a) Slag Z1；(b) Slag Z2；(c) Slag Z3；(d) Slag Z4

SiO_2 含量的增加，[SiO_4] 结构单元相对分数增加，有利于 [AlO_4] 结构单元参与到硅酸盐网络结构中形成复杂的 Si-O-Al 结构单元，从而增加熔渣的网络形成体的数量，增加熔渣聚合度。由图 5-56 (b) 和 (c) 可以看出，渣中加入 B_2O_3 后，高频区 920cm^{-1} 左右出现一个明显的谱峰。表明渣中加入 B_2O_3 后，生成了新的三维结构单元 [BO_4]。

图 5-57 为 CaF_2-CaO-Al_2O_3-MgO-SiO_2-B_2O_3 渣中各结构单元相对分数随 SiO_2 和 B_2O_3 含量的变化。由图 5-57 (a) 可以看出，随着 SiO_2 含量的增加，Q_{Al}^i ($i=0$、1、2、3 和 4) 和 [AlO_6] 结构单元相对分数不断减少，Al-O-Al、Si-O-Al 和 [BO_4] 结构单元相对分数在不断增加。熔渣中复杂结构单元相对分数增加，表明熔渣聚合度增加。

由图 5-57 (b) 可以看出，随着 B_2O_3 含量的增加，Q_{Al}^i ($i=0$、1 和 2)、Al-O-Al 和 Si-O-Al 结构单元相对分数减小，Q_{Al}^i ($i=3$ 和 4) 和 [BO_4] 结构单元相对分数增加，[AlO_6] 结构单元相对分数变化较小。在所研究的渣中，由于 Al^{3+} 的电荷补偿作用，消耗了金属氧化物，形成 [AlO_4] 结构单元。根据文献表明，[AlO_4] 结构单元中非桥氧数量（NBO/

T）可以通过 Raman 光谱中每个基团结构单元的面积相对分数乘以其非桥氧的数量计算得到，可用于解释［AlO_4］结构单元聚合度的变化。随着 SiO_2 和 B_2O_3 含量的增加，［AlO_4］结构单元中 NBO/T 减少，表明［AlO_4］结构单元解聚程度减小，聚合度增加。

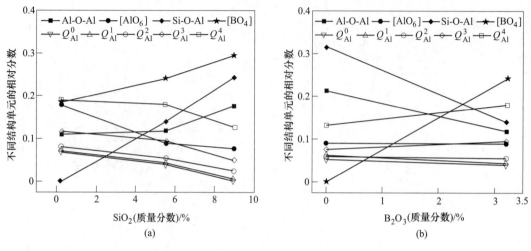

图 5-57　不同 SiO_2 和 B_2O_3 含量的渣中的结构变化

5.6.10.6　实验注意事项

（1）拉曼测试面积较小，样品制备时注意均一性，可多变换测试位置以获得所有物质的光谱。

（2）选择测试参数时激光功率不能过高，注意观察样品测试前后状态有无变化。

（3）使用高倍镜头应注意由低倍到高倍的切换，注意观察镜头与样品间的距离，避免污染和损坏镜头。

（4）生物质材料和萤石类物质容易产生荧光，注意选择合适的激发波长。

（5）选择高功率激光时注意保护眼睛，必要时佩戴护目镜。

5.6.10.7　实验报告要求

（1）实验目的。

（2）制备玻璃渣的成分。

（3）谱图采集参数。

（4）原始谱图及数据处理结果。

5.6.10.8　思考题

（1）什么是拉曼散射，拉曼光谱能够提供样品的哪些信息？

（2）拉曼光谱测试有几种聚焦方法以及适用条件？

（3）拉曼光谱如何进行定量分析，有哪些限制条件？

（4）如何消除拉曼测试过程中产生的荧光干扰？

5.6.11　富氧底吹炉铜熔炼渣中铜物相分析

富氧底吹炉被广泛用于硫化铜精矿造锍熔炼-铜锍转炉吹炼生产粗铜工艺，熔炼过程铜常以冰铜机械夹带、原料熔化不充分和溶解铜形式损失于炉渣中。与冰铜夹带损失密切相关的工艺参数有铜锍和熔渣的密度差、炉渣黏度、铜锍和炉渣的表面张力及铜锍和熔渣间的界面张力等。溶解铜主要与炉渣的组成、体系的氧势、熔体的温度等密切相关。原料熔化不充分则由现场操作不当引起。通过炉渣物相分析一方面可判断导致渣含铜高的因素，并据此调整或优化工艺参数，降低渣中铜的损失；另一方面，为通过磨浮工艺进一步回收渣中损失铜提供工艺矿物学数据。

5.6.11.1 实验目的

通过物相分析了解富氧底吹炉熔炼渣中铜的损失状态，为优化铜冶金工艺条件，降低冶炼过程铜损失率，提高冶炼渣中铜回收率提供理论依据。通过本实验学习：

（1）初步掌握铜熔炼渣物相分析的基本方法及程序。

（2）初步掌握偏光显微镜下冰铜的鉴定特征及其工艺参数分析方法。

（3）初步掌握化学物相分析方法在熔炼渣中铜赋存状态定量分析中的应用。

5.6.11.2 实验内容

物相分析通常需要结合多种仪器及分析方法。本实验重点采用偏光显微镜及化学物相分析方法对熔炼渣中铜物相进行分析，具体实验内容如下：

（1）制备熔炼渣光片，在偏光显微镜下鉴定物相，重点为铜物相及磁铁矿，观察其形貌特征，并统计矿相含量及粒度分布。

（2）制备粒度小于 0.074mm 的熔炼渣分析样，采用 100mL 0.5mol/L H_2SO 中加入 0.05mol/L $Fe_2(SO_4)_3$ 作为冰铜的浸出剂，100mL 饱和溴水中加入 0.1g H_2O_2 作为未熔原料的浸出剂进行选择性溶解。根据实验结果，计算熔炼渣中铜在夹带冰铜、未熔原料及硅酸盐相中的含量。

5.6.11.3 实验方案及原理

熔炼渣中物相常规分析方法及程序见图 5-58。

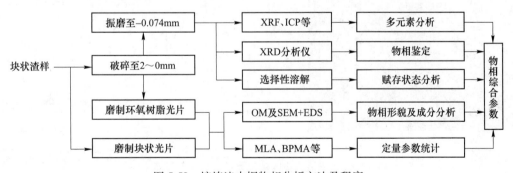

图 5-58　熔炼渣中铜物相分析方法及程序

首先，采用偏光显微镜（OM）及扫描电镜能谱（SEM-EDS）鉴定物相，硅酸盐相的鉴定可采用 X 射线衍射（XRD）辅助鉴定。富氧底吹熔炼渣中铜物相主要为夹带冰铜，对应矿相以辉铜矿（Cu_2S）为主，其次为未完全熔化原料粉末，对应矿相为铜铁硫化相（$CuS \cdot FeS$），其他矿相为磁铁矿、铁橄榄石、钙铁辉石和玻璃相。富氧底吹熔炼渣中矿相的偏光显微镜图像见图 5-59，铜物相扫描电镜能谱分析见图 5-60。

图 5-59　熔炼渣偏光显微镜图像

（a）粗粒夹带冰铜；（b）微细粒未熔原料

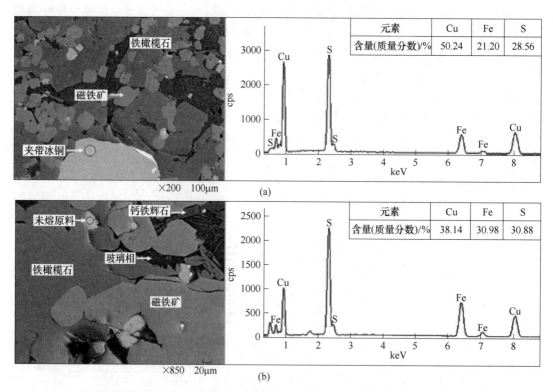

图 5-60　熔炼渣扫描电镜背散射像及 X 射线能谱图

（a）粗粒夹带冰铜；（b）微细粒未熔原料

　　（1）夹带冰铜反射光鉴定特征：反射率（650nm）30%，反射色为白色带蓝，具有弱的双反射和非均性，无内反射，平行消光，显微压入硬度（VHN）58~98kg/mm²，形态通常为圆粒状或近圆粒状，粒度粗细极不均匀。

　　（2）未熔原料反射光鉴定特征：反射率（650nm）46%~51%，反射色为近黄铜黄色，具有弱的双反射和非均性，无内反射，平行消光，显微压入硬度（VHN）174～219kg/mm²，形态通常为细不规则状，粒度呈微细粒。

（3）磁铁矿反射光鉴定特征：反射率（650nm）21%，反射色为淡棕色，无双反射和非均性，无内反射，无消光，显微压入硬度（VHN）440～1100kg/mm²，形态通常为自形晶粒状，粒度呈中细粒-微细粒。

其次，对熔炼渣中冰铜、铜铁硫化相及磁铁矿进行含量分析和主要工艺参数的粒度分析。偏光显微镜下矿相定量方法采用面测法，利用待测矿相表面所占表面积来测定其含量。对于无规律分布的物相，当统计数据足够多时，面测法获得的面积百分含量等于体积分数（Delesse A.（1848））。利用显微镜自带的图像分析软件，测定出矿相的面积百分含量后，即可按照式（5-9）计算矿相的质量分数：

$$W = V(\rho/D) \tag{5-9}$$

式中　W——矿相的质量分数,%；

$\quad\quad V$——矿相的体积分数,%；

$\quad\quad \rho$——待测矿相的密度，g/cm²；

$\quad\quad D$——矿石的密度，g/cm²。

显微镜下矿相粒度也采用面测法测定，将上述待测矿相颗粒面积换算为等效圆直径，根据不同粒级颗粒的直径长度与总直径长度之比来计算不同粒级的含量。

在实际操作中，由于统计数量有限，往往存在较大误差。目前，随着自动化程度提高及图像分析技术发展，基于上述原理，出现多种基于扫描电镜的矿物自动分析仪，可获得相对准确的物相含量及各类工艺参数。该类仪器产品种类较多，有 QUEMACAN、MLA、AMICS 及 BPMA 等，其测量原理均是通过软件控制扫描电镜及能谱仪，获得指定位置物相的背散射电子（BSE）图像及不同灰度物相的 X 射线能谱图（EDS），将实测矿物能谱谱线与已知矿物能谱数据库进行匹配以识别矿物，采用图像处理技术快速对数以百万计的能谱数据进行准确识别以实现矿物面积、粒度、解离度、元素赋存状态等参数统计。以 BPMA 为例对富氧底吹熔炼渣进行物相识别、含量分析及粒度统计，示例见图 5-61。

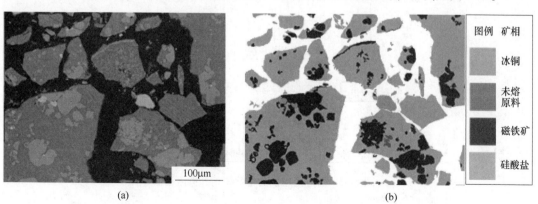

图 5-61　熔炼渣的扫描电镜背散射像（a）及 BPMA 矿相识别后对应彩色图（b）

最后，采用化学物相分析方法进行夹带冰铜、未熔原料及溶解铜的定量分析。由于显微镜只能观察到独立铜矿相，扫描电镜能谱的分析也存在局限性，比如，熔炼渣中大部分溶解铜低于能谱或电子探针波谱探测下限，因此，需要通过化学物相方法来获得熔炼渣中铜的赋存状态定量分布规律。

化学物相分析是根据不同类物相在溶剂中的溶解度和溶解速度不同将其中某些矿物优先溶解，即选择性溶解，达到分离目的，然后用适宜的分析方法测定溶液中目标元素含量，获得元素定量分布数据。

矿物在溶剂中的溶解速度和溶解程度主要取决于：（1）组成晶体的物质成分及其内部结构；（2）溶剂组成及其特性；（3）浸取条件，包括溶剂的浓度、温度、反应时间、溶液的搅拌、固液比、伴生离子影响以及待测样品的粒度等，其中晶体成分及内部结构是决定矿物在溶剂中的溶解速度和溶解程度的内在因素，而溶剂的组成及浸取条件影响选择溶解的效果。

根据偏光显微镜分析结果，熔炼渣中独立铜物相主要为冰铜相，其次为少量未熔原料，溶解铜的载体物相主要为铁橄榄石及玻璃相等硅酸盐相，根据独立铜物相及溶解铜载体物相的化学溶解性差异，结合前人研究基础，选用 100mL 0.5mol/L H_2SO_4 中加入 0.05mol/L $Fe_2(SO_4)_3$ 作为硫化亚铜的浸出剂，反应方程式为：

$$Cu_2S + Fe_2(SO_4)_3 + H_2SO_4 === 2CuSO_4 + 2FeSO_4 + H_2O$$

未熔原料成分主要为 $CuS \cdot FeS$，在上述溶剂中不溶而保留于浸渣中，浸渣采用 100mL 饱和溴水中加入 0.1g H_2O_2 溶剂继续浸出，反应方程式为：

$$2FeS + 9Br_2 + 8H_2O === 2FeBr_3 + 2H_2SO_4 + 12HBr$$

$$2CuS + 9Br_2 + 8H_2O === 2CuBr_3 + 2H_2SO_4 + 12HBr$$

$$2HBr + 2H_2O_2 + 2H^+ === Br_2 + 4H_2O$$

硅酸盐中溶解铜在上述溶剂中不溶或溶解度很低，保留于残渣中，化学物相分析流程见图 5-62。

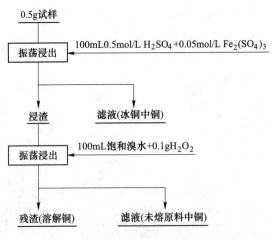

图 5-62　熔炼渣中铜的化学物相分析流程

5.6.11.4　实验步骤及数据分析

选取有代表性块状急冷富氧底吹炉熔炼渣，制备光片，进行显微镜观察，鉴定矿相，采用面测法统计重要矿相含量及粒度分布，矿相含量按表 5-5 进行记录和计算，矿相粒度按表 5-6 进行记录和计算。

表 5-5　矿相含量面测法测量结果记录表

视域	各矿相所占面积				
	冰铜	铜铁硫化相	磁铁矿	其他	合计
1	A_{11}	A_{12}	A_{13}	A_{14}	A_1
2	A_{21}	A_{22}	A_{23}	A_{24}	A_2
3	A_{31}	A_{32}	A_{33}	A_{34}	A_3
m	A_{m1}	A_{m2}	A_{m3}	A_{m4}	A_m
合计	N_{T1}	N_{T2}	N_{T3}	N_{T4}	N_T
体积含量 V_i（%）$= N_{Ti}/N_T \times 100$	V_1	V_2	V_3	V_4	100.00
重量含量 W_i（%）$= V_i \cdot (\rho_i/D)$	W_1	W_2	W_3	W_4	100.00

表 5-6　矿相工艺粒度测定结果记录表

粒级范围 /μm	平均粒径 (d) /μm	颗粒数 (n)	粒径长度 (dn)	粒级分布 $n_i d_i / \sum_1^{16} dn$	正累计分布/%
>2	—	n_1	实际长度		
2.0~1.651	$d_2 = 1.826$	n_2	$d_2 n_2$		
1.651~1.168	$d_3 = 1.410$	n_3	$d_3 n_3$		
1.168~0.833	$d_4 = 1.001$	n_4	$d_4 n_4$		
0.833~0.589	$d_5 = 0.711$	n_5	$d_5 n_5$		
0.589~0.417	$d_6 = 0.503$	n_6	$d_6 n_6$		
0.417~0.295	$d_7 = 0.356$	n_7	$d_7 n_7$		
0.295~0.208	$d_8 = 0.252$	n_8	$d_8 n_8$		
0.208~0.147	$d_9 = 0.178$	n_9	$d_9 n_9$		
0.147~0.104	$d_{10} = 0.126$	n_{10}	$d_{10} n_{10}$		
0.104~0.074	$d_{11} = 0.089$	n_{11}	$d_{11} n_{11}$		
0.074~0.043	$d_{12} = 0.059$	n_{12}	$d_{12} n_{12}$		
0.043~0.020	$d_{13} = 0.032$	n_{13}	$d_{13} n_{13}$		
0.020~0.015	$d_{14} = 0.018$	n_{14}	$d_{14} n_{14}$		
0.015~0.010	$d_{15} = 0.013$	n_{15}	$d_{15} n_{15}$		
<0.010	$d_{16} = 0.005$	n_{16}	$d_{16} n_{16}$		100.00
合计			$\sum_1^{16} dn$	100.00	

　　选取有代表性块状急冷熔炼渣 500g，用实验室颚式破碎机破碎至小于 2mm，缩分 2~0mm 熔炼渣 50g，干式振磨至粒度小于 0.074mm，作为试样备用。

　　称取 0.500g 试样于 250mL 锥形瓶中，加入 100mL 0.5mol/L H_2SO_4，再加入 0.05mol/L

$Fe_2(SO_4)_3$，塞紧橡皮塞，室温振荡 60min，用中速定量滤纸过滤，多次洗涤。滤液定容后送 ICP 测铜，为冰铜相中铜含量 w_1。

将滤渣连同滤纸冲回锥形瓶中，加入 100mL 饱和溴水，再加入 0.1g H_2O_2，塞紧橡皮塞，室温振荡 60min，过滤，洗涤至滤纸无黄色。滤液定容后送 ICP 测铜，为未熔原料中铜含量 w_2。

最终残渣连同滤纸置于 100mL 烧杯中，盖上表面皿，放在低温电炉上慢慢进行加热至 550℃左右，使滤纸完全变黑灰化，冷却至室温，加入 100mL 王水，再加入 0.1g NH_4HF，缓慢加热至 100℃，使残渣全部溶解，溶液定容后送 ICP 测铜，为熔炼渣中硅酸盐溶解铜含量 w_3。

要求 $w_1+w_2+w_3=w$，其中，w 为熔炼渣总铜含量。化学物相分析结果按表 5-7 进行记录和计算。

表 5-7 化学物相分析实验数据记录表

产品	固体试样重量/g	浸出液体积/L	ICP 分析结果 /mg·L^{-1}	铜含量/%	铜分布率 $w_i/$ $w×100/\%$
浸液 1				w_1	
浸液 2				w_2	
残渣				w_3	
原料				w	100.00

5.6.11.5 注意事项

（1）物相分析首先要求样品要有代表性，显微镜分析时采用 2-0mm 综合样制备的环氧树脂光片更具有代表性，但块状光片可观察到原始物相的结构及形貌特征。具体物相分析时，应尽可能同时制备两种光片进行显微镜观察，并选取有代表性的光片进行工艺参数的测试。

（2）物相分析往往同时需要多种仪器及分析方法，所获得的实验数据应相互补充和验证。考虑到为增加实验可操作性，本实验中富氧底吹炉熔炼渣的物相分析只采用了最基本的显微镜和必要的化学物相分析方法。

（3）显微镜下物相定量方法，由于受方法本身及统计颗粒数的限制，分析结果存在误差，实际物相分析中往往根据矿相物理化学性质采用综合的矿相定量方法。

（4）本实验中化学物相分析方法具有一定局限性，只适应于富氧底吹熔炼渣中以硫化亚铜为主要成分的夹带冰铜。通常熔炼渣中夹带冰铜可能还有类斑铜矿物相及金属铜，另外由于熔炼渣缓冷，还会有部分溶解铜析出。所以，受熔炼渣中铜物相种类及含量的影响，在进行具体化学物相分析时，选择性溶解流程及试剂要适当调整，需要通过条件实验确定合适的分析方法，并不是固定流程。

5.6.11.6 分析报告

（1）简述熔炼渣物相分析实验目的。

（2）描述显微镜下观察到的熔炼渣中铜物相的光学特征和形貌特征，鉴定矿相种类，并统计铜物相粒度，通过图表形式反映粒度分布趋势。

（3）简单阐述熔炼渣中铜化学物相分析原理，整理化学物相分析实验数据，得出熔炼渣中铜赋存状态的定量分布特征。

（4）根据实验结果分析造成铜损失的可能原因，以及铜再次磨浮回收的可能性。

（5）讨论物相分析中各种仪器方法的适用范围及综合应用的必要性。

5.6.11.7 思考题

（1）物相分析中如何获得具有代表性的熔炼渣样品？

（2）在制定化学物相定量分析流程前进行显微镜物相鉴定的意义是什么？

（3）物相综合分析方法的选取原则和注意事项是什么？

参 考 文 献

[1] 那宝魁. 钢铁材料质量检验实用手册 [M]. 北京：中国标准出版社，1999.

[2] 林世光. 冶金化学分析 [M]. 北京：冶金工业出版社，2008.

[3] 鞍钢钢铁研究所. 实用冶金分析 [M]. 沈阳：辽宁科学技术出版社，1990.

[4] Park J, Ryu J, Sohn I. In-situ crystallization of highly volatile commercial mold flux using an isolated observation system in the confocal laser scanning microscope [J]. Metallurgical and Materials Transactions B, 2014, 45（4）：1186~1191.

[5] 李树棠. 金属的 X 射线衍射与电子显微分析技术 [M]. 北京：冶金工业出版社，1980.

[6] 闫威. 低合金高强钢中间裂纹研究报告 [R]. 2021.

[7] 闫威. 永磁场作用下铝硅合金组织与性能演变研究报告 [R]. 2018.

[8] Dai Y X, Li J, Yan W, et al. Corrosion mechanism and protection of BOF refractory for high silicon hot metal steelmaking process [J]. Journal of Materials Research and Technology, 2020, 9（3）：4292~4308.

[9] Yan W, Chen W Q, Zhao X B, et al. Effect of Cr_2O_3 pickup on dissolution of lime in converter slag [J]. High Temperature Materials and Processes, 2017, 36（9）：937~946.

[10] 王建祺，吴文辉，冯大明. 电子能谱学（XPS/XAES/UPS）引论 [M]. 北京：国防工业出版社，1992.

[11] 黄惠忠. 论表面分析及其在材料研究中的应用 [M]. 北京：科学技术文献出版社，2002.

[12] 全国微束分析标准化委员会. 表面化学分析 X 射线光电子能谱分析指南：GB/T 30704—2014 [S]. 中华人民共和国国家标准，2014.

[13] 全国微束分析标准化委员会. X 射线光电子能谱分析方法通则：GB/T 19500—2004 [S]. 中华人民共和国国家标准，2004.

[14] Clough S，杨敬时. 现代表面分析—俄歇电子谱（AES）和 X 射线光电子谱（XPS）在冶金学中的应用 [J]. 宇航材料工艺，1983（1）：43~49.

[15] 吴国桢. 拉曼谱学——峰强中的信息 [M]. 北京：科学出版社，2014.

[16] 周玉，武高辉. 材料分析测试技术 [M]. 黑龙江：哈尔滨工业大学出版社，2007.

[17] 杨序纲，吴琪琳. 拉曼光谱的分析与应用 [M]. 北京：国防工业出版社，2008.

[18] 张树霖. 拉曼光谱仪的科技基础及其构建和应用 [M]. 北京：北京大学出版社，2020.

[19] 张树霖. 拉曼光谱学及其在纳米结构中的应用 [M]. 北京：北京大学出版社，2017.

[20] Yu H X, Deng X X, Wang X H, et al. Characteristics of subsurface inclusions in deep-drawing steel slabs at high casting speed [J]. Metallurgical Research and Technology, 2015, 112（6）：608.

[21] Fandrich R, Gu Y, Burrows D, et al. Modern SEM-based mineral liberation analysis [J]. International Journal of Mineral Processing, 2007, 84（1~4）：310~320.

[22] Sylvester P J. Use of the mineral liberation analyzer（MLA）for mineralogical studies of sediments and

sedimentary rocks ［G］. Mineralogical Association of Canada Short Course Series，2012，42：1~16.

［23］徐萃章. 电子探针分析原理 ［M］. 北京：科学出版社，1990.

［24］权淑丽，郑开宇. 线衍射仪在冶金行业的应用 ［J］. 浙江冶金，2013 （3）：20~23.

［25］余锦涛，郭占成，冯婷，等. X 射线光电子能谱在材料表面研究中的应用 ［J］. 表面技术，2014，43 （1）：119~124.

［26］朱祖泽，贺家齐. 现代铜冶金学 ［M］. 北京：科学出版社，2003.

［27］张惠斌. 矿石和工业产品化学物相分析 ［M］. 北京：冶金工业出版社，1992.

［28］周乐光. 工艺矿物学 ［M］. 北京：冶金工业出版社，2002.

［29］卢静文，彭晓蕾. 金属矿物显微镜鉴定手册 ［M］. 北京：地质出版社，2010.

［30］徐惠芬，崔京钢，邱小平. 阴极发光技术在岩石学和矿床学中的应用 ［M］. 北京：地质出版社，2006.

6 冶金熔体和散状原料的物性检测

6.1 熔渣性质

6.1.1 熔渣的离子结构

众所周知，固态 SiO_2 构造是 Si 周围存在四个 O 构成正四面体，每个正四面体间以共有顶点 O 的形式排列成网状结构，其二维分布如图 6-1（a）所示。根据熔态 SiO_2 的 X 射线衍射分析结果可知，即便熔态下单元结构的 Si-O 正四面体也是稳定存在的，但排列是紊乱的，如图 6-1（b）所示。

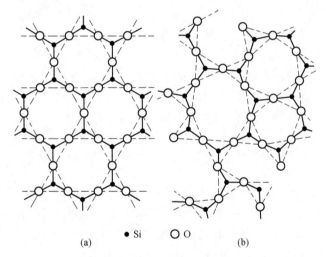

• Si   ○ O

图 6-1　固体和液体 SiO_2 的结构

（a）固体；（b）液体

根据熔态 SiO_2 内添加碱性氧化物的二元硅酸盐的研究结果可知，Si-O 正四面体结构不变，但可以认为 Si-Si 间距离稍稍增大，Si 周围的 Si 数量减少，Si-O 四面体变得容易移动了。通过碱性氧化物提供 O^{2-} 离子，各处的网格被破坏，如图 6-2 所示，如果用反应式表示这个过程：

$$CaO = Ca^{2+} + O^{2-}$$

$$(-Si-O-Si-O-Si-) + O^{2-} = (-Si-) + (-Si-O-Si-)$$

随着碱性氧化物含量增加，网格构造破坏加剧，最终形成金属离子、SiO_4^{4-}、O^{2-} 离子的混合状态。

　　为了弄清熔渣结构，有必要了解主体的 Si-O 四面体结合形成多大的阴离子？阴离子和阳离子如何分布？直接测定是困难的，在玻璃态的渣、矿物构造、熔渣黏度以及其他物性研究的基础上，大致进行如下推测。

　　碱性氧化物 CaO，MnO，FeO，MgO 等电离，提供 O^{2-} 离子，破坏 Si-O 四面体形成的网格构造。金属阳离子分布于被 6~8 个氧包围的位置上。

　　酸性氧化物 SiO_2 在渣碱度高、SiO_2 含量少的情况下，如正硅酸盐 $2MO \cdot SiO_2$ 等碱性氧化物含量高时，Si-O 四面体以 SiO_4^{4-} 离子存在，随着 SiO_2 含量增加，逐渐变成 $Si_2O_7^{6-}$，$Si_3O_{10}^{8-}$，$Si_4O_{13}^{10-}$，$Si_3O_9^{6-}$，$Si_4O_{12}^{8-}$，…，形成链状或环状结合的大阴离子。

　　SiO_2 含量多的酸性渣中，有以各种链状大的阴离子存在和根据组成不同以三组环及四组环结合阴离子存在两种说法，如图 6-3 所示。到底是哪种现在还不清楚，也许是链状和环状共存。

　　含有 Al_2O_3 和 P_2O_5 固态硅酸盐中，如果存在适当条件，与 SiO_4^{4-} 离子一样会形成 Al-O，P-O 四面体，但是因化合价不同，形成阴阳离子配位：

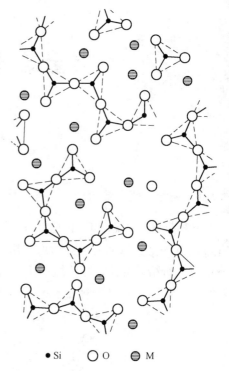

●Si　　○O　　⊖M

图 6-2　金属氧化物导致的网格结构破坏示意图

$$O-\overset{\overset{\displaystyle |\ Na^+}{|}}{\underset{|}{Al}}-O \qquad\qquad O-\overset{\overset{\displaystyle |\ F^-}{|}}{\underset{|}{P}}-O$$

　　熔渣中，Al 和 P 既可以看成氧配位的四面体结构，也可以看成与 SiO_4^{4-} 离子结合成大的阴离子。但是，Al_2O_3 是两性氧化物，即便作为 O 六配位的 Al^{3+} 存在，在 SiO_2 含量多的渣中，也呈现出破坏 Si-O 四面体网状结构的碱性氧化物性质。Fe_2O_3 与 Al_2O_3 一样，构成 O 四配位的 FeO_4^{5-} 离子和 O 六配位的 Fe^{3+} 共存状态。渣中少量的 S，F，以 S^-，F^- 离子形式存在。

　　为弄清熔渣中硅氧阴离子存在的形态，人们尝试了各种方法，但要真正解决这个问题，还有待于今后的努力。

6.1.2　熔渣的性质

　　为了解熔渣，从构造角度进行研究的同时，热力学性质、物理和化学性质的信息也是非常重要的。

6.1.2.1　热力学性质

　　SiO_2 是构成渣的主要成分之一，对于 $MeO\text{-}SiO_2$ 二元系，可以求出各种热力学性质。例如，$FeO\text{-}SiO_2$ 系活度曲线，如图 6-4 所示，$CaO\text{-}FeO\text{-}SiO_2$ 系 FeO 等活度线，如图 6-5 所示，这里的 FeO 活度是取与铁平衡的纯 FeO 为标态。

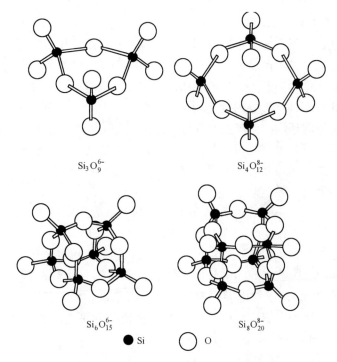

$Si_3O_9^{6-}$ 　　　　　　　　 $Si_4O_{12}^{8-}$

$Si_6O_{15}^{6-}$ 　　　　　　　　 $Si_8O_{20}^{8-}$

● Si 　　　○ O

图 6-3　环状离子和环状离子复合体

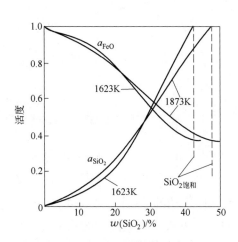

图 6-4　FeO-SiO$_2$ 系熔体中 FeO 和 SiO$_2$
的活度

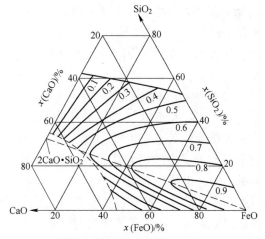

图 6-5　1873K 时 FeO-SiO$_2$-CaO
系熔体中 FeO 的等活度线
（x(FeO) 为摩尔分数）

　　一般来讲，CaO-SiO$_2$ 间可以形成非常稳定的化合物，熔渣中添加 CaO 会提高 FeO，ZnO，SnO 等氧化物的活度。也可以这样考虑，例如对于 FeO 来说

$$2FeO \cdot SiO_2 + 2CaO \Longrightarrow 2CaO \cdot SiO_2 + 2FeO$$

$$\Delta G_{1873K}^{\ominus} = -156.5 \mathrm{kJ/mol}$$

6.1.2.2　物理性质

电导率、黏度、表面张力、密度等物理性质，不仅对冶炼操作是重要的，而且对了解熔渣的构造、本质也是必不可少的。

（1）电导率。通过与渣的离子性或结构的相关性可以进行电导率测定，这对指导电炉操作和电渣重熔等方面具有重要的意义。一般的熔渣，电导率的值大体与具有典型离子导电性的碱金属氯化物的相同，温度系数为正，熔点附近的电导率的比也显示出与典型的离子电导性物质的电导率的比相类似。但是，MnO，FeO 等具有半导体的导电性，大量含有这些物质的熔渣，必须考虑电子导电性。对于 FeO-CaO 系，随着 CaO 含量增加，电导率的值减小，逐渐接近离子导电性。

对于硅酸盐，电导率 κ 和温度 T 间 Arrhenius 的关系成立：

$$\kappa = A_\kappa \exp[-E_\kappa/(RT)]$$

从 $\lg\kappa$ 和 $1/T$ 间的直线斜率可以求出电导活化能 E_κ，当测定温度范围大时，有时也可以得到随温度而变化的值。影响电导的主要是半径小的阳离子，像硅氧离子等形状大的阴离子影响不大，阳离子中 Na^+ 离子对电导影响较大。一般来说，添加像 FeO，CaO 等碱性氧化物时，电导率增大，添加像 SiO_2，P_2O_5 等酸性氧化物时电导率减小。

图 6-6 给出了 $CaO-SiO_2$ 系中 κ 与温度的关系，$\lg\kappa$ 和 $1/T$ 间的直线关系成立，随着温度上升 κ 值增大。图 6-7 给出了 CaO-SiO_2 系中 κ 与组成的关系，随着 CaO 含量增加 κ 值增大，这是 Ca^{2+} 含量增加导致的，但是 CaO/SiO_2 摩尔比大于 1 时，κ 值增加的比例减小，可以认为相对 Ca^{2+} 的 SiO_4^{4-} 静电引力增加。

（2）黏度。阳离子的移动对电导率起着重要作用，相反硅氧离子的形状和大小决定着黏度的大小。因此，黏度测定不仅有助于冶金反应的研究，而且对弄清楚熔渣的结构，也是最有效的方法之一。与电

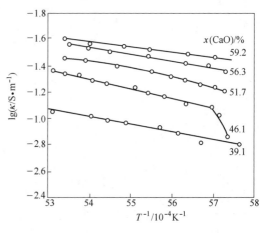

图 6-6　$CaO-SiO_2$ 系熔渣中 κ-$1/T$ 的关系

（$x(CaO)$ 为摩尔分数）

导率一样，从黏度的对数和 $1/T$ 的关系，可以求出黏性流动的活化能。图 6-8 给出了二元系硅酸盐熔体的活化能和组成的关系。对于一般的渣，多数情况下使黏度减小的添加剂，都能使电导率增大。例如，碱性氧化物，能够破坏 Si-O 网格结构，有降低黏度的效果。相反，像 SiO_2 能形成网格结构的氧化物，使流动单元变大，就会增加黏度。Al_2O_3 属于两性氧化物，当 Al 形成 O 四配位，与 SiO_2 一样构成四面体结构时，使流动单元变大，会使黏度增加；Al 形成 O 六配位，构成八面体结构时，起到碱性氧化物的作用，会使黏度降低。

$CaO-SiO_2-Al_2O_3$ 系的等黏度曲线，如图 6-9 所示。从 $CaO/Al_2O_3 = 1$ 线（AB）开始，在 CaO 一侧 Al_2O_3 显示出酸性氧化物的特征，在 Al_2O_3 一侧显示出碱性氧化物的特征。图 6-10 给出了 $CaO-SiO_2$ 系黏度随组成的变化，可以看出随着 CaO 含量的增加、温度上升，黏度降低。

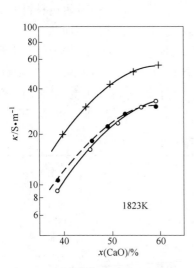

图 6-7 CaO-SiO$_2$ 系熔渣的电导率
和组成的关系

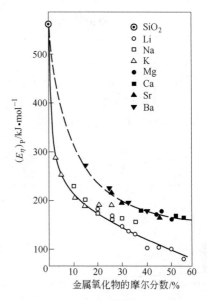

图 6-8 二元系硅酸盐熔体的活化能
和组成的关系

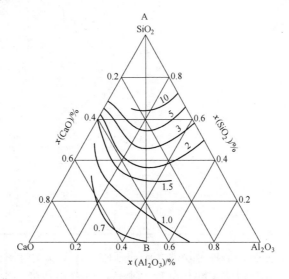

图 6-9 2173K 时 CaO-SiO$_2$-Al$_2$O$_3$ 系的等黏度曲线

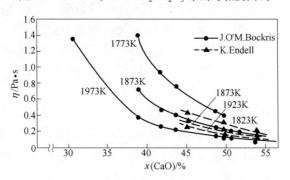

图 6-10 CaO-SiO$_2$ 系黏度随组成和温度的变化

　　（3）表面张力。熔渣的表面张力，与其他物理性质一样，和构成分子或离子相互结合力有着密切的关系，在冶金反应、渣金分离、非金属夹杂物长大、渣对耐火材料的侵蚀等方面也有显著影响。从表 6-1 可以看出，属于熔渣类的硅酸盐熔体的表面张力，介于金属结合和分子结合之间，可以认为是离子熔体。二元系硅酸盐在 1843K 时的表面张力和 SiO_2 的关系，如图 6-11 所示。熔融硅酸盐的表面张力有其自身的特征，CaO-SiO_2，MnO-SiO_2，MgO-SiO_2 系等与普通的液体不同，温度系数是正的。而且，随着 SiO_2 浓度增加，显示正值趋势增强。

表 6-1　各种物质的表面张力

物　　质	表面张力/$N \cdot m^{-1}$	温度/K
金属		
Ni	1.615（He 中）	1743
Fe	1.560（He 中）	1823
Ca	0.600	773
共价结合		
FeO	0.584	1673
Al_2O_3	0.580	2323
Cu_2S*	0.410（Ar 中）	1403
熔渣		
$MnO \cdot SiO_2$	0.415	1843
$CaO \cdot SiO_2$	0.400	1843
$Na_2O \cdot SiO_2$	0.284	1673
离子结合		
Li_2SO_4	0.220	1133
$CaCl_2^*$	0.145（Ar 中）	1073
$CuCl$*	0.092（Ar 中）	723
分子形态		
H_2O	0.076	273
S	0.056	393
P_4O_6	0.037	307
CCl_4	0.029	273

　　（4）密度。熔渣的密度，是各种物理性质的基础，在金属冶炼时渣金分离上，更具有其重要意义。下面从密度测定值求摩尔体积，来看一下与组成的关系，添加 CaO 和 Na_2O 时，在加和性上偏向负的一侧，可以认为 Ca，Na 阳离子被收容到 Si-O 网格构造之中。从图 6-12 可以看出，Li，Na，Mg，Ca，Sr 的氧化物（摩尔分数为 40%）偏离了加和性，它与这些阳离子半径的三次方成比例。从这一点上看，被收容到 Si-O 结构中的阳离子比例，对于这些体系大体是一定的，但是对于离子半径大的 K 和 Ba 来说，显示出比这个关系更低的值。

　　另外，碱金属硅酸盐在 1673K 时的膨胀率，如图 6-13 所示，在 R_2O 的摩尔分数为 10%附近显示出与纯 SiO_2 几乎一样非常小的值，这之后出现急剧增加的趋势。一般来说，越是阳离子-氧间引力小的氧化物，膨胀率越大。另外，从密度值还可以求出 $1 \times 10^{-6} m^3$ 熔体中存在的氧原子数，即氧密度，对弄清硅酸盐结构起着很大的作用。

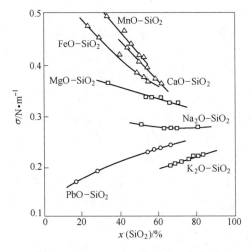

图 6-11　1843K 时二元系硅酸盐表面
张力和 SiO$_2$ 的关系

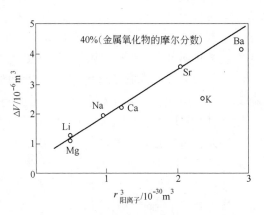

图 6-12　分子容积加和增量与阳离子
半径 3 次方的关系

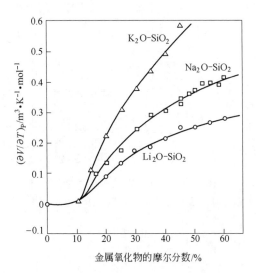

图 6-13　碱金属硅酸盐在 1673K 时的膨胀率

6.2　物性检测实验实例

6.2.1　炉渣熔化温度的测定

炉渣的熔化温度是其重要的性质之一，对冶金工艺过程的控制有重要作用。冶金生产所用的渣系（如转炉渣，保护渣，电渣等），无论是自然形成的还是人工配制的，其成分都很复杂，因此很难从理论上确定其熔化温度，经常需要由实验测定。

6.2.1.1　实验目的

掌握用试样变形法测定炉渣熔化温度的原理、操作及其适用范围。

6.2.1.2　实验原理

按照热力学理论，熔点通常是指标准大气压下固-液二相平衡共存时的平衡温度。炉渣是复杂多元系，其平衡温度随固-液二相成分的改变而改变，实际上多元渣的熔化温度是一个温度范围。在降温过程中液相刚刚析出固相时的温度叫开始凝固温度（升温时称之为完全熔化温度），即相图中液相线（或液相面上）的温度；液相完全变成固相时的温度叫完全凝固温度（或开始熔化温度），此即相图中固相线（或固相面）上的温度。由于实际渣系的复杂性，一般没有适合的相图供查阅，生产中为了粗略地比较炉渣的熔化性质，采用一种半经验的简单方法，即试样变形法来测定炉渣的熔化温度。

多元渣试样在升温过程中，超过开始熔化温度以后，随着液相量增加，试样形状会逐渐改变，试样变形法就是根据这一原理而制定的。如图 6-14 所示，随着温度升高，圆柱形试样由（a）经过烧结收缩，然后逐步熔化，试样高度不断降低，如（b）（c）所示，最后接近全部熔化时，试样完全塌下铺展在垫片上（d）。由此可见，只要规定一个高度标记，对应的温度就可以用于相对比较不同渣系熔化温度的高低，同时也可比较不同渣熔化的快慢，析出液相的流动性等。习惯上取试样高度降到 1/2 时的温度为熔化温度。用此法测得的熔化温度，既不是恒温的，又无平衡可言，绝不是热力学所指的熔点或熔化温度，而只是一种实用的相对比较的标准。

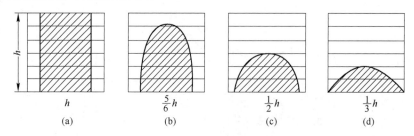

图 6-14　熔化过程试样高度的变化
（a）准备试样；（b）开始熔化温度；（c）高度降低 1/2；（d）接近全部熔化

6.2.1.3　设备与操作

A　实验装置

实验装置如图 6-15 所示，它可分为高温加热系统，测温系统和试样高度光路放大观测系统。试样加热用 SiC 管状炉、铂丝炉或钼丝炉。炉温用程序温度控制仪控制。样品温度用电位差计或数字高温表测定。试样放在垫片上，垫片材料是刚玉质，高纯氧化镁或贵金属，要求不与试样起反应。热电偶工作端须紧贴于试样垫片之下。有光学系统把试样投影到屏幕上以便观察其形状（现在的多功能物性仪可将试样同时投影到照相机的底片和摄像机的硅片上，然后经过图像卡输入到计算机中，同时储存显示试样的形状、温度及实验的时间，这样不但可以测定样品的熔化温度，而且可以精确地测定其熔化速度）。

B　操作步骤

（1）渣样制备。

1）将渣料配好（用现场渣做试样时应注意试样的代表性，用化学试剂做试样时最好经过预熔或至少经预烧结），在不锈钢研钵中研碎（粒度小于 0.075mm），混匀成为渣粉待用。

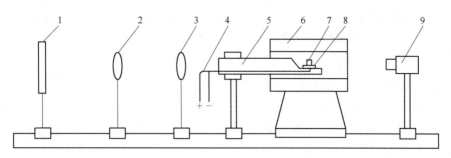

图 6-15　熔化温度测定装置示意图

1—屏幕；2—目镜；3—物镜；4—热电偶；5—支撑管；6—电炉；7—试样；8—垫片；9—投光灯

2）将渣粉置于蒸发皿内，加入少许糊精液，均匀研混，以便成型。

3）将上述湿粉放在制样器中制成 φ3mm×3mm 的圆柱形试样。在制样过程中，用具有一定压力的弹簧压棒捣实，然后推出渣样。

4）制好的渣样自然阴干，或放在烘箱内烘干。

（2）熔化温度测定。

1）将垫片放在支撑管的一端，并且保持水平。再将试样放在垫片上，其位置正好处于热电偶工作端的上方。然后移动炉体（有些仪器移动支撑管架），置试样于炉体高温区中部。

2）调整物镜、目镜位置，使试样在屏幕上呈清晰放大像，然后调整屏幕左右上下位置，使试样像位于屏幕的六条水平刻度线之间、便于判断熔化温度。

3）用程序温控仪给电炉供电升温。接近熔化温度时，升温速度应控制在 5~10℃/min 间的某一固定值。升温速度将影响所测的温度值及数据的重现性。

4）不断观察屏幕上试样高度的变化，同时不断记录温度数值，尤其是试样顶端开始变圆时的温度、高度降低到 1/2 时的温度及试样中液相完全铺展时的温度。取高度降到 1/2 时的温度为熔化温度。一个试样测完后，降低炉温，移开炉体，取出垫片，再置一新垫片和新试样，进行重复实验，可重复 3~5 次，取其平均值。

6.2.1.4　实验报告

（1）简述实验目的、原理和所用方法。

（2）列表给出实验测得的各项原始数据，求出平均值及误差。

（3）讨论造成实验误差的原因及提高实验精确度的改进措施。

6.2.1.5　思考题

（1）用试样变形法测定炉渣熔化温度为什么要选择一定的升温速度？

（2）为什么不能用试样变形法测得的结果绘制相图？

6.2.2　熔体黏度的测定

黏度是冶金熔体重要的物理化学性质之一，对冶金过程的传热、传质及反应速率均有明显的影响。在生产中，熔渣与金属的分离，能否由炉内顺利排出以及对炉衬的侵蚀等问题均与其黏度密切相关。

测定熔渣黏度的方法很多，最常用的有旋转法和扭摆法。前者适于测量黏度较大的熔体（如熔渣），后者适于测量黏度较小的熔体（如熔盐，液态金属）。

6.2.2.1　实验目的

（1）了解旋转法和扭摆法测定熔体黏度的方法及原理。

（2）熟悉实验设备的使用方法与操作技术。

（3）测定某炉渣的黏度随温度的变化规律，并分析误差来源。

6.2.2.2　实验原理

A　黏度定义与单位

根据牛顿内摩擦定律，流体内部各液层间的内摩擦力（黏滞阻力）F 与液层面积 S 和垂直于流动方向二液层间的速度梯度 dv/dy 成正比，即

$$F = \eta \frac{dv}{dy} S \tag{6-1}$$

式中，比例常数 η 为黏度系数，简称黏度，单位为 $N \cdot S/(m^2)$ 或 $Pa \cdot s$。过去使用 CGS 制时，黏度的单位为 $g/(cm \cdot s)$，称为泊，符号为 P（0.01P 称为厘泊，符号为 cP）。两种黏度的换算关系为

$$1Pa \cdot s = 10P = 10^3 cP$$

熔体黏度与其组成和温度有关。组成一定的熔体，其黏度与温度的关系一般可表示为

$$\eta = C \exp[E_\eta/(RT)] \tag{6-2}$$

式中　T——热力学温度，K；

　　　R——摩尔气体常数，$R = 8.314 J/(mol \cdot K)$；

　　　E_η——黏滞活化能，J/mol；

　　　C——常数。

B　黏度计

根据上述黏度定义，黏度计的设计应解决下列三个基本问题：

（1）在液体内部液层之间产生一个稳定的相对运动和速度梯度。

（2）建立速度梯度与内摩擦力之间定量的、稳定的和单值的关系式。

（3）内摩擦力的定量显示。

黏度计类型很多，目前，国内冶金院校常用的黏度计主要是旋转型和扭摆型两类。

旋转型黏度计的基本结构是由两个同轴圆柱体构成的，如图 6-16（a）所示。用一坩埚，内盛待测液体，构成外柱体。在待测液体轴心处插入一个内柱体。内柱体用悬丝悬挂。实际工作时，既可以采用外柱体旋转（即坩埚旋转法黏度计，这时悬丝顶端固定），也可以采用内柱体旋转（即柱体旋转法黏度计，这时悬丝顶端联结马达轴）。现以外柱体旋转黏度计为例来分析其工作原理。当马达以恒定角速度 ω_0 带动坩埚旋转时，坩埚边缘处液层速度 $\omega_{R=R} = \omega_0$，坩埚中心处液层速度 $\omega_{R=0} = 0$。于是，液层之间的速度梯度为 $d\omega/dR$，线速度梯度为 $Rd\omega/dR$。代入牛顿内摩擦定律，得液层之间的内摩擦力为：

$$F = \eta 2\pi Rh \cdot R \frac{d\omega}{dR} \tag{6-3}$$

此力最终对内柱体产生力矩为：

$$M = F \cdot R = \eta 2\pi R^3 h \frac{\mathrm{d}\omega}{\mathrm{d}R} \qquad (6\text{-}4)$$

当旋转运动达到稳定状态时，可将上式分离变量积分，得：

$$\eta = \frac{M}{4\pi h\omega_0} \cdot \left(\frac{1}{R_1^2} - \frac{1}{R_2^2} \right) \qquad (6\text{-}5)$$

内摩擦力作用在内柱体上的力矩 M，用一弹性丝的扭转力矩来平衡

$$M = G \cdot \theta \qquad (6\text{-}6)$$

式中　G——弹性丝切变模量；

　　　θ——弹性丝扭转角。

将式（6-6）代入式（6-5）得　$\eta = \dfrac{G}{4\pi h} \cdot \left(\dfrac{1}{R_1^2} - \dfrac{1}{R_2^2} \right) \cdot \dfrac{\theta}{\omega_0}$ $\qquad (6\text{-}7)$

对于一定的实验装置，G、R_1、R_2 均为常数。如果内柱体插入待测液深度 h 恒定，则

$$\eta = K \frac{\theta}{\omega_0} \qquad (6\text{-}8)$$

式中　K——装置常数，用已知黏度的标准液体标定。

　　扭摆型黏度计的基本结构与旋转型黏度计相似，也可分为内柱体扭摆和外柱体（即坩埚）扭摆黏度计两种。扭摆型黏度计量程较窄，灵敏度较高，常用来测低黏度液体的黏度，如液态金属、熔盐等。现以坩埚扭摆黏度计为例说明其工作原理。由图6-16（b），如果先用外力使坩埚由0位（平衡位置）往左扭转一个角度 θ，则去掉外力后，在弹性悬丝的恢复力和系统惯性力作用下，坩埚就在平衡位置左右往复扭转摆动。与此同时，坩埚边缘处液层随坩埚一起以相同角速度扭摆，而中心处液层是不动的。于是，各液层之间存在速度梯度，因而产生内摩擦力。此内摩擦力最终传递给坩埚，成为坩埚扭摆的阻尼力，使扭摆振幅逐渐衰减。从理论上可以导出扭摆振幅衰减率与液体黏度等性质之间的关系式。

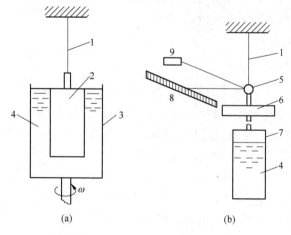

图 6-16　两类常见的黏度计

（a）外柱体旋转黏度计；（b）坩埚扭摆黏度计

1—悬丝；2—内柱体；3—外柱体；4—液体；5—反光镜；6—惯性体；7—坩埚；8—标尺；9—光源

但由于太复杂不便使用，故实际上仍用半经验公式，较常用的公式如式（6-9）

$$\frac{\rho_t}{\rho_m}(\Delta - \Delta_0) = K\sqrt{\eta\rho_t\tau} \tag{6-9}$$

式中 η——待测液体黏度；

    ρ_t, ρ_m——分别为测量温度下和熔点温度下熔体的密度；

    τ——扭摆周期；

    K——装置常数，对一定类型和几何尺寸的实验装置是一个常数，用已知黏度和密度的标准液体标定；

    Δ, Δ_0——分别为由实验测得的有试样和空坩埚时振幅的对数衰减率

$$\Delta = \frac{\ln\lambda_0 - \ln\lambda_N}{N} \tag{6-10}$$

    λ_0, λ_N——分别为起始和第 N 次扭摆时的振幅。

C   黏度计性能的调整

随着试样不同，经常需要对黏度计的量程、灵敏度、稳定性（或精度）等性能作适当调整，这主要靠通过改变装置常数 K 的值来实现。因为常数 K 对仪器设备而言实际上起放大（或缩小）系数作用。以旋转型黏度计为例，若增大 K 值（如提高悬丝的切变模量 G 等），就可用较小扭转角测量较大的黏度值，因而扩大了仪器量程，提高了系统稳定性，但却降低了灵敏度。对扭摆型黏度计，由计算式可知，增大 K 可以提高仪器灵敏度，但却降低了量程和稳定性。因此，对具体试样，应综合考虑各项性能选取适当的装置常数。

提高黏度计的准确度，首先要提高系统稳定性。在此基础上再用高准确度的标准液体进行标定。

6.2.2.3   设备与操作

A   旋转型黏度计

（1）设备。图 6-17 是内柱体旋转黏度计的结构示意图。图中的弹性悬丝 5 用来测量内柱体所受黏滞力矩，其两端用上、下卡头 3、6 卡住，下端通过转杆 7 和转子 9 相连。在上下卡头上，分别固定上挡片 16 和下挡片 15。挡片不透光，用来遮挡上下光电门（13、14）的光路。当马达以 12r/min 的转速旋转时，便带动阻尼盒与上卡头转动。悬丝将转动力矩传递到悬丝下端并带动内柱体转动。由于空气黏度与悬丝中的内耗均可忽略不计，此时尽管系统在旋转，但悬丝并未扭转。当转子 9 浸入待测液体一定深度后，由于液体的内摩擦力（黏滞阻力）对内柱体产生的黏滞力矩，使悬丝发生扭转。当扭矩与黏滞力矩平衡时，悬丝便保持一定的

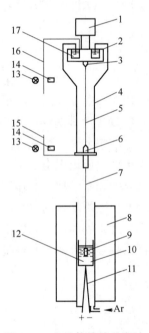

图 6-17   内柱体旋转黏度计结构示意图

1—马达；2—阻尼盒；3—上卡头；
4—阻尼架；5—悬丝；6—下卡头；
7—转杆；8—电炉；9—转子；
10—坩埚；11—热电偶；12—熔体；
13—小灯泡；14—光电二极管；
15—下挡片；16—上挡片；
17—阻尼介质

扭转角度 φ。再由马达转速 ω 就可求出待测液体黏度：

$$\eta = K\frac{\varphi}{\omega} \tag{6-11}$$

悬丝扭转角的准确测定是旋转法的技术关键。本实验采用光电计时法，当马达做匀速转动时，上下挡片分别经过由小灯泡 13 与光电二极管 14 组成的"光电门"。此二光电门处于常开状态。它们与计时装置——毫秒计相连。上挡片路过上光电门时，开始计时；下挡片路过下光电门时，停止计时。上下挡片分别路过上下光电门的时间差 t 与悬丝扭转角 φ 成比例。将此比例系数以及马达转速 ω 都并入装置常数 K 中，于是得：

$$\eta = K(t - t_0) \tag{6-12}$$

式中 t_0——旋转系统在空气中转动时，上下光电门的时间差。

（2）黏度计装置常数的标定。将标准蓖麻油注入有机玻璃杯中，杯的内径与盛待测熔渣的坩埚内径一致。杯中蓖麻油的液面高度也与坩埚中熔渣液面大体相同。将此有机玻璃杯放在恒温槽里，使杯内蓖麻油温度恒定后，先测定系统空转时上下光电门的时间差 t_0，然后再将内柱体插入蓖麻油内，插入深度应与插入待测炉渣的深度相同。开动马达，测时间差 t。将测得的 t_0 和 t 代入式（6-12），计算黏度计装置常数 K：

$$K = \frac{\eta}{t - t_0}$$

式中 η——蓖麻油在杯内温度恒定时的黏度。

（3）熔渣黏度测定。将待测渣试样装入坩埚在炉中熔化。当温度达到预期的实验温度时，恒温 $20\sim30\text{min}$。然后将内柱体插入熔渣液面以下一定深度，开动马达，测出上下光电门的时间差 t，由式（6-12）及 K 值，便可算出熔渣黏度。然后改变温度，测各个温度下熔渣的黏度值。黏度测完后，停止马达转动，将炉温重新升高，使熔渣黏度下降，以便于将内柱体提出液面。若熔渣组成在测定过程中有某些变化，则在黏度测定后，须将坩埚中的渣样进行化学分析以确定其组成。

B 扭摆型黏度计

（1）设备。图 6-18 是坩埚扭摆黏度计结构示意图。图中灯光—反光镜—圆弧形标尺系统用来测量扭摆振幅 λ，然后计算振幅对数衰减率 Δ。如果有条件的话，此系统可改为磁-电转换系统。这样，振幅 λ 的大小就转换为电信号，输入计算机数据采集板储存和处理，这样不仅可减轻工作量，而且可提高测量精度。

（2）实验步骤。首先测定空坩埚时悬挂系统的振幅对数衰减率 Δ_0。将空坩埚放入悬挂系统，稳定后调整

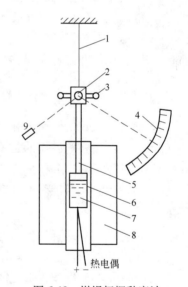

图 6-18 坩埚扭摆黏度计
结构示意图

1—悬丝；2—反光镜；3—吸铁；4—标尺；
5—连杆；6—坩埚；7—熔体；
8—电炉；9—光源

好灯光—反光镜—标尺系统，然后用电磁铁将悬挂系统扭转一角度，再松开电磁铁。于是，系统自动作扭转摆动。待光点进入标尺后，开始读取振幅值，同时记录扭摆次数，直到摆动到第 100 次为止，按下式计算 Δ_0：

$$\Delta_0 = 2.303 \frac{\lg\lambda_0 - \lg\lambda_{100}}{100}$$

为了提高读数精度，可读取 10 个数，取平均值，即

$$\Delta_0 = 2.303 \frac{(\lg\lambda_0 + \lg\lambda_1 + \cdots + \lg\lambda_9) - (\lg\lambda_{100} + \lg\lambda_{101} + \cdots + \lg\lambda_{109})}{100+10} \tag{6-13}$$

然后，测量装置常数 K。由于水的黏度在 $10^{-3}Pa \cdot s$ 数量级，与液态金属、熔盐在同一数量级，故常用水作为标准液体。测定方法与测 Δ_0 相同。但是同时读取振幅值和计时计数。在读取最后一个振幅值（如第 30 次扭摆幅值 λ_{30} 或第 50 次 $\lambda_{50}\cdots$），

$$\Delta_水 = 2.303 \frac{(\lg\lambda_0 + \lg\lambda_1 + \cdots + \lg\lambda_9) - (\lg\lambda_{50} + \lg\lambda_{51} + \cdots + \lg\lambda_{59})}{50+10}$$

停止计时，记下摆动 N 次的总时间 t，由下式算出 $\Delta_水$ 和摆动周期 $\tau_水$：

$$\tau_水 = \frac{t}{N} \tag{6-14}$$

代入下面的黏度计算式算出装置常数 K：

$$\Delta_水 - \Delta_0 = K\sqrt{\eta_水 \rho\tau}$$

此后就可以测熔体黏度。对于合金或非金属试样，应先经预熔使成分均匀和排除氧化膜及气体，再将试样根据实验温度下的密度准确称量，确保熔化后于实验温度下在坩埚内有相同液柱高度，然后将试样装入坩埚内，放入高温炉内升温熔化。如果实验温度接近熔点温度，则应先过热 $30\sim50℃$，使液态结构转变完全，然后再降到实验温度恒温 $20\sim30min$，开始测量。测量方法与测定装置常数时相同。测完一个温度，改变温度，再恒温 $20\sim30min$，继续测量。

6.2.2.4 实验报告

（1）简述实验目的、原理和所用方法。
（2）列表给出实验测得的各项原始数据。
（3）用计算机算出 $\ln\eta$-$1/T$ 回归方程和黏滞活化能。
（4）讨论提高实验准确度改进措施。

6.2.2.5 思考题

（1）如何从实验装置和操作上保证测量过程中熔体始终处于层流状态？
（2）如何选择标准液体来标定装置常数？
（3）如何从实验操作来保证装置常数在整个实验过程中不改变？

6.2.3 钢铁冶金散状物料性能的测定方法

6.2.3.1 散状物料的主要性能和实验目的

钢铁冶金过程使用的散状物料的主要性能包括：物料的粒度及粒度组成、比表面积、密度、最大分子水与最大毛细水、生石灰活性度等性质。钢铁冶金使用的原料、燃料品种多，性能各异。物料的各种特性对冶金工艺、产品的产量及质量会产生直接的影响。测定并了解散状物料主要性能的目的及意义主要是：

（1）熟悉钢铁冶金使用的散状物料的主要性能，了解它们对冶金过程的影响。

（2）了解并掌握散状物料性能的测定方法，对散状物料性能作出综合评价。

6.2.3.2　散状物料主要性能的测定方法

A　散状物料的粒度及粒度组成的测定

散状物料的粒度为物料的颗粒大小。物料粒度的大小可以分为若干级别，各粒级的相对含量称为粒度组成，对物料粒度组成的测定称为粒度分析。

钢铁冶金使用的散状物料粒度范围从 0.01~80mm，目前没有一种可适应全部粒度范围的粒度分析方法。根据粒度的大小，散状物料的粒度分析可以采用筛分法、激光粒度分析（计数法）、沉降分析及比表面积法。以下简介筛分法及激光粒度分析法实验。

（1）筛分法实验。筛分法主要用于粒度范围为 0.045~5mm 的散状物料粒度分析，实验方法有干筛法和水筛法，这里仅介绍干筛法。

实验设备有 ϕ200mm 套筛（筛孔尺寸从 0.045~5mm 符合国际标准）、拍击式振动筛、天平等。

实验步骤如下：

1）根据物料的比重及种类，用天平称取 50~150g 经过 105℃、2h 干燥后的样品。

2）将套筛根据粒度要求按筛孔尺寸大小依次套好，将准备好试样倒入最上层的筛面，盖好筛盖，放在振动机上，筛分 10~15min。

3）筛分结束后，分别取出每层筛子的筛上试样，用天平称重，用质量百分数表示粒度组成，试样筛分后总重与筛分前重量之差不得超过 1%，否则重做。

（2）激光粒度分析实验。测定原理：激光衍射及散射方法，即在被分散的粒子上照射激光，则沿着粒子的轮廓产生衍射现象，将这种衍射光用透镜聚光，在焦距面上得到光环（衍射环）。该环的直径和光的强度由粒子大小决定，这种原理称为 Flaunhofer 光衍射原理。同时用 Mie 的光散射理论测定粉体的粒径。

测定粒径范围 0.01~3500μm。测定项目包括粉体粒径、比表面积、粒度分布、过程均匀分散情况等。实验设备：马尔文 3000 粒度分析仪，实验设备如图 6-19 所示。该仪器不仅可以得到细散状物料的粒度组成，而且可以同时得到物料的比表面积的结果。

图 6-19　马尔文 3000 激光粒度分析仪

实验步骤：

1）粉末样品前处理：在清洗干净的 100mL 小烧杯中倒入适量的分散剂（水或乙醇）10mL 左右，将需要检测的粉末样品用试样勺取 1g 左右加入小烧杯中，根据样品情况放入超声机中进行超声（1min 左右），分散好样品待用。

2）开机，打开马尔文 3000 激光粒度仪主机电源和电脑，在电脑桌面上双击打开 MS3000 软件。双击手动测量设置菜单，录入测量样品名称、分散剂名称、测量次数 2 次，遮光度 10~20，颗粒类型、物质和物料折射率等测量信息。

3）清洗好激光粒度仪后，进行空白对光校准，新建测试文件和设置结果输出形式。待仪器稳定后加入分散好的待测样品，通过监控测定确认数据稳定后，进行手动的测定，测量两次结果后取平均值，最后进行数据的保存和输出打印。

4）实验完毕，回收测量样品到指定容器中，然后反复清洗烧杯和试料槽 2 次。

B　物料比表面积的测定

物料的比表面积是单位质量（体积）的散状物料所具有的总表面积，是物料颗粒内外表面之和，单位为（cm^2/g）或（cm^2/cm^3）。比表面积的测定方法一般采用渗透法和吸附法，也可以使用 LMS-30 激光粒度分析的衍射法和散射法。

气体渗透法实验的原理是利用一定量的空气，在通过被测定试样料层时，由于料层阻力的不同而引起气流通过速度变化来计算比表面积。计算公式如下

$$S_\omega = \frac{K}{\rho}\sqrt{\frac{\varepsilon^3}{(1-\varepsilon)^2}} \cdot \sqrt{\frac{1}{\mu}} \cdot \sqrt{T} \qquad (6\text{-}15)$$

式中　S_ω——试样的比表面积，cm^2/g；

　　　K——仪器常数；

　　　T——气压计液面下降所需时间，s；

　　　ρ——试样密度，g/cm^3；

　　　μ——实验温度条件下的空气黏度，$P(dyn.s/cm^2)$；

　　　ε——试样层孔隙度。

实验设备有透气式比表面积仪（图 6-20）、秒表等。

实验步骤如下：

（1）将称量的试样加入到圆筒中捣实，打开仪器调节阀，抽气，将压力计液面上升到刻度 A 处，关闭阀门。

（2）空气通过试样层进入压力计，液面开始下降，当液面下降到 B 处开始计时，记下液面从 B 到 C 所需要的时间及实验的温度。使用公式（6-15）计算物料比表面积。

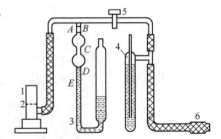

图 6-20　透气式比表面积仪

1—圆筒；2—穿孔圆板；3—气压计；
4—负压调节器；5—活塞；6—抽气球

（3）若液面从 B 到 C 的时间小于 35s，记录从 C 到 D 的时间，计算物料比表面积。

C　物料密度的测定

单位体积物料的质量称为物料的密度，用 ρ 表示，常用单位为 g/cm^3。散状物料的密度还分为真密度、假密度（视密度）和堆积密度。真密度为不含孔隙的物料密度；假密度（视密度）为块状物料计算体积时包括物料内部孔隙；堆积密度是指在规定条件下，散状物料在自然状态下堆积时，单位体积内的质量，堆积密度与物料的粒度和粒度组成、颗粒形状及表面状态、颗粒湿度、堆积方式等因素有关。

（1）真密度的测定方法。真密度的测定方法较多，常用比重瓶法。所测定物料要求研磨到粒度小于 0.1mm。

实验步骤如下：

1）将 25mL 比重瓶用感量为万分之一的天平称重，记录质量为 m_1。

2）将烘干的样品放入比重瓶，装入量为比重瓶的 1/3 左右，称量试样及比重瓶的质量，记录为 m_2。

3）向比重瓶内加入蒸馏水（或液体介质），达到比重瓶容积的 2/3，抽气或热浴，除去试样附着的气泡，静置冷却后，将蒸馏水加到瓶口，塞上瓶塞，使水从瓶塞的毛细管溢出，擦干比重瓶外的水分，称量比重瓶、试样、水分的质量，记录为 m_3。

4）倒出蒸馏水及试样，洗净后，装满蒸馏水，称量比重瓶和水的质量，记录为 m_4。

根据下式计算真密度

$$\rho_0 = \frac{(m_2 - m_1) \cdot \rho_1}{(m_4 - m_1) - (m_3 - m_2)} \quad (\text{g/cm}^3) \tag{6-16}$$

式中　ρ_0——物料真密度，g/cm^3；

　　　ρ_1——蒸馏水（或液体介质）密度，g/cm^3；

　　　m_1——比重瓶质量，g；

　　　m_2——比重瓶及试样质量，g；

　　　m_3——比重瓶、试样和蒸馏水（或液体介质）质量，g；

　　　m_4——比重瓶和蒸馏水（或液体介质）质量，g。

（2）假密度（视密度）的测定方法。块状物料可以通过简单的质量法来测定。

实验步骤如下：

1）将烘干的物料在空气中称重，记录为 m_1；

2）将块状料用细金属丝套好，吊挂在天平一端，放入一盛液体介质的容器中，称量块状料在介质中的质量，记录为 m_2；

3）分别称量金属丝在空气及介质中的质量，记录为 m_3、m_4。

根据下式计算假密度（视密度）

$$\rho_c = \frac{(m_1 - m_3) \cdot \rho_1}{(m_1 - m_3) - (m_2 - m_4)} \quad (\text{g/cm}^3) \tag{6-17}$$

式中　ρ_c——块状料假密度（视密度），g/cm^3；

　　　ρ_1——液体介质密度，g/cm^3；

　　　m_1——块状料质量，g；

　　　m_2——块状料在介质中质量，g；

　　　m_3——金属丝在空气中质量，g；

　　　m_4——金属丝在液体介质中质量，g。

实验结果取多次实验的平均值。

（3）堆积密度的测定方法。堆积密度的测定方法比较简单，实验步骤为：

取一校准体积 V 的容器，无压实装入物料，刮平，测量物料与容器的质量，记录为

m_n，堆积密度计算如下

$$\rho_D = \frac{m_n - m_0}{V} \quad (g/cm^3) \tag{6-18}$$

式中 ρ_D——散状料堆积密度，g/cm^3；

　　m_0——容器质量，g；

　　m_n——容器与试样质量，g；

　　V——容器体积，cm^3。

实验结果取多次实验的平均值。

（4）孔隙度的计算。试样中全部孔隙的体积与试样总体积之比，称为孔隙度。可根据试样的真密度和假密度（视密度）计算得到，计算公式为

$$\varepsilon = \left(1 - \frac{\rho_c}{\rho_0}\right) \times 100\% \tag{6-19}$$

式中 ε——孔隙率，%；

　　ρ_c——块状料假密度（视密度），g/cm^3；

　　ρ_0——物料真密度，g/cm^3。

D　细物料最大分子水与最大毛细水的测定

（1）细物料最大分子水测定。细物料的最大分子水即被牢固地吸附在颗粒表面的分子水，也称为细物料的分子湿容量。最大分子水失去了自由水的特性，只能在较大的离心力或压力下使分子水与矿粒分离。

测定最大分子水的方法较多，有离心法、吸滤法和压滤法，一般采用压滤法。它是使用一定压力使试样中的自由水排出，并用滤纸吸收，仍保留在试样中的水就相当于最大分子水。实验设备见图6-21。

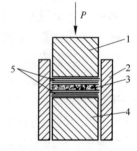

图6-21　压滤法测定分子水
1—上压塞；2—压模；3—试样；
4—下压塞；5—滤纸

实验步骤如下：

1）测定前，将试样润湿到饱和状态，静置 2h 以上，使颗粒表面得以充分润湿为止。

2）测定时，将下压塞放进套筒中（内径 60mm），并将 20 层滤纸放在下压塞上，将准备好的试样放在滤纸上铺平，厚度不超过 2mm，然后在试样上再盖上 20 层滤纸，放上上压塞。

3）将装有试样的压模放在液压机上，以 65.5kg/cm² 的压力压 5min，压后取出试样称重记录为 m_1；并将试样在 105℃ 下恒温干燥至恒重，称重，记录为 m_2。按下式计算最大分子水

$$W_分 = \frac{m_1 - m_2}{m_1} \times 100\% \tag{6-20}$$

式中 $W_分$——最大分子水（最大分子湿容量，质量分数），%；

　　m_1——试样加压后的质量，g；

　　m_2——试样加压烘干后的质量，g。

4）一次实验必须平行测定两次，两次误差不大于0.5%。

（2）细物料最大毛细水测定方法。细物料的最大毛细水（毛细湿容量）的测定采用容量法。测定原理是水在毛细力的作用下，沿物料颗粒之间的毛细孔上升，直至水将毛细孔充满为止。实验装置见图6-22。

实验步骤如下：

1）将装料容器和筛板涂上一薄层石蜡，筛板放入容器，在筛板上平铺两层滤纸，然后将烘干的试样以松散状放入容器，装料高度为80~100mm，并使料面平整。

2）调整好进水管的刻度A与筛板在同一水平面上，随即注入蒸馏水至刻度A，并记下滴管的刻度数。

3）当水沿毛细孔上升时，基准线A的水位逐渐下降，此时应不断地从滴管放入蒸馏水，以保持基准线A的水位，放水速度与毛细水上升速度一致，直到试样不再吸水为止，记录吸水量为A。此时物料的毛细湿容量已达到饱和状态，采用下式计算最大毛细水

$$W_{毛} = \frac{A}{m+A} \times 100\% \qquad (6-21)$$

式中　　$W_{毛}$——最大毛细水（最大毛细湿容量），质量分数，%；

　　　　m——干燥试样质量，g；

　　　　A——试样吸水量，g。

E　生石灰活性度的测定

生石灰的活性度是衡量生石灰在渣中溶解速度的指标，是检验生石灰质量的主要标准之一。生石灰活性度的测定通常采用颗粒滴定法。其原理是将一定粒度（1~10mm）的生石灰溶于水中，以生石灰的水化反应速度来表示其活性度。测定装置见图6-23。

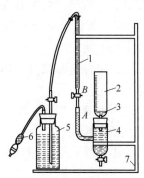

图6-22　容量法测定
毛细水装置

1—滴管；2—玻璃装料器；

3—筛板；4—玻璃贮水器；

5—水瓶；6—打气球；7—支架

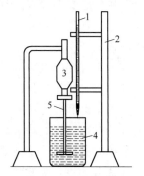

图6-23　生石灰活性
测定装置

1—滴管；2—支架；3—电机；

4—生石灰水溶液；5—搅拌器

实验步骤如下：

（1）将（40±1）℃的蒸馏水2000mL倒入3000mL容量的烧杯中，滴入5~6滴的酚酞指示剂。

（2）在滴管中装入50mL的HCl（4mol/L）的溶液，打开搅拌机（转速225r/min）。

（3）将 50g 粒度为 1~10mm 的生石灰一次加入到水温 40℃的烧杯中，同时滴入浓度为 4mol/L 的 HCl 溶液，开始计时。滴入 HCl 溶液时，应当保持溶液始终处于当量点（显示微粉色）。

（4）分别测定滴定 5min 和 10min 到达终点（即红色消失）时的 HCl 消耗量，生石灰的活性度用 HCl 消耗量来表示。

（5）要求进行平行实验，平行实验误差不超过 5%，否则需要重新进行，实验数据取平均值。

6.2.3.3　实验注意事项

（1）散状物料性质测定实验为动手实验，操作过程中严格遵守操作规程，不乱动各种开关、电器，注意用电安全。

（2）保持实验室整洁，实验完毕后，工具码放整齐。

6.2.3.4　思考题

（1）烧结、炼铁及炼钢生产对原料粒度的要求是什么？

（2）散状物料的性质在冶金过程中所起的作用是什么？

（3）生石灰活性度对炼钢过程有何影响？

（4）在散状物料性质测定实验中，应注意哪些问题？

6.2.4　煤粉物性测定

6.2.4.1　煤的可磨性指数测定方法（哈德格罗夫法）

A　实验目的及方法

煤的可磨性标志着粉碎煤的难易程度。煤的组成比较复杂，不同的煤种有着不同的可磨性。因此，它在现代工业生产和科研中有着重要的作用。对于设计和改造粉煤制备系统、估计磨煤机的产率和耗电量等，都需要进行煤的可磨指数的测定。

目前，在世界许多国家普遍采用的实验方法主要有两种：一种是苏联全苏热工研究所法（简称 BTN 法）；另一种是哈德格罗夫法（简称哈氏法）。

虽然测定煤炭可磨性方法有较大差别，但它们的理论依据则完全相同，即根据磨碎定律：在研磨煤粉时所消耗的功（能量）与煤所产生的新表面面积成正比。

我们所采用的方法为哈德格罗夫法，此方法操作简便，再现性较好，而且最适合测烟煤和无烟煤（因我国高炉喷吹的煤粉为烟煤和无烟煤两种）。

B　实验设备

（1）哈德格罗夫磨煤机。测定哈德格罗夫可磨性系数的磨煤机的结构如图 6-24 所示。电动机通过蜗轮减速后带动主轴和研磨机以（20±1）r/min 的速度运转，研磨环驱动研磨碗内的 8 个钢球转动，钢球直径为 25.4mm，由重块、齿轮、主轴和研磨环施加在钢球上的总垂直力为（284±2）N。

（2）实验筛。孔径为 0.074mm、0.59mm、1.19mm，并配有筛底、筛盖。

（3）振筛机：可以容纳外径为 200mm 的一组垂直套叠的筛子，垂直振击频率为 149/min，水平回转频率为 221/min，回转半径为 12.5mm。

（4）天平。最大称量 100g，感量 1g。

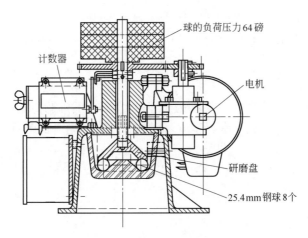

图 6-24　哈德格罗夫磨煤机结构图

（5）破碎机。滚式或圆盘式破碎机。滚式盘的间距可调，能将粒度 6mm 的煤样破碎到 1.19mm，而只生成最小量的，小于 0.59mm 的煤粉。

（6）烘箱。带鼓风的干燥箱一台。

（7）板刷、样铲各一个。

C　测定步骤

（1）将制好的试样在天平上称取 50g 放入研磨碗内，用板刷将落在钢球上和研磨碗凸起部分的煤样清扫到钢球周围，然后将研磨环放在研磨碗内。

（2）将研磨碗端起，使研磨环的十字槽对准主轴下端的十字头，同时将研磨碗挂在机座两侧的螺栓上（要两边同时挂）拧紧固定，以确保总垂直力均匀施加在 8 个钢球上。

（3）将计数器调到零位，启动电机。仪器运转 60±0.25 转后自动停止，卸下研磨碗。

（4）将 0.074mm 的筛子和底套叠好，把沾在研磨环上的煤粉用板刷刷到筛子上，再将每个球用手拿起，逐个将上面的煤粉刷到筛子上。最后将碗内的煤粉倒入筛上，并将碗内煤粉全部刷到筛子上，将筛盖盖好。

（5）将筛子放到振筛机上振动 10min，取下筛子和盖，用板刷将沾在筛子底下的煤粉刷干净，重新放到振筛机上振 5min，取下再刷筛底一次，再振筛 5min 后全部取下。

（6）将 0.074mm 筛上物倒入天平托盘上进行称重。

（7）数据处理：哈德格罗夫法可磨性系数用下列公式计算：

$$K_{HG} = 13 + 6.93G$$

式中　K_{HG}——哈氏可磨性指数；

　　　G——50g 减去筛上物的质量。

D　实验报告

（1）写出实验内容。

（2）试样名称、质量、粒度。

（3）计算出可磨指数。

E　思考题

为什么要必须测出可磨系数？

6.2.4.2 煤粉的爆炸性测定（长管式爆炸测定仪）

对煤粉进行爆炸性检测是高炉喷吹煤粉前所必须做的一项测试内容（特别是烟煤和褐煤）。

A 实验目的

高炉喷吹用煤粉的粒度80%以上都为小于0.074mm的细粉。这样细的粉尘悬浮在空气中达到一定浓度或长期堆放在密闭容器内（储煤罐）一旦遇到火源就有着火和爆炸的危险，特别是烟煤粉和褐煤，危险性更大，随着煤质的不同，其爆炸性的强弱也不同。因此，在选用煤种前对其爆炸性进行检测，以便在生产中采取必要的安全措施是极为重要的。

B 实验方法及设备

目前，我们所采用的是长管式实验装置，如图6-25所示。此设备是我们根据苏联马克耶夫科学研究所设计的长管式实验装置于1977年开始先后两次对其进行了改进。改进后的实验装置操作简便，而且清扫也很方便，并使火源固定。火源温度采用自动控制，火焰长度用光电管测试，并配有数码管，可自动显示火焰长度。而且使测量数据更为准确可靠。

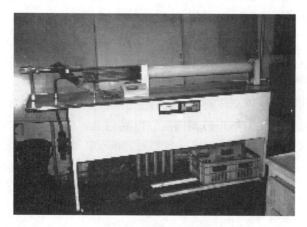

图6-25 长管式实验装置

C 实验步骤

（1）将制备好的煤粉（粒度为小于0.074mm）放入烘箱中进行干燥，一般控制在（105±5）℃下干燥1h。

（2）打开仪器电源，将温度自动升至1050℃。

（3）用天平（感量为1g）称取干燥后的煤粉1g。

（4）取下测定仪上的试样管，将漏斗放入试样管大口处。然后将称好的煤粉倒入试样管内。

（5）将试样管轻轻插入仪器的喷射管内，拧紧。

（6）按动电磁阀开关，这时打气筒迅速将筒内空气压至试样管，使其煤粉即刻喷到爆炸管内的火源上。如系爆炸性煤则在火源产生火焰。以火焰返回的长度作为爆炸性强弱的标志。一般在火源处出现稀少的小于5mm的火星或无火星的属于无爆炸性煤（如无烟煤）；返回火焰长度小于 400mm 的为易燃并具有爆炸性的煤；返回火焰长度大于 400mm 的为强爆炸性煤。测定的每种试样测 5 次。

D 实验报告

（1）写出实验内容。

（2）画出表格将所做试样的名称、试样粒度、试样重量、实验数据（每次）算出平均值。

E 思考题

（1）煤粉的爆炸性如何，就煤粉本身哪些因素有关？

（2）对于具有爆炸性的煤，如果高炉准备喷吹，那么应该采取哪些措施？

6.2.4.3 煤炭着火点的测定

将煤加热到开始燃烧的温度叫做煤的着火点（也叫着火温度或燃点）。着火点是煤的特性之一。

A 实验目的及方法

煤的着火点与煤的变质程度有很明显的关系，变质程度低的煤粉着火点低，反之着火点就高。因此，煤的着火点与挥发分有着重要的关系，即煤的挥发分高的，着火点就低，反之着火点就高。但挥发分相同的褐煤和烟煤，其着火点则是褐煤比烟煤低得多。

煤的着火点的另一种特点就是煤氧化以后，煤的着火点就明显降低。因此，人们利用测定原煤着火点和氧化煤着火点降低的数值来推测煤的着火点降低的数值来推测煤的自燃倾向，以便在储存煤和输送系统中采取必要的安全措施。

目前，我们采用的是光电控制法，即一种直接加热煤样使其发生爆燃。它的优点是操作简便，测量时间短（每测一次只需 3~5min）。误差小，而且重现性好，并有光电系统自动显示计数。

B 实验设备

（1）煤的着火点测定仪。

（2）天平，感量为 0.01g。

（3）玻璃或瓷研钵一套。

C 实验步骤

（1）取制备好的（粒度为小于 0.074mm）并经过干燥后的煤样与氧化剂亚硝酸钠以 1∶0.75 的质量比（即 1g 煤粉配 0.75g 的亚硝酸钠）放入碾钵中混合均匀备用。注：把煤样与亚硝酸钠混合加热，能得到明显的爆燃，而以开始爆燃的温度作为煤的着火点。

（2）用专用刀片将试样放入仪器的加热源（铂金片中间的试样槽）内，然后把刀片竖起，将煤样轻轻刮平再将多余的煤粉用毛刷清扫干净后将装有光电控制的盖子盖好。

（3）启动升温电压开关，使其仪器开始工作，随着电压的不断加大温度也随之升高。

（4）当煤样爆燃的同时，电压表也停止工作。这时，温度也即刻自动记录下来并显示在数码管上。

（5）按动复位键，将一起恢复到初始位置。

（6）用药用棉蘸上酒精或水，将铂金片清洗干净后再进行测定。同一试样连续测定 3 次，取其平均数，允许误差为±2℃。

D　实验报告

（1）写出实验内容。

（2）画出表格，将试样名称、粒度、实验数据（每次）平均值。

E　思考题

煤粉着火点的高低与什么有关?

6.2.5　差热分析

1977 年，国际热分析协会（International Confederation for Thermal Analysis，ICTA）的命名委员会（Committee on Nomenclature）对热分析的定义是：热分析是在程序控制温度下测量物质的物理性质与温度关系的一类技术。程序控制温度是指线性升温、线性降温和等（恒）温。物质包括原始试样和在测量过程中由化学变化生成的中间产物及最终产物。物理性质主要包括：质量，温度，热熔变化，尺寸，力学特性，光学特性，电学特性和分子化合物。热分析主要应用在测量（1）无机化合物；（2）金属，合金，矿物，黏土；（3）高分子化合物；（4）有机化合物；（5）电器，电子用品；（6）陶瓷，水泥，玻璃，耐火材料等材料的反应热、分解和降解、相变、结晶化、脱水、热力学常数和熔点等。

热分析主要设备有 TG（Thermogravimetry 热重）、DTA（Differential Thermal Analysis 差热分析）、DSC（Differential Scanning Calorimeter 差式扫描量热）、DIL（Dilatometer 热膨胀）、TMA（Thermal Mechanical Analysis 热机械）、DMA（Dynamic Mechanical Analysis 动态热机械）、联用（热分析与红外，与质谱）等。最常见的应用有：DTA 测量合金的相变点；DSC 测量合金的相变点和相变热熔；TGA 测量物质的热稳定性和组分分析；DSC 测量材料的比热和二级相变，DSC 测量反应的动力学过程与机理分析；TGA 测量磁性材料的居里点以及较高级的 TGA 和 DTA（或 TGA 和 DSC）联用等。

6.2.5.1　实验目的

（1）掌握 TG、DTA 及 TG-DTA（DSC）联用热分析仪的原理和实验技术。

（2）测量化学分解反应过程中的分解温度。

（3）测量反应过程中质量变化，从而研究材料的反应过程。

6.2.5.2　实验原理和设备

A　热重法

热重法（Thermogravimetry，TG）是指在程序控制温度下，测量物质的质量与温度的关系的一种技术。为了能够实时并自动地测量和记录试样质量随温度的变化，一台热重分析仪至少应由以下几部分组成：

（1）装有样品支持器并能实现实时记录的自动称量系统。

（2）记录器。

（3）炉子和炉温程序控制器。

其中装有样品支持器并能实时记录的自动称量系统是热天平最为重要的部分。热天平按试样与天平刀线之间的相对位置划分，有上皿式，下皿式和水平式三种。现在大多数的热天平都是根据天平梁的倾斜与重量变化的关系进行测定的。通常测定重量变化的方法有变位法和零位法两种。热天平以上皿式零位型的天平应用最为广泛。这种热天平在加热过程中试样无质量变化时仍能保持初始平衡状态；当试样有质量变化时，天平就失去平衡，发生倾斜，立即由传感器检测并输出天平失衡信号，这一信号经测重系统放大用以自动改变平衡复位器中的电流，使天平重又回到平衡状态，即所谓的零位。平衡复位器的线圈电流与试样质量变化成正比，因此，记录电流的变化即能得到加热过程中试样质量连续变化的信息。而试样温度同时由测温热电偶测定并记录。于是得到试样质量与温度（或时间）关系的曲线。

物质在加热或冷却过程中会发生物理变化或化学变化，与此同时，往往还伴随吸热或放热现象。伴随热效应的变化，有晶型转变、沸腾、升华、蒸发、熔融等物理变化，以及氧化还原分解、脱水和离解等化学变化。另有一些物理变化，虽无热效应发生，但比热容等某些物理性质也会发生改变，这类变化如玻璃化转变等。物质发生焓变时质量不一定改变，但温度是必定会变化的，差热分析正是在物质这类性质基础上建立的一种技术。往往能给出比热重法（TG）更多关于试样的信息，是应用最广的一种热分析技术。

B 差热分析法

差热分析（Differential Thermal Analysis，DTA）是指在程序控制温度下，测量物质和参比物之间的温度差与温度（或时间）关系的一种技术。用数学式表达为

$$\Delta T = T_s - T_r \ (T \text{ 或 } t)$$

式中　T_s，T_r——分别代表试样及参比物温度；

　　　T——程序温度；

　　　t——时间。

试样和参比物的温度差主要取决于试样的温度变化。

DTA 仪由以下几部分组成：

（1）样品支持器。

（2）程序控温的炉子。

（3）记录器。

（4）检测差热电偶产生的热电势的检测器和测量系统。

（5）气氛控制系统。

若将呈热稳定的已知物质（即参比物）和试样一起放入一个加热系统中，并以线性程序温度对它们加热，在试样没有发生吸热或放热变化且与程序温度间不存在温度滞后时，试样和参比物的温度与线性程序温度是一致的，即 $T_s - T_r$（ΔT）为零时，两温度线重合，在 ΔT 曲线上则为一条水平基线。若试样发生放热变化，由于热量不可能从试样瞬间导出，于是试样温度偏离线性升温线，且向高温方向移动。而参比物的温度始终与程序温度一致，$\Delta T > 0$，在 ΔT 曲线上是一个向上的放热峰。反之，在试样发生吸热变化时，由于试样

不可能从环境瞬间吸收足够的热量，从而使试样温度低于程序温度。$\Delta T<0$，在 ΔT 曲线上是一个向下的吸热峰。只有经历一个传热过程，试样才能回复到与程序温度相同的温度，由于是线性升温，得到的 ΔT-t（或 T）图即是差热曲线或 DTA 曲线，表示试样和参比物之间的温度差随时间或温度变化的关系。

测量温度差的系统是 DTA 仪中的一个基本组成部分。试样和参比物分别装在两只坩埚内，其温度差是两副相同热电偶反接构成的差热电偶测定的，用毫克级试样时，ΔT 通常是一个很小的值，产生的热电势为几十至数百微伏。由差势电偶输出的微伏级直流电势，需经电子放大器放大后与测温热电偶测得的温度信号同时由记录器记录下来，于是得到差热曲线。

一般来说，每种热分析技术只能了解物质性质及其变化的某一或某些方面，在解释得到的结果时往往也有局限性，综合运用多种热分析技术，则能获得有关物质及其变化的更多知识，还可以相互补充和相互印证，对所得实验结果的认识也就全面深入和可靠得多。现在广泛采用的联用技术就是以多种热分析技术联合使用为主的一种新技术。最常见的联用技术是 TG-DTA（或 DSC）联用。使用这种兼有两种功能的热分析仪，实现了同一时间对同一试样 TG 和 DTA（或 DSC）的测试。

本实验采用的是德国耐驰公司生产的 STA409C 综合热分析仪，它采取了 TG-DTA（或 DSC）联用技术。由于上皿式热天平有许多优点，所以当 TG 和 DTA（或 DSC）联用时，多采用这种方式。它把原有的 TG 样品支持器换成了能同时适用于 TG 和 DTA（或 DSC）测试的样品支持器，实现了同时记录质量、温度和温度差。这不仅能自动实时处理 TG 和 DTA（或 DSC）数据，还能利用分析软件得到外推起始温度、差热峰的峰顶温度、峰面积和热效应数据，以及动力学参数，并能得到 TG 的微熵，绘制及打印曲线。另外 STA409C 综合热分析仪还实现了与质谱仪的联用，可对反应过程中逸出的气体进行分析，从而达到了多方面研究反应过程的目的。图 6-26 和图 6-27 分别为本实验设备的示意图和 TG-DTA（DSC）联用热分析仪的原理构造图。

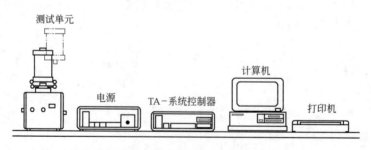

图 6-26   设备示意图

6.2.5.3   实验步骤

（1）预热与样品准备。测量前 2h，打开总电源和分电源，打开恒温器开关；测量前 30min，打开 TA 控制器和计算机开关。让天平旋钮处于锁定状态，即 "arrest" 位置。

（2）装样。打开测量部分，上移并旋转炉子；根据测量要求，选取 TG-DTA（DSC）

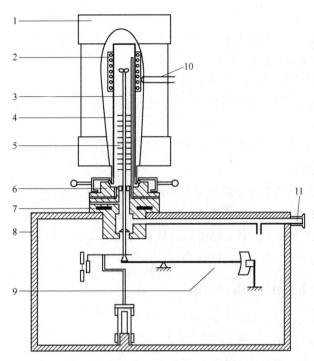

图 6-27 TG-DTA(DSC) 联用热分析仪的原理构造图

1—炉子；2—加热元件；3—样品支持器；4—保护管；5—防辐射片；6—连接头；

7—恒温控制；8—箱体；9—热天平；10—控制热电偶；

11—接头（接抽真空系统）

联用支架；准备样品草酸钙，称取 10mg 左右的草酸钙放入刚玉坩埚中。分别把空坩埚和装有草酸钙样品的坩埚放在支架座内；旋转并下移炉子，关闭测量部分。打开天平保护气体 Ar50mL/min 和载气阀门，放开天平至测量状态，即"release"位置。

（3）软件操作。打开操作软件"STA409C on 18"。在"Instrument setup"中，设置支架、炉子及相应的热电偶类型，即 Sample Carrier：DTA（/TG）HIGH RG2，Sample Thermocouple：S, Furnace：STD Pt-Rh, Furnace Thermocouple：S, Measurement Mode：DTA/TG, Crucible：DTA/TG Crucible Al_2O_3；在"New"中，设置样品文件的名称和质量，以及控温曲线和气氛。调整天平和设置初始、终止温度，30~700℃，升温速度为 20℃/min。等 TG 信号稳定且达到预热时间后，选择"Start"，开始测量。

（4）数据处理。测量过程中可从计算机屏幕上直接观察样品质量、样品吸（放）热与温度关系曲线，可以进行即时分析、计算。达到最终温度后，样品测量完毕，计算机控制自动断开加热电源，自动开始降温。通过分析软件 Proteus Analysis，进行修正和处理，计算反应的几个阶段的失重量，几个阶段的起始反应温度，几个阶段的热效应的变化，并输出测量数据。

（5）结束操作。等炉温降到低于 250℃时，关上天平旋钮，即"arrest"位置，打开测量部分，并旋转炉子，取出样品。关掉保护气阀门，关掉计算机、TA 控制器电源、恒温器、分电源、总电源开关，实验结束。

6.2.5.4　实验报告

（1）绘出实验设备示意图和 TG-DTA 联用分析仪的原理图。

（2）列出全部的实验条件、原始数据及结果，如：样品的名称、质量和尺寸；起始温度、升温速率；天平室气氛；坩埚尺寸和材料等。

（3）通过 TG 曲线计算反应过程中的反应失重量，通过 DTA 曲线计算反应的热效应和起始反应温度。

（4）结合以上计算结果判断各级反应中的产物，写出各级反应的方程式。

6.2.5.5　思考题

（1）如果在 CO_2 气氛下，草酸钙分解温度会发生怎样的变化？

（2）如果升温速度增大，每阶段草酸钙分解质量会发生怎样的变化？

（3）如果升温速度增大，草酸钙分解温度会发生怎样的变化？

（4）如果样品室内混有氧气，DTA 曲线会发生怎样的变化？

6.2.6　激光法测量金属材料的导热性能

6.2.6.1　实验目的

（1）熟知激光闪射法测定材料导热系数的理论基础；学习热扩散系数和比热容的相关公式，掌握该方法的基本原理。

（2）了解激光闪射法测定导热系数的设备结构，探讨冶金材料的在高温下导热性能的测量方法。

（3）掌握导热数据的计算处理过程，熟悉热扩散系数和导热系数之间的换算关系，了解不同冶金材料在数据处理中的适用理论模型。

6.2.6.2　实验设备

耐驰 LFA467HT 激光高温导热仪（见图 6-28）、液氮罐、石墨喷碳管、加热板、通风橱。

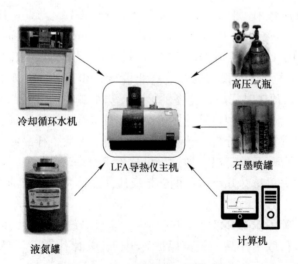

图 6-28　激光导热仪设备图

6.2.6.3 实验原理

材料的导热系数是反映其导热性能的重要物理参数。热量的传递需要依靠原子、分子等微观粒子围绕其所在的平衡位置振动，所以导热系数不仅与材料的组成成分密切相关，而且与微观结构、温度、压力及杂质情况也密切相关。测量导热系数的方法有比较多，主要分为两类：一类是稳态法（如平板法、球体法和热流计法等），另一类是动态法（如激光闪射法、热线法、探针法等）。用稳态法测量材料导热系数时，先用热源对测试样品进行加热，然后一定时间后，样品内部形成了稳定的温度分布，再根据傅里叶方程直接计算出其导热系数。而在动态法测量中，待测样品中的温度不是稳定分布的，而是随时间变化的。其中瞬态法应用范围较为宽广，尤其适合于高导热系数材料以及高温下材料导热性能的测试，其中发展最快、最具代表性、国际热物理学界普遍认同的方法是闪光法（FlashMethod），亦称为激光法或激光闪射法，本实验中用到的 LFA 激光导热仪就是利用激光闪射法对材料的导热性能进行测量的。

A 稳态法测量不良导体的导热系数

热传导或传热是指当体系内存在温度梯度时，热量从高温处流向低温处。1822 年，法国著名的科学家傅里叶对导热数据等实验结果进行提炼分析，总结得到傅里叶定律，即通过等温面的导热速率与温度梯度及传热面积成正比，也称为热传导定律。比例系数称为导热系数或热导率，关系式如式（6-22）所示：

$$\frac{\mathrm{d}Q}{\mathrm{d}t} = -\lambda \frac{\mathrm{d}T}{\mathrm{d}x} \mathrm{d}S \tag{6-22}$$

如图 6-29 所示，一块厚度为 h、截面面积为 S 的平板样品（如橡胶板）B 夹在加热圆盘 C 和黄铜圆盘 A 之间，热量由加热圆盘 C 传入经样品 B 流向黄铜盘 A。加热圆盘 C 和黄铜盘 A 上各插入一个热电偶，测量其实时的温度。当热传导稳定时，温度分布保持不变，加热圆盘 C 的温度恒定为 T_1，黄铜盘 A 的温度恒定为 T_2，此时传热速率为

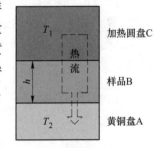

图 6-29 稳态法测量导热系数

$$\frac{\mathrm{d}Q}{\mathrm{d}t} = \lambda \frac{T_1 - T_2}{h} S \tag{6-23}$$

当 T_1 和 T_2 稳定时，传入样品 B 的热量应等于它向周围散失的热量。移除样品 B，让加热圆盘 C 与黄铜盘 A 直接接触，将黄铜盘 A 继续升温至约 $T_2 + 10\,^{\circ}\!\mathrm{C}$。然后再移去加热圆盘 C，让黄铜盘 A 表面自由放热。每隔一段时间（约 30s）记录下黄铜盘 A 的温度，直到其温度低于 T_2，据此可得到黄铜盘 A 在 T_2 附近的冷却速率 $\frac{\mathrm{d}T}{\mathrm{d}t}$。在移除加热圆盘 C 和样品 B 后，黄铜盘 A 自由散热时，热量通过其上下表面以及侧面流失，此时散热速率为 $\frac{\mathrm{d}Q'}{\mathrm{d}t}$。

$$\frac{\mathrm{d}Q'}{\mathrm{d}t} = m_{\mathrm{A}} c_{\mathrm{A}} \cdot \frac{\mathrm{d}T}{\mathrm{d}t} \tag{6-24}$$

式中，m_{A} 和 c_{A} 分别为黄铜板 A 的质量和比热容。

黄铜盘 A 在稳态传热时，热量通过其下表面和侧面流失，此时散热速率等于 $\dfrac{\mathrm{d}Q}{\mathrm{d}t}$；物体的散热速率应与其的散热的面积成正比，所以

$$\frac{\mathrm{d}Q}{\mathrm{d}t} : \frac{\mathrm{d}Q'}{\mathrm{d}t} = \frac{\pi R(R+2h)}{\pi R(2R+2h)} \tag{6-25}$$

综合式（6-25）和式（6-24）可得

$$\frac{\mathrm{d}Q}{\mathrm{d}t} = \frac{\pi R(R+2h)}{\pi R(2R+2h)} \cdot m_A c_A \cdot \frac{\mathrm{d}T}{\mathrm{d}t} \tag{6-26}$$

综合式（6-26）和式（6-23）可以计算出样品 B 的导热系数为：

$$\lambda_B = \frac{m_A c_A h_B (R_A + 2h_A)}{2\pi R_B^2 (T_1 - T_2)(R_A + h_A)} \cdot \frac{\mathrm{d}T}{\mathrm{d}t} \tag{6-27}$$

式中，m_A、h_A、R_B、h_B、T_1、T_2 都可以由实验测量出准确值，而黄铜盘 A 的比热容 c_A 查表可知。

B   激光闪射法测量导热系数

激光闪射法可以直接测量材料的热扩散系数，然后根据物质的密度和比热进一步计算得到材料的导热系数。

如图 6-30 所示，通过恒温炉将待测样品（厚度为 d）恒定在某一特定的温度下，点亮光源（如氙灯），发射出一定能量的光脉冲，并照射在样品的下表面（照射光斑远小于样品直径），光脉冲带来的热量变化就会从样品的下表面传导到上表面，通过红外检测器连续测量样品上表面的温度变化过程，可以得到样品上表面温度（检测器信号的变化）变化随时间的关系曲线。

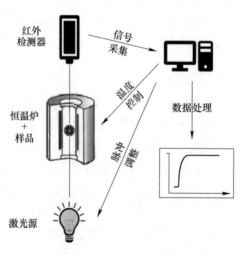

图 6-30   激光法导热仪原理

应用计算机软件的数学模型对实验温度上升曲线进行合理的理论修正，可以计算得到样品此时的半升温时间 t_{50}（从接受激光脉冲照射后样品上表面温度升高开始到温度升高到

最大值时，所需时间的一半，或称为 $t_{1/2}$），样品在温度 T 下的热扩散系数 α，可根据以下公式计算得到：

$$\alpha(T) = 0.1388 \times \frac{d^2}{t_{50}} \tag{6-28}$$

导热系数（热导率）与热扩散系数的换算关系如下：

$$\lambda(T) = \alpha(T) \cdot c_p(T) \cdot \rho(T) \tag{6-29}$$

式中，λ 为材料的导热系数，$W/(m \cdot K)$；α 为热扩散系数，mm^2/s；c_p 为材料的比热，$J/(g \cdot K)$；ρ 为材料的密度，g/cm^3。

当体系温度 T 时，材料的热扩散系数 $\alpha(T)$ 可由激光闪射法根据式（6-28）得到，在已知此时材料的比热 $\alpha(T)$ 与密度 $\rho(T)$ 的情况下便可根据式（6-29）计算得到其导热系数 $\lambda(T)$。其中材料的密度一般在室温下测量，其随温度的变化可使用材料的线膨胀系数表（查表或用热膨胀仪测得）进行修正，在测量温度和室温差别不大、样品热胀冷缩不明显的情况下，也可近似认为保持不变。样品的厚度 d 也可以用此法修正。比热可使用文献值或使用差示扫描量热法（DSC）等方法测量。温度升高（信号值表示）与升级的关系曲线，见图6-31。

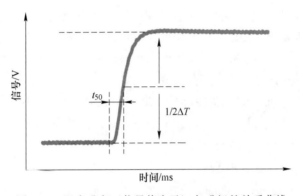

图6-31　温度升高（信号值表示）与升级的关系曲线

实验时需要根据不同的测试材料和不同的测试温度制备样品的厚度。建议低导热系数的样品（如塑料、橡胶、玻璃等）制样厚度 $0.1\sim1mm$；中等导热材料（如大部分陶瓷、合金等）制样厚度 $1\sim2mm$；高导热的材料（如石墨、部分高导热陶瓷等）制样厚度 $2\sim4mm$。

一般来说，高导热样品制的厚一些，低导热样品制得薄一些，使激光脉冲的透过时间（或 t_{50}）在一个合理的数值范围。透过时间太长（如低导热材料制样太厚），传热过程中边缘热损耗严重，将影响测量的准确度。透过时间太短（如高导热材料制样太薄），表面石墨涂覆层的干扰太大，影响数据的准确性，测出的热扩散系数比实际值偏低。如果透过的时间低至接近于激光脉冲的照射时间的数量级，则无法测出样品的热扩散系数。

6.2.6.4　实验步骤

（1）样品准备：待测样品（表面平整、平行度好、试样无开口气孔、无贯通气孔）一般为直径 $10mm$ 或者 $12.7mm$ 的圆片，试样的厚度为 $1\sim4mm$。最适宜的试样厚度应满足 t_{50} 值大于脉冲宽度的 50 倍。材料的热扩散系数与材料厚度的平方成正比，因此开始测试前要使用千分尺精确测量试样的厚度，并使用热膨胀系数进行温度修正。

（2）试样处理：为了减少材料对激光脉冲的反射，并增加试样表面对激光脉冲能量的吸收，测试前可以在待测试样的两面均匀喷涂石墨涂层。石墨涂层还可以阻止激光脉冲穿透样品干扰测量，在高温阶段能够抵抗激光脉冲的加热而使样品在测试时不发生融化、蒸发或分解等。

（3）开机准备：打开冷却循环水机设置温度在 20℃ 左右；打开高纯氩保护气，减压阀压力调节到 0.05MPa 左右。将液氮加入到设备上方 InSb 红外检测器中。打开主机电源开关，打开电脑操作软件。

（4）试样安装：将样品水平放入碳化硅的样品支架上，打开舱门安装样品，无样品的测试仓用 SiC 盖板盖住。关闭舱门，打开真空控制器，抽真空充气 1~2 次。

（5）参数设置：新建数据库，并新建测试方案，并设置测量温度和清扫保护气体。分别测量钢样、纯铜在 200℃、400℃、600℃ 下的热扩散系数值。

（6）开始测量：先"闪射"进行测试效果预览，根据"闪射"预测试调整灯电压、脉冲宽度，信号增益、闪射点大小等参数。然后点击"开始测量"。仪器自动调整样品温度，记录试样上表面温升随时间的变化曲线。

（7）数据处理：激光闪射导热仪的计算机控制系统分为两部分：数据测量系统和数据分析系统。在测试结束后，数据分析系统软件将得到的数据自动进行处理并得到半升温时间，从而得出试样的热扩散系数。可对得到的多次测量的数值进行平均值处理，然后进行数据曲线拟合，模拟得到材料性能随温度变化的趋势。

（8）测试结束：测试完毕设备冷却后，取出测试样品，关闭测试软件，分别关闭电脑、导热仪和冷却循环水电源。整理清扫实验室，关闭实验室水电和通风，锁好门窗。

6.2.6.5　实验数据记录与处理

导热分析参数记录（见表6-2）。

表6-2　导热分析参数记录

序号	样品名称	直径/mm	厚度/mm	光斑大小	温度探头	保护气体
1						
2						
⋮						

样品热扩散系数（见表6-3）。

表6-3　样品热扩散系数

序号	样品名称	温度/℃	热扩散系数 /mm^2·s^{-1}	光源电压/V	脉冲宽度/nm	t_{50}/ms	信号增益
1							
2							
⋮							

画出热扩散系数 $\alpha(T)$ 随温度 T（℃）变化的曲线图。

6.2.6.6 思考题

（1）实验中导热测量的制样要求是什么？

（2）激光导热法测量的原理是什么？

（3）热扩散系数和热导率的不同？

6.2.7 坐滴法测定熔体表面张力、密度和接触角

本实验的特点是可同时测出液体的表面张力（界面张力）、密度以及液体对固体材料的接触角等多个性质，并且可以应用微型计算机解微分方程方法处理数据，也可用查表法处理数据。

6.2.7.1 实验目的

（1）掌握坐滴法测定熔体表面张力、密度和接触角的原理和方法。

（2）熟悉近距离摄影及暗房操作的实验技术。

（3）熟悉用查表法或应用微机处理实验数据的方法。

6.2.7.2 实验原理

当一小滴液体静置在水平垫片上时，重力所产生的静压力以及液体对固体的部分润湿作用力图使液滴在平面上铺展；而液体表面张力所产生的内聚力则使液滴收缩倾向于球形。当诸力达到平衡后，液滴即保持一定形状。由液滴形状的特征几何尺寸，即可算出液体的表面张力、密度以及液体对垫片材料的接触角（润湿角）。设液滴的形状如图6-32（a）所示，在液滴表面任取一点 P，则在 P 点处的静压力 p_1 为

$$p_1 = g(\rho_1 - \rho_2)z + p_c \tag{6-30}$$

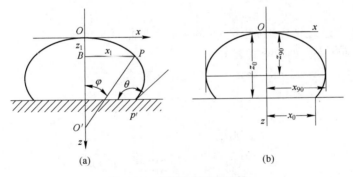

图 6-32 坐滴法原理与计算

（a）原理；（b）液滴的特征尺寸

P 点处因液面弯曲而引起的内压力 p_2 为：

$$p_2 = \sigma\left(\frac{1}{R_1} + \frac{1}{R_2}\right) \tag{6-31}$$

式中 　g——重力加速度；

　　ρ_1，ρ_2——分别为液相和气相的密度；

　　　z——以液滴顶点为坐标原点时 P 点的垂直坐标；

　　　p_c——滴顶（O 点）处的静压力（附加压力）；

R_1，R_2——液滴曲面在 P 点处的主曲率半径；

σ——液体的表面张力。

当液滴平衡时，$p_1 = p_2$，则有

$$\sigma\left(\frac{1}{R_1} + \frac{1}{R_2}\right) = g(\rho_1 - \rho_2)z + p_c \tag{6-32}$$

若取液滴的顶点为 P 点，即使 P 与 O 重合，此时 $z = 0$，且 $R_1 = R_2 = b$，这里 b 是液滴顶点处曲面的曲率半径，其值决定于液滴的大小，又称为液滴的尺寸因子。由此可知，液滴顶处的附加压力为 $p_c = 2\sigma/b$，以此代入式（6-32）可得

$$\sigma\left(\frac{1}{R_1} + \frac{1}{R_2}\right) = \frac{2\sigma}{b} + (\rho_1 - \rho_2)gz \tag{6-33}$$

曲面的特征是以一对主曲率半径来表示的，P 点处的主曲率半径之一可取通过法线 PO' 并垂直于 xOz 面的那一个截面与曲面交线的曲率半径，令其为 R_2，可以证明 R_2 的值可用主截面上 P 点的水平坐标 x 及法线 PO' 与 Oz 轴的夹角 φ 来表示，即 $R_2 = x/\sin\varphi$，因此

$$\sigma\left(\frac{1}{R_1} + \frac{\sin\varphi}{x}\right) = \frac{2\sigma}{b} + (\rho_1 - \rho_2)gz \tag{6-34}$$

引进形状校正因子 β，令

$$\beta = (\rho_1 - \rho_2)g\frac{b^2}{\sigma} \tag{6-35}$$

并以 $1/b$ 除以式（6-35）可得

$$\frac{1}{\dfrac{R_1}{b}} + \frac{\sin\varphi}{\dfrac{x}{b}} = 2 + \frac{z}{b}\beta \tag{6-36}$$

另一主曲率半径则取通过纵坐标 Oz 的主截面与曲面的交线（即曲线 OPP'）的曲率半径 R_1，R_1 可用曲线坐标的微分式表示

$$R_1 = \left[1 + \left(\frac{\mathrm{d}z}{\mathrm{d}x}\right)^2\right]^{3/2} \Big/ \frac{\mathrm{d}^2z}{\mathrm{d}x^2}$$

由此可得

$$\frac{b\left(\dfrac{\mathrm{d}^2z}{\mathrm{d}x^2}\right)}{\left[1 + \left(\dfrac{\mathrm{d}z}{\mathrm{d}x}\right)^2\right]^{3/2}} + \frac{\sin\varphi}{\dfrac{x}{b}} = 2 + \frac{\beta z}{b} \tag{6-37}$$

式（6-37）为二阶微分方程式，因无确定的函数关系表达式，故不能分析求解。巴什福斯与亚姆斯（Bashforth & Adams）在 1883 年首先用数字解法计算了不同 β 值（从 0.1 到 100）和 φ 值（从 0°到 180°）所对应的 x/b、z/b 和 x/z 的数值，并制成了计算数表，其中包括 $\varphi = 90°$ 时的 β 和 x/z 的数值。现在可用微机解此方程。

计算时，先对实验得到的液滴形状图像的尺寸进行精确测量，测出液滴最大水平截面的半径（赤道半径）x_{90} 和由滴顶至赤道平面的垂直距离（极顶半径）z_{90}［图 6-32（b）］，利用数表求出 β 和 b 值，与已知的 ρ_1、ρ_2 值代入由式（6-37）导出的公式

$$\sigma = (\rho_1 - \rho_2)gb^2/\beta \tag{6-38}$$

即可算出液体的表面张力。在应用式（6-38）时，若液滴周围是气体介质，其密度 ρ_2 与液体密度 ρ_1 相比较为很小时，则可略去不计。若液滴与介质为两种密度不同的液体（熔体）时，例如金属与炉渣，则据式（6-38）算出的 σ 是两液相间的界面张力。

6.2.7.3 实验装置

本实验的装置由高温真空电炉及炉温测量控制系统、真空及真空检测系统、光源及照相设备三大部分组成，如图 6-33 所示，其中真空电炉的结构如图 6-34 所示。

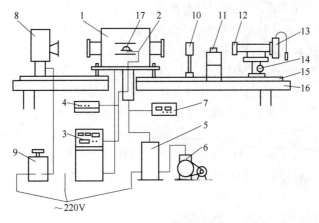

图 6-33　实验设备连接图

1—真空电炉；2—热电偶；3—精密温度控制器；4—数字温度计；5—JK-100 型真空机组；
6—机械泵；7—复合真空计；8—光源；9—调压器；10—投影屏；11—水准尺；12—照相机
镜头与接圈；13—照相机盒；14—照相机座；15—直导轨；16—底座；17—样品

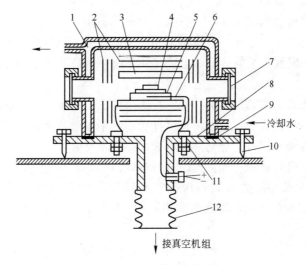

图 6-34　真空电炉的构造

1—水冷钟罩；2—热屏蔽片；3—炉管；4—垫；5—试样座；6—热电偶；7—石英平面镜；
8—炉底座；9—密封圈；10—调节螺钉；11—导电杆；12—波纹管

（1）真空电炉与测温控温系统。高温真空电炉外壳采用不锈钢制水冷夹套钟罩，内放水平管式电炉，刚玉炉管外绕铁铬铝（或钼或钨）丝。炉管内放置一半圆柱形样品座，座内开有放置测温热电偶用的小孔。样品座的平面上放置一 15mm×15mm×2mm 的刚玉垫片。水冷外壳的两侧各有一观察窗，嵌有石英光学平面玻璃。真空炉之底座焊有不锈钢波纹管，与真空机组的不锈钢油扩散泵相接，炉底座还设有两支水冷铜制导电杆（与底座绝缘）。炉内钟罩与炉管之间的空间设有多层金属热屏蔽片。整个炉子可由底座上的调节螺钉调节水平。

电炉用程序控温仪控温，试样温度用样品座下的热电偶及数字温度计测定。

（2）真空与真空检测系统。JK-100 型真空机组由扩散泵与前级机械泵组成，极限真空度为 $1.33×10^{-6}$Pa。用复合真空计中的热电偶真空计测量前级泵的真空度，电离真空计测量油扩散泵工作时实验系统的真空度。

（3）光学照相系统。采用 500W 幻灯机灯泡作光源，经凸透镜成平行光源，加自耦变压器调节光源强度，此光源供仪器校正及低温测量时样品的照明用。

图像可直接在毛玻璃投影屏上成像，或由照相机摄取。相机采用普通 DF-1 型单镜头反光镜照相机机盒，加 300~400mm 长度可调的接圈（筒），镜头采用焦距为 180mm 的放大机镜头。整个相机置于可三维调节的机座上，以便与电炉轴心对齐。从相机的取景器中可观察炉内试样，亦可用 135 胶卷连续摄取图像（现在的物性仪配备摄像机-计算机图像采集处理系统）。

光源、电炉与相机座一起安放在大底座上，底座上设有三角形断面的直导轨，光源和投影照相系统可在轨道上滑行，调其间距离。

电炉炉壳、导电棒及真空机组分别接冷却水冷却。

6.2.7.4　实验步骤

（1）取一颗圆柱状锡粒［高纯，$w(Sn)=99.999\%$，ϕ8mm×5mm，质量约 1.8g］，用无水酒精清洗干净并用热风吹干，在分析天平上准确称量。

（2）将一块预先磨平、抛光并清洗烘干的刚玉垫片置于试样座平台之上，并将锡粒置于垫片中央，在试样座底下装好测温热电偶，然后将试样座连同试样推入炉管内，使垫片基本上呈水平位置。

（3）安放好炉管外围的辐射热屏蔽片，在炉座的密封圈上小心地扣上水冷钟罩。

（4）开启光源，使光线通过观察窗将试样投射到毛玻璃投影屏上。以水准尺的上平面为基准，调整炉座的调节螺钉，使垫片的上表面达到水平。

（5）电炉和真空机组通水冷却，同时进行抽真空操作。首先开启旋片式机械泵，用复合真空计测量系统的真空度并检查系统的密封情况。当真空度达到 $1.33×10^{-2} ~ 1.33×10^{-3}$Pa 时，启动油扩散泵（加热器通电加热）；当真空度达 $1.33×10^{-5}$Pa 时，维持真空机组的工作状态。

（6）打开光源，复查并重调试样垫片的水平，然后撤除水准尺和投影屏，在导轨上改放照相机，调整机座使镜头处于取景范围，装好胶卷，调节镜筒聚焦，使试样在取景器内清晰成像。

（7）完成上述准备工作以后使电炉升温，在升温过程中可以通过取景器观察试样形态的变化，包括试样的膨胀、熔化直至形成稳定液滴。这些变化所对应的温度可以从数字温度计上读出。

（8）待试样形成稳定液滴并在预定温度下恒温 10min 后，再一次复查聚焦质量，然后根据试样的亮度选择光圈指数和曝光时间（由预备试验确定），拍摄 2 张照片。

（9）改变实验温度，重复第（8）项操作。

（10）实验结束后电炉断电，自然冷却至室温再关闭扩散泵，扩散泵油降温后再关闭机械泵，最后停止冷却水供应，真空机组停止工作，并对冷却后的液滴再一次照相。

（11）将真空电炉接通大气，揭开水冷钟罩，取出试样，用测量显微镜测量摄影方向上试样的最大直径。

（12）冲洗胶卷，用投影测量仪首先测出冷液滴胶片上图形的最大直径，与上项中测出的试样实际尺寸比较，算出照相的放大倍数，然后再测出高温液滴图像的赤道半径 x'_{90}（最大直径的一半），滴顶半径 z'_{90}，液滴底面半径 x'_0 和液滴全高 z'_0［见图 6-32（b）］，以上测出值除以放大倍数即为液滴相应部位的实际尺寸 x_{90}，z_{90}，x_0 和 z_0。

6.2.7.5 查表法处理实验数据

（1）液体表面张力的计算。根据测得的液滴实际尺寸 x_{90} 和 z_{90}，计算出 x_{90}/z_{90}，由巴什福斯（Bashforth）数据表查得 β 值，再由求得的 β 值查表中 $\varphi=90°$ 栏下的 x/b 与 z/b 值，将测得的 x_{90} 和 z_{90} 代入，即可求得两个 b 值，此两 b 值应该相等。若两者相差很小，则可取其平均值，此 b 值即滴顶处的曲率半径。由手册查得（或自行计算求出）液体在相同温度下的密度值 ρ，由式（6-38）计算液体的表面张力。

（2）接触角的计算。图 6-35 作出了 P 点处的接触角及过 P 点的法线与对称轴的夹角 φ，此角度与图 6-32（a）中 φ 角的定义相同。显然，图 6-35 中 $\varphi=\theta$，因此只要根据实验测出的 b 值算出 x_0/b 和 z_0/b，再由已求得的 β 值根据文献提供的计算表用线性内插法求得 φ 值。同样，计算可得两个相近的 φ 值，取其平均即为 θ 的测量结果。

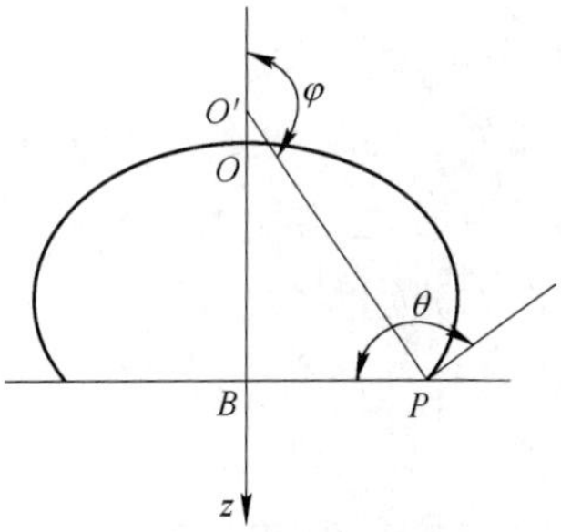

当液滴形状接近球形时（小液滴的情况），可将液滴看成球冠，θ 可用下式近似计算

$$\theta = 2\arctan(z_0/x_0) \tag{6-39}$$

图 6-35 接触角的计算

（3）液体密度的计算。将前面测量和查表计算所得数据代入下式，即可计算出液滴在试验温度下的体积：

$$V = \frac{\pi b^2 x_0^2}{\beta}\left(\frac{2}{b} - \frac{2\sin\theta}{x_0} + \frac{\beta z_0}{b^2}\right) \tag{6-40}$$

根据实验前或后称量的试样质量，即可算出液体的密度。

6.2.7.6 实验报告要求

（1）简述实验目的、原理及方法。

（2）测定锡在 250°、350°、450° 时的表面张力、密度及其对刚玉材料的接触角，列表给出测量及数据处理结果。

（3）实验误差分析。

6.2.7.7 思考题

在测量 z'_{90} 时，如何从投影测量仪上判断液滴赤道平面的纵坐标位置？

6.2.8　熔体密度的测定

冶金过程中，炉渣和金属的分离、冰铜和金属的分离，以及液态金属中非金属夹杂物上浮等，都与熔体密度有关。除此之外，熔体结构、熔体性质研究等更离不开熔体密度。

高温条件下，测定熔体密度，技术上难度很大，以至于不同研究者对同一种熔体密度测定结果分歧较大。因此，在提高测量精度上，还有大量工作可做。目前，采用的高温熔体测量方法有：阿基米德法、气泡最大压力法、密度计法、膨胀计法和静滴法等。一般来说，阿基米德法、最大气泡压力法多用于炉渣密度的测定，而密度计法、膨胀计法和静滴法多用于金属密度的测定。

6.2.8.1　阿基米德法

阿基米德法是利用阿基米德原理进行的。通过测定熔体中已知体积的悬锤的浮力来计算熔体的密度，如图 6-36 所示。

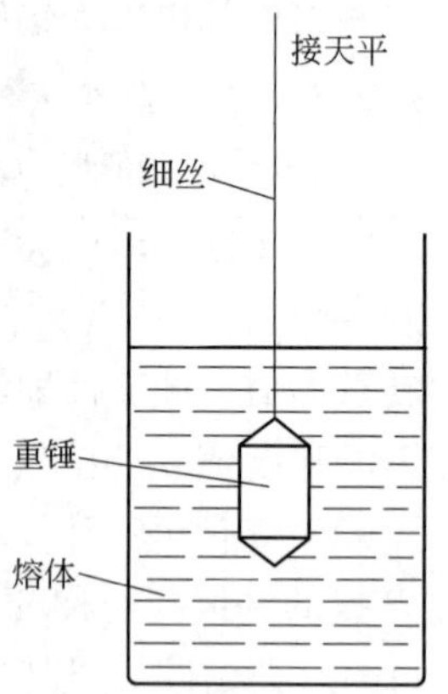

把已知体积为 V 的悬锤沉浸到熔体之中，通过天平称量出悬锤所受的浮力 B，即与悬锤同体积熔体的质量。那么，可以计算出熔体密度 ρ

$$\rho = \frac{B}{V}$$

此法简便易行，但熔体表面张力对悬丝的作用，会使测量结果偏低。为了消除这种影响，人们提出了二球法。

所谓二球法，即用两个相同材质、体积不等的悬锤，在同一条件下分别测量出两个悬锤的浮力。设实验温度下的表面张力为 σ，悬丝直径为 $2R$，悬丝和熔体间的接触角为 θ。对悬锤 I 的浮力为

图 6-36　阿基米德法原理

$$B_{\rm I} = V_{\rm I}\rho - 2\pi R\sigma\cos\theta$$

对悬锤 II 的浮力为

$$B_{\rm II} = V_{\rm II}\rho - 2\pi R\sigma\cos\theta$$

式中　$V_{\rm I}$，$V_{\rm II}$——分别为实验温度下悬锤 I 或悬锤 II 和各自在熔体里悬丝的体积；

　　　　ρ——熔体密度。

由以上两式可得

$$\rho = \frac{B_{\rm I} - B_{\rm II}}{V_{\rm I} - V_{\rm II}}$$

以上除了两个悬锤体积不同外，其他条件皆相同，消除了熔体表面张力的影响。

6.2.8.2　气泡最大压力法

液体内各点的静压力 p 与其深度 h 成正比

$$p = \rho g h$$

式中　ρ——液体的密度；

　　　　g——重力加速度。

气泡最大压力法就是根据此流体静力学的基本原理来测定密度的。

如图 6-37 所示，将一根毛细管插入熔体中，管端离液面的深度为 h。向管内缓慢吹入气体，管口就会逐渐形成气泡。当气泡刚要脱离管口的瞬间，吹气压力达到最大值，有如下关系

$$p_{max} = \rho g h + p'$$

式中　p'——由毛细现象而引起的附加压力。

若在两个不同的插入深度 h_I，h_{II} 下进行测定，就可得出相应的两个最大压力 p_I，p_{II}。这样根据下式可以计算出熔体的密度

$$\rho = \frac{p_{II} - p_I}{g(h_{II} - h_I)}$$

由于测定熔体密度时，毛细附加压力项对消了，使用的毛细管直径可以稍大一些，如 4~5mm，但为了能生成单个气泡及得出稳定的读数，毛细管端部加工仍需仔细，要求端部平面应与毛细管轴线垂直，端部管壁应薄些，可加工成倾角 60° 左右。

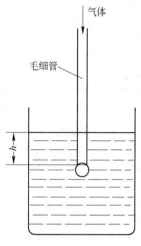

图 6-37　气泡最大
压力法示意图

测量时，毛细管应与被测熔体的表面相垂直。气泡生成速度，一般是大于 45s 生成一个气泡时可以得到较稳定的读数，最大不超过每分钟 3~4 个气泡为宜。准确测定两个毛细管不同插入深度之差值，是十分重要的。为此，有人同时插入两根端点相差一定距离的毛细管进行测量，这样可以预先测出管端的高度差 Δh 值。但这种情况下要求两根管子的管口直径必须完全一致，否则毛细附加压力 p' 项就不能完全消除，一般把一根管径均匀的毛细管切成两截来分别充当插入的两根管子。

气泡压力最大压力法测熔体密度，方法简便，结果准确，是一种适用于各类熔体测定的方法。

6.2.8.3　密度计法

将试样在真空条件下熔融后注满已知容积的密度计中，冷凝后称量密度计内凝块的质量，即可算出熔融状态下的密度。

密度计的容积可用常温下注入水或水银的方法来标定。再考虑到密度计本身的体积膨胀，熔体密度可由下式来计算

$$\rho = \frac{(m_M - m_C)\ \rho_W}{(m_W - m_C)\ (1 + \alpha t)}$$

式中　m_M——盛满熔体的密度计质量，kg；

$\quad\quad m_C$——未盛熔体前的密度计质量，kg；

$\quad\quad m_W$——室温下盛满水或水银的密度计质量，kg；

$\quad\quad \rho_W$——室温下水或水银的密度，kg/m³；

$\quad\quad \alpha$——密度计材料的体积膨胀系数，℃$^{-1}$。

制作密度计的材料有石墨、石英、刚玉和其他耐火氧化物，图 6-38 是两种密度计的示意图。此法宜于测定易挥发、易流动的熔体，常用于快速而粗略的测定。

6.2.8.4　膨胀计法

膨胀计法用于测定已知质量的试样熔融后的体积，计算熔体密度。如图 6-39 所示，

将已知质量的试样置于膨胀计容器内，熔融后熔体密度与液面高度成反比。测定出液面高度，熔体密度可根据下式进行计算

$$\rho = \frac{M}{\pi R^2 H + V_0}$$

式中　　M——试样质量，kg；

　　　　V_0——到细颈处的体积，m^3；

　　　　R——细管颈处半径，m；

　　　　H——细管颈中液面高度，m。

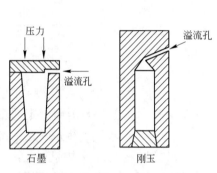

图 6-38　两种高温密度计示意

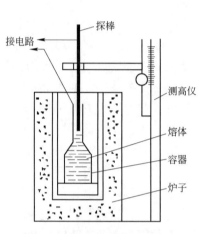

图 6-39　膨胀计法装置示意图

　　膨胀计是带有细颈的容器，试样体积微小变化能引起液面高度较大的变化，从而能提高测量精度。容器材料一般用耐热玻璃或石英做成，液面高度的变化可用电接触法探测。此法只适用测定低温熔盐和易熔金属，可连续地测出变温时熔体密度，并直接得到熔体的膨胀系数。

6.2.8.5　静滴法

　　静滴法测熔体密度，是根据在水平垫片上自然形成的液滴形状，求得液滴体积，液滴质量可以直接测量，由此可以计算出熔体密度。

　　与静滴法测定熔体表面张力方法一样，将水平垫片上的对称性好的液滴拍摄下来，根据液滴图像，如图 6-40 所示，测出有关参数，按下列公式计算出液滴体积

$$V = \frac{\pi (bx')^2}{\beta} \left(\frac{2}{b} - \frac{2\sin\varphi}{x} + \frac{\beta z^2}{b^2} \right)$$

式中　　b——液滴顶点处曲率半径，m；

　　　　β——形状校正因子；

　　　　V——液滴体积，m^3；

　　　　φ——接触角；

　　　　x'——液滴底部半径，m；

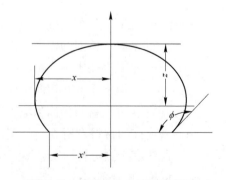

图 6-40　水平垫片上液滴示意图

x——液滴最大水平半径，m；

z——液滴最大水平半径与顶点的垂直距离，m。

6.2.9 熔体电导率的测定

6.2.9.1 实验目的

（1）熟悉熔体电导率测定原理。

（2）掌握熔体电导率测定方法。

6.2.9.2 实验原理和设备

测定熔体电导率，采用向熔体中通入高频交流电测熔体电阻的方法测定。熔体电导率是熔体电阻率的倒数，熔体的电阻为

$$R = \rho \frac{L}{S}$$

式中　L——导体的长度，cm；

　　　S——导体的截面积，cm^2。

熔体的电阻率为

$$\rho = \frac{RS}{L}$$

所以，熔体的电导率为

$$K = \frac{L}{RS}$$

如果所用的电导池的 S 和 L 为一常数，则有

$$K = \frac{x}{R}$$

式中　K——熔体的电导率，$\Omega^{-1} \cdot cm^{-1}$；

　　　x——电导池常数；

　　　R——熔体电阻，Ω。

可以说，测定熔体电导率就是测定熔体的电阻与电导池的常数。

电导池常数为

$$x = KR$$

测定出已知电导率溶液的电阻 R，就可求出 x 值。已知电导率溶液的浓度与温度列入表 6-4 中。

表 6-4　KCl 溶液的电导率与温度以及浓度的关系

温度/℃	1.0mol/L	0.1mol/L	0.01mol/L
0	0.065176	0.0071397	0.00077364
18	0.097838	0.0111667	0.00122052
25	0.111342	0.0128560	0.00140877

电导池的形式可任意选择，只要符合要求即可，但对熔体测电导率来说，选择电导池常数大的为佳。

测定熔体的电导率，常采用图 6-41 所示设备。

测定电阻时，先将电导池固定，然后开音频发生器，用示波器调电桥的零点，当示波器荧光屏上出现一条水平直线，即表示电桥平衡，若线路为纯电阻，有如下关系

$$R_x R_4 = R_2 R_3$$

所以有

$$R_x = \frac{R_2 R_3}{R_4}$$

R_2、R_3 和 R_4 是已知，求得 R_x，将已知的 K 与 R_x 代入求得电导池常数。

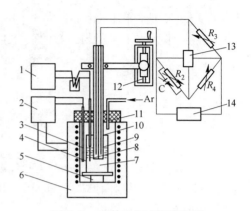

图 6-41　熔体电导率测定装置

1—电位差计算；2—自动温度控制仪；3—控温热电偶；
4—铂坩埚；5—耐火垫；6—电阻炉；7—熔体；
8—测温热电偶；9—石英毛细管电导池（$\phi 1mm$）；
10—铂电极；11—氩气导管；12—升降支架；
13—超低频双速示波器；14—信号发生器

6.2.9.3　实验步骤

（1）配制要测电导率熔体的物料。

（2）将物料放入电导池中放入炉内熔化。

（3）定好测定温度，注意冷点。

（4）熔体熔化后，将电极放入电导池中。

（5）通入高频电流约 5000Hz。

（6）用示波器定零点。

（7）计算电导率。

6.2.9.4　实验报告

（1）简述测定熔体电导率原理。

（2）绘出熔体电导率随成分变化的曲线。

（3）绘出熔体电导率随温度变化的曲线。

（4）分析测定数据误差。

6.2.9.5　思考题

（1）为什么在测定熔体电导率时要使用高频交流电？

（2）测定熔体电导池常数时，电导池常数与电极插入深度有什么关系？

（3）如何判断所测定数据的准确性？

参 考 文 献

[1] 蔡正千. 热分析 [M]. 北京：高等教育出版社，1993.

[2] 张圣弼. 冶金物理化学实验 [M]. 北京：冶金工业出版社，1994.

[3] 王常珍. 冶金物理化学研究方法 [M]. 北京：冶金工业出版社，1982.

[4] 东北工学院冶金物化教研室. 冶金物理化学研究方法（下册）[M]. 北京：冶金工业出版社，1980.

7 化学成分和钢中气体分析

7.1 化学成分分析

7.1.1 化学分析方法的分类

7.1.1.1 定性分析和定量分析

定性分析的任务是鉴定物质是由哪些元素或化合物所组成的；定量分析的任务则是测定物质中有关组成的含量。钢铁冶金实验中最常用的是定量分析。

7.1.1.2 常量分析，半微量分析和微量分析

根据试样的用量及操作方法不同，可分为常量、半微量和微量分析。各种分析操作时的试样用量如表 7-1 所示。在无机定性化学分析中，一般采用半微量操作法，而在经典定量化学分析中，一般采用常量操作法。另外，根据被测组分的质量分数，通常又粗略分为常量（大于 1%）、微量（0.01%~1%）和痕量（小于 0.01%）成分的分析。

表 7-1 各种分析操作时的试样用量

操作方法	试样用量/g	液体体积/mL	操作方法	试样用量/mg	液体体积/mL
常 量 分 析	>0.1	>10	微 量 分 析	0.1~1.0	0.01~1
半微量分析	0.01~0.1	1~10	超微量分析	<0.1	<0.01

7.1.1.3 例行分析、快速分析和仲裁分析

例行分析是指一般化验室日常生产中的分析，又叫常规分析。快速分析是例行分析的一种，主要用于生产过程的控制。例如炼钢厂的炉前快速分析，要求在尽量短的时间内报出结果，分析误差一般允许较大。

仲裁分析是不同单位对分析结果有争议时，要求有关单位用指定的方法进行准确的分析，以判断分析结果的准确性。在仲裁分析时，准确度是主要矛盾。

7.1.1.4 化学分析和仪器分析

以物质的化学反应为基础的分析方法称为化学分析法。化学分析历史悠久，是分析化学的基础，所以又称为经典化学分析法。主要的化学分析方法有两种：

（1）重量分析法。

（2）滴定分析法（容量分析法）。

以物质的物理和物理化学性质为基础的分析方法称为物理和物理化学分析法。由于这类方法都需要较特殊的仪器，故一般又称为仪器分析法。仪器分析法有光学分析法、电化学分析法、色谱分析法、质谱分析法和放射化学分析法等。在钢铁冶金分析中常用的仪器分析法有：

（1）分光光度法（比色法）。

（2）原子吸收分光光度法。

（3）发射光谱分析。

（4）X射线荧光光谱分析。

7.1.2　定量分析过程

在钢铁冶金实验和生产中大量遇到的是定量分析，以下介绍定量分析的全过程。

要完成一项定量分析工作，通常包括以下几个步骤：

（1）取样。根据分析对象是钢铁或炉渣等，采用不同的取样方法。对于钢铁或金属试样可使用钻、车、铣、刨、击碎等方法制取碎屑；对于炉渣可使用碎样机或在铁钵中捣碎，然后过筛，未通过筛子的粗颗粒应返回重磨，不可抛弃，以保证试样代表整个物料的平均组成。炉渣中如含有铁珠，在粉碎过程中应用磁铁将其吸出除去。试样制好后放入样袋，如试样易水化（例如熟白云石、石灰等）可装入磨口瓶中。

在取样过程中，最重要的一点是要使分析试样具有代表性，否则进行分析是毫无意义的，甚至可能导致得出错误的结论。

（2）试样的分解。在定量化学分析时，先要将试样分解，制成溶液，然后再测定。试样的分解是分析过程的重要步骤之一。分解时应做到试样分解完全，不应损失，否则就得不到准确的分析结果。分解试样的方法主要有溶解和熔融两大类：

1）溶解：用水、酸或碱等作分解试剂溶解试样。

2）熔融：用碱性或酸性试剂与试样在高温下熔融。

其中最常用的方法是酸溶解分解试样法。

（3）测定。根据被测组分的性质、含量和对分析结果准确度的要求，再根据化验室的具体情况，选择最合适的化学分析或仪器分析方法进行测定。各种方法在灵敏度、选择性和适用范围等方面有较大的差别，应熟悉各种方法的特点，做到心中有数，以便在需要时能正确选择分析方法。

在试样测定时，应设法消除试样中其他组分对测定的干扰，其方法主要有两种：一种是分离方法，另一种是掩蔽方法。

（4）计算分析结果。根据试样重量、测量所得数据和分析过程有关反应的计量关系，再根据标准样品的分析结果或标准曲线计算试样中有关组分的含量。

（5）定量分析结果的表示。在钢铁或金属合金的化学分析时，通常用元素形式表示分析结果，例如：钢的分析结果用C、Si、Mn、P、S等质量分数表示。这种表示结果不考虑该组分的实际存在形式（如钢中S可能以FeS或MnS形式存在）。

炉渣分析时则常用氧化物形式表示分析结果，例如：CaO、MgO、SiO_2、P_2O_5等质量分数（实际上，化学分析结果仅是该氧化物所含元素含量，如Ca、Mg、Si等，然后根据分子量换算成氧化物）。在多数情况下，这种表示方法比较符合实际情况，因为炉渣中大多数组分是由这些碱性氧化物和酸性氧化物结合而成，但有时元素的氧化物存在价态不清楚（如FeO、Fe_2O_3），则可直接用该元素质量分数表示（如炉渣中的$w(TFe)_\%$）。

化学分析结果中被测组分含量通常用质量分数表示。

7.1.3 化学分析法

7.1.3.1 滴定分析法（容量法）

滴定分析法是化学分析中基本的分析方法之一。它是将一种已知准确浓度的溶液即标准溶液，从滴定管中滴加到一定量的待测物质的溶液中，直到与待测组分反应完全（这时标准溶液与待测物质摩尔数恰好相等，这一点称为等当点），由标准溶液的加入量，根据化学反应的计量关系，算得待测组分的含量。

为了确定在什么时候终止滴定，常在待测物质的溶液中加入一种试剂即指示剂，当滴定到等当点附近时，指示剂的颜色发生突变，据此终止滴定（这一点就是滴定终点）。

滴定分析法所需要的仪器设备比较简单，操作比较容易掌握，且分析速度较重量分析快得多。滴定分析通常适用于测定高含量或中含量组分，即待测组分质量分数在1%以上。一般情况下，测定的相对误差很小，在0.2%左右。

根据标准溶液和被测物质反应的类型，滴定分析法可分为以下四类：

（1）酸碱滴定法。它是利用酸碱反应的滴定分析法。

（2）络合滴定。它是利用络合物形成反应的滴定分析法。目前广泛应用 EDTA（一种氨羧络合剂）标准溶液来测定多种金属离子的含量。

（3）氧化还原滴定法。它是利用氧化还原反应的滴定分析法。可以用氧化剂的标准溶液来测定还原性物质，也可以用还原剂的标准溶液来测定氧化性物质的含量。

（4）沉淀滴定法。它是利用形成沉淀反应 的滴定分析法。其中应用最广泛的方法是用标准溶液，测定卤化物的含量（银定量法）。

7.1.3.2 重量分析法

在重量分析法中，一般是将被测组分与试样中其他组分分离后，转化为一定的称量形式，然后用称重方法测定该组分的质量。根据分离方法的不同，重量分析一般分为三类。

A 沉淀法

沉淀法是重量分析中的主要方法。这种方法是将被测组分以微溶化合物的形式沉淀出来，再将沉淀过滤、洗涤、烘干或灼烧，最后称重，计算其质量分数。

B 气化法

一般是通过加热或其他方法使试样中的被测组成挥发逸出，然后根据试样质量的减轻计算该组分的含量；或者当该组分逸出时，选择一吸收剂将它吸收，然后根据吸收剂质量的增加计算该组分的质量分数。

例如测定试样中吸湿水或结晶水时，可将试样加热烘干至恒重，试样减少的重量即所含水分的质量。也可以将加热后产生的水汽吸收在干燥剂里，干燥剂增加的质量即所含水分的质量。根据称量结果，可求得试样中吸湿水或结晶水的质量分数。

C 电解法

利用电解原理，使金属离子在电极上析出，然后称重，求得其质量分数。

重量分析法直接用分析天平称量而获得分析结果，不需要标准试样或基准物质进行比较。如果分析方法可靠，操作细心，而称量误差一般是很小的，所以通常能得到准确的分析结果，相对误差为0.1%~0.2%。但是，重量分析法操作烦琐，耗时较长，也不适用于微量和痕量组分的测定。

目前，重量分析主要用于含量较高的硅、磷、钨、钼、镍、锆、铪、铌和钽等元素的精确分析。此外，利用沉淀反应进行分离和富集，是分析化学中重要的分离方法之一。

7.1.4　仪器分析法

用于分析物质化学成分的仪器分析方法种类很多，这里仅介绍在钢铁冶金领域常用的几种仪器分析法，其特点如表 7-2 所示。电磁波（辐射）按其波长可分为不同区域。

γ 射线	0.0005~0.14nm
X 射线	0.01~10nm
远紫外区	10~200nm
近紫外区	380~780nm
可见区	380~780nm
近红外区	780nm~3μm
远红外区	3~300μm
微波	0.3mm~1m
无线电波	>1m

表 7-2　常用仪器分析法

方法名称	分析原理	分析用样品要求	经常分析的冶金样品
紫外可见分光光度法	样品溶液对特定波长或一定波长范围内光的吸收	溶液	合金、炉渣、原材料
X 光荧光光谱分析	原子受 X 射线照射而发射出荧光光谱（二次 X 射线）	固体（熔融获得）	炉渣、原材料
原子吸收分光光度法	原子化的待测元素对同种元素发射的特征辐射的吸收	溶液	炉渣、原材料、合金
发射光谱分析	原子或离子受高能激发（热能或电能）而发射出特征光谱	固体（金属本身）或溶液	炉渣、原材料、合金
质谱法	不同质荷比的待测离子在磁场或电场中的运动状态不同	气体等	炉气、废水、固体等

7.1.4.1　紫外可见分光光度法

分光光度法是基于物质对光的吸收作用而建立起来的分析方法，它利用分光光度计来测量一系列标准溶液的吸光度，绘制标准曲线，然后根据未知样品溶液的吸光度，由标准曲线求得其浓度或含量。分光光度法可以在待测物质的吸收光谱曲线上选择最适宜的波长，提高分析灵敏度和消除干扰影响。该方法对于矿石、钢铁、合金、有色金属和工业原材料中化学成分的测定，是最常用的方法之一。分光光度法主要包括分子光谱和原子光谱两大类。

分子光谱主要包括紫外可见分光光度法、红外分光光度法、分子荧光法等。

分子的转动能级约为 0.005~0.05eV，跃迁对应的吸收光为波长约在 250~25μm 的远

红外光或微波，因此，形成的光谱称为转动光谱或远红外光谱。分子的振动能级约为
$0.05 \sim 1eV$，跃迁对应的吸收光为波长在 $25 \sim 1.25\mu m$ 的红外光。在分子振动同时伴随着分子的转动，因此该光谱常称为振转光谱。由于振转光谱吸收的能量处于红外光区，故又称为红外光谱。电子的跃迁能级约为 $1 \sim 20eV$，比分子振动能级要大几十倍，跃迁对应的吸收光的波长约为 $1.25 \sim 0.06\mu m$，主要为紫外和可见光区，所以称为电子光谱或紫外可见吸收光谱。电子发生能级跃迁的同时也伴随着分子的振动和转动能级的跃迁，因此该紫外可见光谱为带状光谱。

如图 7-1 所示，当某一束光照射到均匀通透的样品溶液后，样品溶液对光束产生了一定强度的吸收，照射前入射光的强度为 I_0，照射后透射光的强度为 I_t，吸光度 $A = \lg \dfrac{I_0}{I_t}$，透光度 $T = \dfrac{I_t}{I_0}$。根据朗伯-比尔定律可得：

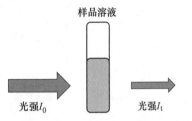

图 7-1 吸光度和透光度原理图

$$A = -\lg T = \varepsilon bC$$

式中，A 为吸光度，无单位；T 为透光度，无单位；ε 为摩尔吸光系数，厚度为 1cm、浓度为 1mol/L 的样品溶液在该测试波长下的吸光度，$L/(mol \cdot cm)$；b 为溶液的厚度，cm。

朗伯-比尔定律适用于稀溶液，是吸光光度法的理论基础和定量依据。

紫外可见分光光度法的关键设备是紫外可见分光光度计，其基本结构如图 7-2 所示。国内最常用的国产 721 型紫外可见分光光度计外形示意图如图 7-3 所示。紫外-可见分光光度计由光源、单色器、吸收池、检测器等组成。当光源产生的复合光通过分光系统（单色器）色散成所需波长的单色光（或一定波长范围的光），单色光照射到吸收池内的待测溶液，待测溶液对单色光产生了一定的吸收，透过光的强弱可通过检测器转换为电信号，可直接计算得到透光度 T 或吸光度 A。

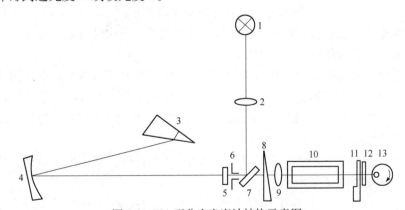

图 7-2 721 型分光光度计结构示意图

1—光源灯；2—聚光透镜；3—色散棱镜；4—准直镜；5—保护玻璃；6—狭缝；7—反射镜；
8—光阑；9—聚光透镜；10—比色皿；11—光门；12—保护玻璃；13—光电管

光源的作用是为待测物质的激发所提供能量。光源要求能够提供强度足够的连续光谱、具有良好的稳定性、较长的使用寿命，并且辐射能量随波长无明显的变化等。常用的光源有热辐射光源和气体放电光源。热辐射光源是利用灯丝材料的高温放热发光，如钨

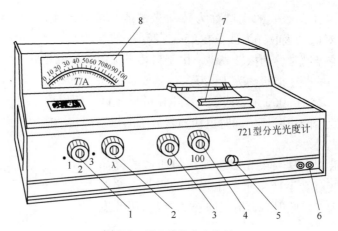

图 7-3   721 型分光光度计

1—灵敏度档；2—波长调节器；3—调"0"电位器；4—光量调节器；
5—比色皿座架拉杆；6—电源开关；7—比色皿暗箱；8—读数表头

灯、卤钨灯，两者主要用在可见光区，卤钨灯的使用寿命和发光效率一般要高于钨灯。气体放电光源是在低压直流电条件下，氢气或氙气激发放电产生的连续光辐射，这两种光源主要用在紫外光区。

单色器的作用是使光源发出的复合光色散成所需的单色光。通常由入射狭缝、准直镜、棱镜、光栅、聚焦透镜和出射狭缝构成。入射狭缝用于限制杂散光进入单色器，准直镜将入射光束变为平行光束后射入色散元件。棱镜和光栅将复合光色散分解成单色光，然后通过聚焦透镜将色散后的单色光聚焦于出射狭缝。出射狭缝用于限制光通带宽度。棱镜和光栅为主要的色散元件。

吸收池（比色皿）用于盛放待测样品溶液。比色皿一般是用石英或者玻璃制成，石英池可以用于紫外-可见光区，玻璃池只能用于可见光区。

简易分光光度计上使用光电池或光电管作为检测器。目前最常见的检测器是光电倍增管，有的用光电二极管阵列作为检测器。

在紫外可见分光光度法分析样品时，首先需要将试样制成溶液，然后在溶液中加入显色剂进行显色反应，将待测组分转变为可以产生一定光吸收的络合物，最后进行比色（测定吸光度）。下面以草酸、硫酸亚铁铵钼蓝光度法测定钢铁中硅的含量为例，说明分光光度分析方法的测定原理：

先将试样用稀酸溶解，使钢铁中的硅转化为可溶性硅酸。在弱酸溶液中，硅酸与钼酸铵作用生成硅钼杂多酸（硅钼黄）。

$$H_4SiO_4 + 12H_2MoO_4 =\!\!=\!\!= H_8[Si(Mo_2O_7)_6] + 10H_2O$$

在草酸存在下，加入硫酸亚铁铵，将硅钼黄还原为硅钼蓝。

$$H_8[Si(Mo_2O_7)_6] + 4FeSO_4 + 2H_2SO_4 =\!\!=\!\!= H_8[SiMo_2O_5 \cdot (Mo_2O_7)_5] + 2Fe_2(SO_4)_3 + 2H_2O$$

通过硅钼蓝颜色的深浅，用紫外可见分光光度计测量光的吸光度，然后在标准曲线上查出硅的含量。

紫外可见分光光度法主要应用于测定微量组元，它具有如下特点：

（1）灵敏度高，一般可测定质量分数 1%~0.001% 的微量组分，不适用于测定高含量的组元。

（2）应用广泛，几乎所有无机离子都可以直接或间接用该法进行测定。

（3）操作简便，快速，仪器设备简单，成本较低。

7.1.4.2　原子吸收分光光度法

原子吸收分光光度法是20世纪50年代中期出现并随后逐渐广泛发展起来的一种仪器分析方法，这种方法根据被测元素的基态原子对其特征辐射的吸收强度来定量分析。它在地质、冶金、机械、化工、农业、食品、轻工、生物医药、环境保护、材料科学等各个领域都有广泛的应用。

原子吸收分光光度法也叫原子吸收光谱分析法。该法与紫外可见分光光度法、红外光谱等都属于吸收光谱分析。紫外可见分光光度法和红外光谱是利用物质分子对光的吸收，属于分子吸收光谱；原子吸收法是利用基态原子吸收一定波长的光辐射（即特征辐射），为原子吸收光谱。

原子吸收光谱的产生：

当有辐射通过自由原子蒸气，且入射辐射的频率等于原子的外层电子由基态跃迁到激发态（一般是第一激发态）所需要的能量频率时，原子就会从辐射场中吸收能量，产生共振吸收，电子由基态跃迁到激发态，因此产生了原子吸收光谱。

由于原子的电子能级是量子化的，因此，某一种元素的原子对辐射的吸收都是有选择性的。由于各元素的原子结构和外层电子的排布不同，元素从基态跃迁至第一激发态时吸收的能量不同，因而各元素的共振吸收线也不相同。

$$\Delta E = E_1 - E_0 = h\nu = h\frac{c}{\lambda}$$

原子吸收光谱一般位于紫外和可见光区。原子吸收光谱线并不是严格几何意义上的线，而是具有相当窄范围的频率或波长，即有一定的宽度。原子吸收光谱的轮廓以原子吸收谱线的中心波长和半宽度来表征。中心波长由原子能级决定。半宽度是指吸收系数等于极大值的一半处，吸收光谱线轮廓上两点之间的频率差或波长差，又称半峰宽。半宽度受到很多实验因素的影响。

原子吸收光谱仪由光源、原子化器、单色器、检测器等几部分组成。

光源的功能是发射被测元素的特征共振辐射，为待测元素原子外层电子从基态跃迁到激发态提供能量。对光源的基本要求是：（1）发射的共振辐射的半宽度要明显小于吸收线的半宽度；（2）辐射强度大、背景低，低于特征共振辐射强度的1%；（3）稳定性好，30min内漂移不超过1%；噪声小于0.1%；（4）使用寿命长于5A·h。空心阴极放电灯（如图7-4所示）是能满足上述各项要求的理想的锐线光源，应用最广。

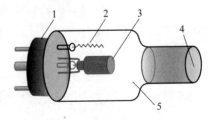

图7-4　空心阴极灯结构示意图
1—灯座；2—阳极；3—空心阴极；
4—石英窗；5—惰性填充气体（氖或氩）

原子化器主要为待测元素原子化提供能量，试样在原子化器中发生去溶剂、蒸发和原子化。在原子吸收光谱分析中，试样中被测元素的原子化是整个分析过程的关键环节。原子化的方法最常用的主要有火焰法和非火焰法两种：火焰原子化法是原子光谱分析中最早使用的原子化方法，至今仍被广泛应用；非火焰原子化法中应用最广的是石墨炉电热原子化法。

　　如图 7-5 所示，如果要测定试液中镁离子的含量，先将试液雾化后喷入到原子化器内的火焰中，这时试液将去溶剂、分子离解成基态的原子蒸气。再用镁空心阴极灯作光源，辐射出波长为 285.2nm 镁的特征辐射，当该特征辐射穿过一定厚度的原子蒸气时，蒸气中基态镁原子会对特征辐射产生一定的吸收而减弱，透过光经单色器将被测元素的特征辐射（分析线）与其他谱线分开，再由检测器将分析线的光强度转化为电信号。根据朗伯比尔定律，吸光度大小与原子化器中待测元素原子浓度成正比关系，即可求得镁含量。

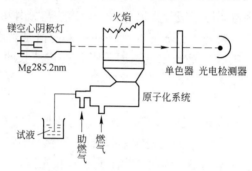

图 7-5　原子吸收分析示意图

原子吸收分光光度法具有如下特点：

　　（1）分析灵敏度高。紫外可见分光光度法的灵敏度一般在 $10^{-2} \sim 10^{-4}$ g/L 范围内，而原子吸收分光光度法可达 $10^{-5} \sim 10^{-13}$ g/L。

　　（2）选择性好。元素之间的干扰一般很小，而且容易克服，对大多数试样，可不经分离直接进行测定。

　　（3）操作简单，准确度较高。分析速度快，易掌握，且设备简单，便于自动化和计算机控制。测量准确度高于发射光谱法。

　　（4）适用范围广，可测 70 多种元素。金属元素，半金属元素基本都可以测。

　　该分析方法的主要缺点是每次只能测一种元素，每测一种元素都需要更换相对应的空心阴极灯（利用该灯辐射出具有该元素的特征辐射的光）比较麻烦。其次，多数非金属元素不能测，如碳、氧、硫、磷等。

7.1.4.3　发射光谱分析法

　　发射光谱分析是根据原子或离子受到热能或电能的激发后，由激发态跃迁回基态所发射的特征光谱线来进行定性及定量分析的一种方法。图 7-6 是发射光谱分析仪器示意图。

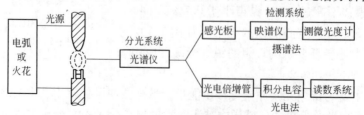

图 7-6　（电弧或火花）发射光谱分析仪器示意图

当组成物质的原子或离子受到外界能量（热能或电能）作用时，核外电子就跃迁到高能级，处于激发态。激发态子再跃迁至基态（稳定态）或较低能态时，把多余的能量以光的形式释放出来。电子的激发态不止一个，处于高能级的电子跃迁回低能级也不同，可产生几种不同波长的光，在光谱中形成几条谱线。一种元素可以产生不同波长的谱线，它们组成该元素的发射光谱。由于不同元素的能级结构不同，因此发射谱线的特征不同，据此可对样品进行定性分析；而根据待测元素的浓度不同，发射光谱的强度不同，可实现元素的定量分析。

发射光谱法包括三个主要过程：（1）由光源提供能量使样品蒸发、形成气态原子、并进一步使气态原子或离子激发而产生光辐射；（2）将光源发出的复合光经单色器分解成按波长顺序排列的谱线，形成光谱；（3）用检测器检测光谱中谱线的波长和强度。因此，发射光谱仪结构主要包括激发光源、单色器（分光系统）、检测器。

激发光源的基本功能是提供使试样中被测元素原子化和原子激发发光所需要的能量。对激发光源的要求是：灵敏度高，稳定性好，光谱背景小，结构简单，操作安全。激发光源主要有电弧光源（交流电弧、直流电弧）、电火花光源、电感耦合高频等离子体光源（ICP 光源）和激光等。发射光谱的激发光源种类，见表 7-3。

表 7-3　发射光谱的激发光源种类

激发光源种类	蒸发温度	激发温度/K	放电稳定性	样品类型
直流电弧	高	4000~7000	稍差	固体
交流电弧	中	4000~7000	较好	
电火花	低	瞬间 10000	好	
ICP 光源	很高	6000~10000	最好	溶液

发射光谱仪的分光系统目前主要采用棱镜和光栅系统两种，例如全谱直读等离子体发射光谱仪主要采用的是中阶梯光栅。

常用的检测器主要有感光板（摄谱法或照相法）和光电检测器两种，光电检测器包括光电倍增管、光电二极管和固态成像器件（如电荷耦合器 CCD、电荷注入器 CID 等），现主流的发射光谱仪主要使用固态成像器件。

发射光谱分析具有以下特点：

（1）多元素同时检测。可同时测定一个样品中的多种元素。

（2）分析速度快。若利用光电直读光谱仪，把金属试样直接进行电极分析，可在几分钟内同时对几十种元素进行定量分析。分析试样不经化学处理，固体、液体样品都可直接测定（电弧火花法）。在钢铁分析中，采用计算机控制的光电直读光谱仪，可以在 2~3min 内同时给出钢中 20 多种元素的分析结果。

（3）选择性好。对于一些化学性质相似的元素，如铌、钽、锆、铪和稀土等，用一般化学分析法难以分别测定，而发射光谱法能够很容易地进行各元素的单独测定。

（4）检出限低。一般光源可达 10~0.1mg/mL，绝对值可达 1~0.01mg。电感耦合高频等离子体发射光谱（ICP-OES）检出限可达 ng/mL 级。

（5）准确度较高。一般光源相对误差约为 5%~10%，ICP-OES 相对误差可达 1%以下。

（6）取样量少，灵敏度较高。该法一般仅需几毫克至几十毫克试样。其灵敏度与仪器设备条件、试样组成及被测元素的性质有关。

发射光谱分析法的主要缺点是：

高含量分析的准确度较差；常见的非金属元素如氧、硫、氮、卤素等谱线在远紫外区. 一般的光谱仪尚无法检测；还有一些非金属元素，如 P、Se、Te 等，由于其激发电位高，灵敏度较低。需要用一套标准样品对照，由于试样组成的变化，以及标准样品的不易配制，给光谱定量分析造成困难。

7.1.4.4　X 射线荧光光谱分析法

X 射线荧光光谱分析是一种荧光分析法。由于入射光是 X 射线，原子被激发而发射出的荧光亦在 X 射线范围内，因此常称为二次 X 射线光谱分析。X 射线荧光光谱仪是由光源、样品室、分光系统和检测系统几部分组成，如图 7-7 所示。

图 7-7　X 射线荧光光谱分析仪示意图

当光源中辐射出的 X 射线照射到样品的表面时，X 射线中的光子便与样品的原子发生碰撞，并使原子中的一个内层电子被轰击出来。此时，原子中的内层电子立即进行重新排列，即内层的电子空穴由能量较高的外层电子来补充，同时以 X 射线形式释放出多余的能量。各种元素发射出来的 X 射线的波长，决定于它们的原子序数。原子序数越高，发射的 X 射线波长越短。通常，根据 X 射线的波长，可以进行定性分析；根据谱线的强度，可以进行定量分析。

X 射线荧光的谱线简单，易于鉴别，干扰也很小，故方法的选择性高。本方法不仅适用于微量组分的测定，也适用于质量分数 90% 左右的高含量组分的测定。特别是对于高含量组分的测定，本方法还具有相当高的准确度。本方法可在同一试样上进行重复分析。目前，不少 X 射线荧光光谱仪配有电子计算机，分析工作实现自动化，可在数分钟内同时测定 30 多种元素的含量。

X 射线荧光光谱法适用于测定原子序数 9（氟）至 92（铀）的元素。对于原子序数小于 22（钛）的轻元素，由于所发射的荧光 X 射线波长较长，易被空气强烈地吸收，所以需要在真空中进行测定。

7.1.4.5　质谱分析法

质谱分析法是通过对被测样品离子的质荷比的测定来进行分析的一种分析方法（如图 7-8 所示）。被分析的样品首先要离子化，然后利用不同离子在电场或磁场的运动行为的不同，把离子按质荷比（m/z）分开而得到质谱，通过样品的质谱和相关信息，可以得到样品的定性定量结果。

从第一台质谱仪的制成应用到现在已有一百多年了，早期的质谱仪主要是用来进行同位素测定和无机元素分析，后来逐渐应用于有机物分析。目前质谱分析法已广泛地应用于化学、化工、材料、环境、地质、能源、药物、刑侦、生命科学、运动医学等领域。

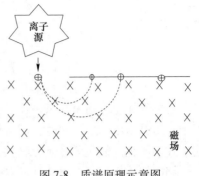

图 7-8 质谱原理示意图

质谱分析法通过对样品的离子的质荷比的分析而实现对样品进行定性和定量的一种方法。因此，质谱仪结构一般包含进样系统、离子源、质量分析器（如图 7-9 所示）、检测器和真空系统等。进样系统将样品引入检测设备，离子源把样品电离为离子，质量分析器把不同质荷比的离子分开，检测器检测离子数量得到样品的质谱图。由于有机样品，无机样品和同位素样品等具有不同形态、性质和不同的分析要求，所以，所用的电离装置、质量分析装置和检测装置有所不同。

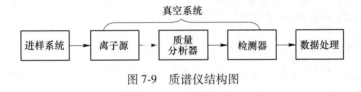

图 7-9 质谱仪结构图

离子源是将分析样品电离得到带有样品信息的离子。质谱仪的离子源种类很多，如电子电离源、化学电离源、快原子轰击源、电喷雾源、大气压化学电离源、激光解吸源、电感耦合等离子体等。

质量分析器的作用是将离子源产生的离子按 m/z 顺序分开并排列成谱。用于质谱仪的质量分析器有磁式单聚焦分析器、磁式双聚焦分析器、四极杆分析器、离子阱分析器、飞行时间分析器、傅里叶变换离子回旋共振分析器等。

质谱仪的检测主要使用电子倍增器。由四极杆出来的离子，碰撞到打拿极上并产生电子，电子经电子倍增器产生一定强度的电信号，记录不同离子的信号即得质谱。信号增益与倍增器电压有关，提高倍增器电压可以提高灵敏度，但同时会降低倍增器的寿命，因此，应该在保证仪器灵敏度的情况下采用尽量低的倍增器电压。由倍增器出来的电信号被送入计算机储存、处理后得到质谱图及其他信息。

为了保证离子源中灯丝的正常工作，保证离子在离子源和分析器正常运行，减少不必要的离子碰撞，散射效应，复合反应和离子-分子反应，减小本底与记忆效应，因此，质谱仪的离子源和分析器都必须处在优于 10^{-3}Pa 的真空中才能工作。也就是说，质谱仪都必须有真空系统。一般真空系统由机械真空泵和扩散泵或涡轮分子泵组成。机械真空泵能达到的极限真空度为 0.1Pa，不能满足要求，必须依靠高真空泵。扩散泵是常用的高真空泵，其性能稳定可靠，缺点是启动慢，从停机状态到仪器能正常工作所需时间长；涡轮分子泵则相反，仪器启动快，但使用寿命不如扩散泵。由于涡轮分子泵使用方便，没有油的扩散污染问题，因此，近年来生产的质谱仪大多使用涡轮分子泵。涡轮分子泵直接与离子源或分析器相连，抽出的气体再由机械真空泵排到体系之外。

质谱仪种类非常多，工作原理和应用范围也有很大的不同。质谱技术因其优异的检测性能，和很多技术联用。在冶金学科实验室中常用的质谱分析设备有气相色谱-

质谱联用仪（GC-MS）、液相色谱-质谱联用仪（LC-MS）、感应耦合等离子体质谱仪（ICP-MS）等。

7.2 钢中气体分析

钢中气体主要指氮、氢、氧。氮在钢中主要以氮化物的形式存在，部分氮以原子态固溶于金属晶格中，形成间隙式固溶体，也有极少部分氮以游离状态存在。氢以原子或离子的形式溶于钢。氧主要以氧化物夹杂的形式存在于钢中。

钢中气体含量虽然不高，但对钢的性能和质量都有很大影响。例如，钢中氮含量超过一定限度时，易在钢中形成气泡和疏松；如有 Fe_4N 析出时，可导致钢的时效和蓝脆等现象。氢在钢中可产生白点，点状偏析，氢脆等严重缺陷。氧在钢中可产生氧化物夹杂，降低钢材的机械性能。因此对钢中气体进行分析，了解钢中气体的含量是很有必要的。

7.2.1 钢中氮的化学分析法

7.2.1.1 基本原理

化学法定氮适用于分析钢中的化合氮。测定时，试样用酸溶解，使钢中化合氮转变成铵盐。将试液移入盛有过量 NaOH 溶液的蒸馏瓶中，通蒸汽蒸馏。馏出液用 H_3BO_3 溶液或 H_2SO_4 溶液吸收，前者加入混合指示剂用 H_2SO_4 标准溶液滴定，后者以奈氏试剂显色，测定吸光度。化学定氮的反应原理如下：

试样分解：

$$2Fe_4N + 18HCl = 8FeCl_2 + 2NH_4Cl + 5H_2 \uparrow$$

$$2FeN + 4H_2SO_4 = Fe_2(SO_4)_3 + (NH_4)_2SO_4$$

$$Mn_3N_2 + 4H_2SO_4 = (NH_4)_2SO_4 + 3MnSO_4$$

蒸馏过程：

$$NH_4Cl + NaOH = NaCl + NH_3 \uparrow + H_2O$$

$$(NH_4)_2SO_4 + 2NaOH = Na_2SO_4 + 2NH_3 \uparrow + 2H_2O$$

逸出的氨和水蒸气冷却成 $NH_3 \cdot H_2O$ 被 H_3BO_3 溶液吸收：

$$NH_3 \cdot H_2O + H_3BO_3 = (NH_4)H_2BO_3 + H_2O$$

滴定过程：

$$2(NH_4)H_2BO_3 + H_2SO_4 = 2H_3BO_3 + (NH_4)_2SO_4$$

测定范围：容量法质量分数为 0.05% ~ 0.40%；吸光光度法质量分数为 0.002% ~ 0.30%。

7.2.1.2 仪器设备

蒸馏分离定氮时所用的装置如图 7-10 所示。

7.2.1.3 分析步骤

称取试样（随同操作做试剂空白）并置于 150mL 锥形瓶中，加入 50mL（1∶4） H_2SO_4，低温加热至试样溶解后，滴加 0.5 ~ 1mL H_2O_2（质量浓度为 300g/L）破坏碳化物，煮沸，取下冷却。

检查仪器空白，待正常后，将 50mL NaOH（质量浓度为 500g/L）溶液自漏斗处加入蒸馏瓶中，用少量水冲洗漏斗，再将试液移入蒸馏瓶中，用少量水冲洗锥形瓶及漏斗 2 ~ 3 次，关闭漏斗的活塞，通蒸汽蒸馏。

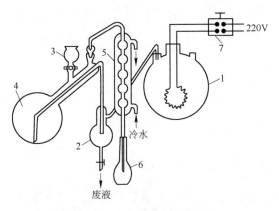

图 7-10 蒸馏分离法定氮装置

1—蒸汽发生器；2—缓冲瓶；3—带活塞的漏斗；4—蒸馏瓶；5—冷凝器；6—吸收瓶；7—调压变压器

仪器空白检查：从漏斗处加入 50mL 水，加 10mL NaOH 溶液，按分析步骤通蒸汽蒸馏测气。当用容量法时，滴定所消耗 H_2SO_4 标准溶液小于 0.3mL，表明仪器正常，否则继续蒸馏，直到正常为止。

7.2.1.4 容量法测定

馏出液用盛有 10mL H_3BO_3 吸收溶液（质量浓度为 1g/L）的 250mL 锥形瓶吸收，当体积达 100~120mL 时取下，用少量水冲洗冷凝器下口，加 3 滴甲基红和次甲基蓝混合指示剂，用 H_2SO_4 标准溶液滴定至溶液由绿变微红为终点。氮的质量分数按下式计算

$$w(\text{N})_\% = \frac{(V - V_0) \times c_0 \times 14.01}{W \times 1000} \times 100$$

式中　V——滴定试液时消耗 H_2SO_4 标准溶液体积，mL；

V_0——滴定试剂空白所消耗 H_2SO_4 标准溶液体积，mL；

c_0——H_2SO_4 标准溶液的量浓度；

14.01——氮的相对原子质量；

W——称样量，g。

7.2.2 真空加热微压法测定钢中氢

7.2.2.1 测定原理

氢在金属中的溶解符合平方根定律

$$[\text{H}] = K\sqrt{p_{\text{H}_2}}$$

式中　$[\text{H}]$——氢在金属中的溶解度；

p_{H_2}——密闭容器内，氢在气相中的分压；

K——比例常数。

基于上述原理，将试样置于石英管中，使系统保持低于 0.133322Pa 的高真空条件下，加热到 650~800℃（视钢种而定）。借助于油扩散泵的作用，使试样中的氢充分地析出（即不断降低气相中氢分压，使氢分压趋近于零，则可使金属中的氢几乎全部扩散出

来）。然后收集于分析容器中，用麦氏计测其压力。将气体通过温度为450~500℃的氧化铜转化炉，使 H_2 氧化成 H_2O 经液氮或干冰和丙酮冷却冷凝（-78℃），反应如下：

$$CuO + H_2 \Longrightarrow Cu + H_2O(g)$$

$$H_2O(g) \longrightarrow H_2O(s)$$

残余的气体再收集于分析容器中，二次测量压力。根据两次压力差，换算成标准状态下氢的含量。

7.2.2.2 测定装置和操作步骤

微压法定氢装置可自行组装，其装置流程如图7-11所示。

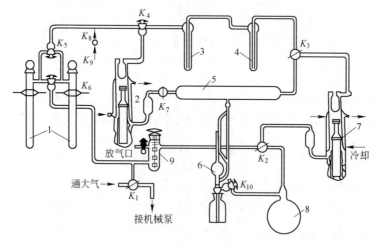

图7-11 真空加热微压法定氢装置流程图

1—石英管炉；2—油扩散泵；3—冷阱；4—氧化铜炉管；5—集气瓶；6—麦氏计；

7—油扩散泵；8—储气瓶；9—P_2O_5 干燥瓶；$K_1 \sim K_3$—三通活塞；

$K_4 \sim K_7$—两通活塞；K_8，K_9—小两通活塞；K_{10}—小活塞

定氢操作时，将试样置于石英炉管内，开机械泵抽真空，通冷却水开油扩散泵，使真空度在0.0133322Pa左右。关闭活塞，停机械泵。用管式炉加热试样，在油泵的作用下，将释放的氢气收集到集气瓶中，用麦氏计测得压力 p_1。打开活塞，使气体通过 CuO 转化炉和冷阱之后，关闭活塞，用麦氏计测得压力 p_2。

所测得的两次压力差（$p_1 - p_2$），即为真空热提取测得的氢的压力 p_{H_2}，然后用下式换算出标准状态下，每100g试样中氢的毫升数。

$$V_{H_2}(mL)/100g = \frac{p_{H_2} \cdot K}{G} \times 100$$

式中 K——容积常数，随温度变化的每毫米汞柱压力相当于氢的毫升数（需预先测定得到）；

G——试样质量，g。

7.2.3 脉冲加热红外线法测定钢中氧

7.2.3.1 红外线分析钢中氧的基本原理

利用红外线分析气体的原理是基于钢样中释放出来的气体与石墨碳作用生成的多原子

气体分子（CO，CO_2 等）的浓度不同，吸收辐射能不同，并选择性地吸收红外线某一波长，根据吸收程度大小来测定该气体含量的多少。

当红外线通过被测气体后，部分辐射能被吸收，入射光与出射光能量的变量与被测气体的浓度之间的关系符合朗伯-比尔定律

$$A = \lg(I_0/I) = K \cdot C \cdot L$$

式中　A——吸收度；

I_0——入射光强度；

I——透射光强度；

K——被测气体对红外线的吸收系数；

C——被测气体的浓度；

L——吸收层厚度。

当仪器光源及吸收层厚度确定后，I、I_0、K、L 均为常数，被测气体的浓度即可求得。

7.2.3.2　应用实例

红外线气体分析仪的结构如图 7-12 所示。仪器由光源、气室、检测器和电器等四个部分组成。国产 GHM-201 型红外脉冲定氧仪采用脉冲炉熔样，红外线吸收。分析结果可在 1～1.5min 内完成，能自动快速测定金属中氧含量。

其分析过程是：在氩气气氛中，将试样加入石墨坩埚内，由脉冲炉加热。脉冲加热是在惰性气氛下，利用低电压（10～12V），大电流（600～1000A），瞬时（3～4s）通过夹在两个铜电极间的石墨坩埚而获得 2700～3000℃ 的高温，此时样品迅速熔化。样品中的氧与石墨作用生成 CO，载气把 CO 送入工作室内吸收一部分红外线能量，与参比室比较产生了光能差，通过薄膜微音器转变成电信号，经放大、积分和数据处理后，用四位数字电压表显示，即为样品中的氧的含量。

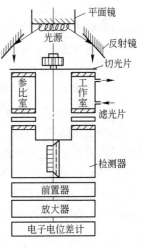

图 7-12　红外线气体
分析仪结构示意图

7.2.4　气相色谱法测定钢中氮、氢、氧

7.2.4.1　气相色谱法基本知识

色谱法是一种分离技术，这种技术应用于分析化学中，就是色谱分析。它的分离原理是，使混合物中各组分在两相间进行分配，其中一相是不动的，称为固定相；另一相是携带混合物通过此固定相的流体，称为流动相。当流动相中所含混合物经过固定相时，就会与固定相发生作用。由于各组分在性质和结构上的差异，与固定相发生作用的大小和强弱也有差异。因此在同一推动力作用下，不同组成在固定相中的滞留时间有长有短，从而按先后不同的次序从固定相中流出。这种借助两相间分配原理而使混合物中各组分分离的技术，称为色谱分离技术或色谱法。

气相色谱法是采用气体作为流动相的一种色谱法，在此法中，载气（不与被测物作用，用来载送试样的惰性气体，如氩气等）载着欲分离的试样通过色谱柱中的固定相，使

试样中各组分分离。气相色谱法流程示意图见图 7-13。由图 7-13 可知，气相色谱仪一般由以下五部分组成：

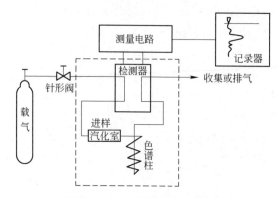

图 7-13　气相色谱法流程示意图

（1）载气系统。包括气源、气体净化、气体流速控制和测量。

（2）进样系统。包括进样室、气化室。

（3）色谱柱和柱箱。包括恒温控制装置。

（4）检测系统。包括检测器、控温装置。

（5）记录系统。包括放大器、记录仪，有的仪器还有数据处理装置。

气相色谱法的流程中，多组分的试样是通过色谱柱而得到分离的。色谱柱有两种：一种是内装固定相，称为填充柱；另一种是将固定液均匀地涂敷在毛细管的内壁，称为空心毛细管柱。前者称为气-固色谱法，后者称为气-液色谱法。

在气-固法中色谱柱内充填的常用固体吸附剂有硅胶、活性炭、氧化铝、分子筛等。它们都具有很大的比表面（一般为 $100 \sim 1000 \mathrm{m}^2/\mathrm{g}$），且对不同组分的吸附能力不一样，因此可根据被分析对象来选用最合适的吸附剂。

在气-液法中的固定液多为高沸点有机物，在色谱分析条件下呈液态。对固定液的要求是蒸汽压低，热稳定性和化学稳定性好。对被分离组分有不同的分配系数 K

$$K = \frac{\text{组分在固定相中的浓度}}{\text{组分在载气中的浓度}} = \frac{C_s}{C_M}$$

7.2.4.2　脉冲加热气相色谱法测定钢中氮、氢、氧

脉冲加热气相色谱仪，大体上有两种类型。一种是在氩气气氛中，将金属试样（放在石墨坩埚内）在脉冲加热炉中通电加热至 $2500 \sim 3000℃$，试样熔融后释放出 H_2、N_2、CO 等混合气体，由氩气载至色谱柱分离后流经热导池检测器，以峰高含量法分别测定三种气体的含量，再用注射标准气体或同时测定标准样品的办法换算结果。另一种是将金属中所释放出来的混合气体，首先通过 CuO 转化器，将其中的 CO 氧化成 CO_2，H_2 氧化成 H_2O，分别被碱石棉（$NaOH$）和无水高氯酸镁 $[Mg(ClO_4)_2]$ 吸收。剩下的 N_2 通过热导池进行检测，由电子电位差计画出峰高，以峰高测定 N_2 的含量。

使用脉冲加热气相色谱仪分析钢中气体时，将样品置于光谱纯石墨坩埚内，控制载气（Ar）压力为 $0.1\mathrm{MPa}(1\mathrm{kg/cm^2})$，载气流速为 $50\mathrm{mL/min}$，桥流为 $120\mathrm{mA}$，热导池和分离柱环境温度为 36℃。脉冲炉加热熔化试样后，析出 H_2、N_2、CO 等混合气体，经 TDX-

01 碳分子筛和 13×分子筛串联分离柱分离后，由氩气载入热导池检测器进行测量。

　　热导池检测器是由四根阻值相同的钨丝（热敏元件）组成的惠斯登电桥，其线路如图 7-14 所示。图中 R_1、R_3 为参考臂，R_2、R_4 为测量臂。在一定的池温和载气流速下，当纯载气（Ar）通过参考臂和测量臂时，电桥处于平衡状态，电路两阻值的乘积相等，即 $R_1R_3 = R_2R_4$，A、B 两端无信号输出，显示在记录仪上为一直的基线。当测定试样时，参考臂上通纯 Ar 气，而测量臂上通的载气（Ar）中包含有 H_2 或 N_2 或 CO，由于各种气体的热导率不相同，所以两臂上被带走的热量亦不同，从而引起测量臂上的阻值改变，即 $R_1R_3 \neq R_2R_4$，电桥失去平衡，在 A、B 两端产生电压差，输出一个峰形信号。此信号经放大，由电子电位差计记录。

　　图 7-15 为 H_2、N_2、CO 的峰形分离情况。根据所测得峰高值可计算出钢中气体含量，例如：

$$w(N)_\% = (Q/G) \times 100$$

式中　　$w(N)_\%$——氮的质量分数；

　　　　G——样品质量，g；

　　　　Q——用样品峰高值在氮标准曲线上查得的氮含量，g。

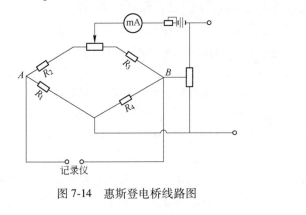

图 7-14　惠斯登电桥线路图

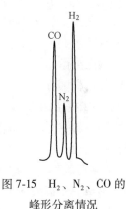

图 7-15　H_2、N_2、CO 的
峰形分离情况

7.3　化学分析实例

7.3.1　钢铁中硅含量的测定

7.3.1.1　实验目的

　　硅在钢中主要以 Fe_2Si，FeSi 或更复杂的 FeMnSi 形式存在。在高碳硅钢中，也有部分 SiC，另有少部分硅酸盐状态的夹杂物。硅是钢中的有益元素。它能增强钢的抗张力、弹性、防腐性、耐酸性和耐热性，又能增大钢的电阻系数。由于硅和氧的亲和力强，所以在炼钢过程中硅用作还原剂、脱氧剂和脱硫剂，在工艺上尚能增加流动性，减少收缩。钢中硅的质量分数一般不超过 1%，而硅钢中硅的质量分数可达 4%，是良好的磁性材料。

　　为了更好地控制硅含量在合适的范围内，准确无误地测定硅的含量是非常重要的。

　　目前，测定硅的方法除高硅外（重量法）一般选用光度法，光度法具有简单、快速、准确的特点，是目前实际应用最广泛的方法。此法还在不断地完善和改进。其中应用最多的是硅钼蓝光度法。近年来多元配合物方法的出现，进一步提高了测定的灵敏度。例如，硅钼杂多酸-甲基绿缔合物光度法测定了钢中质量分数 0.003% 以上的硅。还有示差法及全差示光度法的出现，像硅铁这样的高硅试样也能准确测定。

下面介绍一种常用的草酸、硫酸亚铁钼蓝光度法。

7.3.1.2　实验原理和设备

A　实验原理

试样用稀酸溶解，使硅转化为可溶性硅酸

$$3FeSi + 16HNO_3 \longrightarrow 3Fe(NO_3)_3 + 3H_4SiO_4 + 2H_2O + 7NO$$

在弱酸溶液中，硅酸与钼酸铵作用生成硅钼杂多酸（硅钼黄）

$$H_4SiO_4 + 12H_2MoO_4 \longrightarrow H_8[Si(Mo_2O_7)_6] + 10H_2O$$

在草酸存在下，加入硫酸亚铁铵，将硅钼黄还原为硅钼蓝。

$$H_8[Si(Mo_2O_7)_6] + 4FeSO_4 + 2H_2SO_4 \longrightarrow H_8[Si\,Mo_2O_5(Mo_2O_7)_5] + 2Fe(SO_4)_3 + 2H_2O$$

根据硅钼蓝颜色的深浅，可用光度法测定硅的含量。

（1）试样的分解。试样的分解方法主要取决于试样本身的组成与性质。碳钢、生铁、铸件，一般低合金及高合金钢可用稀硫酸、稀盐酸、稀硝酸、稀王水等分解样品。高合金钢则常用稀王水溶解，但含铬量较高者，应先采用稀盐酸分解试样，然后再进行氧化，如果先用氧化性的酸分解试样，则试样表面会被氧化生成 Cr_2O_3 的薄膜，反而使试样难溶。氢氟酸也可作为溶样酸在 70℃ 以下的温度时，硅不致损失（注意：不要长时间煮沸，以防止脱水），如遇高碳铬铁、硼铁等试样，可用强碱过氧化钠熔融。总之，在分解样品时，既要注意把样品分解好，又不能影响下一步的被测元素的测定。

（2）反应条件。

1）硅钼杂多酸的形成。在利用硅钼杂多蓝测定硅时，必须使硅在溶液中成为单分子状态。因为自由单分子硅酸才能和钼酸铵络合成硅钼杂多酸。为了达到此目的，在溶样时可使酸度适合硅酸保持为单分子状态，适宜的 pH 值是根据溶液中的铁含量和钼酸铵加入量的不同而有所不同。因为分析液中铁含量不同，用钼酸铵的量也不同，实验证明，黄色的钼酸铁中，铁和钼之比为 5∶11，由此计算得到，每 100mg 铁会消耗质量浓度 100g/L 的钼酸铵溶液（mL）。由于钼酸铵有一定的缓冲作用，对 pH 值稍有影响。同时过多的钼酸铁也要消耗一部分酸，因此可根据计算得到总酸度也就不同。最适宜的络合酸度经 pH 计测定 pH 值为 1 左右。常用硅的测定条件最好是 pH 值为 1.3，如果酸度过大过小，硅钼黄都不能形成完全，因而导致结果偏低。

由前得知，钼酸铵的加入量根据铁的含量而变动。如果钼酸铵加入量不够，会使结果偏低。一般多加质量分数 50g/L 的溶液 1~3mL 为合适，加入过多时，测得的吸光度比较高，不稳定。因此要掌握好其用量。

完全形成硅钼络离子所需的时间受温度的影响很大，反应速度随温度升高而加快。在夏天室温只需 2min，而冬天则需 10min 以上。在低于 5℃ 时，即使延长放置时间，也不能完全生成，在此情况下需在沸水浴中加热 30s，来促进硅钼络离子的形成。

2）硅钼杂多酸的还原。硅钼酸在一定条件下，可以被还原剂还原为硅钼蓝，其中有两个钼被还原到四价。常用的还原剂有氯化亚锡，抗坏血酸，亚硫酸钠，硫酸亚铁等。选择还原剂和确定反应条件，主要考虑避免溶液中过量钼酸铵被还原。一般在高酸度下用二氯化锡还原，在低酸度下用较弱的还原剂硫酸亚铁还原。

（3）干扰元素及其消除。钢铁中磷、砷也能与钼酸铵生成络合物，同时被还原成钼蓝，应消除其影响，否则使结果偏高。消除磷、砷的干扰，可通过控制酸度来解决。因硅钼酸在较低酸度下形成，而磷、砷杂多酸此时已经分解了，而硅钼酸分解得很慢，此时加入还原剂还原，磷、砷不干扰硅的测定。

另外还可以利用它们对络合剂作用的差异消除干扰。在络合剂如草酸、酒石酸、氢氟酸等存在下，硅不能生成硅钼酸，但当硅钼杂多酸生成后，再加入络合剂，则磷、砷络离子迅速分解。而硅系比较稳定，硅钼酸分解极慢。借此可消除其干扰。

由于草酸仍能分解硅钼酸（硅钼黄），因此，在实际操作中，当草酸加入后，应在2min内加硫酸亚铁铵还原。否则结果会随间隔时间的增长而降低。

草酸的加入相对的提高了二价铁的还原能力。铁的存在，会降低灵敏度。虽然增加钼酸铵的用量，但仍不能避免其干扰。显色液中含0.1g铁时，灵敏度降为85%，含0.05g铁时，灵敏度降为90%。因此，在绘制工作曲线时，显色液中亦应含有相当量的铁，尽量保持与试样中铁量相近。以抵消误差。

钢铁中除磷、砷、钒等元素外，其他元素都不干扰硅的测定。溶液中有色离子的干扰，可通过配制适当的空白溶液来消除。

B　实验设备

精密天平一台；72型分光光度计一台；电热板一块。

7.3.1.3　钢铁中硅的测定——硅钼蓝光度法

A　试剂

（1）硫酸：1∶17。

（2）硝酸：1∶3。

（3）高锰酸钾：质量浓度40g/L。

（4）钼酸铵：质量浓度50g/L。

（5）草酸：体积分数5%。

（6）硫酸亚铁铵：质量浓度60g/L。

（7）亚硝酸钠：质量浓度100g/L。

（8）含硅的标准钢样（和待测钢样含量相近）。

B　分析步骤（以生铁中硅为例）

（1）称取试样置于150mL锥形瓶中。

（2）加硫酸（1∶17）30mL，低温加热至试样全部溶解。

（3）煮沸，滴加质量浓度40g/L的高锰酸钾至析出二氧化锰沉淀。

（4）煮沸1min，滴加质量浓度100g/L的亚硝酸钠至溶液清亮。继续煮沸1～2min，取下冷至室温，将溶液移入100mL容量瓶中。

（5）用水稀至刻度，摇匀，用移液管移取试液10mL两份，分别置于两个50mL容量瓶中，作空白溶液和显色液。

空白溶液：加草酸 10mL、钼酸铵 5mL、硫酸亚铁铵 5mL，以水稀至刻度，摇匀。显色溶液：加钼酸铵 5mL、在室温下静置 10min，加草酸 10mL，摇匀，待钼酸铵沉淀溶解后，加硫酸亚铁铵 5mL，以水稀释至刻度，摇匀。

将空白液和显色液分别注入比色皿中，于分光光度计波长 660nm 处测其吸光度。由标含有硅的标准曲线（标准钢样和试样同时操作）求得硅的百分含量。

7.3.1.4　附注

（1）试样称取量参考：硅的质量分数为 0.02%~0.10% 的试样称样 0.2500g；质量分数为 0.10%~0.40% 的试样称样 0.2000g；质量分数为 0.40%~1.00% 的试样称样 0.2000g；质量分数为 1.00% 以上的试样称样 0.1000g。（标准试样称样量和试样相同）。

（2）碳素钢、低合金钢可用 20mL 硝酸（1∶3）溶解试样，高铬镍高速工具钢可用 35mL 盐酸硝酸混合液溶解试样，也可以用过氧化氢、盐酸溶解试样，以下操作同分析步骤。

1）溶样温度不宜过高，时间不宜过长，以免溶液过度浓缩（应随时加水）。

2）如用盐酸、硝酸混合酸溶样，不必滴加高锰酸钾溶液。

3）试液如有沉淀，需过滤。

4）加钼酸铵放置时间与温度有关，通常室温在 10~15℃ 时，放置 20min，室温在 1℃ 以上放置 10min，沸水浴加热则只需 30~40s 即可。

7.3.1.5　思考题

（1）试述草酸-硫酸亚铁铵法测定硅的原理。

（2）硅钼杂多酸生成的条件是什么？

7.3.2　炉渣中总铁含量的测定

7.3.2.1　实验目的

为了更好地了解和掌握渣系对钢的质量的影响，需要对渣的成分进行分析，渣中全铁的含量是要了解的。全铁包含着三价铁、二价铁、金属铁，还有其他形式存在的铁。下面介绍全铁的分析方法。

7.3.2.2　实验方法

试样用盐酸和氟化钠加热分解，此时铁呈二价和三价状态

$$Fe_2O_3 + 6HCl = 2FeCl_3 + 3H_2O$$
$$FeO + 2HCl = FeCl_2 + H_2O$$
$$FeSiO_3 + 6HCl + 4NaF = FeCl_2 + 4NaCl + 3H_2O + SiF_4$$

以钨酸钠为指示剂，用三氯化钛将三价铁还原为二价铁，过量的三价钛还原 WO_4^{2-} 生成"钨蓝"。

$$Ti^{3+} + Fe^{3+} = Fe^{2+} + Ti^{4+}$$
$$2WO_4^{2-} + Ti^{3+} + 6H^+ = W_2O_5 + Ti^{4+} + 3H_2O \quad （钨蓝）$$

继续用重铬酸钾将钨蓝氧化，使蓝色褪去：

$$Cr_2O_7^{2-} + W_2O_5 + 8H^+ = 2WO_4^{2-} + 2Cr^{3+} + 4H_2O$$

然后以二苯胺磺酸钠为指示剂，在有硫酸和磷酸存在下，用 $K_2Cr_2O_7$ 滴定，此时全部

Fe^{2+}被氧化为Fe^{3+}

$$6Fe^{3+}+Cr_2O_7^{2-}+14H^+ \Longrightarrow 6Fe^{3+}+2Cr^{3+}+7H_2O$$

根据在滴定中消耗的重铬酸钾标准溶液毫升数，求得铁的含量。

7.3.2.3　主要试剂

（1）氟化钠（或钾）溶液（质量浓度为100g/L）。

（2）硫酸：1∶2、1∶7。

（3）二氯化锡溶液（质量浓度为60g/L）：将6g二氯化锡溶于20mL盐酸中，用水稀释至100mL，摇匀。

（4）钨酸钠溶液（质量浓度为250g/L）：将25g钨酸钠溶于95mL水中（如浑浊应过滤），加5mL磷酸，摇匀。

（5）三氯化钛溶液（1∶9）：取三氯化钛溶液（质量浓度150～200g/L）用盐酸稀释20倍，加一层液体石蜡保护，贮于茶色瓶中备用。

（6）二苯胺磺酸钠溶液（质量浓度2g/L）。

（7）盐酸。

（8）重铬酸钾标准溶液（0.1mol/L）。

7.3.2.4　实验步骤

称取0.4g（根据铁含量大小定称样量），试样于250mL锥形瓶中，加5～10mL氟化钠（或钾）溶液（质量浓度为100g/L），20～30mL盐酸，低温加热溶解，在此期间断续滴加二氯化锡溶液（质量浓度为60g/L）至溶液至淡黄色。继续加热至试样全部溶解，并浓缩至8～10mL。取下，加30mL硫酸（1∶7），8～10滴钨酸钠溶液（质量浓度为250g/L），滴加三氯化钛溶液至呈蓝色。然后用重铬酸钾标准溶液滴至蓝色刚刚褪去，将溶液稀释至约100mL并冷却至室温。加5mL硫酸（1∶2），2mL磷酸，5滴二苯胺磺酸钠指示剂，立即用重铬酸钾标准溶液滴定至稳定的紫色为终点。

试样操作同时应作空白试验和带标准试样作校正试验。空白值的确定：向随同试样操作的空白溶液中加6.00mL硫酸亚铁标准溶液（0.1mol/L），加5mL硫酸（1∶2），磷酸2mL，5滴二苯胺磺酸钠指示剂，用重铬酸钾标准溶液滴定至稳定紫色，记下毫升数为A，再向溶液中加6.00mL硫酸亚铁标准溶液，再以重铬酸钾标准溶液滴定至稳定的紫色，记下毫升数为B，则$V_0=A-B$即为空白毫升数。

全铁的质量百分数按下式计算：

$$w(TFe)=\frac{c(V-V_0)\times 55.85}{1000m}\times 100$$

式中　c——重铬酸钾标准溶液的浓度，mol/L；

　　　V——滴定试样时消耗的重铬酸钾标准溶液的体积，mL；

　　　V_0——滴定空白溶液时消耗的重铬酸钾标准溶液的体积，mL；

　　55.85——Fe的摩尔质量，g/mol。

7.3.2.5　附注

（1）如试样中含碳、硫、有机物较高时，应将称样放于瓷皿中，于800℃灼烧30min，温度过高会影响以后溶样，应引起注意。

（2）如试样不能全溶时，应将残渣过滤，经洗涤、干燥、灼烧后，于铂或瓷坩埚中用焦硫酸钾熔融，用原滤液将熔块浸出，以下按原分析步骤进行测定。也可另行称样于石墨坩埚中用氢氧化钾或氢氧化钠加少许过氧化钠熔融，用水浸出，盐酸酸化，然后按原分析步骤进行测定。

（3）可溶铁（S·Fe）的测定与全铁基本相同，但在溶样时不加氢氟酸，溶样改为30mL盐酸（3∶2），于低温加热 1h，其余操作与全铁的测定完全相同。

（4）当二氯化锡加入过量时，可滴加饱和高锰酸钾溶液氧化至试液呈黄色，加热后再重新还原。

（5）用无汞法测定全铁也可以用钼酸钠-碘溶液代替钨酸钠，具体操作方法是，向溶样后的溶液中滴加二氯化锡溶液至无色，冷至室温，加 60mL 淀粉溶液（1g 淀粉溶于100mL 热水中，冷却后，再注入 500mL 水中）加 3 滴钼酸铵-碘溶液（取 3g 钼酸钠溶于50mL 水中，再称取 0.2g 碘和碘化钾溶于 50mL 水中，将两者混匀），摇匀后，滴加高锰酸钾（质量浓度为 1.5g/L）至试液呈蓝色，以下同原分析步骤。

7.3.2.6 思考题

（1）试述全铁测定的原理。

（2）用全铁测定方法测得的铁包括几种形式？

7.3.3 炉渣成分的 X 荧光光谱成分分析

7.3.3.1 实验目的

（1）了解 X 射线荧光分析仪（XRF）的原理和实验技术。

（2）掌握 X 射线荧光分析样品的制备方法。

（3）了解粉末样品、薄膜样品中的元素检测方法。

（4）熟悉 XRF 的基本结构及实验参数设置。

7.3.3.2 实验原理

X 射线荧光光谱分析是确定物质中微量元素种类和含量的一种方法，是利用初级 X 射线光子或其他微观粒子激发待测样品中的原子，使之产生荧光（次级 X 射线）而进行物质成分分析和化学态研究的方法。工作原理：当具有一定能量的光子、电子、原子等粒子轰击待测样品时，样品原子中的内壳层电子被激发逃逸，产生电子空穴，原子处于激发态。外壳层电子会向内壳层跃迁，填补内壳层电子空位，同时释放跃迁能量，原子回到基态。跃迁能量会以辐射形式释放，或将能量转移到另一个轨道电子，使该电子发射出来（俄歇电子）。以辐射形式释放的能量即产生 X 射线荧光，其能量等于两个（跃迁）能级之间的能量差，因此 X 射线荧光的能量或波长具有特征性，通过检测特征 X 射线能谱可确定待测样品中元素的种类及含量。

特征 X 射线根据跃迁后电子所处的能级可以分为 K 系、L 系、M 系谱线等；根据电子跃迁前所在能级又可分为 K_α、K_β、K_γ、L_α、L_β 等谱线。所有 K 系、L 系特征 X 射线能量在几千电子伏特到几十千电子伏特之间。莫斯莱（H. G. Moseley）发现，荧光 X 射线的波长 λ 与元素的原子序数 Z 有关，其数学关系为（莫斯莱定律）：

$$\lambda = K(Z - S) - 2$$

式中，K 和 S 为常数；λ 为荧光 X 射线的波长。根据 X 射线特征波长可以确定元素种类。同时，荧光 X 射线的强度与相应元素的含量有一定关系，据此可以进行元素定量分析。

X 射线荧光光谱仪根据分光方式不同，分为能量色散与波长色散两类；根据激发方式不同，分为源激发和管激发。本实验所用设备为波长色散型 X 射线荧光光谱仪，由四部分组成：X 光源；分光晶体（F、Ge、PET、TAP、SX-52、LiF_2）；检测器（SC 闪烁计数器、FPC 流气比例计数器、封闭气体检测器）；记录显示。

X 射线荧光分析的优点：样品处理相对简单；分析速度快，分析灵敏度高，可达到 $\times 10^{-6}$；不破坏试样，无损分析；分析元素多（原子序数 8~92），分析含量范围广（10^{-6}~100%）；试样多样化（固态、粉末、薄膜、液体）；跟样品的化学结合状态无关；是一种物理方法，对在化学性质上属于同一族的元素也可进行分析。

X 射线荧光分析的缺点：基体效应比较严重，容易受元素相互干扰和叠加峰影响；定量分析需要标样；轻元素灵敏度低；一般来说，X 射线光谱法的灵敏度比光学光谱法的灵敏度至少低二个数量级，但非金属元素除外。

X 射线荧光分析在测试过程中还需要考虑基体效应，吸收-增强效应，矿物效应和粒度效应，因此理想待测的样品应满足的条件为：有足够的代表性（因为荧光分析样品的有效厚度为 10~100μm）；试样均匀；表面平整，光洁，无裂痕；试样在 X 射线照射及真空条件下应该稳定，不变形，不引起化学变化；组织结构一致。

7.3.3.3 实验设备

XRF 由激发源（X 射线管）和探测系统构成。X 射线管产生入射 X 射线（一次），激发被测样品，产生 X 荧光（二次），探测器对 X 荧光进行检测。本实验所用设备 XRF-1800 是日本岛津公司生产的波长色散型 X 射线荧光光谱仪（如图 7-16 所示）。它的 X 射线管为 Rh 靶，有 2 种检测器，分别为 SC，FPC；3 种（标准、高分辨率、高灵敏度）自动交换准直器；5 个光栅（0.5、3、10、20、30）；6 块分光晶体（Ge、PET、LiF、TAP、O、F）；8 位样品旋转台；连续扫描为 300r/min；3 种不同精度的测量方法（简单、标准、详细）；3 种不同状态样品的测量（粉末、金属、薄膜）；以及微区扫描。最大额定管电压为 60kV，最大额定管电流为 140mA；测试管电压为 40kV，管电流为 70mA。它可以测量块状，粉末状和薄膜状样品。

该设备率先采用 4kW 薄窗 X 射线管，扩大了 X 射线荧光分析的应用领域，增加了世界首创的 250μm 微区分布成像分析功能。广泛应用于电子，磁性材料，化工，石油，煤炭，陶瓷，水泥，钢铁，有色金属，地质，矿产等领域。

7.3.3.4 实验步骤

A 测试方法

（1）根据扫描方式分为：快速、标准、详细。

（2）根据测量面积分为：0.5mm、3mm、10mm、20mm、30mm。

（3）根据表述方式分为：元素、氧化物。

（4）根据测量方法分为：FP 法（也叫基本参数法）、工作曲线法。

图 7-16　XRF-1800 X 射线荧光光谱仪

B　样品制备

（1）压片法：样品可以为粉末（150~200 目），粉末需 10g，烘干；然后压成片。

（2）块状：表面光滑，平整，无裂纹和气孔；大小合适；表面干净无污染。

（3）熔片法：粉末（150~200 目），需 1g，选择适合溶剂。

（4）薄膜厚度：根据薄膜成分，选择需要测试的元素，进行各个元素的厚度测量。

同时还需考虑样品的均匀性，要求无杂质、无气孔、无污染、有代表性；关注矿物效应和颗粒度的影响、成分波动的影响、压力密度等问题。

C　实验条件

40kV；70mA；FP 法扫描（氧化物约 30mm）。

D　实验前准备及步骤

（1）开气，开电，开循环水，开主机。

（2）打开计算机，进入 XRF 测试程序。

（3）打开程序中的初始化，进行仪器检测。

（4）检测后，进行标样校准，需进行 3 次，每次间隔时间为 5~10min。

（5）把制好的样品放入样品盒，并放入样品台。

（6）选择相应测试条件，并输入样品名称：PCXRF--Analysis--Sample Name--Select Analytical Group--Std-Oxide 或 Metal。

（7）条件设置后，进行添加，然后开始。

（8）测试后，根据测试结果，进行数据处理。

（9）关闭设备及计算机。

7.3.3.5　实验报告与思考题

（1）根据 XRF 实验数据，分析炉渣样品的成分含量。

（2）炉渣样品制作过程中应注意哪些事项。

7.3.4 钢中元素的直读光谱仪分析实验

7.3.4.1 实验目的

钢材及其制品在工业和生活中是一种常用的材料，广泛应用于冶金、机械、石油化工、电力、农林以及国防军工等领域，其内在质量和性能同元素化学成分含量有一定的关系。因此，能够快速、准确的测量钢材中成分含量是非常重要的。

7.3.4.2 实验原理及设备

直读光谱仪，英文缩写为 OES（Optical Emission Spectrometer），采用原子发射光谱学的分析原理，样品经过电弧或火花放电激发成原子蒸汽，蒸汽中原子或离子被激发后产生发射光谱，发射光谱经光导纤维进入光谱仪分光室色散成各光谱波段，根据每个元素发射波长范围，通过光电管测量每个元素的最佳谱线，每种元素发射光谱谱线强度正比于样品中该元素含量，通过内部预制校正曲线可以测定含量。本实验采用赛默飞公司研发的直读光谱仪开展实验，仪器型号是 ARL8860（见图 7-17）。

7.3.4.3 实验过程

（1）试样制备。试样应切割为圆柱状或者立方体等块状试样，使用 80~400 目砂纸将待测平面打磨平整，打磨过程不应出现交叉纹路。激发孔一般直径为 12mm，待测试样应将激发孔完全盖住，防止实验过程漏气。

（2）选择工作曲线。根据所选试样类型，选择碳素钢类、不锈钢类、低合金钢类以及酸溶铝类工作曲线。利用与该样品同牌号的光谱标准物质作为控样进行曲线校准。

（3）样品激发。将样品待测区域完全盖住激发孔，激发时一般选择 3 点激发，位置应位于半径相同位置，取测定结果的算术平均值作为被测样品的分析结果。

图 7-17 ARL8860 型直读光谱仪

7.3.4.4 注意事项

（1）为实现准确分析应确保样品化学成分均匀，样品表面光滑平整，无气孔、夹杂、油污和氧化物，分析面应完全覆盖激发孔避免漏气，样品足够厚保证激发过程不被击穿。

（2）试样初始温度不宜过大，应保持在 35℃ 以下。

（3）实验过程应全程通高纯氩气。

7.3.4.5 思考题

（1）试述直读光谱仪测量钢中成分的原理。

（2）直读光谱仪实验中样品注意事项有哪些？

7.3.5 钢中微量元素的 ICP-OES 分析实验

7.3.5.1 实验目的

（1）学习 ICP-OES 的工作原理和仪器结构，掌握其常用的分析测试方法，了解设备在不同行业领域的应用。

（2）利用 ICP-OES 同时测定中低合金钢中的多种微量元素，了解其在分析中的常见干扰因素和解决办法。

（3）掌握 ICP-OES 的基本的样品前处理方法、规范实验数据的记录及学习数据处理分析方法。

（4）培养严谨求实的科研思维，提高化学分析实验室安全知识和安全意识。

7.3.5.2   实验原理

电感耦合等离子体发射光谱（Inductively Coupled Plasma Optical Emission Spectrometer，ICP-OES）是以 ICP 炬作为激发光源的一种发射光谱分析技术（设备见图 7-18），是光谱分析中应用最为广泛、研究最深入的分析方法之一。

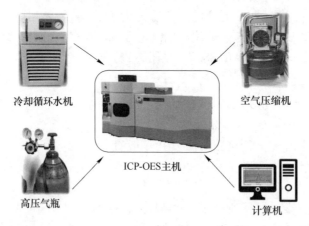

冷却循环水机   空气压缩机

ICP-OES主机

高压气瓶   计算机

图 7-18   电感耦合等离子体发射光谱仪（ICP-OES）设备图

A   电感耦合等离子体发射光谱仪 ICP-OES 基本原理

电感耦合等离子体焰炬温度可达 6000~8000K，焰心区甚至可达 10000K 左右。当待测试样经雾化器形成气溶胶通过中心管进入 ICP 光源后，可被原子化、电离、激发。处于激发态的电子回迁至基态（或其他低能级激发态）时，会以光的形式发射出能量。ICP 产生的复合光经单色器分光，不同波长的光通过检测器可以测量出光的强度。通过绘制标准曲线可以计算出待测样品的浓度。

不同原子（或离子）外层电子具有不同的电子能级，一般情况下，大部分的电子都处于能量最低的能级，称为基态。当电子受到高能激发（热能或电能）后，处于基态的电子获得能量会跃迁到能量较高的能级，称为激发态。电子从基态跃迁到激发态的这一过程称为激发，所需的能量称为激发能，用电子伏特（eV）表示。激发态能量较高，是一个相对不稳定的状态，处于激发态的电子会跃迁回基态（或能量相对较低的能级），此时电子跃迁以光的形式释放出能量。从能级图可以看出，处于基态的原子（或离子）的外层电子可以被激发到能量不同的高能级，不同的高能级都有其固定的能量，称为激发电位。同理，电子也可以从不同的高能级跃迁回基态（或其他低能级），产生不同波长的发射光，这些发射光的谱线称为发射光谱。激发能最低的能级（称为第一激发态），由于其激发能最小，最容易被激发至该能级，因此该能级跃迁回基态产生的谱线（第一共振线）在该元素的发射谱线中经常是最强的谱线，常被用作光谱分析线。

在 ICP 的高温作用下，大量的待测元素被原子化。如果能量大于该元素的电离能时，则待测元素将会被电离产生一价的离子，能量更大时，离子进一步可以进一步被激发，甚至继续电离。当气态原子的外层电子处于基态，激发失去电子变成离子所需的能量称为电离能。在发射光谱分析中常用的主要是原子谱线和一次电离的离子谱线，在极少的情况下会使用二次电离的离子谱线。电离得到的离子可以进一步进入质谱仪中检测分析（见7.3.6 痕量金属元素的 ICP-MS 分析实验）。

不同元素的原子或离子的外层电子在激发至高能级的激发态后，跃迁回基态（或其他低能级激发态），发射光的能量不同，波长也不同，称为该元素的特征光谱，故根据特征谱线的波长可进行定性分析。回迁释放的能量和发射的特征谱线波长的关系如下：

$$\Delta E = h\nu = \frac{hc}{\lambda}$$

式中，ΔE 为电子从高能级的激发态回迁至基态（较低能级）释放的能量；h 为普朗克常量；ν 为发射特征谱线的频率；c 为光速；λ 为发射特征谱线的波长。

元素的含量不同时，发射特征谱线的强度也不同，据此可进行定量分析，其定量关系可用下式表示：

$$I = aC^b$$

式中，I 为发射特征谱线的强度；C 为被测元素的浓度；a 为与试样组成、形态及测定条件等有关的系数；b 为自吸系数，$b \leqslant 1$。

B 电感耦合等离子体发射光谱 ICP-OES 的主要干扰因素

（1）物理干扰：由于 ICP-OES 分析的试样为溶液状态，因此溶液理化性质（如黏度、密度和表面张力等）对样品的传输、雾化过程（如雾化效率、雾滴粒径等）以及去溶剂等都有影响。而黏度与溶液的组成和温度等因素相关，例如常见的 H_2SO_4 酸和 H_3PO_4 酸溶液黏度较高，HNO_3 酸和 HCl 酸溶液黏度较低。

（2）光谱干扰：光谱干扰主要有两类，一类是谱线重叠干扰，它主要是由于光谱仪的色散系统分辨率不足，使某些共存元素的谱线重叠难以分辨造成的。另一类是背景干扰，主要是由于背景本身含有干扰成分，以及 ICP 光源本身所发射的强烈的杂散光的影响有关。实际实验中谱线重叠很难消除，采用高分辨率的分光系统可以减轻。当出现谱线重叠时，最常用的方法是选择另一条干扰少的谱线作为分析线，或用干扰因子校正法或多谱拟合法进行校正。

（3）化学干扰：是指被测元素与测定过程中的一些组分发生化学反应并形成难以解离的化合物，对被测元素的检测产生的干扰。因 ICP 作为激发光源温度较高，ICP-OES 中的化学干扰比火焰原子吸收光谱或火焰发射光谱分析要轻微很多，基本可以忽略不计。

（4）电离干扰：由于 ICP-OES 中样品发生去溶剂、离解原子化、电离离子化和激发跃迁，试样成分的变化对于高频趋肤效应的电学参数的影响很小，因而易电离元素的加入对离子线和原子线强度的影响比其他光源都要小，但仍对光谱分析有一定的影响。对于垂直观察 ICP 光源，适当地选择等离子体的参数，可使电离干扰抑制到最小的程度。但对于水平观察 ICP 光源，这种易电离干扰相对要严重一些，目前采用的双向观察技术，能比较有效地解决这种易电离干扰。此外，保持待测的样品溶液与标准溶液组成大致相同也可以有效消除电离干扰。

（5）基体效应干扰：主要指共存组分对分析元素信号的影响，通常用固溶物的总含量衡量基体效应的大小。实验室中我们经常将固溶物总量保持在 1g/L 左右，在此稀溶液中基体干扰对 ICP-OES 影响是极微小的。当基体效应较大时可以适当稀释分析溶液。在实际实验中，水平观察 ICP 光源的基体效应要稍严重些。可以采用基体匹配、基体分离、标准加入法和内标法来可消除或抑制基体效应。

7.3.5.3　实验设备

电感耦合等离子体全谱直读光谱仪（ICP-OES，如图 7-18 所示）：珀金埃尔默（PerkinElmer），Optima-DV7000 型；如图 7-19 所示，电感耦合等离子体发射光谱仪 ICP-OES 基本结构主要包括如下几部分：

（1）进样系统：由两个主要部分组成：样品溶液的提升部分（一般为蠕动泵）和雾化部分（主要包括雾化器和雾室）。蠕动泵至少为两道及以上，一道负责样品溶液的提起，一道负责将未雾化的样品作为废液排出，为了避免雾室积液，一般要求废液管的口径要大于进液管。要求蠕动泵在工作时转速稳定，泵管弹性良好，泵管需要根据使用情况定期更换，保证样品溶液匀速地泵入雾化器，废液可以顺畅的排出。样品溶液进入雾化器后，在氩气的作用下快速喷入腔室较大的雾化室，形成小雾滴，大雾滴碰到雾化室壁后作为废液被排除。要求雾化器的雾化效率高，雾化效果稳定，记忆效应小，耐腐蚀；常见的雾化器有同心雾化器和交叉型雾化器（直角雾化器）；常见的雾化室有双筒雾室和旋流雾室。

（2）激发光源：ICP 是发射光谱的一种重要激发光源。ICP 光源在实际应用中，可水平观测或垂直观测，也可双向观测。实际实验中应根据样品基体、特征谱线的灵敏度等因素选择合适的观测方式。其他激发光源种类见本章 7.1.4.3 发射光谱分析法。

（3）单色器：又称为色散系统，ICP-OES 的单色器通常由棱镜和光栅构成。ICP 光源中待测元素发射的复合光，经单色器色散成按波长顺序排列的光谱。

（4）检测器：将光信号转换成电信号的装置，然后经计算机采集电信号数据进行处理。传统的光电转换器有光电倍增管、光电二极管和固态成像系统等。现在设备中主流采用的是固态成像系统，这是一类采用半导体硅片为基材制成的光电传感器，常用的固态成像系统有电荷注入器件（CID）、电荷耦合器件（CCD）等。它们具有稳定性高、可同时多谱线检测、响应速度快、动态线性范围宽、分辨率和灵敏度高等优点。

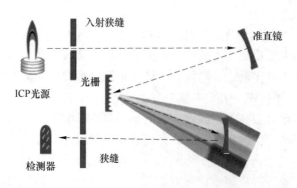

图 7-19　电感耦合等离子体发射光谱仪（ICP-OES）基本结构

7.3.5.4 实验步骤

（1）样品前处理。准确称取 0.1000g 合金钢试样，置于 100mL 的钢铁容量瓶中，加入 5mL 浓盐酸和 5mL 水。放入可调温的电热板上加热使样品溶解，然后滴加若干硝酸用以破坏钢中的碳化物。继续加热冒尽硝酸烟后，取下冷却，用超纯水稀释定容至刻度线，摇匀，干过滤后待用。

（2）校准曲线的绘制。准确配置含有 Si、P、Mn 三种元素的混合标准溶液，浓度分别为 5mg/L、10mg/L、25mg/L，放于试管中备用。

（3）开机准备。

1）打开通风系统，打开氩气钢瓶（纯度 99.996% 以上）并调节分压至 0.6MPa，打开冷却循环水机（循环水温度 20℃）。打开空气压缩机开关，用以提供尾焰切割气。安装好蠕动泵泵管（样品管和废液管）。

2）打开计算机和仪器主机开关，双击计算机操作软件图标进入工作界面。进行光谱仪预热和自检。

3）"点燃"等离子炬，通过观察视窗了解等离子体"燃烧"是否正常。

4）进行光谱仪初始化，约 3~5min 后完成。

（4）方法编辑。

1）编辑设定待测元素，选择待分析元素的波长（分析线）。

2）设置参数读取延迟时间为 60s，设置重复测量次数为 3 次。

3）设置观察窗口和自动积分窗口。

4）设置等离子体的气流、射频功率、观测距离、等离子体观测方向和光源稳定延迟等参数。

5）选择峰面积测量方式。

6）选择标准溶液的单位和浓度。

7）选择使用的校准方程式以及试样的单位和浓度报告形式，如：线性、计算截距、线性通过零点。

8）保存上述设定的方法。

（5）分析测试。

1）新建分析测试，设定保存结果数据名。

2）依次"分析空白""分析标准""试剂空白""分析样品"等。

3）测试完成后，用去离子水（或稀硝酸）冲洗进样系统 3~5min；关闭等离子体，然后退出操作软件，关闭氩气、空压机和循环水，关闭主机电源开关，关闭计算机和通风。

（6）根据测定结果，试样量计算试样中所含微量元素的百分含量。

7.3.5.5 数据记录及分析

详细记录实验过程中的仪器设备参数和重要实验数据，并根据所学知识分析实验结果。

7.3.5.6 思考题

（1）ICP 产生的原理是什么，它在 ICP-OES、ICP-MS 里主要起到什么作用？

（2）ICP 炬管内的三路气体分别叫做什么，主要作用是什么？

（3）简述发射光谱产生的原理，发射光谱仪用到的激发光源有哪些？

7.3.5.7　附注

电感耦合等离子体（Inductively Coupled Plasma，ICP）是一种通过随时间变化的电磁场感应并碰撞电离产生的等离子体源。

A　电感耦合等离子体（ICP）原理

等离子体（Plasma）一般是指电离度超过 0.1% 被电离了的气体，这种气体不仅含有中性的原子和分子，而且含有大量带电的离子和电子，且电子和正离子的浓度处于平衡状态，从整体来看是电中性的。

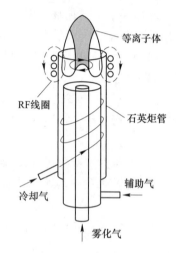

ICP 产生装置的主要分为三部分（如图 7-20 所示）：高频发生器和感应线圈（又称 RF 工作线圈）、ICP 炬管和供气系统、进样系统。高频发生器主要有自激式高频发生器和他激式高频发生器两种，发生器的频率和功率稳定性高，一般频率多为 27~50MHz，最大输出功率 1~4kW。高频发生器主要为等离子体提供能量。

ICP 炬管是由三层同心管组成，分别为石英外管、石英内管和中心管，形成三个不同的腔室，分别通入作用不同的氩气。炬管最外层的腔室通入流量较大的冷却氩气，处于石英外管和内管之间，冷却气以炬管外管的内侧沿切线方向通入 ICP 炬管内，使等离子体和炬管外管保持一定的距离并带走大量的热量，有效地避免了石英外管被等离子体的高温烧熔。冷却气的流量通常为 10~20L/min。中

图 7-20　电感耦合等离子体结构

间腔室内通入的气体为辅助氩气，辅助气处于中心管与石英内管之间，其作用主要有四个。第一，用来"点燃"等离子体，并为等离子体的"燃烧"提供稳定的氩气流。第二，在辅助气的作用下，ICP 的"火焰"被抬升，使得高温的 ICP 底部与中心管、石英内管保持一定的距离，避免中心管和石英内管的顶端被烧熔。第三，抬升的 ICP 炬焰可以减少气溶胶所带的盐分过多地沉积在中心管口，防止堵塞中心管。第四，抬升的 ICP 炬焰，可以改善等离子体的观察度，有利于光谱仪的观测。辅助气的流量通常为 0~1.5L/min。最内层腔室（中心管内）通入的是雾化氩气，雾化气又称为载气，是以氩气作为动力气，溶液样品在雾化器的作用下雾化形成粒径较小的气溶胶，然后气溶胶通入炬管的中心管内。雾化气的流量通常为 0.4~1.0L/min，雾化气的压力流量是检测时的重要参数，对测试时设备的信号值有着重要影响。

电感耦合等离子体（ICP）产生过程：首先，高频发生器为感应线圈提供了一个高频变化的电流，在线圈中间产生了一个高频变化的电磁场。然后将 ICP 炬管置于该线圈中间，通入氩气（辅助气和冷却气）。在瞬时电火花的"点燃"下，通入炬管中的少量的氩气发生了电离，产生带电的电子和离子。接着，电子和离子受感应线圈高频电磁场作用，随电磁场的频率发生高频振荡。高频振荡的电子和离子会进一步碰撞周围的氩气，如同"雪崩"式的碰撞反应形成了大量的离子和电子，形成了明亮的白色 Ar-ICP 放电。

高度电离的 ICP 外形如同水滴状，内部等离子体在电磁场的作用下会形成环状电流（涡流）。此时，感应线圈相当于是一个初级线圈，该环状电流相当于次级线圈，两个线圈之间相互耦合作用。

溶液样品通入到雾化器后，小部分的液体经雾化后以气溶胶形式被雾化氩气带入到 ICP 中心管内，其余大部分的溶液都会作为废液排到废液桶内。进入炬管的气溶胶在高温的 ICP 作用下会依次发生去溶剂、分子裂解生成原子，原子外层电子被激发，部分原子电离成离子，离子外层电子被激发。

ICP 焰具有趋肤效应和通道效应的特性。交变电流在导体上传输时，电流集中在导体外表层的现象称为趋肤效应（或集肤效应）。同理，等离子体是电的良导体，在高频磁场中感应产生的环状电流也是主要分布在 ICP 焰的外表层。趋肤效应为 ICP 焰提供了一个电磁屏蔽结构，增加了 ICP 焰的稳定性。由于冷却气的切线气流所形成的漩涡使 ICP 轴心部分的气压较周边略低，因此通入中心管的雾化气可以极容易地从 ICP 底部向周边扩散至整个等离子，在 ICP 中间相当于产生了一个气压较低的通道，称为通道效应。由于含有样品雾化气在通道效应的作用下可以很快的穿过整个 ICP，提高了等离子的激发效率。

B 电感耦合等离子体 ICP 源的应用领域

（1）用于发射光谱分析：将 ICP 作为激发光源，样品在等离子体的高温作用下，产生发射光谱，可进行定性定量分析，参见电感耦合等离子体发射光谱（ICP-OES）。

（2）用于质谱分析：将 ICP 作为离子源，采用质谱分离不同质核比的带电粒子，可以用来分析元素含量，参见电感耦合等离子体质谱（ICP-MS）。

（3）用于荧光分析：以空心阴极灯为激发光源，ICP 作为原子化器，可以用于原子荧光光谱分析（HCL-ICP-AFS）。

（4）用于离子刻蚀：将 ICP 产生的低温等离子体刻蚀材料表面，主要用于半导体材料表面的微米级纳米级加工（ICP-RIE）。

（5）用于化学气相沉积（ICP-CVD）：用电感耦合等离子体增强化学气相沉积可以用来制备薄膜，工艺条件控制性强。

7.3.6 痕量金属元素的 ICP-MS 分析实验

7.3.6.1 实验目的

（1）学习 ICP-MS 的工作原理和仪器结构，掌握其常用的分析测试方法，了解设备在不同行业领域的应用。

（2）利用 ICP-MS 同时测试多种痕量金属元素，了解内标元素的加入在质谱法分析中的重要作用。

（3）掌握基本的 ICP-MS 的样品前处理方法、规范实验数据的记录及学习数据处理分析方法。

（4）了解各种元素分析方法在冶金工程中的应用，加强化学分析实验室安全知识和安全意识。

7.3.6.2 实验原理

随着冶金技术的不断发展，钢铁等合金材料中的痕量元素对材料结构和性能的影响越来越受到重视。另外，冶金、化工等产业的污染物排放量不断上升，环境污染问题也日益加剧，很多排放的污水中含有大量的有害金属元素。使地表水和地下水都在一定的程度上受到污染，影响着人类和动植物的健康，破坏了生态平衡。

目前，重金属含量的测定有很多方法，如化学法、原子吸收光谱法（AAS）、原子荧光光谱法（AFS）、电感耦合等离子体发射光谱法（ICP-OES）、电感耦合离子体质谱法（ICP-MS）等。化学法、原子吸收光谱法（AAS）、原子荧光光谱法（AFS）检测效率较低，分析速度慢；电感耦合等离子体发射光谱法（ICP-OES）可以同时检测多种元素，主要进行微量元素分析。电感耦合等离子体质谱（Inductively Coupled Plasma Massspectrometry，简称 ICP-MS，设备见图 7-21）近几十年来发展较快，是以 ICP 炬作为离子源的一种质谱无机痕量元素分析技术。其具有检出限低、可多元素同时测定、线性范围宽等优点。

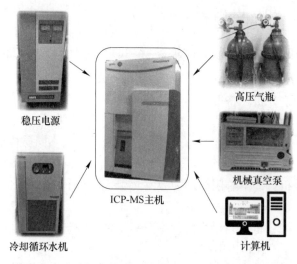

图 7-21　电感耦合等离子体质谱仪（ICP-MS）设备图

ICP-MS 在发展中不断的和其他技术融合，产生了多种类型的 ICP-MS，如单四极杆 ICP-MS、三四极杆 ICP-MS、高分辨 ICP-MS、飞行时间质谱 ICP-tof-MS 等。

A　电感耦合等离子体质谱 ICP-MS 基本原理

在电感耦合等离子体质谱 ICP-MS 中，ICP 等离子体炬起到离子源的作用，温度较高的等离子体使样品中的待测元素电离成离子（大部分离子为一价的正离子）。质谱是一个质量筛选和分析器，不同质荷比（m/z）的离子选择性通过质量筛选器到达检测器，得到该质荷比的离子强度，进而分析计算出该元素的强度。

样品溶液进行 ICP-MS 分析时经过四个过程：

（1）样品溶液经过雾化形成气溶胶被氩气带入中心管，然后进入等离子体中。

（2）样品气溶胶在等离子的高温作用下，发生去溶剂化、原子化、离子化等过程。

（3）含部分离子化样品的等离子体经采样接口进入质量分析器，并在质谱仪的高真空系统内，正离子按质荷比的不同分离。

（4）离子检测器在待测的离子的作用下转化得到离子强度的电信号，然后由计算机采集处理，通过标准曲线计算出待测溶液的浓度。

B 电感耦合等离子体质谱 ICP-MS 的主要干扰因素

主要包括质谱干扰和基体效应两类。质谱干扰：当等离子体中离子种类与分析物离子具有相同的质荷比，即产生质谱干扰。质谱干扰有三种：同质量同位素离子、同质量多原子离子、仪器和试样制备引起的干扰。

（1）同质量同位素干扰：指两种不同元素有几乎相同质量的同位素。对于普通的四极杆质谱 ICP_MS 来说，同质量同位素指的是质量数相差小于一的离子。高分辨率的 ICP-MS 要求质量数差可以更小些。周期表中多数元素都有同质量重叠的同位素存在。如：铟有 $^{113}In^+$ 和 $^{115}In^+$ 两个同位素，$^{113}In^+$ 与 $^{113}Cd^+$ 重叠，$^{115}In^+$ 与 $^{115}Sn^+$ 重叠。因为同质量重叠可以从自然状态下同位素丰度表上精确预计，所以此干扰可以用计算机软件进行计算校正。

（2）同质量多原子干扰：是 ICP-MS 中干扰的主要来源。一般认为，多原子离子并不存在于等离子体本身中，而在离子的引出过程中，等离子体中的各组分（来自待测元素、基体、氩气或大气中）相互作用而形成。ICP-MS 的背景峰主要是由这些多原子离子产生. 它们有两组：含氧的多原子离子属于质量较轻的一组（如氧化物和氢氧化物离子）和含氩的多原子离子属于较重的一组。例：$^{16}O^+$ 干扰 $^{32}S^+$，$^{40}Ar^{40}Ar^+$ 干扰 $^{80}Se^+$，$^{40}Ar^{35}Cl^+$ 干扰 $^{75}As^+$。

（3）仪器与制样干扰：主要包括由于仪器本身引起的信号干扰和制样过程引入的干扰元素。如镍基的采样锥和分离锥在检测中容易被等离子体激发溅射出镍元素，对镍的检测产生干扰。痕量分析时，必须使用超纯水和溶剂，溶解固体试样最好选用硝酸。不纯的试剂会引入干扰物质，例如一般水或试剂中很容易引入铜、锌、铅的干扰。

（4）基体效应：ICP-MS 中所分析的试样，一般为固体含量其质量分数小于 0.2%，或质量浓度低于为 2g/L 的溶液试样。当溶液中共存物质量浓度高于 0.5 ~ 1g/L 时，ICP-MS 分析的基体效应才较为明显。共存物中含有低电离能元素例如碱金属、碱土金属和镧系元素且超过限度。由它们提供的等离子体的电子数目很多，进而抑制包括分析物元素在内的其他元素的电离，并在等离子体中产生较大的空间位阻效应，影响分析结果。试样固体含量高会影响雾化和蒸发溶液以及产生和输送等离子体的过程。试样溶液提升量过大或蒸发过快，等离子体炬的温度就会降低，影响分析物的电离，使被分析物的响应下降、基体效应的影响可以采用稀释、基体匹配、标准加入或者内标法等降低。

C ICP-OES 和 ICP-MS 的应用领域

ICP-OES 和 ICP-MS 以其优异的检测性能，被众多领域应用，主要概括以下几方面：

（1）材料冶金类：主要包括传统的金属材料和非金属材料，以及新型材料的成分检测。

（2）食品安全类：主要包括食品及容器包装、儿童用品及玩具、家用电器及生活物品、化妆品及洗涤剂中的成分检测等。生活中影响我们的有害重金属元素主要包括砷、铬、镉、铅、汞等。

（3）医药健康类：一般应用于药品和保健品的有害成分及营养成分的检测；人体内的金属元素检测等。

（4）地矿农业类：主要应用于地质、矿产、土壤、农作物等元素检测以及研究。

（5）化工生产类：主要包括化工生产过程的原材料、产品、废气、废液、废固等成分分析。

另外，ICP-OES 和 ICP-MS 还可以和其他设备联用，如与离子色谱联用，可以分离检测不同价态的金属离子；与气相色谱和液相色谱联用，可以利用色谱分离后进一步检测含量；与激光刻蚀联用，可以直接原位分析固体表面成分等。

D　几种常用元素分析方法的比较

几种常用元素分析方法的比较，见表 7-4。

表 7-4　几种常用元素分析方法的比较

名称	ICP-MS	ICP-OES	GFAAS	FAAS
检测限	绝大部分元素优（ppt 级）	绝大部分元素良（ppb 级）	部分元素优（亚 ppb 级）	部分元素良（ppb 级）
分析元素种类	≥75	≥73	≥50	≥70
线性动态范围	10^8	10^5	10^2	10^3
多元素同时分析	可以	可以	不可以	不可以
精度/%	0.5~3	0.3~2	1~5	0.1~1
固体溶解量 TDS/%	0.2	30	20	3
同位素分析	可以	不可以	不可以	不可以
光谱干扰	少（质谱干扰）	有	很少	极少
化学干扰	中	低	高	高
质量数影响	有	无	无	无
运行成本	最高	高	中	低

7.3.6.3　实验设备

电感耦合等离子体质谱仪（ICP-MS，如图 7-21 所示）：赛默飞世尔（Thermo Fisher），四级杆 iCAP RQ 型；

一个标准的 ICP-MS 仪器分为五个基本部分（如图 7-22 所示）：

（1）进样系统和离子源系统：主要结构参见上述电感耦合等离子体发射光谱（ICP-OES）。ICP-MS 的进样蠕动泵一般为三道，一道负责样品溶液提升进入雾化器，一道负责内标溶液提升进入雾化器，一道负责排出废液。此时 ICP 作为设备的离子源，将待测元素离子化。ICP 是一种优良的单电荷的离子源。

（2）接口：主要由采样锥和截取锥构成，是 ICP 离子源和质谱分析系统中间的关键过渡部分。两个锥体上分别开有大小不同的孔洞，ICP 产生的离子只有非常小的一部分通过锥体，进入离子透镜。电子由于运动速度快，容易打到采样锥上，使其表面为负电性。在采样锥和截取锥之间具有一定的真空度，两锥之间相当于一个扩张室，离子通过时会发生超声射流现象，

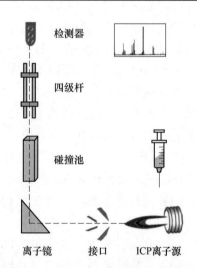

图 7-22　电感耦合等离子发质谱仪（ICP-MS）基本结构

检测器

四级杆

碰撞池

离子镜　　接口　　ICP离子源

采样气流可以获得轴心方向的一个高动能，有利于下一步提取透镜的提取。通过采样锥的离子只有一小部分进入到截取锥，大部分离子会被真空抽出。

（3）离子镜系统：通过特定的电场，使来自等离子体的正离子发生转向和聚焦，然后入射进去质量过滤器。主要包含提取透镜、聚焦透镜和偏转透镜。提取透镜上施加负的提取电场，可以阻止很多高能离子和中性微粒（如分子、原子和光子）。聚焦透镜通过透镜状的电场实现离子的聚焦。偏转透镜使正电荷的离子发生一定角度的偏转，可以进一步消除电子和中性微粒（如分子、原子和光子）对检测的干扰。

（4）四级杆质量过滤器：四极杆是由四个金属棒构成，分为两对电极。一对电极加正的直流电和射频信号，另一对电极加负的电压和与射频信号（该射频信号与前一对电极的射频信号相位相反）。这些电压形成的电场让离子在四极杆中螺旋运动，当合理设置直流电压的大小和射频电压的幅度后，只有特定质荷比的离子才能通过四极杆到达检测器。

（5）离子检测器：检测器的目的是对通过质量过滤器的离子进行计数，得到离子的相对含量。大多数仪器使用离子检测器是电子倍增器，它由很多电极板构成，这些电极板称为打拿极。当待测离子撞击到第一个打拿极时，打拿极会释放出电子，电子在打拿极外加电场作用下向下一个打拿极加速运动，并撞击出更多的电子，经过多次的撞击，形成了电子倍增效应。大量的电子形成脉冲电信号，计算机通过脉冲电信号和标准曲线方程可以计算出元素的含量。

7.3.6.4 实验步骤

（1）样品预处理。样品预处理，将待测水样经滤膜过滤，去除水样中的不溶物，避免堵塞设备管路。

（2）标准溶液配制。移取 6 种混合标准使用液，用 2% HNO_3 溶液配制成混合标准溶液系列。6 种金属元素的浓度分别为：As、Cr、Pb、Cu、Cd、Mn 的系列浓度为 $2\mu g/L$、$5\mu g/L$、$10\mu g/L$、$20\mu g/L$。

（3）开机准备。

1）打开设备通风系统，打开氩气钢瓶并调节分压至 0.6MPa、打开氦气钢瓶并调节分压至 0.1MPa。

2）打开稳压电源和仪器主电源开关，打开设备冷却循环水机（循环水温度20℃）。

3）安装好蠕动泵管，将进样毛细管插入纯水中、将内标毛细管插入到内标溶液中、将废液管插入废液桶中。

4）打开计算机，启动设备控制程序，检查设备真空度＜Penning pressure＞不高于 $6.0×10^{-5}Pa$。

5）"点燃"等离子体，待一段时间后进入操作状态。

6）将进样毛细管放入"调谐液"中，观察 Li、Co、In、U 的信号强度和稳定性是否正常。

（4）样品分析。

1）启动实验操作程序，根据测试要求新建工作簿。

2）样品测试模式选择氦气碰撞模式，可有效去除检测中的多原子干扰。

3）根据软件提示进行空白样品测试、标准样品测试和未知样品测试。软件在测试完成后自动绘制标准曲线并计算未知样品浓度。

4）确认所有样品分析完成后，将进样毛细管和内标毛细管插入纯水（或稀硝酸）中冲洗 5min 以上。导出测试数据，关闭实验操作程序。

（5）熄火关机。

1）关闭等离子体，等待设备冷却。待仪器回到 Standby 状态后，退出设备控制操作软件。

2）关闭冷却循环水，松开蠕动泵泵管，关闭氩气和氦气。

3）如设备长期处于不用状态（一个月以上），关闭通风系统、仪器左侧主电源开关和稳压电源。

7.3.6.5 数据记录及分析

详细记录实验过程中的仪器设备参数和重要实验数据，并根据所学知识分析实验结果。

7.3.6.6 思考题

（1）简述质谱仪的工作原理，实验中 ICP-MS 中的质谱仪是哪种类型？

（2）ICP-OES 和 ICP-MS 在应用中各有什么优缺点？

（3）内标元素在 ICP-MS 中的作用是什么？

7.3.6.7 附注

一般情况下，ICP-OES、Flame AAS 和 ICP-MS 测试的一般都是液体样品，因此测试前需要将非溶液的样品转化为溶液样品，测试的溶液必须为真溶液，保证溶液澄清（测试前需要过滤），溶液样品中也不能含有对仪器有损坏的成分（如 HF 或强酸强碱等）。ICP-OES 要求样品溶液固体溶解量（TDS）不超过 30%（w/v）的溶液（即 100mL 样品溶液内的固溶物不超过 30g），而 ICP-MS 要求样品溶液的固体溶解量一般不超过 0.2%（w/v），因此 ICP-MS 对样品溶液的基体要求更高，浓度较高的样品在不影响测试的情况下需要进行稀释。

前处理要求样品内的待测元素完全进入溶液，溶解过程中待测元素不能损失、不引入或尽可能少引入干扰成分、试剂便宜且容易获得、反应快速简便易操作。常见的试样前处理方法有以下六种：

（1）稀释法：对于浓度较高的样品溶液，一般采用超纯水或者无机酸溶液（常用纯度较高的稀 HNO_3）稀释至合适的浓度，再用设备进行测试。

（2）灰化分解法：常用于食品、塑料等含有机质成分的前处理。使用电阻炉将样品加热到高温，去除其中的有机质和易挥发成分，使之灰化分解。可同时处理多个样品，处理方式简单，但是 Hg、As、Se、Te、Sb 等元素容易挥发，影响其含量的检测。

（3）常规酸溶法：用一种酸（HF、HNO_3、HCl 酸等）或者多种混酸（HNO_3-HF 混酸体系，HNO_3-H_2SO_4-$HClO_4$ 混酸体系，HNO_3/HCl 混酸体系等）。通常样品在加入适量的酸后可以放入电热板上加热，加快样品的溶解。常规酸溶法具有设备简单、操作方便、适合大批量处理样品的优点。但是该方法对试剂的消耗较多，操作环境较差。

（4）高压酸溶法：常用于难分解样品的前处理，高压密封罐一般由聚四氟乙烯密封罐和不锈钢套筒组成。试样和溶剂酸放在聚四氟乙烯的密封罐中，然后用不锈钢外套加固，放入烘箱中加热。加热温度一般在 100~200℃，加热反应数个小时。停止加热后必须等到体系冷却到室温后才能打开装置，以免发生高温酸的喷溅，注意实验操作安全。该方法具有试剂的加入量少，空白低，污染少，分解效率高等优点。

（5）微波消解法：微波消解也是高压酸溶法的一种，具有普通高压酸溶法的优点，同时在微波的作用下消解速度更快。常用 HNO_3、HNO_3-H_2O_2、HNO_3-HF 微波消解，具有污染小、元素损失小、反应快速等优点。但设备成本较高，操作相对复杂。

（6）熔融分解法：可以分为碱熔法（氢氧化物、过氧化物、碳酸盐等）；酸熔法（硫氰酸盐和焦硫酸盐，酸性氟化物等）。在高温下样品和试剂进行复分解反应，使样品中的组分转化成易溶的化合物。熔融温度比"湿法"要高得多，分解能力较强。熔融后的试样需要进一步转化成酸性的溶液。由于熔融时加入了大量的熔剂，会提高待测溶液的固溶物含量，也很有可能带入一部分干扰杂质。

7.3.7 钢中氧氮含量的测定

钢中氧主要以氧化物的形式存在，氧化物聚合又会形成非金属夹杂物，而非金属夹杂物会使钢的延塑性降低，硬脆性增加，严重影响钢的力学性能，降低钢中总氧含量是生产高品质洁净钢的重要目标。在绝大多数钢中氮元素也被视为一种有害元素，Fe_4N 的析出导致钢的时效性和蓝脆，降低钢的韧性和塑性，氮化铝、氮化钛等带有棱角而脆性的夹杂物，不利于钢的冷热变形加工，当钢中残留氮较高时，会导致钢的宏观组织疏松甚至形成气泡。但钢中适量的氮又能够促进晶粒细化，提高钢的硬度和强度，以及不锈钢的抗腐蚀能力。因此准确测定钢中氧氮含量无论对于钢铁企业还是相关科研单位都显得尤为重要。

本实验使用美国 LECO 公司氧氮氢分析仪（TCH600），对锰含量低于 1% 的铸坯某位置切割的氧氮棒进行氧氮质量百分含量测定（注：对于锰含量高于 1% 的样品，由于锰在高温下易挥发，容易吸附 CO，造成氧分析结果偏低，不适用本案例分析过程）。

7.3.7.1 实验目的

（1）了解惰性熔融红外吸收法测氧、热导法测氮的检测原理。

（2）掌握测定钢中氧氮的样品制备。

（3）掌握测定钢中氧、氮的分析参数设定。

（4）学习氧氮氢分析仪的基本操作。

7.3.7.2 实验原理和设备

A 实验原理

TCH600 氧氮氢分析仪采用惰性熔融红外吸收法测氧和氢，热导法测氮。该仪器以高纯氦气为载气，并提供惰性气氛，加热方式为脉冲石墨电极炉。固态试样在高纯石墨坩埚中加热，在惰性气体保护下达到熔融状态。样品中的氧化物等各种形式的氧与坩埚中的碳反应生成一氧化碳和少量二氧化碳；氮化物被热分解或转化为碳化物，各种状态氮以气态单质释放；氢以氢气单质释放。混合气体由氦载气进入氧化铜炉时，一氧化碳被氧化成二氧化碳，氢气转化为水，而氮气不变。待混合气体被带入检测器，二氧化碳和水分别被二氧化碳红外池检测和水红外池检测出来，氮气则因其与氦气之间导热系数的差异而被热导池检测出来。气体路线图见图 7-23，试剂管内装有碱石棉和高氯酸镁，气体先通过碱石棉时二氧化碳被吸收，再通过高氯酸镁时水被吸收。

B 实验设备

TCH600 氧氮氢分析仪由加热提气炉、检测系统、冷却系统及除尘系统构成。其加热

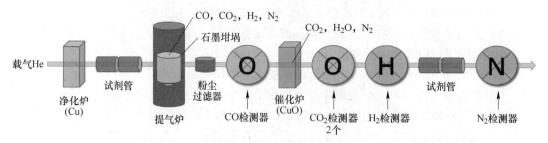

图 7-23 气体路线图

提气炉为电极脉冲式加热炉，最大功率为 7.5kW，由上下电极构成，高纯石墨坩埚位于两电极中间，试样在此被加热熔化并释放气体。检测系统包括 CO 红外池、CO_2 红外池、H_2O 红外池和热导池，检测系统位于恒温箱内，温度保持在 50℃。冷却系统用来冷却炉头电极并保持恒温箱温度，有内置水箱和液液交换器，交换器直接连接到外部冷却水。除尘系统由自动清洗装置和吸尘器构成，用来清洗上下电极上粘附的石墨粉灰尘。

TCH600 分析仪测量范围（1g 样品）：氧：$0.05 \times 10^{-6} \sim 5.0\%$；氮：$0.05 \times 10^{-6} \sim 3.0\%$；氢：$0.1 \times 10^{-6} \sim 0.25\%$。测量准确度：氧：$0.025 \times 10^{-6}$ 或相对标准偏差 0.5%；氮：0.025×10^{-6} 或相对标准偏差 0.5%；氢：0.05×10^{-6} 或相对标准偏差 2.0%。测量精密度：氧：0.001×10^{-6}；氮：0.001×10^{-6}；氢：0.001×10^{-6}。

分析仪外接稳压电源、计算机、电子天平和外冷却水以及氮气和高纯氦气，如图 7-24 所示。外冷却水工作温度 9~15℃；氮气为动力气，负责滑块的前后移动及下电极的升降；高纯氦气为载气，并参与氮含量的检测；电子天平精度为 0.1mg。

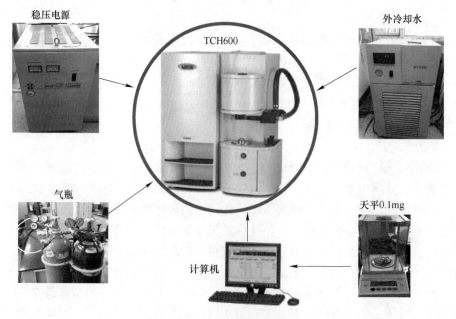

图 7-24 TCH600 氧氮氢分析仪

制样设备包括 JQ-Ⅲ型气体剪切机（其机床转速为 700r/min）、日本产金刚砂锉刀、KH-100B 型超声波清洗器。

7.3.7.3 实验步骤

（1）开机通气。启动分析仪并在计算机上启动相应的软件，通入载气-高纯氦气及动力气-高纯氮气，通过减压阀调节高纯氦气的工作压力为 0.138MPa，高纯氮气的工作压力为 0.276MPa，通气时间为 3~4h，检查氦气流量是否为 450mL/min，检查入口催化剂温度和入口净化剂温度是否达到 650℃。准备好分析用套坩埚、镊子、电极刷等。

（2）样品准备。从方坯中间位置从内弧到外弧依次切割棒状样品。用车制方法将样品加工成表面光洁的氧氮棒，直径为 4~5mm，长度至少 30mm，表面光洁度▽7 以上。车制前用丙酮清洗车刀，车制速度在 800r/min 左右，车制过程中用水进行冷却，防止样品氧化和污染。氧氮棒送入分析实验室，分析前需经过"磨-切-洗-吹"四个步骤的制样处理，如图 7-25 所示。首先将样品固定在气体剪切机的卡盘上，在 700r/min 转速下用锉刀磨抛样品表面，去掉表面氧化层；然后将样品放置在气体剪切机的切孔内，将样品切割成 1g 左右的小段试样；将试样放在装有丙酮的小瓶内，放置在超声波清洗器内清洗 4min，去掉表面油污和碎屑；最后将试样取出后放在小烧杯内，用吹风机热风吹干，放入样品盒内等待分析。（注意：整个过程避免用手直接接触样品，如果样品表面有缩孔、裂纹或沟痕，或者在切成小段之后在断面上发现有缩孔或者锈斑，做不合格样品处理。）

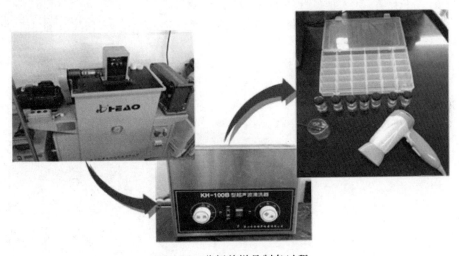

图 7-25 分析前样品制备过程

（3）建立分析方法。采用功率控制温度方式，自动分析模式。脱气功率为 5.5kW，脱气次数为 2，冲洗时间 15s，脱气时间 10s，分析延迟 20s。分析功率为 4.8kW，氧分析最小分析时间为 38s，积分延迟为 5s，比较器水平为 1；氮的最短分析时间为 70s，积分延迟为 15s，比较器水平 1。

（4）空白及校准。使用步骤（3）建立的分析方法，进行空白分析 3~5 次，选择稳定空白建立新空白。用标样对仪器进行检查。选择至少 3 个标样进行线性校准，标样的高、低含量范围须覆盖所有要分析的试样含量。

（5）试样分析。试样称重，输入样品名称和质量，使用步骤（3）建立的方法进行分析，整个分析过程在提示下完成操作，包括放样、坩埚脱气、落样、积分等过程，直至分析结束。每个样品至少做 2 次平行分析，如果两次分析结果的相对标准偏差大于 5%，则进行第三次或更多次分析，选择相对标准偏差小于5%的数据并取其平均值作为该样品的分析结果。

7.3.7.4　实验报告要求

（1）简述样品制备过程。

（2）简述仪器分析过程。

（3）对不同位置样品氧、氮含量结果做柱状图，分析变化规律。

7.3.7.5　思考题

（1）影响钢中氧氮含量分析结果的因素有哪些？

（2）测定的钢中总氧含量是否包括大型夹杂物中的氧？

参 考 文 献

［1］林世光．冶金化学分析［M］．北京：冶金工业出版社，1981.

［2］鞍钢钢铁研究所．实用冶金分析［M］．沈阳：辽宁科学技术出版社，1990.

［3］刘绍亚，朱鹏鸣，等．金属化学分析概论与应用［M］．重庆：四川科学技术出版社，1985.

［4］武汉大学，等．分析化学［M］．北京：人民教育出版社，1979.

［5］朱明华．分析化学［M］．北京：高等教育出版社，1983.

［6］韩丽辉，于春梅，冯根生．取样和制样对钢中氧氮含量分析结果的影响［J］．实验室研究与探索，2016，35（5）：49~55.

8 试样的采取和制备

8.1 散状材料试样的制取

冶金用原材料大多为散状材料，如铁矿石、锰矿石、石灰石、白云石、萤石、煤等，加工成半成品的有铁精矿、烧结矿、球团矿、石灰、轻烧白云石、镁砂、轧钢皮、焦炭、铁合金等。要知道某一种材料的成分和性能，必须从大批散状料中取得具有足够代表性的试样分数和数量。

8.1.1 矿物原材料试样的制取

8.1.1.1 储矿堆取样

对于装运过程中的矿堆是每隔一定时间取样一次，从上、中、下各层的各个部位取样，并进行混合、破碎、缩分等加工，才能得到比较均匀有代表性的试样。对于堆放的矿样则广泛使用的是撮取法，按图 8-1 所示的取样点分布，按纵横方向（每点隔约 2m）和垂直方向（下挖 0.4m 以上）均匀取样。每点取样量不小于 2kg。然后将各点取样收集混匀作为平均试样。

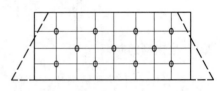

图 8-1 矿堆中取样点分布

8.1.1.2 在货车和汽车上取样

货车车皮较多时（例如 20 节车皮）可按照图 8-2 所示的取样点分布，在第一节车皮取 1 点，第二节车皮取 2 点，依次类推。每点试样重约 0.5kg，取完后混匀。汽车中取样可按图 8-3 所示的 5 点法取样。

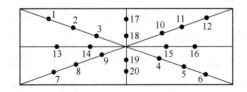

图 8-2 在货车中取样点分布

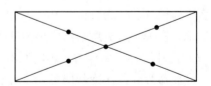

图 8-3 在汽车上取样点分布

8.1.1.3 矿样的粉碎和缩分

大块的物料用颚式破碎机破碎后缩分，小块物料用圆盘粉碎机磨碎至 1mm 后缩分，按四分法（见图 8-4）反复缩分至 50~100g，然后用球磨机或制渣机细粉碎，并使之全部通过 120 目筛孔，装入试样袋备用。

图 8-4　四分法缩分示意图

8.1.2　铁合金试样的制取

铁合金往往由于偏析形成不均匀现象，成批的铁合金应从近一半的袋（箱、桶）中抽取，混在一起破碎。块状试样一般用钻、刨法制取。对于硬度大的铁合金采用硬质合金钻头低速钻取，或用破碎机破碎，研磨机研成细末。各种铁合金的粉碎粒度要求如下：

（1）锰铁、硅锰合金、钒铁等为 120 目筛孔。

（2）磷铁、钛铁、硅钙合金、硅铬合金、铌铁、锆铁为 160 目筛孔。

（3）铬铁、钨铁、钼铁、硅铁等为 200 目筛孔。

8.2　钢铁样和炉渣试样的制取

8.2.1　生铁样的制取

生铁有炼钢生铁和铸造生铁两种。前者硬，称为白口铁，用轧碎法取样；后者软，称为灰口铁，用钻床取样。在高炉炼铁过程中，每隔 3~4h 出铁一次，用长柄取样勺在铁水表面逆流接取，然后注入铸铁模中，凝固后倒出。

8.2.2　钢样的制取

8.2.2.1　炉前钢样的制取

炉前钢样制取有以下几种方法：

（1）样模取样。用样勺伸进炉内，先粘渣后插入钢液中取出一勺钢水，钢水表面应覆盖着有渣液。如果样品是用来测定 [C]、[O] 的，应带渣刺铝脱氧，然后迅速拨去渣皮把钢液倒入样模。若作为分析 [Mn]、[P]、[S] 等的试样，应先拨去渣皮。在钢液上刺铝脱氧后倒入样模。脱氧用铝丝应用砂纸磨去氧化膜，用量为样重的 1%。

（2）甩片取样。用样勺从炉内取出钢水，拨去渣皮，不经脱氧慢慢地倾倒在钢板的斜面上，凝成薄片，浸水冷却即可。或直接用钢板横切从样勺倒出的钢水。成为薄片即可。

（3）取样器取样。将专门制作的取样头插到取样铁杆上，插入炉内钢液后，钢水进入取样头内的样模中，从样模中取出试样，浸水冷却即可。样模中有含铝和不含铝两种，未脱氧钢液取样用含铝取样头，已脱氧钢液取样用不含铝取样头。

8.2.2.2　成品钢样的取样

在钢的连铸过程中，在中间包内用样勺或取样器取样作为成品钢样。在铸坯或轧材上取样，可用钻、车等方法，取其碎屑即可。

8.2.2.3 实验室中钢铁样的制取

在实验室高温炉内坩埚中取钢铁样,一般使用石英管抽取。石英管内径以 6~8mm 为宜,如内径太大容易抽空或在提出石英管时钢液滑出。如试样太细不易加工。试样取出后,钢样可用车床或钻床加工取其碎屑。生铁样可先放入高温电阻炉中,约 900℃ 退火,然后取出磨去表面氧化皮,再用车床或钻床制取。生铁样小块可不经退火,在高锰钢样模中直接砸碎。

8.2.3 炉渣试样的制取

炉渣的分析试样,一般是在炉内或放渣时取样,有时也可以从渣堆中取样。高炉渣取样是在放渣时,待渣流出一定时间后,用长勺取样。转炉渣取样是在倒炉时,用样勺从炉内取出。电炉渣是用长勺从炉内取样。实验室高温炉坩埚中取样,一般是用纯铁棒蘸取。

渣样取出后先粗破碎,用四分法取 20~50g 放入制样机细粉碎。之后,再用磁铁将渣粉中金属铁吸出,然后全部通过规定筛孔(100 目,未通过部分返回再粉碎),装入试样袋并注明样号备用。

8.3 钢中气体分析和非金属夹杂物试样的制取

8.3.1 钢中气体分析用试样的制取

钢中气体主要是指氧、氮、氢,它们对钢的质量有很大影响,因而要采样分析,不得采用表面有裂痕、有缩孔、有湿气的试样。

8.3.1.1 测定钢中氧、氮试样的采取与调制

在钢液中取样时,要用铝作补充脱氧,以便使氧和氮形成较稳定的 AlN 和 Al_2O_3。

A 化学分析法测定氮

其分析用试样为屑状。取样可用样勺采样倒入模中,也可用真空管吸取钢样,经钻床钻取钢屑即可。

B 脉冲惰性熔融法或气相色谱法测定氧、氮

用内径为 $\phi 6~8mm$ 的石英管直接插入炉内钢液中、或样勺、钢水包、钢锭模中,利用石英管一端抽气把钢液抽入石英管内,经冷淬即可。在炉内取样时,石英管内应预先封入脱氧铝丝;样勺中吸取时,钢液在样勺中先带渣刺铝脱氧,而后插入石英管吸取钢样,这样做可避免钢液表面与大气接触而进入了氮和氧。除了用石英管取得棒状样外,还可以取提桶样和饼状样。为了能有效隔绝钢渣进入提桶,提桶上配有木质桶盖,提桶样从钢液中取出后放在空气中自然冷却。取样管内设置球拍状模具可获得球拍样,目前饼状样主要靠真空取样器取得,用真空泵将样品模中的空气排除掉,降低了样品中出现缩孔的概率,提高样品质量。

无论棒状样、提桶样还是饼状样,都需要去掉表面的氧化层,用车制或冲取方法将样品加工成 $\phi 4~5mm$、长度至少为 30mm 的钢棒(称作氧氮棒),加工表面粗糙度为 $Ra 3.2\mu m$ 以上。车制过程应避免氧化和污染,可用冷却液进行冷却,并用有机试剂(四

氯化碳、乙醚或丙酮）对车刀进行擦洗。对于提桶样，需去除含杂质多的顶部和底部，一般顶部切去带凹槽的部分，底部去掉 5~10mm，在纵向偏心 1/2 处切割氧氮棒较好。提桶样和饼状图凝固后分层示意图如图 8-5 和图 8-6 所示，分析代表层表示氧氮棒的切割位置。从氧含量均匀性上看，提桶样好于饼状样，饼状样好于棒状样。

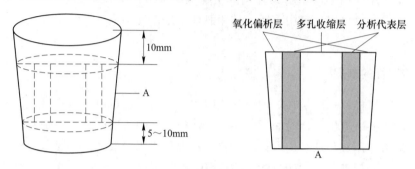

图 8-5　提桶样分层示意图

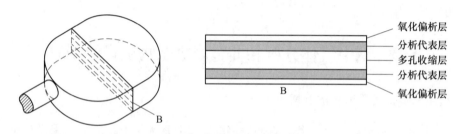

图 8-6　饼状样分层示意图

对车制后的氧氮棒进行抛光处理，用碳化硅砂布和鹿皮在 800r/min 左右的转速下依次进行抛光至 $Ra1.6\mu m$ 以上。抛光后的氧氮棒送入分析实验室，表面很可能发生氧化及沾染了油污和汗渍，所以送入分析实验室后，样品表面仍需要进行再处理。分析前的制样工作一般包括"磨—切—洗—吹"四个步骤，即将样品固定在卡盘上，用砂纸或锉刀磨抛样品表面，去除表面氧化层；之后用切样机切割成 1g 大小的试样；再将试样放入装有丙酮或四氯化碳的小瓶进行超声清洗 3~7min，以去掉试样表面的油污、汗渍和磨掉的渣末；最后将试样用镊子取出，用热风吹干后放入样品盒中备用。

8.3.1.2　测定钢中氢试样的采取、保存与调制

氢在钢中以间隙式固溶体存在，因而很容易向外界介质扩散。测定钢中氢试样的采取、保存与调制的正确与否，将直接影响测定结果。

测氢取样与测氧、氮取样基本相同。炉前取样时样品取出后迅速在冷水中淬火（一般小于 10s），并不断用力搅拌，样品充分冷却后，放入冷却剂中保存送往实验室，冷却剂一般用液氮或干冰和丙酮混合剂为宜。试样处于 -40℃ 低温，可基本上防止氢的外扩散，否则检出量偏低。

定氢试样在采得样品后应以最少的加工工序，最快的加工速度完成调制工作并避免样品过热，试样加工温度应低于 50℃。样品表面不能有厚氧化皮或线切割划痕。一般用车床车制成棒状样，车制过程要冲水冷却或用无水乙醇冷却；也可用砂纸缓慢打磨试样表面，

去掉粘污层。之后将样品切割成 $0.5\sim1g$ 小试样，并放入到丙酮或四氯化碳中超声清洗，以去除表面碎屑和微量油污。超声清洗约 3min 后用镊子取出，样品自然风干或冷风吹干后立即进行分析。

8.3.2 检验钢中非金属夹杂试样的采取与调制

研究脱氧前钢中的非金属氧化物是比较困难的，因未经脱氧的钢水在凝固过程中发生碳氧反应，从而降低了钢中含氧量，所研究的凝固后钢中非金属夹杂物不能代表熔炼过程中的实际情况，而且研究熔池中钢液含氧量比研究其夹杂物数量和形态更重要，如果对熔池中所取钢液进行脱氧操作，则钢中非金属夹杂物的数量和形态都要发生质的变化。因此，对研究氧化钢液的夹杂物试样的采取，至今还没有一个合适的方法。但有一点是肯定的，即采取钢中非金属夹杂物试样时，不加脱氧剂补充脱氧。

钢中非金属夹杂物采样一般在钢水包、中间包、钢锭、钢坯或钢材上进行。

（1）钢水包采样。经脱氧后的钢液经过充分镇静，用样勺在钢包中采取钢液，倒入经洁净处理的样模中。取样点及数量取决于研究规模和性质。

（2）钢锭取样。一般在研究铸态钢中非金属夹杂物的形态和分布时，往往在钢锭上采样。显然，采取的试样点比较多才有代表性。先用乙炔切割器在钢锭不同高度上切下样块，然后用刨床刨去火焰切割的影响区，按估计的夹杂物分布规律锯取适合金相观察的试样。

（3）钢坯采样。钢坯采样应在整根钢坯切头去尾后，在前、中、后三个部位用剪切或热锯切取。

钢中非金属夹杂试样取样后需要调制。这种试样一般采用金相显微镜鉴定。根据需要有的在扫描电子显微镜中鉴定，有的在 X 射线衍射中分析，有的在电子探针中作微区分析等等。根据分析用仪器不同，对试样要求也有所不同。作为金相显微镜用的试样，其面积为 20mm×20mm，厚度要求不严，10mm 左右即可。除了 X 射线衍射法用粉末状试样外，金相用样品进一步处理即可使用。

8.4 气体试样的采取

气体试样用于气体组成分析。气体组成分析仪有奥氏气体分析仪、气相色谱仪、红外分析仪、热导式气体分析仪等。由于采用的分析仪不同，采气量也不同，采气方法也不同。前两种气体分析仪是间断性工作的，采取的气体样存在球胆中，分析时从球胆中取出气体进入分析仪，故叫静态分析；后两种分析仪是连续工作的，气体样连续通过分析仪，连续分析显示并记录，叫动态分析。

球胆取气时应注意的问题是：

（1）取气温度高时应速冷，如用水冷管取样。

（2）取气管中气体流速应足够大，一般应大于 5m/s。上述两点要求是防止气体中 CO 分解。

（3）在采样前，取气管路、贮气球胆以及抽气用二连球或抽气泵先经 N_2（或 Ar）气吹扫，而后用所抽气体吹扫，对球胆应清洗三次以上，以确保采气过程中系统中无残留气。气源本身有一定压力时，可直接用取样管-球胆采样。采样时的吹扫气体应注意安全排放，不准任意把含 CO 的有毒气体排入大气，可以点燃或排入到烟道废气中去。

（4）对于含尘及含水的气体应予以过滤或沉淀再进入球胆。脱水一般用冷凝法。

对于连续进入分析袋的气体样品，都要过滤、沉淀及脱水处理。输送管采用铜、铝或不锈钢管，过滤用陶瓷滤芯或不锈钢粉末烧结滤芯。采用露点仪测定气相中水分的输气管长度尽可能短，而且要保温。为控制采气速度，要设针状调节阀及浮子流量计。

参 考 文 献

［1］徐南平. 钢铁冶金实验技术和研究方法 ［M］. 北京：冶金工业出版社，1995.

［2］中华人民共和国国家质量监督检验检疫总局. 钢和铁　化学成分测定用试样的取样和制样方法：GB/T 20066—2006 ［S］. 中华人民共和国国家标准，2006.

［3］中华人民共和国国家质量监督检验检疫总局. 钢铁　氮含量的测定　惰性气体熔融热导法：GB/T 20124—2006 ［S］. 中华人民共和国国家标准，2006.

［4］中国钢铁工业协会. 钢铁　氧含量的测定　脉冲加热惰气熔融-红外线吸收法：GB/T 11261—2006 ［S］. 中国国家标准化管理委员会，2006.

［5］中国钢铁工业协会. 钢铁　氢含量的测定　惰性气体熔融-热导或红外法：GB/T 223.82—2018 ［S］. 中华人民共和国国家标准，2018.

［6］韩丽辉，于春梅，冯根生. 取样和制样对钢中氧氮含量分析结果的影响 ［J］. 实验室研究与探索，2016，35（5）：49~55.

9 连铸坯检测

9.1 连铸坯表面温度的测量

连铸坯表面温度是很重要的工艺参数，直接影响到连铸坯的表面及内部质量，是二冷区配水所依据的主要参数。但由于二冷区环境恶劣，在连铸坯表面有许多氧化铁皮及水蒸气，使得在线测量铸坯表面温度的准确性很低。测量连铸坯表面温度的主要方法目前还是以非接触式为主，目前较多采用的是红外窄波段光电高温计测量铸坯表面温度方法。

首先用透镜将被测连铸坯表面的热辐射聚焦，采用光纤输运到变送器，变送器内的红外传感器将光信号转换为电信号，并将电信号放大线性化后，成为线性的 0/4~20mA 的标准电流信号输出到显示仪表。其工作原理如图 9-1 所示。表 9-1 为常用光纤红外测温仪表的技术指标，表 9-2 为常用测量头（TF-5681）的技术指标。

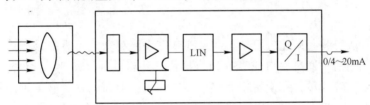

图 9-1　光纤高温计原理框图

表 9-1　常用光纤红外测温表的技术指标

项　目	指　标	项　目	指　标
测量范围	700~1500℃，600~2400℃	温度影响	0.05%/℃
测定波长	0.9μm	工作温度	0~50℃
发射率范围	0.1~1 可调	相对湿度	75%
时间常数	0~4s 可调	供电电源	220V +10% -15%　50~60Hz
响应时间	<40μs 可调	功耗	3V·A
信号输出	0/4~20mA	外壳尺寸	220mm×120mm×80mm
允许负载	0~500Ω	质量	3kg
测量精度	量程的±0.5%		

表 9-2　常用测量头的技术指标

项　目	指　标	项　目	指　标
被测物尺寸	φ3~40mm	光导纤维长度	2.5~5m
测量距离	200~2000mm	尺　寸	φ35mm，长度 116~200mm
允许环境温度	0~120℃		

由表 9-1 可见，测量头对测量的环境要求较为苛刻，为此对测量头需要进行保护并对铸坯表面进行去铁皮处理。图 9-2 为测量头的保护套管，在保护套管上有冷却用的进出水嘴，还有吹扫测量头周围水蒸气用的压缩空气，其吹扫所用压缩空气的压力要大于 0.4MPa。图 9-3 为一种去除连铸坯表面氧化铁皮的测量装置。

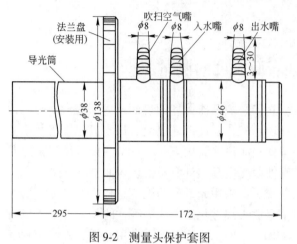

图 9-2　测量头保护套图

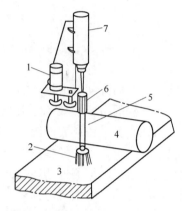

图 9-3　高温计氧化铁皮清除装置

1—电机；2—刷子；3—铸坯；4—支承辊；

5—空心轴；6—转动齿轮；7—高温计

由于上述方法安装起来比较复杂，测量连铸坯表面温度也可直接采用远红外仪方式进行，将远红外头的信号通过串口或 USB 口直接传给计算机进行处理。这种测量的优点是远红外头安装起来比较简单，一次可安装多个远红外头，但在测量时必须采用软件对测量数据进行滤波处理，测量时远红外头距铸坯表面的距离为 1.5~2.0m。图 9-4 为采用 CIT 远红外测温仪对板坯连铸表面温度的测量结果。

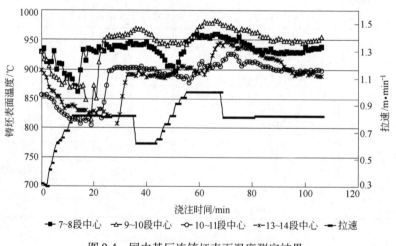

图 9-4　国内某厂连铸坯表面温度测定结果

近年来 CCD 传感器有了较快的发展，使得测定连铸坯横向表面温度分布得以实现。CCD 传感器是专门用来接受光信息，并将其转化模拟电信号的光学元件。将多个相同类型的单个 CCD 单元以线形和矩阵形式排列，可以构成行作用和面作用图像采集通道。CCD 矩阵式传感器由许多图像采集单元（像元）组成，常见的 CCD 矩阵式传感器大约有 40000 像元。为了提高分辨率，必须使每个单个 CCD 像元有效面积远远小于芯片上像元格栅面积。关于 CCD 传感器应用原理见其他参考文献。

CCD 传感器在扫描仪、数码相机及摄像机等产品中得到广泛应用。在测定铸坯表面温度分布时，采用一列 CCD 作为传感器，装在水冷外壳内，用广角镜头，可测量整个宽度上的温度分布，用微机进行数据处理，在 CRT 上进行显示，其安装示意图如图 9-5 所示。

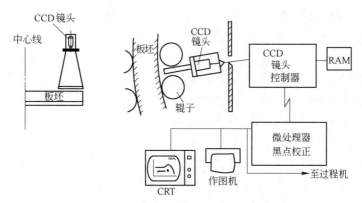

图 9-5　CCD 传感器测量连铸坯表面温度示意图

红外热成像仪就是 CCD 传感器技术应用之一的代表产品，目前可用此仪器对连铸铸坯表面温度进行测量。图 9-6 为采用美国 AGEMA-550 热像仪对国内某厂二冷末端连铸坯表面温度测量结果。

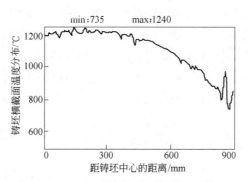

图 9-6　热成像仪对连铸坯表面温度测量结果

除了非接触测量连铸坯表面温度以外，也可采用接触方式对连铸坯表面温度进行测量，如采用镍铬镍硅铠装热电偶对连铸坯表面温度进行在线测量，在测量时使热电偶头与铸坯表面进行尽量紧密接触，从而确定连铸坯的表面温度，这种测量的测量时间通常较短。也有用在连铸坯内部埋入钨铼或铂铑铠装热电偶来测量连铸坯表层温度。埋入方法是在浇钢快要结束时，将铠装热电偶装在一固定架上从结晶器上部插入到连铸坯中（热电偶尽量靠近连铸坯表面），继续浇注一段时间后停止浇注，关闭浸入式水口，使插入的铠装热电偶随连铸坯一起向下运动，这样可测得整个浇注过程连铸坯表层温度随浇注时间的变化。这种方法的关键是保持铠装热电偶要有足够的长度，浇注的尾坯要有一定的长度，通常要在1m以上，同时在测量过程中拉速、冷却水量等各工艺参数要保持稳定。

9.2　连铸坯凝固末端的测量

在连铸生产过程中，凝固终点的位置是影响连铸坯拉速的关键因素，直接影响到连铸坯的产量，连铸实现高拉速的关键是弄清各种工艺条件下的连铸坯液芯长度；连铸轻压下技术的实施与连铸坯液芯的长度有着非常密切的关系。

通常确定铸坯凝固终点的方法有以下三种：

（1）数学模型方法。根据能量守恒定律，建立传热数学模型，最终计算出连铸坯完全凝固所需的时间及位置。

（2）试验确定法。包括坯壳厚度直接测量法，切坯分析方法（同位素示踪法、射钉测定方法，内部温度测量方法）。

（3）在线测量法。包括铸坯鼓肚力测量法，射线测量法，表面温度测量法（根据实测的表面温度与数模计算的表面温度进行比较，最终确定凝固终点的位置）。

本节主要介绍测量连铸坯凝固末端的两种方法。

9.2.1　射钉法测量连铸坯凝固末端

射钉法测量铸坯的凝固层厚度的想法首先由日本学者在20世纪70年代初期提出，到20世纪80年代中期，武钢也使用该方法测量了铸坯的凝固层厚度。从20世纪90年代起，国内已普遍用该方法来测量铸坯的凝固层厚度。射钉的过程是将装有示踪剂的钉在连铸机的不同位置射入铸坯，待铸坯冷却后，切取含有射钉的铸坯试样。对铸坯试样进行刨削处理，用刨床刨削至钉的中心线位置，此时，射钉的轮廓将显现出来。再用磨床对铸坯表面进行加工，保证一定的粗糙度。待上述加工完成后，对已露出射钉轮廓的铸坯进行酸浸处理。这样，射钉的全貌会逼真地显露出来。根据射钉的不同形貌可以测得凝固坯壳的厚度，确定凝固末端的位置。根据凝固的平方根定律，可以计算得到连铸机的综合凝固系数。再由综合凝固系数可以计算得到连铸机的冶金长度。

射钉法的测量系统由射钉枪、支座和击发控制器三部分组成。击发控制器最多可同时控制六支射钉枪。钉子为高碳优质钢，钉上加工有两道含硫的沟槽，使硫在未凝固钢液内进行扩散，从而确定凝固前沿。图9-7为射钉枪示意图。图9-8为武钢三炼钢连铸板坯射钉后，铸坯酸浸、硫印结果，从图9-8（a）能清楚地区分连铸铸坯的固相区（a区）、液相区（c区）、两相区（b区）。

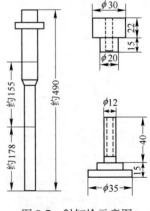

图9-7　射钉枪示意图

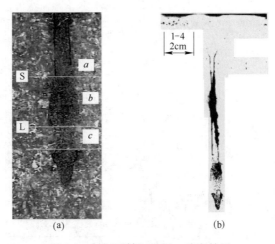

图 9-8　射钉后铸坯酸浸、硫印结果
（a）酸浸后得到的典型的金相组织；（b）硫印分析一例

9.2.2　测定连铸坯鼓肚力法确定连铸坯凝固末端

通过测定铸坯与连铸辊间的作用力，确定铸坯凝固末端位置的方法有如下优点：

（1）较高的精度。

（2）较好的可操作性，方法易于实现，周期短。

（3）能够保证人和设备的安全。

（4）成本低，易于多品种、大批量进行。

（5）可实现在线测量。

测定的基本原理是利用钢水静压力突变消失这一基本物理现象，即连铸坯在完全凝固后铸坯对连铸辊的作用力很小，完全凝固前铸坯对连铸辊的作用力很大，只要测出铸坯对连铸辊作用力的大小，就可确定铸坯凝固末端的位置。法国的 Dunkerque Sollac 公司 23 号连铸机上 4~5 号扇形段每对连铸辊的轴承座上，给出拉压力-时间变化曲线，从而得出该连铸机的凝固常数及液芯长度。美国 Armco 公司将压力传感器安装在 13~17 号扇形段上框架表面铸坯入口和出口的中心位置，并加上特殊的密封装置，这种测量方法的优点是传感器安装比较容易、传感器寿命也较长，但由于测量信号受外界干扰比较严重，因此要对信号进行处理，采用的处理软件是 RTM3500，主要是根据拉坯速度来对信号进行平均。此外该测量系统的滞后现象比较严重，测量信号要经过很长时间才能稳定，更换结晶器浸入式水口后要经 45min 传感器信号才能稳定。澳大利亚 BHP 公司采用特制的传感器代替扇形段上下框架之间的调整块，共 20 只压力传感器，分别安装在 10~14 号扇形段（距弯月面为 18.48~27.49m）中每段进出口两侧。在浇注前首先测定出压力传感器所受的夹紧力，进而确定上框架所受的张开力，可给出各个扇形段的张开力及固、液相范围随时间的变化，浇注时间在 0~4000s 时，在 10 号扇形段入口铸坯有液相，11 号扇形段出口、13 号扇形段出口的铸坯为固相，凝固末端在 11 号扇形段出口；在浇注时间为 4000~6000s 时，10 号扇形段入口、11 号扇形段出口的铸坯有液相，13 号扇形段出口的铸坯为固相，铸坯的凝固末端在 13 号扇形段出口，如图 9-9 所示。图 9-10 给出了 10 号扇形段张开力、固相率及拉速随时间的变化，由连铸的拉坯速度很容易找到铸坯凝固末端的位置。

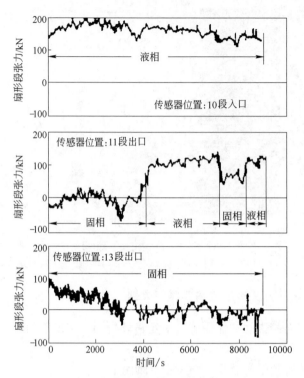

图 9-9 连铸过程采用传感器信号监测铸坯液芯位置

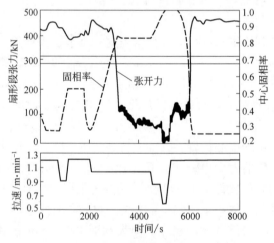

图 9-10 10号扇形段张开力、固相率
及拉速随时间的变化

9.3 连铸坯表面质量的检测

连铸坯表面质量的检测方法可按在线及离线来分类。在线的检测方法主要有光学方法、感应加热法、涡流法。离线检测主要有目视观察。为了提高检测的准确性，离线检测

还可采用荧光、着色、磁粉探伤及目视检查等检测方法来发现连铸坯表面缺陷，离线物理探伤通常需要对连铸坯进行取样简单加工后再进行探伤。本节主要介绍以下几种检测方法。

9.3.1 光学检测法

光学检测法中有的利用外部光源，也有的利用板坯表面发射光。图 9-11 为利用外部光源对铸坯表面缺陷检测的示意图。该装置采用 3 个 1kW 水银灯照射铸坯表面，采用 3 台摄像机从不同角度摄像，将所得的视频信号进行处理，去掉振痕及凸凹不平的信号，仅留下裂纹信号在荧光屏上显示，缩小比例后在打印机上打出图形，打印纸移动速度与铸坯运动同步，操作者通过观察打印结果就可判断铸坯的表面质量，决定切割尺寸及是否热送，并可在键盘上进行设定。该方法可检测出长度为 50mm 以上的裂纹。

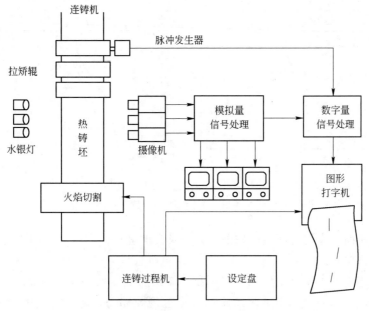

图 9-11 光学法检验铸坯表面缺陷示意图

9.3.2 涡流检测法

高温连铸坯表面缺陷有的也采用涡流法来检测，其原理是在靠近铸坯表面的线圈上加以交流电，在铸坯表面会产生涡流，并产生相应的磁通，当铸坯表面有缺陷时，铸坯表面产生的磁通发生变化，结果影响铸坯表面附近线圈阻抗的变化，测出线圈阻抗的变化就可确定表面缺陷。在测量过程中，铸坯表面温度、铸坯表面振痕、线圈距铸坯表面距离等影响电特性的参数对测量结果都有影响，而实际测量过程中由于缺陷影响的阻抗变化又非常小（$\Delta E/E = 10^{-5} \sim 10^{-7}$），需要进行放大处理，这样测量结果精度受到限制。为提高测量精度，采用一些特殊处理，如采用双差动线圈，采用铁氧体磁芯等。这种检测方法能对裂纹深度进行定量分析。

铸坯表面通常有 FeO，而 FeO 是磁性物质，这对测量结果有很大影响，必须加以去除，通常在检测时要安装一去铁鳞装置，该装置采用高压水进行冲刷，其水压高达 8MPa，水量达 $1.5m^3/min$。信号处理单元向探头提供 8kHz 的交流电源，并将信号转化为数字量传给计算机，计算机将检测结果进行运算显示，根据专家系统，决定是否可以热送。所有探头及高压水嘴均装在一机械装置上，其探头要采用冷却水来冷却。

9.3.3 着色探伤法

着色探伤法是一种离线探伤法，是一种简单而有效的无损探伤方法，着色探伤与荧光探伤很相似，前者适用野外现场操作，不像荧光探伤需要特殊装置和暗室。着色探伤的原理是利用一种渗透液渗透到铸坯缺陷的缝隙中，即将铸坯表面刷涂或喷涂渗透液，然后将铸坯表面的渗透液清洗干净，在涂抹显色剂使缺陷内的渗透液吸附显色剂上，就呈现缺陷轮廓的图像。如图 9-12 所示。

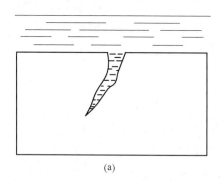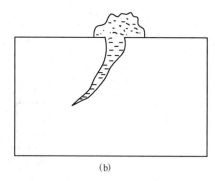

图 9-12　着色探伤原理示意图
（a）渗透剂向缺陷内渗透；（b）经显色处理后将缺陷中渗透液吸出

着色探伤法前，应将铸坯表面去油、去锈及其他脏物，之后可分四步进行，渗透、清洗、显色及目视检查。

连铸坯渗透处理主要有刷涂和喷涂两种，渗透时间一般为 10~30min，采用脂肪烃类有机溶剂将铸坯表面多余的渗透液清除掉，显色剂要均匀、薄薄地（0.05~0.07mm）涂在铸坯表面，把铸坯缺陷缝隙中的渗透液吸附出来，在白色的显色剂底层上形成缺陷的红色图像，在日光下对铸坯进行目视检查，也可采用 5~10 倍的放大镜进行检查。

9.3.4 磁粉探伤法

磁力线通过磁性材料的铸坯，当铸坯表面有裂纹、孔洞等缺陷存在时，因为缺陷与基体金属的磁导率不同，所以当磁力线穿过基体金属而遇到缺陷时发生弯曲，部分磁力线被排挤到外面形成漏磁，如图 9-13 所示。在磁粉探伤中，当磁力线和裂纹方向平行时，磁力线不可能泄露到空气中，此时铸坯缺陷不可能被检测出来。这种探伤也属于离线探伤，能够探伤铸坯表面与近表层的缺陷，具有灵敏度高、迅速、直观、操作简单等特点。

总体上来说，磁粉探伤可分两种，即干法和湿法。干法磁粉探伤是在经磁化的铸坯表面撒上干燥的磁粉，湿法探伤是在铸坯上浇淋含有磁粉的悬浊液。干态磁粉操作不太方便，一般采用湿态悬浊液。磁悬浊液是将少量的油（水）与磁粉混合，搅成稀糊状后，再加入全部油（水），磁悬浊液内磁粉含量一般在 15~30g/L，磁粉一般采用质量分数大于

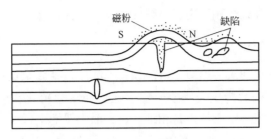

图 9-13 磁粉探伤原理

95%的 Fe_3O_4，平均粒度在 $5 \sim 10 \mu m$。在探伤之前，应对铸坯表面进行处理，去除油污、毛刺、氧化铁皮和金属屑等脏物，然后对铸坯进行浇注磁悬液或撒上磁粉，将铸坯同时进行通电磁化，停止浇注磁悬浊液后继续通电数次，通常采用纵向、周向及复合方式进行磁化，开始检验，确定磁痕（磁粉聚集痕迹）分布。

在磁粉探伤中常见的铸坯缺陷有大小不等、形状不一、分布不规则的裂纹、夹渣、白点等，如何准确分析磁痕形成原因，正确判定磁粉探伤缺陷性质，常常需要根据磁粉痕迹的方向、形状和部位并结合其工艺过程来分析考虑。对那些性质不明确的磁粉痕迹，需要与其他方法相结合进行综合检验。表 9-3 列举出了常见缺陷的磁粉探伤痕迹。

表 9-3 磁粉探伤常见缺陷

缺 陷 名 称	磁 粉 痕 迹 特 征
夹 杂 物	呈单个的或密集的点状，有时也呈连续的线状（细长、两头尖）
白　　点	单个或成群的分布，呈弯曲无一定方向的短线状，磁粉痕迹清晰浓密
裂　　纹	一般呈曲折的线条状，磁粉沉积清晰、浓密
疏　　松	不规则的磁粉痕迹，有时呈点状

除了真正缺陷引起磁痕外，有些其他原因也可引起磁痕，如温度的剧烈改变引起的内应力，碳化物层状组织，残余奥氏体组织，材料局部的冷作硬化等都可产生磁痕，但上述原因产生磁痕一般很模糊，且重现性不好，在磁粉探伤过程中要对此现象引起注意。对判定的缺陷要进行重复检查。

9.3.5 目视检查

多数情况下，采用目视检验来检查铸坯的表面缺陷，包括用高倍望远镜或放大镜。目视检查可以在线也可以离线，对在线的连铸坯，检查出表面缺陷超过标准时，铸坯要下线，不能进行热送热装；对离线的铸坯检查，当铸坯缺陷超过标准时，要及时做标记，不能运至轧钢厂。

9.4 连铸坯内部质量的检测

连铸坯内部质量对最终产品质量有很大影响，特别是轧制过程中压缩比不足情况下，连铸坯内部缺陷极易造成产品不合格。连铸坯内部质量检查有多种方式，如在线铸坯取样进行铸坯硫印与低倍检验，采用超声波进行探伤及射线探伤（无损探伤）等。

9.4.1   铸坯的硫印检验

硫印是通过预先在硫酸溶液中浸泡过的相纸上的印迹来确定钢中硫化物夹杂的分布位置。其原理是由于硫化氢的析出而使感光剂卤化银转变为硫化银变黑，显示出硫的富集区。准备好试样、显影液、定影液，将相纸在显影液中浸泡 1~2min，将相纸放在试样上，赶净气泡，放置 2~5min，相纸在流水中冲洗，放入定影液，然后取出晾干进行评级。

根据钢种的要求，对一些特殊钢种要进行铸坯硫印检验。检验方法是利用铸坯的切割装置在规定的铸坯上切一 1/2 断面，厚为 50mm 的一块铸坯。对于单炉连铸，样坯为浇铸中期的样坯，然后在车、刨床上将样坯刨、车，使切割面远离硫印试样的检测面，然后在磨床上进行磨光，试样试验面粗糙度 $Ra \leqslant 0.8\mu m$。

显影剂通常为质量浓度 980g/L 浓硫酸+蒸馏水配成质量浓度为 30~50g/L 稀硫酸溶液（体积比），定影液通常是质量浓度 150~200g/L 的硫代硫酸钠，其配置方法是将容器刷洗干净；容器内按照 100mL 清水加入 20g 硫代硫酸钠的比例配置一定数量的溶液；搅拌均匀；放置 24~48h 后使用。

通过硫印检验可对钢水纯净度作出估计，可以显示出化学成分的不均性（改变硫化物类型和形状的元素），铸坯的一些形状缺陷，如裂纹和孔隙等形状缺陷。在铝脱氧钢中，当夹杂 Al_2O_3 的尺寸较大或呈群落分布时，硫印方法也可对此进行检验。硫印是一种定性实验，仅用此方法来估计钢中的硫含量是不恰当的。图 9-14 为典型的硫印检验结果。

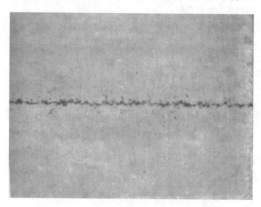

图 9-14   典型铸坯中心线偏析硫印图

9.4.2   铸坯的超声波探伤

铸坯中的缺陷通常表现为中空状的，即有金属-空气界面的存在，即使不存在这一明显界面，缺陷处穿过超声波的能力明显与基体不同，当超声波由发射器传入金属到达缺陷时，会使超声波反射回来。在缺陷的另一面，由于不能穿过超声波，产生响应的"声影"。超声波探伤正是利用这一现象，在发射一面测定反射超声波，或者在另一面测定穿透超声波的"声影"，以此来判断铸坯中的缺陷及其位置。

超声波探伤分为脉冲反射法、穿透法及谐振法三种，用得最多的是脉冲反射法。下面主要介绍脉冲反射法超声波探伤。当探头（换能器）发射超声波在铸坯中传播，碰到异质界面，如空气、分层、夹杂物，就会发生反射。脉冲反射法就是测定反射波的强弱、位置及波形，来判断缺陷有无、大小及位置，并结合其他情况来确定缺陷的性质。我国汕头超声波电子仪器厂生产的 CTS-8 型晶体管探伤仪就是脉冲反射法探伤仪，探伤仪主要由同步电路、发射电路、扫描电路、标距电路和显示电路组成，如图 9-15 所示。

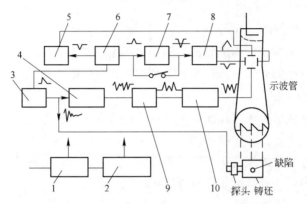

图 9-15　脉冲反射式探伤仪工作原理示意图

1—电源稳定电路；2—直流电压变压器；3—发射电路；4—高频放大器；5—标距电路；
6—同步电路；7—延迟电路；8—扫描电路；9—检波器；10—视频放大器

在检测过程中应予以注意的是，一定使被检测铸坯表面无影响声耦合的氧化铁皮、油污、油漆等缺陷，如检测的铸坯表面有这些缺陷，必须用适当的方法加以清除。超声波探伤的灵敏度，探伤结果的好坏与探伤所用超声波的频率有关，通常超声波探伤所能发现的最小缺陷为超声波波长的 1/2，因此提高超声波的频率是提高探伤灵敏度的重要途径，但频率的提高造成超声波穿透能力的降低，使超声波不能到达铸坯中心，要予以综合考虑。超声波探伤可以分以下步骤进行：

（1）探伤前准备。对铸坯进行表面处理。

（2）探伤部位确定。根据工艺要求，确定铸坯的探伤部位。

（3）确定探伤范围。选择波形和工作频率，确定探伤方式及探头移动方式、速度及压力。

（4）调整仪表进行探测并作必要记录。对探伤仪表进行校验，用该仪表去探测铸坯的已知缺陷，检查仪表的灵敏度是否够用。

（5）缺陷位置的确定。超声波探伤缺陷定位方法有很多种，可分为纵波探伤定位、横波探伤定位、表面波探伤定位。可根据相应的计算公式加以确定。

（6）缺陷大小确定。超声波探伤缺陷大小确定方法有很多种，通常采用的是当量法和实际法两种。当量法是采用测量结果与标准缺陷（人造缺陷）相比较，而确定实际铸坯的缺陷的大小。实际法是根据实测的反射超声波的衰减程度来确定缺陷的大小。

此外，尽管超声波探伤具有灵敏度高，设备小，费用低，对人体无害等优点，但对缺陷大小、性质则不易准确判断，特别是缺陷性质（气孔、缩孔及疏松得准确区分）更是难以判断，进行超声波探伤的人员必须经过专业培训，并具备国家颁发的超声波探伤证书。

9.4.3　射线探伤

射线探伤的原理是不同物质对相同能量的射线具有不同的吸收能力，当射线穿过铸坯时，在铸坯中有缺陷部位的投影上将显示出不同的照射强度，以此判断铸坯中缺陷的形状及位置。射线可分为 X 射线、γ 射线和中子射线等。射线探伤可以分为普通照相法、荧光屏观察法及电视观察法。

9.4.3.1　普通照相法

射线从一面通过被检测的铸坯后，作用于另一面的照相底片，产生不同程度的感光作用，在底片上留下缺陷的影像，通过暗室处理即可判断缺陷的情况。

9.4.3.2　荧光屏观察法

透过被检测铸坯的射线投射在涂有荧光物质的荧光屏上，激发不同强度的荧光，而得到铸坯的投射影像，确定铸坯中缺陷的情况。与普通照相法不同的是，如果荧光屏上所看到的缺陷发亮，在底片上的缺陷影像应是黑暗的，反之，底片上缺陷影像是发白的。通常所采用的荧光物质是硅酸锌、硫化碲及硫化镉的混合物。

9.4.3.3　电视观察法

由于荧光屏观察法靠调整曝光量来得到清晰图像，要求观察者具有丰富的经验，实际上这种方法已不常用。取而代之的是电视观察法。电视观察法是在荧光屏的后面加上电视机和接收器，如图 9-16 所示。该方法能够使操作人员远离射线，减少射线对人体伤害。

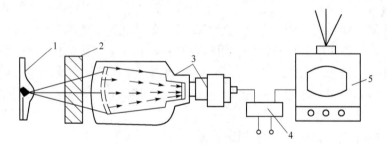

图 9-16　射线电视观察法示意图

1—X 射线管；2—铸坯；3—放大、摄像、传送装置；4—供电部分；5—接受、显像装置

关于连铸坯质量在线质量检测目前应用较多的是连铸坯质量判断模型。这种模型应用计算机专家系统，通过收集大量仪表、电器提供的数据，找出铸坯质量与异常工艺因素的关系，从而对铸坯质量进行判定。如英国哥伦比亚大学发明了智能结晶器，对方坯的表面质量进行判定。该模型的实质是利用结晶器弯液面附近热电偶的温度波动、液面波动、钢液成分波动、拉速波动、结晶器润滑及注流对中等数据，找出这些工艺因素与铸坯表面压痕、重皮及钢液渗漏之间的关系，对铸坯表面质量加以判定。同时通过测定结晶器壁与铸坯之间摩擦力来对铸坯表面质量加以判定。

9.4.3.4　X 射线照相法

铸坯中心疏松和中心缩孔处存在不同程度的空隙，X 射线具有很强的穿透力，通过 X 射线照射处理铸坯表面后，能够很明显地观察铸坯中心疏松和中心缩孔等缺陷。如图 9-17 所示，中心处很明显观察到中心疏松和缩孔结构，据此可以进行评级并测量相关参数进行定量化分析。与其他方法相比，这种方法能够穿透缺陷结构，更加直观的呈现出缺陷形貌和尺寸。

图 9-17　X 射线照相法观察铸坯中心疏松和中心缩孔

9.5　连铸坯检测实例

9.5.1　铸坯宏观组织及缺陷

铸坯缺陷包括一般疏松、中心疏松、锭型偏析、点状偏析、皮下气泡、皮下夹杂、残余缩孔、翻皮、白点、轴心晶间裂缝、内部气泡、非金属夹杂物（肉眼可见的）及夹渣、异金属夹杂、碳化物剥落、内裂 15 种。在生产过程中，还会出现过热（晶粒粗大）和过烧组织，以及边缘和中心增碳等缺陷。

在经过酸蚀的试样上，对所观察到的宏观（低倍）组织进行辨认和评定可根据GB 1979—80标准评级图片进行。该标准是指导性的，适用于各类钢。下面简要地叙述一些常见组织和缺陷在酸蚀试样上的特征。

9.5.1.1　一般疏松

一般疏松在横向酸浸试样上表现为组织不致密，整个截面上出现分散的暗点和空隙。暗点之所以发暗是由于珠光体量明显增加，而暗点上的许多微孔则是因细小的非金属夹杂物和气体的聚集，经酸蚀后扩大而形成的。因此可以说，暗点是碳、非金属夹杂物和气体的聚集而产生的。至于空隙，则是非金属夹杂物被酸溶解遗留下来的孔洞。

钢组织疏松对钢的横向力学性能（断面收缩率、断后伸长率和冲击吸收功）影响较大。钢材拉断时，裂断多出现在空隙处。

评级时应考虑分散在试样整个横截面上的暗点和空隙的数量、大小及其分布状态。当暗点、空隙的数量多，尺寸大，分布集中时，则级别较高，反之则级别较低。

9.5.1.2　中心疏松

中心疏松，在横向酸浸试样上表现为孔隙和暗点都集中分布在中心部位。它是钢锭最后结晶收缩的产物。由于气体、低熔点杂质、偏析组元都在中心部位最后凝固，所以该部位易被腐蚀，酸浸后出现一些空隙和较暗的小点。

轻微中心疏松对钢的力学性能影响不大。但是，严重的中心疏松影响钢的横向塑性和韧性指标，且有时在加工过程中出现内裂，因此严重中心疏松是不允许存在的。

通常，根据中心部位出现的暗点及空隙的多少、大小和密集程度来评定中心疏松的级别。

9.5.1.3 锭型偏析

锭型偏析，在横向酸浸试样上表现为腐蚀较深、由暗点和孔隙组成、与原锭型横截面形状相似的框带。由于其形状一般为方形，所以又称方形偏析。锭型偏析是钢锭结晶的产物。在钢锭结晶过程中，柱状晶生长时把低熔点组元、气体和杂质元素推向尚未冷凝的中心液相区便在柱状晶区与中心等轴晶区交界处形成偏析和杂质集聚框。试验分析证明，锭型偏析框处的碳、硫、磷含量都比基体高。

锭型偏析使钢的横向断面伸长率、断面收缩率以及冲击值降低。

锭型偏析的级别应根据框形区的组织疏松程度和框带的宽度来评定。

9.5.1.4 点状偏析

在横向酸浸试样上出现的形状和大小均不同的各种暗色斑点，这些斑点无论与气泡同时存在或单独存在，均统称为点状偏析。点状偏析是钢锭结晶过程中区域偏析的一种。点状偏析处的碳含量比基体高，而硫、磷等元素则比基体稍高。

点状偏析对钢的力学性能影响不大。但也应控制点状偏析的数量、大小以及不使其集中分布。

评定点状偏析的级别时，如果斑点数量多、点子大、分布集中，应评为高级别；如果试样上既有点状偏析，又有气泡，则应分别评定。

9.5.1.5 皮下气泡

皮下气泡，在横向酸浸试样上表现为试样皮下有分散或成簇分布的细长裂纹或椭圆形气孔，而细长裂纹又多数垂直于试样表面。

皮下气泡是由于钢锭模内清理不良和保护渣不干燥等原因引起的，它造成钢材热加工时出现裂纹，因此，热加工用钢材不得有皮下气泡。

皮下气泡的级别，应根据细裂纹和椭圆形气孔二者的数量来评定，同时应记载气泡距钢材表皮深度。

9.5.1.6 残余缩孔

残余缩孔在横向酸浸试样上（多数情况）表现为中心区域有不规则的折皱裂缝或空洞，在其上或附近常伴有严重的疏松、夹杂物（夹渣），或者成分偏析等。残余缩孔是在钢锭冷凝收缩时产生的。钢锭结晶时体积收缩得不到钢液补充，在最后冷凝部分便形成空洞或空腔。

残余缩孔是切头不足造成的，它严重破坏了钢的连续性，因此这种缺陷是绝对不允许存在的。如果发现钢材有残余缩孔，允许将其头部相应于残余缩孔的部位切除，并重新取样，直至不出现残余缩孔为止。

残余缩孔的级别可根据裂缝或空隙的大小来评定。

9.5.1.7 翻皮

在横向酸蚀试样上看，翻皮一般表现为颜色和周围不同，且形状不规则的弯曲狭长条带。条带中间及其周围存在着氧化物和硅酸盐夹杂，以及气孔。翻皮的产生，是在浇注过程中钢液表面氧化膜翻入钢液中，凝固前未能浮出所致。

翻皮中的氧化物和硅酸盐夹杂物破坏了钢的连续性，使钢材局部严重污染。因此不允许存在翻皮这种缺陷。

翻皮的级别应根据其特征，出现部位来评定。此外，也要考虑翻皮的长度。通常距中心越近，级别越高。

9.5.1.8 白点

白点，在酸浸试样上表现为锯齿形的细小发裂，呈放射状、同心圆形或不规则形状分散在中央部位。而在纵向断口上则表现为圆形或椭圆形亮斑或细小裂缝。白点的形成机理是氢和组织应力共同作用的结果。

白点严重破坏了钢材连续性，有白点的钢材不能使用。一旦发现钢材中有白点，就不允许进行复验。

白点级别，可根据裂缝长短及其条数来评定。

9.5.1.9 轴心晶间裂纹

轴心晶间裂纹，在横向酸浸试样的轴心区域呈连续或断续的放射状裂纹或蜘蛛网状裂纹。而在纵向断口上则呈分层状。常出现于高合金不锈耐热钢（如 Cr5Mo、1Cr13）中，可能与钢锭冷却的收缩应力有关。

轴心晶间裂纹破坏了金属的连续性，这种裂纹属于不允许存在的缺陷。

轴心晶间裂纹的级别，可根据缺陷的严重程度来评定。

9.5.1.10 内部气泡

内部气泡，在酸浸试样上呈长度不等的直线裂缝或弯曲的裂缝，其内壁较为光滑，有些裂缝还伴有微小的可见夹杂物。钢液中含有大量气体，在浇注过程中大量析出，随着结晶的进行，在树枝状晶体之间形成的气泡不能很好上浮而留在钢的空位中形成内部气泡。

这种缺陷是不允许存在的，一旦发现钢材中有内部气泡即将其报废。

9.5.1.11 异金属夹杂物

异金属夹杂物，即不同于基体金属的其他金属夹杂物。这是由于浇注过程中将其他金属溶入钢锭中，或者合金料未完全溶化所致。

异金属夹杂物的成分与基体成分不同，因此破坏了钢组织的完整性，这是属于不允许存在的缺陷。

9.5.1.12 非金属夹杂物（肉眼可见）及夹渣

非金属夹杂物，在酸浸试样上表现为不同形状和不同颜色的颗粒。它是没有来得及上浮而被凝固在钢锭中的熔渣，或剥落到钢液中的炉衬和浇注系统内壁的耐火材料。

非金属夹杂物破坏了金属的连续性，在热加工、热处理时可能形成裂纹，在钢材使用中可能成为疲劳破坏的根源。

评定非金属夹杂物时应以肉眼可见的杂质为限。如果试样上出现空洞或空隙，但又看不到夹杂物，可按疏松评定。对要求高的钢种，应进行高倍检验。

9.5.1.13 内裂

内裂是由于钢的锻造工艺不当引起的，一般呈现对角裂纹，也有呈鸡爪状或人字状裂纹。

内裂也是一种不允许的缺陷。

此外还有中心增碳和表面增碳、表面裂纹和脱碳，以及高速钢碳化物剥落等宏观组织缺陷，这里不再赘述。

上述宏观组织缺陷，有些是有可能允许的（如一般疏松、中心疏松、锭型偏析），可按GB 1979—80结构钢低倍组织缺陷评级图进行评定，其合格界线在相应技术标准中有明文规定，或者根据甲、乙双方的协议确定。对报废缺陷（如非金属夹杂物、异金属夹杂物、白点、翻皮等），除白点绝不允许复检外，其余允许用双倍试样进行复检。

9.5.2　低倍和凝固组织检验

宏观检验是指用肉眼或放大镜在材料或零件上检查由于冶炼、轧制及各种加工过程所带来的化学成分及组织等不均匀性或缺陷的一种方法。这种检验方法也称低倍检验。钢的宏观检验是进行试样检验或直接在钢件上进行检验，其特点是检验面积大，易检查出分散缺陷，且设备及操作简易，检验速度快。各国标准都规定要使用宏观检验方法来检验钢的宏观缺陷。我国也已制订了相关的宏观检验国家标准。宏观检验包括酸浸试验、断口检验、塔形车削发纹试验以及硫印试验等。

9.5.2.1　酸浸试验

酸浸试验，就是将制备好的试样用酸液腐蚀，以显示其宏观组织和缺陷。酸浸试验是宏观检验中最常用的一种方法。在钢材质量检验中，酸浸试验被列为按顺序检验项目的第一位。如果一批钢材在酸浸检验中显示出不允许有的或超过允许程度的缺陷时，则其他检验可以不必进行。现在，酸浸试验的方法及评定仍分别执行 GB 226—77 钢的低倍组织及缺陷酸蚀试验法和 GB 1979—80 结构钢低倍组织缺陷评级图。

酸浸试验可分为热酸浸蚀试验法、冷酸浸蚀试验法和电解酸蚀法三种。生产检验时可从三种酸蚀法中任选一种，应用最多的是热酸浸蚀试验法，仲裁时规定以热酸浸蚀试验法为准。

A　试样制备

（1）取样。为了有效地利用酸浸试验来评定钢的质量，应选择具有代表性的试样。试样必须取自最易产生缺陷的部位，这样才不至于漏检。

根据钢的化学成分、锭模设计、冶炼与浇注条件、加工方法、成品形状和尺寸等的不同，一般宏观缺陷有不同的种类、大小和分布情况。为了用一个或几个酸蚀试样的结果来说明一炉或一批钢的质量，取样就成了一个必须慎重考虑的问题。例如缩孔、疏松、气泡、偏析等宏观缺陷最容易在钢锭的上部以及加工后相当于该部位的钢坯或钢材上出现。一般在用上小下大的钢锭轧制的方钢坯中，相当于小头部位的缺陷最严重，中部次之，大头最轻；在上大下小钢锭的底部，气泡和硅酸盐夹杂也较多；一炉钢水浇注几个锭盘时，在最初一盘和最后一盘钢锭中发现宏观缺陷较多。

取样部位、试样大小和数量在有关标准中均有规定，也可按技术条件、供需协议的规定取样。

在通常的检验中，最好从钢坯而不是从钢材上取样。因为在钢坯上酸蚀后更容易发现缺陷。如果钢坯上无严重缺陷出现，则钢材可不必再作此项检验。取样方向应根据检验项目确定。一般检验多取横向试样，以便观察整个截面的质量情况；若检查钢中的流线、条带组织等，则可取纵向试样。可用锯、切、烧割、线切割等方法取样。取样时，不论采取何种方法都应保证检验面组织不因切取操作而产生变化。

（2）检验面的制备。酸蚀试样检验面的粗糙度应根据检验目的、技术要求以及所用浸蚀剂而定，以下几点可作参考：

1）检查大型气孔、严重的内裂及疏松、缩孔、大的外来非金属夹杂物等缺陷可使用锯切面。

2）检验气孔、疏松、夹杂物、枝状组织、偏析、流线等可用粗车、细车削面。

3）细加工的车、铣、刨、磨光及抛光面一般用于检验钢的脱碳深度、带状组织、磷的偏析和应变线等宏观组织细节。一般用较弱的浸蚀剂在冷状态下浸蚀。

钢的热酸浸蚀试验应在退火、正火或热轧状态下进行。因为这样既可以更好地显示试样的组织和缺陷，又可以避免热酸浸蚀时的开裂。

B 试验方法

（1）热酸浸蚀试验法。酸蚀检验的腐蚀属于电化学腐蚀。钢的化学成分不均匀性和缺陷之所以能用浸蚀来显示，是因为它们以不同的速度与浸蚀剂起反应。表面缺陷、夹杂物、偏析区等被浸蚀剂有选择性的浸蚀，表现出可看得见的浸蚀特征。成功的酸蚀试验决定于四个重要因素：即浸蚀剂成分；浸蚀的温度；浸蚀时间及浸蚀面的粗糙度。

对钢而言，最常用的浸蚀剂是1：1（以容积计）的盐酸（相对密度为1.19）水溶液。对奥氏体型不锈耐酸、耐热钢可用盐酸-硝酸-水的混合溶液，具体成分见表9-4。

表9-4 各钢种试样的酸浸时间

分 类	钢 种	酸蚀时间/min	酸 液 成 分
1	易切结构钢	5~10	
2	碳素结构钢，碳素工具钢，硅锰弹簧钢，铁素体型、马氏体型、复相不锈耐酸、耐热钢	10~20	1：1（容积比）工业盐酸水溶液
3	合金结构钢，合金工具钢，轴承钢，高速工具钢	15~40	
4	奥氏体型不锈耐酸、耐热钢	20~40	
		5~25	盐酸10份、硝酸1份、水10份（容积比）

浸蚀温度对酸蚀结果有重要影响。温度过高，浸蚀过于激烈，试样将被普遍腐蚀，因而降低甚至丧失其对不同组织和缺陷的鉴别能力；温度过低，则反应迟缓，使浸蚀时间过长。经验证明，最适宜的热酸浸蚀温度为65~80℃。

浸蚀时间要根据钢种、检验目的和被腐蚀面的粗糙度等来确定。通常，碳素钢需要时间较短，合金钢则需较长时间，而高合金钢需要的时间更长一些；较粗糙的浸蚀面浸蚀时间较长，反之较短。各类钢的浸蚀时间可以参考表9-4，但仍需根据实际经验和具体情况来决定。最好在浸蚀接近终了时，经常将试样取出冲洗，观察其是否达到要求的程度。对浸蚀过浅的试样可以继续浸蚀；若浸蚀过度，则必须将试样面加工掉 1mm 以上，再重新进行浸蚀。

具体操作方法是将已经制好的试样先清除油污，擦洗干净，放入装有浸蚀剂的酸槽内保温。经检查能清晰地显示出宏观组织后，取出试样迅速地浸没在热碱水中，同时用毛刷将试样检验面上的腐蚀产物全部刷掉，但要注意不要划伤和沾污浸蚀面，接着在热水中冲洗，最后用热风迅速吹干。

（2）冷酸浸蚀试验法。冷酸浸蚀试验法是检查钢的宏观组织和缺陷的一种简易方法。冷酸浸蚀是采用室温下的酸溶液浸蚀和擦蚀样面，以显示试样的缺陷。通常，对于不使用热酸浸蚀的钢材或工件（例如工件已加工好，不便切开，又不得损坏工件的表面粗糙度），以及有些组织缺陷用热酸不易显现，有些奥氏体不锈钢用热盐酸不易腐蚀时，均可用冷酸浸蚀法进行试验。进行冷酸浸蚀试验时，对试样浸蚀面的粗糙度要求较高，最好经过研磨和抛光。

常用的冷酸浸蚀溶液成分及适用范围见表 9-5。

表 9-5　冷酸浸蚀溶液成分及适用范围

编　号	成　　　　分	适 用 范 围
1	盐酸 500mL、硫酸 35mL、硫酸铜 150mL	钢与合金
2	氯化高铁 200g、硝酸 300mL、水 100mL	
3	盐酸 300mL、氯化高铁 500g，加水至 1000mL	
4	质量浓度 100~200g/L 过硫酸铵水溶液	碳素钢　低合金钢
5	体积分数 10%~40%（容积比）硝酸水溶液	
6	氯化高铁饱和水溶液加少量硝酸（每 500mL 溶液加 10mL 硝酸）	
7	硝酸 1 份、盐酸 3 份	合 金 钢
8	硫酸铜 100g、盐酸和水各 500mL	
9	硝酸 60mL、盐酸 200mL、氯化高铁 50g、过硫酸铵 30g、水 50mL	精密合金　高温合金

（3）电解酸蚀法。电解酸蚀法，就是用体积分数 15%~20%（容积比）工业盐酸水溶液电解试样表面的试验方法。这种方法的优点是，可以用较稀（体积分数 15%~20%）的盐酸水溶液在室温下进行浸蚀，可以缩短腐蚀时间，大大地改善劳动和卫生环境。此外，因电解腐蚀后盐酸的性质改变不大，一般可循环使用，节约酸液。

用电解法显示试样的宏观组织和缺陷比热酸浸蚀法更清晰。

9.5.2.2　硫印试验法

A　硫在钢中的分布及影响

硫在钢中要以硫化锰形式存在。当钢中含锰量低时，硫也可以以硫化铁形式存在。硫化铁和铁形成共晶，共晶中的硫化铁常呈网状沿晶界分布。硫化铁本身很脆，再加之呈网状分布，就将显著地增加钢的"脆性"。铁与硫化铁的共晶温度约为 980℃，它低于钢的热加工温度，因此，在热加工时，铁和硫化铁共晶优先熔化，从而导致脆裂，这种现象称为"热脆"。

当钢中含锰量较高时，因为形成大量的硫化锰，而硫化锰的熔点（1620℃）比热加工温度高，所以一定量的锰可降低钢的热脆性。

B 硫印试验的基本原理

如上所述，硫在钢中以硫化锰和硫化铁形式存在，用硫印的方法可鉴别这些硫化物的分布情况。其基本原理是：用一定量的稀硫酸，使之与硫化物发生反应而产生硫化氢气体，再使此气体与印相纸的溴化银作用，生成棕色的硫化银沉淀，照相纸上深棕色印痕所在之处，便是硫化物所在之处。其化学反应式如下：

$$FeS+H_2SO_4 \longrightarrow FeSO_4+H_2S\uparrow$$
$$MnS+H_2SO_4 \longrightarrow MnSO_4+H_2S\uparrow$$
$$H_2S+2AgBr \longrightarrow Ag_2S\downarrow+2HBr$$

试样所含硫化物较多时，该项化学反应进行较激烈。因此，照相纸上印痕颜色的深浅和印痕多少由试样中硫化物多少来决定。当照相纸上呈现大点子的棕色印痕时，表示试样的硫偏析较为严重，如呈分散的棕色小点时，表示试样的硫偏析较轻。

C 硫印试验试样的准备

将欲试验的钢材，按酸浸要求截取试样，并将试样表面车光磨光。加工后的试样如不能及时试验时，则必须用油涂敷在加工后的表面上，以防生锈。试验前，须用酒精或四氯化碳将试样表面擦拭干净。

D 硫印试验方法

（1）配制体积分数 5%～15% 的硫酸水溶液。

（2）裁取略大于试样检验面面积的相纸一张，浸入配好的硫酸水溶液中。经 1～3min 后取出，抖动相纸，使纸上多余的液体滴去，以使相纸上的液膜均匀。

（3）将浸制好的相纸的药面覆盖在已加工好的试样检验面上，并用药棉不断擦拭相纸的背面，使相纸与试样表面密合，但擦拭不宜过重，以免使相纸滑动而造成结果不清晰，若所印时间过长，则需将药棉在稀硫酸溶液中蘸液于相纸背面擦拭，但溶液不可蘸得过多，以药棉取出后没有溶液往下滴为宜。试验时间为 3～15min，然后将相纸取下，于清水中冲洗 3～5min，以除去相纸上的硫酸余液。

（4）将洗去硫酸余液的印相纸，放在质量分数 300g/L 的大苏打溶液中定影约 15min，使未作用的溴化银溶去，再放在流动的清水中冲洗 30min，去掉相纸上的定影液，然后上光干燥，即得硫印照片，根据照片，进行分析。

（5）试验需在避强光的室内进行。

（6）若同一试样需作第二次试验时，则需用清水将表面的硫酸余液冲洗干净。第二次试验的反应时间要比第一次增加一倍。

（7）硫酸浓度及试验的时间与钢种和冶炼方法有关。电渣炉钢、电炉钢、平炉钢相比较，电渣炉钢所须试验时间最长，电炉钢次之，平炉钢最短。

（8）硫印试验设备及其药品包括洗相用的搪瓷盘或塑料盒两个、100mL 量筒一个、硫酸（相对密度为 1.84）、酒精或四氯化碳、定影液（质量分数 300g/L 的大苏打水溶液）、普通印相纸及药棉。

9.5.3 工业 CT 法定量测量连铸坯内部缺陷

9.5.3.1 实验目的

目前熔铸现场对铸锭中显微疏松的检测手段较为单一，主要采用高倍金相法（每炉检

388

测一块，铸锭心部取样）。此方法可以直观的分析出铸锭中的疏松，但是存在以下不足：（1）金相试样对样品表面光度要求很高，制样具有很长的周期性；（2）实验取部分试样分析，是一种"管中窥豹"的测试手段，分析结果代表性差；（3）分析方法为二维平面分析，存在较大的随机性，对分析结果产生较大的影响，如图 9-18 所示。综上所述，在工艺改进过程中，工业现场和实验室都希望提供一种方便操作、快速全面的铸锭疏松及第二相评价方法。

本项实验的目的为：

（1）通过实验，掌握工业 CT 法的成像原理，了解 CT 扫描的基本步骤。

（2）了解 VG studio Max 孔隙夹杂物分析方法，掌握铸坯内部缺陷计算方法。

（3）培养分析整理数据，撰写实验报告能力。

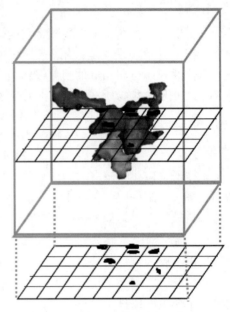

图 9-18　二维平面分析具有随机性，无法准确表征缺陷

9.5.3.2　实验原理

近年来，X 射线无损检测技术发展迅速，由最早的 X 射线照相法发展到 X 射线数字成像，到最新的工业 CT，广泛应用于工业探伤和实验室工艺改进。

X 射线照相法：当 X 射线穿过工件后，由于缺陷和母料对射线的吸收情况不同，用感光胶片接收穿过的 X 射线，有经验的探伤人员可以从胶片上的黑度变化判断工件内部的情况。

X 射线数字成像：X 射线穿过工件时，由于缺陷和母料对射线的吸收情况不同，将形成不可见的 X 光图像，输入到计算机，经 A/D（模拟/数字）转换，形成数字图像，数字图像提供有关工件内部缺陷的各种信息，运用专用软件可对数字图像进行技术评判。

X 射线工业 CT：计算机断层成像技术，是基于从多个投影数据应用计算机重建图像的一种方法，仅仅采集通过特定剖面（被检测对象的薄层，或称为切片）的投影数据，用来重建该剖面的图像。该技术近几年在材料检测领域应用较为广泛。检测过程中通过 X 射线对样品无损穿透，根据不同材料对 X 射线衰减情况的不同，在探测器上得到一系列灰度不同的图像，对图像三维重构后，可以取不同切面研究或提取立体图展示分析，如图 9-19 所示。

虽然层析成像有关的数学理论早在 1917 年就由 J. Radon 提出，但只是在计算机出现并与放射学科结合后才成为一门新的成像技术。在工业方面特别是在无损检测（NDT）与无损评价（NDE）领域显示出其独特之处，因此，国际无损检测界把工业 CT 称为最佳的无损检测手段。进入 20 世纪 80 年代以来，国际上主要的工业化国家已把 X 射线或 γ 射线的 ICT（计算机层析成像法）用于航天、航空、军事、冶金、机械、石油、电力、地质、考古等部门的 NDT 和 NDE，检测对象有导弹、火箭发动机、军用密封组件、核废料、石油岩芯、计算机芯片、精密铸件与锻件、汽车轮胎、陶瓷及复合材料、海关毒品、考古化石等。

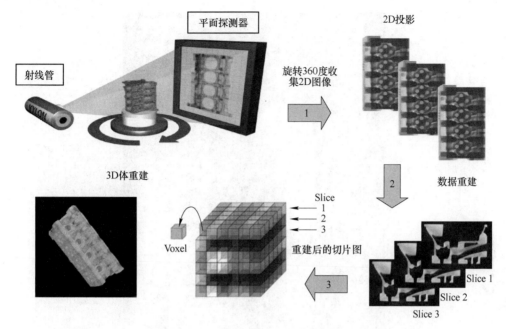

图 9-19 X 射线工业 CT 扫描原理图

我国 20 世纪 90 年代也已逐步把 ICT 技术用于工业无损检测领域。进入 21 世纪 ICT 成为一种重要的先进无损伤检测技术,近年来在科研领域的应用也越来越多。

根据工业 CT 的特点,只要样品厚度能够达到射线的穿透要求,铸锭中的疏松、缩孔等缺陷以及密度差别大的非金属夹杂物等就能在立体图中展示出来,更直观准确的反应缩孔或析出物的情况。这种高精度的铸锭检测手段适合应用于实验室的工艺改进相关检测中。

实际研究中,也有将溶蚀前后样品进行 CT 扫描对比,从而达到改进工艺的目的。

从连铸坯待检区域如沿内弧到外弧切取一组合适尺寸试样,根据试样尺寸和检测分辨率选用一定能量 X 射线对钢样进行断层扫描;通过计算机三维重构软件对扫描数据进行分割、重构,得到试样中内部缺陷的三维形貌、体积和空间分布等信息;根据缺陷的体积和圆球度确认缺陷种类,进而获得不同种类内部缺陷在连铸坯中的变化,实现连铸坯内部质量无损定量评估。

利用 VG Studio MAX 重构软件对扫描数据进行分析和三维重构,获得连铸坯内部缺陷的三维结构,以及沿连铸坯厚度方向内部缺陷的数量、尺寸和体积等特征演变,如图 9-20 所示。图 9-21 为检测到的一个典型的氧化物多视角三维形貌,氧化物夹杂体积分数和平均尺寸在重轨钢连铸坯横断面不同位置处的变化见图 9-22,通过定量分析可以得到氧化物夹杂体积分数和平均尺寸在重轨钢连铸坯横断面不同位置处的变化,分别如图 9-23 和图 9-24 所示。

9.5.3.3 实验设备

本实验所用扫描设备为工业计算机断层扫描系统,型号:YXLON FF35 CT,生产厂家是德国依科视朗 YXLON,见图 9-25。所用数据处理软件:VG Studio Max 3.3。设备用途:缺陷探测、材料分析、CT 计量和研发中的许多其他应用。主要应用于汽车、电子、航空、医疗技术等行业。

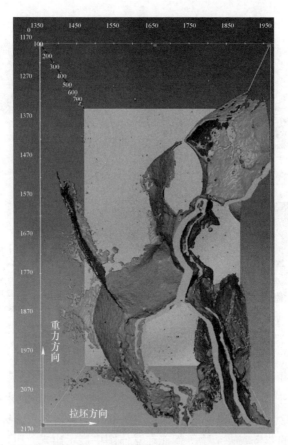

图 9-20   连铸坯内部缺陷的三维结构

图 9-21   典型的氧化物三维形貌

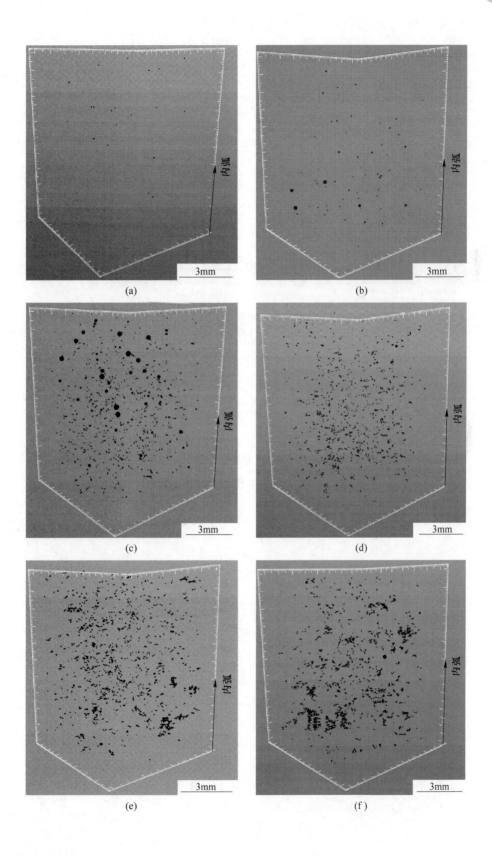

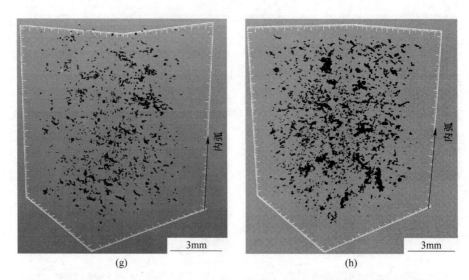

(g)   (h)

图 9-22   氧化物夹杂体积分数和平均尺寸在重轨钢连铸坯横断面不同位置处的变化
(a) 0~10mm；(b) 11~20mm；(c) 21~30mm；(d) 31~40mm；
(e) 41~50mm；(f) 51~60mm；(g) 61~70mm；(h) 71~80mm

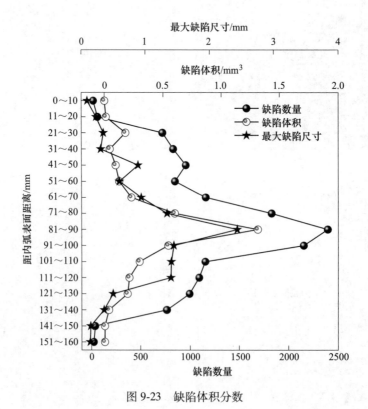

图 9-23   缺陷体积分数

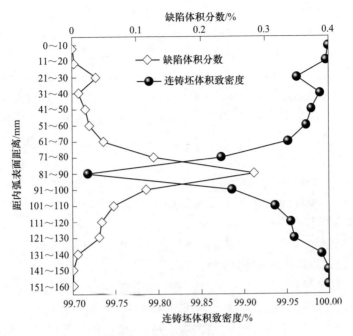

图 9-24　连铸坯体积致密度

图 9-25　YXLON FFCT

9.5.3.4　实验步骤

工业 CT 法定量测量连铸坯内部缺陷流程见图 9-26。

图 9-26　CT 法检测铸坯质量流程图

根据具体的试样材质和射线强度确定相应参数和试样尺寸。为了评估 160mm×160mm 断面硬线钢连铸坯内部质量，在硬线钢连铸坯横断面宽度 1/2 位置处从内弧到外弧取横截面尺寸为 7mm×7mm 的长条试样，高度>7mm 即可。试样采用显微分辨工业 CT 进行断层扫描，设定的 X 射线源加速电压为 200kV，束电流为 120μA，样品至 X 射线源的距离为 30mm，X 射线源至平板探测器的距离为 600mm。在一个扫描中，试样旋转 360° 来获取一组二维投影切片组。检测系统采用 1792×2176 像素的平板探测器，设定的检测空间分辨率为 7μm。

具体如下：

（1）从连铸坯待检区域沿内弧到外弧切取一组合适尺寸的试样。

（2）将其中一个试样固定到 X 射线断层扫描系统的样品台上，根据放大倍数调节试样同 X 射线源和探测器之间的相对距离。

（3）根据试样横截面尺寸和检测分辨率设定射线源的工作加速电压和电流，选定合适的探测器参数，设定扫描张数和重建规则。

（4）打开 X 射线源开关后产生 X 射线，开始对试样进行断层扫描，扫描过程中试样以一定角速度旋转 180° 或 360°，探测器对透过试样的 X 射线进行检测，得到试样投影图。

（5）采用计算机三维重构软件对试样投影进行三维重构，得到立体重构图和一系列可视二维切片。

（6）采用计算机三维重构软件对可视二维切片系列根据灰度阈值进行切割和重构，得到重构的缺陷三维模型。

（7）采用计算机三维重构软件对重构三维模型中的内部缺陷的三维形貌、圆球度、体积、尺寸、数量和空间位置分布信息进行定量分析。缺陷种类的判定依据为圆球度 $\varphi_{s} = \dfrac{4\pi \sqrt[3]{\dfrac{3}{2} \dfrac{V_{\text{defect}}}{4\pi}}}{S_{\text{defect}}}$，其中，$V_{\text{defect}}$ 和 S_{defect} 分别为通过重构三维模型获得的缺陷的体积和表面积；当圆球度大于 0.6 时，缺陷为非金属夹杂物；圆球度小于 0.6 且无特定延伸方向时，缺陷为疏松及缩孔；圆球度小于 0.6 且沿一定方向扩展延伸的大尺寸缺陷为裂纹。确定体积致密度为连铸坯内部质量的评判指标之一，体积致密度计算公式为 $\eta = \dfrac{V_{\text{steel}} - \sum V_{\text{defect}}}{V_{\text{steel}}}$，其中 V_{defect} 为检测的试样体积。

（8）采用同样方法对其他试样的内部缺陷进行同样的检测和分析，通过圆球率和形貌特征对缺陷进行分类，进而获得从内弧到外弧连铸坯不同种类内部缺陷的空间分布规律和连铸坯体积致密度变化。

该方案对所检测试样表面质量没有要求，无须对钢样进行预处理，同时检测时不会破坏试样，可快速无损定量地检测到连铸坯不同种类内部缺陷的三维形貌、圆球度、体积和空间位置分布以及连铸坯体积致密度变化。

9.5.3.5 实验报告要求

（1）利用三维重构软件找到指定样品中的所有缩孔，提取三维图像及最大缩孔图像，并通过孔隙分析数据计算体积最大的 5 个缩孔的圆球度。计算样品体积致密度。

（2）检索 3 篇以上工业 CT 用于分析冶金相关材料的文献，并简要写出文献内容。

9.5.3.6 思考题

（1）工业 CT 法检测有什么优缺点？

（2）根据实验结果描述样品缺陷类型，对铸坯进行简单的质量评价。

参 考 文 献

［1］金属材料物理实验方法标准汇编（下）［M］. 北京：中国标准出版社，1997.

［2］朱立光，王硕明，张彩军，等 . 现代连铸工艺与实践［M］. 石家庄：河北科学技术出版社，2000.

［3］沈水福，高大勇 . 设备故障诊断技术［M］. 北京：科学出版社，1990.

［4］刘天佑 . 钢材质量检验［M］. 北京：冶金工业出版社，2002.

［5］杨文，张立峰，任英，等 . 一种连铸坯内部质量无损检测方法：CN113155872A［P］. 2021-07-23.

10 燃 烧 实 验

10.1 燃 烧 计 算

燃烧反应计算是按照燃料中的可燃物分子与氧化剂分子进行化学反应的反应式,根据物质平衡和热量平衡的原理,确定燃烧反应的各参数。这些参数主要是:单位数量燃料燃烧所需要的氧化剂(空气或氧气)的数量,燃烧产物的数量,燃烧产物的成分,燃烧温度和燃烧完全程度。这些参数均应用于热工研究,以及冶金炉设计和生产操作中。

燃烧反应的实际反应结果是与体系的实际热力学条件及动力学条件有关。在燃烧反应计算中,要对这些条件加以规定或给予假设,以下便是计算条件的几点说明:

(1) 燃烧计算需要知道燃料的应用成分(对固、液体燃料)或湿成分(对气体燃料),如果原始数据不是这样的成分,则首先要进行必要的成分换算。

(2) 燃烧反应的氧化剂可以是空气或氧气。在燃烧反应计算中假设空气的组成为氧气、氮气和水蒸气。此时假定干空气的成分按质量分数为:氧占 23.2%,氮占 76.8%;按体积分数为:氧占 21%,氮占 79%,空气中水蒸气的含量通常可以按某温度(大气温度)下的饱和水蒸气含量计算。

(3) 燃烧反应生成物的成分和数量与反应条件有关。认为燃烧是在有限空间内进行的,则最终燃烧产物包括两部分:一部分是经过化学反应的产物(包括充分燃烧的、不充分燃烧的、热分解的);另一部分是未经化学反应的物质(包括未来得及混合的燃料和空气,过剩的空气或过剩的燃料)。燃烧反应计算属于燃烧静力学的计算,即不涉及气流混合或扩散速度等动力学问题,而仅就化学反应的平衡状态进行计算。

(4) 将反应分为完全燃烧和不完全燃烧两大类。

(5) 在以下的计算中还规定气体的体积均为标准状况下的体积,并且一切气体每千克分子的体积在标准状况下都是 22.4m^3,各气体的密度都等于千克分子量除以 22.4m^3。即本部分中所有体积计算单位均指标准状况下的体积。

10.1.1 氧气空气需要量的计算

固、液体和气体燃料的成分习惯上有不同的方法表示,因此它们的燃烧计算表达式有不同的方法表示,分述如下。

10.1.1.1 固体燃料和液体燃料的理论氧气空气需要量

已知燃料成分为

$$w(\text{C})_\% + w(\text{H})_\% + w(\text{O})_\% + w(\text{N})_\% + w(\text{S})_\% + w(\text{A})_\% + w(\text{W})_\% = 100\% \qquad (10\text{-}1)$$

式中 $w(\text{A})_\%$——挥发分;

$w(\text{W})_\%$——灰分。

按化学反应完全燃烧方程式，其中碳燃烧时为

化学反应式 $\qquad$ C + O_2 === CO_2

数量关系式 $\qquad$ 12 + 32 = 44 （kg）

每千克碳需氧量 $\qquad$ 1 + $\dfrac{8}{3}$ = $\dfrac{11}{3}$ （kg/kg）

氢燃烧时为

化学反应式 $\qquad$ H_2 + $\dfrac{1}{2}O_2$ === H_2O

数量关系式 $\qquad$ 2 + 16 = 18 （kg）

每千克氢需氧量 $\qquad$ 1 + 8 = 9 （kg/kg）

硫燃烧时为

化学反应式 $\qquad$ S + O_2 === SO_2

数量关系式 $\qquad$ 32 + 32 = 64 （kg）

每千克硫需氧量 $\qquad$ 1 + 1 = 2 （kg/kg）

由此可知，每千克燃料完全燃烧时所需要的氧气量（质量）为

$$G_{0,O_2} = \left(\frac{8}{3}m_C + 8m_H + m_S - m_O \right) \times \frac{1}{100} \quad （kg/kg） \tag{10-2}$$

按标准状况下氧的密度为 $32/22.4 = 1.429（kg/m^3）$，换算为体积需要量为

$$L_{0,O_2} = \frac{1}{1.429}\left(\frac{8}{3}m_C + 8m_H + m_S - m_O \right) \times \frac{1}{100} \quad （m^3/kg） \tag{10-3}$$

上述氧气需要量是按照化学反应式的配平系数计算的，而不估计任何其他因素的影响，称"理论氧气需要量"（G_{0,O_2} 或 L_{0,O_2}）。

如果在空气中燃烧，将式（10-2）和式（10-3）除以空气中氧的含量，便得到每千克燃料完全燃烧时需要的空气量，并称为"理论空气需要量"（G_0 或 L_0）。整理后的计算式为

$$G_0 = （11.49m_C + 34.48m_H + 4.31m_S - 4.31m_O） \times 10^{-2} \quad （kg/kg） \tag{10-4}$$

或

$$L_0 = （8.89m_C + 26.67m_H + 3.33m_S - 3.33m_O） \times 10^{-2} \quad （m^3/kg） \tag{10-5}$$

10.1.1.2 气体燃料的理论氧气/空气需要量

气体燃料成分（体积分数）为

$$\varphi(CO)_\% + \varphi(H_2)_\% + \varphi(CH_4)_\% + \varphi(C_nH_m)_\% + \varphi(H_2S)_\% +$$
$$\varphi(CO_2)_\% + \varphi(O_2)_\% + \varphi(N_2)_\% + \varphi(H_2O)_\% = 100\%$$

其中各可燃成分的化学反应式为

$$\left. \begin{aligned} CO + \frac{1}{2}O_2 &=== CO_2 \\ H_2 + \frac{1}{2}O_2 &=== H_2O \\ C_nH_m + \left(n + \frac{m}{4} \right)O_2 &=== nCO_2 + \frac{m}{2}H_2O \\ H_2S + \frac{3}{2}O_2 &=== H_2O + SO_2 \end{aligned} \right\} \tag{10-6}$$

　　因各气体的摩尔体积均相等（22.4m³），故知 1m³CO 燃烧需要 1/2m³ 的氧，1m³ 的 H_2 燃烧需氧 1/2m³；依此类推。

　　故煤气完全燃烧的理论氧量为

$$L_{0,O_2} = \left[\frac{1}{2}V_{CO} + \frac{1}{2}V_{H_2} + \Sigma\left(n + \frac{m}{4}\right)V_{C_nH_m} + \frac{3}{2}V_{H_2S} - V_{O_2}\right] \times 10^{-2} \quad (m^3/m^3) \qquad (10\text{-}7)$$

　　将式（10-7）乘以 1/0.21＝4.76，则得到 1m³ 煤气燃烧的理论空气需氧量 L_0 为

$$L_0 = 4.76\left[\frac{1}{2}V_{CO} + \frac{1}{2}V_{H_2} + \Sigma\left(n + \frac{m}{4}\right)V_{C_nH_m} + \frac{3}{2}V_{H_2S} - V_{O_2}\right] \times 10^{-2} \quad (m^3/m^3) \qquad (10\text{-}8)$$

10.1.1.3　实际空气需要量

炉内实际空气消耗量 L_n 表示为

$$L_n = nL_0 \qquad (10\text{-}9)$$

式中，n 值称为"空气消耗系数"，即

$$n = \frac{L_n}{L_0} \qquad (10\text{-}9a)$$

n 只是在设计炉子或燃烧装置是根据经验预先选取的，或是根据实测确定的。

　　实际中空气含有水蒸气，空气中水蒸气含量 g 通常表示为 1m³ 干气体中的水分含量（g/m³），它在通常的气温下与空气的温度有关，相当于某温度下的饱和水蒸气含量，可由附表 3-5 中查到。

　　将空气中的水分含量 g 换算为体积含量为

$$g \times \frac{22.4}{18} \times \frac{1}{1000} = 0.00124g \quad (m^3/m^3)$$

　　则湿空气消耗量为

$$L_n = nL_0 + 0.00124g \cdot nL_0 \qquad (10\text{-}10)$$

10.1.2　燃烧产物的计算

10.1.2.1　完全燃烧的产物的生成量、成分和密度的计算

　　燃烧产物的生成量及成分是根据燃烧反应的物质平衡进行计算的。完全燃烧时，单位质量（或体积）燃料燃烧后生成的燃烧产物包括 CO_2、SO_2、H_2O、N_2、O_2，其中 O_2 是 $n>1$ 才会有的。燃烧产物的生成量，当 $n \neq 1$ 时称"实际燃烧产物生成量"（V_n），当 $n=1$ 时称"理论燃烧产物生成量"（V_0）。

　　实际燃烧产物生成量 V_n 为

$$V_n = V_{CO_2} + V_{SO_2} + V_{H_2O} + V_{N_2} + V_{O_2} \quad (m^3/kg) \text{ 或 } (m^3/m^3) \qquad (10\text{-}11)$$

式中　V_{CO_2}，V_{SO_2}，V_{H_2O}，V_{N_2}，V_{O_2}——燃烧产物中所包含的 CO_2，SO_2，H_2O，N_2，O_2 生成量，m³/kg 或 m³/m³。

　　为计算 V_n，可求出 V_{CO_2}，V_{SO_2}，…，即可。

　　V_0 和 V_n 的差别在于 $n=1$ 时比 $n>1$ 时的燃烧产物生成量少一部分过剩空气，故可写出

$$V_n - V_0 = L_n - l_0$$

　　即

$$V_0 = V_n - (n-1)L_0 \qquad (10\text{-}12)$$

式（10-11）中各项的计算方法如下。

对于固体或液体燃料，由式（10-1）各式，并估计到燃料成分的 N 及 W 值和空气带入的 N_2 及过剩 O_2，并计入空气中的水分，即得到

$$\left.\begin{array}{l}
V_{CO_2}=\dfrac{11}{3}\cdot m_C\cdot\dfrac{1}{100}\cdot\dfrac{22.4}{44}=\dfrac{m_C}{12}\cdot\dfrac{22.4}{100}\quad(m^3/kg)\\[3mm]
V_{SO_2}=\dfrac{m_S}{32}\cdot\dfrac{22.4}{100}\quad(m^3/kg)\\[3mm]
V_{H_2O}=\left(\dfrac{m_H}{2}+\dfrac{m_W}{18}\right)\cdot\dfrac{22.4}{100}+0.00124gL_n\quad(m^3/kg)\\[3mm]
V_{N_2}=\dfrac{m_N}{28}\cdot\dfrac{22.4}{100}+\dfrac{79}{100}L_n\quad(m^3/kg)\\[3mm]
V_{O_2}=\dfrac{21}{100}(L_n-L_0)\quad(m^3/kg)
\end{array}\right\}\quad(10\text{-}13)$$

将式（10-13）代入式（10-11），即可得到 V_n，整理后表示为

$$V_n=\left(\frac{m_C}{12}+\frac{m_S}{32}+\frac{m_H}{2}+\frac{m_W}{18}+\frac{m_N}{28}\right)\frac{22.4}{100}+\left(n-\frac{21}{100}\right)L_0+0.00124gL_n\quad(m^3/kg)$$

（10-14）

如 $n=1$ 时，即得到（不计算空气中的水分）

$$V_0=\left(\frac{m_C}{12}+\frac{m_S}{32}+\frac{m_H}{2}+\frac{m_W}{18}+\frac{m_N}{28}\right)\frac{22.4}{100}+\frac{79}{100}L_0\quad(m^3/kg)\quad(10\text{-}15)$$

对于气体燃料，同理可得

$$\left.\begin{array}{l}
\varphi(CO_2)=(V_{CO}+\Sigma nV_{C_nH_m}+V_{CO_2})\dfrac{1}{100}\quad(m^3/m^3)\\[3mm]
\varphi(SO_2)=V_{H_2S}\cdot\dfrac{1}{100}\quad(m^3/m^3)\\[3mm]
\varphi(H_2O)=\left(V_{H_2}+\Sigma\dfrac{m}{2}V_{C_nH_m}+V_{H_2S}+V_{H_2O}\right)\dfrac{1}{100}+0.00124gL_n\quad(m^3/m^3)\\[3mm]
\varphi(N_2)=V_{N_2}\cdot\dfrac{1}{100}+\dfrac{79}{100}L_n\quad(m^3/m^3)\\[3mm]
\varphi(O_2)=\dfrac{21}{100}(L_n-L_0)\quad(m^3/m^3)
\end{array}\right\}\quad(10\text{-}16)$$

将式（10-16）带入式（10-11），即可计算气体燃料燃烧产物生成量 V_n，整理后得到

$$V_n=\left[V_{CO}+V_{H_2}+\Sigma\left(n+\frac{m}{2}\right)V_{C_nH_m}+2V_{H_2S}+V_{CO_2}+V_{N_2}+V_{H_2O}\right]\frac{1}{100}+$$
$$\left(n-\frac{21}{100}\right)L_0+0.00124gL_n$$

（10-17）

$$V_0=\left[V_{CO}+V_{H_2}+\Sigma\left(n+\frac{m}{2}\right)V_{C_nH_m}+2V_{H_2S}+V_{CO_2}+V_{N_2}+V_{H_2O}\right]\frac{1}{100}+0.79L_0\quad(10\text{-}18)$$

燃烧产物成分表示为各组成所占百分数，为与燃料成分相区别，燃烧产物的成分的分

子式号上加"′"表示，即

$$\varphi(CO_2)'_\% + \varphi(SO_2)'_\% + \varphi(H_2O)'_\% + \varphi(N_2)'_\% + \varphi(O_2)'_\% = 100\%$$

按式（10-13）或式（10-16）求出各组成的生成量，并按式（10-11）求出 V_n，便可得到燃烧产物成分，即

$$
\left.
\begin{aligned}
\varphi(CO_2)' &= \frac{V_{CO_2}}{V_n} \cdot 100 \\[2mm]
\varphi(SO_2)' &= \frac{V_{SO_2}}{V_n} \cdot 100 \\[2mm]
\varphi(H_2O)' &= \frac{V_{H_2O}}{V_n} \cdot 100 \\[2mm]
\varphi(N_2)' &= \frac{V_{N_2}}{V_n} \cdot 100 \\[2mm]
\varphi(O_2)' &= \frac{V_{O_2}}{V_n} \cdot 100
\end{aligned}
\right\}
\tag{10-19}
$$

$$\Sigma = 100$$

由上述公式可以看出，燃料完全燃烧的理论燃烧产物生成量 V_0，只与燃料成分有关，燃料中可燃成分越高，发热量越高，则 V_0 也就越大。而实际燃烧产物生成量 V_n 还与空气过剩系数 n 有关，n 值越大，V_n 也就越大。燃烧产物的成分除与燃料的成分有关外，也还与 n 值有关，例如 n 值越大，$\varphi(O_2)'_\%$ 也越大，气氛的氧化性增强。

燃烧产物的密度 ρ 有两种计算方法，或是用参加反应的物质（燃料与氧化剂）的总质量除以燃烧产物的体积；或是以燃烧产物的质量除以燃烧产物的体积。这是因为反应前后质量应是相等的。

按参加反应物质的量，对于固体和液体燃料

$$\rho = \frac{\left(1 - \dfrac{A}{100}\right) + 1.293 L_n}{V_n} \quad (kg/m^3) \tag{10-20}$$

式中　A——没有参加反应的物质（即灰分）质量。

对于气体燃料：

$$\rho = \frac{\dfrac{28 m_{CO} + 2 m_{H_2} + \Sigma(12n+m) m_{C_n H_m} + 34 m_{H_2S} + 44 m_{CO_2} + 32 m_{O_2} + 28 m_{N_2} + 18 m_{H_2O}}{100 \times 22.4} + 1.293 L_n}{V_n} \quad (kg/m^3) \tag{10-21}$$

按燃烧产物质量计算

$$\rho = \frac{44 m'_{CO_2} + 64 m'_{SO_2} + 18 m'_{H_2O} + 28 m'_{N_2} + 32 m'_{O_2}}{100 \times 22.4} \quad (kg/m^3) \tag{10-22}$$

10.1.2.2　不完全燃烧的产物的成分、生成量的计算

实际上，燃料在炉内（或燃烧室内）有时并没有完全燃烧。有两种情况，一种情况是以

完全燃烧为目的，但由于设备或操作条件的限制，而未能达到完全燃烧；另一种情况则是有意地组织不完全燃烧，以得到炉内的还原性气氛。此外，在高温下 CO_2 和 H_2O 等气体分解也会产生 CO、H_2 等可燃气体，但在中温或低温炉内其量很小可以忽略不计。造成不完全燃烧的原因是各种各样的，不完全燃烧的计算要在不同的具体情况下提出问题，然后求解。然而，不是每一种具体情况下都可以按静力学计算方法分析求解的，有的要靠实验测定。

下面讲两个不完全燃烧问题的计算原理。

A　不完全燃烧时燃烧产物生成量的变化

设在空气中燃烧，燃烧产物中的可燃物仅有 CO、H_2 和 CH_4。这些可燃物的燃烧反应式如下（为讨论方便起见，把空气中的 O_2 和 N_2 均写入反应式，并不计算空气中的水分）

$$\left.\begin{array}{l} CO+0.5O_2+1.88N_2 \Longrightarrow CO_2+1.88N_2 \\ H_2+0.5O_2+1.88N_2 \Longrightarrow H_2O+1.88N_2 \\ CH_4+2O_2+7.52N_2 \Longrightarrow CO_2+2H_2O+7.52N_2 \end{array}\right\} \qquad (10\text{-}23)$$

该反应式的左边相当于不完全燃烧产物中可燃物组成部分；右边相当于该部分的完全燃烧产物。由该反应式可以看出不完全燃烧产物与完全燃烧产物相比的变化。讨论如下。

当 $n \geqslant 1$ 时，由反应式（10-23）可知，当燃烧产物中有 CO 和 O_2 时（并剩余相应量的 N_2），和完全燃烧时相比，产物的生成量是增加了。反应式左边的体积是 $1+0.5+1.88$，而右边是 $1+1.88$，即燃烧产物若有 $1m^3$ 的 CO，则使燃烧产物体积增加 $0.5m^3$。

同理，燃烧产物每含 $1m^3$ H_2，也会使体积增加 $0.5m^3$。含 CH_4 则不引起燃烧产物体积的变化。

如果以 $(V_n)_不$ 表示实际的不完全燃烧产物的生成量，$(V_n)_完$ 表示如果完全燃烧时的产物生成量，则

$$\begin{aligned} (V_n)_完 &= (V_n)_不 - 0.5V_{CO} - 0.5V_{H_2} \\ &= (V_n)_不 - 0.5V'_{CO} \cdot (V_n)_不 \cdot \frac{1}{100} - 0.5V'_{H_2} \cdot (V_n)_不 \cdot \frac{1}{100} \\ &= (V_n)_不 (100 - 0.5V'_{CO} - 0.5V'_{H_2}) \cdot \frac{1}{100} \end{aligned}$$

故

$$\frac{(V_n)_不}{(V_n)_完} = \frac{100}{100 - (0.5V'_{CO} + 0.5V'_{H_2})} \qquad (10\text{-}24)$$

如果只是讨论干燃烧产物生成量（不包括水分在内的燃烧产物生成量）的变化，则由反应式（10-23）可以看出

$$\left.\begin{array}{l} (V_n^干)_完 = (V_{n,干})_不 - (0.5V_{CO} + 1.5V_{H_2} + 2V_{CH_4}) \\ \dfrac{(V_n^干)_不}{(V_n^干)_完} = \dfrac{100}{100 - (0.5V'_{CO} + 1.5V'_{H_2} + 2V'_{CH_4})} \end{array}\right\} \qquad (10\text{-}24a)$$

由此可知，在有过剩空气存在的情况下，如果由于混合不充分而发生不完全燃烧的情况，燃烧产物的体积将比完全燃烧时增加。不完全燃烧的程度越严重，燃烧产物的体积增加的就越多。

当 $n<1$ 时，相当于空气供应不足（燃料过剩），存在两种情况：

（1）燃料与空气的混合是充分均匀的，那么燃烧产物可能有 CO、H_2 及 CH_4 等可燃物，但不会有 O_2。

由反应式（10-23）看出，为使不完全燃烧产物中的 $1m^3 CO$ 完全燃烧，应再加进 $0.5m^3$ 的 O_2 和相应的 $1.88m^3$ 的 N_2，而生成 $1m^3$ 的 CO_2 和 $1.88m^3$ 的 N_2。燃烧产物的生成量由不完全燃烧的 $1m^3$ 变为（如果）完全燃烧的 $(1+1.88)m^3$，反过来讲，即不完全燃烧时，当燃烧产物中有 $1m^3$ 的 CO 时便使产物的体积比完全燃烧时减少了 $1.88m^3$。

同理，$1m^3 H_2$ 也使产物体积减少 $1.88m^3$；$1m^3 CH_4$ 使产物体积减少 $9.52m^3$。

故知

$$(V_n)_完 = (V_n)_不 + (1.88V_{CO} + 1.88V_{H_2} + 9.52V_{CH_4})$$

$$= (V_n)_不 (100 + 1.88V'_{CO} + 1.88V'_{H_2} + 9.52V'_{CH_4}) \cdot \frac{1}{100}$$

即得

$$\frac{(V_n)_不}{(V_n)_完} = \frac{100}{100 + 1.88V'_{CO} + 1.88V'_{H_2} + 9.52V'_{CH_4}} \tag{10-25}$$

对于干燃烧生成量来说，同理可得到

$$\frac{(V_n^干)_不}{(V_n^干)_完} = \frac{100}{100 + 1.88V'_{CO} + 1.88V'_{H_2} + 7.52V'_{CH_4}} \tag{10-25a}$$

由此可以看出，当空气供给不足（$n<1$）而又充分均匀混合（燃烧产物中 $V'_{O_2}=0$）的情况下，将使产物生成量比完全燃烧时有所减少；不完全燃烧程度越严重，生成量将越稀少。

（2）混合并不充分而使产物中仍存在 O_2，即 $V'_{O_2} \neq 0$。那么这时为使不完全燃烧产物中的可燃物燃烧，便可少加一部分空气，其量为

$$\frac{1}{0.21}V_{O_2} = 4.76V_{O_2}$$

据此便可对式（10-25）加以修正。即当 $n<1$，且 $V'_{O_2} \neq 0$ 时

$$\frac{(V_n)_不}{(V_n)_完} = \frac{100}{100 + 1.88V'_{CO} + 0.88V'_{H_2} + 9.52V'_{CH_4} - 4.76V'_{O_2}} \tag{10-26}$$

$$\frac{(V_n^干)_不}{(V_n^干)_完} = \frac{100}{100 + 1.88V'_{CO} + 0.88V'_{H_2} + 7.52V'_{CH_4} - 4.76V'_{O_2}} \tag{10-26a}$$

按式（10-26）分析，产物生成量的变化要看 $(100 + 1.88V'_{CO} + 1.88V'_{H_2} + 9.52V'_{CH_4})$ 与 $(4.76V'_{O_2})$ 两项之差，若差为"＋"，则 $(V_n)_不 < (V_n)_完$；若差为"－"，则 $(V_n)_不 > (V_n)_完$。一般情况下，$n<1$ 时，V'_{O_2} 是比较小的，多使这两项为"＋"，所以将会使燃烧产物生成量有所减少。

在式（10-24）~式（10-26）中，$(V_n)_完$ 与 $(V_n^干)_完$ 是可以按前一节所述进行计算的。如已知不完全燃烧产物的成分（注意，讨论 $V_n^湿$ 时，应用产物的湿成分；讨论 $V_n^干$ 时，应用产物的干成分），便可根据这些公式估计不完全燃烧产物的生成量。

B　不完全燃烧产物成分和生成量的计算

不完全燃烧计算也是按反应前后的物质平衡计算的，只能对由于氧化剂供应不足（$n<$

1）造成的不完全燃烧进行计算，并认为混合是充分均匀的。在此前提下，燃烧产物的组成除了 CO_2、SO_2、H_2O、N_2 外，尚有可燃物。对于一般还原性气氛的工业炉，其温度大多在 1000~1600K 之间，氧气消耗系数多在 0.3 以上。为了简化计算，可以认为燃烧产物的生成量为

$$(V_n)_{\text{不}} = V_{CO_2} + V_{CO} + V_{H_2O} + V_{H_2} + V_{CH_4} + V_{N_2} \tag{10-27}$$

成分组成为

$$\varphi(CO_2)'_{\%} + \varphi(CO)'_{\%} + \varphi(H_2O)'_{\%} + \varphi(H_2)'_{\%} + \varphi(CH_4)'_{\%} + \varphi(N_2)'_{\%} = 100\% \tag{10-28}$$

此处

$$\varphi(CO_2)' = \frac{V_{CO_2}}{(V_n)_{\text{不}}} \cdot 100; \qquad\qquad \varphi(CO)' = \frac{V_{CO}}{(V_n)_{\text{不}}} \cdot 100$$

其余类推。

因此为计算 $(V_n)_{\text{不}}$ 或成分，需求出 V_{CO_2}、V_{CO}、V_{H_2O} 等六个未知量。

已知燃料成分，空气消耗系数和燃烧反应的平衡温度，可列出以下六个方程式，以求上述六个未知量（未计空气中的水分）。

（1）碳平衡方程

$$\Sigma V_{C\text{燃料}} = V_{CO_2} + V_{CO} + V_{CH_4} \tag{10-29}$$

对于固、液体燃料，可写为

$$m_C \cdot \frac{22.4}{12} \cdot \frac{1}{100} = V_{CO_2} + V_{CO} + V_{CH_4} \tag{10-29a}$$

对于气体燃料，可写为

$$(V_{CO} + V_{CO_2} + \Sigma n V_{C_nH_m}) \cdot \frac{1}{100} = V_{CO} + V_{CO_2} + V_{CH_4} \tag{10-29b}$$

（2）氢平衡方程

$$\Sigma V_{H\text{燃料}} = V_{H_2} + V_{H_2O} + 2V_{CH_4} \tag{10-30}$$

对于固、液体燃料

$$\left(m_H + m_W \cdot \frac{2}{18}\right) \cdot \frac{22.4}{2} \cdot \frac{1}{100} = V_{H_2} + V_{H_2O} + 2V_{CH_4} \tag{10-30a}$$

对于气体燃料

$$\left(V_{H_2} + \Sigma \frac{m}{2} \cdot V_{C_nH_m} + V_{H_2O}\right) \cdot \frac{1}{100} = V_{H_2} + V_{H_2O} + 2V_{CH_4} \tag{10-30b}$$

（3）氧平衡方程

$$\Sigma V_{O\text{燃料+空气}} = V_{CO_2} + \frac{1}{2}V_{CO} + \frac{1}{2}V_{H_2O} \tag{10-31}$$

对于固、液体燃料

$$\left[\left(m_O + m_W \cdot \frac{16}{8}\right) \cdot \frac{1}{100} + nG_{0,O_2}\right] \cdot \frac{22.4}{32} = V_{CO_2} + \frac{1}{2}V_{CO} + \frac{1}{2}V_{H_2O} \tag{10-31a}$$

对于气体燃料

$$\left(\frac{1}{2}V_{CO} + V_{CO_2} + V_{O_2} + \frac{1}{2}V_{H_2O}\right) \cdot \frac{1}{100} + nL_{0,O_2} = V_{CO_2} + \frac{1}{2}V_{CO} + \frac{1}{2}V_{H_2O} \tag{10-31b}$$

（4）氮平衡方程

$$\Sigma V_{N_{燃料+空气}} = V_{N_2} \tag{10-32}$$

对于固、液体燃料

$$\left(m_N \cdot \frac{1}{100} + 3.31 n G_{0,O_2} \right) \cdot \frac{22.4}{28} = V_{N_2} \tag{10-32a}$$

对于气体燃料

$$V_{N_2} \cdot \frac{1}{100} + 3.76 L_{0,O_2} = V_{N_2} \tag{10-32b}$$

（5）水煤气反应的平衡常数

$$K_1 = \frac{p_{CO_2} \cdot p_{H_2}}{p_{CO} \cdot p_{H_2O}} \tag{10-33}$$

（6）甲烷分解反应的平衡常数

$$CH_4 \Longleftrightarrow 2H_2 + C$$

$$K_2 = \frac{p_{H_2}^2}{p_{CH_4}} \tag{10-34}$$

式（10-33）和式（10-34）中的平衡常数仅是温度的函数，如已知燃烧产物的实际平衡温度，可由附表3-6中查出。

在运算式（10-33）和式（10-34）时，如果燃烧室（或炉膛）内的气体平衡压力接近0.1MPa（大多数工业炉如此），那么式中各组成的分压将在数值上与各组成的成分相等。即

$$p_{CO_2} = \frac{w'(CO_2)_\%}{w'(CO_2)_\% + w'(CO)_\%}$$

$$p_{CO} = \frac{w'(CO)_\%}{w'(CO_2)_\% + w'(CO)_\%}$$

$$\vdots$$

估计到按式（10-27）和式（10-28）之间的关系，则式（10-33）和式（10-34）之分压 p_{CO_2}、p_{CO} 等，可以换算为 V_{CO_2}、V_{CO} 等。

这样，联立求解式（10-29）～式（10-34），便可求出六个未知量，从而得到燃烧产物的生成量与成分。求解过程中有必要借助于计算机计算。

10.1.3　燃烧温度的计算

燃烧过程中平衡项目各项均按每千克或每立方米燃料计算。

A　热量收入

（1）燃料的化学热，即燃料发热量 $Q_{低}$。

（2）空气带入的物理热

$$Q_空 = L_n \cdot c_空 \cdot t_空$$

（3）燃料带入的物理热。

B　热量支出

（1）燃料产物含有的物理热

$$Q_{产} = V_n \cdot c_{产} \cdot t_{产}$$

式中　$c_{产}$——燃烧产物的平均比热容；

　　　$t_{产}$——燃烧产物的温度。

（2）由燃烧产物传给周围物体的热量 $Q_{传}$。

（3）由于燃烧条件而造成的不完全燃烧热损失 $Q_{不}$。

（4）燃烧产物中某些气体在高温吸热分解反应消耗的热量 $Q_{分}$。

C　热平衡方程

根据热量平衡原理，列热平衡方程：

$$Q_{低} + Q_{空} + Q_{燃} = V_n \cdot c_{产} \cdot t_{产} + Q_{传} + Q_{不} + Q_{分}$$

由此

$$t_{产} = \frac{Q_{低} + Q_{空} + Q_{燃} - Q_{传} - Q_{不} - Q_{分}}{V_n \cdot c_{产}} \tag{10-35}$$

若假设燃料是在绝热系统中燃烧，并且完全燃烧，则按式（10-35）计算出的燃烧温度称为理论燃烧温度，即

$$t_{理} = \frac{Q_{低} + Q_{空} + Q_{燃} - Q_{分}}{V_n \cdot c_{产}} \tag{10-36}$$

若把燃烧条件规定为空气和燃料均不预热（$Q_{空} = Q_{燃} = 0$），且忽略 $Q_{分}$，空气消耗系数 $n = 1.0$，则有

$$t_{热} = \frac{Q_{低}}{V_0 \cdot c_{产}}$$

式中，$t_{热}$ 称为燃料理论发热量或发热温度。

10.1.3.1　燃料理论发热温度的计算

燃料理论发热温度的定义为

$$t_{热} = \frac{Q_{低}}{V_0 \cdot c_{产}} \tag{10-37}$$

在较小的温度变化区间内，可以近似地认为平均比热容与温度呈线性关系，将式（10-37）改写成

$$c \cdot t = \frac{Q_{低}}{V_0}$$

令 $i = c \cdot t$，则有

$$i = \frac{Q_{低}}{V_0}$$

式中，i 为在某温度下燃烧产物的热焓量，它与温度的关系和比热容一样，在较小的温度变化区间内，可近似认为是线性关系。

已知 $Q_{低}$ 和 V_0，可求出一个 i 值，然后根据 i 值求温度，步骤如下：

（1）先假设一个温度 t'，在该温度下可有附表 3-7 查出各气体的平均比热容，计算该温度下的燃烧产物的热焓量 i'，此时若 $i' = i$，则认为

$$t' = t_{热}$$

但通常 $i' \neq i$，例如 $i' < i$，则修正假设的温度，即

$$t' = t_热 + \Delta t$$

（2）再假设一个温度 t''，在此温度下计算出 i''，此时使 $i'' > i$。

（3）由于 $i' < i < i''$，所以 $t' < t_热 < t''$，由相似三角形定理，得

$$t_热 = \frac{(t'' - t') \cdot (i - i')}{i'' - i'} + t' \tag{10-38}$$

10.1.3.2　理论燃烧温度的计算

理论燃烧温度的表达式为式（10-36）

$$t_理 = \frac{Q_低 + Q_空 + Q_燃 - Q_分}{V_n \cdot c_产}$$

对于一般的工业炉热工计算可按以下近似处理进行：

（1）忽略热分解所引起 $V_n \cdot c_产$ 的变化。

（2）分解热可按分解热的近似值计算：

$$Q_分 = 12600 f_{CO_2} \cdot (V_{CO_2})_未 + 10800 f_{H_2O} \cdot (V_{H_2O})_未 \tag{10-39}$$

式中，$f_{CO_2} = \dfrac{(V_{CO_2})_分}{(V_{CO_2})_未}$；$f_{H_2O} = \dfrac{(V_{H_2O})_分}{(V_{H_2O})_未}$。

分解度 f 可由附表 3-9 和附表 3-10 查出。

（3）燃烧产物的比热容按近似比热计算。

$$V_n \cdot c_产 = V_0 c_产 + (L_n - L_0) \cdot c_空 \tag{10-40}$$

式中，$c_产$ 和 $c_空$ 可由附表 3-3，根据燃气的成分，计算出不同含量的燃气 $c_产$、$c_空$。

（4）前两项中确定比热容和分解度时所依据的温度可以按经验估计。

这样，理论燃烧温度的计算式可表示为

$$t_理 = \frac{Q_低 + Q_空 + Q_燃 - Q_分}{V_0 \cdot c_产 + (L_n - L_0) \cdot c_空} \tag{10-41}$$

$Q_分$、$c_产$、$c_空$ 均是 $t_理$ 的函数，采用计算 $t_热$ 时的内插法进行计算。当温度低于 1800℃ 时，$Q_分$ 可忽略不计。

10.2　燃烧实验设备

燃烧实验室包括燃烧炉装置、除尘系统、循环系统、喷粉装置、喷油装置、喷燃气系统、系统控制阀组、仪表及数据采集系统、烟气及温度监测系统等。可进行气体、液体及固体等燃料的燃烧实验，检测燃烧产物对环境的影响。系统采用计算机对燃烧的燃料输入及生成产物进行在线控制。

10.2.1　数据采集系统

10.2.1.1　概述

数据采集系统是实验室的一个监测监控系统，它的主要任务是监测三种气体介质（氧气、空气、煤气）在管路中的流量和压力的大小，根据实验的不同要求来调节气体的流量和压力，从而满足实验的要求。煤粉的流量控制是根据步进电机转速的大小来控制管路中煤粉的质量。实时监测燃烧炉内各点温度的变化。仪表柜内的显示仪表可实时显示煤气、空气、

氧气的瞬时流量和累计流量以及管道压力、燃烧炉内温度的变化，计算机也同步显示各个参数的变化，煤粉质量的变化和燃烧炉内排出的废气检测参数的同步显示。该系统采用手动控制和计算机控制两种方式。

10.2.1.2　采集系统的主要性能和技术参数

（1）控制柜电源。~220V。

（2）空气参数。最大流量：2000L/min；常用流量：1000L/min；
　　　　　　　　最小流量：400L/min；压力范围：0~0.6MPa。

（3）煤气参数。最大流量：200L/min；常用流量：100L/min；
　　　　　　　　最小流量：40L/min；压力范围：0~0.2MPa。

（4）氧气参数。最大流量：1000L/min；常用流量：600L/min；
　　　　　　　　最小流量：200L/min；压力范围：0~0.6MPa。

（5）各用电元件电源参数。

1）电磁阀控制电压：DC24V；

2）流量计、压力变送器供电电源：DC24V；

3）控制柜外接电源：AC220V。

（6）各阀组原理图。煤气阀组原理图如图10-1所示。空气阀组原理图如图10-2所示。氮气阀组原理图如图10-3所示。

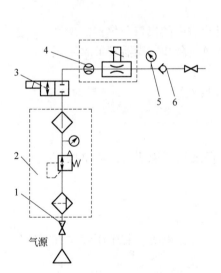

图 10-1　煤气阀组原理图
1—手动截止阀；2—流量调节及压力检测；
3—电磁切断阀；4—流量检测；5—压力表；
6—单向阀

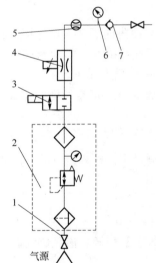

图 10-2　空气阀组原理图
1—球阀；2—过滤减压油雾三联件；
3—两通电磁阀；4—流量调节阀；
5—流量计（空气、氮气）/压力传感器
（煤气）；6—压力传感器（空气、氮气）/
单向阀（煤气）；7—单向阀

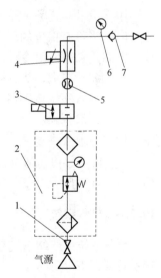

图 10-3　氮气阀组原理图
（与氧气用同一阀组；
图中各序号说明同图10-2）

10.2.2　燃烧炉装置

燃烧炉可进行气体、液体、固体的燃烧实验，其上配有窥视孔、热电偶测温装置、冷却水装置、除尘装置。燃烧炉简图如图 10-4 所示。

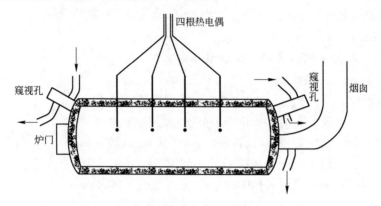

图 10-4　燃烧炉示意图

（图中箭头表示冷却水进出方向，炉壁填充物为耐火材料）

10.2.3　气体分析仪

本实验室气体分析仪可进行浓度、压力、流速、温度的测量。在使用之前，需先进行仪器的准备工作，然后再进行测量。

10.2.3.1　仪器的准备

（1）将带有探枪的导线与冷阱的烟气入口连接，将冷阱中的出口与仪器的烟气入口连接（注意：必须使用冷阱，否则冷凝水、烟尘及煤灰会使气泵和传感器发生故障）。

（2）将热电偶插头（红圈）插入插座。

（3）插入室温传感器（请确保环境空气能经由探枪吸入）。

（4）开启仪器。

10.2.3.2　测量

仪器准备好以后就可以测量了，在测量以前一定要仔细阅读说明书，严格按照说明书的步骤认真测量。

10.2.4　供气系统

供气系统由压缩空气系统、氧气源、液化燃气源、氮气源组成。其中压缩空气系统结构示意如图 10-5 所示。

空气压缩机 —— 过滤 —— 干燥 —— 储气罐 —— 控制阀组 —— 氧枪

图 10-5　压缩空气系统结构框图

10.3　燃烧实验实例

10.3.1　火焰温度测量

10.3.1.1　实验目的

掌握火焰各个点的温度分布情况，熟悉数据采集系统的使用方法。

10.3.1.2　实验原理与设备

A　测温原理

测温的主要元件有热电偶、温度显示仪表、计算机。热电偶将温度信号传给控制柜上的仪表，仪表又与计算机连接，将信号传递过去，使得温度在数据采集系统中可以显示。

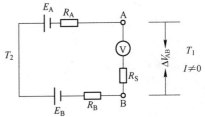

图10-6　热电偶串接电压表的等效电路图

我们假设用电池 E_A 和电阻 R_A 来代表导体 A，用电池 E_B 和电阻 R_B 来代表导体 B，其等效电路图如图10-6所示。

在图10-6中，电压表的端子 A 和 B 之间的电压降 ΔV_{AB} 如下：

$$\Delta V_{AB} = (E_A - E_B) - I(R_A + R_B + R_S) \tag{10-42}$$

式中　R_S——热电回路串接的一个大电阻。

假如 ΔV_{AB} 为正，则热电流在低温端将连续不断地从 A 流向 B，此时称 A 为热电偶的正极，B 为热电偶的负极。

在图10-6中串接一个电位差计来测量 ΔV_{AB} 时，一个抵消电压被加在电位计上，直接与热电动势 E_{AB} 大小相等，方向相反。当平衡指针指零时，回路中将无电流流动。则式（10-42）中所有 IR 向均为零。在此情况下

$$\Delta V_{AB} = E_{AB} = E_A - E_B \tag{10-43}$$

即用电位差计测得的电压降（ΔV_{AB}）就是热电偶（AB）回路中的热电动势（E_{AB}），由式（10-42）可知：此时热电偶的热电动势 E_{AB} 与两热电极的电阻 R_A、R_B 无关，仅与热电偶两接点间的温度差 $\Delta T = T_2 - T_1$ 有关。当 ΔT 很小时，ΔV_{AB} 与 ΔT 近似成正比例关系。这样，可以建立起 ΔV_{AB} 与 ΔT 的关系，由 ΔV_{AB} 得知 ΔT，从而计算出 T_2。

B　实验设备

实验用设备包括数据采集系统、氧枪、热电偶、供气系统（液化燃气与氧气）。氧枪结构示意图如图10-7所示。

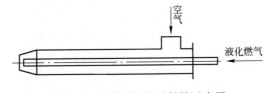

图10-7　气体燃烧氧枪结构示意图

10.3.1.3　实验步骤

（1）打开计算机进入 MCGS 下的控制界面，将其预热30min。

（2）将枪与各气源的管路连接好。

（3）将气源准备到待用状态。

（4）依次打开液化燃气、氧气开关。

（5）点火。

（6）用热电偶按顺序测量火焰轴向、径向温度分布情况，并作相应记录。

（7）重复步骤（6）五次，各个点的温度取五次测量值的平均值。

（8）实验结束，依次关闭液化气、氧气开关，使实验设备恢复到实验前状态。

10.3.1.4　实验报告

实验报告应包括：实验目的、实验原理、设备简述、实验步骤及实验结果的整理与分析。

10.3.1.5　思考题

本实验使用液化气作燃料，如改用柴油或煤粉，其火焰温度分布将会有何变化？

10.3.2　固体燃料的燃烧实验

10.3.2.1　实验目的

通过煤粉与不同氧气配比的燃烧实验，了解在氧量不足、恰好、过剩情况下煤粉燃烧时的温度、压力、烟气成分的变化情况，学会喷粉罐的使用方法，进一步熟悉数据采集系统、气体分析仪的使用方法。

10.3.2.2　实验原理与设备

实验原理见"燃烧计算"部分。

实验设备主要有：数据采集系统、燃烧炉、气体分析仪、喷粉罐、供气系统、煤氧枪等。试验燃料用煤粉（煤粉粒度随实验条件来定）；输送气体用压缩空气；助燃气体用氧气。部分实验设备前边已做了介绍，下面主要介绍喷粉罐与煤氧枪。

A　喷粉装置

（1）装置结构。DXF-1 型多功能喷射装置由进料部料罐、给料部、减速调速系统、称重系统、气路系统和机架 7 部分组成，其气路原理图如图10-8所示。

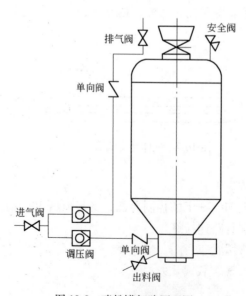

图 10-8　喷粉罐气路原理图

（2）主要技术参数。

喷粉能力：0.2~2kg/min，0.6 堆密度的粉料

0.6~6kg/min，1.65 堆密度的粉料

料罐最大装料重：100kg   称重系统：精度   3/10000

粉料粒度：≤1mm   控制方式：自动、手动

机架形式：可移动式   载气压力：≤0.5MPa

B 煤氧枪

煤氧枪结构示意图如图 10-9 所示。

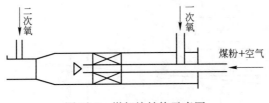

图 10-9　煤氧枪结构示意图

10.3.2.3　实验步骤

（1）开启压缩空气系统，至压力表显示达到所需压力，待用。

（2）开启计算机控制系统，设定煤粉流量、输送气体（压缩空气）流量，将系统预热 30min。

（3）将喷粉系统准备到待用状态，将气体分析仪准备到待用状态。

（4）设定氧流量，使氧过剩系数 $n=1$。

（5）依次打开氧、压缩空气、喷粉罐开关。

（6）点火。

（7）用分析仪测量烟气成分与压力并记录，记录采集系统采集的温度数据。

（8）测量完毕后，依次关闭喷粉、压缩空气、氧气开关。

（9）重新设定氧流量，使 $n<1$，重复实验步骤（5）~（8）。

（10）设定 $n>1$，重复实验步骤（5）~（8）。

（11）实验结束，将实验设备恢复到实验前状态。

10.3.2.4　实验报告

实验报告应包括：实验目的、实验原理、设备简述、实验步骤及实验结果的整理与分析。

10.3.2.5　思考题

若煤粉粒度变大或变小，实验结果将会如何变化？

10.3.3　喷油的燃烧实验

10.3.3.1　实验目的

通过柴油与不同氧气配比的燃烧实验，了解在氧量不足、恰好、过剩情况下柴油燃烧时的温度、压力、烟气成分的变化情况，并学会压力控制器（用来调节油量）的使用方

法，熟悉计算控制系统的操作及各测量仪器的使用。

10.3.3.2　实验原理和设备

实验原理见"燃烧计算"部分。

实验设备包括数据采集系统、燃烧炉装置、喷油装置、压缩空气装置、喷枪等。

实验燃料为柴油；输送气体用压缩空气；助燃气体用氧气。

喷油装置由油箱、油泵、压力表、压力控制器等组成，简图如图 10-10 所示。

该装置的压力控制器用来调节流量输出，压力控制器的控制系统如图 10-11 所示。

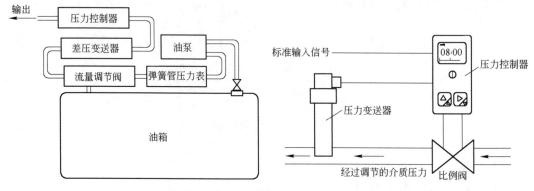

图 10-10　喷油装置简图   图 10-11　压力控制器的控制系统图

其调节步骤大致如下：

（1）设置刻度放大倍数，设置放大倍数为 0.1。

（2）变送器输入校正，在此范围内输入带单位的校正值［例如标准信号（4~20mA）对应的设定值范围，即 4mA 对应于下限，20mA 对应于上限］。

（3）设置下限值，设置为 0.00，如低于下限出现故障信息 E.01。

（4）设置上限值，本实验室规定为 25.00，如高于上限出现故障信息 E.01。

（5）选择控制器的反向或者不反向操作，选择 0.00。

（6）选择缺省设定值，设定为 C.01（C.01 为压力控制器出厂设置内部设定值）。

（7）设定流量值，分为两部分，首先设定小数点前面的数值，然后设定小数点后面的数值。设定值范围为 0~25。

（8）设置放大倍数 KP，实验室规定设置为 KP=0.5。

（9）设置积分时间 TN，为 TN=0.49。

具体使用方法较复杂，详见说明书。

油喷枪如图 10-12 所示。

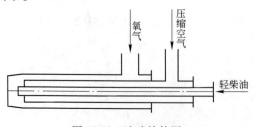

图 10-12　油喷枪简图

10.3.3.3　实验步骤

（1）将气泵打开直到压力表显示至所需压力。

（2）开启计算机控制系统，预热 30min。

（3）将气体分析已准备至待用状态。

（4）利用喷油装置上的压力控制器调节油的流量至所需流量。

（5）设置氧流量使 $n=1$。

（6）气泵压力达到以后，依次打开空气、氧气、油开关。

（7）点火进行实验。

（8）用气体分析仪测量烟气成分并记录，将相对应的烟气温度从数据采集系统中摘录下来。

（9）设置 $n<1$，重复实验步骤（8）。

（10）设置 $n>1$，重复实验步骤（8）。

（11）实验完毕后，依次关闭油、氧、空气的开关，使各实验设备恢复到实验前状态。

（12）进行数据分析，写实验报告。

10.3.3.4　实验报告

实验报告包括：实验目的、实验原理、设备简述、实验步骤及实验结果的整理与分析。

10.3.3.5　思考题

分析油的雾化情况对实验结果的影响。

10.3.4　气体燃料的燃烧实验

10.3.4.1　液化气与空气的燃烧实验

（1）实验目的。通过液化气与空气不同配比量的燃烧实验，了解空气量在不足、恰好、过剩各种情况下温度，烟气成分的变化情况。在空气过剩系数 $n=1$ 的情况下，控制不同的冷却水流量，观察烟气的温度、成分的变化情况，对其数据有大致的了解。

（2）实验原理与设备。实验原理见燃烧计算部分根据物料平衡热平衡计算的燃烧产物成分、温度的计算公式。

实验设备主要有：数据采集系统、燃烧炉系统、气体分析仪、供气系统、氧枪。实验设备已在本章 10.2 节部分做了介绍。

使用的气体燃料为液化气；供氧气体为压缩空气机提供的空气。

实验用氧枪与本章 10.3.1 节"火焰温度测量"实验所用氧枪相同。

（3）实验步骤。

1）打开压缩空气气泵，直至达到所需压力。

2）启动计算机，进入数据采集系统，将其预热 30min。

3）将气源准备到待用状态；将气体分析已准备到待用状态。

4）设置液化气流量为常用流量 Q_R，根据液化气流量计算所需空气流量 Q_K，使 $n<1$；$n=1$；$n>1$；分别计算空气流量。首先使 $n<1$。

5）依次打开空气、液化气开关。

6）打开除尘系统。

7）点火。

8）用气体分析亦对各个点的烟气成分进行检测，并对各个点的温度与成分作相应记录。

9）重新设置空气流量使 $n>1$，重复实验步骤8）。

10）设置空气流量使 $n=1$，打开冷却水装置，重复实验步骤8）。

11）实验结束，依次关闭液化气、空气开关，使各实验设备恢复到使用前状态。

（4）实验报告。实验报告内容要求包括：实验目的、实验原理、设备简述、实验步骤及实验结果的整理与分析。

实验结果记录表（见表10-1）。

表 10-1　实验结果记录

类别	空气流量	液化气流量	火焰长度	火焰温度	燃烧后气体成分

（5）思考题。

考虑助燃气采用氧气对实验结果的影响。

10.3.4.2　天然气与氧气的燃烧实验

（1）实验目的。通过天然气与氧气不同配比量的燃烧实验，了解氧气量在不足、恰好、过剩各种情况下温度，烟气成分的变化情况。在氧气流量：天然气流量 = 2 的情况下，控制不同的冷却水流量，观察烟气的温度、成分的变化情况，对其数据有大致的了解。

（2）实验原理与设备。实验原理见燃烧计算部分根据物料平衡热平衡计算的燃烧产物成分、温度的计算公式。

实验设备主要有：数据采集系统、燃烧炉系统、气体分析仪、供气系统、氧枪。实验设备已在本章 10.2 节部分做了介绍。

使用的气体燃料为天然气；供氧气体为瓶装氧气或液化氧气。

实验用氧枪与本章 10.3.1 节"火焰温度测量"实验所用氧枪相同。

（3）实验步骤。

1）打开氧气系统，直至达到所需压力。

2）启动计算机，进入数据采集系统，将其预热 30min。

3）将气源准备到待用状态；将气体分析已准备到待用状态。

4）设置天然气流量为常用流量 Q_R，根据液化气流量计算所需氧气流量 Q_K，使氧气流量：天然气流量<2；氧气流量：天然气流量 = 2；氧气流量：天然气流量>2；分别计算氧气流量。首先使氧气流量：天然气流量<2。

5）依次打开氧气、天然气开关。

6）打开除尘系统。

7）点火。

8）用气体分析亦对各个点的烟气成分进行检测，并对各个点的温度与成分作相应记录。

9）重新设置氧气流量使氧气流量：天然气流量>2，重复实验步骤8）。

10）设置氧气流量使氧气流量：天然气流量=2，打开冷却水装置，重复实验步骤8）。

11）实验结束，依次关闭液化气、空气开关，使各实验设备恢复到使用前状态。

（4）实验报告。实验报告内容要求包括：实验目的、实验原理、设备简述、实验步骤及实验结果的整理与分析。实验结果记录表（见表10-2）。

表 10-2　实验结果记录

类别	氧气流量	天然气流量	火焰长度	火焰温度	燃烧后气体成分

（5）思考题。考虑气体燃料热值对实验结果的影响。

参 考 文 献

[1] 韩昭沧. 燃料及燃烧 [M]. 北京：冶金工业出版社，2000.

[2] 黄泽铣. 热电偶原理及其检定 [M]. 北京：中国计量出版社，1993.

11 环保实验

11.1 废水处理实验

实验是检验理论正确与否的重要标准。一般来说，在工程技术上，实验是理论的先导，理论是实验的总结与提高。

水处理实验课的主要任务是帮助学生深入掌握水处理工艺的原理，通过实验求出处理设备的某些设计参数。此外。通过观察实验现象，亲自动手操作实验设备和仪器分析，整理实验结果，逐步培养学生进行科学研究的能力。

本实验课可与生产实习结合起来安排，例如对人工生物处理设备等可安排在实习时在现场进行。

有关实验的基本原理可参考有关水处理教材，本章只有少数实验项目添加了原理的叙述，以补教材之不足。

11.1.1 废水沉淀净化

11.1.1.1 实验目的

观察沉淀过程，求出沉淀曲线。沉淀曲线包括：沉淀时间 t 与沉淀效率 E 的关系曲线和颗粒沉速 u 与沉淀效率 E 的关系曲线。

11.1.1.2 实验原理

在含有分散性颗粒的废水静置沉淀过程中，设试验筒内有效水深为 H（图 11-1），通过不同的沉淀时间 t，可求得不同的颗粒沉淀速度 u，$u=H/t$。对于指定的沉淀时间 t_0 可求得颗粒沉淀速度 u_0。对于沉淀速度（以下简称"沉速"）等于或大于 u_0 的颗粒在 t_0 时间内可全部去除。而对于沉速 $u<u_0$ 的颗粒只有一部分去除，而且按 u/u_0 的比例去除。

设 x_0 代表沉速不大于 u_0 的颗粒所占百分数，于是在悬浮颗粒总数中，去除的百分数可用 $1-x_0$ 表示。而具有沉速 $u \leqslant u_0$ 的每种粒径的颗粒去除的部分等于 u/u_0。因此考虑到各种颗粒粒径时，这类颗粒的去除百分数为

$$\int_0^{x_0} \frac{u}{u_0} \mathrm{d}x$$

$$总去除率 = (1 - x_0) + \frac{1}{u_0}\int_0^{x_0} u \mathrm{d}x$$

式中右边第二项可将沉淀分配曲线用图解积分法确定，如图 11-2 中的阴影部分。

絮凝性悬浮物静置沉淀的去除率，不仅与沉降速度有关，而且与深度有关。因此试验筒的水深应与池深相同。试验筒的不同深度设有取样口，在不同的选定时段，自不同深度取出水样，测定这部分水样中的颗粒浓度，并用以计算沉淀物质的百分数。在横坐标为沉

淀时间，纵坐标为深度的图上绘出等浓度曲线，为了确定一特定池中悬浮物的总去除率，可以采用与分散性颗粒相似的近似法求得（详见《给水与污染控制》）。

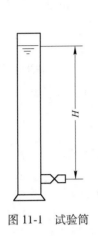

图 11-1　试验筒

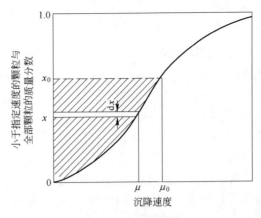

图 11-2　颗粒沉降速度累计频率分配曲线

上述是一般书上提出的废水静置沉淀实验方法。这种方法的实验工作量相当大，因而我们在教学实验中未予采用，改为下述实验方法。

如图 11-3 所示，沉淀开始时，可以认为悬浮物在水中的分布是均匀的。可是随着沉淀时间的增加，悬浮物在筒内的分布变得不均匀了。严格地说经过沉淀时间 t 后，应将试验筒内有效水深 H 处的全部水样取出，测出其悬浮物含量，计算出 t 时间内的沉淀效率。但这样工作量太大，而且每个试验筒只能求一个沉淀时间的沉淀效率。为了克服上述弊病，又考虑到试验筒内悬浮物浓度沿水深的变化，所以我们提出的实验方法是将取样口装在 $H/2$ 处，近似地认为该处水样的悬浮物浓度代表整个有效水深内悬浮物的平均浓度。我们认为这样做在工程上的误差是允许的，而试验及测定工作量可大为简化，在一个试验筒内就可多次取样，完成沉淀曲线的实验。

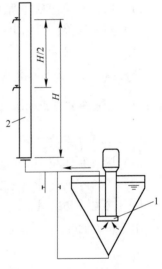

图 11-3　静置沉淀实验装置
1—泵；2—试验筒

11.1.1.3　实验水样

生活污水，造纸、高炉煤气洗涤等工业废水或黏土配水。

11.1.1.4　主要实验设备

（1）沉淀实验筒：直径为 100mm，工作有效水深（由溢出口下缘到筒底的距离）有 1590mm 和 2000mm 两种。

（2）真空抽滤装置或过滤装置。

（3）悬浮物定量分析所需设备，包括万分之一天平、带盖称量瓶、干燥器、烘箱等。

11.1.1.5　实验步骤

（1）将水样倒入搅拌桶中，用泵循环搅拌约 5min，使水样中悬浮物分布均匀。

（2）用泵将水样输入沉淀试验筒，在输入过程中，从筒中取样三次，每次约50mL（取样后要准确记下水样体积）。此水样的悬浮物浓度即为实验水样的浓度 C_0。

（3）当废水升到溢流口，溢流管流出水后，关紧沉淀试验筒底部的阀门，停泵记下沉淀开始时间。

（4）观察静置沉淀现象。

（5）隔5min、10min、20min、30min、45min、60min、90min，从试验筒中部取样口取样两次，每次约50mL左右（准确记下水样体积）。取水样前要先排出取样管中的积水约10mL，取水样后测量工作水深的变化。

（6）将每一种沉淀时间的两个水样作平行试验，用滤纸抽滤（滤纸应当是已在烘箱内烘干后称量过的），过滤后，再把滤纸放入已准确称量的带盖称量瓶内，在 $105 \sim 110{}^{\circ}\!C$ 烘干箱内烘干后称量滤纸的增重即为水样中悬浮物的质量。

（7）计算不同沉淀时间 t 的水样中的悬浮物浓度 C，沉淀效率 E，以及相应的悬粒沉速 u。画出 E-t 和 E-u 的关系曲线。

11.1.1.6　实验报告

（1）做出实验记录并画出沉淀曲线。

（2）分析实验所得结果。

11.1.1.7　思考题

分析不同工作水深的沉淀曲线，如应用到设计沉淀池，需注意什么问题？

11.1.2　电泳表演及水的物理净化法

11.1.2.1　实验目的

（1）验证胶体粒子带有电荷的特性，有的胶体带正电荷，而有的胶体带负电荷。

（2）了解水的物理净化方法。

11.1.2.2　实验装置

实验装置如图11-4所示。

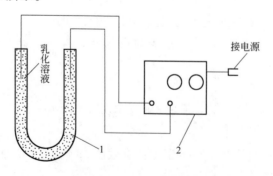

图11-4　电泳表演装置及电场净化方法
1—U形玻璃管；2—整流器

11.1.2.3　实验步骤

（1）配制胶体溶液。

1）乳化油胶体溶液的配制：注自来水于250mL烧杯中（或带塞瓶中），加入少许煤油及洗衣粉，用玻璃棒充分搅拌约 20min，使之乳化。

（2）氢氧化铝胶体溶液的配制：注自来水于 250mL 烧杯中，加入硫酸铝，再用氢氧化钠调节 pH 值到 7 左右。

（2）将配制好的胶体溶液倒入 U 形玻璃管内。

（3）将与整流器正、负极连接好的两根铜丝插入 U 形管之两端内。

（4）开动整流器电源开关，约 15min 后，可看到在某一极附近聚集着一条线状的某种胶体粒子，即说明此胶体带有与这一极相反的电荷。

11.1.3　混凝实验

11.1.3.1　实验目的

（1）了解混凝的现象及过程，净水作用及影响混凝的主要因素。

（2）确定混凝剂的最佳投加量及其相应的 pH 值。

11.1.3.2　实验水样

每组选用下面一种水样进行实验：

（1）河水或自配水。

（2）某种工业废水。

11.1.3.3　实验设备

（1）混凝搅拌机（无级变速 25~150r/min），如图 11-5 所示。

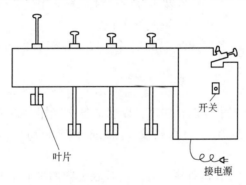

图 11-5　搅拌机

（2）1000（或 800）mL 烧杯。

（3）转速表。

（4）pH 计（或精密 pH 试纸）。

（5）温度计。

（6）25mL 小量筒。

（7）有关测定水质的药剂和仪器。

11.1.3.4　实验步骤

（1）熟悉混凝搅拌机的操作，选择适当的混合搅拌转速（120~150r/min），混合时间（1~3min，可取 1min），反应搅拌转速（20~40r/min，太快会打碎矾花，太慢会使矾花沉淀），反应时间（10~30min，可取 10min）。

（2）测定水样的水温及水质（pH 值，浑浊度或悬浮物，必要时测定 COD）。

（3）在烧杯中，各注入混合均匀的水样 1000mL（也可用 800mL 烧杯中注入500mL 水样），将搅拌机放入烧杯中，注意叶片在水中的相对位置应相同。

（4）根据水样的性质，选择各个烧杯的加药量，并投入小量筒中准备投加。

（5）按混合搅拌速度开动搅拌机，并同时在各烧杯中倒入混凝剂溶液。当预定的混合时间到达后，立即按预定的反应搅拌速度，将搅拌机速度降低。在预定的反应时间到达后，即停止搅拌。

（6）在反应搅拌开始后，就注意观察各个烧杯中有无矾花产生，矾花大小及松散密实程度。

（7）反应搅拌结束后，轻轻提起搅拌叶片（注意不要搅拌水样），进行静置沉淀 20min，注意矾花的沉淀情况。

（8）沉淀时间到达后，同时取出各烧杯中的澄清水样测定有关水质指标，从而确定最佳投药量及相应的 pH 值，或者推荐的投药量（水质虽非最佳，但从经济上考虑已可满足生产的需要）及相应的 pH 值，并估计最佳或推荐投药量时的污泥沉降比。

（9）如果所得结果不太理想而有必要调整 pH 值时，可在第（8）步所选定的投药量的基础上进行不同 pH 值的实验（pH 值可用 NaOH 或 H_2SO_4 调整），从而求得较好的 pH 值。进行综合考虑，得出最佳投药量和 pH 值。

（10）如果由一组实验的结果得不出混凝剂用量的结论，或者需要更准确地求出混凝剂用量或 pH 值，则应根据对实验结果的分析，对混凝剂用量或 pH 值的变化方向做一判断，变化或缩小投药范围，进行另一组混凝实验。

（11）如有必要，可做多种混凝剂的实验，以确定最优的混凝剂及其用量和相应的 pH 值。

11.1.3.5 注意事项

（1）取水样时，必须把水样混合均匀，以保证各个烧杯中的水样性质相同。

（2）注意避免某些烧杯中的水样受到热或冷的影响，各烧杯中水样温度差小于 0.5℃。

（3）注意保证搅拌轴放在烧杯中心处，叶片在杯内的高低位置应一样。

（4）从烧杯中吸出澄清水时，应避免搅动已经沉淀的矾花。

（5）测定水质时应选用同一套仪器进行。例如，当 pH 计不止一套时，由于仪器精密度可能不一致，故应只选用同一套。

11.1.3.6 实验报告

实验报告参考格式如下：

混 凝 实 验

水样＿＿＿＿＿＿＿＿＿＿＿＿取样地点＿＿＿＿＿＿＿＿＿＿

取样日期＿＿＿＿＿＿＿＿＿＿实验日期＿＿＿＿＿＿＿＿＿＿

实验人＿＿＿＿＿＿＿＿＿＿＿同组人＿＿＿＿＿＿＿＿＿＿

（一）实验结果

混合时间＿＿＿＿＿＿min，搅拌速度＿＿＿＿＿＿r/min

反应时间＿＿＿＿＿＿min，搅拌速度＿＿＿＿＿＿r/min

沉淀时间＿＿＿＿＿ min

实验水样容积（注入各个烧杯的水样量）＿＿＿＿＿＿ mL

改变混凝剂用量

混凝剂种类＿＿＿＿溶液浓度＿＿＿＿%

每 1000（或 500）mL 水样投入 1mL 混凝剂溶液后混合浓度＿＿＿＿ mg/L

助凝剂种类＿＿＿＿溶液浓度＿＿＿＿%

每 1000（或 500）mL 水样投入 1mL 混凝剂溶液后混合浓度＿＿＿＿ mg/L

混凝剂种类＿＿＿＿投药量＿＿＿＿ mg/L

NaOH 或 H_2SO_4 溶液浓度＿＿＿＿%

烧 杯 号		原 水	1 号	2 号	3 号	4 号
投药量	混凝剂/mg·L^{-1}					
	助凝剂/mg·L^{-1}					
水温/℃						
pH 值						
出现矾花时间/min						
矾花沉淀情况						
浑浊度						
污泥沉降比/%						

每 1000（或 500）mL 水样投 1mLNaOH（或 H_2SO_4）溶液后混合浓度＿＿＿＿ mg/L。

实验记录格式同前。

（二）结果分析

1. 主要包括选定最佳投药量及相应的 pH 值，并指出如要进一步确定较准确的投药量或 pH 值应如何进行实验。

2. 计算实验设备中水样混凝过程的速度梯度 G，GT 值及雷诺数 Re。

11.1.3.7 混凝实验附录（搅拌功率的计算）

1L 水样中，当桨板搅拌叶片和水体间的尺寸如图 11-6 所示时，搅拌功率 W(kg·m/s) 可以表示为：

$$W = 14.35d4.38n^{2.69}\rho^{0.69}\mu^{0.31}$$

式中　n——叶片转数，r/s；

　　　d——叶片直径，m；

　　　ρ——水的工程单位密度，1000/9.81，kg·s^2/m^4；

　　　μ——水的绝对黏度，kg·s/m^2。

上式只适用于图 11-6 所示的尺寸关系，同时要求雷诺数在 $10^2 \sim 5 \times 10^4$ 的范围内。雷诺数用下式计算

$$Re = \frac{nd^2\rho}{\mu}$$

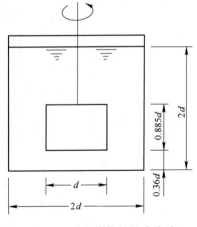

图 11-6　桨板搅拌的尺寸关系

当叶片与水体间的尺寸关系与图 11-6 不符时，则算得的功率应乘以校正系数 f

$$f=\left(\frac{D}{3d}\right)^{1.1}\left(\frac{H}{D}\right)^{0.6}\left(\frac{4h}{d}\right)^{0.3}$$

式中　D，H——分别表示搅拌筒的直径及水深；

　　　　h——叶片高度。

校正系数f适用于$D/d=2.5\sim4.0$，$H/D=0.6\sim1.6$，$h/d=1/5\sim1/3$的情况（见张洪源等编《化学工业过程及设备》上册153页）。对$1m^3$水的搅拌功率则应乘1000。

11.1.4　澄清实验 A（澄清池模型实验）

11.1.4.1　实验目的

（1）熟悉澄清池模型实验的设备和方法。

（2）观察澄清池悬浮层的形成过程，控制其正常工作。

（3）加深理解澄清池的工作原理。

11.1.4.2　实验设备

（1）澄清池模型（包括配制浑水的设备，投药设备，泥渣浓缩装置等），如图11-7所示。

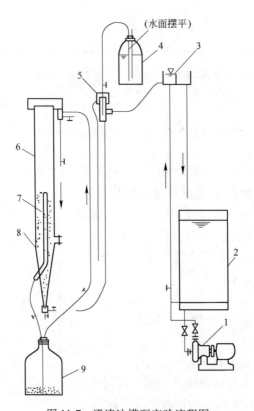

图 11-7　澄清池模型实验流程图

1—泵；2—水样储槽；3—投配槽；4—混凝剂瓶；5—水样投配筒（除气器）；

6—澄清池；7—排泥管；8—涡流反应器；9—泥渣浓缩罐

（2）浑浊度测定仪。

（3）测定悬浮物所需仪器。

（4）温度计、秒表、各种玻璃器皿。

11.1.4.3　实验步骤

（1）熟悉澄清池模型（池子本身、投药设备、泥渣浓缩）及管路系统，熟悉配制浑浊水的设备，调节配置原水的浊度 400~500 度。

（2）以自来水充满澄清池。

（3）关闭泥渣浓缩室的清水回流管（待悬浮层形成，工作一段时间后再打开，让其排泥）。

（4）通浑水，调节流量，控制上升流速在 0.4~0.5mm/s 以利于形成悬浮层。

（5）调节投药量。开始时可以加大投药量，待悬浮层形成，工作正常后，可控制在 50mg/L 左右。

（6）为使悬浮层加快形成可往澄清池投加泥浆及混凝剂（可预先搅拌混合）。

（7）观察反应室工作情况，观察悬浮层形成过程（矾花大小，厚度等）。

（8）待悬浮层形成后，调整澄清池上升流速达 0.7~1mm/s（冬季取低限，夏季取高限）。工作正常后，每隔半小时测进出水浊度，流量，投药量，水温，并随时注意保持正常工作，同时可进行滤池冲洗实验。

（9）当悬浮层升高（高于排泥管时），可打开放缩室的清水回流管，控制回流清水量在总量的 10% 左右。随后要经常注意观察悬浮层的位置变化。最好维持悬浮层高度在 1.4~1.5m 之间（由反应室锥底算起）。如悬浮层下降，则关小清水回流管；如悬浮层继续上升，则应及时采取措施，例如，适当加大清水回流量，或适当加大投药量，或适当减少进水量。以免破坏保护区，影响出水水质。

（10）当澄清池出水浊度达 30 度以下时即可将澄清水通入滤池模型，进行过滤实验。

（11）过滤实验结束后，从悬浮层 4 个（*A*、*B*、*C*、*D*）点各取 50mL 水样混合，用滤纸过滤后，放入烘箱，烘干后放入干燥皿，称重，测定悬浮层的平均浓度（混合水样不少于 2 个）。

（12）从悬浮层取混合水样 100mL（用 100mL 量筒），静置沉淀 5min，记录矾花容积。

（13）关闭澄清池来水及投药管，停止工作。

11.1.4.4　实验结果及报告

（1）实测并绘制实验设备的单线草图，并注明主要尺寸。

（2）计算及填写下列表格。

（3）实验过程中的心得体会及存在问题、改进意见。

实验报告参考格式如下：

实　验　报　告

日期：　　　　　　　　　澄清池：　　　　　　　号

澄清池直径：　　　　　　工作区容积：

保护区容积：　　　　　　总容积：

原　水：清洁自来水配胶泥制得　　pH 值：

混凝剂：1% 硫酸铝（工业纯）溶液

一、悬浮层形成过程及澄清效果

时间	总流量/mL·min⁻¹	回水量		理论停留时间/min	上升流速/mm·s⁻¹	投药量/mg·L⁻¹	水温/℃		浑浊度/度			悬浮层形成高度/cm	备注
		mL/min	%				进水	出水	进水	出水	去除率/%		

二、工作区悬浮固体浓度

取样时间：

流　　量：　　　　mL/min　　　　　上升流速：　　　　mm/s

取 样 点	水样容积/mL	称量瓶号	称量瓶加滤纸重/g	称量瓶加滤纸加悬浮物重/g	悬浮物重/g	悬浮物平均浓度/g·L⁻¹

11.1.5　澄清实验 B（斜管沉淀池模型实验）

11.1.5.1　实验目的

（1）熟悉逆向流斜管沉淀实验的设备和方法。

（2）观察水和泥的运动状况。加深了解浅层沉淀的原理和特点。

（3）求出斜管沉淀实验装置的适宜的上升流速。

11.1.5.2　实验设备

（1）带涡流反应室的逆向流斜管沉淀实验装置，如图 11-8 所示。

（2）浊度测定仪。

（3）秒表及量筒。

11.1.5.3　实验步骤

（1）以自来水充满斜管沉淀池。

（2）通入浑水（实验水样应与澄清池模型使用的一致），调节流量，控制水在斜管中的上升流速在 2mm/s、3mm/s、4mm/s（开始实验时可用低限）。

（3）投混凝剂溶液，调节投药量在 50~100mg/L（最好与澄清池模型的投药量一致，以便对比澄清效果）。

（4）隔半小时测进、出水量及浊度。

（5）观察水、泥运动状况。

（6）加大流量，保持相应的投药量，进行第二、第三次实验。

11.1.5.4　实验结果

斜管直径：　　　　　　　斜管根数：

斜管长度：　　　　　　　斜管倾角：

涡流反应室容积：　　　　水　　温：

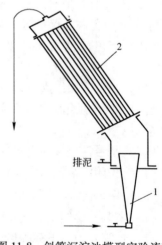

图 11-8　斜管沉淀池模型实验流程
1—涡流反应器；2—斜管沉淀池

流　量 /mL·min⁻¹	上升流速 /mm·s⁻¹	水在反应室中停留时间 /min	水在斜管沉淀池中停留时间 /min	投药量 /mg·L⁻¹	浑浊度/度				备　注
					进水	出水	进水	出水	

11.1.5.5　结果分析

（1）本实验装置将涡流反应室装在斜管沉淀池内，与一般的布置方式有何不同的特点？需注意什么问题？

（2）斜管沉淀实验装置的适宜的上升流速是多少？水在斜管中的 *Re* 值是多少？如按层流的 *Re* 极限值计算，最大允许的上升流速应是多少？

$$Re = \frac{u \cdot R}{\nu} \qquad R = \frac{\omega}{X}$$

式中　　u——上升流速；

　　　　R——水力半径；

　　　　ω——截面积；

　　　　X——湿周；

　　　　ν——黏滞运动系数。

（3）对比斜管沉淀池与澄清池的生产能力与澄清效果。

（4）计算斜管沉淀池的沉淀面积，与相应的平流式沉淀池相比较。

11.1.6　过滤实验

11.1.6.1　实验目的

（1）熟悉滤池实验设备的方法。

（2）比较原水不加药过滤与加药过滤的处理效果，加深对过滤原理的理解。

（3）观察滤池反冲洗的情况：滤料的水力筛分现象，滤料层膨胀与冲洗强度。

（4）观察滤料层的水头损失与工作时间的关系，也可以探求不同滤料层的水质，以说明过滤效果。

11.1.6.2　实验设备

（1）滤池模型。沙滤实验流程如图 11-9 所示。

（2）浊度测定仪。

（3）温度计、秒表、各种玻璃器皿。

11.1.6.3　实验步骤

（1）熟悉实验设备，不加药浑水配水设备，澄清自来水、冲洗来水、排水的管路系统，转子流量计等。

（2）用自来水对滤料层进行反冲洗，测量一定的膨胀率（10%，30%，50%，60%，70%）时的流量，并测水温。

（3）关闭反冲洗来水及排水，开滤池出水，让水面

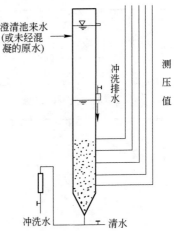

图 11-9　沙滤实验流程图

下降到砂层上 10~20cm 处，关闭出水。通进不加药的浑水（浑浊度控制在 40~50 度），等水位到溢流高度，再开滤池出水，控制滤速在 6~8m/h。此时马上记录各点测压管的水位高度。半小时后测进、出水的浊度，温度和各测压管的水位。

（4）此后每隔半时测进、出水浊度和各测压管水位运行 1.5~2h 后即可停止滤池工作，并进行反冲洗。观察冲洗水浑浊度变化情况。

（5）反冲完毕，待水位收到砂层以上 10~20cm 处，关闭出水，即可通入澄清池出水，等水位到溢流高度，再开滤池出水，调节水阀，控制过滤速度，使滤池进水稍有溢流，以便保持滤池进水水位恒定（相应于澄清池上升流速 1mm/s 的滤速约为 8m/h）。待工作正常后，记录开始过滤时各测压管的水位高度。

（6）以后每隔半小时测进、出水水量，水温、浊度、并记录各测压管的水位高。

（7）当过滤池水头损失达 1.5m 时，结束过滤，记录运行时间（本实验由于时间限制，运行 1.5~2h 后即可结束）。

（8）将过滤池进行反冲洗。

11.1.6.4　实验结果及报告

（1）实测并绘制实验设备草图，注明各部分的主要尺寸。

（2）计算并填写实验表格。

（3）绘制过滤时滤料层水头损失与时间的关系曲线。

（4）绘制冲洗强度与滤料层膨胀率的关系曲线。

（5）实验过程中的心得及存在问题。

实验表格式样如下：

实　验　报　告

日　期：　　　　　　滤池　　　　　　　　　号

滤池直径：　　　　cm　断面面积：　　　　　cm²

滤　料：　　　　　当量直径：　　　　　mm

原水及预处理过程：

pH 值：　　　　平均水温：　　　℃　平均滤速；　　　m/h

一、滤池反冲洗

时　间	砂层膨胀观测值/%	冲洗排水温度/℃	冲洗水流量/mL·min⁻¹	冲洗强度/L·s⁻¹·m⁻²	冲洗排水浑浊度/度	备　注

二、不经混凝预处理的过滤

时　间	流　量/mL·min⁻¹	滤　速/m·h⁻¹	浑浊度/度		水位/cm						
			原水	出水	滤池水面	滤层A点	滤层B点	滤层C点	滤层D点	滤层E点	滤池出水

三、经混凝预处理的过滤

时　间	流　量 /mL·min⁻¹	滤　速 /m·h⁻¹	浑浊度/度		水位/cm						
			进水	出水	滤池 水面	滤层 A点	滤层 B点	滤层 C点	滤层 D点	滤层 E点	滤池 出水

11.1.7　水力旋流器实验

11.1.7.1　实验目的

（1）观察水及悬浮固体在水力旋流器中的运动状况。加深理解离心分离的原理。

（2）观察水力旋流器的澄清效果。

11.1.7.2　实验设备

实验设备为水力旋流器，如图11-10所示。

11.1.7.3　实验步骤

（1）将细沙投入水槽中，用泵循环搅拌均匀。

（2）将水泵入水力旋流器，调整水压为0.1MPa、0.2MPa、0.3MPa。

（3）观察水及悬浮固体在水力旋流器中的运动状况。

（4）在各种压力下，分别测量进水、上部清水、底部浑水的流量并取进、出水水样，测定悬浮固体浓度。

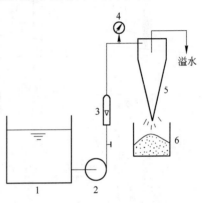

图11-10　水力旋流器演示装置
1—水槽；2—泵；3—流量计；4—压力表；
5—水力旋流器；6—沉沙槽

11.1.8　臭氧脱色实验

11.1.8.1　实验目的

（1）测定染色废水用臭氧脱色的效果。

（2）了解臭氧制备的工艺流程及装置。

（3）掌握臭氧发生的实验装置的操作方法和臭氧用于水处理的实验方法。

11.1.8.2　实验装置

（1）实验流程。包括空气处理，臭氧发生，臭氧投配及进行水处理三部分。实验流程见图11-11。

（2）流程说明：

1）空气压缩机：作为产生臭氧的空气源，最好使用无油压缩机。

2）冷却器和气水分离器：冷却压缩后的空气，并使空气中的冷凝水及油排出。

3）稳压罐。

4）过滤器：滤除灰尘油污等。

5）变压吸附无热再生干燥装置：用吸附剂来干燥空气，使其达到露点在-50℃左右（即含湿量为36mg/m³）。

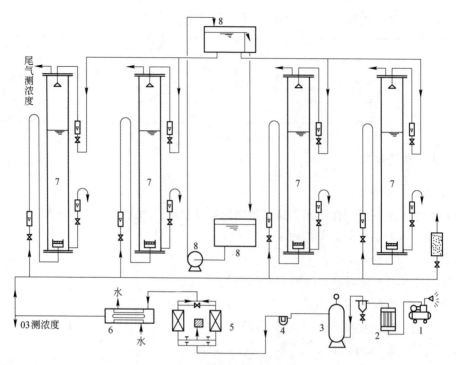

图 11-11　臭氧脱色实验流程图

1—空压机；2—过滤器；3—稳压罐；4—气水分离器；5—再生干燥装置；
6—冷却器；7—接触反应柱；8—水箱、水泵

6）臭氧发生器：其原理及构造见有关教材。实验装置为单管（也可用多管或其他型式）发生器。

7）接触反应柱：有四个柱供臭氧与水接触反应用（气液逆向接触）。柱外径 $d = 64mm$，内径 $d_内 = 56mm$，柱高 $h = 4m$。布气板为微孔扩散板（材料为金属钛，孔径为 $15 \sim 20\mu m$），使气泡小而分散。

8）水箱及水泵，提供实验水样。

（3）仪器设备

1）在空气处理部分的有关装置上设有压力表和转子流量计。

2）在臭氧发生器上除有测定进气和冷却水的流量计及压力表外还有供臭氧发生器的电源控制用的升压变压器和调压器以及测量电压、功率、电流和高压静电电压表等。其接线原理如图 11-12 所示。

3）为了控制臭氧的浓度和产量，设有测定臭氧浓度吸收和滴定装置（即流量计，煤气表，吸收瓶和化学滴定仪器或为臭氧浓度测定仪）。

4）在接触反应柱设有进臭氧、进水及出水的转子流量计和压力表，以及测定进气和尾气中臭氧浓度的装置，以了解臭氧的投加量和利用率。

11.1.8.3　实验水样

可用生产装置的原水样来实验，也可用染料与自来水配制成一种或多种不同色度的水样进行实验。

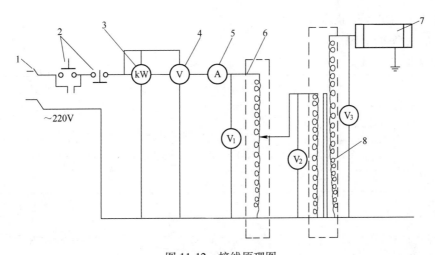

图 11-12　接线原理图

1- 电源接头；2—电源接触器；3—功率计；4—电压计；5—电流计；
6—调压器；7—O_3 发生器；8- 升压变压器

11.1.8.4　实验步骤

（1）熟悉装置流程和仪器设备、管路系统，并检查连接是否完好。

（2）开动空气压缩机，使稳压罐压力达 0.6MPa 左右，再开动变压吸附干燥装置有关阀门，使干燥器开始工作，并使减压后的干燥空气流量控制在 5.0~10.1L／h，压力控制在 0.05MPa，进入臭氧发生器和反应柱（柱内预先放入自来水到预定高度）。

（3）过半小时后（为了吹干发生器，如是连续实验则不需此时间），给发生器通冷却水，流量控制在 6.0~10.0L／h。检查电路是否有误接、短路等（尤其是高压部分）。一切正常后，即可接通电源，慢慢调节调压器，使高压端电压控制在 15000V 为止，并时刻观察电晕放电情况（以空气作气源时则有紫蓝色光圈出现）。

（4）将配好的水样用水泵打入水箱并进入反应柱内，打开柱的排水阀门，使柱内维持 3.5m 水柱高度。控制流量在 2.5~5.0L／h，即停留时间为 5min、10min、15min。

（5）测定臭氧发生器出口及反应柱进口处臭氧浓度和气量，使臭氧投加量控制在 mgO_3／L 水。

（6）稳定工作后，测定进、出水色度，进柱臭氧和柱顶尾气臭氧浓度。注意观察柱内水色变化情况。

（7）改变进水流量或原水色度等，再测定第（6）项所列项目。

（8）实验完毕后，首先关闭发生器的电源（先降压，后停电），然后停冷却水，最后再停气源和空气压缩机，并关闭有关阀门。

11.1.8.5　实验报告要求

（1）画出实验装置流程图，填好实验记录表。

（2）综合四组实验结果，整理实验记录，对水处理效果从水深、接触时间、投加量、臭氧浓度进行综合评价，提出最佳设计参数。

（3）提出实验改进意见、建议。

11.1.8.6　实验记录参考格式

实验记录参考格式如下：

染色废水臭氧脱色实验记录及汇总表　　　　反应柱内径 $d=56mm$

水样编号	染料品种或名称	柱内水深/m	接触时间/min	进水流量/L·h⁻¹	进气流量/L·h⁻¹		每升水的臭氧投加量/mg			臭氧浓度/mg·L⁻¹			水质记录 C/mg·L⁻¹			臭氧利用率/%
					标准状态 Q_N	流量计示值 $Q_表$	计算投加	实际投加	脱色消耗	计算浓度	实测浓度	尾气浓度	原水浓度	出水浓度	去除率/%	

11.1.8.7　注意事项

本实验设备装置较多，首先要注意安全，要防止臭氧污染，尤其高压电 8000~20000V 很危险。因此必须做到：

（1）实验前熟悉讲义内容和实验装置，不清楚时，不得随意操作。

（2）通电后，高压电区不许接近，要有专人监视，防止触电事故。

（3）通电产生臭氧后，立即打开通风柜的通风机，使漏出的臭氧抽走，若通风后仍有臭氧气味存在，要停机检漏，防止对人体造成危害。

（4）实验过程中各岗位的人员不得离开，并随时注意各处运行情况，密切配合。若有某处发生问题，不要慌乱，首先关闭发生器的电源，然后再做其他处理。

11.1.8.8　臭氧脱色实验附录

A　臭氧浓度的测定和计算

（1）方法原理。一般采用化学碘量法。利用臭氧与碘化钾的氧化还原反应，置换出与臭氧当量的碘，再用硫代硫酸钠与碘作用，以淀粉溶液为指示剂，待完全反应生成无色碘化钠，根据硫代硫酸钠耗量计算出臭氧浓度。其化学反应式如下

$$O_3+2KI+H_2O \longrightarrow I_2+2KOH+O_2\uparrow$$
$$I_2+2Na_2S_2O_3 \longrightarrow 2NaI+Na_2S_4O_6$$

（2）试剂。

1）质量分数 20% 碘化钾溶液：称 200g 碘化钾溶于 800mL 蒸馏水中。

2）6mol H_2SO_4 溶液：以 $x_1V_1=x_2V_2$ 公式计算配制。或取 96% 浓硫酸 167mL，慢慢倒入 833mL 蒸馏水中。

3）0.1mol $Na_2S_2O_3$ 标准溶液：配制及标定方法见《水分析化学》教材 145 页。

4）1% 淀粉指示剂：取 1g 淀粉溶解于 100mL 煮沸冷却的蒸馏水中，过滤后备用。

（3）臭氧浓度测定步骤。

1）用量筒将 20mL 质量分数为 20% 的碘化钾（KI）溶液加入气体吸收瓶中，然后加入 250mL 蒸馏水中摇匀。

2）从取样口通入臭氧化空气（控制转子流量计读数为 500mL/min），用湿式煤气表计取气样 2L，平行取两个样。

3）取样后，向气体吸收瓶中加 5mL 6mol H_2SO_4，摇匀后静置 5min。

4）用 0.1mol $Na_2S_2O_3$ 滴定，待溶液呈淡黄色时，加质量分数为 1% 淀粉指示剂数滴

使溶液呈蓝褐色，继续使用 0.1mol $Na_2S_2O_3$ 滴定至无色。记下 $Na_2S_2O_3$ 用量。

（4）臭氧浓度的计算。

$$c = \frac{x_2 V_2 \times 24}{V_1}$$

若 N_2 为 0.1mol 时，则

$$c = \frac{0.1 \cdot V_2 \times 24}{V_1} = 1.2V_2$$

式中　x_2，V_2——$Na_2S_2O_3$ 的摩尔浓度（0.1mol）和滴定用量，mL；

　　　　V_1——臭氧取样体积（2L）；

　　　　c——臭氧浓度，mg/L。

B　臭氧产量（或投量）的计算

（1）臭氧发生器（或反应塔）进气量计算

$$Q_N = Q_表 \cdot \sqrt{1 + p_表}$$

式中　Q_N——标准状态下的气体流量，m^3/h；

　　　$Q_表$——压力状态下的气体流量，m^3/h（即流量计所示流量）；

　　　$p_表$——压力表读数，MPa。

（2）臭氧产量（或投量）计算

$$C = c \cdot Q_N$$

式中　c，Q_N——符号意义同前；

　　　　C——臭氧产量（或投量），g/h 或 mg/min。

11.2　废气处理实验

11.2.1　湿钙法烟气脱硫实验

11.2.1.1　实验目的

SO_2 是大气中的主要污染物之一。本实验采用旋流板塔，用 $Ca(OH)_2$ 浆液作吸收剂，吸收模拟烟气中的 SO_2。通过实验要达到以下目的：

（1）了解用吸收法净化废气中 SO_2 效果。

（2）观察旋流板塔内气液流动和接触状况。

（3）测定吸收塔的压降。

（4）测定 SO_2 的吸收效率随浆液 pH 值的变化关系。

11.2.1.2　实验原理

含 SO_2 的气体可采用吸收法净化。由于 SO_2 在水中溶解度不高，常采用化学吸收方法。吸收 SO_2 吸收剂种类较多，$Ca(OH)_2$ 浆液作吸收剂，吸收过程发生的主要化学反应为

$$Ca(OH)_2 + SO_2 \longrightarrow CaSO_2 + H_2O$$

旋流板塔以其吸收效率高、操作负荷高、操作弹性大和防堵性能好等优点，近年来被

广泛用为烟气脱硫过程的吸收塔。在该塔内气流在塔板叶片的导向作用下产生旋转，旋转气流将液体分散成很小的液滴，使气、液充分接触，实现气液传质。

实验过程中通过测定吸收塔进、出口气体中 SO_2 的含量，可以近似计算出吸收塔的平均净化效率，进而了解吸收效果（气体中 SO_2 的含量的测定采用碘量法）。

通过测定吸收塔进、出口气体的全压，即可计算出填料塔的压降；若填料塔的进出口管道直径相等，用 U 形管压差计测出静压差即可求出压降。

11.2.1.3　实验装置

实验装置如图 11-13 所示。

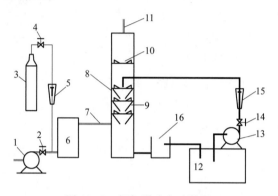

图 11-13　烟气脱硫实验装置

1—气体风机；2—气体流量调节阀；3—液体 SO_2 储罐；4—SO_2 流量调节阀；

5—SO_2 流量计；6—气体缓冲罐；7—入塔气联管；8—旋流板塔；9—旋流塔板；

10—旋流除雾板；11—气体出口；12—浆液循环槽；13—液体循环泵；

14—液体流量调节阀；15—液体流量计；16—液体溢流装置

11.2.1.4　操作步骤

（1）按实验要求，调配成一定浓度的 $Ca(OH)_2$ 浆液。

（2）开启风机。

（3）关闭进液阀，开启液体循环泵。

（4）用进液阀将液体流量高速到实验给定值（注意不要使液体流量高于流量计的量程，否则使液体进入进气管）。

（5）用皮托管测定气体流量，并通过阀门 2 将气体流量调到实验给定值（进气管内径为 60mm）。

（6）用 U 形管压强计测定全塔和每一块塔板上的压降。

（7）根据气体流量和实验给定的 SO_2 气体浓度，计算需要的 SO_2 的流量。

（8）开启液体 SO_2 储罐的阀门，通过阀门 4 将 SO_2 流量调到计算值。

（9）在塔的进、出口处采集气样，测定 SO_2 的浓度，同时测量入塔和出塔浆液的 pH 值。

（10）每隔一定时间重复操作步骤（9）一次。

当浆液循环槽内浆液的 pH 值降到约 4 时，结束实验。先关闭 SO_2 调节阀 4；10min 后关闭浆液泵；改用清水清洗塔 10min；关闭风机和泵。

11.2.1.5　实验报告

压降测定：

气体流量：　　　　　浆液流量：

项　目	第 一 块 板	第 二 块 板	第 三 块 板	全　　塔
进　口				
出　口				
压　降				

吸收效率：

项　目	第 一 次	第 二 次	第 三 次	第 四 次	第 五 次	第 六 次
进口浓度/×10^{-6}						
出口浓度/×10^{-6}						
吸收效率/%						
进口 pH 值						
出口 pH 值						

11.2.1.6　注意事项

SO_2 为有毒有害气体，操作时应防止外泄。

11.2.1.7　思考题

（1）烟气脱硫还有哪些方法？

（2）湿钙法烟气脱硫在选择吸收器时应特别注意什么问题？

（3）液气比对脱硫效率有什么影响？

11.2.2　氮氧化物的碱液吸收实验

11.2.2.1　实验目的

目前，吸收法净化工业尾气是国内外广泛使用、经济有效的方法之一。它适用于多种尾气的净化和回收，是环境工程专业重点学习和研究的内容之一。

本实验采用填料吸收塔，以氢氧化钙水溶液作为吸收氮氧化物的吸收剂，通过调节废气和吸收液流量，观察塔内泡沫状态的形成过程和泡沫层高度的变化，确定液泛点和操作气速，并测定本实验的吸收效率。通过实验要求达到以下目的：

（1）初步了解吸收法净化尾气的工艺和设备的特点以及吸收法净化尾气的一般实验和研究方法。

（2）深入理解吸收过程的机理和影响吸收效果的主要因素。

（3）正确地完成实验操作的全部过程，得到正确的实验数据并经过数据处理写出实验报告。

11.2.2.2　实验原理

本实验采用氢氧化钙溶液作为吸收液。以浓度为（2000～3000）×10^{-6}的氮氧化物作为吸收质。从塔顶喷淋液体吸收剂，含 NO_x 的尾气相向同时经过塔内填料层。气液两相在塔内充分接触后，尾气中的 NO_2 被溶解到吸收液中，并和氢氧化钙发生下述化学反应：

$$2NO_2 + 2H_2O \Longrightarrow 2HNO_3 + H_2 \uparrow$$

$$2HNO_3 + Ca(OH)_2 \Longrightarrow Ca(NO_3)_2 + 2H_2O$$

含氮氧化物气体中的 NO_2 和氢氧化钙反应后生成的硝酸钙和亚硝酸钙液体从塔底排出，气体中的 NO_x 被部分去除后从塔顶排出。

在吸收塔的进、出口测定 NO_x 和 NO 的浓度，进而计算出吸收塔对 NO_x 和 NO 的吸收效率。

11.2.2.3　实验装置

实验装置如图 11-14 所示。

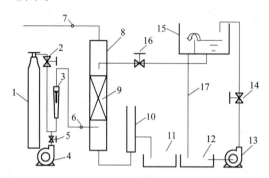

图 11-14　氮氧化物的碱液吸收实验装置

1—储气瓶；2—气体流量调节阀；3—气体流量计；4—风机；5—气体流量调节阀；
6—进口气体采样口；7—出口气体采样口；8—填料塔；9—填料层；10—液体溢流排放口；
11—吸收废液储槽；12—吸收液储槽；13—泵；14—吸收液阀门；
15—高位槽；16—吸收液主路阀门；17—高位槽溢流管道

11.2.2.4　操作步骤

A　液泛点的测定

（1）开启风机 4，通过调整阀门 5 将气体流量调到实验给定值。

（2）关闭阀门 16，开启泵 13，调整阀门 14 到适当流量，溢流管道 17 有液体流出后开始实验。

（3）通过阀门 16 由小到大调整液体流量，观察塔内的气液流动情况。

（4）刚出现液泛时，测定并记录下该给定气体量下的液泛液体流量，计算出液泛气液比。

注意：发生液泛时不要让液体进入进气管，也不要让液体从排气管流出。

出现液泛现象不应让大量气体从排液口流出。

B　吸收效率测定

（1）关闭风机和阀门 5。

（2）打开 NO_x 气瓶，通过阀门 2 将气体调整到实验给定的流量。

（3）稳定 10min 后，用 NO 的浓度测定仪直接在气体采样口 6 和 7 测定 NO 的浓度（仪器操作方法见操作说明书）；分别在气体采样口 6 和 7 采取气样，用化学法测定其 NO_x 的浓度。

（4）每 10min 采一组样，共采 3 组。

（5）分别计算三次采样的 NO_x、NO 和 NO_2 脱除效率。

C　关闭系统

（1）关闭 NO_x 气瓶。

（2）开启风机，将实验系统中残留的 NO_x 气体吹出（吹 15min）。

（3）关液体泵。

（4）关风机。

D　配制 NO_x 气体

（1）将气瓶在通风柜内放空，用真空泵将其抽真空（约 350mmHg）。

（2）将 NO_x 气体发生装置通过脱水装置与已抽真空的气瓶连接。

（3）气体发生装置中的底部加入亚硝酸钠，上部分液漏斗假如硫酸，按下式反应生成 NO，部分 NO 与空气中的氧气反应生成 NO_2

$$6NaNO_2+3H_2SO_4 \longrightarrow 3Na_2SO_4+2H_2O+4NO\uparrow$$

（4）NO_x 在负压作用下被吸入气瓶。

（5）将气瓶接上空气压缩机，加入空气到给定压力（0.7~0.87MPa）。

（6）配好的气体供第二天实验的同学使用。

（有关操作可参考苯的吸附实验的有关内容）

11.2.2.5　实验报告

（1）液泛点测定。

气体流量

测 定 点	1	2	3	4	5
液体流量					
现　象					

（2）吸收效率。

液体 pH 值：　　　　操作液气比：

第一次~第三次：

氮氧化物	进 口 浓 度	出 口 浓 度	吸 收 效 率
NO_2			
NO			
NO_x			

11.2.2.6　注意事项

（1）NO_x 为有毒气体，实验过程中应防止气体泄漏；一旦发现装置泄漏应及时关闭气装置。

（2）NO_x 发生时使用硫酸，操作时要戴防护手套。

11.2.2.7　思考题

（1）液气比对吸收效率有什么影响，为什么？

（2）二氧化氮与一氧化氮的浓度对吸收效率有什么影响，为什么？

（3）吸收液的 pH 值对吸收效率有什么影响，为什么？

11.2.3　静电除尘效率实验

11.2.3.1　实验目的

除尘效率是除尘器的基本技术性能之一。电除尘器除尘效率的测定是了解电除尘器工作状态和运行效果的重要手段。通过实验要达到以下三个目的：

（1）了解电除尘器的工作原理及影响除尘效率的主要因素。

（2）学习静电除尘器性能的测定方法。

（3）学习烟气状态（温度、含湿量及压力）、烟气流速、流量以及烟气含尘浓度等参数的测定方法。

11.2.3.2　实验原理

在高压电场中，电晕极首先放电，引起电晕极附近气体的电离。电晕极放电产生的电子和气体电离产生的负离子在电场作用下向集尘极运动，与粉尘颗粒碰撞后使粉尘颗粒荷电，使荷电粒子在电场作用下向集尘极运动，最后被集尘极捕集，完成除尘过程。

A　总除尘效率

除尘效率最原始的意义是以所捕集粉尘的质量为基准，但随着环境保护要求日趋严格和科学技术的发展，现在除尘效率有的以粉尘颗粒的个数为基准进行计算。有的根据光学能见度的光学污染程度，按粉尘颗粒的投影面积为基准进行计算。本实验测定总除尘效率仍以所捕集粉尘的质量占进入除尘器内的粉尘质量的百分比为基准，即

$$\eta = \frac{S_1 - S_2}{S_1} \times 100\%$$

式中　S_1，S_2——分别为除尘器进、出口的粉尘质量流量，g/s；

　　　　η——电除尘器的总除尘效率，%。

B　分级除尘效率

本实验中采得尘样、称重，并计算出总除尘效率后，保存样品，在"粉尘粒径分布测定"实验中测定进、出口处样品的粒径分布，再进一步计算出本次实验的分级效率。

11.2.3.3　实验装置

实验装置如图 11-15 所示。

11.2.3.4　操作步骤

（1）除尘器伏安特性测定。

1）开启"直流高压电源控制箱"电源开关和"高压启动"开关。

2）调节"输出电压调节旋钮"，每次增加 5kV，稳定 5min 后读取电流值。

3）电压升高到电压指针出现摆动时停止实验。

调节"输出电压调节旋钮"，将输出电压调回到"0"。

（2）除尘效率测定。

1）取粉尘 300g，放入烘箱中于 104℃下烘干 2h，精确称量其质量。

2）振打除尘器的集尘极和电晕极，使电极上的集灰自然落下。

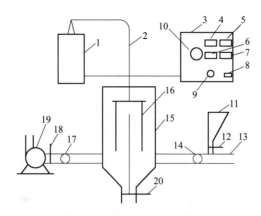

图 11-15　静电除尘实验装置

1—高压直流电源；2—高压联线；3—高压直流电源控制箱；4——次电流；
5——次电压；6—二次电流；7—二次电压；8—电源开头；9—高压启动；
10—输出电压调节旋钮；11—灰斗；12—进灰电压调节旋钮；13—进风管；
14—进口采样口；15—除尘器壳体；16—电晕线；17—出口采样口；
18—风量调节插板；19—风机；20—排灰口插板

3）启动风机，通过风量阀门将风量调节到实验给定值。

4）开启"直流高压电源控制箱"电源开头和"高压启动"开头，将"二次电压"调到本次实验的给定值。

5）在"出口采样口"按"等速"采样。

6）用药匙取干燥粉尘匀速投入粉尘加料口，加尘总量约 200g。

7）加尘结束后继续运行 15min。

8）停止采样。

9）将"直流高压电源控制箱"的"二次电压"调回"0"；关闭"直流高压电源控制箱"电源。

10）关闭风机。

11）称量剩余粉尘的质量。

12）小心取出粉尘采样器中的滤筒，干燥后称重。

11.2.3.5　实验报告

（1）实验条件（出口采样处的管径为 110mm）。

气体流量：　　　　气体温度：　　　　气体湿度：

工作电压：　　　　电晕电流：　　　　极板间距：

伏安特性结果：

（2）除尘性能实验结果。

1）总除尘效率

加尘量（初始量－剩余量）＝

出口尘量＝采集量÷采气口面积×出口采样口处管道的横截面积＝

总除尘效率＝

2）根据粒径分布实验的结果，计算分级效率。

11.2.3.6　思考题

（1）试述静电除尘的基本原理。

（2）影响除尘效率的主要因素有哪些?

11.2.3.7　注意事项

（1）本实验涉及高压电，实验过程中要严格遵守操作规程。

（2）除了加尘和采样外，其他操作均在无电情况下进行。

（3）发现异常及时请老师解决。

11.2.4　CO_2 吸收法净化气体实验

11.2.4.1　实验目的

本实验采用填料吸收塔，用水来吸收 CO_2，通过实验可初步了解用填料塔吸收净化有害气体的研究方法，同时还有助于加深理解在填料塔内气液接触状况及吸收过程的基本原理。通过实验要达到以下目的：

（1）了解用吸收法净化 CO_2 的效果，进而了解用吸收法净化其他有毒污染气体的方法。

（2）改变水流速度，观察填料塔内的吸收状况。

（3）测定填料吸收塔的吸收效率。

11.2.4.2　实验原理

气体吸收是气体混合物中的一种或多种组分溶解于选定的液体吸收剂中，或者与吸收剂中的组分发生选择性化学反应，从而将其从气流中分离出来的操作过程。能够用吸收法净化的气态污染物主要包括 SO_2、H_2S、HF 和 NO_x 等，多采用化学吸收过程，如用碱性溶液或浆液吸收燃烧气体中低浓度 SO_2 的过程。

本次实验采用水来吸收 CO_2，是利用 CO_2 的易溶于水的性质，0℃时 1 体积水能溶解 1.7 体积的二氧化碳；20℃时 1 体积水能溶解 0.9 体积的二氧化碳。实验过程中通过测定吸收前后水中 CO_2 的含量，再根据气量和物料守恒，即可以近似算出吸收塔的平均净化效率，进而了解吸收效果。水中 CO_2 的测量采用容量滴定法。

11.2.4.3　实验装置和试剂

A　实验装置

本实验采用吸收直径为 50mm 的玻璃柱。柱内装填直径 5mm 的球形玻璃填料，填充高度为 300mm。吸收质是纯二氧化碳，CO_2 由钢瓶经二次减压阀和转子流量计，进入塔底。气体由下向上经过填料层与液相逆流接触，最后由柱顶放空。吸收剂是水，水由高位稳压水槽，经调节阀和流量计，进入塔顶，再喷洒而下。吸收后溶液由塔底排出。实验装置流程图如图 11-16 所示。

B　实验仪器设备

（1）填料塔气体吸收实验仪。CEA-M03 型。

（2）CO_2 钢瓶。

（3）碘量瓶。250mL，若干个。

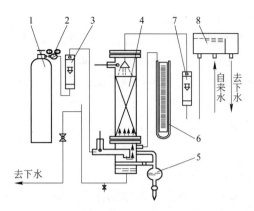

图 11-16　实验装置流程图

1—CO$_2$ 钢瓶；2—减压阀；3—转子流量计；4—吸收塔；5—滴定管；

6—U 形压力计；7—转子流量计；8—高位稳压水槽

（4）酸式滴定管。

（5）10mL、25mL 移液管。

C　试剂

（1）吸收液。称量 1.4g 氢氧化钡 [Ba(OH)$_2$·8H$_2$O] 和 0.08g 氯化钡（BaCl$_2$·2H$_2$O），溶于 800mL 水中，加入 3mL 正丁醇，摇匀，用水稀释至 1L。此吸收液应在采样前两天配置，密封保存，避免接触空气。测定时选用上清液。

（2）草酸标准溶液。准确称量 0.5637g 草酸 [(COOH)$_2$·2H$_2$O]，用水溶液解至 1L。此溶液 1.00mL 相当于标准状况下（0℃，101.3kPa）0.1mL 二氧化碳。其物质的量浓度为 4.47×10^{-3}mol/L。

（3）酚酞指示剂。正丁醇（分析纯）。

11.2.4.4　实验步骤

实验前，首先检查填料塔的进气阀和进水阀，以及 CO$_2$ 的减压阀是否均已关严；然后，打开 CO$_2$ 钢瓶顶上的针阀，将压力调至 0.1MPa；同时，向高位稳压水槽注水，直至溢流管有适量水溢流而出。

然后按如下步骤进行：

（1）缓慢开启进水调节阀，控制水流量在 10~50L/h 范围内。注意调节流量时，一定要保持高位稳压水槽有适量溢流水流出，以保证水压稳定。

（2）缓慢开启进气调节阀，调节 CO$_2$ 的流量在 0.1m^3/h。

（3）当操作达到稳定状态后，测量塔顶和塔底的水温和气温，同时，测定塔底溶液中 CO$_2$ 的含量。

（4）在 10~50L/h 的范围内改变水的流量，重复上述操作 3~4 次。

11.2.4.5　分析方法和计算

A　分析方法

原理：水溶液中的二氧化碳过量的氢氧化钡吸收，生成碳酸钡沉淀，剩余的氢氧化钡溶液用标准草酸溶液滴定至酚酞试剂红色刚褪。由容量滴定法结果和所取水样的体积，计

算溶解在水中的 CO_2 浓度。操作步骤如下：

（1）吸收塔的取样仪中取水样 20mL，然后用移液管取 10mL 水样放入锥形瓶中，加入 25mL 氢氧化钡吸收液，再加入 1~2 滴酚酞指示剂。

（2）用草酸标准溶液中和多余的氢氧化钡溶液，记录所用体积。

B　计算

$$c(CO_2) = \frac{4.47 \times 10^{-3} \times (V_1 - V_2)}{V_0}$$

式中　$c(CO_2)$ ——CO_2 的浓度，$kmol/m^3$；

$\quad\quad V_1$ ——滴定空白消耗草酸标准溶液的体积，mL；

$\quad\quad V_2$ ——滴定样品消耗草酸标准溶液的体积，mL；

$\quad\quad V_0$ ——所采水样的体积。

11.2.4.6　实验报告

（1）记录实验结果及分析结果。

填料塔平均净化效率 η 可由下式近似算出

$$\eta = \frac{(c_{A,1} - c_{A,2}) \cdot V_{s,1}}{c^* \cdot V_{s,g}} \times 100\%$$

式中　$c_{A,1}$ ——塔底 CO_2 在水中的浓度，$kmol/m^3$；

$\quad\quad c_{A,2}$ ——塔顶 CO_2 在水中的浓度，$kmol/m^3$；

$\quad\quad c^*$ ——进气口 CO_2 在空气中的含量，$kmol/m^3$；

$\quad\quad V_{s,1}$ ——水的流量，m^3/h；

$\quad\quad V_{s,g}$ ——CO_2 气体的流量，m^3/h。

假设 CO_2 从气阀中出来后和空气以 1∶1 混合，CO_2 在混合气体中的分压约为 $p^* = 0.1MPa$，然后根据理想气体状态方程可以求出进气口中 CO_2 的含量。

实验室温度通常为 17.5℃，所以近似求得 $c^* = 22.3 \times 10^{-3} kmol/m^3$。

（2）实验结果及整理。

序　号	气体流量 $V_{s,g}/m^3 \cdot h^{-1}$	吸收液流量 $V_{s,1}/L \cdot h^{-1}$	液　气　比	塔底 CO_2 浓度 $/kmol \cdot m^{-3}$	塔顶 CO_2 浓度 $/kmol \cdot m^{-3}$	净化效率 $\eta/\%$

绘出液量与效率的曲线 $V_{s,1}$-η。

11.2.4.7　思考题

（1）从实验结果标绘出的曲线，可以得出哪些结论？

（2）通过实验，有什么体会，对实验有何改进意见？

11.3　冶金固废物性检测及处理实验

了解和掌握固废的物理性能对固废原料的回收利用具有重要的意义。

11.3.1 固废原料密度检测实验

11.3.1.1 实验目的

本实验使用李氏比重瓶（也称密度瓶）、恒温水槽、烘干箱、电子精密天平等实验仪器，计算固废原料的密度，通过实验要达到以下目的：

（1）了解固废原料密度的检测原理。

（2）掌握相关检测仪器的使用方法和日常维护。

（3）学会固废原料密度检测方法。

11.3.1.2 实验原理

将原料倒入装有一定量液体介质的李氏比重瓶内，并使液体介质充分地浸透原料颗粒。根据阿基米德定律，原料的体积等于它所排开的液体体积，从而算出原料单位体积的质量即为密度，为使测定的原料不发生水化反应，液体介质需采用无水煤油。

11.3.1.3 实验装置

（1）李氏比重瓶：李氏比重瓶的结构材料是优质玻璃，透明无条纹，具有抗化学侵蚀性且热滞后性小的特点，要有足够的厚度以确保较好的耐裂性。李氏比重瓶适用于道路、建筑材料试验，测定黄沙、碎石、水泥等其他细粒固体及非沥青类材料的密度。被测样品应预先通过 0.90mm 方孔筛，然后在 （110±5）℃ 的烘干箱中烘干 1h，取出置于干燥器中冷却至室温备用。李氏比重瓶容积为 220~250mL，带有长 18~20cm、直径约 1cm 的细颈，下面有鼓形扩大颈，颈部有体积刻度，颈部顶端为喇叭形漏斗并配有玻璃磨口塞，如图 11-17 所示。瓶颈刻度为 0~24mL，且 0~1mL 和 18~24mL 应以 0.1mL 为刻度，任何标明的容量误差都不大于 0.05mL。

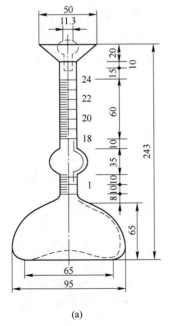

(a)

(b)

图 11-17 李氏比重瓶

（a）结构尺寸图；（b）实物图

（2）恒温水槽或其他保持恒温的盛水玻璃容器：恒温容器温度（20℃）波动应能维持在±0.2℃。

（3）烘干箱：温度控制范围为（110±5）℃，如图 11-18 所示为电热鼓风干燥箱。其操作规程如下：

1）干燥箱用于试样的烘焙、干燥或其他加热用，最高工作温度为 300℃。干燥箱在环境温度（5~35）℃，空气相对湿度不大于 85% 的条件下工作；

2）干燥箱使用专用的插座或闸刀，使用前检查箱体的电气绝缘性能，注意是否有断路、短路及漏电现象；

3）箱上放入 0~300℃ 的温度计，并旋开排气阀，调整方法为顺时针升温，逆时针降温；

4）底部设排气孔，打开后可排除箱内湿气；

5）试品搁板最大平均负荷为 20kg，切勿过重、过密，一定要留有空隙；工作室底板上不能放置试品或其他东西，以免影响热空气对流；

6）干燥箱严禁放入易燃、易挥发物品，以免发生爆炸；

7）通上电源，绿色指示灯亮，开启鼓风开关，鼓风电动机运转，开启加热开关，红色指示灯亮，表示电热丝通电升温，当达到设定温度范围时，自动进入恒温状态；

8）工作时，箱门不宜经常打开，以免影响恒温。

（4）无水煤油瓶：应符合 GB 253 的要求。

（5）电子精密天平：最大称量 200g，可精确到 0.001g，如图 11-19 所示。电子精密天平使用操作规程如下：

1）电子天平室应保持清洁干净，电子天平必须安设在坚固的台架上，以避免电子天平受震动，并将电子天平的水平气泡居中；

2）称量前检查电子天平是否处于正常状态，不符合要求时应进行调节和校正。清除秤盘上的物品，先按去皮键，后按校准键；

3）加载校准砝码，使天平显示与砝码相同的数据。当天平显示校准砝码值，并发出"嘟"声，校准完毕，自动回到称重状态；

4）增减被称量物质必须轻拿轻放，以免电子天平受损；

图 11-18　电热鼓风干燥箱

图 11-19　电子精密天平

5）按电子天平开关和其他键时，要缓缓进行；

6）称重操作：将待称物品放在秤盘上，当稳定标志"g"出现时，表示读数已稳定，此时天平的显示值即为该物品的质量；

7）如需在秤盘上称第二种物品，可按去皮键，使天平显示为"0"；

8）称量时不准称量过热或过冷的物品，被称量物品的温度应接近室温，并不得超过电子天平最大载荷。

（6）其他：干燥器、漏斗、小勺、滤纸等。

11.3.1.4 操作步骤

（1）试样应预先通过 0.90mm 方孔筛，然后在（110±5）℃的烘干箱中烘干 1h，取出置于干燥器中冷却至室温备用。

（2）洗净比重瓶并烘干，将无水煤油注入比重瓶内 0 ~ 1mL 刻度线后（以弯月面下弧为准），盖上瓶塞放入恒温水槽内，使整个刻度部分浸入水中（水温应控制在比重瓶刻度时的温度），恒温 0.5h，记下第一次液面体积读数 V_1。

（3）从恒温水槽中取出比重瓶，用滤纸将比重瓶细长颈内没有煤油的部分仔细擦干净，防止装样品时堵塞。

（4）每次称取适量干燥试样 5~6g，准确至 0.01g，记为 m_1、m_2、…，最后求出总质量 m。用小匙将样品一点点地装入盛煤油的比重瓶内，防止堵塞，反复摇动（亦可用超声波震动），直到没有气泡排出，盖上瓶塞后放入恒温水槽内，在相同温度下恒温 0.5h，记下第二次液面的体积读数 V_2。

（5）读取第一次读数和第二次读数时，恒温水槽的温度差不大于 0.2℃。

11.3.1.5 实验报告

（1）密度计算公式：

$$\rho = \frac{m}{V_2 - V_1}$$

式中 ρ——原料密度，g/mL 或 g/cm^3；

V_1——装入原料试样前李氏比重瓶内液面读数，mL；

V_2——装入原料试样后李氏比重瓶内液面读数，mL；

m——原料的质量，g。

计算结果精确到 0.01g/cm^3，实验结果取两次测定结果的算术平均值，两次测定结果之差不得超过 0.02g/cm^3。

（2）检测结果记录报告（见表 11-1）。

表 11-1 样品密度测定记录

试样编号	m/g	V_1/mL	V_2/mL	$\rho /g \cdot mL^{-1}$
1				
2				
平均值				

11.3.1.6 注意事项

（1）李氏比重瓶在实验前必须刷净烘干。

（2）从恒温水槽中取出李氏比重瓶后，要用滤纸卷成筒将比重瓶内颈部的煤油仔细擦净。

（3）样品原料在装入李氏比重瓶前的温度，应尽可能与瓶内的液体温度一致，一般应控制在20℃（因为李氏比重瓶的容积刻度是以这个温度为基准的，同时这一温度也是固废物理性能检验的标准温度，较其他温度容易达到）。

（4）原料装入李氏比重瓶时要仔细，防止样品黏附在无液体部分的细颈壁上或溅出瓶外。

（5）摇动李氏比重瓶时，注意勿使无水煤油溅出瓶外，或溅粘在液面上部的瓶壁上。

11.3.1.7　思考题

（1）什么是原料密度，影响原料密度的因素有哪些？

（2）测定固废原料密度时，未装原料时比重瓶内液面读数为0.4mL，装入60g原料后，液面读数为21.2mL，计算该原料的密度。

（3）原料密度的测定原理是什么？

（4）测定原料密度介质为什么要使用无水煤油？

（5）简述原料密度的测定步骤。

（6）若操作不当使粉状料堵住瓶颈，该如何处理？

11.3.2　固废原料比表面积检测实验

11.3.2.1　实验目的

本实验使用全自动比表面积测定仪、天平、透气圆筒、穿孔板等，用勃氏透气法测定固废原料的比表面积。通过实验要达到以下目的：

（1）掌握比表面积测定方法（勃氏透气法），检验原料的比表面积。

（2）能规范使用实验仪器，熟悉其功能与维护方法。

（3）了解透气法测定固废原料比表面积的原理。

（4）掌握比表面积的测定方法和步骤。

11.3.2.2　实验原理

A　透气法测定比表面积原理

透气法测定比表面积，是根据一定量的空气通过具有一定空隙率和固定厚度的试料层时，所受到的阻力不同而引起流速的变化来测定粉料的比表面积。粉料越细、比表面积越大、空气透过时的阻力也越大，则一定量空气透过同样厚度的试料层所需的时间就越长，反之时间越短。在一定空隙的物料层中，空隙的大小和数量是颗粒尺寸的函数，同时也决定了通过试料层的气流速度。

流体在颗粒与颗粒之间的流动可以看作在无数"假想"的毛细管中流动，如图11-20所示，颗粒越小，颗粒与颗粒间的空隙也越小，在一定空隙中的粉末层体积中的毛细管孔道数就越多。毛细管孔道直径越细，气体在管道内通过的阻力越大，即气体在物料层中流动就越慢。因此可假定气体在孔道内的流动为黏性流动。

B　全自动比表面积测定仪测定比表面积原理

（1）根据一定量的空气通过具有一定空隙率和固定厚度的原料层时，所受阻力不同而引起流速的变化来测定物料的比表面积。

（2）根据 GB/T 8074—2008 中的计算公式来获得原料的比表面积。当被测试样的密度和空隙率均与标准样不同且实验时的温度与校准温度之差大于±3℃时，可按下式计算比表面积：

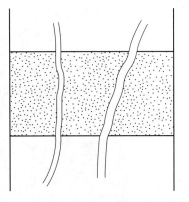

$$S = \frac{S_s \rho_s \sqrt{\eta_s} \sqrt{T}(1 - \varepsilon_s) \sqrt{\varepsilon^3}}{\rho \sqrt{\eta} \sqrt{T_s}(1 - \varepsilon_s) \sqrt{\varepsilon_s^3}}$$

设标准样所测参数为仪器标定参数 K，则：

$$K = \frac{S_s \rho_s \sqrt{\eta_s}(1 - \varepsilon_s)}{\sqrt{T_s} \sqrt{\varepsilon_s^3}}$$

图 11-20　气体透过物料层示意图

因此原料比表面积的运算公式可演化为：

$$S = \frac{K\sqrt{T} \sqrt{\varepsilon^3}}{\rho \sqrt{\eta}(1 - \varepsilon_s)}$$

式中　S——被测样品的比表面积，cm^2/g；

　　　S_s——标准样的比表面积，cm^2/g；

　　　T——被测试样实验时，压力计中液面降落测得的时间，s；

　　　T_s——标准样实验时，压力计中液面降落测得的时间，s；

　　　η——被测试样实验温度下的空气黏度，$\mu Pa \cdot s$；

　　　η_s——标准样实验温度下的空气黏度，$\mu Pa \cdot s$；

　　　ε——被测试样试料层中的空隙率；

　　　ε_s——标准样试料层中的空隙率；

　　　ρ——被测试样的密度，g/cm^3；

　　　ρ_s——标准样的密度，g/cm^3。

11.3.2.3　实验装置

A　勃氏透气仪

勃氏透气仪分手动和自动两种类型，均应符合 JC/T 956 的要求。勃氏透气仪由透气圆筒、穿孔板、捣器、U 形压力计及抽气装置几部分组成，其外形及结构示意如图 11-21 和图 11-22 所示。

（1）透气圆筒：由不锈钢或铜质材料制成，圆筒内径 $\phi 12.7^{+0.05}_{0}$ mm，内表面和阳锥外表面的粗糙度 $\leqslant Ra1.6$，在圆筒内壁距离上口边（55±10）mm 处有一凸出的宽度为 0.5～1.0mm 的边缘，圆筒阳锥锥度为 19/38。

（2）穿孔板：由不锈钢或铜质材料制成，厚度为（1.0±0.1）mm，直径中 $\phi 12.7^{0}_{-0.05}$ mm。穿孔板面上均匀等距离地打有 35 个直径为（1.00±0.05）mm 的小孔，穿孔板应与圆筒内壁密合，穿孔板二平面应平行。

（3）捣器：由不锈钢或铜质材料制成，插入圆筒时与圆筒内壁间隙 $\leqslant 0.1$ mm。捣器的底面应与主轴垂直，侧面有一个扁平槽，宽度为（3.0±0.3）mm；捣器的顶部有一支持环，当捣器放入圆筒时，支持环与圆筒上口边接触时，捣器底面与穿孔圆板之间的距离为（15.0±0.5）mm。

图 11-21　手动勃氏透气比表面积测定仪

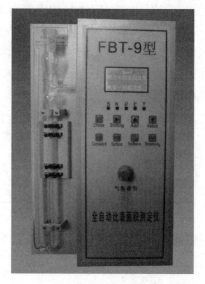

图 11-22　全自动勃氏透气比表面积测定仪

（4）压力计：U 形压力计由玻璃管制成，U 形压力计玻璃管外径为（9.0±0.5）mm，U 形间距为（25±1）mm，在连接透气圆筒的压力计壁上刻有四条环形线，自上算起第三条刻度线与第四条刻度线距离为（15±1）mm，第二条刻度线与第四条刻度线距离为（70±1）mm，从压力计底部往上 280～300mm 处有一个出口管，管上装有一个阀门，连接抽气装置（电磁泵），U 形压力计右壁的顶端有一与透气圆筒相连的阴锥，锥度为 19/38，安装透气圆筒后应与其紧密连接，以良好密封。

（5）抽气装置：一般使用小型电磁泵，其吸力保证水面达到自上数第一条刻度线。

（6）密封性：透气圆筒阳锥与 U 形压力计的阴锥应严密连接，U 形压力计上的阀门以及软管连接口应能密封。在密封的情况下，压力计内的液面在 3min 内不下降。

现行国家标准 GB/T 8074—2008 规定，以手动勃氏透气仪为基准法，自动勃氏透气仪为代用法。如果对检测结果有争议时，以手动勃氏透气仪测定的结果为准。

B　烘干箱

烘干箱可控制温度灵敏度至±1℃。

C　分析天平

分析天平的分度值为 0.001g。

D　秒表

秒表可精确到 0.5s（一般精读到 0.1s）。

E　实验用品及条件

（1）固废原料样品：原料试样先通过 0.9mm 方孔筛，再在（110±5）℃下烘干 1h，并在干燥器中冷却至室温备用。

（2）标准样品：标准样品需在 115℃下烘干 3h 以上，并在干燥器中冷却至室温。使用前倒入 100mL 的密闭瓶内，用力摇动 2min，使试样松散。静置 2min 后打开瓶盖，轻轻搅拌，使在松散过程中落到表面的细粉分布到整个试样中。

（3）压力计液体：压力计液体应采用带颜色的蒸馏水或直接采用无色蒸馏水，且应定期更换。使用自来水会产生水碱，使玻璃管透明度下降，也不方便看液面。

（4）滤纸：选用的滤纸一定要符合 GB/T 1914《化学分析滤纸》标准的规定，并且要统一选用中速定量滤纸，或选用中 $\phi12.7mm$ 勃氏透气仪专用滤纸。压制的滤纸片大小应和透气圆筒内径相同，直径尺寸既不能大也不能小。

（5）水银：水银为分析纯汞。

（6）实验时条件：相对湿度不大于 50%。

11.3.2.4　操作步骤

（1）测定固废原料密度。按照相应国家标准测定原料密度（比如水泥密度按 GB/T 208 测定）。

（2）漏气检查。U 形压力计内装水至最低刻度线处，用橡皮塞将透气圆筒上口塞紧，将透气圆筒外部涂上凡士林（或其他活塞油脂）后插入 U 形压力计锥形磨口，把阀门处也涂些凡士林（注意不要堵塞通气孔），打开抽气装置抽水至从上数第一条刻度线处关闭阀门，观察压力计内液面，在 3min 内不下降，表明仪器的密封性良好。

（3）空隙率（ε）的确定。空隙率是指试料层中颗粒间空隙的容积与试料层总的容积之比，以 ε 表示。当按上述空隙率不能将试样压至支持环与圆筒顶边接触时，则允许改变空隙率。空隙率的调整以 2000g 砝码将试样压实至捣器的支持环与圆筒顶边接触，不留缝隙为止。

（4）确定试样量。试样量的计算公式为

$$W = \rho V(1 - \varepsilon)$$

式中　W——需要的试样量，g；

　　　ρ——试样密度，g/cm^3；

　　　V——透气圆筒试料层体积，cm^3；

　　　ε——试料层的空隙率，根据原料确定。

（5）试料层的制备。

1）将穿孔板放入透气圆筒的突缘上，用捣棒把一片滤纸放到穿孔板上，边缘放平并压紧；称取已计算确定的试样量，精确到 0.001g，倒入圆筒；轻敲圆筒的边，使物料层表面平坦；再放入一片滤纸，用捣器均匀捣实试料直至捣器的支持环与圆筒顶边接触，并旋转 1~2 圈，慢慢取出捣器；

2）穿孔板上的滤纸为 $\phi12.7mm$ 边缘光滑的圆形滤纸片。每次测定需用新的滤纸片。

（6）自动比表面积测定仪测定比表面积。

A　实验准备工作

（1）被测试样烘干备用。

（2）预先测定好被测试样的密度。

（3）220V、50Hz 的交流电源系统。

（4）千分之一的电子天平一台。

（5）凡士林少许。

（6）将仪器放平放稳，接通电源，打开仪器左侧的电源开关，如果仪器的液晶屏显示

ERR1，表示玻璃压力计内的水位未达到或超过最低刻度线。

（7）如果未到最低刻度，用滴管从压力计左侧一滴滴地滴入清水，滴水过程中应仔细观察显示屏，如果显示屏出现比表面积值、K 值和温度值，停止注入水，仪器这时处于待机状态；如果超过最低刻度，请倒出水，然后按上述操作使仪器处于待机状态，然后测量。

B 仪器常数 K 的标定

（1）需要的已知参数包括标准样品的比表面积、标准样品的密度和透气圆筒的标称体积。

（2）试样量的制备：标准样品需在 115℃ 下烘干 3h 以上，在干燥器中冷却至室温，按下列公式计算试样量：

$$W_S = \rho_S \times V \times (1 - \varepsilon_S)$$

式中　ρ_S——标准样品的密度，g/cm^3；

　　　V——透气圆筒试料层体积，cm^3；

　　　ε_S——标准试样空隙率，一般取 0.5。

（3）将圆筒放在金属支架上，放入穿孔板，用推杆将穿孔板放平，放入一片滤纸，用推杆按到底部整平即可。

（4）通过漏斗将标准样品装入圆筒（切忌不要振动圆筒），用手轻轻摆圆筒并将标准样品表面基本摆平。

（5）再放入第二片滤纸，用捣器轻轻边旋转边将滤纸推入圆筒至捣器与圆筒完全闭合。

（6）取下圆筒，在圆筒锥部的下部均匀涂上少量凡士林。

（7）将圆筒边的旋转边放入玻璃压力计的锥口部分，观察圆筒外壁与压力计内壁间应有均匀的凡士林密封即可。

（8）K 值的测量，请参照操作说明中的 K 值的测量。仪器标定的 K 值自动记忆在仪器内存中，但最后要有记录，以便仪器发生故障时可输入。

C 试样比表面积的测定

（1）测定前应首先测出被测试样的密度。

（2）按下列公式计算试样重量。

$$W = \rho V (1 - \varepsilon)$$

式中　ρ——被测试样密度，g/cm^3；

　　　V——透气圆筒试料层体积，cm^3；

　　　ε——试料层的空隙率，根据原料确定。

（3）将圆筒擦拭干净，放到圆筒支架上，放入穿孔板，然后放入一片滤纸，将被测试样通过漏斗缓缓倒入圆筒内，在平整的桌面上（最好是玻璃桌面）平行摆动，使在圆筒内的被测试样表面基本摆平。

（4）在试样上面放入一片滤纸。

（5）用捣器边旋转边将滤纸压入圆筒。

（6）在圆筒锥形外部涂抹少许凡士林。

（7）轻轻将圆筒放入玻璃压力计右侧的锥形口处，边放边旋转，使凡士林均匀分布以便密封接口部分。

（8）然后测量 S 值，测量步骤参照操作说明中 S 值的测量。

注意：在仪器进行抽气工作时，请仔细观察液面，如液面超过最上位光电管 5mm 仍未停止抽气时，请及时按下测量/复位键，以免液体抽入到电磁阀中，如仪器不停机，请调节气泵速度（即调节抽气速度）。

11.3.2.5　实验报告

（1）固废原料比表面积应由两次透气实验结果的平均值确定。如两次实验结果相差 2%以上时，应重新实验。计算结果保留至 $10cm^2/g$。

（2）实验报告（见表 11-2）。

表 11-2　实验报告

试样编号	试料层体积 V/cm^3	试样质量 W/g	时间 T/s	温度/℃	比表面积 $S/cm^3 \cdot g^{-1}$
1					
2					
平均值					

11.3.2.6　注意事项

（1）防止仪器各部分接头处漏气，保证仪器的气密性。

（2）实验时穿孔板的上下面应与测定料层体积时的方向一致，以防止由于仪器加工精度方面的原因而影响圆筒体积大小，从而导致测定结果的不准确。

（3）圆筒内穿孔板上的滤纸应与圆筒内径一致，如滤纸直径太大，则可使滤纸皱曲，影响空气流动；如果直径太小，则会引起一部分固废原料外溢，黏附在圆筒上，使测定结果发生误差。因而推荐使用建材院原料所制的勃氏透气仪专用圆形滤纸片。

（4）捣器捣实时，捣器支持环必须与圆筒上边接触并旋转两周，以保证料层达到一定厚度。

（5）在使用电磁泵抽气时，不要抽气太猛，应使液面徐徐上升。

（6）如果使用滤纸品种、质量有变动，或者调换穿孔板时，应重新标定圆筒体积和标准时间（T_S）。

（7）透气圆筒试料层体积应每隔 3~6 个月标定一次。

（8）测定时应尽量保持温度不变，以防止空气黏度发生变化影响测定结果。

11.3.2.7　思考题

（1）比表面积测定时为何要保持温度不变？

（2）勃氏透气仪由哪几部分组成？

（3）透气圆筒体积每隔多长时间标定一次？

（4）勃氏透气仪如何进行漏气检查？

（5）全自动比表面积测定中的 K 值含义是什么，如何标定 K 值？

11.3.3　利用冶金渣制备陶瓷实验

11.3.3.1　实验目的

掌握利用冶金渣制备陶瓷材料的实验流程，明确陶瓷烧结的原理及制备工艺，具备设计和开展冶金渣陶瓷制备实验的能力，能对实验制备的陶瓷材料进行基本性能测试，并判断最适宜的烧结制度。

11.3.3.2　实验原理

烧结是陶瓷生产过程中最重要的环节。烧结是一种利用热能使粉末坯体致密化的技术，烧结的基本驱动力是系统的表面能下降。陶瓷烧结是坯体在高温条件下粉体颗粒表面积减小、孔隙率降低、力学性能提高的致密化过程。根据烧结机理，可以划分为固相烧结和液相烧结两种类型。

固相烧结没有液相参加，或液相量极少且不起作用的烧结。固相烧结过程中主要发生晶粒中心互相靠近、晶粒长大、减小粉末压实的尺寸以及排出气孔等变化。固相烧结一般可分为三个阶段：初始阶段，主要表现为颗粒形状改变；中期阶段，主要表现为气孔形状改变；末期阶段，主要表现为气孔尺寸减小（见图 11-23）。

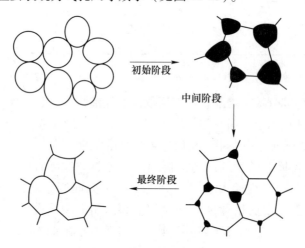

图 11-23　固相烧结的三个阶段

液相烧结是指在烧结坯体包含多种粉末时，烧结温度至少高于其中一种粉末的熔融温度，从而在烧结过程中出现液相的烧结过程。烧结过程中烧结体内出现一定数量的液相后，其物质传递速率大大高于固相扩散传质过程，因此，液相烧结是强化烧结的一种有效方式。液相烧结的传质方式包括黏滞流动传质和溶解-沉淀传质。

烧结过程中陶瓷坯体中各类原料都有其作用，大致如下：

（1）黏土类原料，包括软质黏土（如木节土、漳州土、苏州土、界牌土等）、硬质黏土（如叶蜡石、紫砂土、红页岩等）。其在陶瓷中所起的作用主要有赋予陶瓷坯体成型时必须的可塑性，对其他原料产生结合力；使坯体具有足够的强度，可保证在生坯烧成前不变形、不开裂；黏土矿物在陶瓷坯体最终烧成后转化为莫来石晶体，可赋予坯体较高的机械强度、热稳定性和化学稳定性。

（2）石英类原料，包括石英、硅灰石、滑石、砂质尾矿等。石英是瘠性原料，主要作用为调节泥料的可塑性，降低坯体的干燥收缩，减少坯体变形，缩短坯体干燥时间；烧成过程中，石英因加热产生晶型转变伴随的体积膨胀，可部分抵消黏土的收缩，减弱烧成收缩过大而造成的应力，改善坯体性能；高温下部分溶解于玻璃相中，提高玻璃相的黏度，残余的颗粒构成坯体的骨架，增加高温下坯体抵抗变形的能力，并提高制品的机械强度。

（3）长石类原料，包括钠长石、钾长石、钙长石、钡长石等。长石类原料在陶瓷生产中是作为熔剂使用。一般要求长石具有较低的始熔温度、较宽的熔融范围以及良好的熔解其他物质的能力。长石在高温下熔融，形成黏稠的玻璃熔体，是坯体中碱金属氧化物的主要来源，能降低烧成温度。高温下形成的长石熔体，可促进石英和高岭石的溶解和互相渗透，促进莫来石晶体的形成和长大；高温下形成的长石熔体填充于坯体颗粒间的空隙，黏结颗粒，提高致密度，改善坯体的机械性能。在生坯中还可以缩短坯体的干燥时间、减少坯体干燥收缩和变形。

11.3.3.3 实验原料

本次实验选用赤泥、钢渣两种典型冶金废渣作为主要原料，同时使用滑石和黏土作为辅料。其中，滑石也可以用粉煤灰、尾矿等代替，黏土也可以用城市渣土、煤矸石等代替。选择赤泥、钢渣的原因是，钢渣和赤泥是冶金行业的两类排放量最大的固废，同时利用率低，但适合制备陶瓷、陶粒类材料，因此选择这两种冶金渣进行固废陶瓷制备实验（见表11-3和表11-4）。

表 11-3 典型原料化学成分（质量分数） （%）

原料	SiO_2	Al_2O_3	CaO	MgO	Fe_2O_3	NaO	K_2O
钢渣	16.54	5.41	40.10	8.00	21.53	0.30	0.07
赤泥	16.40	18.80	13.20	0.30	34.10	10.40	0.10
滑石	64.07	1.34	3.64	30.44	0.14	—	0.03
黏土	64.39	21.91	4.14	4.31	2.21	0.32	2.31

表 11-4 可供参考的配料方案（质量分数） （%）

编号	钢渣	赤泥	滑石	黏土
A	35	—	20	45
B	45	—	20	35
C	—	45	20	35
D	—	55	20	25

11.3.3.4 实验设备

（1）天平。

（2）快速球磨机。

（3）筛子、托盘。

（4）干燥箱。

（5）压样机（千斤顶）以及方形模具。

（6）高温炉。

452

（7）游标卡尺。

（8）真空吸水率测试仪。

（9）陶瓷抗折强度测试仪。

陶瓷吸水率真空测试装置，见图 11-24，数显陶瓷砖抗折试验机，见图 11-25。

图 11-24　陶瓷吸水率真空测试装置

图 11-25　数显陶瓷砖抗折试验机

11.3.3.5　实验步骤

（1）根据选定的配料方案进行原料称量，并将原料放入快速球磨机进行湿磨，获得粒度小于 250 目通过 180 目筛网过筛的浆料，料浆再放入烘干箱干燥，然后将烘干后的样品进行人工研磨成粉。实验中也可以将称量好的原料放入快速球磨机中进行干磨，获得粒度小于 250 目通过 180 目筛网过筛后的合格粉料。

（2）然后在粉料上均匀的喷水造粒，其中喷水量为粉料的 5%～10%，将喷水润湿后的粉料混合均匀，使粉料自然黏结成百微米级颗粒，然后通过 20 目筛筛下的颗粒为合格颗粒，筛上的较大颗粒可人工粉碎后再次造粒。

（3）将颗粒样放入模具中，用千斤顶压制成型，成型压力 20MPa，保压时间 20s 左右。将压制好的生坯放入烘干箱中烘干 1～2h，之后取出并测量生坯的质量、尺寸。

（4）烘干后的生坯放入高温炉内进行烧结，控制升温速率为 5℃/min，升至最高烧结温度（通常设置为 1110～1170℃，实验过程中可以选择 3 个不同的温度并分别烧制 3 个不同的样品）并保温 30min 左右；然后控制降温速率为 10℃/min 并降温至 1000℃，进一步随炉冷却至室温，即可得到固废陶瓷材料。

（5）待样品冷却后，测量相关实验数据，包括烧结前后质量、尺寸，以及成品的吸水率、抗折强度等相关性能数据。

实验流程如图 11-26 所示，烧结温度梯度设置如图 11-27 所示。

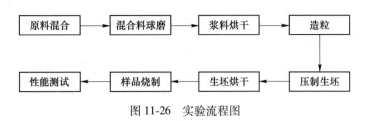

图 11-26　实验流程图

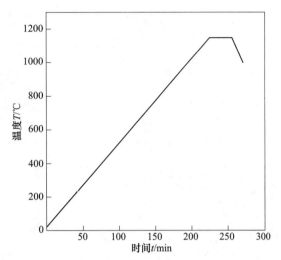

图 11-27　烧结温度梯度设置图 (以 1150℃ 为例)

其中各性能计算方法如下：

（1）烧失率 (S)：

$$S = \frac{m_1 - m_2}{m_1} \times 100\%$$

式中，m_1 为试样生坯质量，g；m_2 为试样烧结后质量，g。

（2）收缩率 (l)：

$$l = \frac{L_1 - L_2}{L_1} \times 100\%$$

式中，L_1 为试样生坯长度，mm；L_2 为试样烧结后长度，mm。

（3）吸水率 (E)：

$$E = \frac{m_4 - m_3}{m_3} \times 100\%$$

式中，m_3 为试样吸水前质量，g；m_4 为试样吸水后质量，g。

（4）抗折强度 (R)：由于不同抗折强度测试设备工作方式不同，因此其抗折强度计算公式不尽相同，应根据所用抗折强度测试仪上所给的计算公式进行计算。

11.3.3.6　实验报告

实验室制备陶瓷主要性能指标包括：烧失率、收缩率、吸水率、抗折强度等。一般情况下陶瓷样品吸水率越低，代表其致密性越好；抗折强度越高，代表其力学性能越优良。陶瓷产品需要满足以下国家标准《陶瓷砖（GB/T 4100—2015）》要求，如表 11-5 和图

11-28 所示。其中根据产品的吸水率、机械强度（破坏强度和断裂模数）等重要性能指标，可以将其划分为不同类型的产品。

表 11-5   建筑陶瓷（陶瓷砖）吸水机械强度的国家标准质量要求

产品种类	吸水率/%	抗折强度(断裂模数)/MPa
瓷质砖	平均值≤0.5	平均值≥28
	单个最大值≤0.6	单个最小值≥21
炻瓷砖	0.5<E≤3	平均值≥23
	单个最大值≤3.3	单个最小值≥18
细炻砖	3<E≤6	平均值≥20
	单个最大值≤6.5	单个最小值≥18
炻质砖	6<E≤10	平均值≥17.5
	单个最大值≤11	单个最小值≥15
陶质砖	平均值>10	平均值≥8
	单个最小值>9	单个最小值≥7

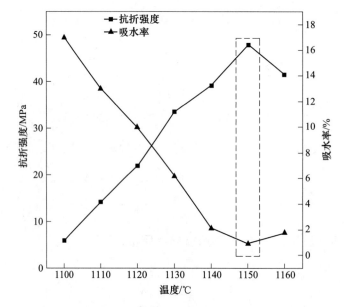

图 11-28   陶瓷在不同烧结温度下的抗折强度和吸水率变化规律

（框内性能指标对应的烧结温度可判断为最佳烧结温度，即吸水率最低强度最高的温度）

实验报告需要包含以下两部分：

（1）实验数据记录（见表 11-6）。

表 11-6   实验数据

实验配方			
烧结实验 1			
生坯 105℃ 干燥时间/min		烧结最高温度 /℃		最高温度下的 烧结时间/min	
烧成样品外观描述（是否软熔， 翘曲，变色，多孔等）			

烧结前质量/g		烧结后质量/g		烧失率/%	
烧结前尺寸/mm	长1： 宽1：	长2： 宽2：	长3： 宽3：	平均值 长： 宽：	收缩率/% 长： 宽：
烧结后尺寸/mm	长1： 宽1：	长2： 宽2：	长3： 宽3：	平均值 长： 宽：	
抗折强度测试数据/MPa				平均值	
吸水前质量/g		吸水后质量/g		吸水率/%	

烧结实验 2					
生坯 105℃干燥时间/min		烧结最高温度 /℃		最高温度下的 烧结时间/min	
烧成样品外观描述（是否软熔， 翘曲，变色，多孔等）					
烧结前质量/g		烧结后质量/g		烧失率/%	
烧结前尺寸/mm	长1： 宽1：	长2： 宽2：	长3： 宽3：	平均值 长： 宽：	收缩率/% 长： 宽：
烧结后尺寸/mm	长1： 宽1：	长2： 宽2：	长3： 宽3：	平均值 长： 宽：	
抗折强度测试数据/MPa				平均值	
吸水前质量/g		吸水后质量/g		吸水率/%	

烧结实验 3					
生坯 105℃干燥时间/min		烧结最高温度 /℃		最高温度下的 烧结时间/min	
烧成样品外观描述（是否软熔， 翘曲，变色，多孔等）					
烧结前质量/g		烧结后质量/g		烧失率/%	
烧结前尺寸/mm	长1： 宽1：	长2： 宽2：	长3： 宽3：	平均值 长： 宽：	收缩率/% 长： 宽：
烧结后尺寸/mm	长1： 宽1：	长2： 宽2：	长3： 宽3：	平均值 长： 宽：	
抗折强度测试数据/MPa				平均值	
吸水前质量/g		吸水后质量/g		吸水率/%	

（2）实验数据处理。计算出各个陶瓷样品的烧失率、收缩率。根据 11.3.4.3 实验步骤一节所述计算公式计算出各个陶瓷样品的烧失率、收缩率、吸水率、抗折强度，并绘制出样品在不同烧结温度下物理性能（包括烧失率、收缩率、吸水率、抗折强度）的变化规律图。

11.3.3.7　思考题

（1）根据自己得到的陶瓷样品的性能数据，分析自己设定的烧结温度是否能达到最佳烧结区间的要求并说明理由；若不是，推测应该提高还是降低烧结温度，为什么？

（2）分析所用的冶金渣在陶瓷烧结过程中，起到了黏土类、石英类和长石类原料中哪类原料的作用，为什么？

11.3.4　CO_2-O_2 混合顶吹炼钢源头降尘实验

11.3.4.1　实验目的

（1）探索不同 CO_2-O_2 喷吹比例对炼钢过程粉尘产生的影响。

（2）探索蒸发理论与气泡理论在炼钢粉尘产生过程中的作用。

11.3.4.2　实验设备

实验过程采用 20kg 感应炉熔化金属液，利用质量流量计精确控制氧气和 CO_2 流量，吹炼过程启动抽风机产生负压抽取烟气，含尘烟气在负压的抽引作用下进入水中并溶解吸收，气体随抽风机排出，停止吹炼时收集含尘水样进行处理。实验装置示意图如图 11-29 所示。

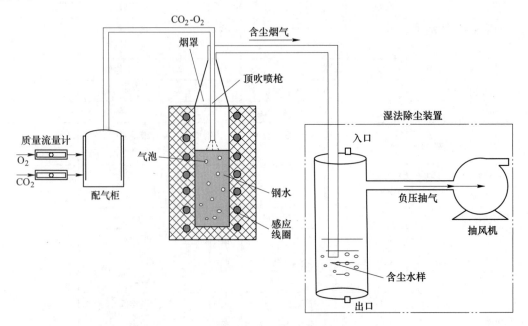

图 11-29　实验装置示意图

感应炉加热是依靠改变功率来调整加热速率的，由于在冶炼过程中存在炉体自身的散热损失。因此，需探索感应炉冶炼过程的热平衡。利用感应炉加热铁水至 1500℃，调小感应炉功率，每间隔 5min 测温一次，摸索调节感应炉功率，控制金属液温度在 30min 内保持在（1500±10）℃范围内，此时认为感应炉本身的热量可实现收支平衡，从而减小感应炉炉体加热或散热损失对炼钢工艺的影响。实验探索的感应炉收支平衡加热功率为 14kW，在此后的各炉实验中，开始吹氧后即保持感应炉功率一定。

11.3.4.3 实验方法及步骤

本次实验共计 16 炉，分四组进行，每组 4 炉。第一、二组分别利用生铁、废钢、Fe-Mn 合金配比不同碳含量的实验原料共计 10kg（简称低碳锰铁组和中碳锰铁组），重点研究 CO_2 喷吹比例和粉尘量、粉尘特性之间的关系，并未考虑实际炼钢过程热量的要求，CO_2 比例为 0、30%、60% 和 100%，横向分析不同 CO_2 比例对粉尘量、粉尘成分、粉尘颗粒粒径的影响规律，纵向对比碳含量对上述参数的影响。第三、四组是采用生铁、废钢，并分别配加钒铁和钼铁，原料共计 10kg（简称中碳钒铁组和中碳钼铁组），设置 CO_2 比例均为 0、30%、60% 和 100%，分析随着 CO_2 比例变化，粉尘总量、粉尘成分、粉尘颗粒的变化规律；此外纵向对比含碳量相同、CO_2 比例相同的条件下，不同合金元素的变化。实验每炉冶炼 60min，过程中每 20min 测温取样并收集粉尘 1 次、烟气 2 次，吹炼结束后利用金属棒蘸取炉渣。每炉共取粉尘样 3 个，金属样 4 个，炉渣 1 个，烟气样 6 个。实验的具体操作流程如下：

（1）加入生铁、废钢及合金共计 10kg 原料，开启感应炉功率进行加热。

（2）升温至约 1300℃ 开始测温取样，同时启动粉尘收集装置。

（3）调节气体流量计向炉内喷吹 CO_2-O_2 混合气体，每隔 20min 进行测温取样并收集粉尘一次、收集烟气两次。

（4）吹炼开始、吹炼至 20、40min 时各加入一批铁矿石，其中每批为加入总量的 1/3，具体加入量因原料而定。

（5）每炉吹炼时间为 60min，吹炼结束蘸取炉渣，将钢液倒出浇铸成坯。

11.3.4.4 样品分析方法

金属液：采用化学成分和光谱法分析成分，包括碳、硅、锰、硫、磷等。

炉渣：采用化学分析法分析炉渣氧化性和碱度。

粉尘：采用电子天平称量粉尘量；化学分析法分析粉尘成分；扫描电镜（粉尘样导电性差，在电镜观察前预先对样品进行喷金处理）观察粉尘的显微形貌；结合能谱分析成分；利用 EPMA 分析粉尘中 Fe、Mn 元素的分布；利用粒度分析仪分析粉尘粒径分布。

炉气采用气囊进行收集后，利用奥式气体分析仪对炉气中 CO_2、O_2、CO 含量进行离线分析。

11.3.4.5 实验报告

（1）简要介绍实验原理及各种参数确定方法及依据，列表给出实验条件及全部实验数据。实验方案表（见表 11-7）。

实验结果记录表（见表 11-8）。

（2）统计分析不同实验条件下粉尘量、不同合金元素粉尘量、炉气成分含量及粉尘粒径的变化。实验结果记录表（见表 11-9）。

表 11-7 实验方案

方案	原料	合金	冶炼时间 /min	CO_2 比例	CO_2 流量 /L·min^{-1}	O_2 流量 /L·min^{-1}
1	废钢 10kg	Fe-Mn 合金 1000g	10	0	0	4.32
2		Fe-Mo 合金 200g		0	0	4.32
3		Fe-Mn 合金 1000g		20%	1.12	3.84
4		Fe-Mo 合金 200g		20%	1.12	3.84
5	生铁 10kg	Fe-Mn 合金 1000g	60	0	0	6.75
6		Fe-Mo 合金 200g		0	0	6.75
7		Fe-Mn 合金 1000g		20%	1.76	6.00
8		Fe-Mo 合金 200g		20%	1.76	6.00

表 11-8 实验结果记录

吹炼时间	熔体碳含量	熔体硅含量	熔体锰含量	熔体钼含量

表 11-9 实验结果记录

吹炼时间	粉尘重量	熔池温度	粉尘粒径	粉尘成分

（3）利用扫描电镜、能谱对粉尘物性和成分进行检测分析。

（4）讨论实验结果，分析不同 CO_2-O_2 喷吹比例对炼钢过程粉尘产生的影响，以及蒸发理论与气泡理论在炼钢粉尘产生过程中的作用。

11.3.4.6 注意事项

（1）实验开始前测试气体管路密闭性，防止管道泄漏。

（2）实验过程保证 CO_2 与 O_2 均匀混合。

11.3.4.7 思考题

（1）CO_2 有利于减少炼钢粉尘的原因是什么？

（2）如何通过实验数据确定蒸发理论与气泡理论在炼钢粉尘产生过程中的作用？

参 考 文 献

[1] 蒋展鹏. 环境工程学 [M]. 北京：高等教育出版社，1991.

[2] 崔志微，等. 工业废水处理 [M]. 北京：冶金工业出版社，1999.

[3] 韩昭沧. 燃料及燃烧 [M]. 北京：冶金工业出版社，1984.

[4] 田凤兰，杨永利. 物理性能检测技术 [M]. 北京：北京理工大学出版社，2012.

[5] 陈萍，颜碧兰，宋立春. GB/T 8074《水泥比表面积测定方法（勃氏法）》2007 年修订版的介绍 [J]. 水泥，2007（12）：29~31.

[6] 全国水泥标准化技术委员会. 水泥胶砂强度检验方法（ISO 法）：GB/T 17671—2021 [S]. 北京：中国标准出版社，2021.12.

[7] 李忠全. ISO 9277—1995《气体吸附 BET 法测定固态物质的比表面积》[J]. 粉末冶金工业，1996（2）：38~43.

附　　录

附录1　气瓶安全使用规范

气瓶安全使用规范（摘自《气瓶安全技术监察规程（TSG 23—2021）》），见附表1-1～附表1-3。

附表1-1　盛装常用气体气瓶的公称工作压力

气体类别	公称工作压力 /MPa	充装介质
压缩气体 T_c（临界温度，下同）≤-50℃	70	氢
	50	氢
	35	空气、氢、氮、氩、氦、氖等
	30	空气、氢、氮、氩、氦、氖、甲烷、天然气等
	25	空气、氢、氮、氩、氦、氖、甲烷、天然气等
	20	空气、氧、氢、氮、氩、氦、氖、甲烷、天然气等
	15	空气、氧、氢、氮、氩、氦、氖、甲烷、一氧化碳、一氧化氮、氪、氘（重氢）等
高压液化气体 -50℃<T_c≤65℃	20	二氧化碳（碳酸气）、乙烷、乙烯
	15	二氧化碳（碳酸气）、一氧化二氮（笑气、氧化亚氮）、乙烷、乙烯、硅烷（四氢化硅）等
	12.5	氙、一氧化二氮（笑气、氧化亚氮）、六氟化硫、氯化氢（无水氢氯酸）、乙烷、乙烯、三氟甲烷（R23）等
低压液化气体及其混合气体 T_c>65℃	5	溴化氢（无水氢溴酸）、硫化氢、碳酰二氯（光气）、硫酰氟等
	4	二氟甲烷（R32）、五氟乙烷（R125）、溴三氟甲烷（R13B1）等
	3	氨、氯二氟甲烷（R22）等
	2.5	丙烯
	2.2	丙烷
	2.1	液化石油气
	2	氯、二氧化硫、二氧化氮（四氧化二氮）、氟化氢（无水氢氟酸）、环丙烷、六氟丙烯（R1216）、氯甲烷（甲基氯）、溴甲烷（甲基溴）等
	1.6	二甲醚
	1	正丁烷（丁烷）、异丁烷、异丁烯、1-丁烯、二氯氟甲烷（R21）、氯二氟乙烷（R142b）、溴氯二氟甲烷（R12B1）、氯乙烷（乙基氯）、氯乙烯、溴乙烯（乙烯基溴）、甲胺、乙胺（氨基乙烷）等
低温液化气体	—	液化空气、液氩、液氖、液氮、液氧、液氢、液化天然气、液化氧化亚氮、液化二氧化碳等

附表 1-2 常用气瓶的设计使用年限

序号	气瓶品种	设计使用年限/年
1	钢质无缝气瓶	20
2	铝合金无缝气瓶	
3	溶解乙炔气瓶以及吸附式天然气钢瓶	
4	长管拖车、管束式集装箱用大容积钢质无缝气瓶	20
5	钢质焊接气瓶	
6	燃气气瓶	8
7	焊接绝热气瓶	20
8	盛装腐蚀性气体或者在海洋等易腐蚀环境中使用的钢质无缝气瓶、钢质焊接气瓶	12

附表 1-3 气瓶定期检验周期

气瓶品种	介质、环境		检验周期/年
钢质无缝气瓶、钢质焊接气瓶（不含液化石油气钢瓶、液化二甲醚钢瓶）、铝合金无缝气瓶	腐蚀性气体、海水等腐蚀性环境		2
	氮、六氟化硫、四氟甲烷及惰性气体		5
	纯度大于或者等于 99.999% 的高纯气体（气瓶内表面经防腐蚀处理且内表面粗糙度达到 $Ra0.4$ 以上）	剧毒	5
		其他	8
	混合气体		按混合气体中检验周期最短的气体特性确定（微量组分除外）
	其他气体		3
液化石油气钢瓶、液化二甲醚钢瓶	民用	液化石油气、液化二甲醚	4
	车用		5
低温绝热气瓶（含车用气瓶）	液氧、液氮、液氩、液化二氧化碳、液化氧化亚氮、液化天然气		3
溶解乙炔气瓶	溶解乙炔		3

附录 2 冶金实验室常见火灾事故应急处理方法

冶金实验室常见火灾事故应急处理方法，见附表 2-1。

附表 2-1 冶金实验室常见火灾事故应急处理方法

火灾种类	灭火方式
固体火灾（物质往往具有有机物性质，一般在燃烧时能产生灼热的余烬如纸张、木材、衣服、塑胶等）	水型灭火器； 干粉灭火器； 泡沫灭火器； 卤代烷型灭火器

火灾种类	灭火方式
液体火灾（液体火灾和可熔化的固体物质火灾，如酒精、汽油、煤油、石蜡等）	干粉灭火器； 泡沫灭火器； 二氧化碳灭火器； 卤代烷型灭火器
气体火灾（只有达到一定浓度才会发生燃烧，如煤气、液化石油气、天然气、甲烷、氢气等）	干粉灭火器； 二氧化碳灭火器； 卤代烷型灭火器
金属火灾（如钾、钠、镁、锂等活泼金属引起的火灾）	消防沙、灭火毯覆灭（局部火灾）； 轻金属火灾灭火器（专用灭火器）
电器火灾（物体带电燃烧形成的火灾，如配电箱、计算机等一般带电设备引起的火灾）	干粉灭火器； 二氧化碳灭火器； 卤代烷型灭火器

附录3 常见燃料数据表

中国煤炭分类简表，见附表 3-1。

附表 3-1 中国煤炭分类简表（GB 5751—2009）

类别	代号	编码	分类指标					
			V_{daf}/%	G	Y/mm	b/%	P_M②/%	$Q_{gt,maf}$③/MJ·kg^{-1}
无烟煤	WY	01, 02, 03	≤10.0					
贫煤	PM	11	>10.0~20.0	≤5				
贫瘦煤	PS	12	>10.0~20.0	>5~20				
瘦煤	SM	13, 14	>10.0~20.0	>20~65				
焦煤	JM	24	>20.0~28.0	>50~65	≤25.0	≤150		
		15, 25	>10.0~28.0	>65				
肥煤	FM	16, 26, 36	>10.0~37.0	(>85)①	>25.0			
1/3 焦煤	1/3JM	35	>28.0~37.0	>65①	≤25.0	≤220		
气肥煤	QF	46	>37.0	(>85)①	>25.0	>220		
气煤	QM	34	>28.0~37.0	>50~65	≤25.0	≤220		
		43, 44, 45	>37.0	>35				
1/2 中黏煤	1/2ZN	23, 33	>20.0~37.0	>30~50				
弱黏煤	RN	22, 32	>20.0~37.0	>5~30				
不黏煤	BN	21, 31	>20.0~37.0	≤5				
长焰煤	CY	41, 42	>37.0	≤35			>50	
褐煤	HM	51	>37.0				≤30	≤24
		52	>37.0				>30~50	

① G>85 的煤，用 Y 值或 b 值来区分肥煤、气肥煤与其他煤类，当 Y>25.0mm 时，根据 V_{daf} 的大小可划分为肥煤或气肥煤；当 Y≤25.0mm 时，则根据 V_{daf} 的大小可划分为焦煤、1/3 焦煤和气煤。
  按 b 值划分类别时，当 V_{daf}≤28.0%时，b≥150%的为肥煤；当 V_{daf}>28.0%时，b≥220%的为肥煤或气肥煤。
  如按 b 值和 Y 值划分的类别有矛盾时，以 Y 值划分的类别为准。
② 对 V_{daf}>37.0%，G≤5 的煤，再以透光率 P_M 来区分其为长焰煤或褐煤。
③ 对 V_{daf}>37.0%，P_M>30~50%的煤，再测 $Q_{ar,maf}$，如其值大于 24MJ/kg，应划分为长焰煤，否则为褐煤。

常用重油黏度对照表，见附表 3-2。

附表 3-2　常用重油黏度对照表

运动黏度		西保特黏度〔s〕			莱伍德黏度〔s〕			恩氏黏度/°E
×10⁻⁶m²/s	〔cst〕	100℉	130℉	210℉	30℃	50℃	100℃	
2	2	32.6	32.7	32.8	30.5	30.8	31.2	1.140
3	3	36.0	36.1	36.3	33.0	33.3	33.7	1.224
4	4	39.1	39.2	39.4	35.6	35.9	36.5	1.308
5	5	42.3	42.4	42.6	38.2	38.5	39.1	1.400
6	6	45.5	45.6	45.8	40.8	41.1	41.7	1.481
7	7	48.7	48.8	49.0	43.4	43.7	44.3	1.563
8	8	52.0	52.1	52.4	46.2	46.3	47.2	1.653
9	9	55.4	55.5	55.8	49.0	49.1	50.0	1.746
10	10	58.8	58.9	59.2	51.9	52.1	52.9	1.837
11	11	62.3	62.4	62.7	55.0	55.1	56.0	1.928
12	12	65.9	66.0	66.4	58.1	58.2	59.1	2.020
13	13	69.6	69.7	70.1	61.2	61.4	62.3	2.120
14	14	73.4	73.5	73.9	64.6	64.7	65.6	2.219
15	15	77.2	77.3	77.7	67.9	68.0	69.1	2.323
16	16	81.1	81.3	81.7	71.3	71.5	72.6	2.434
17	17	81.5	85.3	85.7	74.7	75.0	76.1	2.540
18	18	89.2	89.4	89.8	78.3	79.6	78.7	2.614
19	19	93.3	93.5	94.0	81.8	82.1	83.6	2.755
20	20	97.5	97.7	98.2	85.4	85.8	87.4	2.870
21	21	101.7	101.9	102.4	89.1	89.5	91.3	2.984
22	22	106.0	106.2	106.7	92.9	93.3	95.1	3.10
23	23	110.3	110.5	111.1	96.6	97.1	98.9	3.22
24	24	114.6	114.8	115.4	100	101	103	3.34
25	25	118.9	119.1	119.7	104	105	107	3.46
26	26	123.3	123.5	124.2	108	109	111	3.58
27	27	127.7	127.9	128.6	112	112	115	3.70
28	28	132.1	132.4	133.0	116	116	119	3.82
29	29	136.5	136.8	137.5	120	120	123	3.95
30	30	140.9	141.2	141.9	124	124	127	4.07
31	31	145.3	145.6	146.3	128	128	131	4.20
32	32	149.7	150.0	150.8	132	132	135	4.32
33	33	154.2	154.5	155.3	136	136	139	4.45
34	34	158.7	159.0	159.8	140	140	143	4.57
35	35	163.3	163.5	164.3	144	144	147	4.70
36	36	167.7	168.0	168.9	148	148	151	4.83

运动黏度		西保特黏度〔s〕			莱伍德黏度〔s〕			恩氏黏度/°E
×10⁻⁶ m²/s	〔cst〕	100℉	130℉	210℉	30℃	50℃	100℃	
37	37	172.2	172.5	173.4	152	153	155	4.96
38	38	176.7	177.0	177.9	156	156	159	5.08
39	39	181.2	181.5	182.5	160	160	164	5.21
40	40	185.7	186.0	187.0	164	164	168	5.34
41	41	190.2	190.6	191.5	168	168	172	5.47
42	42	194.7	195.1	196.1	172	172	176	5.59
43	43	199.2	199.6	200.6	176	176	180	5.72
44	44	203.8	204.2	205.2	180	180	185	5.85
45	45	208.4	208.8	209.9	184	184	189	5.98
46	46	213.0	213.4	214.5	188	188	193	6.11
47	47	217.6	218.0	219.2	192	193	197	6.24
48	48	222.2	222.6	223.8	196	197	202	6.37
49	49	226.8	227.2	228.4	199	201	206	6.50
50	50	231.4	231.8	233.0	204	205	210	6.63
55	55	254.4	254.9	256.2	224	225	231	7.24
60	60	277.4	277.9	279.3	244	245	252	7.90
65	65	300	301	302	264	266	273	8.55
70	70	323	324	326	285	286	294	9.21
75	75	346	347	349	305	306	315	9.89
>75	>75	×4.635	×4.644	×4.667	×4.063	×4.080	×4.203	×0.1316

可燃气体的主要热工特性，见附表 3-3。

附表 3-3　可燃气体的主要热工特性

气体名称	符号	相对分子质量	密度/kg·m⁻³	理论空气需要量/m³·m⁻³	理论燃烧产物量/m³·m⁻³		发热量/kJ·m⁻³		理论燃烧温度/℃	干燃烧产物中 CO_2 的最大含量/%
					湿	干	高	低		
一氧化碳	CO	28.01	1.25	2.38	2.88	2.88	12644.1	12644.1	2370	34.7
氢	H_2	2.02	0.09	2.38	2.88	1.88	12769.7	10760.1	2230	—
甲烷	CH_4	16.04	0.715	9.52	10.52	8.52	39774.6	03513.4	2030	11.8
乙烷	C_2H_2	30.07	1.314	16.66	18.16	15.16	69668.4	63765	2097	13.2
丙烷	C_3H_3	44.09	1.987	23.80	25.80	21.80	99143.4	91272.2	2110	13.8
丁烷	C_4H_{10}	58.12	2.70	30.94	33.44	28.44	128493	118675	2118	14.0
戊烷	C_5H_{12}	72.15	3.22	38.08	41.08	35.08	157905	146119	2119	14.2
乙烯	C_2H_4	28.05	1.26	14.28	15.28	13.28	63001.3	59075.7	2284	15.0
丙烯	C_3H_6	42.08	1.92	21.42	22.92	19.92	91858.4	86038.7	2224	15.0

气体名称	符号	热工特性								
		相对分子质量	密度/kg·m⁻³	理论空气需要量/m³·m⁻³	理论燃烧产物量/m³·m⁻³		发热量/kJ·m⁻³		理论燃烧温度/℃	干燃烧产物中 CO_2 的最大含量/%
					湿	干	高	低		
丁烯	C_4H_8	57.10	2.50	28.56	30.56	26.56	121417	113546	2203	15.0
戊烯	C_5H_{10}	70.13	3.13	35.70	38.20	33.20	150725	140928	2189	15.0
甲苯	C_6H_6	78.11	3.48	35.70	37.20	34.20	146287	140383	2258	17.5
乙炔	C_2H_2	27.04	1.17	11.90	12.40	11.40	58008.1	56040.3	2620	17.5
硫化氢	H_2S	34.08	1.52	7.14	4.64	6.64	25707	23697.3		15.1

干高炉煤气的主要特性，见附表 3-4。

附表 3-4　干高炉煤气的主要特性

名称		炼钢生铁			特种生铁				
		大型高炉	小型高炉	中型高炉	铸造铁	锰铁	硅铁	钒铁	铬镍生铁
化学成分/%	CO_2	10.3	8.4	9.7	9.0	5.4	4.5	5.6	9.1
	O_2	0.1	0.2	0.1	0.1	0.1	0.1	0	0
	CO	29.5	30.9	29.7	30.6	33.1	34.7	33.6	28.0
	CH_4	0.3	0.1	0.5	0.3	0.5	0.3	0.6	0.4
	H_2	1.6	2.6	1.9	2.0	2.0	1.6	1.5	1.1
	N_2	58.2	57.8	58.1	58.0	58.9	58.8	58.7	61.4
发热量/kJ·m⁻³	高发热量	4048.6	4517.6	4186.8	4241.2	4634.8	4701.8	4668.3	3835.1
	低发热量	4006.8	4425.4	4128.2	4186.8	4572	4655.7	4613.9	3797.4
	密度/kg·m⁻³	1.31	1.28	1.30	1.29	1.26	1.26	1.27	1.30
黏度系数		1.65	1.65	1.65	1.65	1.66	1.67	1.67	1.67
理论空气需要量		0.76	0.86	0.80	0.80	0.88	0.89	0.89	0.73
理论燃烧产物量		1.67	1.76	1.70	1.75	1.77	1.77	1.77	1.65
燃烧产物中 RO_2 的最大/%		25.3	23.8	24.8	24.8	23.3	23.4	23.4	24.0
燃烧产物密度/kg·m⁻³		1.41	1.38	1.40	1.36	1.38	1.39	1.39	1.48
理论燃烧温度/℃		1450	1500	1430	1420	1510	1560	1540	1400

不同温度下饱和水蒸气含量，见附表 3-5。

附表 3-5　不同温度下饱和水蒸气含量

温度 t/℃	水蒸气分压/Pa	水蒸气含量				温度 t/℃	水蒸气分压/Pa	水蒸气含量			
		按干气体计算		按湿气体计算				按干气体计算		按湿气体计算	
		g/m³	m³/m³	g/m³	m³/m³			g/m³	m³/m³	g/m³	m³/m³
−30	38.06	0.20	0.00037	0.30	0.00037	−15	168.58	1.3	0.00016	1.3	0.0016
−25	63.9	0.50	0.00062	0.50	0.00062	−10	265.10	2.1	0.00026	2.1	0.0026
−20	104.68	0.81	0.00010	0.81	0.0010	−5	409.20	3.2	0.00040	3.2	0.0040

温度 $t/℃$	水蒸气分压 /Pa	水蒸气含量				温度 $t/℃$	水蒸气分压 /Pa	水蒸气含量			
		按干气体计算		按湿气体计算				按干气体计算		按湿气体计算	
		g/m^3	m^3/m^3	g/m^3	m^3/m^3			g/m^3	m^3/m^3	g/m^3	m^3/m^3
0	622.65	4.8	0.0060	4.8	0.0060	24	3045.28	24.4	0.0303	23.7	0.0294
1	666.16	5.2	0.0065	5.2	0.0065	25	3235.61	26.0	0.0323	25.2	0.0313
2	720.54	5.6	0.0070	5.6	0.0070	26	3425.94	27.6	0.0343	26.6	0.0331
3	774.92	6.1	0.0076	6.1	0.0076	27	3629.87	29.3	0.0364	28.2	0.0351
4	829.30	6.6	0.0082	6.5	0.0081	28	3928.96	31.1	0.0386	29.9	0.0372
5	883.68	7.0	0.0087	6.9	0.0086	29	4078.5	33.0	0.0410	31.7	0.0394
6	951.65	7.5	0.0093	7.4	0.0092	30	4323.21	35.1	0.0436	33.6	0.0418
7	1019.63	8.1	0.0101	8.0	0.0100	31	4581.52	37.3	0.464	35.6	0.0443
8	1087.6	8.6	0.0107	8.5	0.0106	32	4853.42	39.6	0.0492	37.7	0.0469
9	1169.17	9.2	0.0114	9.1	0.0113	33	5125.32	41.9	0.0520	39.9	0.0496
10	1250.74	9.8	0.0122	9.7	0.0121	34	5424.41	44.5	0.0553	42.2	0.0525
11	1332.31	10.5	0.0131	10.4	0.0129	35	5737.10	47.3	0.0587	44.6	0.0555
12	1427.48	11.3	0.0141	11.1	0.0138	36	6063.37	50.1	0.0623	47.1	0.0585
13	1522.64	12.1	0.0150	11.9	0.0148	37	6403.25	53.1	0.0660	49.8	0.0619
14	1631.4	12.9	0.0160	12.7	0.0158	38	6756.72	56.3	0.0700	52.6	0.0655
15	1740.16	13.7	0.0170	13.5	0.0168	39	7123.78	59.5	0.0740	55.4	0.0689
16	1848.92	14.7	0.0183	14.4	0.0179	40	7518.04	63.1	0.0785	58.5	0.0726
17	1971.28	15.7	0.0196	15.4	0.0192	41	7653.99	66.8	0.0830	61.6	0.0766
18	2107.23	16.7	0.0208	16.4	0.0204	42	8360.93	70.8	0.0880	65.0	0.0808
19	2243.18	17.9	0.0223	17.5	0.0218	43	8809.56	74.9	0.0931	68.6	0.0854
20	2379.13	18.9	0.0235	18.5	0.0230	44	9285.39	79.3	0.0986	72.2	0.0898
21	2542.27	20.3	0.0252	19.8	0.0246	45	9774.81	84.0	0.1043	76.0	0.0945
22	2691.81	21.5	0.0267	20.9	0.0260	46	10318.61	89.0	0.1105	80.2	0.0998
23	2868.55	22.9	0.0284	22.3	0.0277						

化学反应平衡常数，见附表 3-6。

附表 3-6　化学反应平衡常数

温度 /℃	$K_1 = \dfrac{p_{CO}^2}{p_{CO_2}}$	$K_2 = \dfrac{p_{H_2}^2}{p_{CH_4}}$	$K_3 = \dfrac{p_{H_2} \cdot p_{CO_2}}{p_{H_2O} \cdot p_{CO}}$	$K_4 = \dfrac{p_{CO}}{p_{CO_2}}$	$K_5 = \dfrac{p_{H_2}}{p_{H_2O}}$	温度 /℃	$K_1 = \dfrac{p_{CO}^2}{p_{CO_2}}$	$K_2 = \dfrac{p_{H_2}^2}{p_{CH_4}}$	$K_3 = \dfrac{p_{H_2} \cdot p_{CO_2}}{p_{H_2O} \cdot p_{CO}}$	$K_4 = \dfrac{p_{CO}}{p_{CO_2}}$	$K_5 = \dfrac{p_{H_2}}{p_{H_2O}}$
400	$8.1×10^{-5}$	0.071	11.7		9.35	900	38.6	47.9	0.755	2.20	1.69
450	$6.9×10^{-4}$	0.166	7.32	0.870	6.33	950	78.3	70.8	0.657	2.38	1.60
500	$4.4×10^{-3}$	0.427	4.98	0.952	4.67	1000	150	105	0.579	2.53	1.50
550	0.0225	1.00	3.45	1.02	3.53	1050	273	141	0.516	2.67	1.41
600	0.0947	2.14	2.55	1.18	2.99	1100	474	190	0.465	2.85	1.35
650	0.341	3.98	1.96	1.36	2.65	1150	791	275	0.422	2.99	1.30
700	1.07	7.24	1.55	1.52	2.35	1200	1273	342	0.387	3.16	1.26
750	3.01	12.6	1.26	1.72	2.16	1250	1982	436	0.358	3.28	1.21
800	7.65	20.0	1.04	1.89	2.00	1300	2999	550	0.333	3.46	1.18
850	17.8	31.6	0.880	2.05	1.83						

气体平均比热容，见附表 3-7。

附表 3-7 气体平均比热容 $[kJ/(m^3 \cdot ℃)]$

K	C	CO_2	N_2	O_2	H_2O	干空气	CO	H_2	H_2S	CH_4	C_2H_4
273	0	1.6204	1.3327	1.3076	1.4914	1.3009	1.3021	1.2777	1.5156	1.5558	1.7669
373	100	1.7200	1.3013	1.3193	1.5019	0.3051	1.3021	1.2896	1.5407	1.6539	2.1060
473	200	1.8079	1.3030	1.3369	1.5174	1.3097	1.3105	1.2979	1.5742	1.7669	2.3280
573	300	1.8808	1.3080	1.3583	1.5379	0.3181	1.3231	1.3021	1.6077	1.8925	2.5289
673	400	1.9436	1.3172	1.3796	1.5592	1.3302	1.3315	1.3021	1.6454	2.0223	2.7215
773	500	2.0453	1.3294	1.4405	1.5831	1.3440	1.3440	1.3063	1.6832	2.1437	2.8932
873	600	2.0592	1.3419	1.4152	1.6078	1.3583	1.3607	1.3105	1.7208	2.2693	3.0481
973	700	2.1077	1.3553	1.4370	1.6338	1.3725	1.3733	1.3147	1.7585	2.3824	3.1905
1073	800	2.1517	1.3683	1.4529	1.6601	1.3821	1.3901	1.3189	1.7962	2.4954	3.3412
1173	900	2.1915	1.3817	1.4663	1.6865	1.3993	1.4026	1.3230	1.8297	2.5959	3.4500
1273	1000	2.2266	1.3938	1.4801	1.7133	1.4118	1.4152	1.3273	1.8632	2.6964	3.5673
1373	1100	2.2593	1.4056	1.4935	1.7397	1.4236	1.4278	1.3356	1.8925	2.7843	
1473	1200	2.2886	1.4065	1.5065	1.7657	1.4347	1.4403	1.3440	1.9218	2.8723	
1573	1300	2.3158	1.4290	1.5123	1.7908	1.4453	1.4487	1.3524	1.9469		
1673	1400	2.3405	1.4374	1.5220	1.8151	1.4550	1.4613	1.3608	1.9721		
1773	1500	2.3636	1.4470	1.5312	1.8389	1.4642	1.4696	1.3691	1.9972		
1873	1600	2.3849	1.4554	1.5400	1.8619	1.4730	1.4780	1.3775			
1973	1700	2.4042	1.4625	1.5483	1.8841	1.4809	1.4864	1.3859			
2073	1800	2.4226	1.4705	1.5559	1.9055	1.4889	1.4947	1.3942			
2173	1900	2.4393	1.4780	1.5638	1.9252	1.4960	1.4890	1.3983			
2273	2000	2.4552	1.4851	1.5714	1.9449	1.5031	1.5073	1.4067			
2373	2100	2.4699	1.4914	1.5743	1.9633	1.5094	1.5115	1.4151			
2473	2200	2.4837	1.4981	1.5851	1.9813	1.5174	1.5198	1.4235			
2573	2300	2.4971	1.5031	1.5923	1.9984	1.5220	1.5241	1.4318			
2673	2400	2.5097	1.5085	1.5990	2.0148	1.5274	1.5284	1.4360			
2773	2500	2.5214	1.5144	1.6057	2.0307	1.5341	1.5366	1.4445			

气体的热含量，见附表3-8。

附表 3-8 气体的热含量 $[kJ/(m^3 \cdot ℃)]$

K	C	CO_2	N_2	O_2	H_2O	干空气	CO	H_2	H_2S	CH_4	C_2H_4
373	100	172.00	130.13	131.93	150.18	130.51	130.21	128.96	154.08	165.39	210.61
473	200	361.67	260.60	267.38	303.47	261.94	262.10	259.59	314.86	353.38	465.59
573	300	564.24	392.41	407.48	461.36	395.42	395.67	390.65	482.34	567.75	758.68
673	400	777.44	526.89	551.58	623.60	532.08	532.58	520.86	658.19	808.93	1088.62
773	500	1001.78	664.58	700.17	791.55	672.01	672.01	653.17	841.59	984.78	1446.61
873	600	1236.76	805.06	851.64	964.68	814.96	816.46	786.41	1032.51	1071.84	1828.88
973	700	1475.41	940.36	1005.89	1143.64	960.75	961.33	920.30	1230.98	1667.68	2233.35
1073	800	1718.95	1094.65	1162.32	1328.11	1109.05	1112.06	1055.12	1436.98	1996.36	2672.98
1173	900	1972.43	1243.55	1319.67	1517.87	1259.36	1262.38	1190.78	1646.75	2336.35	3105.08
1273	1000	2226.75	1393.86	1480.11	1713.32	1411.86	1415.20	1327.28	1863.21	2696.43	3567.32
1373	1100	2485.34	1546.14	1641.02	1913.67	1565.94	1570.54	1769.22	2091.77	3062.79	
1473	1200	2746.44	1699.76	1802.76	2118.78	1721.36	17218.39	1612.83	2306.20	3446.74	
1573	1300	3010.58	1857.74	1966.05	2328.01	1879.27	1883.31	1758.12	2531.04		
1673	1400	3276.75	2012.36	2129.93	2540.25	2036.87	2045.76	1905.08	2760.91		
1773	1500	3545.34	2170.55	2296.78	2758.39	2196.19	2200.26	2011.85	2995.80		
1873	1600	3815.86	2328.65	2463.97	2979.13	2356.68	2364.82	2204.04			
1973	1700	4087.10	2486.28	2632.09	3203.05	2517.60	2526.85	2356.02			
2073	1800	4360.67	2646.74	2800.48	3429.90	2680.01	2690.56	2509.69			
2173	1900	4634.76	2808.22	2971.30	3657.85	2841.43	2848.00	2657.07			
2273	2000	4910.51	2970.25	3142.76	3889.72	3006.26	3014.64	2813.66			
2373	2100	5186.81	3131.96	3314.85	4121.79	3169.77	3174.16	2971.93			
2473	2200	5464.20	3295.84	3487.44	4358.83	3338.21	3343.73	3131.88			
2573	2300	5746.39	3457.20	3662.33	4485.34	3500.54	3505.36	3293.49			
2673	2400	6023.25	3620.58	3837.64	4724.37	3665.80	3666.82	3456.79			
2773	2500	6303.53	3786.09	4014.29	5076.74	3835.29	3840.58	3620.76			

水蒸气的分解度，见附表 3-9。

附表 3-9　水蒸气的分解度

水蒸气的分压，大气压，10^5 Pa　　　　　　　　　　　　　　　　（%）

t/℃	0.03	0.04	0.05	0.06	0.07	0.08	0.09	0.10	0.12	0.14	0.16	0.18	0.20	0.25	0.30	0.35	0.40	0.45	0.50	0.60	0.70	0.80	0.90	1.00
1600	0.90	0.85	0.80	0.75	0.70	0.65	0.63	0.60	0.58	0.56	0.54	0.52	0.50	0.48	0.46	0.44	0.42	0.40	0.38	0.35	0.32	0.30	0.29	0.28
1700	1.60	1.45	1.35	1.27	1.20	1.16	1.15	1.08	1.02	0.96	0.90	0.85	0.80	0.76	0.73	0.70	0.67	0.64	0.62	0.60	0.57	0.54	0.52	0.50
1800	2.70	2.40	2.25	2.10	2.00	1.90	1.85	18.0	1.70	1.60	1.53	1.46	1.40	1.30	1.25	1.20	1.15	1.10	1.05	1.00	0.95	0.90	0.86	0.83
1900	4.45	4.05	3.80	3.60	3.40	3.05	3.10	3.00	2.85	2.70	2.60	2.50	2.40	2.20	2.10	2.00	1.90	1.80	1.70	1.63	1.56	1.50	1.45	1.40
2000	6.30	5.55	5.35	5.05	4.80	4.60	4.45	4.30	4.00	3.80	3.55	3.50	3.40	3.15	2.95	2.80	2.65	2.57	2.50	2.40	2.30	2.20	2.10	2.00
2100	9.35	8.50	7.95	7.50	7.10	6.80	6.55	6.35	6.00	5.70	5.45	5.25	5.10	4.80	4.55	4.30	4.10	3.90	3.70	3.55	3.40	3.25	3.10	3.00
2200	13.4	12.3	11.5	10.8	10.3	9.90	9.60	9.30	8.80	8.35	7.95	7.65	7.40	6.90	6.55	6.25	5.90	5.65	5.40	5.10	4.90	4.70	4.55	4.40
2300	17.5	16.0	15.4	15.0	14.3	13.7	13.3	12.9	12.2	11.6	11.1	10.7	10.4	9.60	9.10	8.70	8.40	8.00	7.70	7.30	6.90	6.70	6.40	6.20
2400	24.4	22.5	21.0	20.0	19.1	18.4	17.7	17.2	16.3	15.6	15.0	14.4	13.9	13.0	12.2	11.7	11.2	10.8	10.4	9.90	9.40	9.00	8.70	8.40
2500	30.9	28.5	26.8	25.6	24.5	23.5	22.7	22.1	20.9	20.0	19.3	18.6	18.0	16.9	15.9	15.2	14.6	14.1	13.1	12.9	12.3	11.7	11.3	11.0
2600	39.7	37.1	35.1	33.5	32.1	31.0	30.1	29.2	27.8	26.7	25.9	24.8	24.1	22.6	21.5	20.5	19.7	19.1	18.5	17.5	16.7	16.0	15.5	15.0
2700	47.3	44.7	42.6	40.7	39.2	37.9	36.9	35.9	34.2	33.0	31.8	30.8	29.9	28.2	26.8	25.7	24.8	24.0	23.3	22.1	21.1	20.3	19.6	193.0
2800	57.6	54.4	52.2	50.3	48.7	47.3	46.1	45.0	43.2	41.6	40.0	39.3	38.3	36.2	34.6	33.3	32.2	31.1	30.2	28.8	27.6	26.6	25.8	25.0
2900	65.5	62.8	60.5	58.6	56.9	55.5	54.3	53.2	51.3	49.7	48.3	47.1	46.0	43.7	41.9	40.5	39.2	38.1	37.1	35.4	34.1	32.9	31.9	31.0
3000	72.9	70.6	68.5	66.7	65.1	63.8	62.6	61.6	59.6	58.0	56.6	55.4	54.3	51.9	50.0	48.4	47.0	45.8	44.7	42.9	41.4	40.1	39.0	38.0

二氧化碳的分解度，见附表 3-10。

附表 3-10 二氧化碳的分解度

二氧化碳的分压，大气压，10^5 Pa （%）

$t/^\circ C$	0.03	0.04	0.05	0.06	0.07	0.08	0.09	0.10	0.12	0.14	0.16	0.18	0.20	0.25	0.30	0.35	0.40	0.45	0.50	0.60	0.70	0.80	0.90	1.00
1500	0.6	0.5	0.5	0.5	0.5	0.5	0.5	0.5	0.5	0.5	0.4	0.4	0.4	0.4	0.4	0.4	0.4	0.4	0.4	0.4	0.4	0.4	0.4	0.4
1600	2.2	2.0	1.9	1.8	1.7	1.6	1.55	1.5	1.45	1.4	1.35	1.3	1.3	1.2	1.1	1.0	0.95	0.9	0.85	0.83	0.79	0.75	0.72	0.7
1700	4.1	3.8	3.5	3.3	3.1	3.0	2.9	2.8	2.6	2.5	2.4	2.3	2.2	2.0	1.9	1.8	1.75	1.7	1.65	1.6	1.5	1.4	1.3	1.3
1800	6.9	6.3	5.9	5.5	5.2	5.0	4.8	4.6	4.4	4.2	4.0	3.8	3.7	3.5	3.3	3.1	3.0	2.9	2.75	2.6	2.5	2.4	2.3	2.2
1900	11.1	10.1	9.5	8.9	8.5	8.1	7.8	7.6	7.2	6.8	6.5	6.3	6.1	5.6	5.3	5.1	4.9	4.7	4.5	4.3	4.1	3.9	3.7	3.6
2000	18.0	16.5	15.4	14.6	13.9	13.4	12.9	12.5	11.8	11.2	10.8	10.4	10.0	9.4	8.8	8.4	8.0	7.7	7.4	7.1	6.8	6.5	6.2	6.0
2100	25.9	23.9	22.4	21.3	20.3	19.6	18.9	18.3	17.3	16.6	15.9	15.3	14.9	13.9	13.1	12.5	12.0	11.5	11.2	10.5	10.1	9.7	9.3	9.0
2200	37.6	35.1	33.1	31.5	30.3	29.2	28.3	27.5	26.1	25.0	24.1	23.3	22.6	21.2	20.1	19.2	18.5	17.9	17.3	16.3	15.6	15.0	14.5	14.0
2300	47.6	44.7	42.5	40.7	39.2	37.9	36.9	35.9	34.9	33.9	31.8	30.9	30.0	28.2	26.9	25.7	24.8	24.0	23.2	22.1	21.1	20.3	19.6	19.0
2400	59.0	56.0	53.7	51.8	50.2	48.8	47.6	46.5	44.6	43.1	41.8	40.6	39.6	37.5	35.8	34.5	33.3	32.3	31.4	29.9	28.7	27.7	26.8	26.0
2500	69.1	66.3	64.1	62.2	60.6	59.3	58.0	56.0	55.0	53.4	52.0	50.7	49.7	47.3	45.4	43.9	42.6	41.4	40.4	38.7	37.2	36.0	34.9	34.0
2600	77.7	75.2	73.3	71.6	70.2	68.9	67.8	66.7	64.9	63.4	62.0	60.8	59.7	57.4	55.5	53.8	52.4	51.2	50.1	48.2	46.6	45.3	44.1	43.0
2700	84.4	82.5	81.1	79.8	78.6	77.6	76.5	75.7	74.1	72.8	71.6	70.5	69.4	67.3	65.5	63.9	62.6	61.3	60.3	58.4	56.8	55.5	54.1	54.0
2800	89.6	88.3	87.2	86.1	85.2	84.4	83.7	83.0	81.7	80.6	79.6	78.7	77.9	76.1	74.5	73.2	71.9	70.8	69.9	68.1	66.6	65.3	64.1	63.0
2800	93.2	92.2	91.4	90.6	90.0	89.4	88.8	88.3	87.4	86.5	85.8	85.1	84.5	83.0	81.8	80.7	79.7	78.8	78.0	76.5	75.2	74.0	73.0	72.0
3000	95.6	94.9	94.4	93.9	93.5	93.1	92.7	92.3	91.7	91.1	90.6	90.1	89.6	88.5	87.6	84.8	86.0	85.4	84.7	83.6	82.5	81.7	72.8	80.0

冶金工业出版社部分图书推荐

书　名	作　者				定价（元）
材料成形工艺学	宋仁伯				69.00
材料分析原理与应用	多树旺	谢东柏			69.00
材料加工冶金传输原理	宋仁伯				52.00
粉末冶金工艺及材料（第2版）	陈文革	王发展			55.00
复合材料（第2版）	尹洪峰	魏　剑			49.00
废旧锂离子电池再生利用新技术	董　鹏	孟　奇	张英杰		89.00
高温熔融金属遇水爆炸	王昌建	李满厚	沈致和	等	96.00
工程材料（第2版）	朱　敏				49.00
光学金相显微技术	葛利玲				35.00
金属功能材料	王新林				189.00
金属固态相变教程（第3版）	刘宗昌	计云萍	任慧平		39.00
金属热处理原理及工艺	刘宗昌	冯佃臣	李　涛		42.00
金属塑性成形理论（第2版）	徐　春	阳　辉	张　弛		49.00
金属学原理（第2版）	余永宁				160.00
金属压力加工原理（第2版）	魏立群				48.00
金属液态成形工艺设计	辛啟斌				36.00
耐火材料学（第2版）	李　楠	顾华志	赵惠忠		65.00
耐火材料与燃料燃烧（第2版）	陈　敏	王　楠	徐　磊		49.00
钛粉末近净成形技术	路　新				96.00
无机非金属材料科学基础（第2版）	马爱琼				64.00
先进碳基材料	邹建新	丁义超			69.00
现代冶金试验研究方法	杨少华				36.00
冶金电化学	翟玉春				47.00
冶金动力学	翟玉春				36.00
冶金工艺工程设计（第3版）	袁熙志	张国权			55.00
冶金热力学	翟玉春				55.00
冶金物理化学实验研究方法	厉　英				48.00
冶金与材料热力学（第2版）	李文超	李　钒			70.00
增材制造与航空应用	张嘉振				89.00
安全学原理（第2版）	金龙哲				35.00
锂离子电池高电压三元正极材料的合成与改性	王　丁				72.00